U0385188

国家科学技术学术著作出版基金资助出版

中国桃遗传资源

Peach Genetic Resource in China

王力荣　朱更瑞　方伟超　等　编著

中国农业出版社

图书在版编目（CIP）数据

中国桃遗传资源 / 王力荣等编著. —北京：中国农业出版社，2012.12
ISBN 978-7-109-17303-3

Ⅰ.①中… Ⅱ.①王… Ⅲ.①桃-种质资源-中国 Ⅳ.①S662.102.4

中国版本图书馆 CIP 数据核字（2012）第 251357 号

中国农业出版社出版
（北京市朝阳区农展馆北路 2 号）
（邮政编码 100125）
策划编辑 舒 薇
文字编辑 郭 科

北京中科印刷有限公司印刷 新华书店北京发行所发行
2012 年 12 月第 1 版 2012 年 12 月北京第 1 次印刷

开本：889mm×1194mm 1/16 印张：59.75
字数：1 860 千字
定价：660.00 元

祝贺中国桃资源著作出版

二十年历史性科学创新进程

宏大的工程，丰富的资源

丰硕的成果，重大的贡献

束怀瑞 二〇一二·十二

中国工程院院士束怀瑞题词

王力荣，女，研究员，博士，博士生导师；1990年至今在中国农业科学院郑州果树研究所从事桃种质资源与新品种选育研究，国家果树种质郑州桃圃负责人。农业部果树育种技术重点实验室主任，国家桃、葡萄改良中心副主任，国家桃产业技术体系育种岗位专家，中国园艺学会桃分会秘书长，中国植物遗传资源学会常务理事。

朱更瑞，男，研究员，1981年至今在中国农业科学院郑州果树研究所从事桃种质资源与新品种选育研究。国家桃产业技术体系郑州综合试验站站长，中国园艺学会桃分会常务理事。

方伟超，男，副研究员，1996年至今在中国农业科学院郑州果树研究所从事桃种质资源与新品种选育研究。中国园艺学会桃分会理事。

《中国桃遗传资源》编委会

The Editorial Committee of Peach Genetic Resource in China

主　　编：王力荣

Chief Editor：Wang Lirong

副 主 编：朱更瑞　方伟超

Vice-editors：Zhu Gengrui, Fang Weichao

编　　委：王力荣　朱更瑞　方伟超
曹　珂　王小丽　陈昌文
赵　佩　王新卫

Editorial Committee：Wang Lirong, Zhu Gengrui, Fang Weichao, Cao Ke, Wang Xiaoli, Chen Changwen, Zhao Pei, Wang Xinwei

作者单位：

中国农业科学院郑州果树研究所

Authors Affiliation：

Zhengzhou Fruit Research Institute,
Chinese Academy of Agricultural Sciences

序一

桃是世界重要果树，原产中国，种质资源丰富，其果实和花均具有很高的利用价值。中国农业科学院郑州果树研究所从事桃种质资源收集、保存、鉴定、评价与创新利用50余年，建立了国家果树种质郑州桃圃，并开展了种质资源系统深入的研究，积累了大量珍贵的数据资料。《中国桃遗传资源》一书正是该所几代研究人员对桃种质资源长期辛勤研究的结晶。该书图文并茂、深入浅出地向读者介绍了我国桃及其野生近缘种的分布和遗传多样性，提出了桃种质类型的演化与进化路线，基本厘清了我国桃遗传多样性本底，筛选出了一批优异种质，建立了数百个桃品种标准图谱。该书内容丰富、数据翔实，资源研究的广度和深度兼有，具有重要学术价值，必将对我国果树遗传资源的科研、教学和产业发展起到重要的参考和促进作用。

刘旭

中国农业科学院研究员

中国工程院院士

2012年12月2日

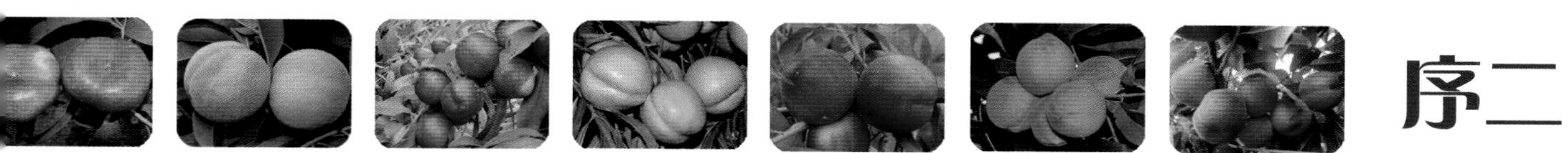

序二

桃树作为大众广泛认识的一种果树，在人们的物质生活和文化生活中有着特殊的地位。在我们的日常生活中，“桃李满天下”等以桃为媒寄情达意的词语很多，反映出桃树作为果树栽培以及作为观赏植物种植在我国均有着悠久的历史和深远的文化影响。我国是桃树栽培大国，资源丰富，类型多样，特别是经过千百年的驯化、选育，今天，形成了满足不同市场需求、不同季节和不同用途的品种类型。中国农业科学院郑州果树研究所以王力荣教授为主的几代科学家开展桃种质资源考察、收集和评价研究，持之以恒，长达半个世纪。他们将多年的研究成果汇编成书，全面、系统而深入地展示了中国桃遗传多样性和优异种质资源。书中的图片绝大多数是作者（们）自己拍摄，有的图片是经过跋山涉水、历经风雨才拍得，十分珍贵。全书图文并茂，科学性和可读性很好，我乐于作序。我相信，此书的出版必将对中国和世界桃产业发展发挥重要作用。

邓秀新

华中农业大学教授

中国工程院院士

2012年12月5日

前言

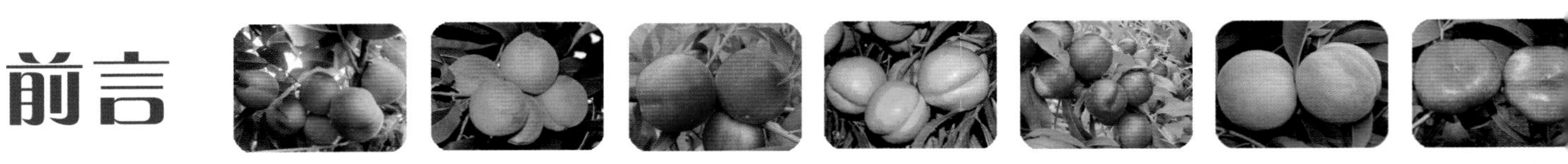

桃（*Prunus persica* L.）是蔷薇科（Rosaceae）李属（*Prunus* L.）桃亚属（*Amygdalus* L.）多年生落叶果树，原产中国，种质资源丰富。中国的桃种质资源不仅为我国桃产业的发展提供了可靠基因资源，而且为世界现代桃育种和桃果产业发展奠定了雄厚的物质基础。

中国农业科学院郑州果树研究所建所以来的50多年间，一直把桃作为重点研究树种。本书主要作者长期从事桃遗传资源研究，负责国家果树种质郑州桃圃的工作，开展了桃种质资源考察、收集、保存、鉴定、评价、创新及共享利用等工作，积累了数千万字原始资料和数十万张图像信息，其中仅少部分公开发表。如何将这些庞大的、点点滴滴而又重要的原始资料进行整理、归纳、凝练、提高，以图文并茂的形式展示给读者，是本书编写的初衷。

2002年，本书主要作者与中国农业出版社签订了《中国桃品种图谱》的编撰合同，但在实际编写时发现，原来用普通相机拍摄的照片扫描后不够漂亮，我们商议后决定放弃出版，重新开始。于是，一方面对桃种质资源圃已经入圃的种质进行补充、完善农艺性状数据，拍摄品种“标准照”；另一方面，开展资源考察，调查、收集、拍摄野生资源、地方名特优品种在原生境的实地表现。10年过去了，我们考察了桃野生资源和地方品种的主要集中分布区，积累了大量珍贵一手资料。2009年形成了初稿，2010年获国家科学技术学术著作出版基金资助，之后我们对全稿不断修改、完善，最后书名定为《中国桃遗传资源》，于2012年5月提交出版社。

本书共分十章。第一章概况，概述了桃野生近缘种的分布、栽培种的传播与利用、我国桃产业简况及面临的挑战，其中重点阐述了‘上海水蜜’桃对世界桃育种的贡献。第二章桃野生近缘种的遗传多样性，基于野生资源考察，描述了桃11个野生近缘种的生态分布、生长环境、植物学、生物学的遗传多样性及其利用价值，建立了13个重要品种的标准图谱。第三章桃遗传多样性与优异种质，阐述了桃155个性状的遗传多样性，其中包括45个植物学特征、46个果实经济特性、41个生长结果习性、14个物候期性状、4个抗性和5个贮藏加工性状。在物候期中阐明了1982—2012年桃主要物候期性状在郑州的变化趋势，总结了‘曙光’油桃在我国28个省（自治区、直辖市）34个市的物候期。建立了45个质量性状及描述性性状的多样性指标标准图像和110个数量性状遗传多样性数值分布图；通过遗传多样性分析，筛选优异或代表性种质。第四章中国桃地方品种遗传多样性与名特优品种（群），重点描述了我国12个地方名特优品种群在原生境的主要生物学特性，并阐述了其重要性状的进化意义。本章图像在种质原产地采集，力求还原种质的本来面貌。第五章中国桃育成品种遗传背景分析，重点描述了我国自主培育的桃新品种的系谱关系。第六章桃及野生近缘种花粉粒的遗传多样性，对586份花粉粒超微结构进行了描述。第七章桃及其野生近缘种的分子身份证，利用16对均匀分布在桃16条染色体上的SSR引物，建立了237份桃核心种质的分子身份证。第八章桃遗传多样性与起源、演化，从野生近缘种和地方品种的生态学、植物学、细胞学和分子生物学的多样性，提出了桃野生近缘种和地方品种、关键性状在我国的进化与演化过程。第九章桃遗传多样性与中国桃文化，指出了遗传多样性是桃文化的基础，而传承的中国桃文化对桃遗传多样性的发展、保护起到了关键作用。第十章桃品种图谱，对709个品种的基本信息、植物学、果实性状、结果习性、物候期等35个性状进行了规范化描述，并综合评价了品种的应用价值，同时以标准图像形式展示了625份种质花、果实等的不同方位的标准图像。调查数据均采集于国家果树种质郑州桃圃。

本书在编写过程中力求章节结构系统，文字简洁，图像美观，数据准确、可靠、可比；本书共选择了3 780多张彩色图像。希望本书的出版能为桃优异种质的利用以及桃基础研究提供较为全面、完整的资料，促进桃科研与生产的发展。

本书的主要研究内容，先后得到“六五”至“十二五”国家科技攻关（科技支撑）农作物种质资源收集、保存、评价与利用课题，农业部物种保护项目，农业部948课题，国家科技基础性工作课题，国家农作物种质资源共享平台建设以及国家桃产业技术体系等项目的资助（见附表1）。本书在编写过程中得到诸多专家、学者和相关人士的帮助，在此一并表示衷心的感谢！对在“六五”至“九五”期间桃种质资源研究工作中作出重要贡献的左覃元研究员致以深切的缅怀。

本书的读者对象主要为我国果树科研和教学工作者，对大专院校学生和生产单位的人员亦有参考价值。

由于著者的业务水平和掌握的资料有限，错误与遗漏在所难免，敬请专家、读者指正。

著 者

2012年12月

Preface

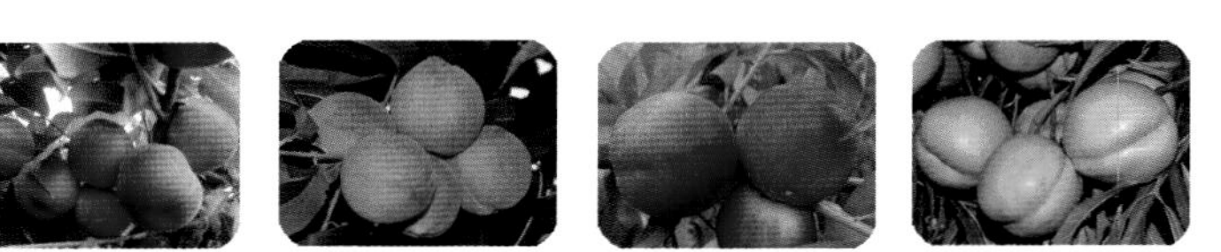

The peach belongs to the Rosaceae family, subfamily Prunoideae, genus *Prunus*, subgenus *Amygdalus* L. It is native to China. Chinese peach genetic resources is very rich, not only supplies the reliable gene source for peach industry, but also lays a material foundation for the modern peach breeding in the world.

Zhengzhou Fruit Research Institute of Chinese Academy of Agricultural Sciences has emphasized on the research of the peach since its establishment 50 years ago. The major authors of this book specialize in peach genetic resources and variety improvements. They are responsible for the work in the National Peach Repository in Zhengzhou, by conducting the surveying, collection, preservation, identification, evaluation, innovation and shared utilization of peach genetic resources. As a result, they accumulated tens of millions of data and hundreds of thousands of pictures, few of which have been published. The purpose of this book, which documents, summarizes, condenses and improves these substantial volume of important raw data, is to show the genetic diversity of peach genetic resources, elite and rare ones to readers with descriptions and pictures so that it can promote the special germplasm to be studied and used in breeding program.

This book has ten chapters. Chapter Ⅰ is the overview, which mainly summarizes the origin and distribution of peach related wild relatives and the dissemination and utilization of cultivated species, and finally indicates the challenges of Chinese peach industry. In particular, it highlights the contribution of cultivar 'Chinese Cling' to world peach breeding.

Chapter Ⅱ introduces the genetic diversity of peach related wild relatives, which describes the distribution, habitats, botanical, biological genetic diversity of 11 peach wild relatives, and their value for utilization, including 13 accessions of important cultivars.

Chapter Ⅲ, Peach (*P. persica* L.) genetic diversity and elite and rare germplasm, describes 155 traits diversity, including 45 botanical characters, 46 fruit economic traits, 41 kinds of growth and bearing habit, 14 phenophase, 4 resistant characteristics as well as 5 storage and processing traits. For the phenophase, the main change trend chart from 1982 to 2012 and the phenophase of variety 'Shuguang' in 34 cities of 28 provinces in China is displayed. The 45 quality and descriptive traits with pictures, the genetic diversity distribution of 110 quantitative traits are also shown in this part.

Chapter Ⅳ focuses on the genetic diversity of Chinese landraces and their famous variety groups, which describes the main biological characteristics of 12 famous variety groups at the original habitats in China and states the evolutionary significance of the peach main traits. The pictures in this part are collected in native place so as to reflect their true faces. These distinctive local varieties are the crystallization of long-term productive activities of Chinese peasants.

Chapter Ⅴ, Background analysis for genetic diversity on the peach varieties that bred in China and the key pedigree of Chinese own new breeding peach varieties is described.

Chapter Ⅵ is the work for 586 accessions pollen grain genetic diversity of peach and its related wild relatives.

Chapter Ⅶ introduces the molecular identity card (ID card) of peach core collection, in which the molecular ID card for 237 copies of peach core collection was constructed using the 16 SSR primers uniformly distributed in the peach 16 chromosomes.

Chapter Ⅷ, Based on the genetic diversity analysis of peach related wild relatives, landraces and their hybrid seedling in ecology, botany, cytology and molecular biology, a peach origination , evolution and roadmap in China is proposed for wild relatives, landraces and their key traits.

Chapter Ⅸ, Peach genetic diversity and Chinese peach culture, emphasizes the genetic diversity is the basis of peach culture, and the traditional Chinese peach culture promotes the protection and development of peach genetic diversity.

Chapter Ⅹ is the performance of 709 peach varieties at Zhengzhou, which describes at least 35 characters including the botany, fruit traits, habit, phonological phase characteristics and other basic information and evaluates their integrated traits so as to interpret their potential application value. The standard pictures of 625 varieties characteristics are shown.

This book strives to combine science and aesthetics. It is the result of the compilation about 50 years of accumulated original materials and chooses 3 780 pictures. We try to use concise words and pictures as beautiful as possible. For every variety, its information is strived to be systematic and highlight its outstanding features.

We hope the published book will be able to supply more systematic and complete materials for utilization and fundamental study of elite and rare peach germplasm or varieties to promote the development of peach research and industry.

The main studies in this book are successively funded by the National Project on Crop Germplasm Collection, Preservation, Evaluation and Utilization from China 6th Five-Year Plan to 12th Five-Year Plan, Crop Conservation Project of the Ministry of Agriculture, the National Science and Technology Basic Project, the Construction of the National Crop Germplasms Sharing Platform, the National Peach Industry Technology System. We acknowledge the help from many experts, scholars, and other collaborators during writing process. Now, we also express our heartfelt gratitude to Prof. Zuo Qinyuan, for her outstanding contribution during 1965 – 2001.

This book mainly targets fruit researchers and college professors, and is also of value as reference material for college students and staff engaged in peach production.

As limited by the authors' knowledge and mastered materials, the mistakes and omissions may be present in this book. Any criticism and corrections from experts and readers are welcome.

The authors

Dec. 2012

目录

第一章　概　况

中国作为桃起源中心，显著特点是野生近缘种和栽培种地方品种丰富的遗传多样性和完整性，其‘上海水蜜’（Chinese Cling）桃品种奠定了世界桃产业的育种基础。中国是桃产业大国，面积和产量均位居世界第一位，新品种选育与高效栽培取得了显著成就。丰富的种质资源为桃产业的可持续发展提供了可靠的遗传物质基础，未来世界桃遗传背景的扩展寄托于中国桃野生近缘种和地方品种优异基因的发掘与利用。

第一节　中国是桃的起源中心

一、中国是桃及野生近缘种起源中心

蔷薇科（Rosaceae）李属（*Prunus* L.）包括桃亚属（subgenus *Amygdalus* L.）、李亚属［subge-

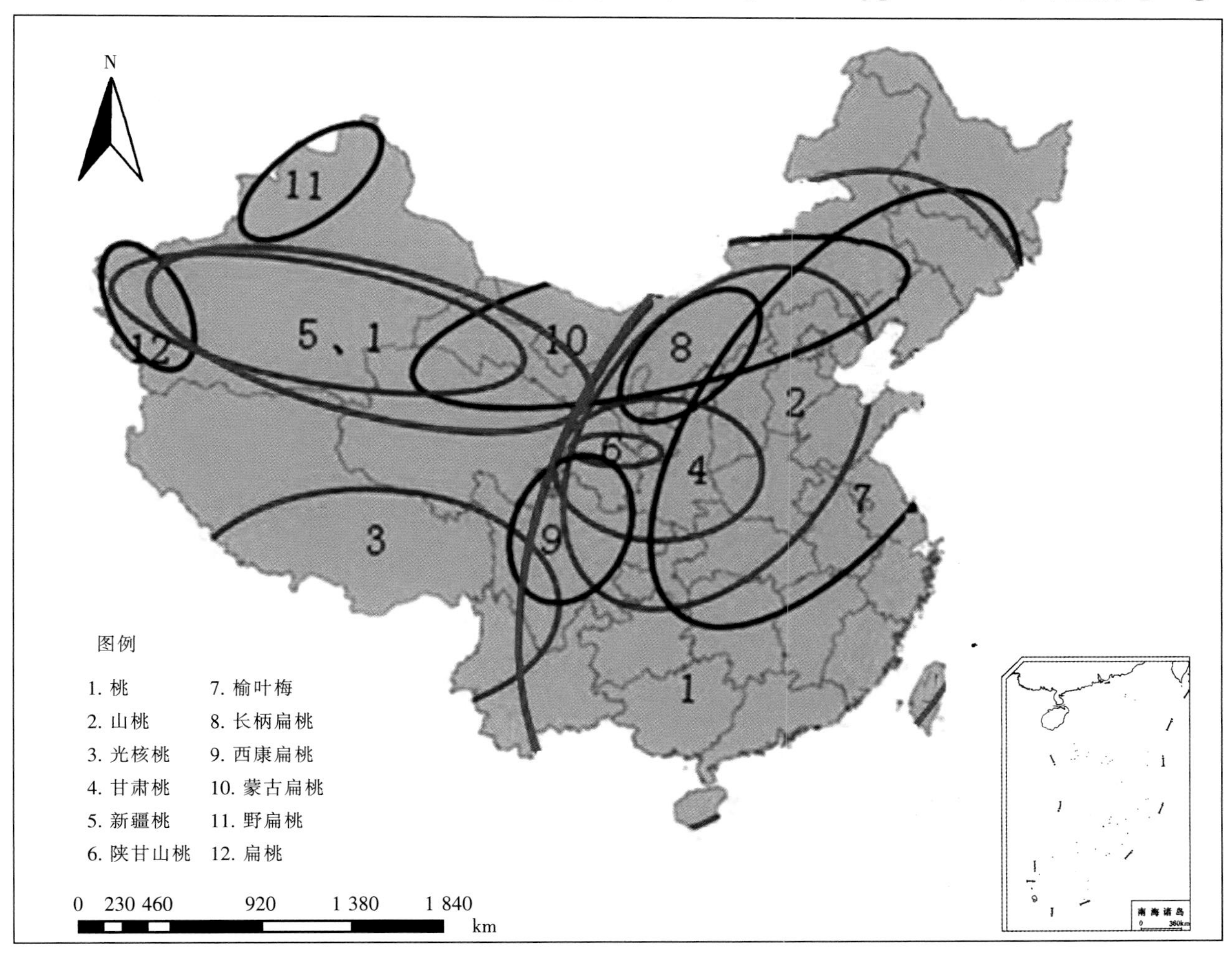

图 1－1　桃及野生近缘种在我国的分布

nus Prunuphora，杏亚属（subgenus *Armeniaca*）］和樱桃亚属（subgenus *Cerasus*）等；其中桃亚属植物根据果实是否开裂将其分为真桃组和扁桃组。真桃组的光核桃（*P. mira* Koehne）、甘肃桃（*P. kansuensis* Rehd.）、陕甘山桃（*P. potaninii* Batal.）、山桃（*P. davidiana* Franch）、新疆桃（*P. ferganensis* Kost. et Riab）、桃（*P. persica* L.）和扁桃组的西康扁桃（*P. tangutica* Batal.）、长柄扁桃（*P. pedunculata* Maxim.）、蒙古扁桃（*P. mongolica* Maxim.）、野扁桃（*P. ledebouriana* Schleche.）、扁桃（*P. communis* Fritsch.）、榆叶梅（*P. triloba* Lindl.）等均在我国有大量的野生自然群体分布（图1-1），且野生群体的类型齐全、遗传多样性丰富，均证明了我国是桃的起源中心。

二、中国桃地方品种遗传多样性丰富

桃（*P. persica* L.）在中国4 000多年的栽培历史中，形成了丰富的遗传多样性。根据生态分布，划分为青藏高原桃区、云贵高原桃区、西北高旱桃区、华北平原桃区、东北高寒桃区、长江流域桃区、华南亚热带桃区7个生态区（汪祖华，2001）；根据地理分布、果实性状和用途，传统上将地方品种划分为5个品种群，即北方品种群、南方品种群、黄肉品种群、蟠桃品种群和油桃品种群，其中北方品种群又分为北方蜜桃品种群和北方硬肉桃品种群，南方品种群又分为水蜜桃品种群和南方硬肉桃品种群。近年来，为生产应用方便起见，将桃划分为普通桃、油桃、蟠桃、加工桃和观赏桃5个品种群。

20世纪80年代国家科学技术委员会、农牧渔业部联合在河南省郑州市、江苏省南京市和北京市分别建立了国家桃种质资源圃，目前保存桃及其近缘野生种植物共2 000余份。无论从资源的生态学、植物学、细胞学，还是分子生物学的研究均证明中国是世界上桃种质资源最为丰富的国家。

目前，可检索到的桃品种共有1 000多个，其中地方品种500多个（图1-2），育成品种500个（图1-3）。地方品种的分布比较广泛，而育成品种集中分布在华北地区和江浙沪一带。

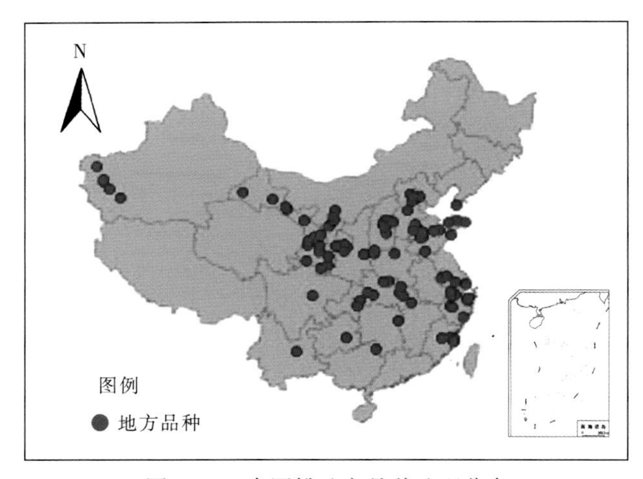

图1-2　中国桃地方品种地理分布

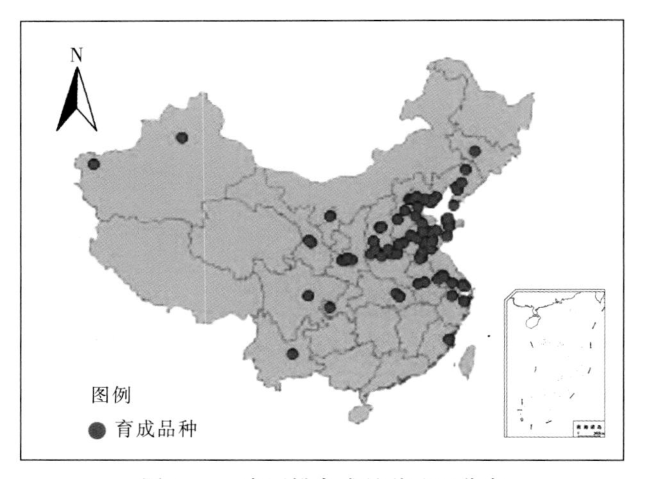

图1-3　中国桃育成品种地理分布

第二节　中国的‘上海水蜜’桃奠定了世界桃育种基础

早在公元前1世纪，桃经丝绸之路由中国传播到波斯乃至西亚各国，然后传至欧洲地中海国家；随着新大陆的发现，桃被带到南美，然后引入墨西哥（图1-4）。目前，世界95%以上的栽培品种均直接或间接来源于中国的‘上海水蜜’，因此我们说‘上海水蜜’桃奠定了世界桃育种的基础。

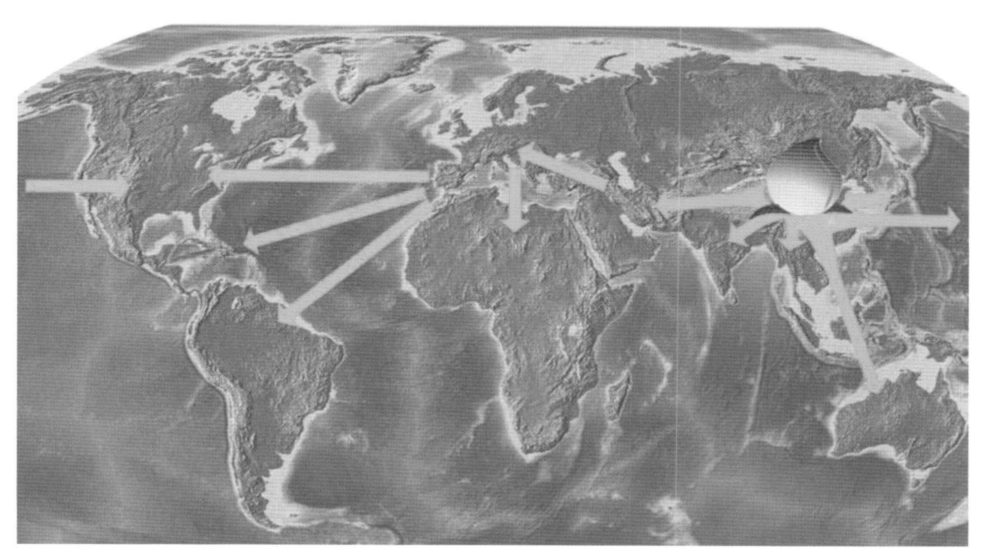

图 1－4　桃在世界的传播（参考 Byrne，2012）

一、‘上海水蜜’桃对欧美的贡献

对世界桃产业发展起到关键作用的是 19 世纪中期美国从中国引入的‘上海水蜜’（Chinese Cling）；以该品种为基础，在美国和欧洲衍生了数千个桃品种，部分衍生品种见图 1－5。

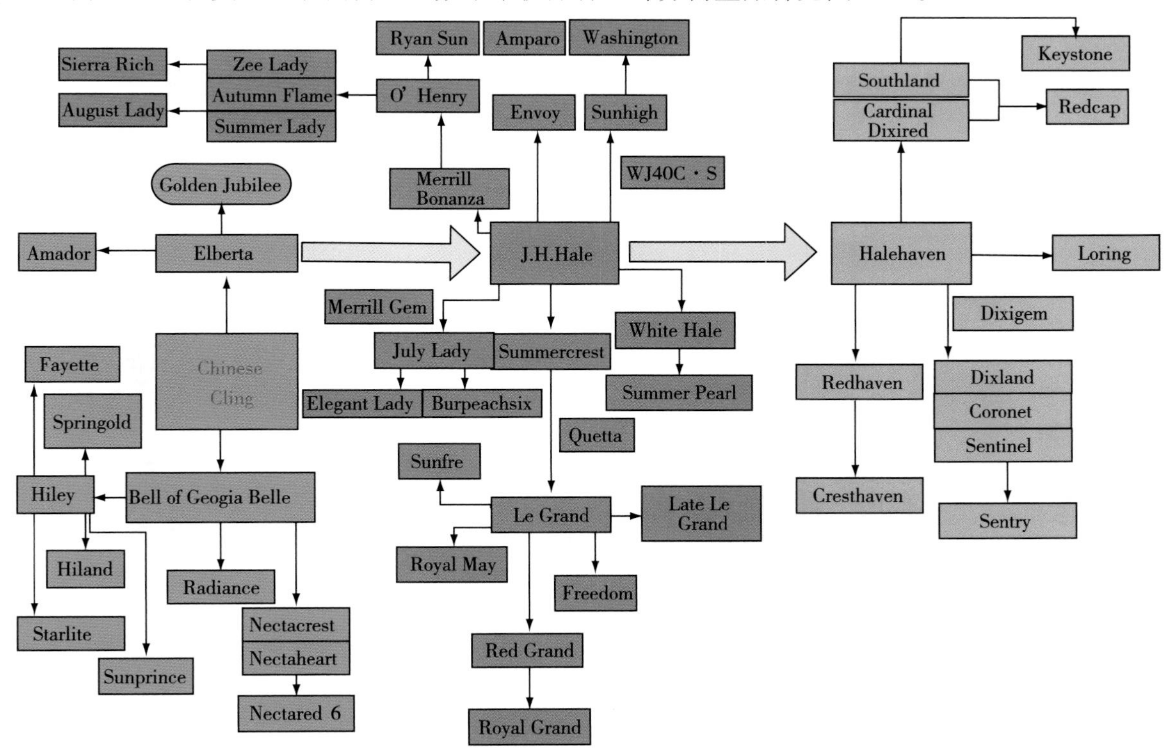

图 1－5　‘上海水蜜’对美国、欧洲桃品种的贡献

二、‘上海水蜜’桃对日本的贡献

日本古代就从中国引进桃资源，但直到 19 世纪末从上海引进‘上海水蜜’和‘天津水蜜’后，随之产生了日本桃品种群，部分衍生品种见图 1－6（参照汪祖华，并进行补充）。

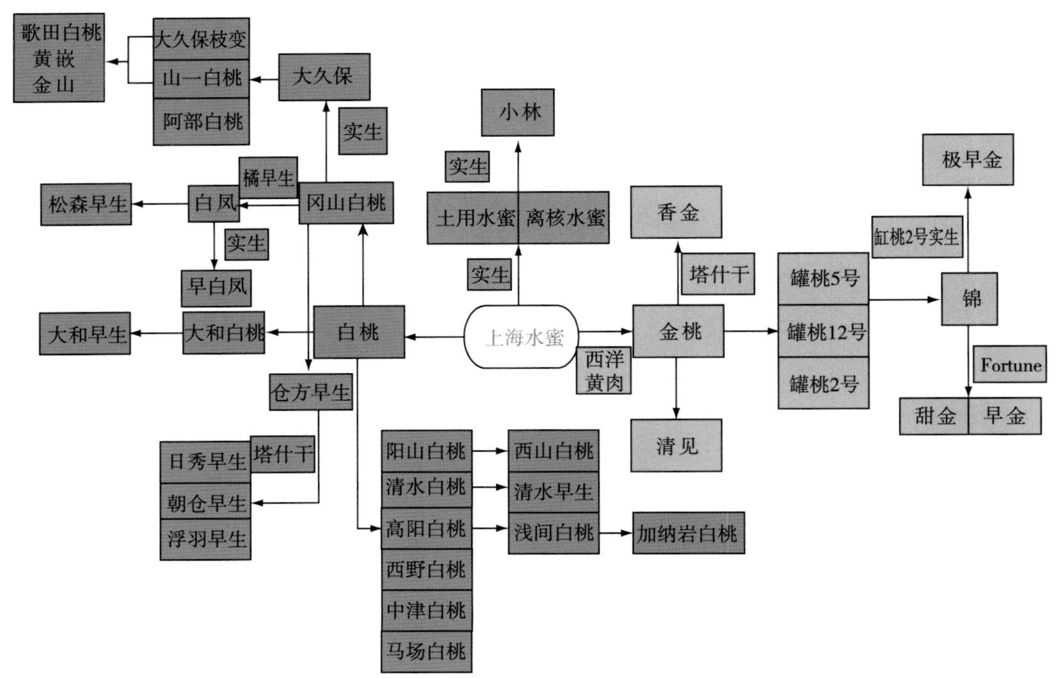

图 1-6 ‘上海水蜜’对日本桃品种的贡献

三、‘上海水蜜’桃对中国的贡献

20 世纪 50 年代末中国开始以早上海水蜜桃、白花水蜜（均为‘上海水蜜’桃系品种）为亲本材料，进行新品种培育，培育出雨花露、早霞露等品种，同时又以日本大久保、美国 NJN76 等品种为亲本，培育出 300 多个桃品种，部分衍生品种见图 1-7。

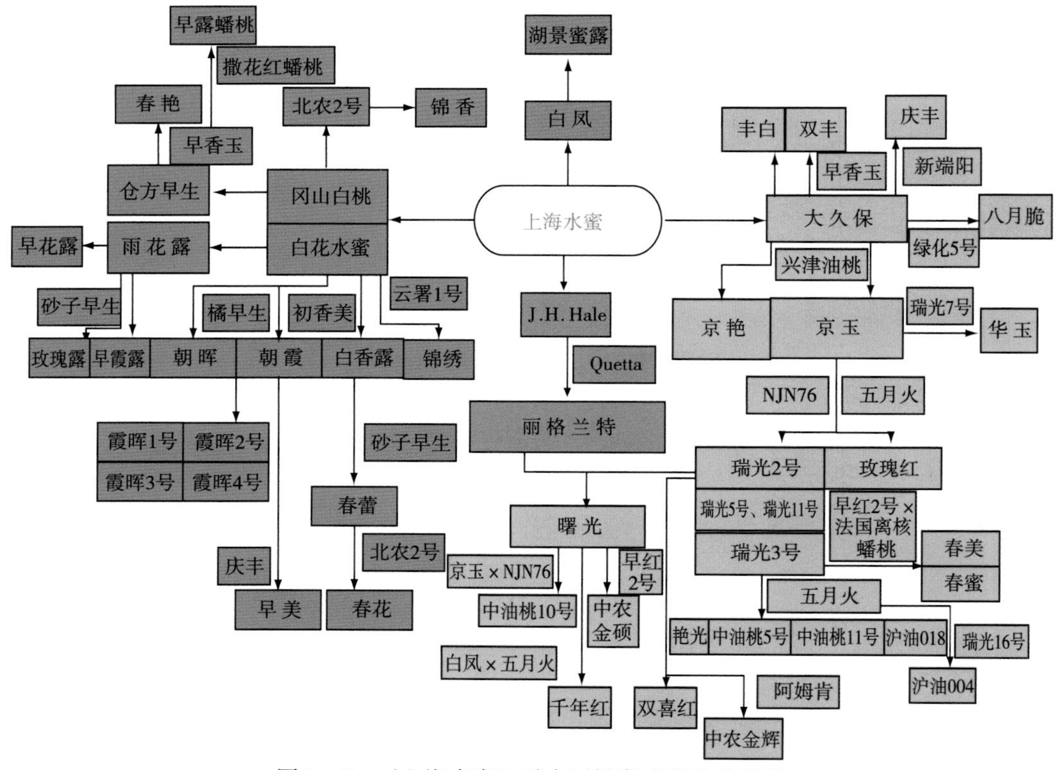

图 1-7 ‘上海水蜜’对中国桃育成品种的贡献

四、低需冷量种质的贡献

中国东北的抗寒种质、云南的低需冷量种质以及其他抗性种质也均为世界桃育种作出了重要贡献，其中低需冷量种质部分衍生品种见图 1－8。Peento 和 Okinawa 均来自云南（Byrne，1999）。

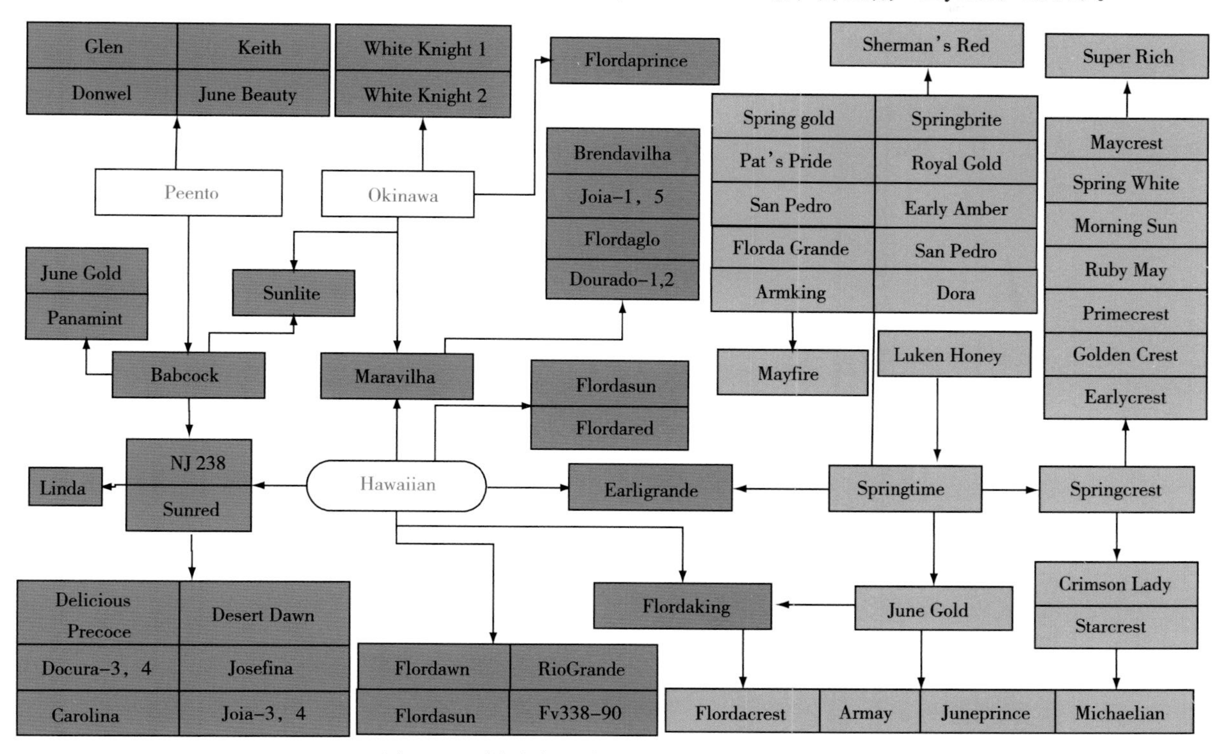

图 1－8 低需冷量种质对世界桃品种的贡献

第三节 桃遗传资源是我国桃产业的物质基础

一、生产概况

根据联合国粮农组织 2012 年统计结果，2011 年我国桃栽培面积为 7.67×10^5 hm²，产量为 1.15×

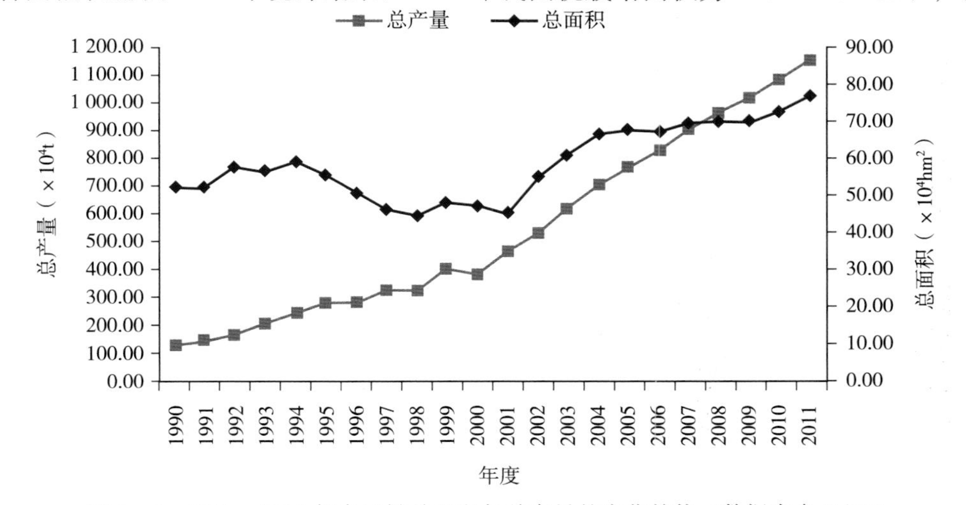

图 1－9 1990—2011 年中国桃总面积与总产量的变化趋势（数据来自 FAO）

10^7 t，分别占世界面积和产量的48.9%和53.6%，均位居世界第一位。1990—2011年，中国桃栽培面积增加48%，产量增加800%（图1－9）。

二、优势产区逐步形成，栽培区域明显扩大

（一）优势产区形成

根据农业部2010年统计数据，按照省级划分，山东、河北、河南的面积均超过6.67×10^4 hm²（图1-10），县级市栽培面积超过6.67×10^3 hm²的包括山东蒙阴县，河北乐亭县、顺平县，北京平谷区和甘肃秦安县等，其中蒙阴县桃栽培面积超过3.33×10^4 hm²，为我国桃第一栽培大县（图1－11）。

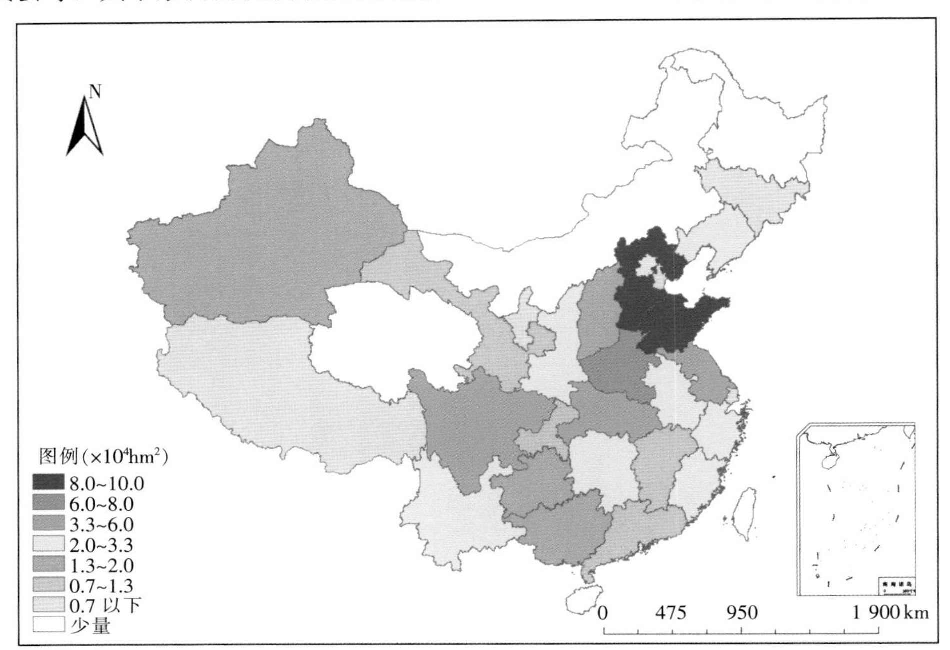

图1－10　我国不同省（自治区、直辖市）桃生产面积

图1－11　山东蒙阴县桃生产

（宋西民提供）

（二）栽培区域扩大

在过去的20多年中，国外低、中需冷量桃品种在我国育种中得到有效利用，使我国部分主要桃品种（尤其是油桃品种）的需冷量由800～900h降低到500～650h。油桃品种五月火、阿姆肯和早红2号等中、低需冷量种质在降低需冷量育种中发挥了重要作用。云南、贵州、福建、广西等省（自治区），利用低、中需冷量品种和山区海拔高度差，大力种植桃树，使桃的栽培南限不断南移，其中广西灵川县的桃栽培面积达$3.33\times10^3hm^2$。

在适宜区的北限地区，珲春桃等抗寒种质的利用，新疆北疆匍匐栽培迅速发展，使桃的栽培北限得到了有效扩展。

三、品种趋于多样化、成熟期有效延长

（一）桃品种类型丰富

1. 鲜食普通桃占主导地位 鲜食普通桃栽培面积占桃栽培面积的70%左右。在鲜食品种中，一改传统鲜食白肉品种一统天下的局面，鲜食黄肉桃逐渐被市场认可。白肉普通桃为我国人民传统所爱，除地方名特优品种如肥城桃、五月鲜、深州蜜桃、湖景蜜露外，主要是雨花露、砂子早生、白凤、大久保和京玉等。主栽品种硬肉型逐渐替代水蜜型，如春美、春雪、沙红桃、霞脆、八月脆等发展势头良好。鲜食黄肉桃以其果皮、果肉橙黄，营养丰富，香气浓郁，较耐贮运在上海等城市崭露头角，锦绣是其主要栽培品种。红肉桃作为地方名特优品种在河南、湖北等省发展良好。

2. 油桃迅猛发展 油桃栽培面积占桃栽培面积的20%左右。油桃以其果皮光滑无毛、色泽艳丽夺目、食用方便而引起人们的浓厚兴趣，自20世纪80年代开始在我国种植以来，得到了快速发展。从国外引进的五月火、NJN72、早红2号、丽格兰特等到我国自主培育的第一代油桃品种瑞光2号、瑞光3号，再到目前主要栽培品种曙光、中油桃4号、中油桃5号、中农金辉、双喜红等，我国的油桃品种实现了三代更新，新品种不断涌现。

3. 蟠桃走俏市场 蟠桃栽培面积占桃栽培面积的5%左右。蟠桃自古以来受到人们的喜爱，江浙沪一带种植较多，但由于裂核、皮薄肉软不耐贮运等缺点，限制了其发展。消费者对形状独特、风味极佳的蟠桃十分青睐，目前，主要栽培区域在新疆、北京、江浙沪一带，主要栽培品种为早露蟠桃、早黄蟠桃、农神蟠桃、玉露蟠桃、碧霞蟠桃和英日尔蟠桃等。

4. 加工桃基本稳定 加工桃栽培面积占桃栽培面积约4%。1987年，我国黄桃种植面积$2.67\times10^4hm^2$，占全部桃栽培面积的1/3之多，获得了显著的经济和社会效益。20世纪90年代，由于罐头加工业不景气等多种原因，加工桃品种的栽植所剩无几。目前，我国加工黄桃面积在$2\times10^4hm^2$左右，集中分布在辽宁大连市金州区，山东平邑县、莱芜市，安徽砀山县以及浙江奉化市，主要栽培品种为NJC83、金童6号、金童7号、金露以及桂黄等。

5. 观赏桃成为早春的佼佼者 观赏桃栽培面积占桃栽培面积的1%左右。观赏桃以其花色繁多、枝叶百态等特点，成为主要的观赏树种之一。北京、成都、常德等许多城市在早春桃花盛开的季节举行盛大的桃花节，东南沿海桃花更是备受青睐。集观赏、鲜食于一体的品种在观光果园中更受重视。主要栽培品种为我国传统的地方品种红花碧桃、绛桃、人面桃、红叶桃、洒红桃、菊花桃等，育成品种满天红栽培面积最大，探春、迎春、元春和报春等品种的推出极大地提早了观赏桃的花期，满足了桃花春节上市的需求。

（二）品种成熟期有效延长

目前，我国桃极早熟、早熟、中熟、晚熟和极晚熟品种种植比例依次在10%、40%、30%、15%和5%左右。极早熟、早熟品种育种的突破得益于胚挽救技术的应用，而套袋栽培技术推动了晚熟和极

晚熟品种的发展。目前市场持续供应期在 150d 以上。

四、设施栽培蓬勃发展

桃以其树体相对矮小、早果性强、成熟早、果实不耐贮运、管理较为简单而成为设施果树的重要类型（图 1－12）。低、中需冷量品种以及配套栽培技术的应用可使当地桃熟期提早 15～90d，全国设施桃栽培面积在 2×10^4 hm^2 左右，集中分布在辽宁省瓦房店市和普兰店市，河北省乐亭县和昌黎县，山东省潍坊市、莱西市，安徽省砀山县和河南省内黄县。

中农金辉（左）、曙光（右）开花状

中油桃 5 号结果状　（陈湖提供）

中农金辉结果状

限根栽培

图 1－12　设施栽培

五、现代栽培制度逐步形成

宽行种植、行间生草（图 1－13）、标准整形、长放修剪（图 1－14、图 1－15）、抗旱节水（图 1－16）、起垄栽培（图 1－17）及其他特色栽培模式（图 1－18、图 1－19）、缓释肥料、生物防治、果实套袋（图 1－20）、冷链贮运等技术的逐步完善，正在使我国的桃栽培制度向标准化、省力化、无害化、商品化等现代产业模式发展。

毛叶苕子

三叶草

苜 蓿

自然生草

图 1-13 行间生草

二主枝

三主枝

四主枝

主干形

一边倒

（宋西民提供）

图 1－14　露地栽培整形模式

小冠开心形

主干形

二主枝

一边倒

（崔俊利提供）

图 1－15　设施栽培整形模式

图 1－16　覆膜集雨抗旱栽培模式（甘肃省秦安县）

（王发林提供）

浙江省嘉兴市

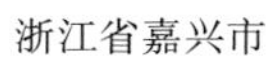

成都市龙泉驿区

图 1－17　起垄排水防涝栽培模式

图 1－18　匍匐抗寒栽培模式（新疆乌鲁木齐市）

耐瘠薄栽培模式（广西桂林恭城瑶族自治县）

起垄防涝保湿栽培模式（广西桂林恭城瑶族自治县）

梯田栽培
（福建省古田县，郭瑞提供）

梯田栽培（云南省石屏县）

图 1－19　桃树特色栽培模式

黄色袋

白色袋

图 1-20 桃果实套袋 （赵文礼提供）

第四节 中国桃文化源远流长

中国桃文化源远流长，桃花色和果实色泽艳丽、果肉柔软多汁、风味鲜美、芳香诱人，为果中佳品，民间神话广传为“仙果”，并作为消灾避难吉祥之兆，被誉为长命百岁的“寿桃”，更为桃文化增加了神秘的色彩。“桃花满山诗满山”造就了历代众多文人墨客。全国山川、峡谷和县地亦多用桃命名，“世外桃源”更是人们梦寐以求的理想家园。根据金农网（全国乡镇名录）对我国行政村以“桃”命名

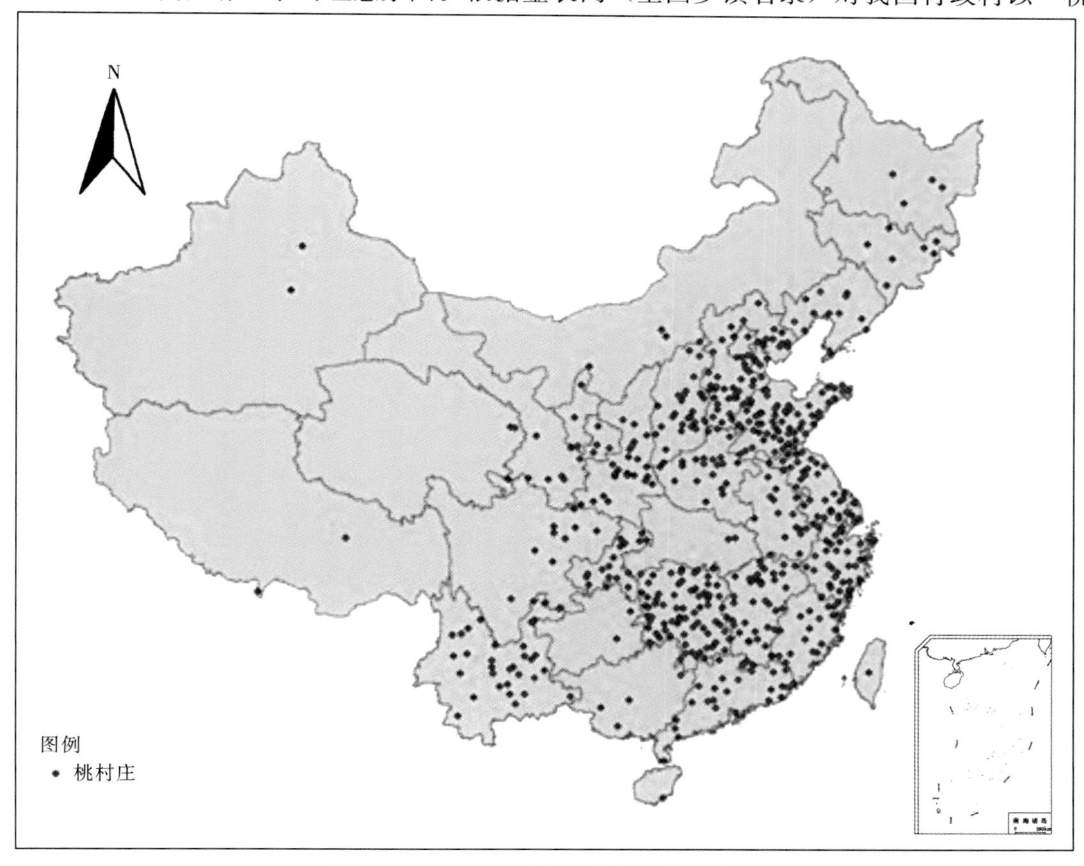

图 1-21 中国以“桃”命名的村庄分布

的村庄进行检索，共检索 966 个“桃村庄”（图 1－21），加上山川、峡谷等共 7 000 多个，反映了我国桃文化丰厚的内涵。“桃花节”勃然兴起，已形成了从南到北多处桃花观赏胜地，如湖南常德桃花源、浙江杭州西湖断桥、江苏无锡阳山、四川成都龙泉驿、北京香山、河北乐亭等（图 1－22）。在香港、澳门、广州及珠江三角洲地区，桃花被誉为“中国的圣诞树”，是春节前花市上的重要商品花卉，每年有 70 万～80 万株切花上市。观赏桃花示范园更是成为现代休闲农业的代表（图 1－23）。

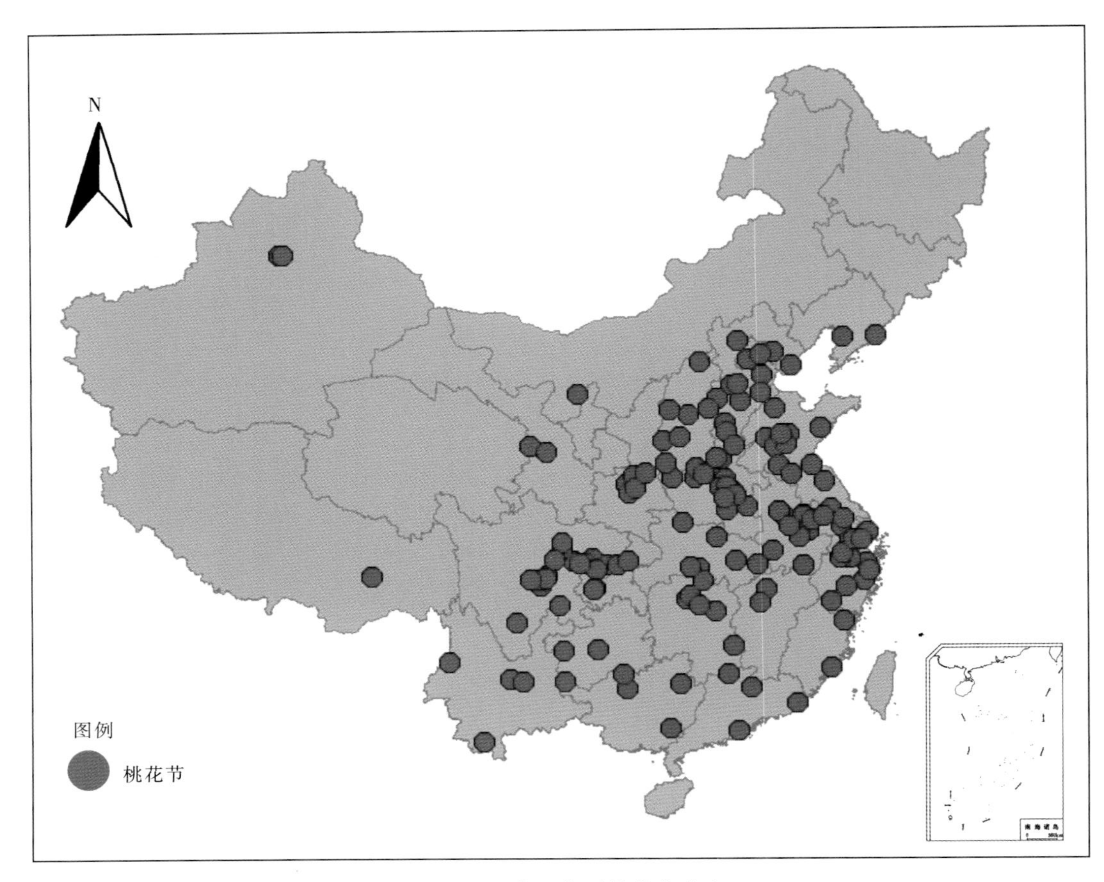

图 1－22　中国主要桃花节分布

观赏桃生产

观光桃园

观赏桃设施栽培

寿星桃观光园

图 1 - 23　观赏桃示范园

第五节　桃产业面临的挑战

世界与中国的桃产业均取得了重大进步，然而目前桃产业也面临巨大挑战，如果实品质问题（果实风味品质差成为限制市场供应的要素，果实耐贮性已经达到极限）、果品营养成分有待开发（桃果实营养如花色苷的功能性成分开发日益受到重视）、省力化栽培问题（桃生长量大，疏花、疏果、整形修剪耗工量大，易于机械化管理的树形等相关研究备受关注）、抗性与矮化砧木问题、果品安全问题（食心虫、果腐病、流胶病等病虫为害日益严重而威胁到果品安全）以及气候变化带来的非生物胁迫问题。解决这些问题最关键的技术是寄托于新品种的突破，而新品种的突破依赖于丰富的种质资源。因此国内外桃遗传育种学者对中国桃遗传多样性，尤其是野生与地方品种资源给予极大关注。桃染色体为 $2n=16$，且以自花授粉为主，遗传背景相对简单，是果树遗传学和分子生物学研究的模式树种，已经完成全基因组测序，为分子设计育种奠定了基础。可以相信，中国桃种质资源丰富的遗传多样性必将为世界桃产业作出更大的贡献。

第二章　桃野生近缘种的遗传多样性

李属植物种质资源非常丰富，全世界有400多个种。本章描述了起源于中国的真桃组和扁桃组11个野生近缘种光核桃、甘肃桃、陕甘山桃、山桃、新疆桃、西康扁桃、长柄扁桃、蒙古扁桃、扁桃、野扁桃和榆叶梅的生态学、植物学、生物学的遗传多样性及其利用价值。

第一节　光 核 桃

光核桃，*Prunus mira* Koehne，别名西藏桃、康布。

一、地理分布与生长环境

（一）地理分布

光核桃分布在雅鲁藏布江及其下游支流的尼洋河和帕隆藏布江、金沙江、澜沧江、怒江流域海拔1 700～4 200m处，集中分布在海拔2 500～3 600m处，包括日喀则市、谢通门县、仁布县、尼木县、曲水县、拉萨市、达孜县、贡嘎县、加查县、山南地区、朗县、米林县、林芝县、波密县、察隅县、芒康县等

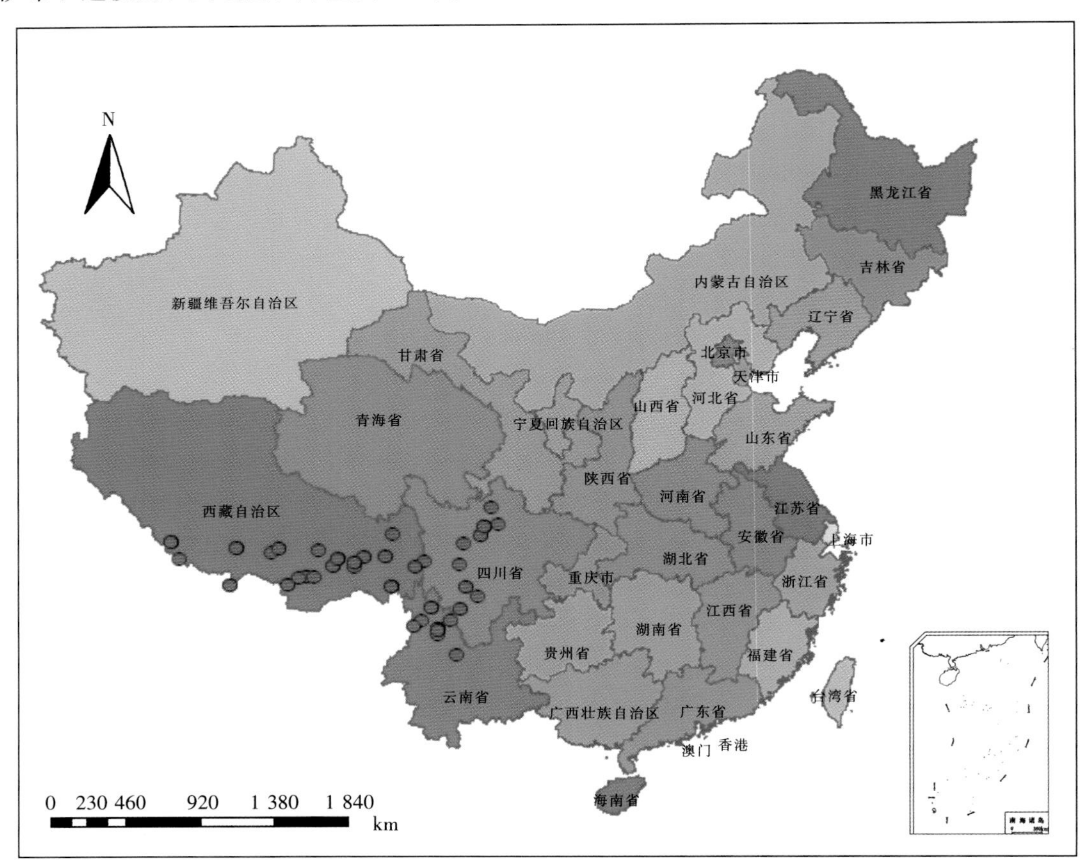

图2-1　光核桃的自然分布

地。在云南德钦县和四川木里藏族自治县、冕宁县、盐源县的金沙江、雅砻江、安宁河也有光核桃分布。通过查阅中国数字植物标本馆及作者实地资源考察，利用地理信息系统软件绘制了光核桃的分布图（图 2-1）。

（二）生长环境

在西南部比较干旱的日喀则市，光核桃多生长在山沟里、山脚下和河水沿岸；西藏中东部的多雨地区，多生长在沿山谷的山坡和河岸上，土质均为沙土和沙砾土。在波密县玉许乡的冰碛丘陵地带和则普冰川脚下有大片分布（图 2-2）。

山沟里（西藏尼木县）

山脚下（西藏尼木县）

雅鲁藏布江沿岸（西藏米林县）

山坡上（西藏波密县大峡谷附近）

冰川脚下（西藏波密县玉许乡）

冰碛丘陵地带（西藏波密县玉许乡）

图 2-2　光核桃的生长环境

日喀则市年平均气温 6.3℃，1 月均温 −3.2℃，7 月均温 14.3℃，无霜期 118d。年日照时数 3 248h，年降水量 200～420mm，属高原温带干旱季风气候区，干湿季明显，夏季温和湿润，降水集中在 7～8 月，冬季寒冷干燥多风。林芝地区年平均气温 8.7℃，最冷月平均气温为 −5℃。1 月均温 0.5℃，极端最低温度 −13.7℃。7 月均温 15.8℃，极端最高温度 30.3℃，无霜期 180d。年日照时数 2 000h 以上，年降水量 650mm，多集中在 5～9 月，平均海拔 3 100m。此生境属于半干旱至半湿润类型，具有一定的旱生型特点，属于高山灌丛木本群落。从其生长环境看，光核桃抗旱性不如山桃，抗涝性不如野生毛桃。

（三）种群特性

西藏光核桃约 30 万株，总面积为 1.0×10^4～$1.33\times10^4\,hm^2$。雅鲁藏布江沿岸、沿 318 国道从林芝到波密，春天桃花似锦，洋洋洒洒绵延数百千米。波密县玉许乡为光核桃最集中分布的区域，年产桃核在 900t 左右，仅其林琼村就有上万亩的光核桃林。在主要分布区百年以上光核桃树随处可见，高度在 8～15m（图 2－3）。波密县倾多乡如纳村一株光核桃，树干直径 2.4m，树体高度近 20m，树龄在 900 年以上。宗学普等在西藏拉普发现一株直径 3m，树龄千年的光核桃（图 2－4）。林芝地区光核桃种群平均年龄 68 年，而在所有调查样地中均没有发现树龄小于 10 年的光核桃植株，人为干扰使村庄型和农田型光核桃种群都处于衰退阶段，荒地型光核桃种群处于从稳定型向衰退型过渡的阶段（方江平，2008）。

图 2-3　光核桃树体高度

图 2-4　千年光核桃树
（宗学普提供）

二、植物学特征

（一）枝叶

1. 树姿　以普通直立形、开张形为主，在四川省木里藏族自治县发现了盘龙形光核桃（图 2－5）。

开张形（西藏波密县）

盘龙形
（四川木里县，谢红江提供）

图 2-5　树　姿

2. 主干　在波密倾多乡如纳村分布的光核桃树体枝干具有左旋特征，而在尼木县等地分布的主干具有右旋特征（图 2-6）。

主干左旋（西藏波密县）

主干右旋（西藏尼木县）

图 2-6　树干旋转状态

3. 枝　在西藏 1 年生枝光滑无毛，红褐色，成龄树树皮褐灰色，类似山桃，可能是高海拔强烈的紫外线所致；而在郑州 1 年生枝粗糙、灰褐色，皮孔大（图 2-7），可能是对低海拔的富氧适应所致。枝干分枝多。

4. 叶　密集度中等，叶形为卵圆形，叶长 7～10cm，基部椭圆形，叶尖极尖，叶缘细锯齿，叶背主脉有少量茸毛（图 2-8），叶腺圆形、小肾形、肾形，0～6 个。

5. 冬芽　多数冬芽外鳞无毛，芽尖有少量茸毛（图 2-9），个别为有毛型，短梗。

皮色（西藏）

皮色（郑州）

图 2-7　皮　色

叶　形

叶基形状

叶　尖

叶　缘

叶背面

图 2-8　叶　形

外鳞无毛

芽尖茸毛

图 2-9　花芽外鳞茸毛状况

（二）花

1. 花型　蔷薇形，花瓣扇形或倒卵形，花瓣之间部分重叠或分离明显，两侧内卷或边缘平展（图 2－10）。

花瓣重叠　　花瓣分离

花瓣内卷　　花瓣平展

图 2－10　花　型

2. 花瓣类型　单瓣、复瓣和重瓣（图 2－11）。

复　瓣　　重　瓣

（曾秀丽提供）

图 2－11　花瓣类型

3. 花色 白色或粉色，其中核横纹型光核桃花为深粉红型，类似西北桃（图 2－12）。

白　色

粉　色

深粉红

图 2－12　花　色

4. 花径 花径 1.5～3.5cm（图 2－13）。

图 2－13　花　径

5. 萼筒 萼片长圆筒形，紫褐色，上部萼齿深裂，萼筒外壁无毛，萼片有毛。萼片与萼筒连接处呈束腰状（图 2－14）。

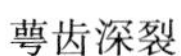

萼齿深裂

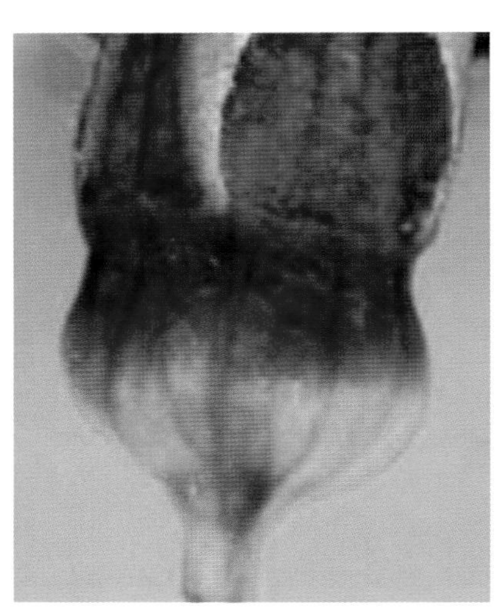

萼片分裂处束腰状

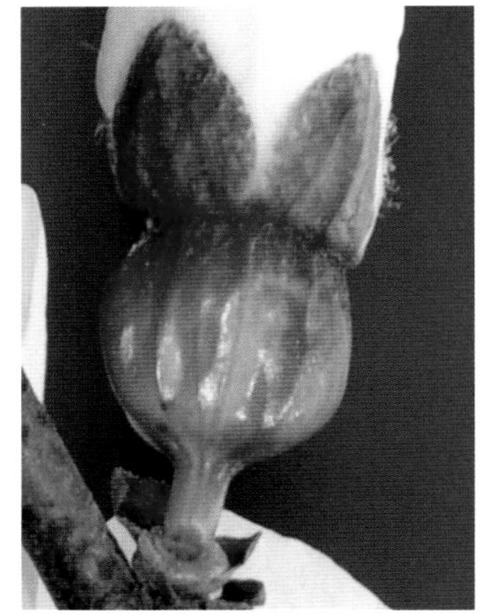

萼片有毛

图 2－14　萼筒性状

6. 花药色　白色或黄色（图 2－15）。

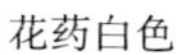
花药白色　　花药黄色

图 2－15　花药色

7. 花粉育性　花粉可育或不稔。通过对波密县倾多乡如纳村和玉许乡玉仁村的调查，花粉可育与不稔的比例为3∶1，符合孟德尔遗传规律。在林芝大峡谷附近和冰山脚下，花期天气阴冷，花粉不稔类型多，因而推测不稔类型的形成与花期低温和弱光有关。

8. 花芽习性　自然生长的光核桃树以单花芽结果为主，同时也有复花芽（图 2－16）。

单花芽　　复花芽

图 2－16　开花习性

（三）果实

1. 果形与果皮毛　果实对称，果形以圆和椭圆为主，少有扁圆形，果顶平或凹陷，梗洼深或浅，果皮密被茸毛。

2. 果皮颜色与剥离度　果皮底色以淡黄色和绿白色为主，阳面表色具紫红色晕、斑点或条纹（图 2－17），在自然群体中有 25％的果实着色面积可达 75％以上。果皮多数为难剥离或不能剥离类型。

果皮底色黄

果面鲜红色

图 2-17　果皮颜色

（曾秀丽提供）

3. 缝合线　多数果实缝合线浅，少数中等或深，缝合线过顶（图 2-18）。

缝合线深

缝合线过顶

（曾秀丽提供）

图 2-18　果实缝合线

4. 果实大小　根据曾秀丽（2011）单果重数据进行作图（图 2-19），单果重介于 3.3～46.7g，均值 22.7g。核纹为浅沟型的果小，深沟型果略大，大果可达 90g。

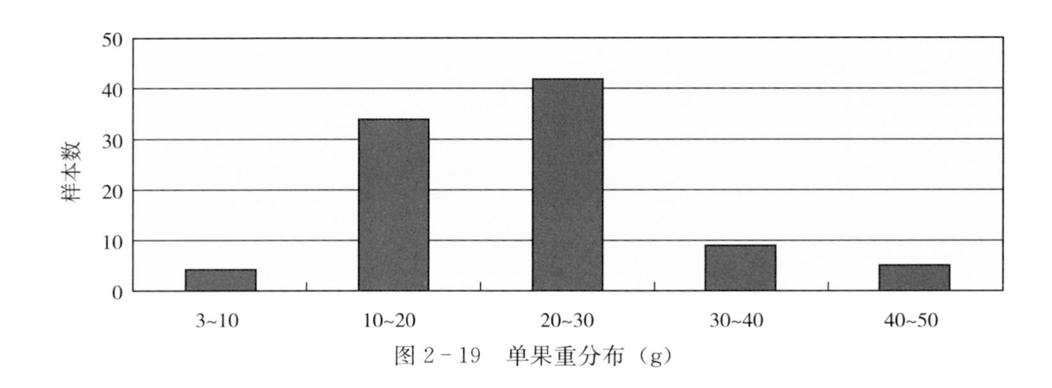

图 2-19　单果重分布（g）

5. 果实肉色　果肉以乳白色、乳黄色为主，绿色和红色极少（图 2-20）。如按照白肉和黄肉划分，自然群体的比例为 3∶1，符合孟德尔遗传定律（图 2-21）（曾秀丽，2011）。

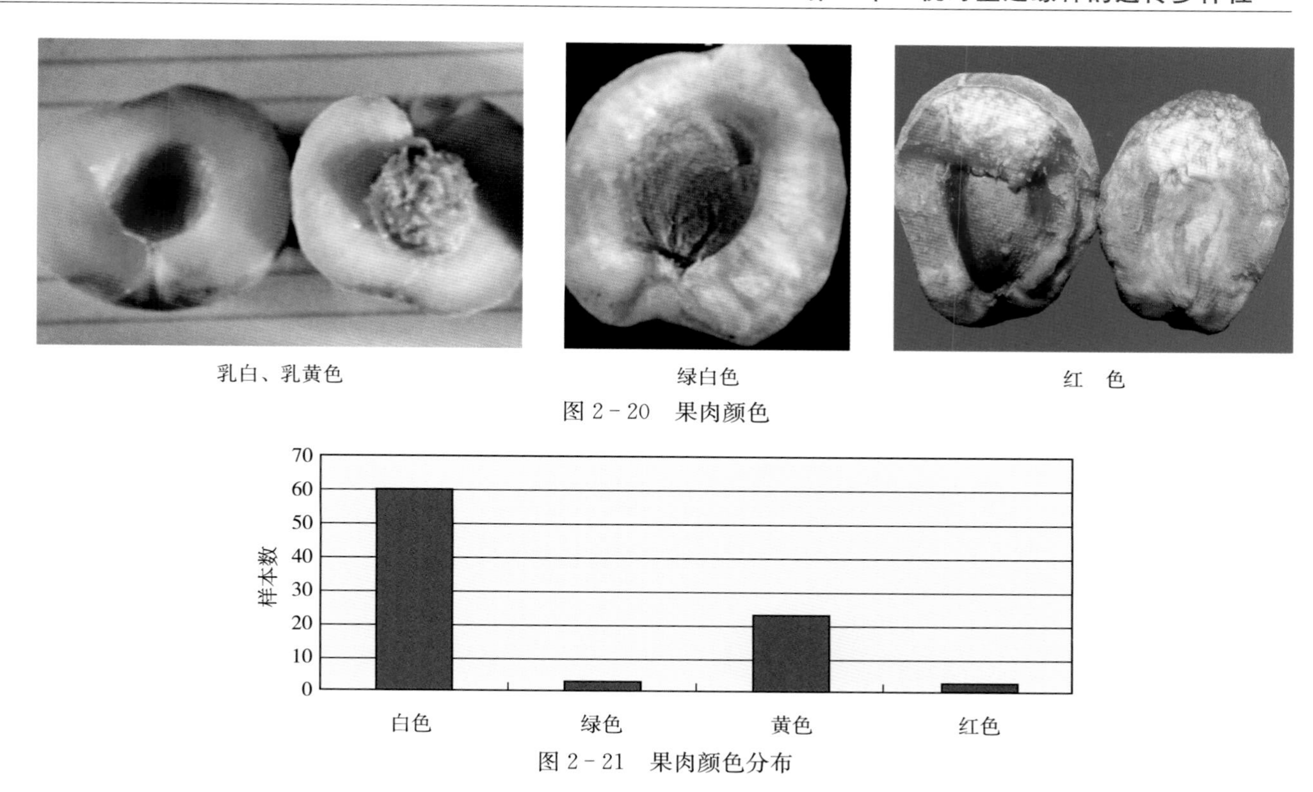

图 2-20　果肉颜色

图 2-21　果肉颜色分布

6. 核粘离性　核的粘离性有离核、半离核和粘核（图 2-22）。124 个样本果核的粘离性调查结果表明，离核 27 个、半离核 47 个、粘核 50 个，比例分别为 21.77%、37.90%和 40.33%（图 2-23）（曾秀丽，2011）。

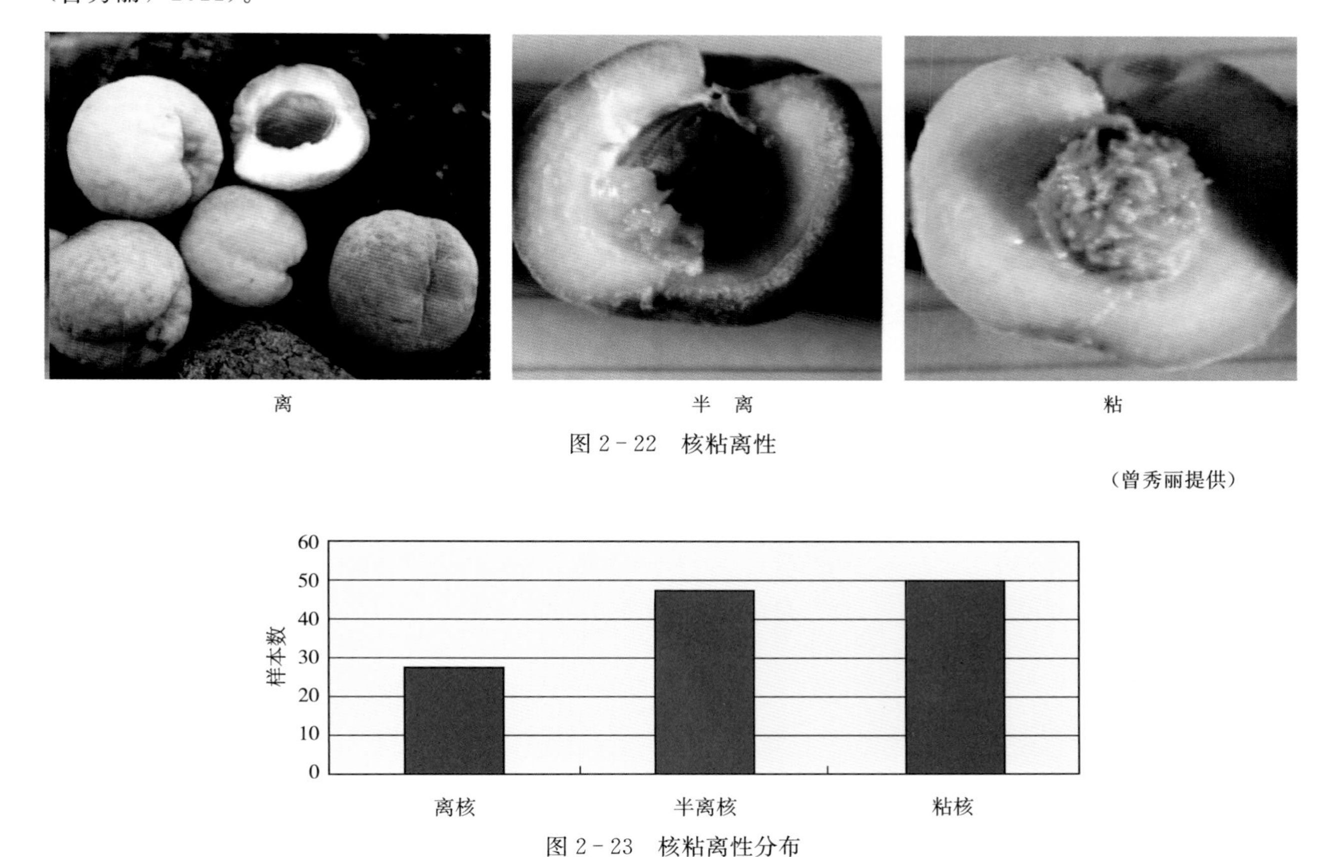

图 2-22　核粘离性

（曾秀丽提供）

图 2-23　核粘离性分布

7. 肉质与风味　肉质多为溶质，也有不溶质类型。风味酸或酸甜，也有略带苦味或涩味的，汁液多或少，可溶性固形物10.3%～23.8%（图2－24），可滴定酸含量0.52%～2.45%（图2－25）（曾秀丽，2011）。

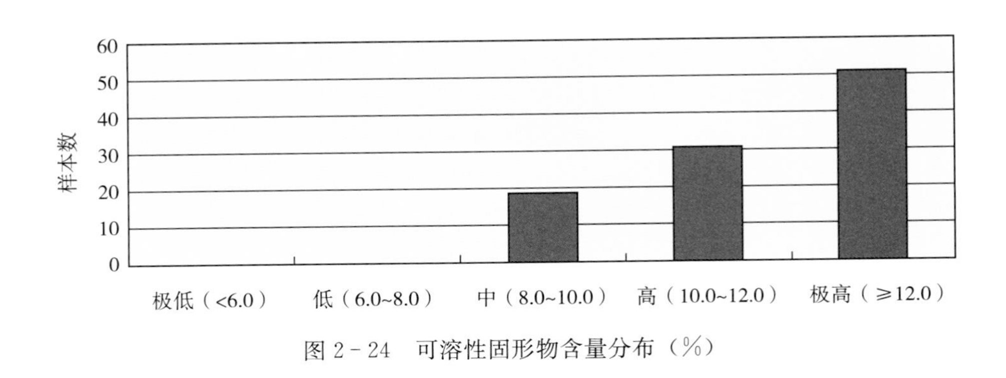

图2－24　可溶性固形物含量分布（%）

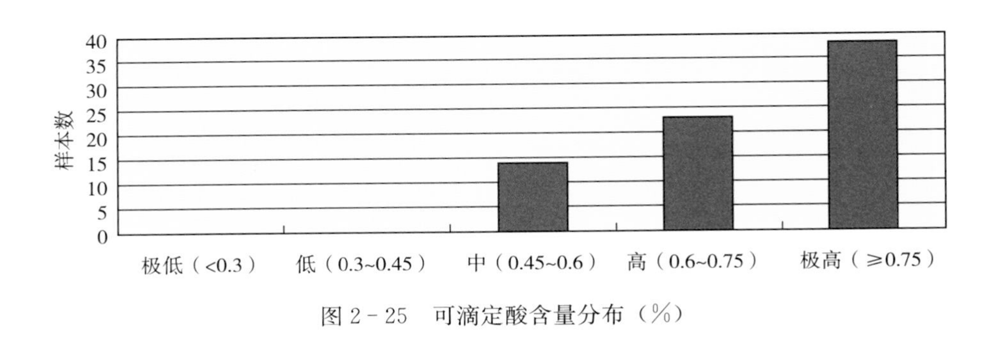

图2－25　可滴定酸含量分布（%）

8. 丰产性　不同单株丰产性不一，存在极丰产类型（图2－26）。

图2－26　结果状

（曾秀丽提供）

（四）核

核卵圆形或椭圆形，纹沟深浅程度不同，核纹有6种类型（图2-27）。

1. 杏核型　核面光滑，核厚度较薄，核翼突出，近似杏核，在日喀则市仁布县切娃乡嘎布决嘎村有集中分布。

2. 光滑型　核面光滑，核厚度正常，分布广泛。

3. 浅沟型　核面有浅沟，有沟纹3～4条，无点纹，为光核桃主体类型。

4. 甘肃桃型　仁布县切娃乡发现，树高15m，干周4m，干径1.6m；果小，16.6g，很圆，有红晕，核很小，圆形，沟纹较深、较直，无点纹，近似甘肃桃核纹；叶脉茸毛极少。

杏核型

光滑型

浅沟型

甘肃桃型

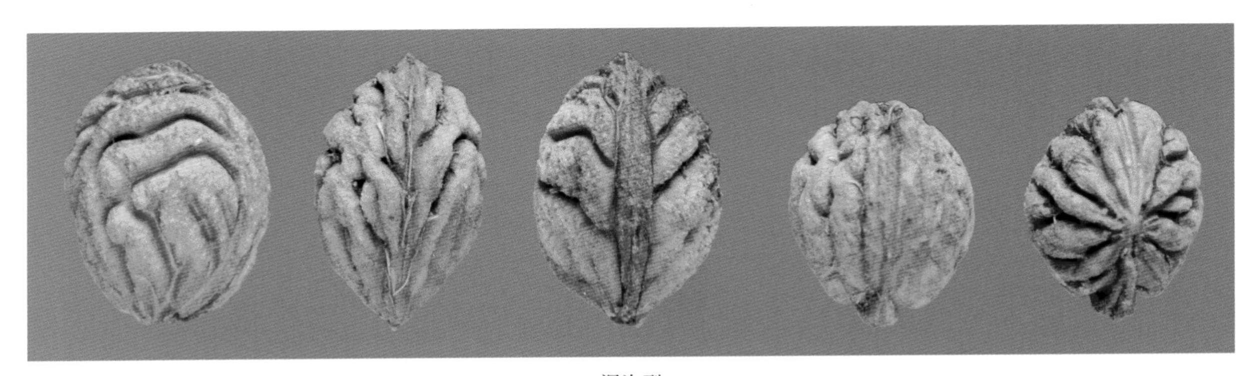

深沟型

横纹型

图 2-27　核纹类型

5. 深沟型　核沟纹深，主要分布在林芝等交通较为便利的地带，是光核桃中较为进化的类型，与云贵普通桃野生类型近似，介于甘肃桃型和横纹型之间。

6. 横纹型　分布在交通便利的通麦大桥交通宾馆旁（30°03′45″N，95°11′48″E）。普通桃叶片，叶很大，叶腺小肾形；花色鲜艳，类似新疆桃或西北桃。核大，全为沟纹，类似新疆桃，但核纹为横向平行，不间断顺弯；当地人叫“家桃”。推测该类型为逸生，或者是光核桃与新疆桃的种间杂交种。

三、生物学特性

（一）童期

在西藏，光核桃的童期长，通常为 8～10 年开始结果，少有 4～5 年可以结果的单株。中国农业科学院郑州果树研究所 1981 年播种光核桃种子，17 年后仅有 1 株开花。将光核桃高接在普通桃上，10 多年未形成花芽；然而 2006 年引种的 1 株光核桃嫁接在毛桃砧木苗上，2009 年即形成少量花芽，这说明光核桃总体童期长，但不同种类间差异很大。

（二）子叶出土

光核桃是桃野生近缘种中唯一子叶出土的野生种，说明其具有原始性（图 2－28）。

子叶出土

下胚轴殷红色

图 2－28 子叶出土与下胚轴颜色

（三）与桃杂交亲和性

与桃杂交，具有良好的亲和力，坐果正常。杂交种子沙藏层积后播种，其后代植株全部具有子叶出土现象，说明子叶出土为显性遗传；且幼苗分枝多，枝细长，后代丛枝状明显（图 2－29）。

子叶出土

丛枝状

图 2－29 （白花×光核桃）F_1 表现

（四）需冷量与花期

光核桃的需冷量在650h左右。同一种质花期持续10d以上，同一群落花期持续20d左右，从藏东的察隅到藏西南的日喀则，花期从3月中旬至4月中下旬，持续1个多月。

（五）根系

光核桃生长量大，根系发达，侧根多（图2-30）。

图2-30　根系发达

（六）抗性

在郑州气候条件下常遭受早霜为害，易受天牛为害，易感染根癌病（病原菌 *Agrobacterium tumefactions* Conn）（朱更瑞，1997），同时易感染桃粉蚜（*Hyalopterus arundimis* Fabricius）。

（七）SSR遗传多样性

用13对SSR引物对从西藏采集的60份光核桃（从日喀则至波密）种质遗传多样性进行主成分分析，结果如图2-31所示。以PC1为参考，主要在0.52～0.76，样品相对集中，说明其遗传背景相对较近，取样地区比较狭窄；而以PC2为参考，分布在－0.42～0.39，样品比较分散，说明光核桃存在不同程度的进化。总体来说其遗传背景较近，遗传变异不大。

按特异条带数从多到少顺序为：在通麦大桥交通宾馆旁29号（30°03′45″N，95°11′48″E）单株出现特异条带最多，达28条，该品种核纹为横纹型，类似新疆桃，但叶脉为网状，SSR标记显示与典型光核桃的遗传距离较远，疑为光核桃与新疆桃杂交种；其次21号和32号品种各出现3条，其中21号肉微黄、半不溶质，似西北桃的特征；32号样品根据已断枝的年轮推断为近500年，核卵圆形，较为光滑；47号品种出现2条多样性谱带，树龄200年左右，叶腺圆形，2个，冬芽有茸毛，纹较深。

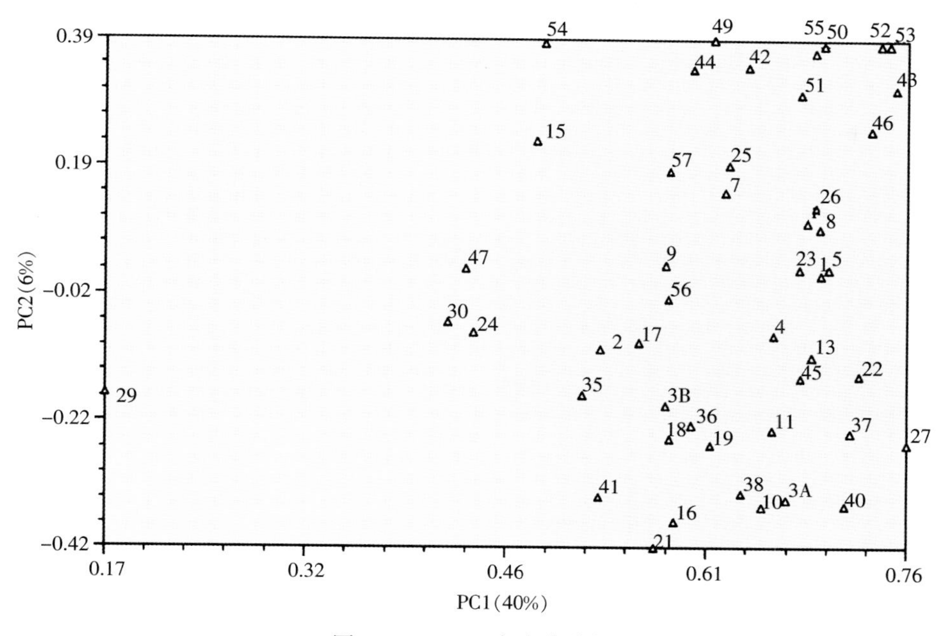

图 2－31　SSR 主成分分析

四、应用价值

光核桃是当地群众利用最多的野果资源，直接生食有特殊香味，可作为鲜果资源予以开发，还可加工成果干、果酱、果脯、酿酒、取仁榨油，为当地一大富有特色的地方产品。资源量非常丰富，当地群众仅利用了少部分资源，还有相当多的资源自生自灭。光核桃亦是重要的砧木。光核桃的自然群体保护良好，是研究桃种质资源的优良遗传材料。光核桃的生态意义是它最重要的应用价值（图 2－32）。

白云间的光核桃

雨中光核桃林

雅鲁藏布江与尼洋河交汇处光核桃

桃花与冰川合一

桃红柳绿的藏族村寨

桃花环绕的农家院落

（左四川木里县，谢红江提供，右云南香格里拉县，于菲提供）

世外桃源是我家

图 2-32　生态价值

第二节　甘 肃 桃

甘肃桃，*Prunus kansuensis* Rehd.。

一、地理分布与生长环境

（一）地理分布

甘肃桃主要分布在北纬 32°40′～36°50′，集中分布在黄河上游海拔 600～2 000m 的陕甘地区。甘肃庆阳市、平凉市、天水市和陕西彬县、旬邑县是其集中分布区；生长范围延伸到河南西部、山西南部、湖北北部的伏牛山区及四川西北部秦岭的低海拔地区。通过查阅中国数字植物标本馆及作者实地资源考察，利用地理信息系统软件绘制了甘肃桃的分布图（图 2－33）。

（二）生长环境

甘肃桃常见于向阳的山坡下部，林区边缘，沟谷侧畔，多为散生（图 2－34）。甘肃省宁县年平均气温 8.7℃，最热月平均气温 22.0℃，最冷月平均气温－5.9℃，无霜期 161d；年日照平均 2 365h，年平均降水量 572mm，平均海拔 1 200m，温和偏凉，四季比较分明，雨热同季，光照充足。

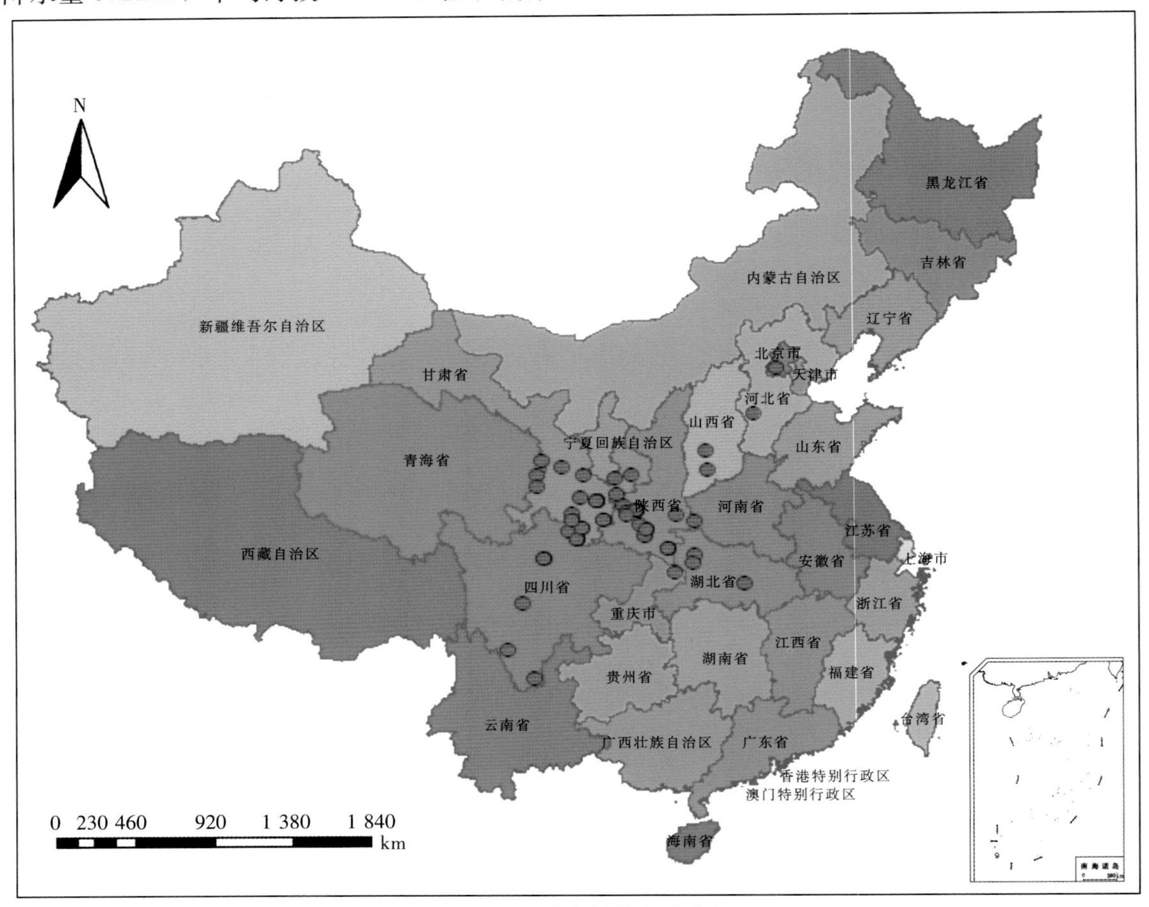

图 2－33 甘肃桃的自然分布

生长环境（河南省卢氏县）

生长环境（甘肃省宁县）

图 2－34 甘肃桃的生长环境

（三）种群特征

甘肃桃自然状态下种群树龄在20年以下。

二、植物学特征

（一）枝叶

1. 树姿　落叶小乔木，幼树生长直立，至成年呈半开张状，8年生树高6m，冠幅6.5m×6.0m左右。

2. 主干与枝　树干粗糙，灰褐色，新梢绿色或紫红色（图2-35）。

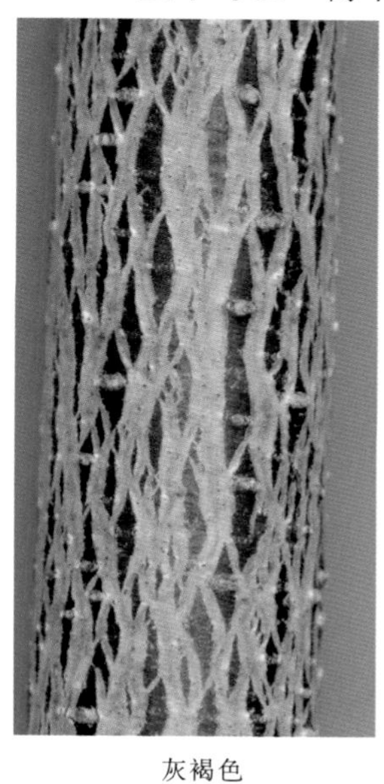
灰褐色

绿　色

紫红色

图2-35　枝干和新梢颜色

3. 叶　叶片卵圆披针形，叶尖急尖，叶缘细锯齿，基部尖形或楔形，无叶柄腺，叶面深绿色，无毛，叶背色较浅，中脉基部有茸毛，叶柄无毛（图2-36）。

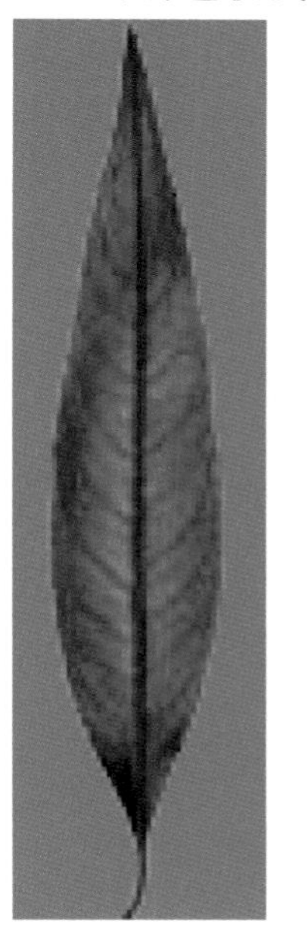
叶　形

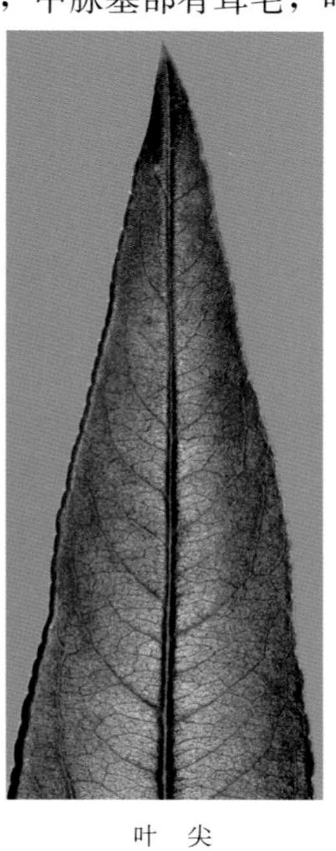
叶　尖

叶　缘

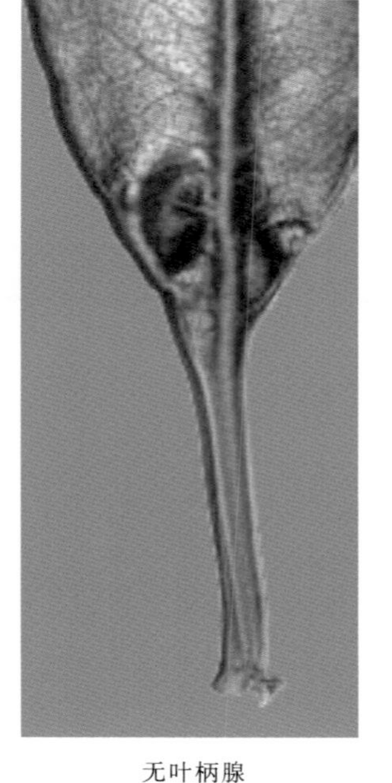
无叶柄腺

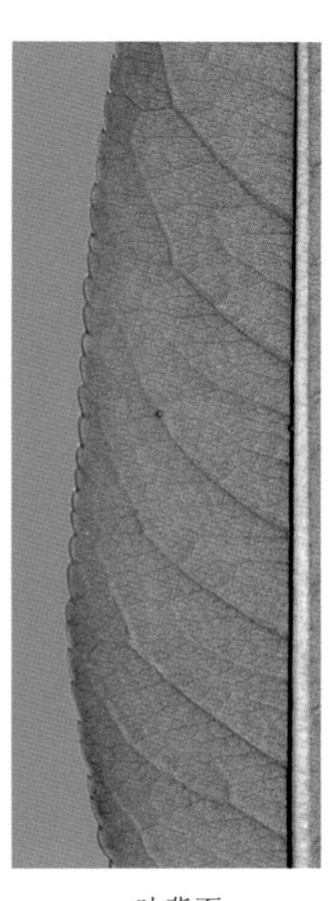
叶背面

图2-36　叶性状

4. 冬芽 冬芽小，外鳞片无毛，内鳞片上部多茸毛（图 2－37），复芽占半数以上，并存在多芽现象（图 2－38）。

图 2－37 冬芽无毛

4 花芽 1 叶芽

5 花芽 1 叶芽

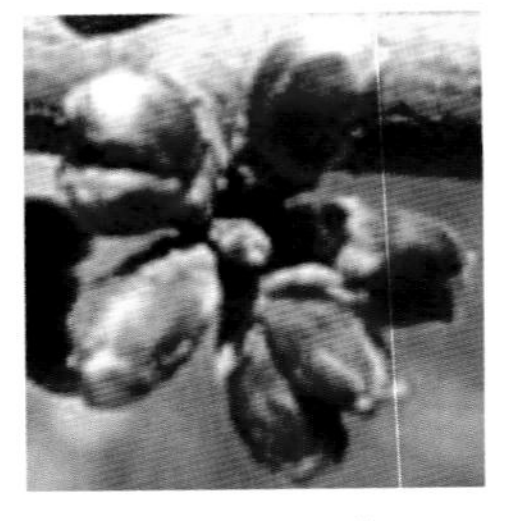

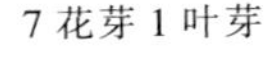

7 花芽 1 叶芽

8 花芽 1 叶芽

图 2－38 多芽现象

（二）花

花密度大（图 2－39），花瓣数以 5 瓣为主，也有复瓣类型（图 2－40）；花色粉白色，花瓣形态有分离和叠合（图 2－41），萼筒外壁紫红色，外被茸毛（图 2－42），花柱长于雄蕊，花药白色、浅褐色、黄色、橘黄色和橘红色（图 2－43），其中浅褐色和白色为花粉不稔类型，橘黄和橘红花粉可育；花有香气。

图 2－39 花密度

图 2－40 复瓣花

分　离

叠　合

图 2－41　花形态

图 2－42　萼片茸毛

白　色

浅褐色

黄　色

橘黄色

橘红色

图 2－43　花药颜色

（三）果实

果实圆形，直径 2～3.5cm，有茸毛，缝合线明显，果顶微尖凸；肉厚 0.5～1.2cm，白色（图 2－44）；风味甜酸可食，完熟后汁多，甘肃桃有多种类型，果实有大、小之分，充分成熟后果肉离核；极丰产（图 2－45）。

图 2－44　果　形

图 2－45　丰产性

（四）核

有厚核翼，核面有倾斜沟纹，无点纹，从果核的形态来看，甘肃桃的果核与深沟型光核桃相似，个体间类型较多（图 2-46），种仁有苦、甜之异。

图 2-46 核 纹

（五）根

根系发达，须根比同龄山桃明显多。根部皮色有白、红之分。

三、生物学特性

甘肃桃需冷量 400h，需热量低。在郑州地区 2 月下旬芽萌动，2 月底 3 月初开花，7 月底 8 月初果实成熟。在甘肃平凉市 4 月上旬开花，8 月下旬果实成熟。花芽在越冬前已经形成花粉粒，越冬后形成雄配子体（王珂，2006，2008）；花香浓郁；对南方根结线虫（*Meloidogyne incognita*）有良好的抗性，其中红根甘肃桃 1 号对南方根结线虫免疫，极易感染桃蚜（*Myzus persica* Sulzer）。染色体及核型为 $2n=16=4m$（中部着丝点）$+2M$（等臂）$+8Sm$（近中部着丝点）$+2m$（SAT，带随体的中部着丝点）（郭振怀，1986）。与桃杂交，后代生长健壮，其性状处于二者之间，趋向甘肃桃。与 GF677 杂交，后代花色、花药色、花粉育性、花径大小等花性状广泛分离，果实缝合线开裂，后代点纹明显。通过不同分子标记技术构建了红根甘肃桃 1 号的连锁图谱，图谱包括 8 个连锁群，共 138 个位点，总长 616cM，平均 4.9cM，抗南方根结线虫基因被定位于第二条染色体的顶端，与 SSR 标记 UDP98-025 连锁距离为 10cM，最近的 SRAP 标记 M4E11-100 为 2cM（Cao Ke，2011a，2011b；刘伟，2010）（图 2-47）。

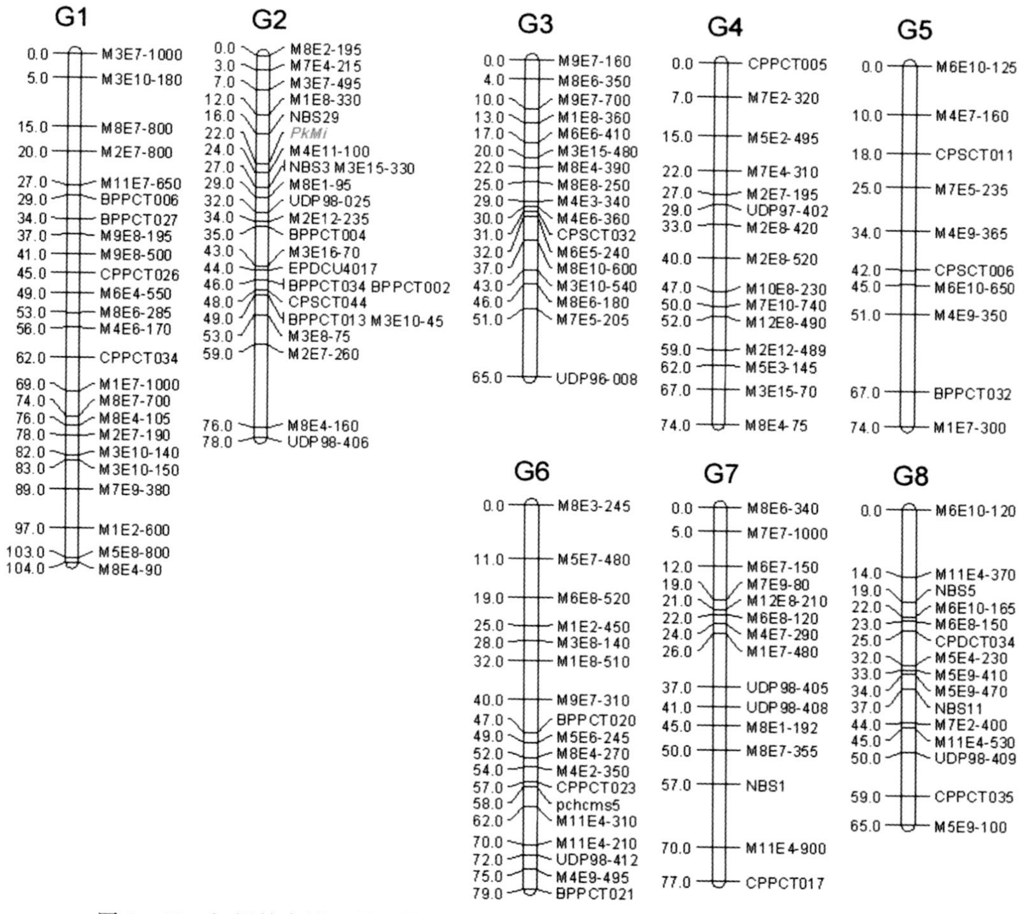

图 2-47　红根甘肃桃 1 号遗传连锁图谱及南方根结线虫抗性基因 *PkMi* 的位点

四、应用价值

甘肃桃适应性广，抗旱抗寒能力均强，对南方根结线虫高抗，是桃、李的良好砧木，亦为桃抗寒、抗旱、抗线虫、早花、香花育种的亲本材料。生命力强，也是重要的生态树木（图 2-48）。

石缝中生长

与连翘同生

图 2-48　生态价值

五、品种图谱

品种名称：红根甘肃桃 1 号
外文名：Hong Gen Gan Su Tao 1
原产地：甘肃省宁县
资源类型：野生资源（群体）
果实类型：普通桃
果形：圆
单果重（g）：13
果皮底色：乳黄
盖色深浅：无
着色程度：无

果肉颜色：白
核粘离性：离
肉质：软溶质
风味：酸
花型：蔷薇形
花瓣类型：单瓣
花瓣颜色：粉红
花粉育性：可育
花药颜色：橘红

叶腺：无
树形：直立
生长势：强健
丰产性：极丰产
始花期：2 月底
果实成熟期：8 月上旬
果实发育期（d）：155
营养生长期（d）：280
需冷量（h）：400

综合评价：红根甘肃桃 1 号的花、幼叶及根皮色均比白根甘肃桃 1 号的颜色红（图 2－49、图 2－50），上胚轴为殷红色（图 2－51），对南方根结线虫免疫（图 2－52），为世界上报道的首例对南方根结线虫免疫的种质，可能对根癌病也有较高的抗性。

红根甘肃桃 1 号

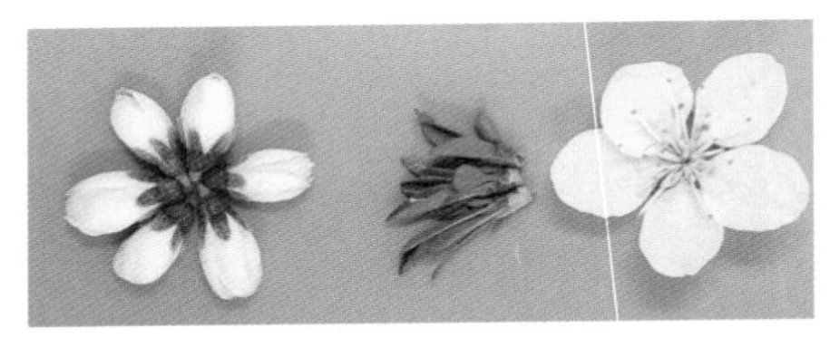
白根甘肃桃 1 号

图 2－49　红根甘肃桃 1 号与白根甘肃桃 1 号花色及幼叶色的比较

红根甘肃桃 1 号（1）

红根甘肃桃 1 号（2）

白根甘肃桃 1 号

图 2－50　根部皮色

红根甘肃桃 1 号　　白根甘肃桃 1 号

图 2－51　上胚轴颜色比较

红根甘肃桃 1 号　　贝　蕾

图 2－52　红根甘肃桃 1 号对南方根结线虫的抗性

品种名称：白根甘肃桃1号
外文名：Bai Gen Gan Su Tao 1
原产地：甘肃省宁县
资源类型：野生资源（群体）
果实类型：普通桃
果形：圆
单果重（g）：13
果皮底色：乳黄
盖色深浅：无
着色程度：无
果肉颜色：白
核粘离性：离
肉质：软溶质
风味：酸
花型：蔷薇形
花瓣类型：单瓣
花瓣颜色：粉白
花粉育性：可育
花药颜色：橘红
叶腺：无
树形：直立
生长势：强健
丰产性：极丰产
始花期：2月底
果实成熟期：8月上旬
果实发育期（d）：155
营养生长期（d）：280
需冷量（h）：400
综合评价：对南方根结线虫高抗，地理分布比红根甘肃桃1号更为广泛。

第三节　山　　桃

山桃，*Prunus davidiana* Franch，别名山毛桃、漆桃。

一、地理分布与生长环境

（一）地理分布

山桃分布在黑龙江、内蒙古、辽宁、河北、北京、山西、山东、河南、陕西、甘肃、四川、青海等省（自治区、直辖市）。甘肃平凉市分布有4 000hm²，燕山山脉、太行山山脉和伏牛山山脉为主要分布区，且有大量山桃与普通桃的自然杂交类型。通过查阅中国数字植物标本馆以及作者实地资源考察，利用地理信息系统软件绘制了山桃的分布图（图2-53）。

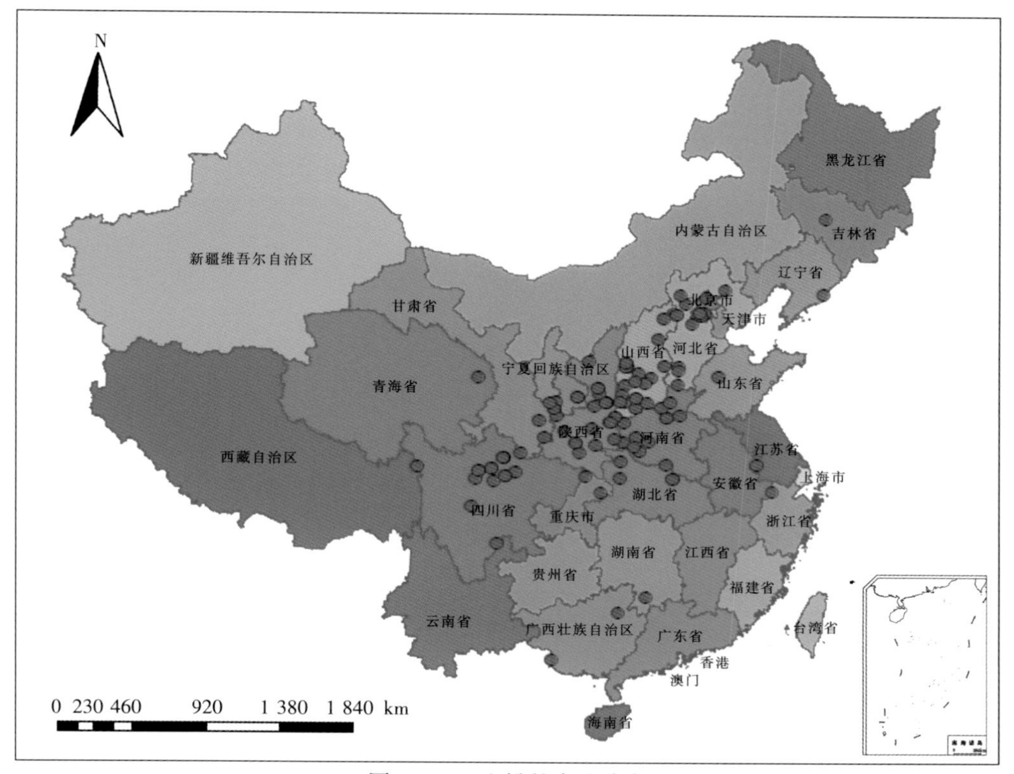

图2-53　山桃的自然分布

（二）生长环境

山桃为阳性树种，适应性强，主要生长在土石山地、岩石缝隙、黄土丘陵沟壑区的各种坡向及山脊、山坡和沟底（图 2-54）。在集中分布区太行山的河北境内，年平均气温 14℃，1 月均温－0.9℃，极端最低温度－30℃以下，7 月均温 27.3℃，≥10℃年积温 4 687.6℃，无霜期 217d，年日照时数 2 293.7h。降雨多集中在夏季，年降水量 640.4mm，年蒸发量 1 743mm，春旱多风，夏秋多雨，冬寒干燥少雪，海拔为 2 800m。

山　底

山坡、石缝间

图 2-54　山桃的生长环境（太行山）

（三）种群特征

自然状态下，山桃树龄在 20～30 年，限制其树龄的关键因素之一是红颈天牛的为害。

二、植物学特征

（一）枝叶

1. 树姿　树冠开张、直立、盘龙形和垂枝形（图 2-55）。野生状态山桃多为丛状灌木，栽培条件较好时树高 10m 左右。

半开张形

直立形

盘龙形

垂枝形

图 2-55　树　姿

2. 主干与枝　树皮暗红色，光滑，有光泽（图 2－56），分布区农民称其为“漆桃”。枝细长，无毛，老时褐色。

图 2－56　树皮色

图 2－57　叶片挺立

3. 叶　叶态挺立（图 2－57），叶片卵圆披针形，叶尖渐尖或急尖，基部楔形，边缘细锯齿，锐尖，叶面革质化，两面无毛；叶柄长，为 1～2cm，叶柄腺呈绿色、黄色或红色，圆形、针刺状或小肾形（可能是与毛桃的杂种类型），2～4 个居多（图 2－58）。

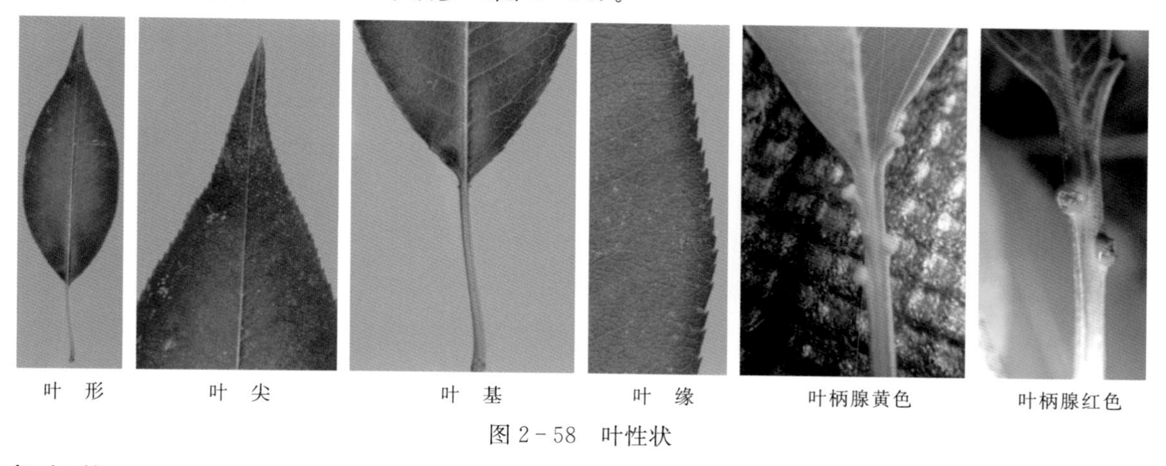

叶　形　　叶　尖　　叶　基　　叶　缘　　叶柄腺黄色　　叶柄腺红色

图 2－58　叶性状

（二）花

1. 花瓣类型　花有单瓣和重瓣之分（图 2－59）。

单　瓣

重　瓣

图 2－59　花瓣轮数

2. 花色 花白色、粉白色、粉红色和红色（图 2-60）。

白　色

粉白色

粉红色

红色（种间杂交种）

图 2-60　花　色

3. 花径 花径 2～3cm（图 2-61），近无柄。

图 2-61　花　径

4. 萼筒 萼筒钟状，萼片卵圆形，黄绿色、红褐色或紫色，外无茸毛（图 2-62）。

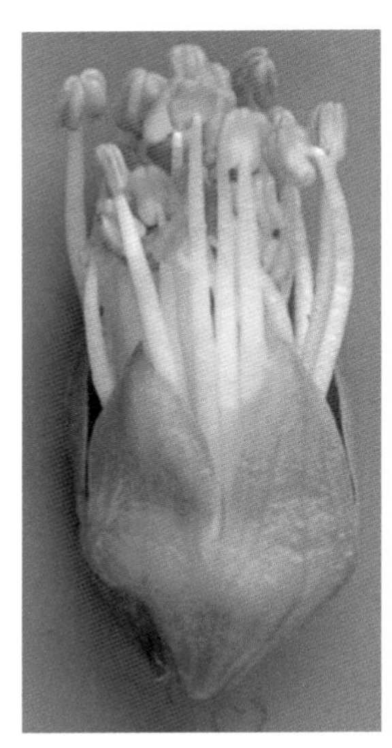
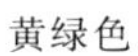
黄绿色

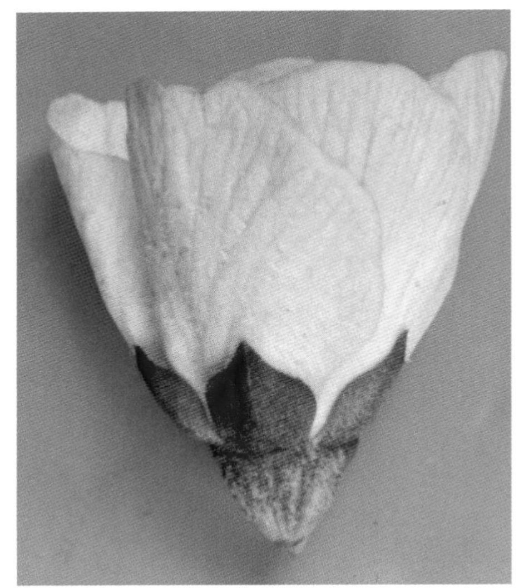
红褐色

无茸毛

图 2-62　萼片颜色及茸毛

5. 花药　花药色有粉白色、黄色和橘红色（图 2－63），其中白色花粉不稳，黄色和橘红色自然状态下以可育为主。

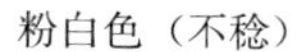
粉白色（不稳）

黄　色

橘红色

图 2－63　花药色

6. 花芽与开花习性　花芽有单花芽、复花芽。冬芽茸毛少（图 2－64），短花瓣类型小蕾期有柱头先出现象。雌蕊略长于雄蕊，子房被毛，雌蕊有红色和绿黄色（图 2－65）。帚形山桃花面向上，似灯盏状，观赏价值高（图 2－66）。

图 2－64　冬芽茸毛

红　色

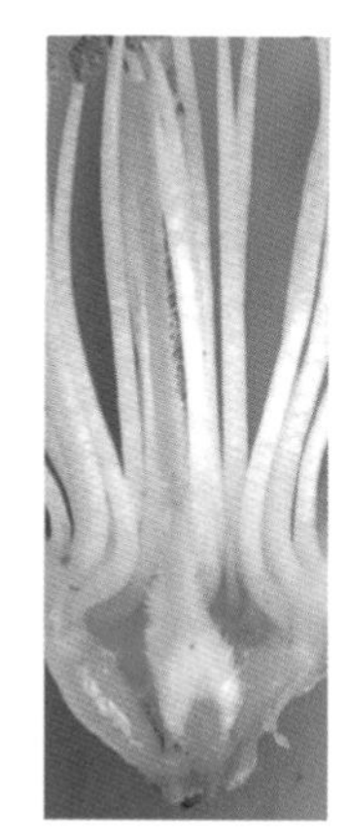
绿黄色

图 2－65　花柱颜色

图 2－66　帚形山桃着花状态

(三) 果实

果实圆球形，果肉有绿白色、乳黄色和红色 3 种类型（图 2－67），肉薄而苦，不可食；离核（图 2－68）。

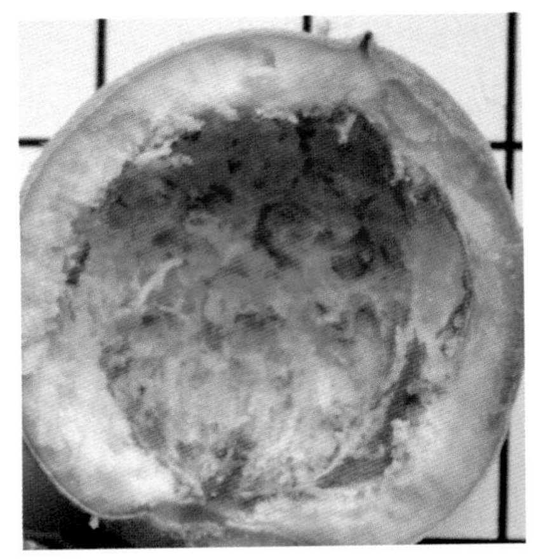

绿白色

乳黄色

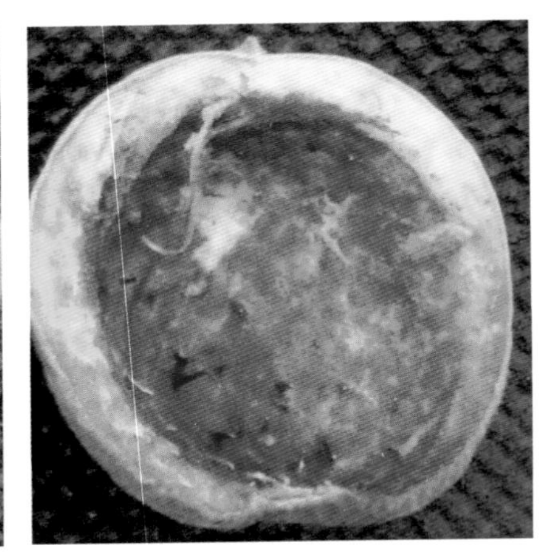

红　色

图 2－67　果实肉色

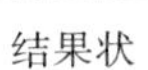

结果状

果　实

图 2－68　结果状与核的粘离性

(四) 核

核近球形，顶端和基部圆钝，核面有点纹或短沟纹（图 2－69）。典型山桃均离核，自然状态下与野生毛桃杂交可成半离核性状。

点　纹

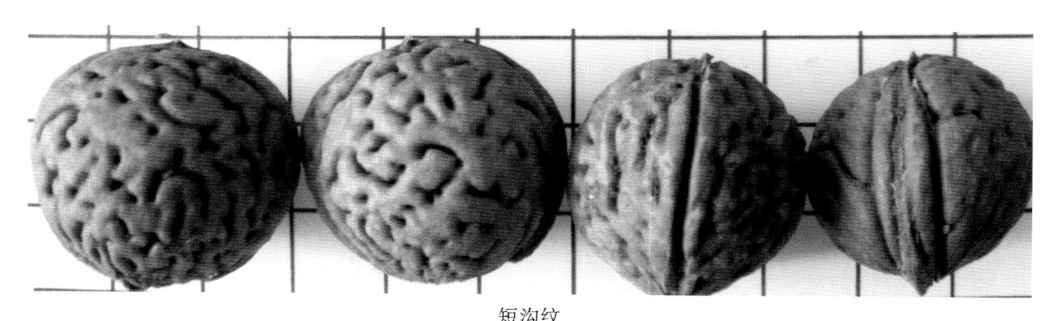

短沟纹

图 2-69 核特征

（五）种胚

种胚颜色有红、浅红和黄色（图 2-70）。红子叶以后开红花，而黄子叶开白花。

红 色　　浅红色　　黄 色

图 2-70 种胚颜色

（六）根

主根发达，根系分布较深（图 2-71）。一年生苗主根长度达 50cm 以上。

图 2-71 根

三、生物学特性

山桃需冷量400h，需热量低。在郑州地区2月底3月初开花，果实7月中旬成熟。花芽在越冬前已经形成花粉粒，越冬后形成雄配子体（江雪飞，2003）。抗寒、抗旱、抗盐碱土壤，耐瘠薄，在石缝间可生长（图2－72），但不耐涝，易感染根癌病和流胶病。与桃、李嫁接，愈合良好，有轻微大脚现象，早期丰产性比桃好。对桃蚜有驱避作用，抗桃蚜，且抗性呈显性遗传（王力荣，2001）。山桃表现出具有较高光合速率、较低蒸腾速率和较高水分利用率的生理特征。染色体及核型为$2n=16=8m$（中部着丝点）＋2M（等臂）＋4Sm（近中部着丝点）＋2m（SAT，带随体的中部着丝点）（郭振怀，1986）。易与桃杂交，后代性状趋向于山桃，RAPD标记位点符合孟德尔遗传定律（乔飞，2003）。普通开张形山桃对盘龙形山桃为显性，由一对等位基因控制。

图2－72　石缝中的山桃植株

四、应用价值

山桃主要用于桃、李、梅砧木；其开花早、树皮紫红色，抗寒性强，可用于园林绿化。果核出仁率为10.9％，出油率45％，核仁蛋白质含量26.28％，脂肪含量53.23％，蛋白质含量是核桃的1.7倍，是苹果的131倍；核仁油色橙黄清亮透明，可用做食用油和工业原料。在北方常用做砧木，含有抗病、抗虫和抗逆境优异基因，是优良的育种材料。核仁具有药用价值，民间常把山桃核仁与连翘同煮治疗感冒。同时，山桃的生态价值也是非常重要的，是太行山的主要树种之一（图2－73）。

“我”要发芽

压不倒的树

汹涌桃花

漫山遍野

盘山公路从桃花丛中穿过

巍巍太行是“我”家

图 2-73　生态价值（太行山）

五、品种图谱

品种名称：白花山桃
外文名：Bai Hua Shan Tao
原产地：河南省济源市
资源类型：野生资源
具体用途：野生种
果实类型：普通桃
果形：圆
单果重（g）：11
果皮：黄
盖色深浅：无
着色程度：无
果肉颜色：浅黄
核粘离性：离
肉质：粉质
风味：酸浓、苦涩
花型：蔷薇形
花瓣类型：单瓣
花瓣颜色：白
花粉育性：可育
花药颜色：黄
叶腺：圆形
树形：直立
生长势：强健
丰产性：低
始花期：3月上旬
果实成熟期：7月中旬
果实发育期（d）：130
营养生长期（d）：280
需冷量（h）：400

综合评价：树体高大，直立，树皮红褐色；花芽膨大时，雄蕊先出，花色纯白；略有香味。果皮干缩，果肉干燥，汁液极少。抗桃蚜。

品种名称：红花山桃
外文名：Hong Hua Shan Tao
原产地：辽宁省
资源类型：野生资源
具体用途：野生种
果实类型：普通桃
果形：圆
单果重（g）：12
果皮底色：绿黄
盖色深浅：无
着色程度：无
果肉颜色：白
核粘离性：离
肉质：粉质
风味：酸浓、苦涩
花型：蔷薇形
花瓣类型：单瓣
花瓣颜色：粉
花粉育性：可育
花药颜色：橘红
叶腺：圆形
树形：直立
生长势：强健
丰产性：丰产
始花期：3月上中旬
果实成熟期：7月下旬
果实发育期（d）：135
营养生长期（d）：280
需冷量（h）：400
综合评价：适应性广，树体高大，树皮红褐色。果实干燥，汁液极少。抗桃蚜，不抗根癌病。

品种名称：帚形山桃
外文名：Zhou Xing Shan Tao
原产地：河南省济源市
资源类型：野生资源
具体用途：野生种
果实类型：普通桃
果形：圆
单果重（g）：11
果皮底色：乳黄
盖色深浅：无
着色程度：无
果肉颜色：浅黄
核粘离性：离
肉质：粉质
风味：酸、浓郁、苦涩
花型：蔷薇形
花瓣类型：单瓣
花瓣颜色：粉
花粉育性：可育
花药颜色：黄
叶腺：圆形
树形：盘龙
生长势：强健
丰产性：低
始花期：3月上旬
果实成熟期：7月中旬
果实发育期（d）：135
营养生长期（d）：280
需冷量（h）：400
综合评价：适应性广，树姿盘龙形，树体高大，树皮红褐色，观赏性强。果实干、糠，汁液极少。抗桃蚜，不抗根癌病。存在多种类型，有白花、粉花、红花类型。

盘龙山桃(粉花)

盘龙山桃(白花)

盘龙山桃后代

盘龙山桃与垂枝桃后代

品种名称：白花山碧桃
外文名：Bai Hua Shan Bi Tao
来源地：北京市
资源类型：地方品种
用途：观赏
系谱：山桃与碧桃的自然杂交后代
选育单位：北京林业大学陈俊愉先生命名
树性：乔化
树形：直立
叶色：绿
叶腺：小肾形

着花状态：密
花型：蔷薇形
花瓣类型：重瓣
花蕾色：白
花色：白
花径（cm）：5
花瓣数：23～28
花瓣轮数：4～5
花瓣性：平展
花丝色：白
花心色：白
花药色：黄

花丝数：69～76
柱头数：无或短小
花粉育性：可育
萼片数：10～12
萼片轮数：2
果实类型：无果实
始花期：3月中上旬
开花持续期（d）：26
果实成熟期：不结果
果实发育期（d）：无
营养生长期（d）：280
需冷量（h）：400

综合评价：花重瓣，纯白色，花药纯黄，花药大，雌蕊退化，其退化时间在进入自然休眠后（江雪飞，2003）。花有香气，需冷量低，需热量低，开花早，开花持续期长，观赏价值高，是目前重瓣类型中花期最早的品种。作为父本，是优良的早花、香花重瓣育种亲本。无果实。树姿、树性均似山桃，推测为山桃与普通桃、碧桃的自然杂交后代。

第四节　陕甘山桃

陕甘山桃，*Prunus potaninii* Batal.。

一、地理分布与生长环境

陕甘山桃分布在甘肃南部、陕西西部和四川北部狭小地带，生长环境与甘肃桃、山桃均有交叉，依植物学特征应划分为山桃的一个变种或类型。分布区（陇南）年平均气温 5～15℃，≥10℃年积温 2 600～4 600℃，无霜期 166～285d，年日照时数 1 700～2 000h，年降水量 450～1 000mm，多集中在 7～8 月，海拔多为 1 500～4 600m。

二、植物学特征

陕甘山桃树体开张形，高度介于山桃和甘肃桃之间（图 2-74），叶片较山桃狭小，花蔷薇形，单瓣花，花瓣内卷，花色粉红，花粉可育，花药颜色橙红（图 2-75）。果形圆，果皮底色绿白，果实不着色，单果重 10g，果肉颜色绿白，风味酸，肉质硬溶。离核，核纹介于山桃和甘肃桃之间（图 2-76）。本种与山桃极为相似。

图 2-74　树　形

花　枝

花瓣性状

图 2-75　花性状

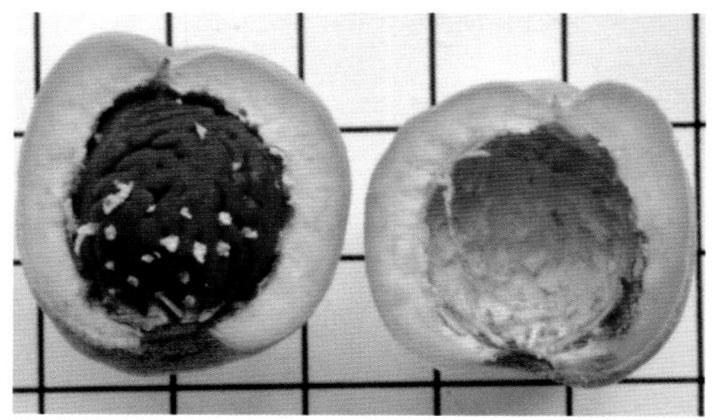

图 2-76　果实性状

三、生物学特性

陕甘山桃需冷量500h，3月中旬开花，8月上旬果实成熟。丰产。

四、应用价值

陕甘山桃在当地广泛用做桃树砧木。

第五节　新 疆 桃

新疆桃，*Prunus ferganensis* Kost. et Riab，别名大宛桃。

一、地理分布与生长环境

（一）地理分布

新疆桃分布在新疆南疆喀什市、和田市以及甘肃河西走廊的敦煌市和张掖市等地。

（二）生长环境

新疆桃主要生长于沙漠、戈壁和荒漠地带，以及极度干旱、昼夜温差大、倒春寒严重的地带。分布区年平均气温0～9℃，山区年平均气温0～5℃，1月均温－11.8～－7.2℃，7月均温11.4～21.6℃，≥10℃年积温3 000～4 000℃，年日照时数2 500h以上，常年降水量不超过50mm，海拔1 100～4 300m。

（三）种群特征

新疆桃主要分布在农家房前屋后，全部与桃（*P. persica* L.）混生，没有单独的种群存在。

二、植物学特征

（一）枝叶

1. 树姿　乔木，成龄树高3～5m，最高可达10m。树姿较为直立，树势旺。

2. 主干　树皮暗红褐色，粗糙，在大量的新疆实生苗中发现有枝干黄色类型；嫩枝光滑，绿色，向阳面略显红色（图2－77）。曾在新疆桃实生苗中发现过曲枝桃类型。

3. 冬芽　冬芽密被短茸毛（图2－78），簇生于叶腋间（多芽现象）。

4. 叶　叶长椭圆披针形，先端渐尖，垂卷，基部楔形，叶缘细锯齿，叶面暗绿色，无毛，背面色浅（图2－79）；侧脉12～14对。本种与桃最大的区别是侧脉离开主脉后弧形上升，在叶边缘分离不连接、直伸，在叶缘不形成网状，脉网不很明显（图2－80）。新疆桃叶脉直出为单基因控制隐性性状。叶柄较粗，长0.5～2.0cm，蜜腺多为2～3个。

树皮色(正常色)　　黄色枝

图 2－77　枝干颜色

图 2－78　冬　芽

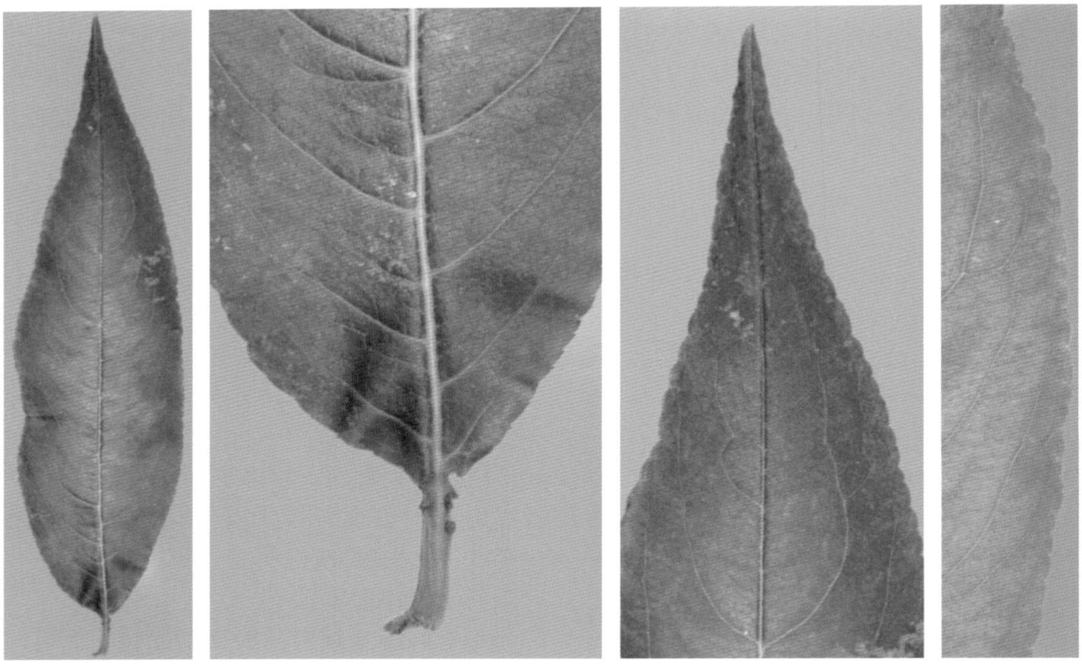

叶形披针形　　叶基楔形　　叶尖渐尖　　叶缘细锯齿

图 2－79　叶　形

（二）花

花单生，近无柄，先于叶开放，淡粉红色，花瓣近圆形（图 2－81）；萼筒钟状，外面绿色，萼片椭圆形，外被短茸毛；雌雄蕊等长或雌蕊略低（图 2－82）。花粉可育或不稔。

网状叶脉（桃）　　直出叶脉（新疆桃）

图 2-80　叶　脉

图 2-81　花形态

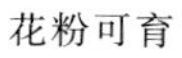

花粉可育　　花粉不稔、雌蕊低(新疆蟠桃)　　雌蕊等高或略高

图 2-82　花雌雄蕊性状

（三）果实

果实圆形、扁圆形或扁平形（图 2-83），其中扁圆形为新疆桃的特色资源。外被短茸毛或无毛

（油桃），绿白色和金黄色，有时具浅红晕；果肉有绿白色、乳白色、乳黄色和橙黄色（图 2－84），风味酸甜，有香气。原产地丰产状况良好，在河南郑州丰产性一般。

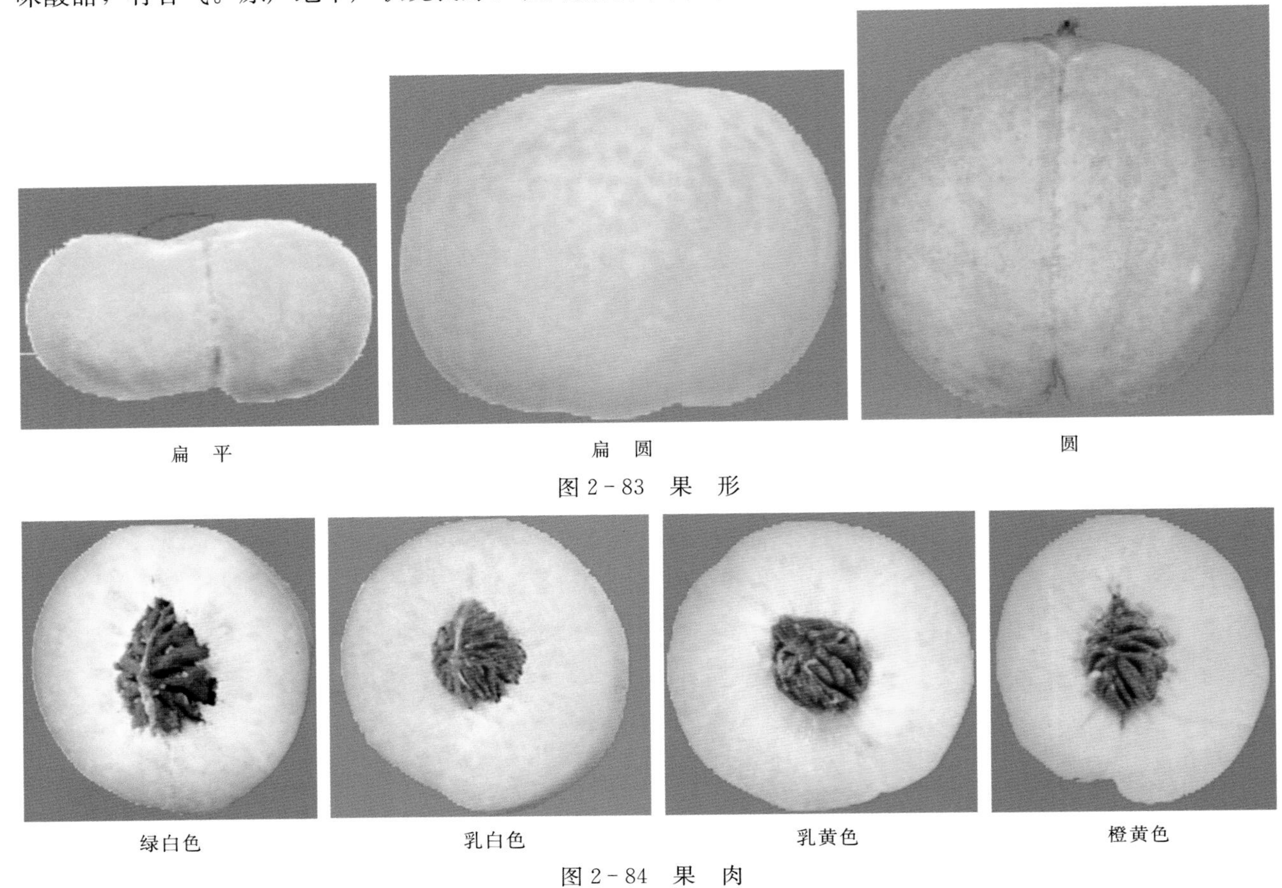

扁平　　扁圆　　圆

图 2－83　果　形

绿白色　　乳白色　　乳黄色　　橙黄色

图 2－84　果　肉

（四）核

离核，核近圆形或广椭圆形，核面具纵向平行沟纹，沟纹大而深，无点纹或少点纹，有厚核翼（图 2－85）；种仁味苦涩或微甜。

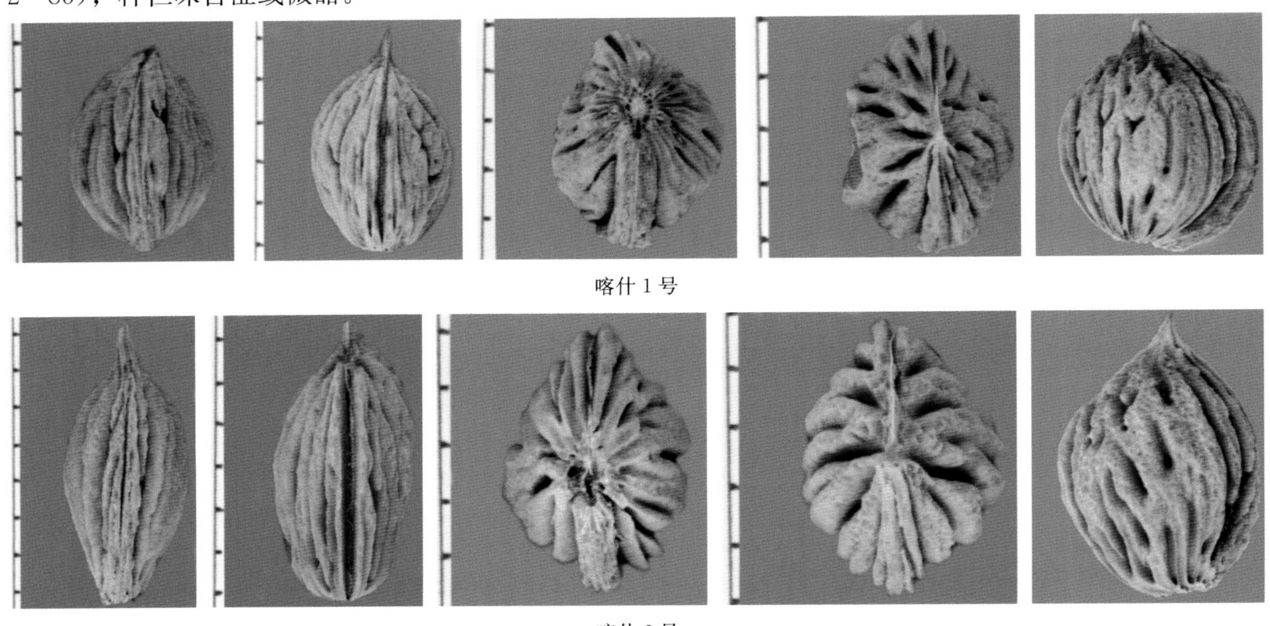

喀什 1 号

喀什 2 号

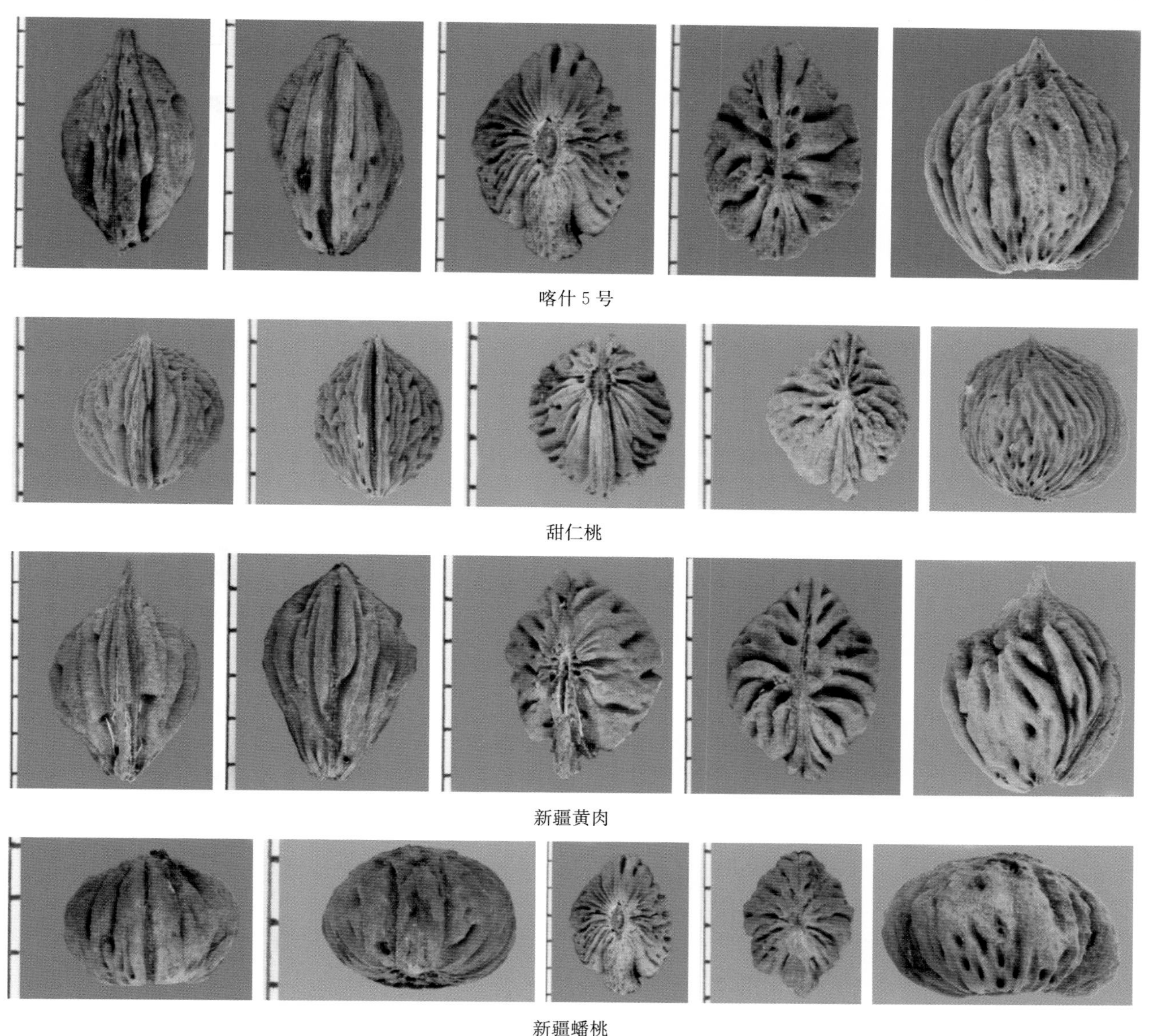

图2-85　核　纹

三、生物学特性

新疆桃需冷量750～900h，在河南郑州3月上旬至中旬芽萌动，3月底4月上旬开花，4月上旬至中旬展叶，8月下旬果实成熟，11月上旬落叶。易感染白粉病；种子萌芽力高。在郑州坐果率较低。染色体及核型为$2n=16=10m$（中部着丝点）+2M（等臂）+2Sm（近中部着丝点）+2m（SAT，带随体的中部着丝点）（郭振怀，1989）。花粉粒外壁纹饰通过花粉电镜扫描和分子标记，与普通桃可以聚为一类，因而有学者认为将新疆桃归为普通桃的变种。与普通桃、山桃和甘肃桃等有很好的杂交亲和性。

四、应用价值

新疆桃在新疆喀什市、和田市和甘肃河西走廊有栽培。与普通桃嫁接亲和性良好，广泛用作桃砧木。

五、品种图谱

品种名称：喀什 1 号
外文名：Kashi 1
原产地：新疆喀什市
资源类型：地方品种
具体用途：鲜食、仁用
系谱：自然实生
选育单位：农家选育
收集年份：1977
果实类型：普通桃
果形：扁圆
单果重（g）：102
果皮底色：绿白
盖色深浅：无
着色程度：无
果肉颜色：白
核粘离性：离
肉质：软溶质
风味：酸甜
可溶性固形物（%）：15
花型：蔷薇形
花瓣类型：单瓣
花瓣颜色：粉红
花粉育性：可育
花药颜色：橘红
叶腺：肾形
树形：直立
生长势：强健
丰产性：低
始花期：3 月底
果实成熟期：8 月底
果实发育期（d）：150
营养生长期（d）：270
需冷量（h）：750～850
综合评价：甜仁，干核仁重 0.6g。在新疆南疆有零星种植。

品种名称：喀什 2 号
外文名：Kashi 2
原产地：新疆喀什市
资源类型：地方品种
具体用途：果实鲜食
系谱：自然实生
选育单位：农家选育
收集年份：1977
果实类型：普通桃
果形：圆
单果重（g）：104
果皮底色：绿白
盖色深浅：无
着色程度：无
果肉颜色：白
核粘离性：离
肉质：硬溶质
风味：酸甜
可溶性固形物（%）：16
花型：蔷薇形
花瓣类型：单瓣
花瓣颜色：粉红
花粉育性：可育
花药颜色：橘红
叶腺：肾形
树形：开张
生长势：强健
丰产性：低
始花期：3 月底
果实成熟期：8 月底
果实发育期（d）：150
营养生长期（d）：270
需冷量（h）：750～850
综合评价：甜仁，干核仁重 0.75g。在新疆南疆有零星种植。

品种名称：喀什 3 号
外文名：Kashi 3
原产地：新疆喀什市
资源类型：地方品种
具体用途：果实鲜食
系谱：自然实生
选育单位：农家选育
收集年份：1977
果实类型：普通桃
果形：扁圆
单果重（g）：66
果皮底色：乳黄
盖色深浅：无
着色程度：无
果肉颜色：白
核粘离性：离
肉质：软溶质
风味：酸甜
可溶性固形物（%）：16
花型：蔷薇形
花瓣类型：单瓣
花瓣颜色：粉红
花粉育性：可育
花药颜色：橘红
叶腺：肾形
树形：开张
生长势：强健
丰产性：低
始花期：3 月底
果实成熟期：8 月上旬
果实发育期（d）：130
营养生长期（d）：270
需冷量（h）：750～850
综合评价：甜仁，干核仁重 0.8g。在新疆南疆有零星种植。

品种名称：甜仁桃
外文名：Tian Ren Tao
原产地：新疆叶城县
资源类型：地方品种
用途：仁用
系谱：自然实生
选育单位：农家选育
收集年份：1982
果实类型：普通桃
果形：扁圆
单果重（g）：48
果皮底色：绿白
盖色深浅：无
着色程度：无
果肉颜色：绿白
外观品质：下
核粘离性：半离
肉质：软溶质
风味：酸甜
可溶性固形物（%）：16
鲜食品质：中
花型：蔷薇形
花瓣类型：单瓣
花瓣颜色：粉红
花粉育性：可育
花药颜色：橘红
叶腺：肾形
树形：半开张
生长势：强健
丰产性：低
始花期：4月初
果实成熟期：8月中下旬
果实发育期（d）：142
营养生长期（d）：268
需冷量（h）：750
综合评价：花开放时花瓣相互叠加，似喇叭状；果小，核极小，甜仁，干核仁重0.4g。

品种名称：新疆黄肉
外文名：Xinjiang Huang Rou
原产地：新疆喀什市
资源类型：地方品种
用途：果实鲜食
系谱：自然实生
选育单位：农家选育
收集年份：1980
果实类型：普通桃
果形：扁圆
单果重（g）：124
果皮底色：黄
盖色深浅：无
着色程度：无
果肉颜色：黄
外观品质：下
核粘离性：离
肉质：硬溶质
风味：酸
可溶性固形物（%）：12
鲜食品质：下
花型：蔷薇形
花瓣类型：单瓣
花瓣颜色：粉红
花粉育性：可育
花药颜色：橘红
叶腺：肾形
树形：直立
生长势：强健
丰产性：低
始花期：3月底
果实成熟期：8月底
果实发育期（d）：150
营养生长期（d）：277
需冷量（h）：850
综合评价：果形扁圆形，介于普通桃与蟠桃之间，是优异的种质资源。

品种名称：新疆蟠桃
外文名：Xinjiang Pan Tao
引种地：甘肃省敦煌市
资源类型：地方品种
用途：果实鲜食
系谱：自然实生
选育单位：农家选育
收集年份：1979
果实类型：蟠桃
果形：扁平
单果重（g）：52
果皮底色：绿白
盖色深浅：无
着色程度：无
果肉颜色：绿白
外观品质：下
核粘离性：离
肉质：软溶质
风味：酸甜
可溶性固形物（%）：13
鲜食品质：下
花型：蔷薇形
花瓣类型：单瓣
花瓣颜色：粉红
花粉育性：可育
花药颜色：橘红
叶腺：肾形
树形：开张
生长势：强健
丰产性：极低
始花期：3月底
果实成熟期：8月下旬
果实发育期（d）：141
营养生长期（d）：267
需冷量（h）：900
综合评价：果实小，果顶平，果皮无色泽，品质差；核面具有纵向条纹和大的核翼；叶片叶脉具明显新疆桃特征。可用于分类起源研究。

品种名称：新疆蟠桃1号
外文名：Xinjiang Pan Tao 1
原产地：河南省郑州市
资源类型：地方品种
用途：果实鲜食
系谱：新疆蟠桃变异
选育单位：中国农业科学院郑州果树研究所
育成年份：1994
果实类型：蟠桃
果形：扁平
单果重（g）：43

果皮底色：绿白
盖色深浅：无
着色程度：无
果肉颜色：绿白
外观品质：下
核粘离性：离
肉质：硬溶质
风味：酸甜
可溶性固形物（%）：14
鲜食品质：下
花型：蔷薇形
花瓣类型：单瓣

花瓣颜色：粉红
花粉育性：不稔
花药颜色：橘红
叶腺：肾形
树形：开张
生长势：强健
丰产性：低
始花期：3月底
果实成熟期：8月下旬
果实发育期（d）：143
营养生长期（d）：260
需冷量（h）：900

综合评价：除花粉不稔外，综合性状同新疆蟠桃。1994年国家果树种质郑州桃圃改造时，从新疆蟠桃中发现的变异。

第六节　西康扁桃

西康扁桃，*Prunus tangutica* Batal.，别名唐古特扁桃、唐古拉扁桃、四川扁桃、松潘扁桃。

一、地理分布与生长环境

（一）地理分布

西康扁桃自然分布广，在中国南起四川康定，北至甘肃舟曲，西起四川壤塘，东至陕西汉中市西部。其中以四川省分布最普遍，在白水江、泯江、青衣江、大渡河流域的南坪、松潘、茂汶、黑水、马尔康、理县、小金、壤塘、金川、宝兴、名山、康定等 24 个县均有分布，尤以南坪、松潘分布最多（图 2-86）。全省约有 6 700hm^2，产量约 250t。

图 2-86　西康扁桃的自然分布（四川省松潘县）

（二）生长环境

西康扁桃分布区年平均气温 8～15℃，最冷月平均气温为－5℃，1 月均温－6～0℃，7 月均温 22～30℃，≥10℃年积温 2 500～4 600℃。无霜期 210～280d；年日照时数 1 200～2 400h，年降水量 500～800mm，多集中在 7～8 月。分布在海拔 1 500～4 600m 的区域。主要生长在褐土、棕褐土、灰褐土及黄壤、棕壤等碱性山地土壤，土层瘠薄且冲刷严重。西康扁桃长期生长在干旱河谷灌丛中，形成了多刺、叶小、质厚的旱生型特点（图 2-87）。

图 2-87　西康扁桃的生长环境

二、植物学特征

(一) 枝叶

1. 树姿 落叶灌木，高 1.5～4m，属山地灌丛和草本群落（图 2－88）。

图 2－88 树 高

2. 枝与叶 枝密生，为长刺枝，小枝褐色，平滑无毛。叶多簇生。叶小、质厚、长椭圆披针形、卷曲，正面暗绿色，背面淡绿色，长 4～6cm、宽 0.6～1cm，幼叶紫红。叶脉 5～8 对，叶缘细锯齿状（图 2－89）。

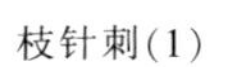

枝针刺(1)

枝针刺(2)

幼叶红色

小枝红褐色

图 2－89 枝叶性状

3. 冬芽　单芽或复芽（图 2－90）。冬芽表面覆盖茸毛（图 2－91）。

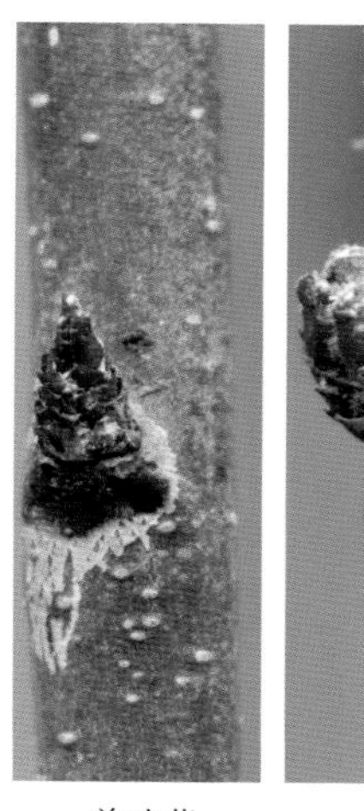

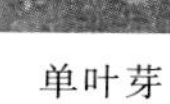

单叶芽

2 花芽 1 叶芽

6 花芽 1 叶芽

图 2－90　单芽或复芽

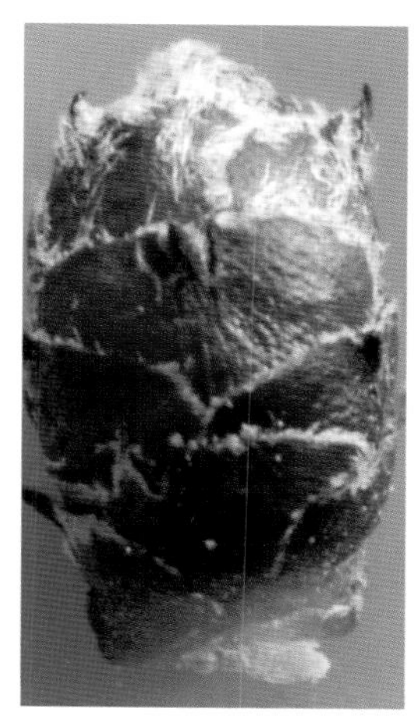

花芽茸毛

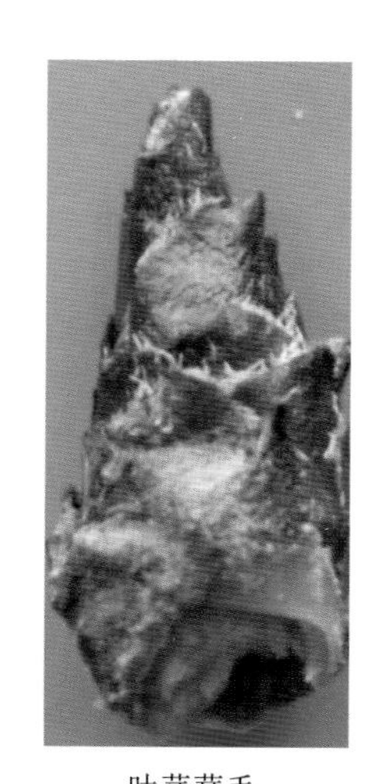

叶芽茸毛

图 2－91　冬芽茸毛

（二）花

花蔷薇形，单瓣或复瓣，花浅粉色，无花梗，花径约 2.5cm（图 2－92），花药黄色、橘黄色或橘红色，花粉可育，花柱、子房具茸毛（图 2－93）。

单　瓣

复　瓣

重　瓣

图 2－92　花性状

黄　色

橘黄色

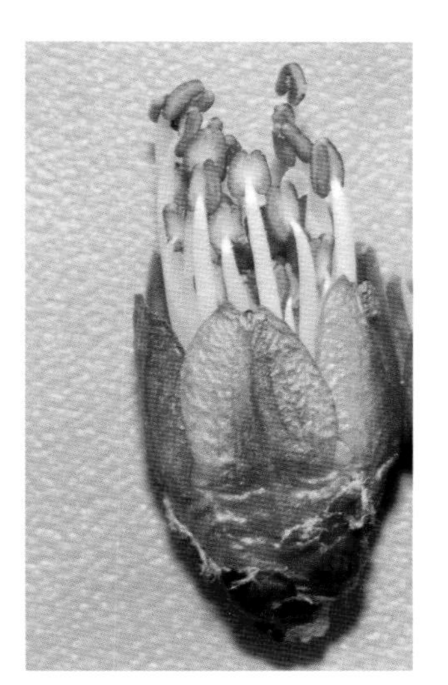

橘红色

图 2－93　花药色

萼片常 5 片，偶有 6～7 片，长椭圆形，无毛，有浅齿（图 2－94）。

5　片

6　片

图 2－94　萼片数

（三）果实

结实率较高。果实圆球形，重 3～5g，直径约 2cm，密生茸毛。果面偶具少许红色，果肉薄，果实成熟时开裂，离核（图 2－95）。

结果状

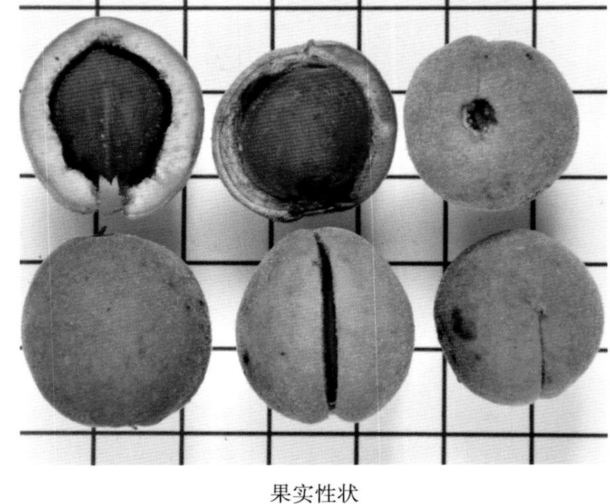

果实性状

图 2－95　果实性状

（四）核

核圆形或扁圆形，长 1.7cm。两边隆起，核面较光滑，具中浅沟纹，类似甘肃桃，无点纹（图 2－96）。种核内含种仁 1 枚，种仁味苦。

图 2-96　核

三、生物学特性

西康扁桃为需虫媒传粉的自交不亲和植物。在四川阿坝藏族羌族自治州花期 4 月底 5 月初。果实成熟时开裂，成熟期 7 月底 8 月初。西康扁桃的生殖生物学特性更类似长柄扁桃，但花期较蒙古扁桃早 10d 左右，$2n=16$，配子体与胚胎发育过程均与长柄扁桃和蒙古扁桃相似。结实率较蒙古扁桃高，但较长柄扁桃低。生长快，结果早，寿命长。种子播种后，第二年可开花，第三年结果。百年左右的植株，仍然枝叶繁茂，正常结果。

四、应用价值

西康扁桃作为砧木嫁接普通扁桃容易成活，植株发育良好，结果早，而且嫁接部位发育良好，无上粗下细现象（苏贵兴，1982）。具有抗寒、耐旱、耐瘠薄，矮化、丰产、寿命长等特点，可作为与普通扁桃杂交育种的原始材料，培育扁桃新品种。果仁含油量 47.52%，可食用，为木本食用油料树。同时，具有很好的生态价值（图 2-97）。

图 2－97　生态价值（四川省松潘县）

第七节　长柄扁桃

长柄扁桃，*Prunus pedunculata* Maxim.，别名毛樱桃、野樱桃、长梗扁桃。

一、地理分布与生长环境

（一）地理分布

长柄扁桃在前苏联东南部和蒙古有分布。在中国分布于黑龙江、辽宁、吉林、内蒙古等地，集中分布在两个带上，其中一个带是在内蒙古的阴山山脉浅山地区，包括大青山和乌拉山，进山纵深 100km（包头市固阳县大庙乡），沿山脉东西走向长达 400km 的整个山带上均有分布，许多地方整个山坡几乎呈纯扁桃林；另一个分布带是内蒙古西南部的鄂尔多斯的鄂托克旗、乌审旗到陕西北部长城沿线定边—榆林—神木一带的沙漠中。

（二）生长环境

长柄扁桃分布区气候参考指标：年平均温度 3.7～6.5℃，极端最低温为－36.1℃，属于干寒地区，无霜期 120～150d，年降水量 150～300mm。主要生长在海拔 1 300～1 600m 的石质山坡、丘陵地带和沙漠中，在山地多分布于东、西、南坡上，北坡极少，常形成茂密的灌丛（图 2－98）。

阴山山脉的浅山地带

陕西省榆林市的毛乌素沙漠边缘

图 2－98　长柄扁桃的生长环境

（张应龙提供）

二、植物学特征

（一）枝叶

1. 树姿　属于多年生木本植物，树龄可达100多年。灌木，成年植株高2～2.5m。树姿可分为直立形和开张形，也有曲枝类型（图2－99）。

开张形　　直立形　　曲枝形

图2－99　树　姿

2. 枝　具有大量的分枝，枝条灰褐色、黄褐色或红色（图2－100）。

枝量大　　枝灰褐色　　枝黄褐色

图2－100　枝条性状

3. 叶 叶为椭圆形、倒椭圆形或长圆形，有桃叶形、蒙古扁桃叶形和榆叶梅叶形（图 2-101）。叶长 0.8～4.0cm，宽 0.6～1.0cm。花后展叶，无叶柄腺，有叶基腺。

典型叶形　　桃叶形　　蒙古扁桃叶形　　榆叶梅叶形

图 2-101　叶　形

（二）花

花蔷薇形，花粉色或白色，花径 1.5～2.5cm，花柄长 6～8mm。单生，单花芽或复花芽（图 2-102）。

花径、花色

花　蕾

花枝（张应龙提供）

图 2-102　花性状

（三）果实

果实卵圆形、圆形或椭圆形，果皮具细密的短茸毛；果实纵径约 12mm，横径 6～8mm；底色绿白，盖色暗红或无；果柄长 4～8mm（图 2-103）；果实成熟时开裂（图 2-104）。

果柄较长

果柄长

丰产性

果实颜色（绿色）

果实颜色（红色）

图 2-103　果实性状

（张应龙提供）

图 2-104　果实成熟开裂状

（四）核

果核卵圆形、圆形或椭圆形，浅褐色，光滑具稀浅的直沟纹（图 2-105）。种子千粒重 398 g，发芽率 73%。

图 2-105　核形状与核纹

（五）根

根系发达，主根深可达 10m 以上，匍匐根可蔓延 20～30m（图 2-106）。

图 2-106　根系分布

（张应龙提供）

三、生物学特性

长柄扁桃为需虫媒传粉的自交不亲和植物。在陕西神木县开花期 4 月中下旬，果实成熟期为 7 月下旬，营养生长期 130～150d。花期较蒙古扁桃晚 20d 左右，小孢子的发生和雄配子体的形成跨越两个季节，当年 9 月小孢子开始形成，形成 4 个单核花粉粒后停止发育进入休眠，次年 3 月中旬小孢子再进行一次分裂形成两细胞花粉粒，且雄配子体的发育早于雌配子体，即长柄扁桃的雄性器官形成具有早熟性。结实率较蒙古扁桃高（马骥，2010）。

从叶解剖结构看，抗旱性强于山桃。1 年生枝条的低温半致死温度（LT_{50}）为－31.05℃（蒋宝，2008）。染色体数量 $2n=12x=96$。

四、应用价值

长柄扁桃具有适应性强、耐寒、耐旱、抗病虫害侵袭的特性，在干旱沙漠地区栽培不仅对保土固沙有重要意义，而且具有一定的经济效益（图 2－107）。长柄扁桃盛果期鲜果 15 000kg/hm^2，果仁 5 250kg/hm^2，可产食用油 1 575kg/hm^2、苦杏仁苷 60kg/hm^2、蛋白质粉 300kg/hm^2。桃仁总糖含量为 8.62%，粗蛋白含量为 25.2%，粗脂肪含量为 54.10%。苦杏仁苷含量为 3.73%，高于其他常见蔷薇科植物。长柄扁桃中有对根癌病高抗的种质（刘常红，2009a）。茎叶含麻黄素 12%～13.5%。目前，在陕西榆林有长柄扁桃的加工企业。

固　沙

种仁利用

图 2－107　应用价值

第八节　蒙古扁桃

蒙古扁桃，*Prunus mongolica* Maxim.，别名山樱桃、土豆子。

一、地理分布与生长环境

（一）地理分布

蒙古扁桃在蒙古的戈壁阿尔泰地区和俄罗斯有分布。在中国主要分布于内蒙古的鄂尔多斯西部、阿拉善东中部、大青山西部，宁夏的贺兰山，甘肃的河西走廊等地。阿拉善盟巴彦诺日公、吉兰泰、达日罕乌拉苏木和贺兰山国家自然保护区是蒙古扁桃生长最为密集的地区。2007 年，阿拉善孪井滩乌兰泉吉嘎查有 3 733hm^2 蒙古扁桃。

（二）生长环境

蒙古扁桃是强旱生灌木，非常耐旱，常生于荒漠、半荒漠地带的石质低山、丘陵坡麓、沟谷、干河床、山间盆地，有时也生长在沙漠边缘的固定沙地中（图 2－108）。在宁夏中、北部，蒙古扁桃主要分布在贺兰山 2 000m 以下的浅山地带石质的山地沟谷中。分布区的参考气候指标：年均温度 5～9℃，≥10℃年积温 2 500～4 000℃。年降水量在 170mm 以下，气候干燥。年日照时数 2 800～3 400h，属于北温带大陆性干旱气候。雨雪极少，蒸发量大。

内蒙古阿拉善盟沙漠

宁夏贺兰山

图 2－108　蒙古扁桃的生长环境

二、植物学特征

（一）枝叶

1. 树姿　灌木，高 1～2m，最高的可达 3m，干旱致使植株短枝或矮化（图 2－109）。平均寿命 70～80 年。

成龄树高（正常）

矮化单株

图 2－109　蒙古扁桃树体

2. 主干　树皮暗紫红色或灰褐色（图 2－110）。

暗紫红色

灰褐色

图 2－110　枝干颜色

3. 枝　分枝多，枝条近直角方向开展，小枝顶端成刺状，无顶芽。嫩枝常带红色，被短茸毛。

4. 叶　叶小，多簇生于短枝上或互生于长枝上。近革质。倒卵形、椭圆形或近圆形，先端钝圆，少量椭圆，基部近楔形，长 5～20mm，宽 4～11mm，边缘具浅钝锯齿，两面光滑无毛。叶柄长 1～10mm，无叶柄腺，有叶基腺。托叶条状披针形（图 2－111）。

叶　形　　叶　基　　叶　尖　　叶　缘　　叶　背

图 2－111　叶性状

5. 冬芽　花芽单生于短枝上，偶有复芽，冬花芽具灰白色缘茸毛（图 2－112）。

图 2－112　冬芽茸毛

（二）花

1. 花型　蔷薇形。

2. 花瓣类型　花瓣 5 枚，偶有 6～8 枚。

3. 花色　花色粉红或深粉红（图 2－113）。

粉　红

深粉红

图 2－113　花　色

4. 萼筒　萼筒宽钟状，萼片矩圆形。

5. 雄蕊　雄蕊 18～28 枚，花药黄色，花丝粉色或粉白色，偶有瓣化现象（图 2－114），花有香味。

花丝白色

花丝粉色

雄蕊瓣化

图 2－114　花药与花丝颜色

6. 雌蕊　雌蕊 1 枚，偶有 2 枚，花柱红色（图 2－115）。子房椭圆形，被毛。雌蕊与雄蕊的相对位置可以分为高（可育）、等高（部分可育）和低（不育）3 种。

雌蕊 1 枚

花柱红色

图 2－115　雌　蕊

7. 花粉粒　花粉粒呈橄榄球形，大小约为 3.0μm×4.0μm（马骥，2010）。

（三）果实

果实宽卵形，被毡毛；果面着少量浅红色或红色；长 0.9～1.6cm，直径约 1.2cm；果肉薄，黄绿色，偶有红色；离核，干燥开裂（图 2－116）。

（四）核

核椭圆形，偶有近圆形；大小差异很大，干核重 0.5g 左右，平均核长 1.33cm，核宽 1.01cm，核厚 0.79cm（图 2－117）。核面有浅沟纹，无点纹，自核基向上有 5 条直沟纹或斜沟纹到达核中部，间断。缝合线、背缝线处有数条斜沟纹，少量核面有不间断网状纹（图 2－118）。

图 2－116　果实性状

图 2－117　核大小与形状

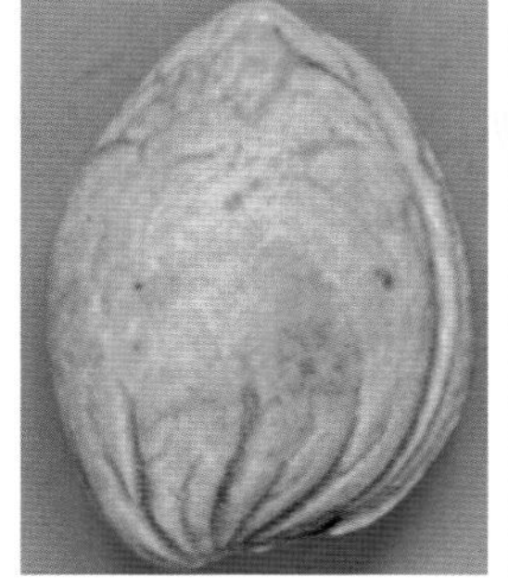
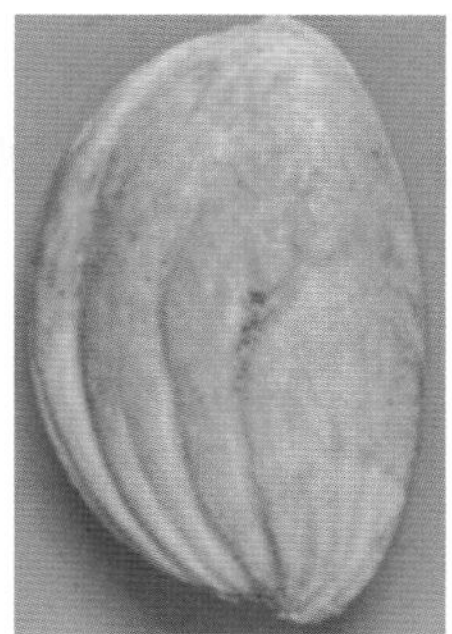

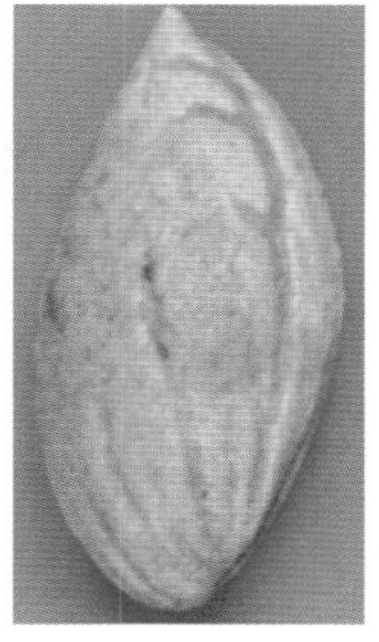
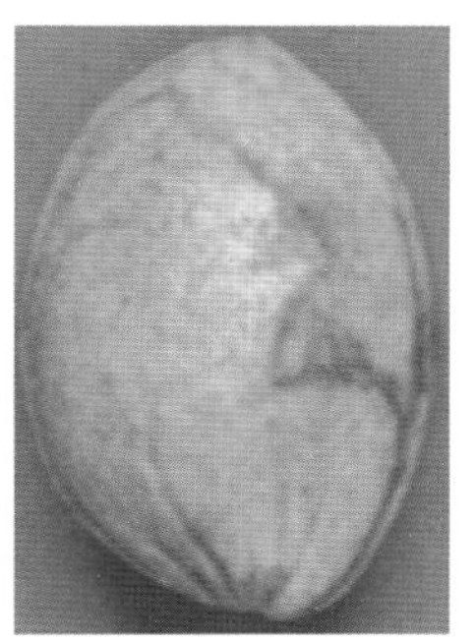

图 2－118　核　纹

三、生物学特性

蒙古扁桃为虫媒异花授粉树种。大小孢子的发生和雌雄配子体发育过程与长柄扁桃相似，即雄配子体发育具有早熟性。花量大（图 2－119），自然坐果率为 20%左右（马骥，2010）。在内蒙古阿拉善盟 4

月上旬地面芽开始萌动，4 月中旬枝上芽萌发展叶，4 月中下旬至 5 月中旬开花，7 月中旬至 8 月果实成熟。细胞染色体 $2n=16$。

图 2 - 119 花 量

四、应用价值

蒙古扁桃根系发达，具有极强的抗干旱、耐瘠薄性，固沙能力强（图 2 - 120），可作为荒漠、草原固沙造林及西北城市园林的推广树种。其整体抗盐能力强于长柄扁桃、桃和毛樱桃，抗酸能力强于长柄扁桃和普通桃，其中有对花生根结线虫（*Meloidogyne arenaria*）、北方根结线虫（*Meloidogyne hapla*）和根癌农杆菌（*Agrobacterium rhizogenes*）侵染高抗的单株种质（王雯君，2009；刘常红，2009b）。种仁含油量为 54%，可供食用和工业用油及药用。

耐瘠薄

固沙作用

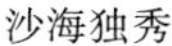

沙海独秀

沙海花海

图 2-120　生态价值

第九节　野 扁 桃

野扁桃，*Prunus ledebouriana* Schleche.，别名野巴旦杏、新疆野巴旦、俄罗斯扁桃、矮化俄罗斯扁桃。

一、地理分布及生长环境

（一）地理分布

野扁桃原产于欧洲东南部和亚洲中西部，在欧洲已成为化石，现今只在哈萨克斯坦和中国有天然分布，是珍贵的古地中海第三纪中新世的孑遗落叶林树种，有“植物活化石”之称。在中国主要分布于新疆塔城盆地、裕民县巴尔鲁克山西北部与东北部、伊犁山地，在阿尔泰山西北部和哈巴河流域也有分布。

（二）生长环境

野扁桃分布区的参考气候指标：气温日均差 10～13℃，≥10℃的年积温 2 400～4 000℃，年平均降水量在 200mm，年日照时数 2 700～2 900h，无霜期 150～170d，属于中温带大陆性气候区。在上述地区主要形成两个生态型：塔城山地生态型和阿尔泰山地生态型，两种生态型的生境多为海拔 800～1 300m的平缓丘陵、干旱坡地、草原、洼地、谷地、草甸（图 2-121）和坡麓，以阴坡为主。

巴尔鲁克山脚下（新疆裕民县）

草甸（新疆裕民县）

图 2-121　野扁桃的生长环境

二、植物学特征

(一) 枝叶

1. 树姿 落叶灌木，高 0.5～2m（图 2－122）。

2. 枝 枝条平展，节间短（图 2－123），无刺，具大量短枝。嫩枝无毛，1 年生枝皮红棕色，多年生枝灰色或淡红灰色。

图 2－122 树 高

图 2－123 节 间

3. 叶 复叶宽披针形，长 2.5～7.5cm，宽 0.5～1.5cm。

4. 冬芽 冬芽圆锥形，鳞片红褐色。

(二) 花

1. 花型 蔷薇形。

2. 花瓣类型 单瓣（少有复瓣）。

3. 花色 花瓣以粉红色为主，少数白色，略带红晕或粉红晕（图 2－124）。

图 2－124 花 色

4. 萼筒 萼筒长，1.0cm 左右（图 2－125）。

5. 花药色 花药呈浅黄色（图 2－126），花粉可育。

图 2－125　萼筒长度

图 2－126　花药颜色

6. 花芽习性　两性花。花期长，并散发芳香气味。

（三）果实

果实成熟后果皮自然干裂（图 2－127）。果实密被茸毛，圆形或卵圆形。纵径 1.5～2.5cm，横径 1.2～2cm（图 2－128）。

（四）核

果核形状扁圆形或椭圆形。核表面有 5～6 条直沟纹，核翼突出（图 2－129）。核仁风味苦。核重 0.8g。

图 2－127　果皮干裂

图 2－128　果实形状

（李疆提供）

图 2－129　果核形状

（李疆提供）

（五）根

根系发达（图 2－130），可利用根蘖和种子繁殖。

图 2－130 野扁桃的根系状况

（李疆提供）

三、生物学特性

在新疆裕民县，花期 4 月下旬至 5 月初，花量大（图 2－131）。果实成熟期 7～8 月。地上部平均寿命 10 年。异花授粉平均坐果率 65%，自花授粉坐果率为 20%；自然授粉坐果率为 5%。利用分子标记技术对扁桃组植物中的国内外数十份扁桃材料的亲缘关系进行了鉴定，从聚类图上看，普通栽培扁桃与新疆野扁桃间的亲缘关系比长柄扁桃、蒙古扁桃、西康扁桃以及榆叶梅间的亲缘关系更近（孙晋科，2008）。染色体数量 $2n=16$。

盛花初期

盛花期

图 2－131 花 量

四、应用价值

野扁桃主要利用的是种仁，1t 鲜果可出种仁 160kg。种仁除含有 51%～60%的植物油和 0.73%的芳香油外，含蛋白质 28%、淀粉和糖 10%～11%以及少量维生素和微量元素，是加工高级润滑油的原料。粗油中含有高级香料，花色粉红、味香，秋季叶色变成褐红，是绿化优良树种。具有抗寒、抗旱等特点，是选育扁桃及其近缘抗寒、抗旱杂交新品种及矮化砧木类型的优良原始材料。

第十节 扁 桃

扁桃，*Prunus communis* Fritsch.，别名巴旦杏、巴旦姆、巴旦木。

一、地理分布与生长环境

（一）地理分布

扁桃原产西亚地区，其野生种生长于格鲁吉亚、阿塞拜疆、亚美尼亚、土耳其和叙利亚炎热干燥的山坡地带、半荒漠半草原山区；中国新疆也是扁桃原产地之一，在新疆天山山区有野生扁桃林分布，主产地有南疆的喀什市、疏附县、疏勒县、英吉沙县、莎车县、叶城县、泽普县、和田市以及四川省西部等地。甘肃省、陕西省有少量栽培。

（二）生长环境

扁桃分布区气候参考值：年均温度 7.8℃，≥10℃的年积温 2 000～6 000℃，气温日均差较大，一般 12～16℃，年平均降水量在 200mm 以下，蒸发量大，空气干燥，年日照时数多，一般 3 500h 以上，无霜期长，夏季酷热，冬季严寒，四季分明，属干旱、半干旱内陆地区，为大陆型气候，植被为半荒漠带旱生类型。

二、植物学特征

（一）枝叶

1. 树姿 落叶乔木，高 6～10m。

2. 枝 枝条上多生短枝，向上直立、平展或垂枝，无刺，嫩枝无毛，1 年生枝绿色或红褐色，多年生枝灰褐色。

3. 叶 叶卵圆披针形或长椭圆披针形，先端渐尖，基部楔形或广楔形。叶绿色或彩叶，与普通桃杂交呈灰绿色。革质，有光泽。叶片宽 0.6～3cm，叶缘具浅钝锯齿。叶柄长 0.5～3cm，有蜜腺 2～4 个。在当年枝上互生，在多年生枝条上簇生。

4. 冬芽 冬芽卵形，鳞片棕褐色。开花时，冬芽鳞片覆盖花柄基部，开花后大部分脱落。

（二）花

1. 花型 蔷薇形。

2. 花瓣类型 单瓣或重瓣，单瓣分离明显（图 2-132），宽楔形，长 1.6～2.4cm，先端截形或微缺，具短爪。花瓣基部粉红，花瓣先端凹入。多复生在短枝上或少数单生在 1 年生枝上。花柄长 0.3～0.5cm。

3. 花色 白色或粉红色（图 2-133）。

单　瓣　　　　重　瓣

图 2-132　花瓣类型

白　色

粉红色

图 2-133　花　色

（李文慧提供）

4. 萼筒　圆筒形，长 0.5～0.6cm，外面无毛；萼片宽披针形，先端圆钝，边缘有毛状锯齿，稍短于萼筒。花柄短。

（三）果实

果实扁圆或长卵圆形，长 3～5.5cm，扁平，先端渐尖，基部斜截形或圆截形，两侧不匀称，背缝线较直，腹缝线较弯，具明显或不明显的突起。果面满被细茸毛。果肉薄，成熟时果皮沿缝合线开裂，露出果核（图 2-134）。

结果状

果实开裂

图 2-134 果实性状

(四) 核

扁卵圆形、圆球形或长卵圆形，长 2.0～3.7cm，宽 1.0～2.4cm，厚 0.9～1.6cm，褐色或黄白色。短马刀形，扁平，先端渐尖，两侧不匀称。表面具蜂巢状孔点或沟纹（图 2-135）。腹缝线有翼，翼窄或宽。背缝线光滑。核壳硬或松软，有厚薄之分。取仁难易有别。内含种仁 1 粒，少数 2 粒，种仁重 0.5～1.5g，味甜或苦，果仁占坚果重的 30%～75%。

短沟纹为主

点纹为主

图 2-135 核 纹

三、生物学特性

一般 3～4 月开花，7～9 月果熟。嫁接苗一般第 2～3 年开始结果，正常管理可在 6～8 年时进入盛果期，结果寿命可达 100 年以上。喜光，不耐阴，年日照时数 2 500～3 000h。温度变化对扁桃能否正常结实至关重要，在休眠期扁桃可忍受－27～－20℃，但生长季抵御低温的能力较弱，在开花期如遇霜冻，花器官会遭受不同程度的冻害。高温缩短花期，低温则延长花期，适宜授粉温度 15～18℃。扁桃萌芽力强，芽有单芽和复芽。细胞染色体 $2n=16$。由于天然杂交和长期实生驯化栽培的结果，产生多种变种。法国利用桃与扁桃杂交培育出适应石灰性土壤的著名砧木品种GF677。

四、应用价值

扁桃为扁桃组中唯一的栽培种。抗旱、抗寒性强，适应性强。种仁蛋白质含量28%，油含量55%～61%，其中94%为油酸和亚油酸，另外还有丰富的维生素、苦杏仁苷、糖和矿物元素（张敏，1995）。味芳香可口，是制作糖果、糕点、药品和化妆品的原料。扁桃中含有抗癌、抗肿瘤和抗艾滋病活性的三萜类化合物，广泛用于食品、保健品和医药工业。

第十一节 榆叶梅

榆叶梅，*Prunus triloba* Lindl.，别名小红桃、榆梅、鸾枝等。

一、地理分布与生长环境

（一）地理分布

榆叶梅广泛分布于黑龙江、吉林、辽宁、北京、内蒙古、河北、山东、山西、青海、宁夏、甘肃、新疆和江苏等省、自治区和直辖市。

（二）生长环境

榆叶梅生于海拔600～2 500m山坡或沟旁林下或林缘，全国多数公园或街道通常用做早春观赏绿化树种。

二、植物学特征

（一）枝叶

1. 树姿 落叶高大灌木，高2～3m，有开张形、垂枝形等（图2-136）。

开张形（1）

开张形（2）

开张形（3）

垂枝形

图 2-136　树　形

2. 枝　枝条开展，多数枝短小。小枝灰色，1 年生枝黄褐色、灰褐色或红褐色（图 2-137），无毛或幼时微被短茸毛。

灰　色

红褐色

图 2-137　1 年生枝颜色

3. 叶　短枝上的叶常簇生，1 年生枝上的叶互生。叶片宽椭圆形至倒卵圆形，长 2～6cm，宽 1.5～4cm，先端短、渐尖。常 3 裂，基部宽楔形，边缘具粗重锯齿。正面具稀疏茸毛或无毛，反面被短茸毛或无毛。叶柄长 0.5～1cm，被短茸毛（图 2-138）。

4. 冬芽　冬芽短小，长 2～3mm。花芽单生或复生，复花芽可达 20 个（图 2-139）。芽鳞无茸毛（图 2-140）。

图 2-138　叶　片

图 2-139　多芽现象

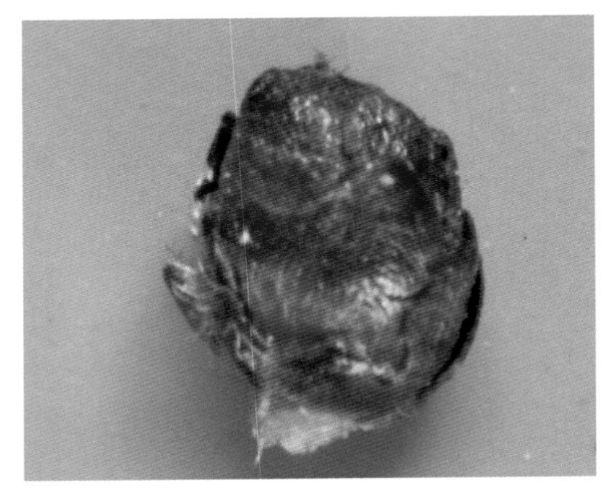

图 2-140　冬芽茸毛

（二）花

1. 花型　蔷薇形。

2. 花瓣类型　有单瓣、复瓣和重瓣（图 2-141），各花瓣之间分离明显或部分重叠。花瓣倒卵形或近卵形，长 0.6～1cm，先端微凹或圆钝。

单　瓣

复　瓣

重　瓣

图 2-141　花瓣类型

3. 花色　白色、粉白色或粉红色（图 2-142）。

白　色

粉白色

粉红色

图 2-142　花　色

4. 花径　花径 1～4.5cm（图 2－143）。

图 2－143　花径大小

5. 花梗　长 0.4～0.8cm 或无花梗。

6. 萼筒　宽钟状，绿色或略带红色，长 0.3～0.5cm，无毛或幼时被茸毛。萼片卵圆或卵状披针形、三角形，无毛，近先端疏生小锯齿。

7. 雄蕊　花丝粉色或白色，其中粉红花丝的基部深粉红。雄蕊束生或散生，无瓣化或瓣化不明显，25～30 枚，短于花瓣（图 2－144）。

花丝粉色

花丝白色

花丝数

图 2－144　花丝颜色与数量

8. 雌蕊　子房被短茸毛，花柱稍长于雄蕊，蕾期柱头外露或不外露，着花繁密或稀疏。

（三）果实

果实近球形，直径 1.0～1.8cm。果皮盖色红色，外被短茸毛。果梗长 0.5～1cm。果肉薄，成熟时开裂（图 2－145），结果状如图（图 2－146）。

果实皮色及果梗　　　　果实开裂

图 2-145　果实性状

图 2-146　结果状

(四) 核

核近球形，壳厚，直径 1～1.6cm，表面点纹（图 2-147）。种核内具种仁 1 枚，仁味苦。

核　形

核　纹

图 2-147　果　核

三、生物学特性

榆叶梅在郑州市3月底至4月初开花，花期长。果实成熟期7月中旬，细胞染色体 $2n=8x=64$。花粉粒为长球形或超长球形，具三孔沟（于君，2008）。

四、应用价值

榆叶梅开花早、花色艳丽，是常见的绿化树种，在南北各地均有种植。抗寒、抗盐碱、抗旱、耐瘠薄能力强，可作为桃、李的矮化砧木，嫁接成活率高。种仁蛋白质含量中氨基酸含量93%，人体必需氨基酸含量大于23%，种仁含油量47.5%，可作保健食品、医药、化工等工业用的原料，是一种有广泛开发前途的灌木。

第十二节　野生近缘种用作砧木的特点

一、根系分布特点

对真桃组5个种及毛樱桃共13份种质砧木类型的根系调查，结果表明：毛樱桃、毛桃、光核桃9号根系分布较浅；光核桃种内除光核桃9号外，其他根系分布较深；山桃、甘肃桃、陕甘山桃根系分布深（图2-148）。13种砧木类型根量相差很大（表2-1），毛桃根量较大，在1 000～1 200条；毛樱桃较少，总根量不足600条；甘肃桃、陕甘山桃、山桃的总根量在600～1 000条；光核桃种内8个砧木类型，根量表现不一致，总根量从360条到1 200条不等（朱更瑞，2000a）。

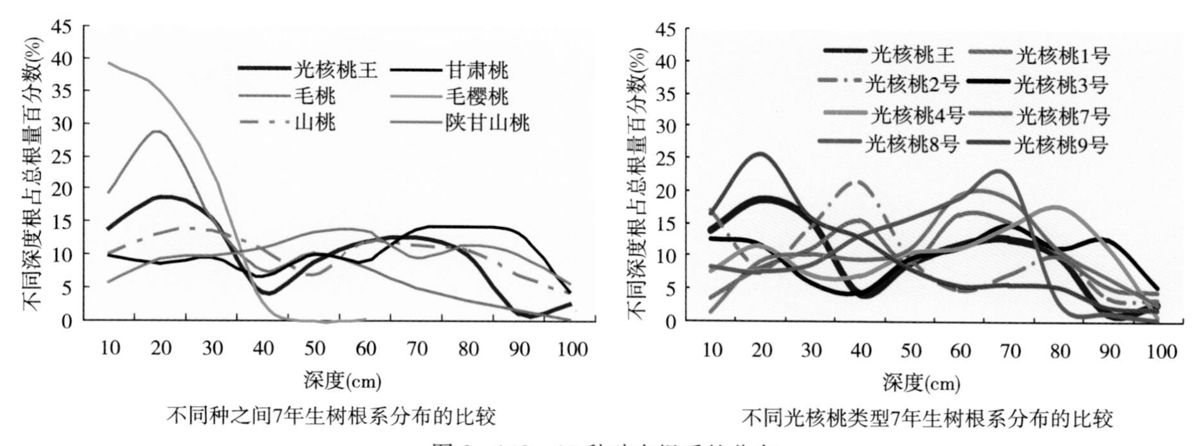

图2-148　13种砧木根系的分布

表2-1　7年生不同砧木根系的根量

砧木类型	根量（条）	砧木类型	根量（条）
光核桃2号	365	光核桃1号	776
甘肃桃1号	526	光核桃4号	886
光核桃王	578	山桃1号	889
毛樱桃	595	光核桃8号	1 122
光核桃9号	600	毛桃1号	1 126
光核桃3号	600	光核桃7号	1 195
陕甘山桃	757		

二、嫁接亲和性特点

连续7年对12份种质桃砧木类型进行比较试验（嫁接品种为大久保和连黄），结果如下（朱更瑞，1997）：

①毛桃（指桃的野生类型）与两品种亲和力最强，砧/穗接合部位接近一致，愈合良好，生长旺盛，但与其他砧木比，早期产量低。青州蜜桃作砧木有稍微小脚现象（图2-149）。

②山桃、陕甘山桃，早期丰产性好，产量高，品质优，但稍有大脚现象（图2-150），易染根癌病。

图2-149　小脚现象——青州蜜桃

图2-150　大脚现象——山桃

③甘肃桃1号对南方根结线虫免疫，抗旱能力强，适合丘陵薄地、沙质土地栽植（左覃元，1998；朱更瑞，2000b）。

④光核桃类型多，亲和力种内表现不一，其中以光核桃王、光核桃3号表现较好。光核桃4号、光核桃9号树势弱，有黄化现象，且表皮粗糙易受天牛为害（图2-151）；砧木嫁接口容易出现纵裂（图2-152），继而引发流胶。

图2-151　光核桃砧木易遭天牛为害

图2-152　光核桃作砧木时嫁接口纵裂

⑤毛樱桃矮化效果明显，常出现根蘖现象（图2-153），树冠只有毛桃的1/2～2/3，可进行密植栽培，但株间亲和性分离广泛，须经纯化或采用优株营养系才能应用于生产。成年树易发生黄化、死树现象。

⑥不同接穗品种的比较：大久保与不同砧木的亲和性不如连黄，连黄在不同砧木间的砧/穗比差异不显著。

夏　季

冬　季

图 2－153　毛樱桃砧木的根蘖

⑦砧穗比：各种砧穗组合都有不同程度的大脚现象。毛桃、山桃、甘肃桃、陕甘山桃砧穗比在1.00～1.20；毛樱桃砧穗比大于1.20；光核桃种内差别较大，分布在1.19～1.53（表 2－2）（朱更瑞等，2000a）。

表 2－2　大久保不同组合的砧穗比（7 年生树）

（朱更瑞，2000a）

砧木类型	砧穗比	砧木类型	砧穗比
毛桃 1 号	1.155 2	光核桃 3 号	1.187 5
山桃 1 号	1.172 6	光核桃 4 号	1.411 8
甘肃桃 1 号	1.163 3	光核桃 7 号	1.152 2
毛樱桃 1 号	1.219 5	光核桃 8 号	1.285 7
陕甘山桃 1 号	1.130 4	光核桃 9 号	1.527 8
光核桃 1 号	1.227 3	光核桃王	1.169 8
光核桃 2 号	1.238 1		

⑧接合部组织亲和反应：接合部亲和性良好，表现上下皮层组织相近一致；亲和性较差，表现上下皮层组织厚度不一致，部分出现木质部坏死线（图 2－154），甚至髓部坏死（图 2－155）。

图 2－154　坏死线

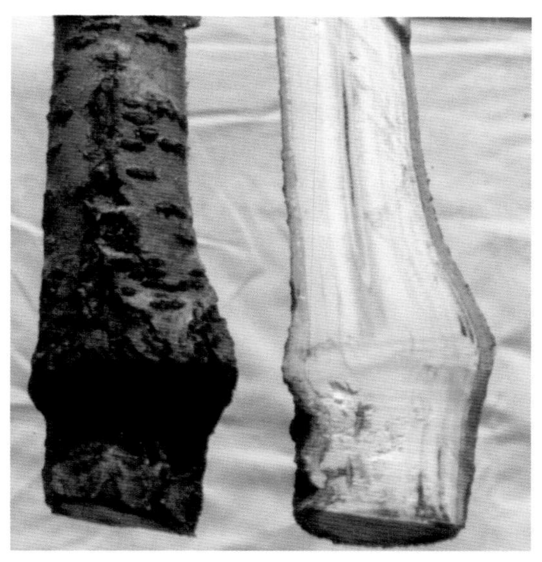
图 2－155　髓部坏死

三、产量与品质特点

毛桃在几种砧木中生长量最大，早期产量（3～6 年）低于其他砧木，3 年生山桃砧木的产量比毛桃的产量高出近 2 倍，但随后毛桃为砧木的产量增加迅速（表 2-3），盛果期毛桃产量与山桃近似甚至超过山桃，且毛桃的单果重稍大于山桃。毛樱桃作砧木的果实有苦味（朱更瑞，1997）。

表 2-3 大久保不同砧木平均株产差异比较（3～6 年生）

砧木类型	产量（kg）				平均产量（kg）	显著性水平（0.05）
	1987 年	1988 年	1989 年	1990 年		
陕甘山桃	23.62	51.02	49.46	77.40	50.28	a
山桃	32.32	43.41	54.88	53.28	45.97	ab
光核桃 3 号	19.78	45.39	44.75	59.25	42.29	abc
光核桃 8 号	23.14	43.71	50.92	42.13	39.98	abc
甘肃桃 1 号	12.94	49.98	52.54	39.78	38.81	abcd
光核桃 2 号	21.85	40.63	43.38	39.01	36.22	bcd
光核桃王	24.03	41.95	35.75	41.64	35.84	bcd
毛桃	11.41	42.14	36.71	43.74	33.50	cd
光核桃 7 号	12.99	45.86	39.31	31.02	32.30	cd
光核桃 4 号	11.42	34.52	37.13	24.20	26.82	de
光核桃 9 号	14.66	29.77	22.88	16.72	21.01	e

第三章　桃遗传多样性与优异种质

桃（*P. persica* L.）即栽培种桃，其分布最为广泛，遗传多样性最为丰富，发掘利用程度最高。本章重点描述其地理分布与生长环境、植物学特征、果实性状、生长结果习性、物候期、抗病虫和抗逆性以及果实贮藏加工性状的遗传多样性，并从中筛选出优异与特异种质资源。在性状描述过程中涉及部分野生近缘种，作为对照。

第一节　地理分布与生长环境

桃的野生类型在我国的自然地理分布极其广泛，南起海南省、北至吉林省珲春市、西起新疆喀什市、东至山东威海市，我国大部分区域均有桃野生类型的分布，“桃李满天下”形象地说明了桃分布广泛。集中分布在甘肃、陕西、山西、河南、河北、山东、云南、贵州、四川、湖南、湖北、安徽、江苏、广西、江西等十多个省、自治区；新疆南疆为桃与新疆桃的混交地带，四川西部和云南西北部为桃与光核桃的混交地带，甘肃东部、陕西、山西南部、河南西部、湖北西北部为桃与甘肃桃的混交地带；太行山与燕山山脉为桃与山桃的混交地带。生长环境多样，使得桃遗传多样性非常丰富。通过查阅中国数字植物标本馆及作者实地资源考察，利用地理信息系统软件绘制了桃野生类型自然分布图（图 3－1）。

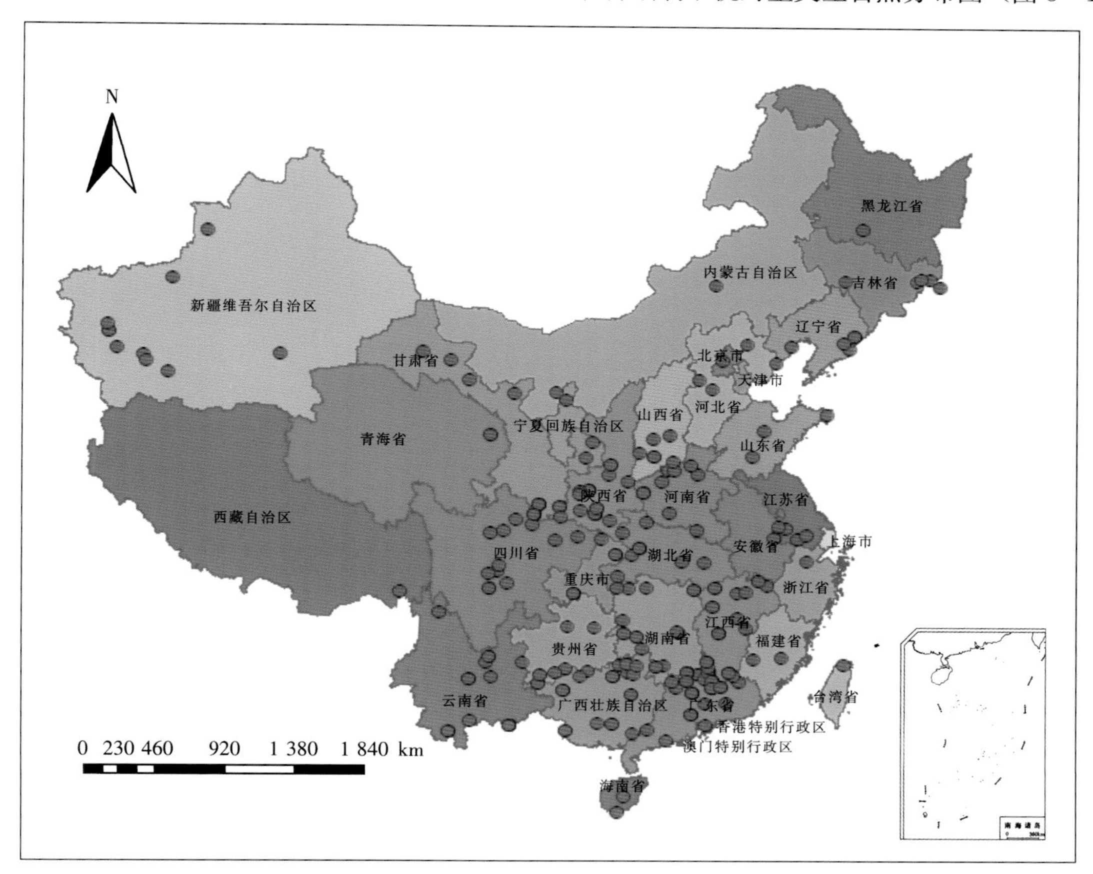

图 3－1　桃（*P. persica* L.）野生类型自然分布

地理分布的广泛性与复杂性造成桃生长环境的多样性，从温带、暖温带、亚热带到热带均有分布，集中分布在暖温带与亚热带。在桃及野生近缘种中，桃生长环境的最复杂性造就了桃种质最丰富的遗传多样性。

第二节　植物学特征

一、枝　　干

（一）树形

1. 遗传多样性　树形是树体高矮、分枝角度、节间长度的综合体现，包括普通开张形、直立形、帚形（包括柱形和盘龙形）、紧凑形、矮化形、垂枝形等（图 3－2）。每种类型中又包含多种中间型。

开张形（2 年生）　直立形（2 年生）

垂枝形（4 年生）　柱形（2 年生）　盘龙形（3 年生）

矮化形（25 年生）　半矮化形—短节间（13 年生）

图 3－2　树姿的多样性

其中开张形、直立形对柱形、矮化形和垂枝形为显性，均由一对等位基因控制。

2. 特异种质（图 3－3）

（1）极开张形品种　大久保、接土白、满天红。

（2）柱形品种　洒红龙柱、照手红、照手粉、照手白。

（3）矮化形品种　红寿星、粉寿星、白寿星、寿白、寿粉、乐园、入画寿星。中油桃 14 号为半矮化品种。

（4）紧凑形品种　紧罗曼、紧爱保太。

（5）垂枝形品种　红垂枝、朱粉垂枝、白垂枝、鸳鸯垂枝。

开张形（满天红）

直立形

垂枝形（白垂枝）

柱形（照手红）

柱形（照手粉）

柱形（照手白）

垂枝形（单瓣菊花红垂枝）

垂枝形（单瓣菊花粉垂枝）

紧凑形

帚形寿星桃

图 3-3　树形特异种质

（二）结果枝类型

1. 遗传多样性　桃树萌芽力和发枝力均强。在年生长周期中，有多次生长的特性，能生长 2～3 次，甚至 4 次。其中 1 年生结果枝是形成产量的最重要类型，可分为花束状结果枝、短果枝、中果枝、长果枝、徒长性果枝（图 3-4）。

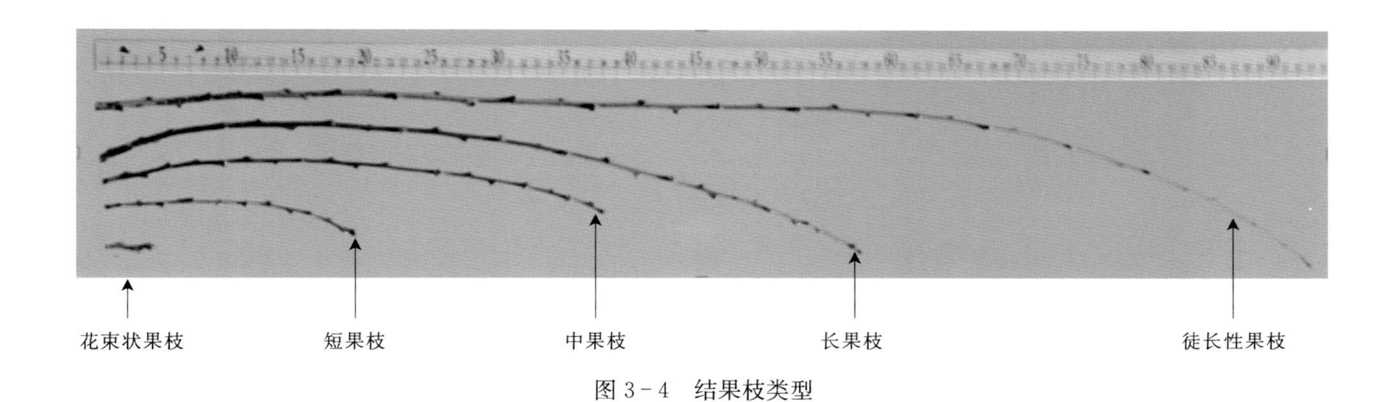

图 3-4　结果枝类型

2. 典型种质

（1）以长果枝结果为主品种　上海水蜜、白花、雨花露等南方水蜜桃品种。

（2）以短果枝结果为主品种　深州蜜桃、肥城桃、五月鲜等北方蜜桃、硬肉桃品种。

（三）枝条皮孔

1. 遗传多样性 桃树不同品种枝干单位面积的皮孔密度、大小具有明显的差异（图 3－5）。

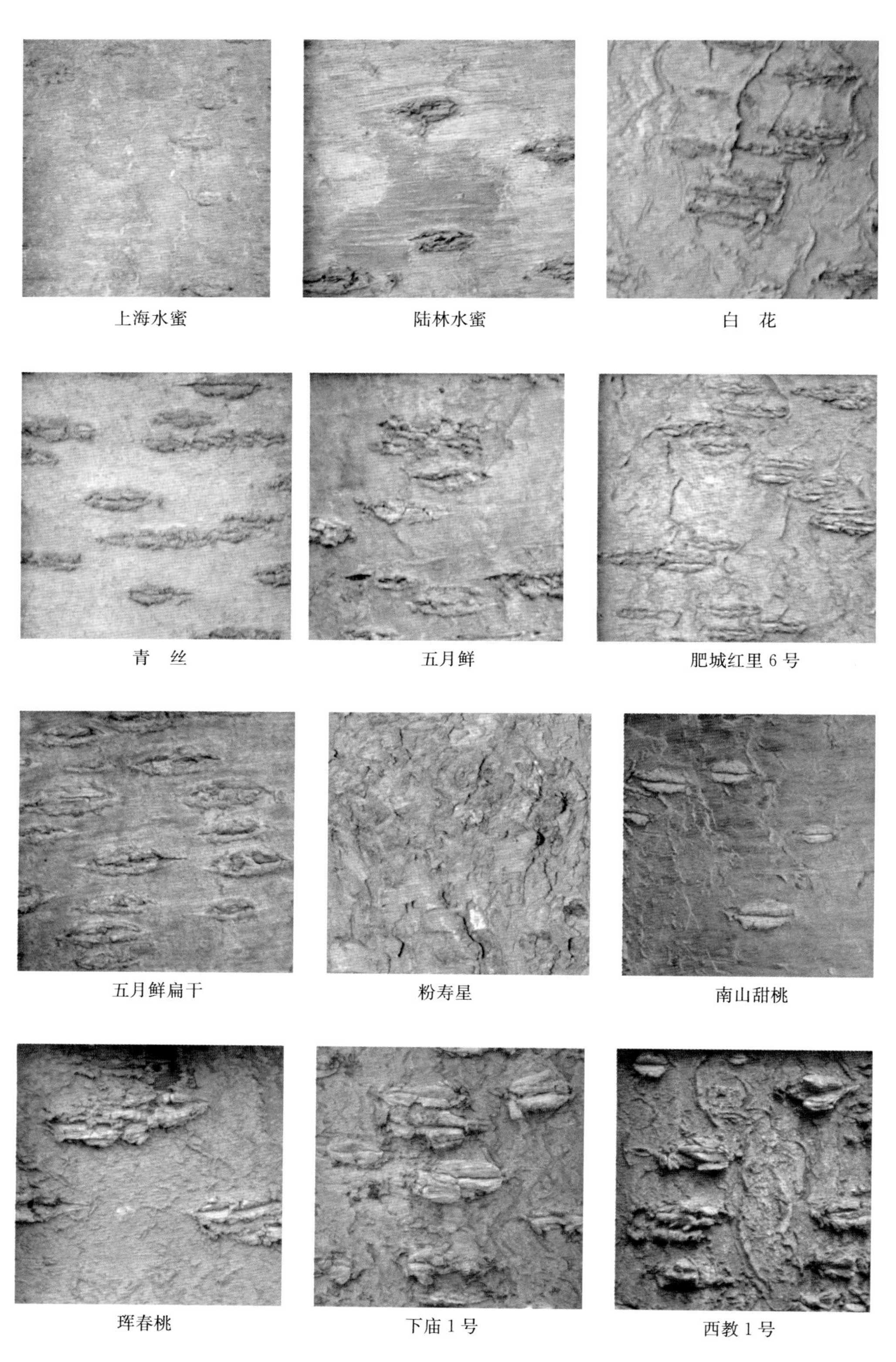

图 3－5　枝条皮孔

2. 特异种质 上海水蜜皮孔小，枝干光滑，抗性强；五月鲜扁干、西教1号皮孔大，易受红颈天牛为害。

（四）枝条皮色

1. 遗传多样性 桃树1年生长果枝向阳面的皮色，一般有绿色、红褐色和紫红色（图3-6）。开白色花的种质枝条皮色多为绿色，开粉色和红色花的种质枝条皮色多为红褐色，部分红肉桃种质枝条皮色为紫红色。

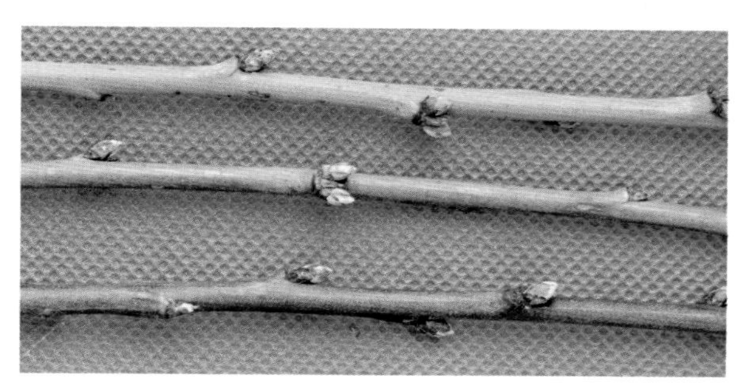

休眠枝皮色

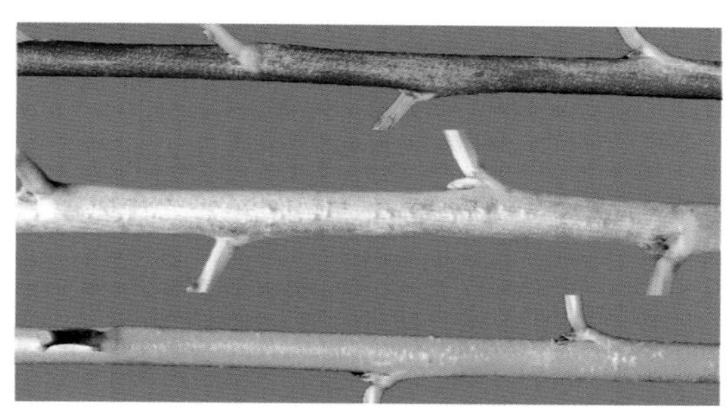

紫红色

红褐色

绿色

生长枝皮色

图3-6 枝条皮色

2. 特异种质

（1）枝条紫红色品种 乌黑鸡肉桃、大果黑桃、哈露红实生、红叶桃。

（2）枝条绿色品种 白花寿星桃、白单瓣、白垂枝。五宝桃花为红色，枝条为绿色。

二、芽

（一）冬芽茸毛多少

1. 遗传多样性 桃多数品种冬花芽外鳞片表面覆盖茸毛（图3-7）。冬芽茸毛的有无、多少与大小是鉴定品种的重要特征，在一定程度上反映了冬芽从无茸毛、芽体较小向有毛和较大方向的进化。

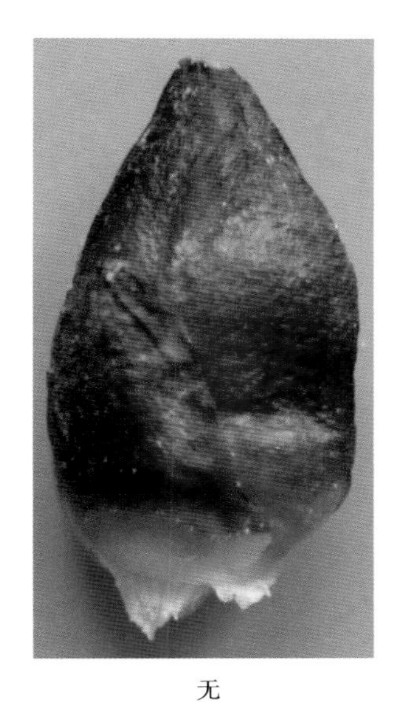

无

少

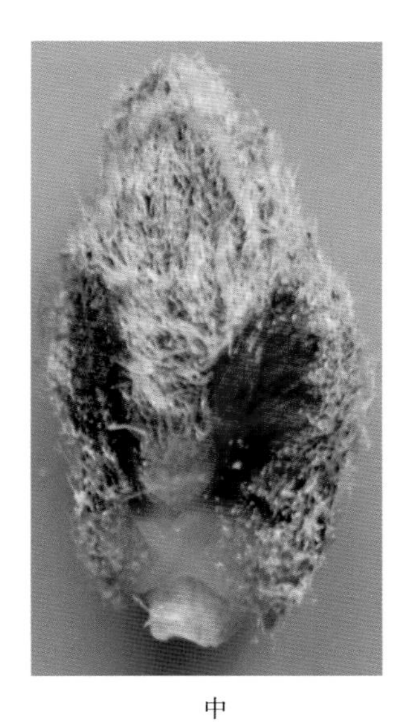

中

多

图3-7 冬芽茸毛多少

2. 特异种质

（1）冬芽外鳞无毛品种　离核黄肉桃、喀什 2 号、离核甜仁。

（2）冬芽外鳞茸毛较少品种　张黄 3 号、临黄 9 号、江村 1 号。

（3）冬芽外鳞茸毛很多品种　五月鲜扁干。

（4）其他　甘肃金塔油蟠桃冬芽茸毛很少、芽体较小，而五月鲜扁干不仅有较厚的茸毛，而且芽体很大。

（二）复芽类型

1. 遗传多样性　叶芽和花芽的排列组合，在一定程度上反映了品种的特性，复花芽有多种类型，最多可达 8 个，其中 2 个常见，4 个以上称为多芽现象（图 3－8）。

2 叶芽

2 叶芽 1 花芽

3 叶芽

2 花芽

3 花芽

1 花芽 1 叶芽

2 花芽 1 叶芽

3 花芽 1 叶芽

图 3－8　复芽类型

2. 典型或特异种质

（1）以单花芽为主的代表品种　深州水蜜、深州白蜜、肥城白里 17 号、肥城白里 10 号等北方品种群品种。

（2）以复花芽为主的代表品种　白凤、大久保、雨花露等南方品种群品种。

（3）存在多芽现象的特异品种　甜仁桃、米扬山、礼泉 54 号、泰国桃。

三、叶　　片

（一）大小

1. 遗传多样性　桃长果枝中部成熟叶片的大小，叶长分布在 11.66～20.2cm，均值为 15.40cm；叶宽分布在 1～5.71cm，均值为 3.90cm（图 3－9）。红寿星的叶片细长，长 18cm，而甜李光则仅有

12cm，大部分叶片长度集中在14～16cm；墨玉8号叶片长18cm，宽5.5cm，是叶片较大的品种；还有狭叶桃资源，如金蜜狭叶。

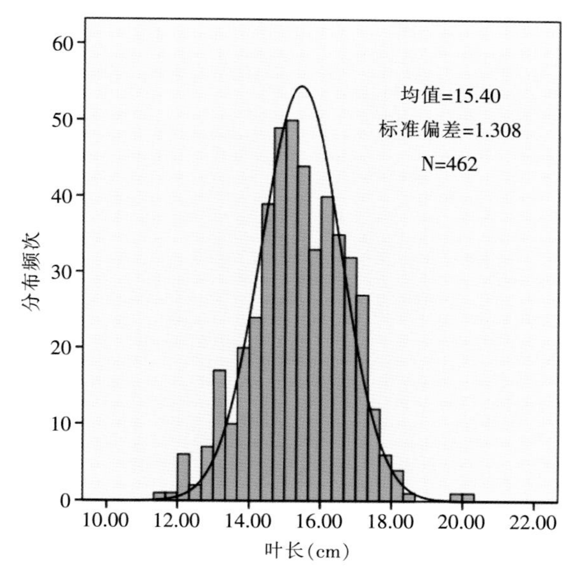

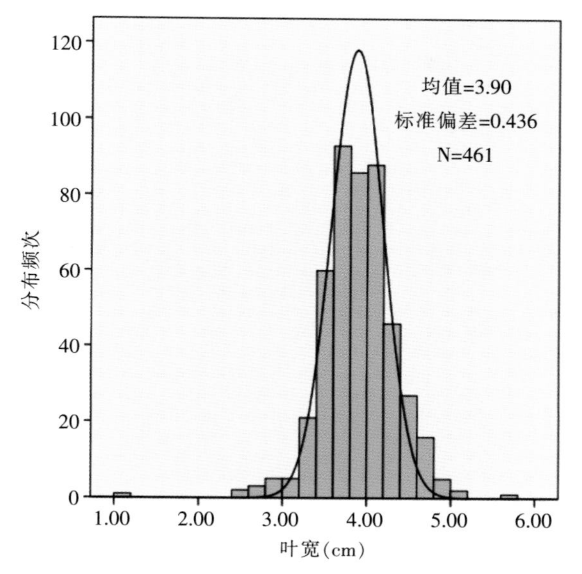

图3-9　叶片大小多样性分布

2. 特异种质

（1）叶长很短品种　NJF10、农神蟠桃、珲春桃、青州蜜桃。

（2）叶长很长品种　小白桃、墨玉8号、豫红、罐桃14号。

（3）叶宽很窄品种　温伯特、NJF10、农神蟠桃、青州白蜜、青州红蜜、金蜜狭叶。

（4）叶宽很宽品种　墨玉8号、米扬山、早美、NJN72、珲春桃。

（二）叶形

1. 遗传多样性　桃长果枝中部成熟叶片的形状，分为狭叶形和普通形，其中普通形对狭叶形为显性基因控制。狭叶形桃种质树体透光率高，是优良的高光效种质资源。普通形又分为狭披针形、宽披针形、长椭圆披针形、卵圆披针形（图3-10）。

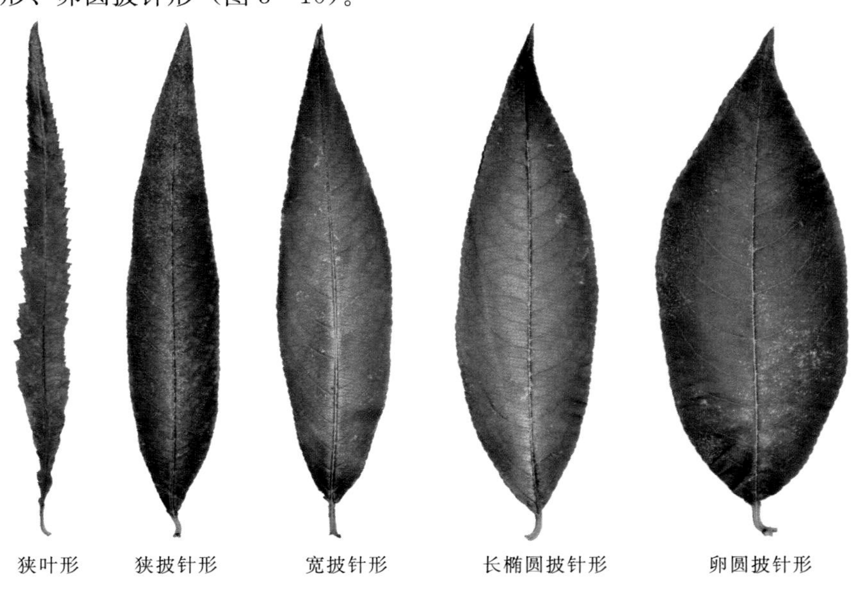

图3-10　叶　形

2. 特异种质 窄叶形品种有金蜜狭叶、窄叶肥城桃（图 3-11）。

金蜜狭叶

窄叶肥城桃

图 3-11 叶形特异种质

（三）叶形态

1. 遗传多样性 桃叶形态指叶姿态，可分为普通形、波状形、挺立形、皱缩形（图 3-12）。蟠桃的叶片较为挺直，菊花桃叶面波状、凸凹不平，且与菊花形相连锁。

波状形（菊花桃）

挺立形（肥城桃）

叶面不平（菊花桃）

图 3-12 叶形态

2. 特异种质

（1）叶面波状品种 黄艳、和田黄肉、金橙、艾维茨、凯旋、菲利甫、菊花桃。

（2）主脉皱缩品种 高台 1 号、临白 10 号、张白 5 号、早熟黄甘。

（四）叶尖

1. 遗传多样性 桃新梢成熟叶片顶端的形状，是区分桃与野生近缘种的重要依据，分为急尖和渐尖（图 3-13）。

急 尖

渐 尖

图 3－13 叶 尖

2. 特异种质

（1）急尖品种 光核桃、山桃。

（2）渐尖品种 桃绝大多数品种，如白花、上海水蜜、天津水蜜、早黄金。

（五）叶基

1. 遗传多样性 桃果枝中部成熟叶片基部的形状，是区分桃与野生近缘种的重要依据，分为尖形、楔形和广楔形（图 3－14）。

尖 形

楔 形

广楔形

图 3－14 叶基形状

2. 特异种质 尖形代表种质有甘肃桃，楔形代表种质有肥城白里 10 号，广楔形代表种质有光核桃。

（六）叶缘

1. 遗传多样性 桃果枝中部成熟叶片边缘锯齿的形状，是区分桃与野生近缘种的重要依据，分为细锯齿、粗锯齿和钝锯齿（图 3－15）。

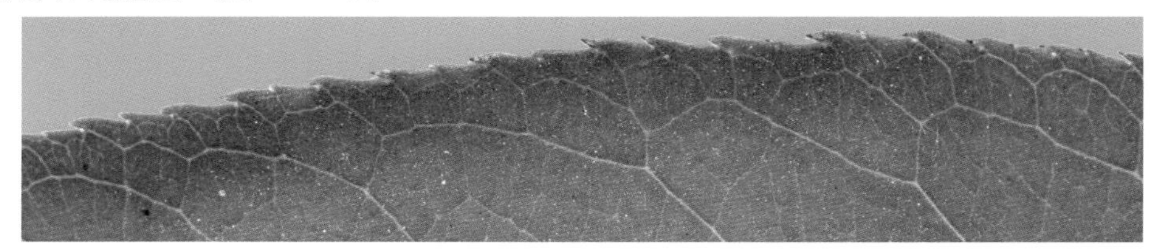

细锯齿

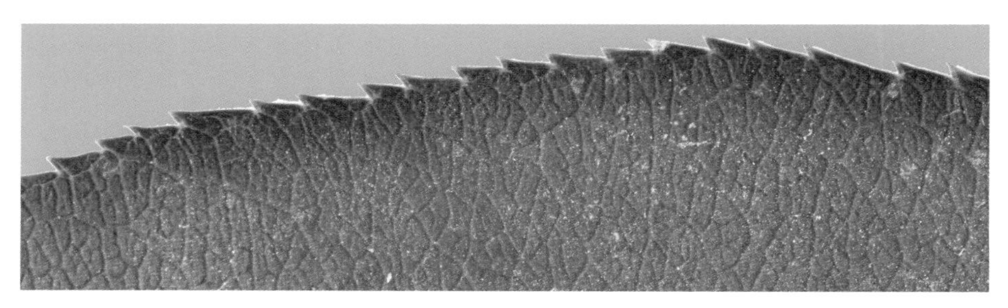

粗锯齿

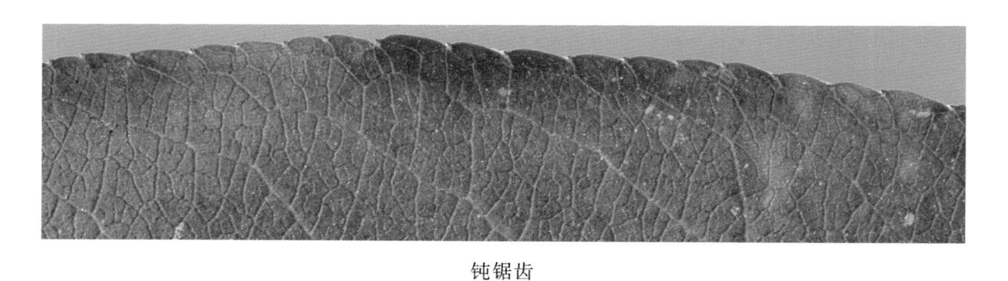

钝锯齿

图 3－15 叶 缘

2. 特异种质 细锯齿代表种质有光核桃，粗锯齿代表种质有山桃、金皇后，钝锯齿代表种质有甘肃桃。

（七）叶色

1. 遗传多样性 桃叶片在夏季的颜色，一般为绿色，也有白色、黄色和红色（图 3－16），其中

白化苗

黄化苗

红 色

图 3－16 叶 色

绿色对其他 3 种颜色为显性。白色在自然界无法存在，仅为幼苗；红叶桃品种在春季与夏季均为红色，但随着秋季的到来，红色逐渐退去，变成灰绿色。绿色叶片品种中，白肉桃品种的叶片为青绿色，如大久保、白凤，而黄肉桃品种的叶片为绿黄色，如曙光。油桃品种的叶面比普通桃更亮些，即光泽度好。

2. 特异种质 菊花桃含有叶片白化基因；白花山碧桃含有叶片黄化基因；红叶色桃品种包括红叶桃、筑波 3 号、哈露红实生、洛格红叶、红叶垂枝等。

（八）秋叶色

1. 遗传多样性 桃叶片在春季和初夏，叶片为绿色，但随着仲夏的到来，一些种质的叶脉开始变红，直至整个叶片变红，甚至紫红色（图 3－17）。一般成熟期越早，叶片开始变红的时间越早、颜色越红，可以作为实生苗早期鉴定的依据。

绿　色　　仅主脉红色　　主脉侧脉红色　　部分叶肉红色　　全叶紫红色

图 3－17　秋叶色

2. 典型种质

（1）**仅主脉红色品种** 一般为果实发育期 100～110d 的品种，如弗扎罗德、白凤。

（2）**主脉侧脉红色品种** 一般为果实发育期 85～100d 的品种，如早艳、玉汉。

（3）**部分叶肉红色品种** 一般为果实发育期 80～95d 的品种，如砂子早生、庆丰、仓方早生、早红 2 号。

（4）**全叶紫红色品种** 一般为果实发育期＜70d 的品种，如春蕾、早花露、北农早熟。

（九）叶柄腺形

1. 遗传多样性 桃叶柄上颗粒状腺体的形状，可以分为肾形和圆形（图 3－18），也有介于二者之间的中间类型（小肾形）。叶腺形由一对等位基因控制，圆形对肾形为显性。欧美品种圆形较多，我国地方品种绝大多数为肾形。

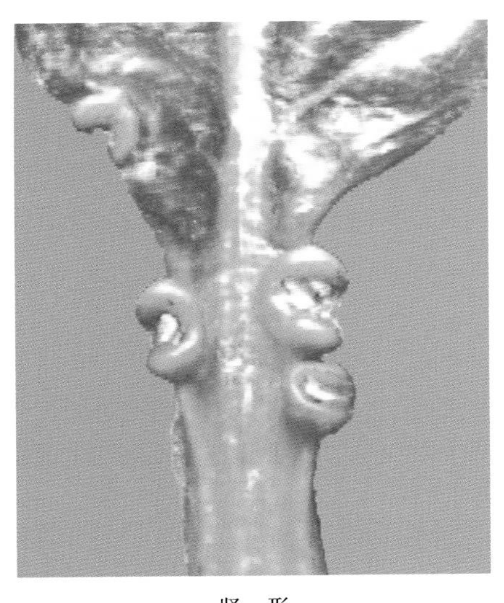

肾　形

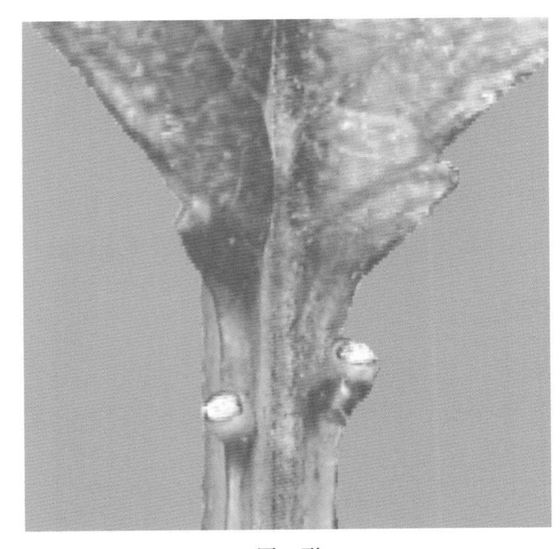

圆　形

图 3－18　叶柄腺形

2. 典型种质

（1）肾形代表品种　甜李光、喀什黄肉李光、大久保、白凤。

（2）圆形代表品种　五月火、阿姆肯、华光、凯旋、鲁宾、新端阳。

（3）小肾形代表品种　南山 1 号、江村 5 号、黄粘核。

（十）叶柄腺数量

1. 遗传多样性　桃叶柄上颗粒状腺体的数量。有 1～6 个，多数在 2～4 个（图 3－19）。

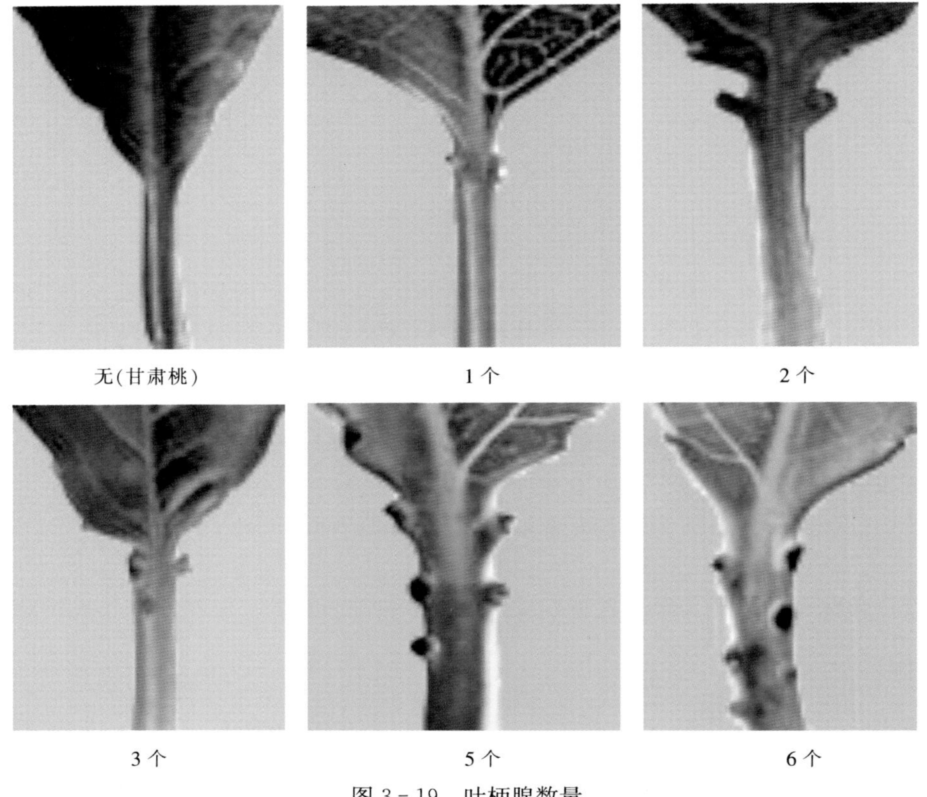

无(甘肃桃)　1 个　2 个

3 个　5 个　6 个

图 3－19　叶柄腺数量

2. 特异种质　甘肃桃无叶腺，部分山桃和光核桃叶腺数量5～6个。

（十一）叶柄长

1. 遗传多样性　460个桃品种叶柄长介于0.5～1.63cm，均值0.99cm（图3-20），其评价指标及参照品种见表3-1。

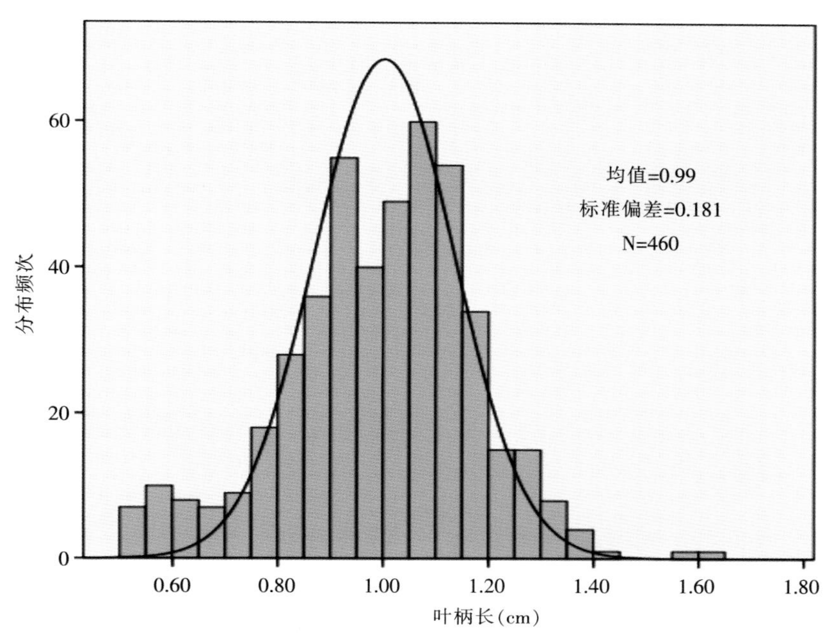

图3-20　叶柄长多样性分布

表3-1　叶柄长评价指标及参照品种

等级	评价标准（cm）	参照品种
很短	＜0.8	五月火、玛丽维拉
短	0.8～1.0	农神蟠桃、燕红
中	1.0～1.2	大久保、爱保太
长	1.2～1.4	红顶、白凤
很长	≥1.4	菊花桃

2. 特异种质

（1）叶柄很短的品种　菊黄、桂黄、伊犁县黄肉桃、玛丽维拉、五月火。

（2）叶柄很长的品种　菊花桃、温伯特、肥城白里10号、中州白桃、割谷、深州水蜜。

四、花

（一）花型

1. 遗传多样性　桃盛花期花药刚刚开裂时呈现出的形状，有铃形、蔷薇形和菊花形3种（图3-21）。花型由一对基因控制，铃形对蔷薇形为显性，蔷薇形对菊花形为显性，铃形与菊花形杂交后代表现型为蔷薇形。

2. 典型或特异种质

（1）铃形品种　中农金辉、双喜红、艳光、红港、爱保太。

（2）蔷薇形品种　雨花露、白凤、大久保、早红2号、白花。

（3）菊花形品种　白单菊、粉单菊、红单菊、菊花桃、红菊花桃。

铃　形

蔷薇形

菊花形

图 3-21　花　型

（二）花单瓣、重瓣类型

1. 遗传多样性　桃花朵盛开时呈现出的单瓣或重瓣性状，有单瓣和重瓣之分。花瓣类型由一对等位基因控制，单瓣对重瓣为显性。铃形、蔷薇形和菊花形均有重瓣类型（图 3-22）。

重瓣铃形

重瓣蔷薇形

重瓣菊花形

图 3-22　不同花型重瓣类型

2. 特异种质

（1）重瓣铃形品种　粉铃重和红铃重。

（2）重瓣蔷薇形品种　红垂枝、红寿星、花玉露、满天红和迎春等。在蔷薇形花型中，有着花状态活泼的，如绯桃、五宝桃；有花形较为规则的，如黄金美丽、红垂枝、红叶桃等。

（3）重瓣菊花形品种　菊花桃、红菊花。

（三）花瓣颜色

1. 遗传多样性　桃盛花期花药刚刚开裂时花瓣所呈现的颜色，有白色、粉色、红色和杂色嵌合体 4 种类型（图 3-23），且每一色泽范围内又存在不同程度的差异，如满天红为深红，红寿星为红，仙桃为浅红等。花色由一对等位基因控制，粉色对白色和红色为显性，白色与红色杂交为粉色。花色嵌合体是基因转座子形成的，在嵌合体品种中，如洒红桃和洒红龙柱，选择其纯色花枝条嫁接，新梢开花后仍为嵌合体；洒红桃种子播种、开花后仍表现为嵌合体。4 种花色均有重瓣类型，且花瓣颜色与花型也可自由组合。

白　色
粉　色
红　色
单　瓣
白　色
粉　色
红　色
杂　色
重　瓣
16 17 18 19 20
5 16 17 18 19
单瓣白菊花
单瓣粉菊花
单瓣红菊花
单瓣白菊花花枝
单瓣粉菊花花枝
单瓣红菊花花枝
单瓣菊花桃

图 3－23　花瓣颜色

2. 特异种质

(1) 纯白色品种 白单菊、白花山碧桃、白垂枝。

(2) 红色品种 仙桃、满天红、红垂枝、红菊花。

(3) 杂色品种 洒红桃、洒红龙柱、鸳鸯垂枝。

(四) 花径大小

1. 遗传多样性 桃盛花期花药刚刚开裂时花径的大小。蔷薇形花冠直径大于铃形（图 3－24），蔷薇形花冠直径介于 3.0～5.5cm，均值 4.13cm；铃形花冠直径介于 1.5～3.0cm，均值 2.33cm（图 3－25）；花径大小评价指标及参照品种见表 3－2（王力荣，2005c）；花瓣的大小与花径的大小呈正向相关，铃形最小，菊花形最窄，蔷薇形最大（图 3－26）。

图 3－24 花径的大小

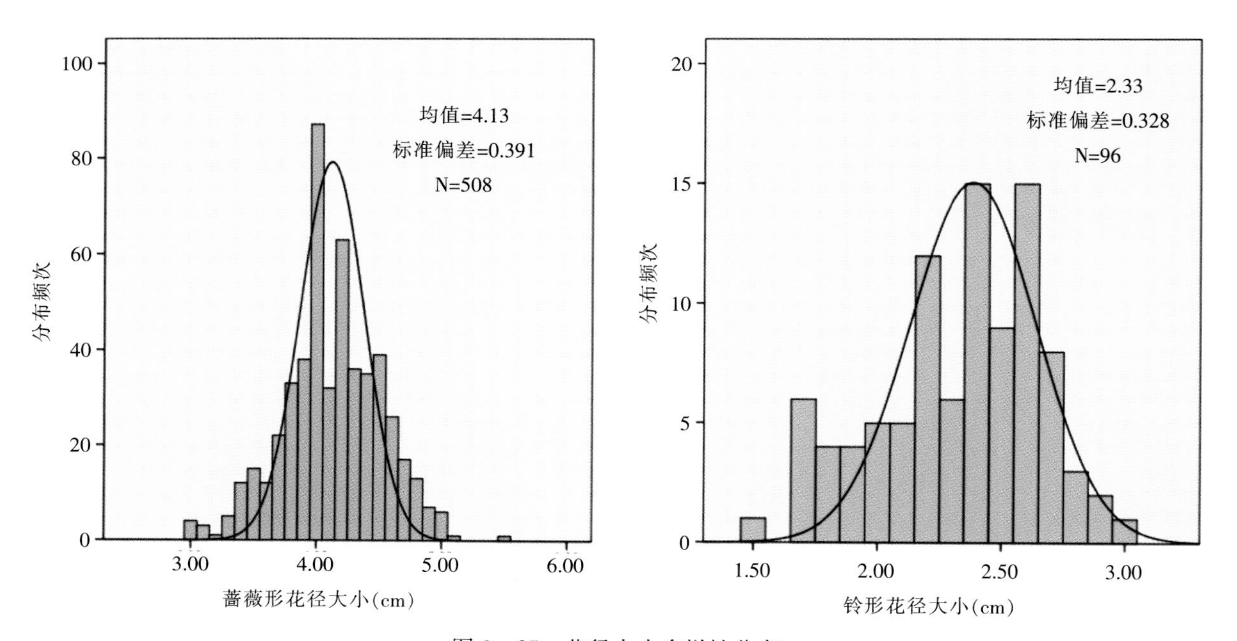

图 3－25 花径大小多样性分布

表 3-2　花径大小评价指标及参照品种

等级	大小（cm）	参照品种
很小	＜2.7	红港
小	2.7～3.7	爱保太、新端阳
中	3.7～4.7	大花爱保太、白凤
大	4.7～5.7	黄金美丽、重瓣玉露
很大	≥5.7	无

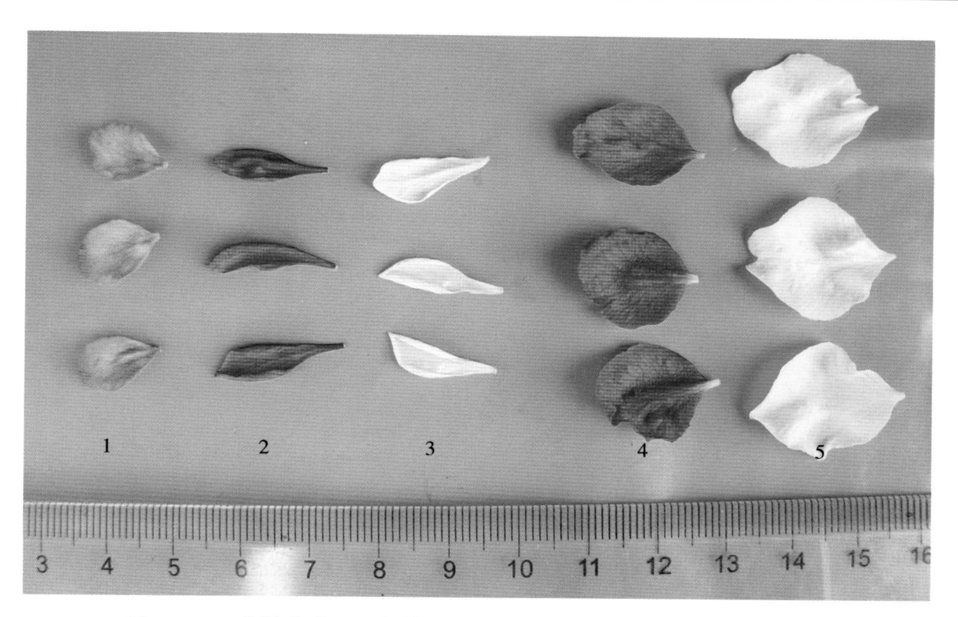

图 3-26　花瓣大小（1 为铃形，2 和 3 为菊花形，4 和 5 为蔷薇形）

2. 特异种质

（1）单瓣蔷薇形花径很小的品种　红李光、肉蟠桃、碧霞蟠桃、甜仁桃、红鸭嘴。

（2）单瓣蔷薇形花径很大的品种　晚黄金、离核蟠桃、豫红、五月魁。

（3）单瓣铃形花径很小的品种　卡里南、塔斯康、西姆斯、菲利甫、NJN76。

（4）单瓣铃形花径很大的品种　阿姆肯、瑞光 2 号、瑞光 3 号、艳光、泰罗。

（5）重瓣花径很大的品种　花玉露、万重红、万重粉、白花山碧桃、人面桃。

（五）花瓣数量

1. 遗传多样性　单瓣具有 5 瓣花瓣，5～10 瓣为复瓣，10 瓣以上为重瓣。重瓣品种的花瓣数量一般在 20～40 瓣，人面桃、碧桃、北京碧桃、五宝桃、洒红桃和绯桃等品种花瓣数量均超过 50 瓣（图 3-27），最多的可以达到 222 瓣。

蔷薇形 6～10 瓣

蔷薇形 11～20 瓣

蔷薇形 21 瓣以上

铃形花瓣

图 3－27　花瓣数量

2. 特异种质

（1）重瓣花花瓣数量≥50 瓣品种　菊花桃、洒红桃、五宝桃、人面桃和绯桃。

（2）重瓣花花瓣数量≥200 瓣品种　万重红、万重粉（图 3－28）。

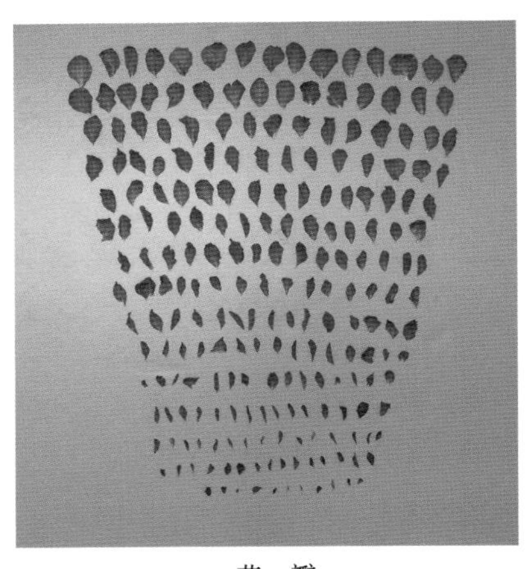

花　瓣

万重红

万重粉

图 3－28　万重红、万重粉花瓣数量

（六）花粉育性与花药颜色

1. 遗传多样性　根据感观，花粉的育性可以分为可育和不稔，其中可育对不稔为显性，由一对等位基因控制。花药颜色指桃花朵刚刚开放、花药尚未开裂时的花药颜色，分为白色、黄色、浅褐色和橘红色（图 3－29）。白色花药往往花粉不稔，浅褐色花药的花粉量极少或无。

白　色

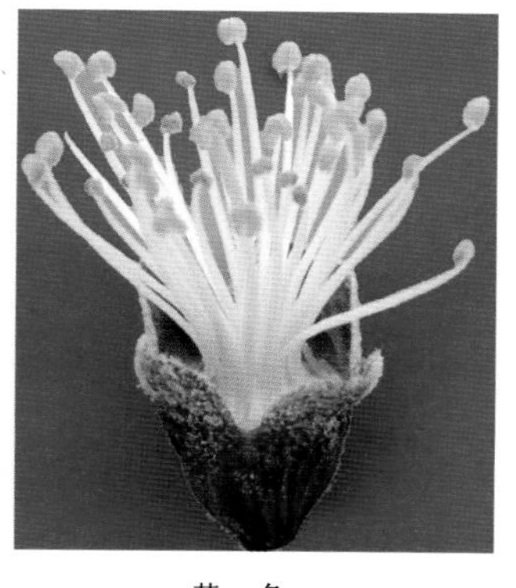
黄　色

浅褐色

橘红色

图 3－29　花药颜色

2. 特异种质

（1）花粉不稔代表品种

①花药白色：传十郎、西野、龙华水蜜、晚白蜜、银花露、霞晖 1 号、深州水蜜、肉蟠桃。

②花药黄色：丰白、秋香、金花露、青毛子白花、郑黄 2 号、江村 5 号、朝晖。

③花药浅褐色：接土白、酸桃、六月白、鸡嘴白、宜城甜桃。

④花药橘红色：贵州水蜜、五月鲜、新疆蟠桃 1 号、扬州 3 号。

（2）花粉可育代表品种

①花药黄色：白单瓣、白重瓣垂枝、洒红桃、白单瓣垂枝。

②花药橘红色：白凤、天津水蜜、大久保、丰黄、早露蟠桃、曙光、满天红。

③花药黄色和橘红色：洒红桃、鸳鸯垂枝。

（七）花药百粒重

1. 遗传多样性　579 份可育种质花药百粒鲜重介于 0.006～0.095g，均值为 0.04g。58 份花粉不稔种质百粒重介于 0.006～0.049g，均值为 0.02g（图 3－30），即可育花药是不稔花药的 2 倍重。

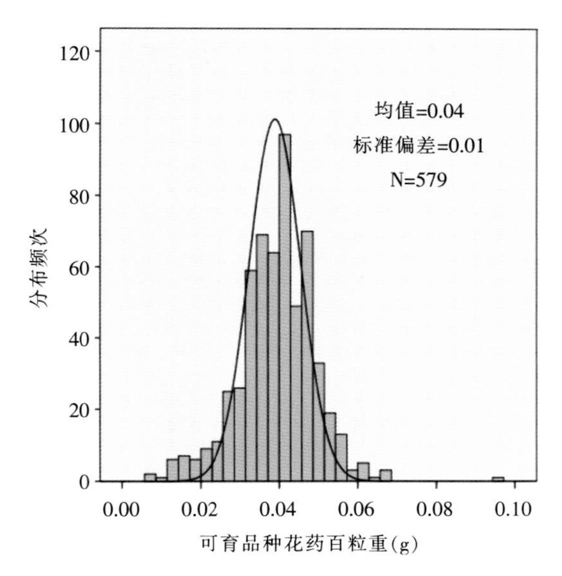

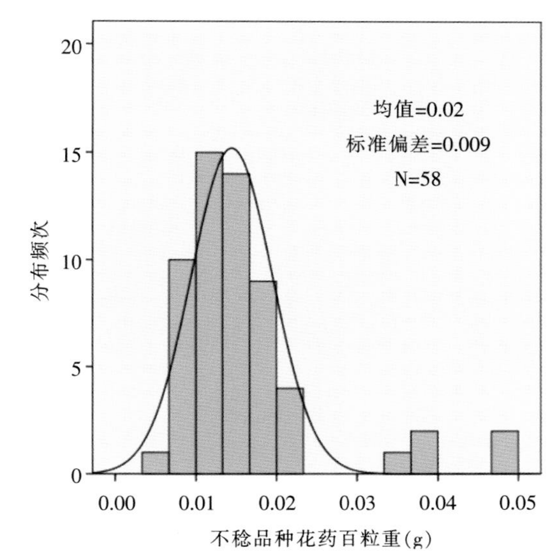

图 3－30　花药百粒重多样性分布

2. 特异种质

（1）可育花药百粒重较小品种　洛格红叶、哈露红实生、寿白、黄李光、满天红、云暑2号、礼泉54号。

（2）可育花药百粒重较大品种　霞晖2号、火炼金丹、新红早蟠桃、双佛、苏联蟠桃、探春、西教2号、长生蟠桃、陈圃蟠桃、格兰特7号、玉汉、早上海水蜜。

（3）不稔花药百粒重较小品种　割谷、钻石金蜜、新疆蟠桃1号。

（4）不稔花药百粒重较大品种　深州水蜜、安农水蜜、郑黄4号、龙华水蜜。

（八）花药形态与大小

1. 遗传多样性　花药极轴长介于0.76～2.02mm，均值1.45mm；花药宽介于0.59～1.47mm，均值1.10mm（图3-31、图3-32）。

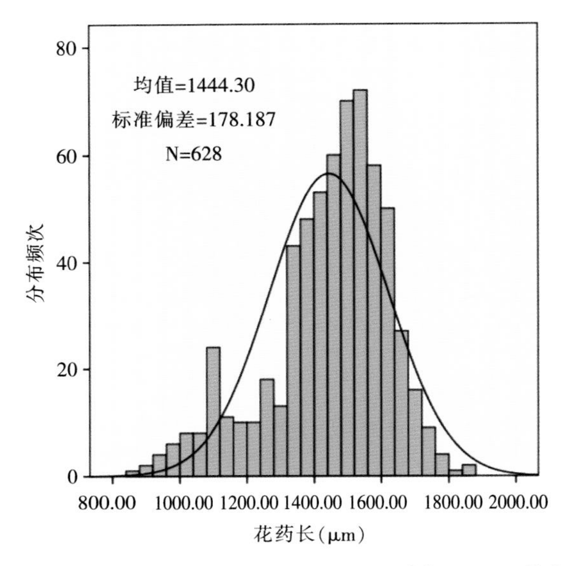

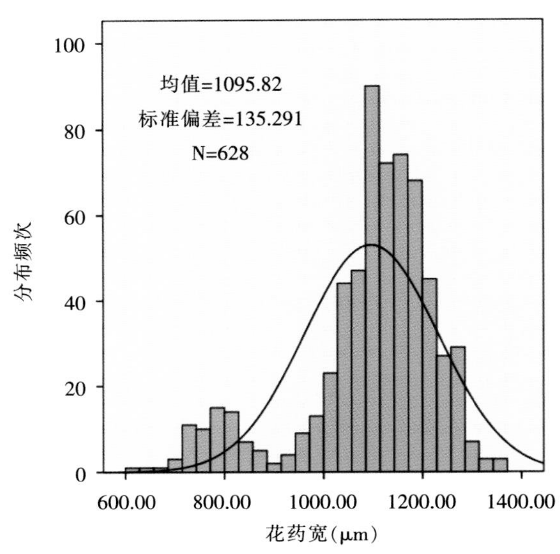

图3-31　花药大小多样性分布

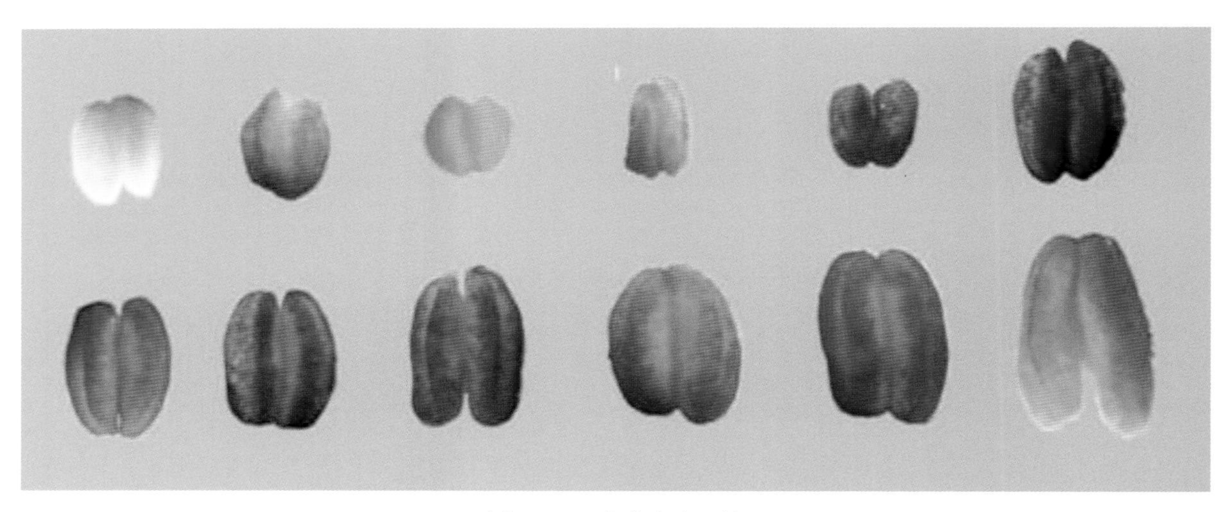

图3-32　花药大小比较

2. 特异种质

（1）花药极轴短的品种　陕甘山桃、西康扁桃1号、浅间白桃、霞晖1号。

（2）花药极轴长的品种　玛丽维拉、五月鲜扁干、玉露、碧霞蟠桃、哈太雷。

（九）花粉量

1. 遗传多样性　花粉量指每个花药的花粉粒数量，不育花粉的花粉量均小于 350，可育花粉与不稔花粉粒数量评价指标及参照品种见表 3－3（朱更瑞，1998）。

表 3－3　花粉量的评价指标及参照品种

等级	评价标准（粒/花药）	参照品种
无	＜350	六月白、砂子早生
少	351～750	南山甜桃
中	751～1 200	白凤、丰黄
多	1 201～1 500	雨花露、玉露蟠桃
很多	＞1 500	美国蟠桃、奉化蟠桃

2. 特异种质　蟠桃品种的花粉量较多，撒花红蟠桃、五月鲜扁干、离核蟠桃、美国蟠桃、玉露蟠桃均在 1 200 以上。

（十）雌雄蕊高度比较

1. 遗传多样性　桃花朵雌蕊高度与雄蕊高度的比较（图 3－33）。一般花粉不稔的种质其雌蕊高度要比雄蕊高，而蟠桃种质的雌蕊一般比雄蕊低。蟠桃花柱短，柱头弯向一边，新疆蟠桃、新疆桃花柱极短；扁桃品种柱头向上。

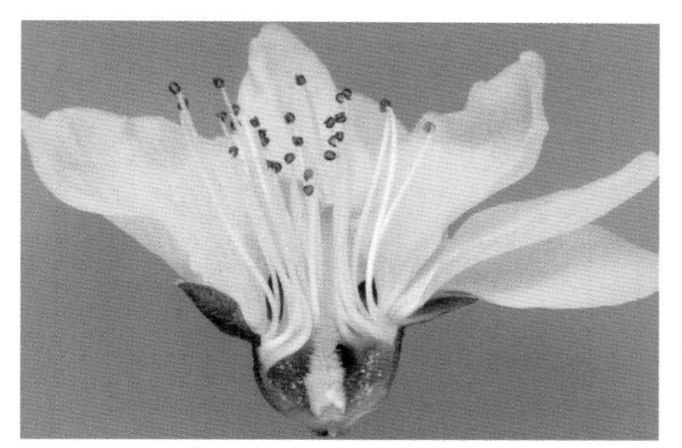
低

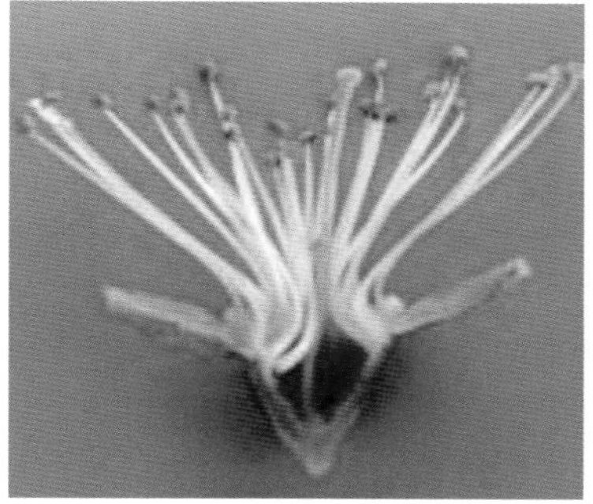
等　高

高

图 3－33　雌雄蕊高度

2. 典型种质

（1）雌雄蕊比低的品种　久仰青桃、凯旋、哈露红、新端阳、和田晚油桃。

（2）雌雄蕊等长的品种　春蕾、雨花露、布目早生、京玉。

（3）雌雄蕊比高的品种　砂子早生、浅间白桃、深州白蜜。

（十一）柱头先出现象

1. 遗传多样性　桃种质在花朵尚未开放之前，其雌蕊的柱头已经从花瓣中伸出的现象（图 3－34）。柱头先出的品种在春季容易受到晚霜的危害而造成减产。

2. 特殊种质

铃形花品种比较容易出现柱头先出现象。新疆黄肉、江村 1 号为蔷薇形，有柱头先出现象。

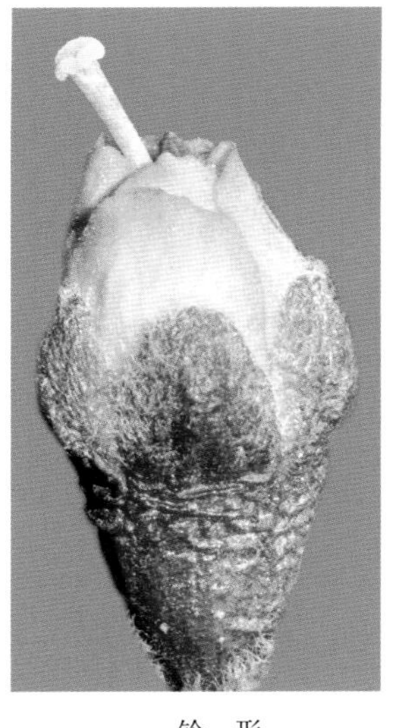

铃　形

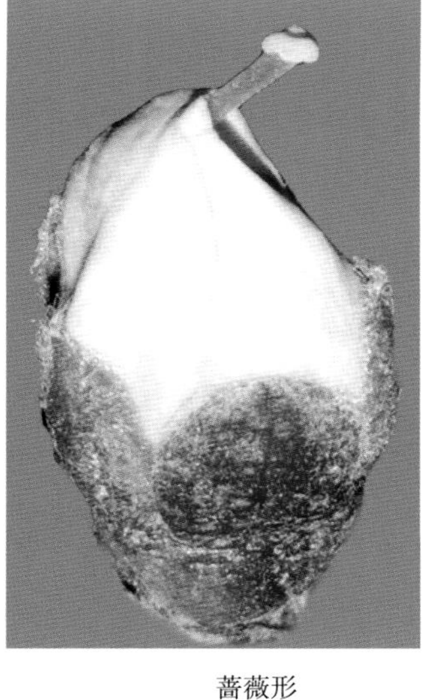

蔷薇形

花枝（新疆黄肉）

图 3－34　柱头先出现象

（十二）雄蕊退化

1. 遗传多样性　由于雄蕊的发育不完全而形成多种雄蕊瓣化现象（图 3－35），具有一定的观赏价值。

雄蕊瓣化

分化不完全

图 3－35　雄蕊退化

2. 特异种质　红碧台阁、二色台阁（图 3－36）和穿茎花（图 3－37）。

红碧台阁

二色台阁

图 3－36　台阁桃

（王燕提供）

图 3－37　穿茎花

（王燕提供）

（十三）萼筒形状

1. 遗传多样性　萼筒的形状可分为窄楔形、楔形、椭圆形、扁圆形和扁平形（图 3－38）。

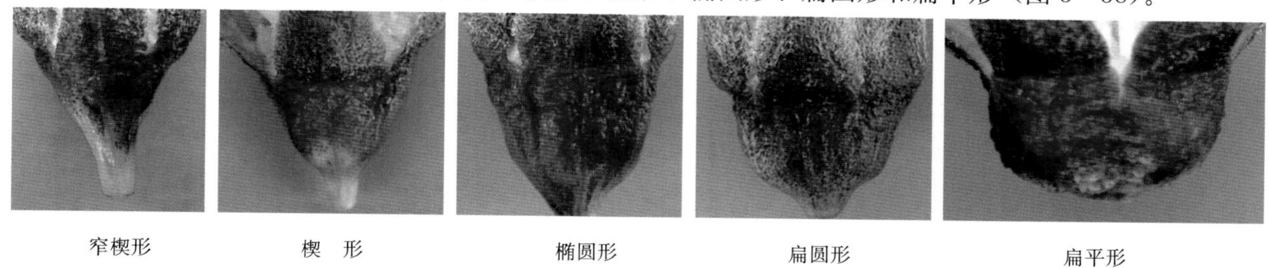

图 3－38　萼筒形状

2. 特异种质　扁平形状与果形有一定的相关性，如蟠桃萼筒宽、扁，是花期鉴定是否为蟠桃的重要依据。

（十四）萼片数量、排列方式

1. 遗传多样性　萼片数量与花瓣数量相关，单瓣花萼片数量为 5 个，排列为 1 轮；重瓣花萼片数量 5 个以上，花瓣数越多萼片数越多，排列为 1 轮或 2 轮（图 3－39）。

图 3－39　萼片数量、排列方式

2. 特异种质　萼片数 5 个以上的品种：碧桃、绯桃、人面桃、鸳鸯垂枝、白花山碧桃。

（十五）子房茸毛

1. 遗传多样性　桃种质子房外被茸毛的有无、多少（图 3－40）。油桃子房无茸毛，普通桃子房有茸毛，是花期进行果实类型早期鉴定的主要依据。

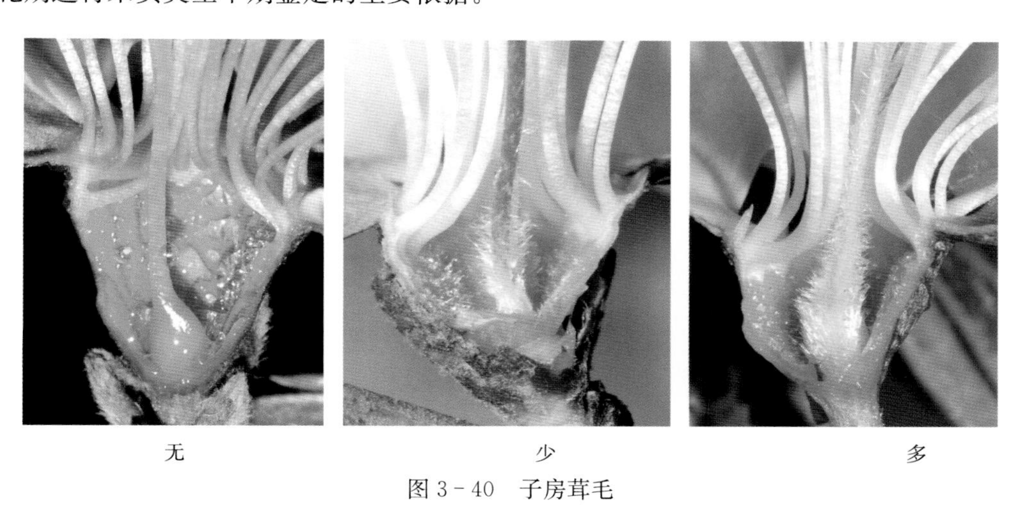

图 3－40　子房茸毛

2. 典型种质

（1）子房无茸毛品种 曙光、华光、中农金硕、中农金辉。

（2）子房有茸毛品种 白凤、雨花露、京玉、大久保。

（十六）萼筒内壁颜色

1. 遗传多样性 桃花朵盛开时萼筒内壁所呈现的颜色。一般白肉桃种质的萼筒内壁颜色为绿黄色，而黄肉桃种质的萼筒内壁颜色为橙黄色（图 3－41）。

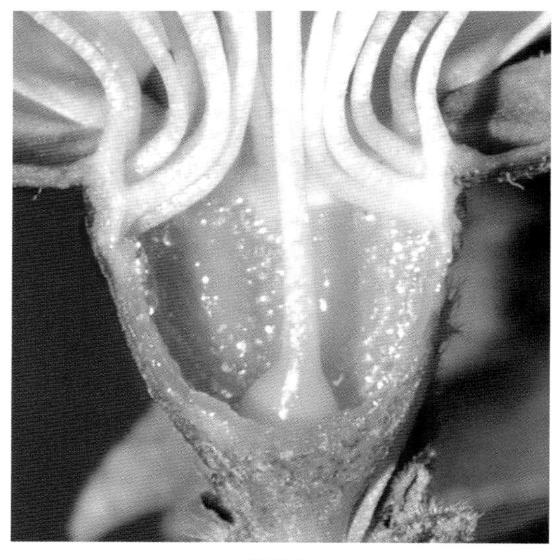

绿黄色

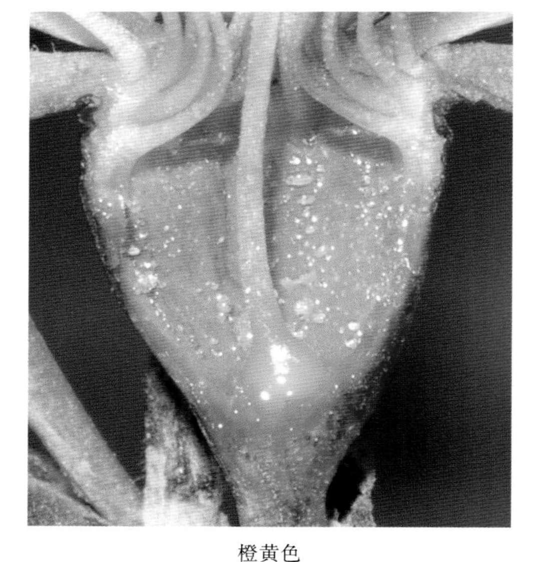

橙黄色

图 3－41 萼筒内壁颜色

2. 特异种质

（1）绿黄色品种 中油桃 5 号、华光、玫瑰红。

（2）橙黄色品种 曙光、中农金辉、金童 6 号。

（3）介于橙黄色与绿黄色之间 西教 1 号萼筒内壁色介于橙黄色与绿黄色之间（果肉颜色也介于黄肉桃与白肉桃之间）。

（十七）雌蕊发育状况

1. 遗传多样性 桃盛花期花药刚刚开裂时雌蕊的生长状态，包括有无、数量、长短、粗细等（图 3－42）。发育正常的雌蕊较长较粗壮，而发育不正常的雌蕊一般较短且细弱，有时甚至完全没有雌蕊，观赏桃品种多柱头现象明显，特别在夏季遇异常高温天气，次年容易出现双柱头现象。

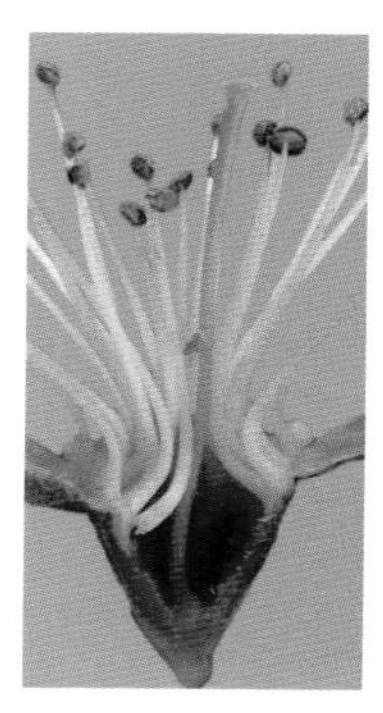

发育正常

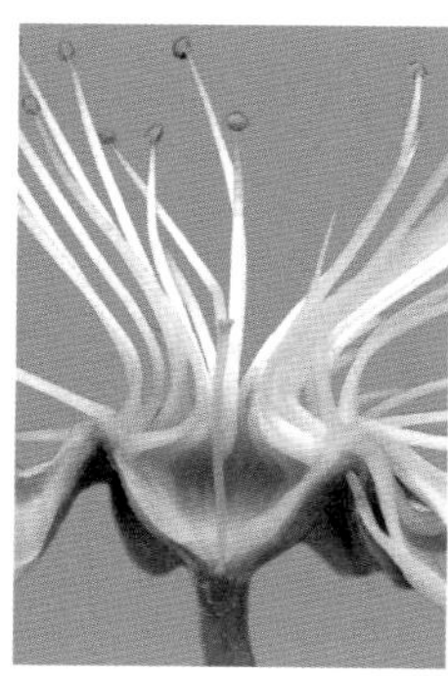

发育较正常

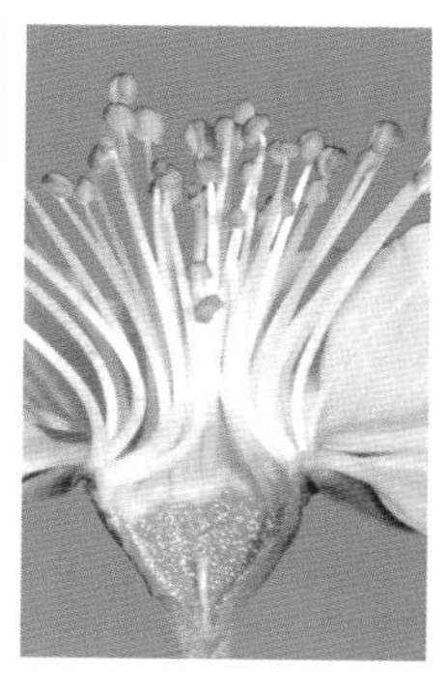

发育不正常

完全败育

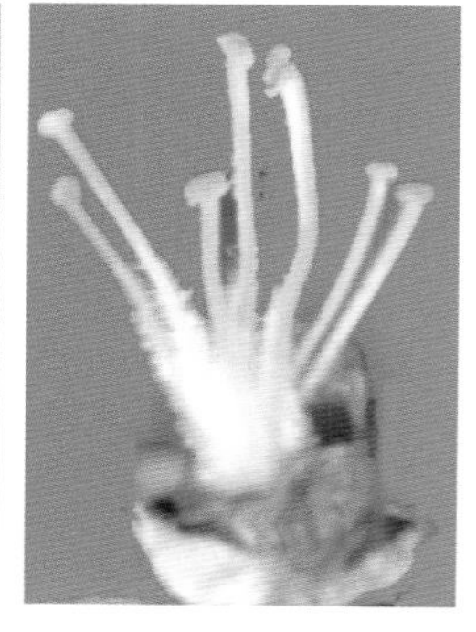

多柱头现象

图 3－42 雌蕊发育状况

2. 特异种质　重瓣花型多柱头现象明显，如绯桃、人面桃。西伯利亚C一芽内两朵花现象明显，常开放较晚，多位于壮枝上。泰国桃蔷薇形，柱头向下弯曲或扭曲。

五、核

（一）鲜核颜色

1. 遗传多样性　桃果实成熟时，将果肉同果核分离，此时鲜核所呈现的颜色（图3-43）。一般果实成熟期越早，核色越浅；果实成熟期越晚，鲜核色越深。

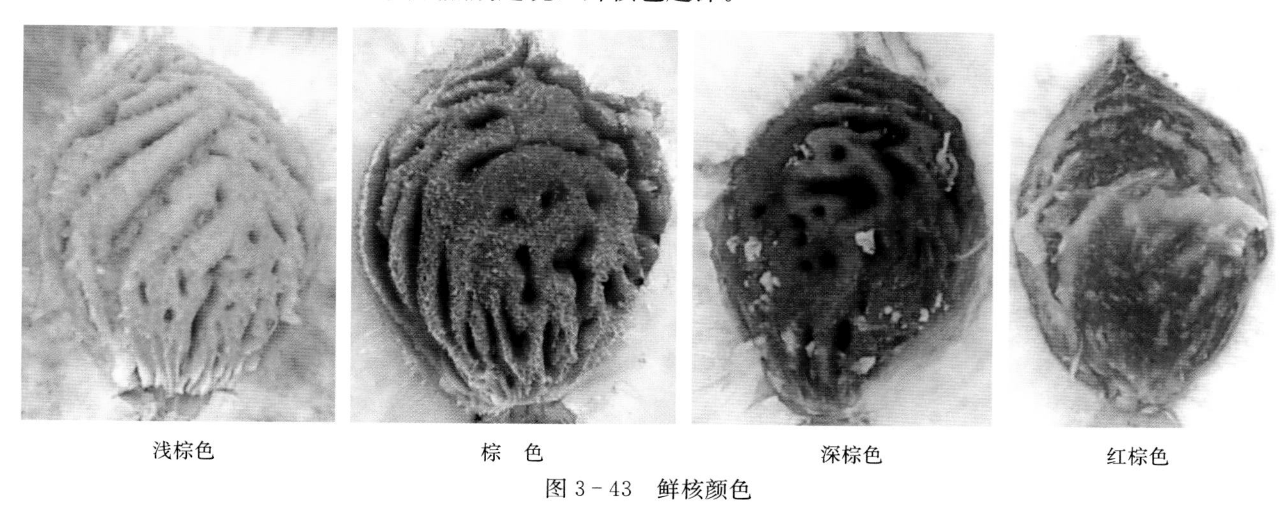

图3-43　鲜核颜色

2. 典型种质

（1）浅棕色品种　春蕾、雨花露、砂子早生。

（2）棕色品种　白凤、大久保。

（3）深棕色品种　燕红、叶县冬桃、青州红皮蜜桃。

（4）红棕色品种　二早桃。

（二）核纹多少

1. 遗传多样性　桃核表面的纹理多少，包括点纹和沟纹。光核桃核面光滑，普通桃核纹可分为少、中、多（图3-44）。

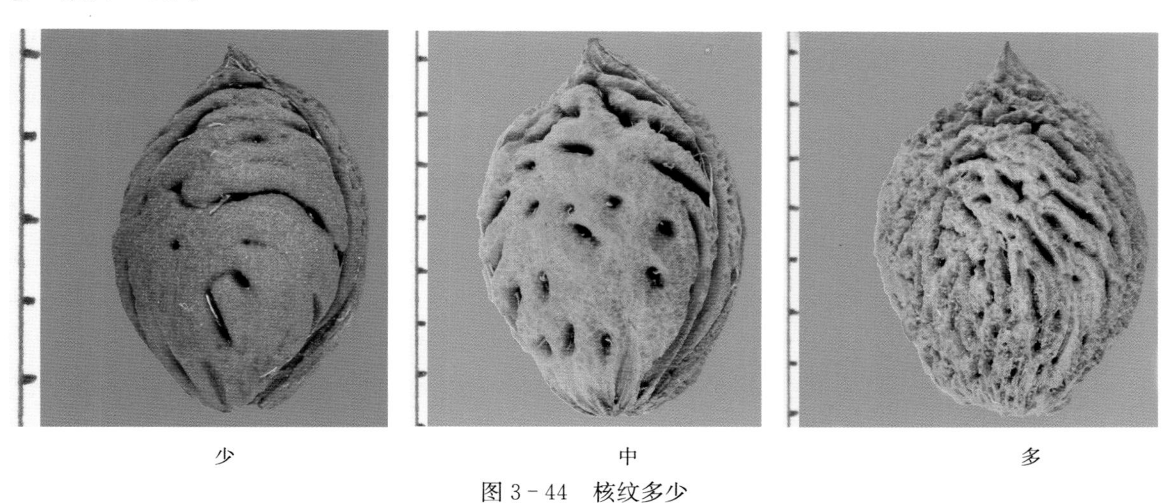

图3-44　核纹多少

2. 特异种质（图 3－45）

(1) 核纹少品种 红垂枝。

(2) 核纹多品种 西北地方品种核纹多，如下庙 1 号、江村 1 号、江村 2 号、江村 3 号、江村 4 号、江村 5 号、早熟黄甘、龙系列和张黄系列品种。西南桃品种群类似西北品种群，但核纹较西北桃品种群少；华北品种群与华东品种群沟纹、点纹均明显；欧洲古老育成品种核纹与西北品种群类似，如菲利甫。

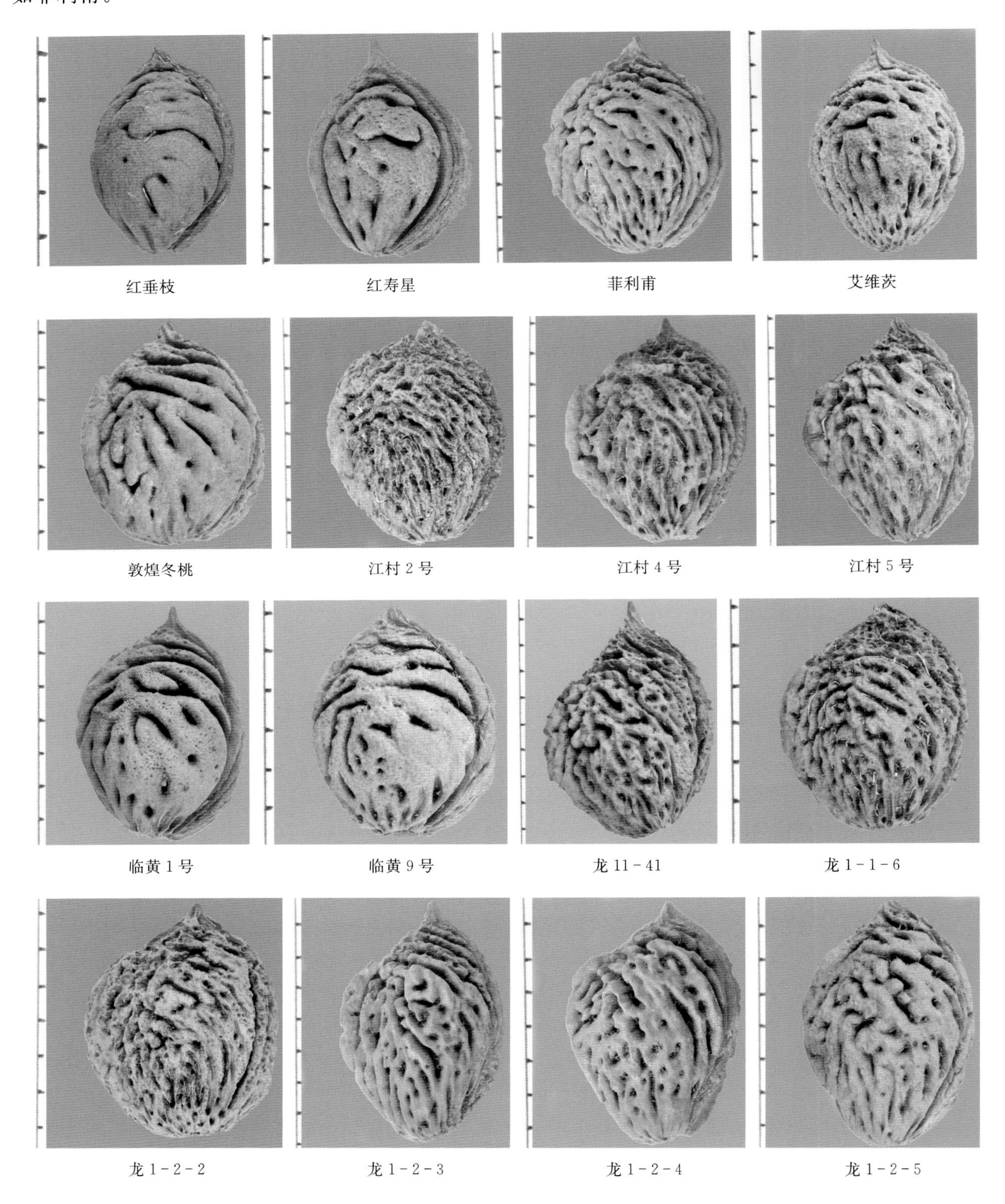

红垂枝　红寿星　菲利甫　艾维茨

敦煌冬桃　江村 2 号　江村 4 号　江村 5 号

临黄 1 号　临黄 9 号　龙 11－41　龙 1－1－6

龙 1－2－2　龙 1－2－3　龙 1－2－4　龙 1－2－5

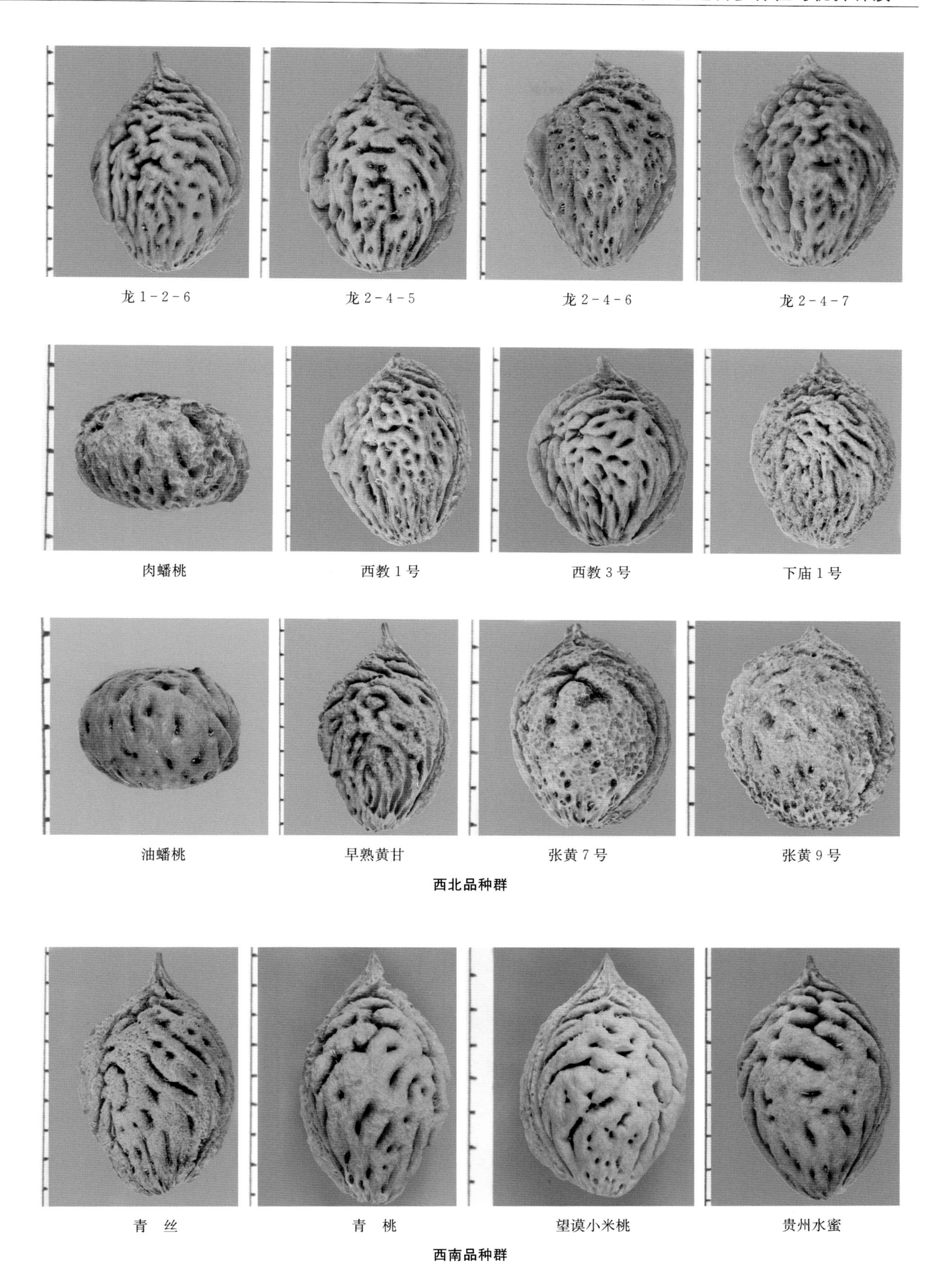

龙 1-2-6　龙 2-4-5　龙 2-4-6　龙 2-4-7

肉蟠桃　西教 1 号　西教 3 号　下庙 1 号

油蟠桃　早熟黄甘　张黄 7 号　张黄 9 号

西北品种群

青　丝　青　桃　望谟小米桃　贵州水蜜

西南品种群

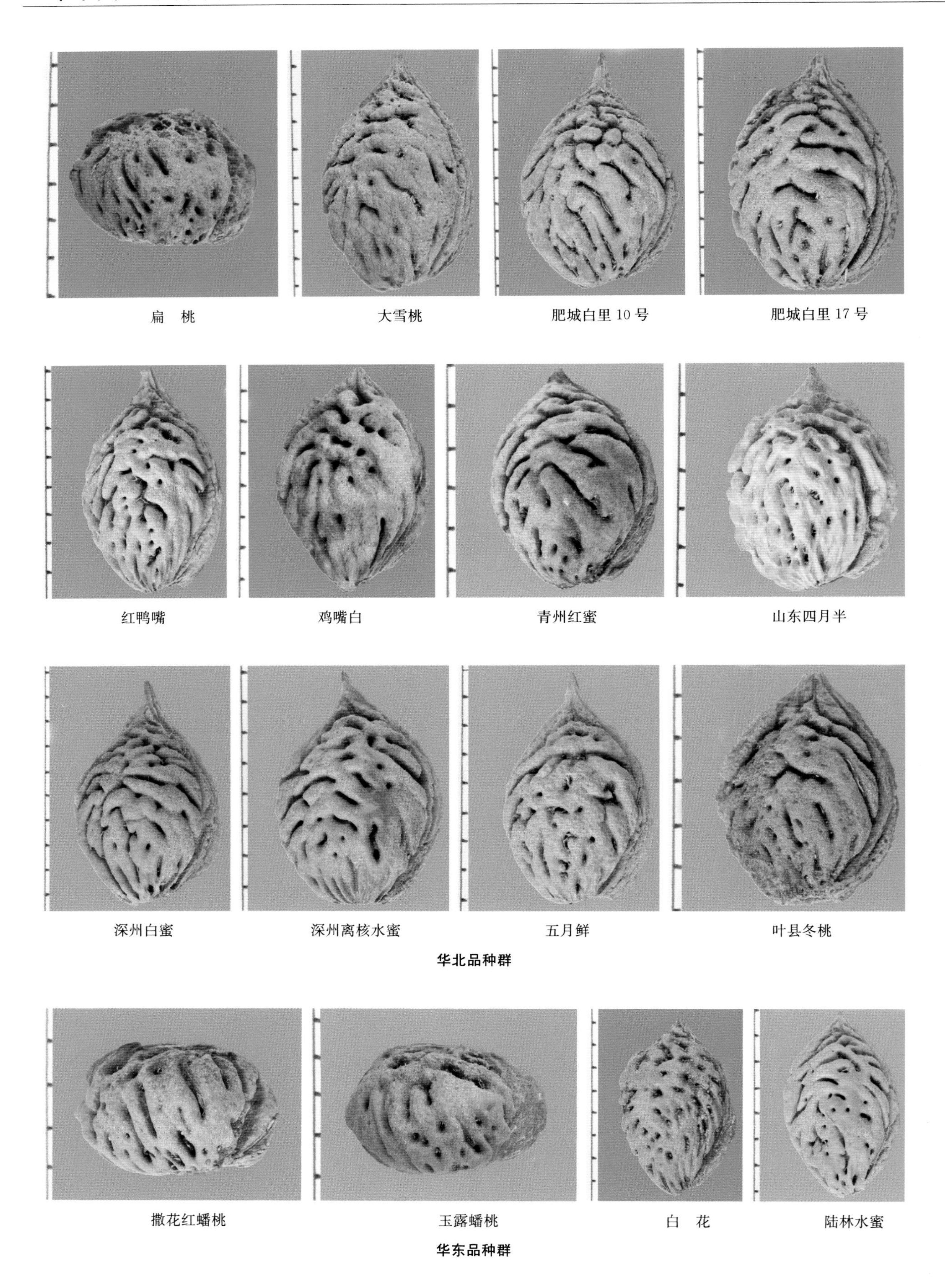

扁　桃　　大雪桃　　肥城白里 10 号　　肥城白里 17 号

红鸭嘴　　鸡嘴白　　青州红蜜　　山东四月半

深州白蜜　　深州离核水蜜　　五月鲜　　叶县冬桃

华北品种群

撒花红蟠桃　　玉露蟠桃　　白　花　　陆林水蜜

华东品种群

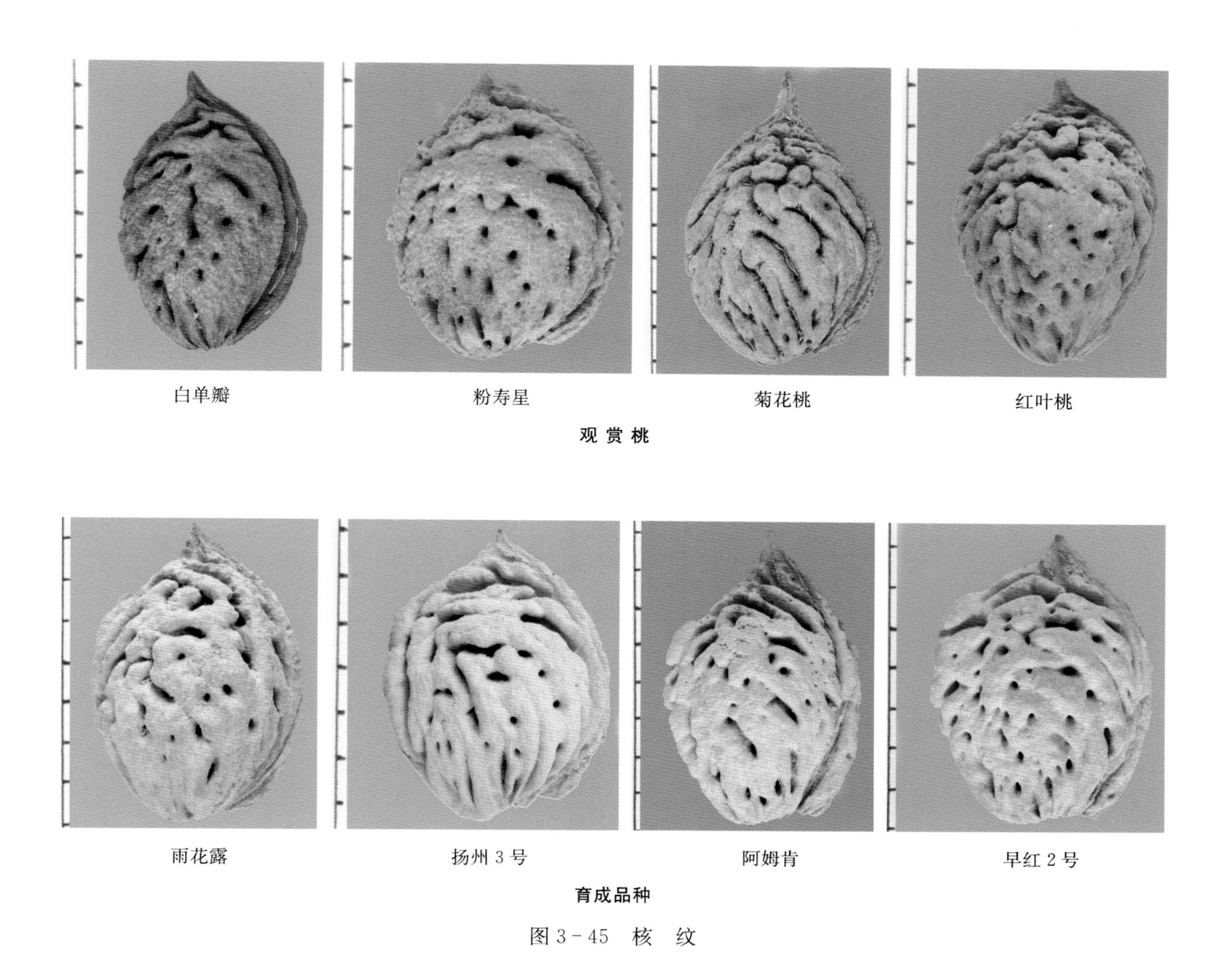

白单瓣　粉寿星　菊花桃　红叶桃

观赏桃

雨花露　扬州 3 号　阿姆肯　早红 2 号

育成品种

图 3－45　核　纹

（三）核形

1. 遗传多样性　核形状与果形基本一致，可分为扁平、圆、近圆、卵圆、椭圆和尖圆（图 3－46）。

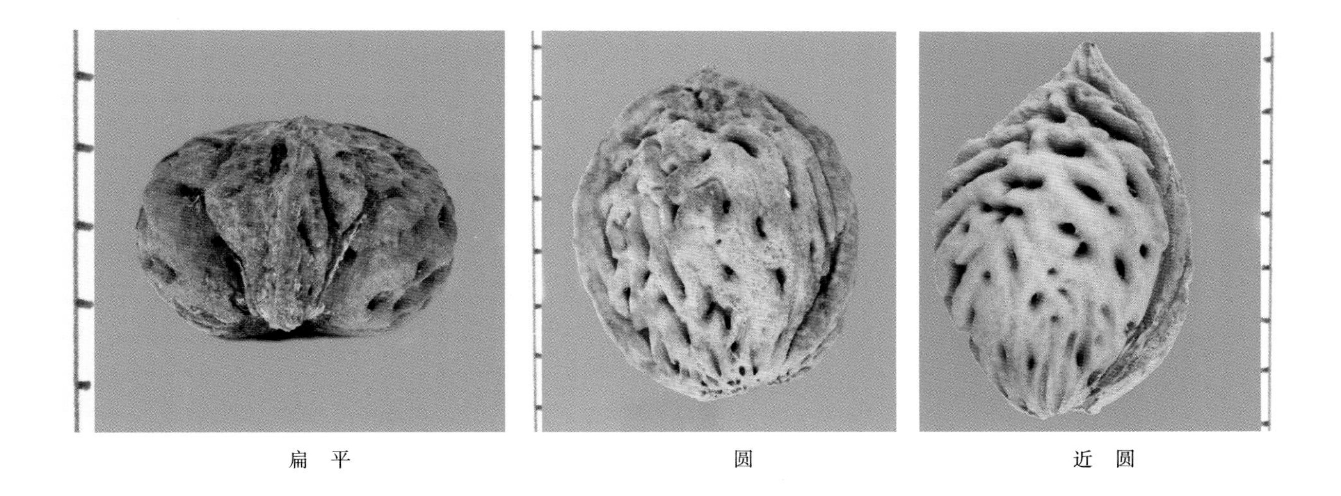

扁　平　圆　近　圆

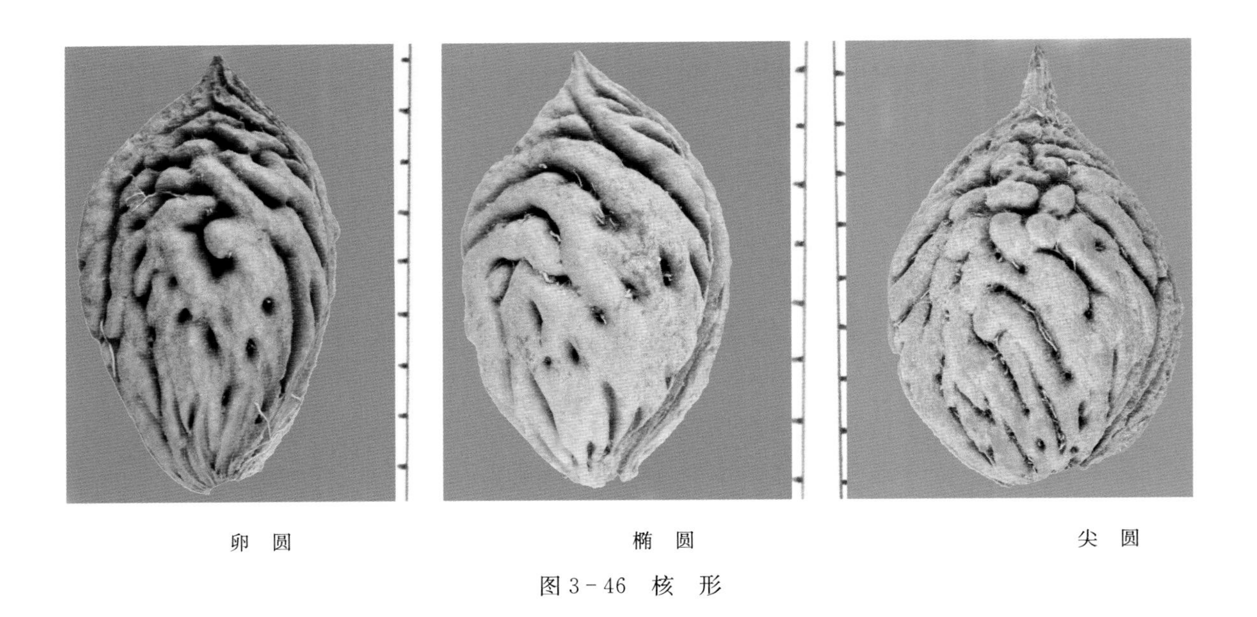

图3-46 核 形

2. 特异种质

(1) 扁平形品种 所有蟠桃品种的核形均为扁平形。

(2) 圆形品种 晚熟离核黄肉、新疆野油桃、甜仁桃。

(3) 尖圆形品种 菊花桃。

(四) 核大小

1. 遗传多样性 桃果实成熟时，果核的大小。646个品种核长均值3.29cm，核宽均值2.37cm，核厚均值1.75cm；614个品种核重均值6.28g。核长评价指标及参照品种见表3-4（王力荣，2005b，2005c）。桃核形有2种类型，一种为普通圆桃的核形，一种为蟠桃的核形。在核长度分布图中（图3-47）出现2.0～2.3 cm断裂的原因是蟠桃和普通桃的核由一对等位基因控制，蟠桃的核长度均小于2.0cm。一般而言，油桃核最大，普通桃居中，蟠桃最小（表3-5）。

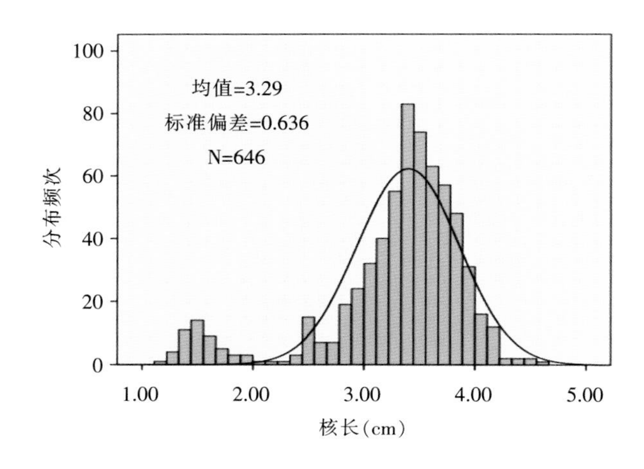

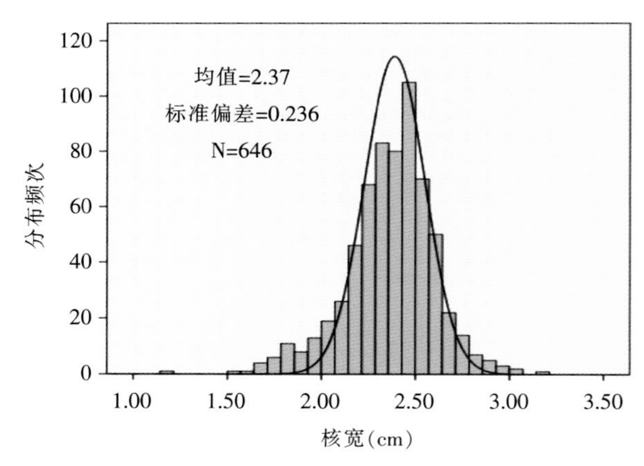

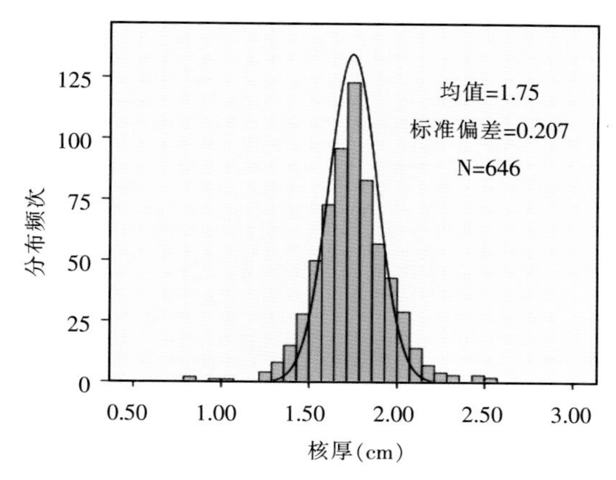

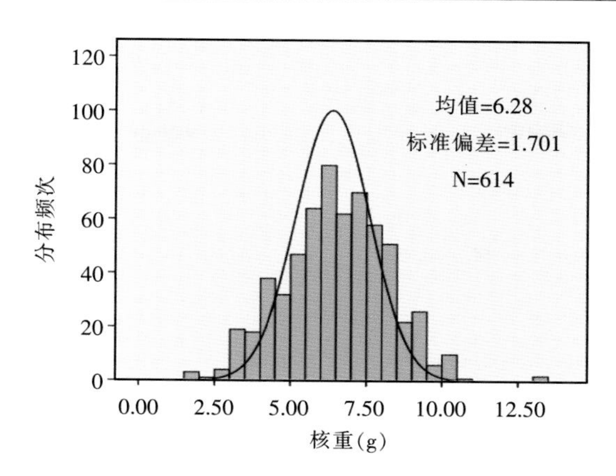

图 3-47 核性状多样性分布

表 3-4 核长评价指标及参照品种

等 级	评价标准（cm）	参照品种
很短	<2.5	农神蟠桃、早露蟠桃
短	2.5～3.0	新端阳、早花露
中	3.0～3.5	春时、白凤
长	3.5～4.0	红港、大久保
很长	≥4.0	爱保太、大雪桃

表 3-5 不同果实类型核性状多样性比较

项	目	品种数	最小值	最大值	平均值	标准差
普通桃	核长（cm）	453	1.80	4.70	3.50	0.42
	核宽（cm）	453	1.10	3.20	2.40	0.25
	核厚度（cm）	453	0.80	2.30	1.70	0.18
	核重（g）	425	2.50	13.00	6.40	1.65
油桃	核长（cm）	144	2.20	4.20	3.40	0.34
	核宽（cm）	144	1.80	3.10	2.40	0.19
	核厚度（cm）	144	1.20	2.20	1.80	0.16
	核重（g）	140	3.50	10.00	6.60	1.40
蟠桃	核长（cm）	49	1.20	2.00	1.50	0.18
	核宽（cm）	49	1.80	2.60	2.20	0.18
	核厚度（cm）	49	1.00	2.60	2.00	0.28
	核重（g）	49	1.50	6.50	4.00	1.04

2. 特异种质

（1）蟠桃品种 蟠桃品种的核均小。

（2）普通桃核小品种 双喜红、新疆野油桃、新疆黄肉。

第三节 果实性状

一、果实感官性状

（一）果实类型

1. 遗传多样性 按照果实的形态可以分为蟠桃和圆桃，前者为显性；按照果皮茸毛有无分为毛桃

（即普通桃）和油桃，前者为显性。果形与果皮茸毛两对基因进行组合，即得到普通桃、油桃、蟠桃和油蟠桃（图 3－48）。

与普通桃比较，油桃、蟠桃性状具有广泛的遗传多效性：油桃具有使果实的可溶性固形物含量、可滴定酸含量、着色面积、去皮硬度和亚表皮细胞的淀粉粒增加的作用，使果皮韧性、平均单果重量减少。桃茸毛杂合体基因型 Gg 比纯合体基因型 GG 的茸毛短。蟠桃使果实的可溶性固形物含量、可溶性糖含量、糖酸比和亚表皮细胞的淀粉粒增加，使带皮硬度、去皮硬度、平均单果重量、平均果核重量、核重量/单果重量、产量指数减少（王力荣，2007）。

在同一遗传群体中，以普通桃为对照，油桃单果重降低 16.79%，蟠桃降低 39.04%，油蟠桃降低 46.34%。油桃可溶性固形物含量增加 11.20%，蟠桃增加 19.05%，油蟠桃增加 27.64%（Wang Lirong，2010）。

图 3－48　果实类型

2. 优异种质　油蟠桃品种较少，是果实类型中的优异种质，如中油蟠桃系列、金塔油蟠桃等。

（二）果实大小

1. 遗传多样性　果实大小可以用单果重和果实的纵径、横径、侧径表示。657 个品种单果重介于16～259.6g，均值 118g；651 个品种果实纵径介于 2.7～8.2 cm，均值 5.97cm；横径介于 3～9.5 cm，均值 6.10cm；侧径介于 2.7～9.8cm，均值 6.21cm（图 3－49）（王力荣，2005b），普通桃、油桃单果重及果实横径的评价指标及参照品种分别见表 3－6（王力荣，2005a）和表 3－7（王力荣，2005c）。蟠桃单果重评价指标可适当降低。在遗传上，普通桃果实大于油桃和蟠桃（表 3－8）（王力荣，2008）。关联分析表明单果重与盛花期、展叶期、果实成熟期、果实发育期和落叶期确实存在遗传相关，主要表现为这几个性状可能受到基因多效性调控或者受连锁群内及连锁群间存在连锁或关联关系的基因调控（曹珂，2012）。

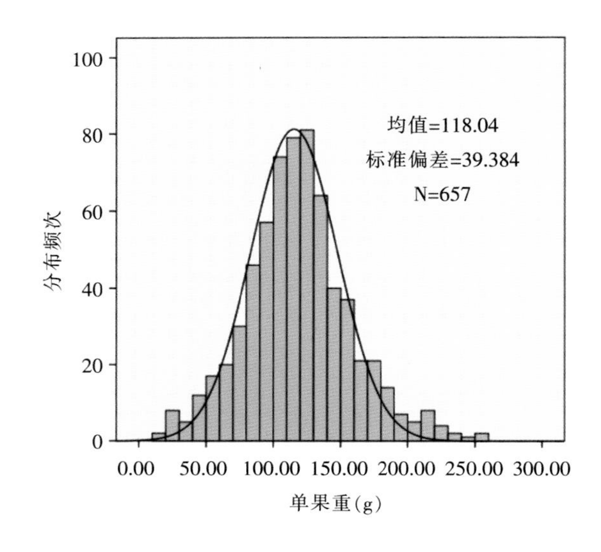

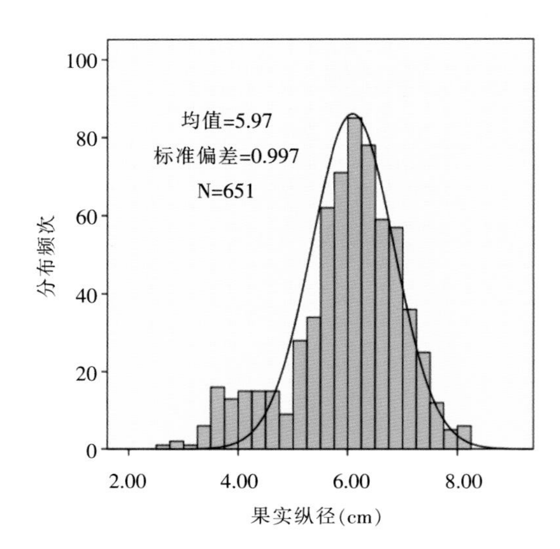

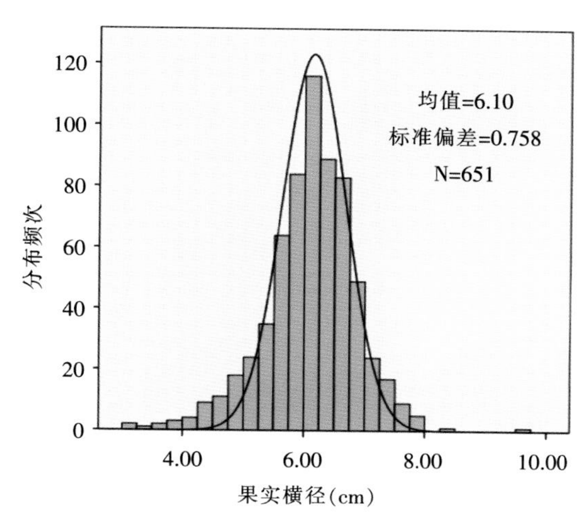

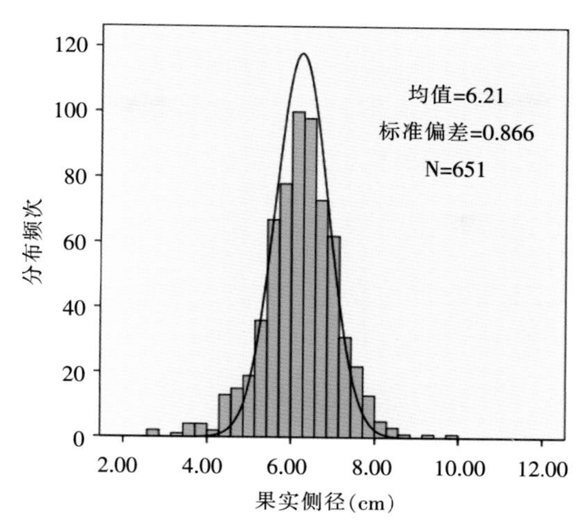

图3-49 果实大小多样性分布

表3-6 单果重评价指标及参照品种

等级	评价标准（g）	参照品种
很小	<50.0	金塔油蟠桃、红日
小	50.0～100.0	春蕾、五月火
中	100.0～150.0	白凤、爱保太
大	150.0～200.0	燕红、麦克尼丽
很大	≥200.0	丰白

表3-7 果实横径评价指标及参照品种

等级	评价标准（cm）	参照品种
很小	<5.0	春蕾、红日
小	5.0～6.0	白凤、五月火
中	6.0～7.0	大久保、爱保太
大	7.0～8.0	燕红、麦克尼丽
很大	≥8.0	肥城白里10号

表3-8 不同果实类型果实大小多样性比较

	项　目	品种数	最小值	最大值	平均值	标准差
普通桃	单果重（g）	458	16.00	259.60	123.00	42.25
	纵径（cm）	456	3.60	8.20	6.20	0.85
	横径（cm）	456	3.00	9.50	6.10	0.79
	侧径（cm）	456	2.70	9.80	6.30	0.91
油桃	单果重（g）	150	40.00	214.50	108.20	28.90
	纵径（cm）	146	3.70	7.20	5.80	0.62
	横径（cm）	146	4.40	7.00	5.90	0.51
	侧径（cm）	146	4.30	7.10	5.90	0.54
蟠桃	单果重（g）	49	36.80	115.00	102.20	28.66
	纵径（cm）	49	2.70	4.70	3.90	0.45
	横径（cm）	49	5.00	8.30	6.60	0.77
	侧径（cm）	49	5.00	8.40	6.90	0.78

2. 优异种质

（1）大果普通桃品种 肥城白里17号、早玉、接土白、丰白、中华寿桃、郑黄4号。

（2）大果油桃品种 理想、丽格兰特、中农金硕、中油桃9号、瑞光28号、NJN78。

（3）大果蟠桃品种 蟠桃王、蟠桃皇后、中蟠桃11号、瑞蟠4号、撒花红蟠桃、玉露蟠桃。

（三）果实形状

1. 遗传多样性 桃果实食用成熟期的形状和特征，可分为扁平形、扁圆形、圆形、椭圆形、卵圆形和尖圆形（图3-50）。

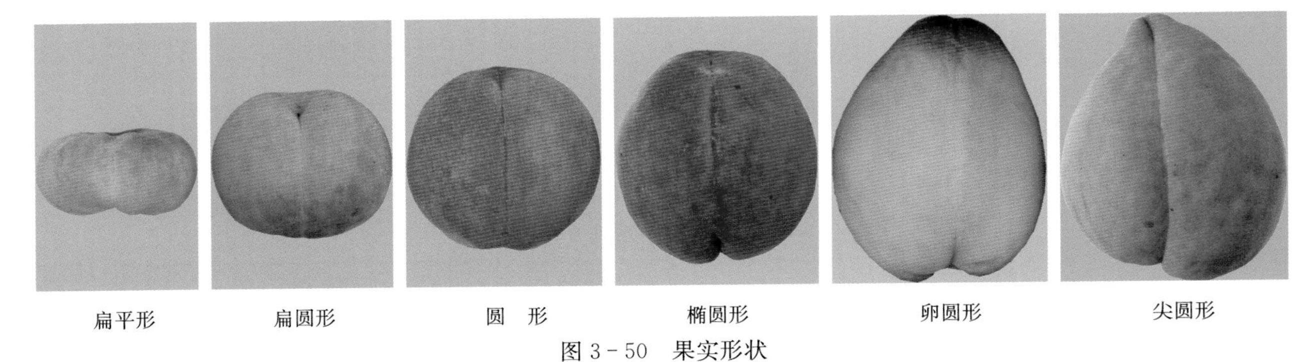

图3-50 果实形状

2. 优异种质

（1）扁圆形品种 新疆野油桃、新疆黄肉、和田黄肉、早生水蜜、喀什3号、甜仁桃、喀什1号、米扬山、大王庄黄桃、红甘露。

（2）圆形品种 菲利甫、西姆斯。

（3）卵圆形品种 人面桃、绯桃。

（4）尖圆形品种 黑布袋、鸡嘴白、菊花桃、割谷。

（四）果顶形状

1. 遗传多样性 桃果实在食用成熟期时的顶部形状，可分明显凹陷、凹陷、圆平、圆凸、尖圆（图3-51）。

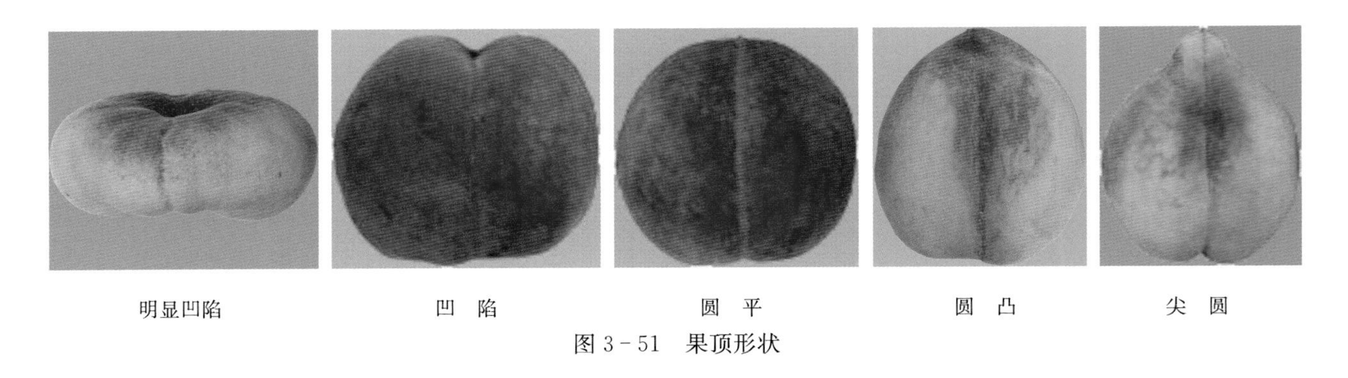

图3-51 果顶形状

2. 特异种质

（1）明显凹陷品种 蟠桃均明显凹陷，但新疆蟠桃、扁桃、龙油蟠桃的果顶基本不凹陷，农神蟠桃的果顶凹陷较少，是蟠桃中果顶较平的优异种质。

（2）果顶圆平品种 新疆野油桃、新疆桃、早生水蜜、红甘露、平顶油蟠桃、扁桃、平顶毛蟠桃。

（3）**果顶尖圆品种** 黑布袋、平碑子、割谷、红鸭嘴、鸡嘴白、天津水蜜、深州白蜜、鹰嘴、六月白、秋蜜、温州水蜜、大雪桃、豫白、肥城白里 10 号、肥城白里 17 号、乌黑鸡肉桃、晚黄金、豫红、豫甜。

（五）缝合线深浅

1. 遗传多样性 桃果实在成熟期时缝合线的深浅程度。桃品种一般缝合线明显，有的较深，有的较浅（图 3－52），有的缝合线很特殊，如曙光芽变、中油桃 5 号芽变、中油桃 9 号芽变中均发现缝合线呈黑色或紫红色，砂子早生缝合线容易发青，NJC83 的缝合线在高温时表现突起、先熟等现象（图 3－53）。

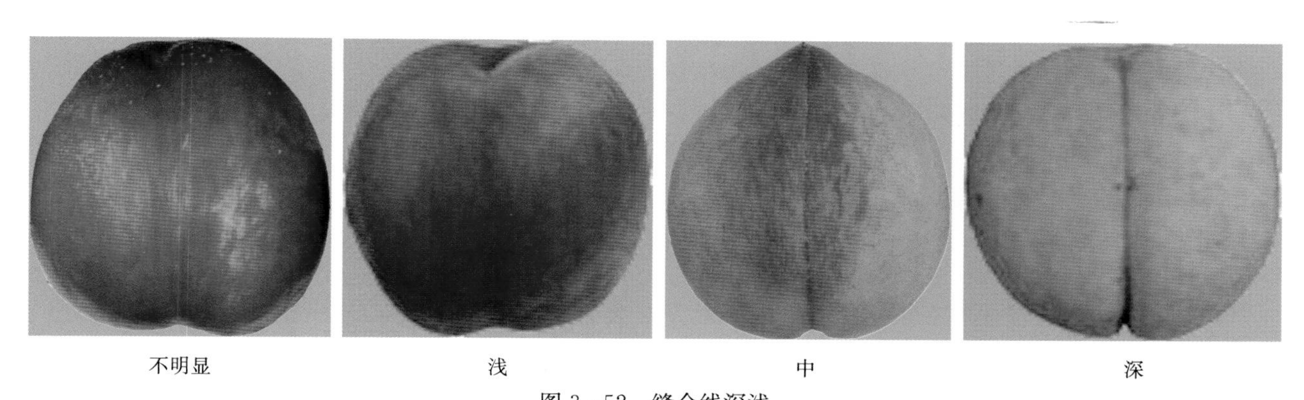

不明显　　浅　　中　　深

图 3－52 缝合线深浅

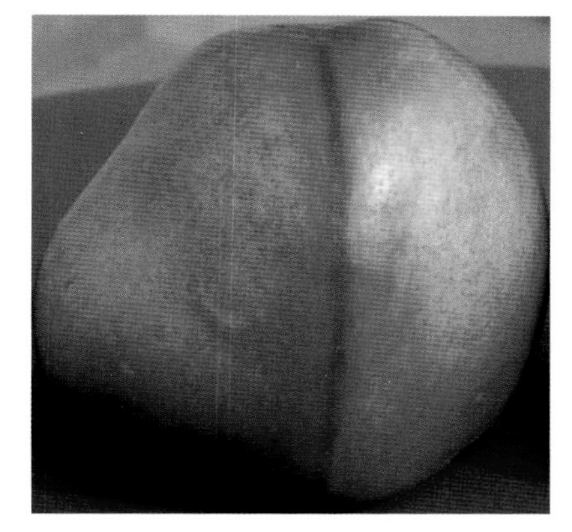

缝合线突出（曙光变异）

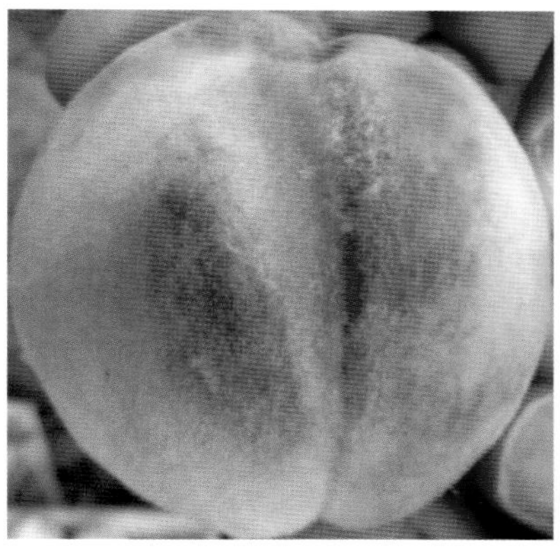

缝合线青（砂子早生变异）

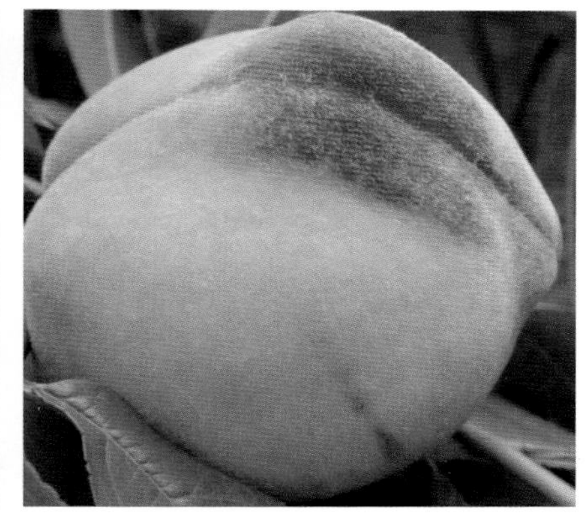

缝合线先熟（NJC83 变异）

图 3－53 特殊类型

2. 特异种质 缝合线深的品种有割谷、红鸭嘴、鸡嘴白、天津水蜜、深州白蜜、太原水蜜、六月白、张白甘、大雪桃、豫白、肥城白里 10 号、肥城白里 17 号、白沙、早玉、凯旋、红桃、张白 2 号、大离核黄肉、江村 1 号、五月鲜、离核甜仁、青桃、张白 5 号、江村 5 号、龙 1－3－4。

（六）果实对称性

1. 遗传多样性 桃果实在成熟期时缝合线两边部分的对称程度，可分为不对称、较对称和对称（图 3－54）。

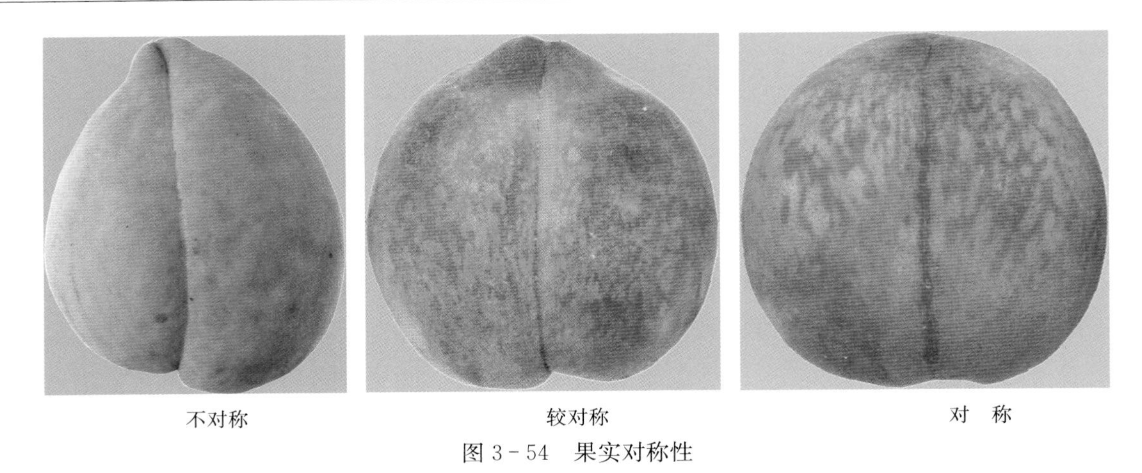

图 3－54　果实对称性

2. 典型种质

（1）不对称的品种　深州离核水蜜、火炼金丹、绯桃。

（2）较对称的品种　白凤、大久保、早乙女。

（3）对称的品种　双喜红、中农金硕、红日。

（七）果皮底色

1. 遗传多样性　桃果实在成熟期时，果皮未着红色部分呈现出的颜色。不着色品种的底色有白色、绿色、黄色、暗绿色和黑色；着色品种的底色有乳白色、绿白色、乳黄色、黄色和橙黄色（图 3－55）。

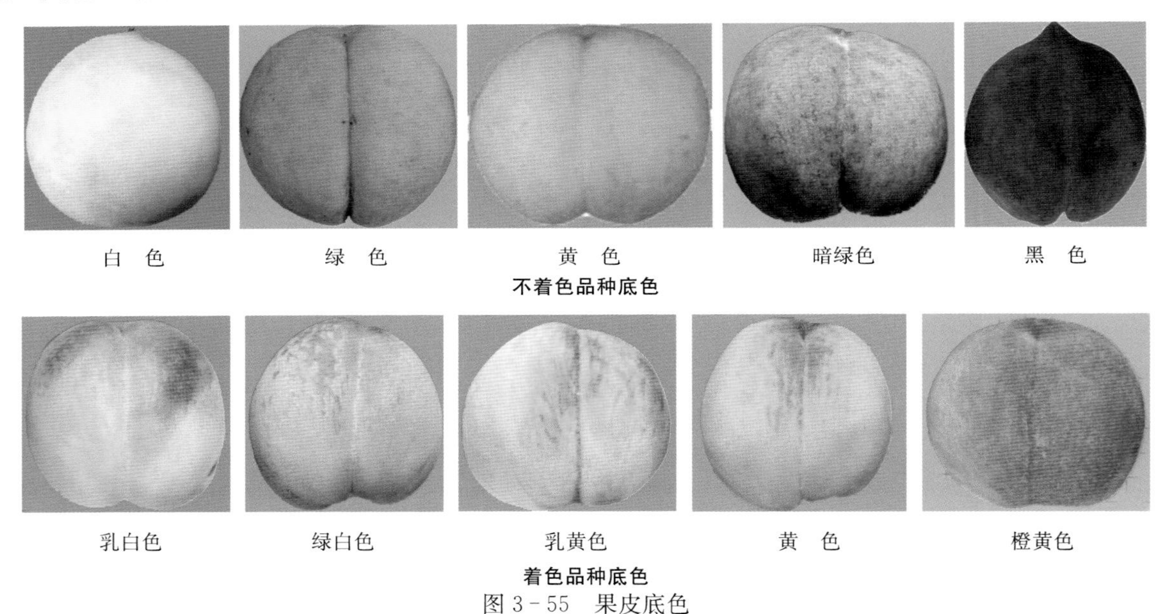

图 3－55　果皮底色

2. 优异种质

（1）果皮绿色品种　青桃。

（2）果皮白色品种　豫白、云署 1 号、云署 2 号、扬州 3 号。

（3）果皮黄色品种　NJC77、塞瑞纳、杏桃。

（八）果皮盖色深浅

1. 遗传多样性　桃果实在成熟期时果皮红色的深浅程度（图 3－56）。油桃的着色面积显著大于普通桃和蟠桃，在油桃育种中往往利用其色泽亮丽的特点，即使在含有油桃基因的普通桃中，其着色往往也较好。

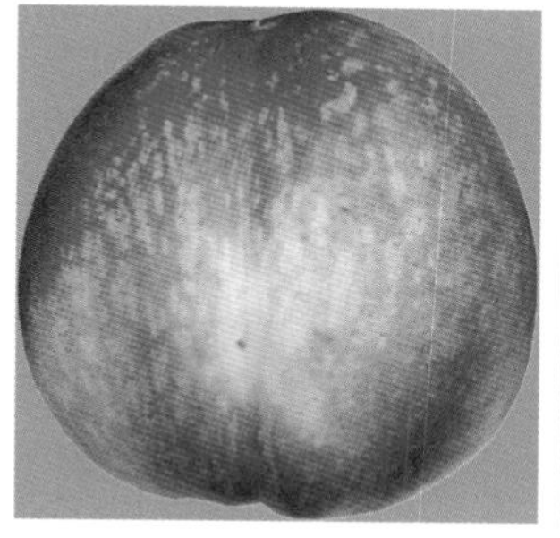

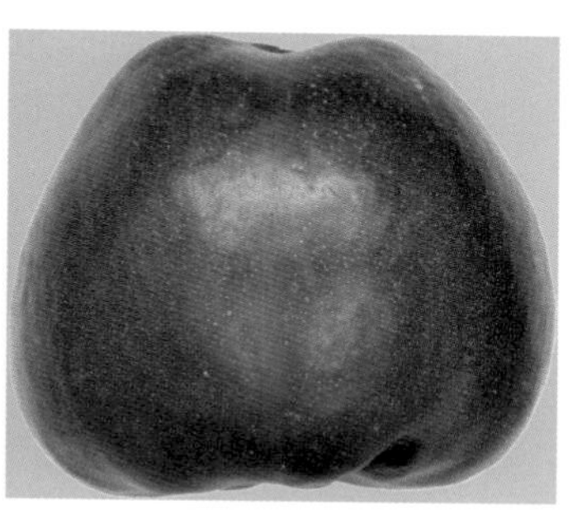

浅红色　　红　色　　深红色　　紫红色

图 3-56　果皮盖色深浅

2. 特异种质

（1）果皮暗绿色品种　大果黑桃（并有紫黑色条纹，果肉紫色渗出）、乌黑鸡肉桃。

（2）果皮鲜红色品种　五月阳光、早星、五月火、北冰洋之星、北冰洋之火。

（3）果皮紫红色品种　紫红油桃、春雪。

3. 特殊类型（图 3-57）

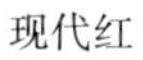

现代红　　现代绿（Volcano 公司）　　现代黄

图 3-57　果皮着色特殊类型

（九）盖色类型

1. 遗传多样性　桃果实在食用成熟期时果皮所着红色的形态，常见的有点纹、晕、条纹（图 3-58）。

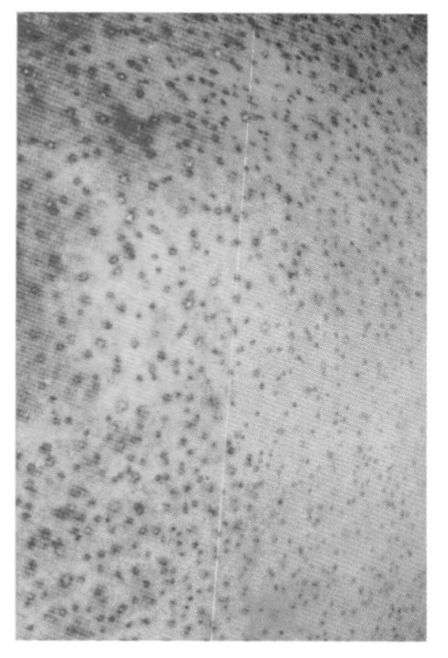
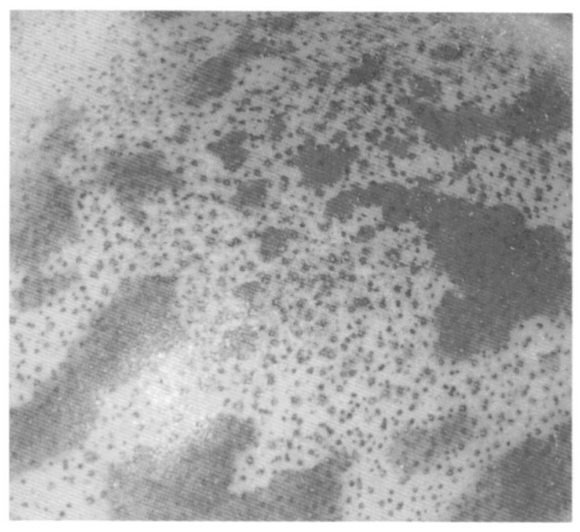
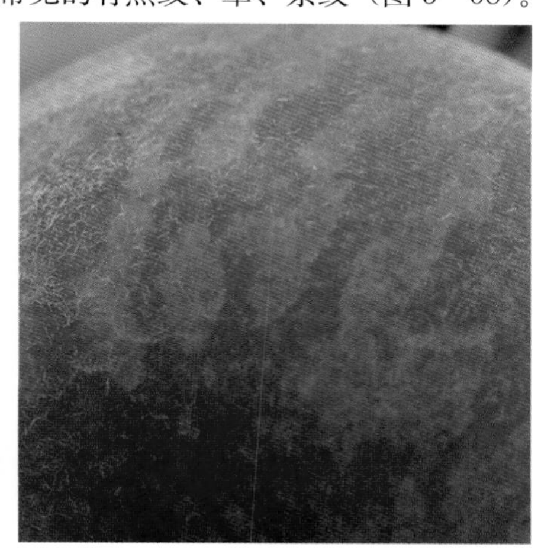

点　纹　　晕（斑纹和点纹）　　条　纹

图 3-58　盖色类型

2. 特异种质

(1) 条纹　早白凤、早花露。

(2) 晕　西农早蜜、新端阳、沙红桃、吊枝白、大红桃、大红袍。

(3) 斑纹　中蟠桃 10 号。

(十) 茸毛密度与长度

1. 遗传多样性　不同品种果实茸毛密度与长度有较大差异（图 3－59）。普通桃果皮茸毛长度 80μm，蟠桃的茸毛比普通桃短；含有油桃基因的有毛桃一般茸毛短而少；油桃种质果皮无毛，容易受病虫害侵染。茸毛少种质既有一定的抗病虫性，食用亦比较方便，而成为普通桃育种的方向。

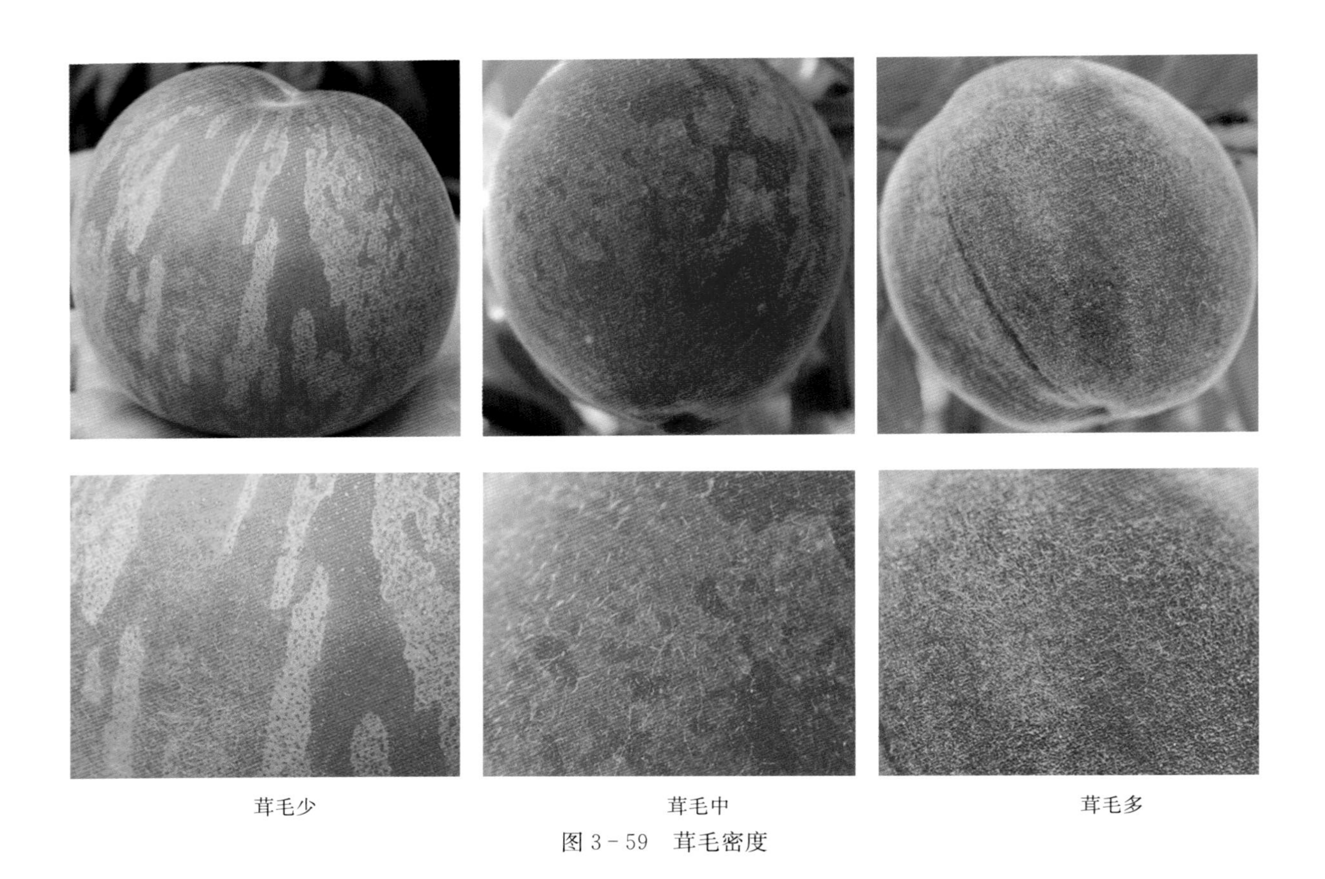

茸毛少　　茸毛中　　茸毛多

图 3－59　茸毛密度

2. 特异种质

(1) 茸毛稀的品种　春蜜、蟠桃皇后、NJF10、农神蟠桃、甜仁桃、京玉。

(2) 茸毛密的品种　玉露、凯旋、平碑子、新疆黄肉、罐桃 14 号、佛尔都娜、徒沟 1 号、法伏莱特 2 号、佛罗里达金、金童 7 号、大果黑桃、沙斯塔、贝蕾。

(十一) 果梗长短

1. 遗传多样性　桃果实在成熟期时果梗的长短。桃种质果梗一般较短，但一些观赏桃种质的果梗相对较长（图 3－60）。

很　短

短

中

长

很　长

图 3-60　果梗长短

2. 特异种质

（1）果梗很短品种　深州水蜜、丰白、燕红。

（2）果梗很长品种　菊花桃、白重瓣垂枝、绯桃。

（十二）油桃果点

1. 遗传多样性　油桃果点是果皮表面大的气孔形成的，由气孔发育而来，形成受遗传因素控制。亚显微结构显示果实皮孔下的亚表皮细胞被填充，细胞壁扭曲、栓化加厚，最终形成果点。果点密集部位下方的果肉可溶性糖含量高于无果点区域，果点下的细胞内存在着活跃的糖类运输和代谢活动，蒸腾作用是糖类运输的动力之一（王力荣，2007）。不同油桃品种果点的明显程度不一样，分为不明显、明显、连片形成果锈（图 3-61）。果点越明显的品种，可溶性糖含量越高，风味越甜，因此果点在桃育种中又称“糖点”。

2. 特异种质　果点明显的品种：瑞光 2 号、金蜜狭叶、华光。

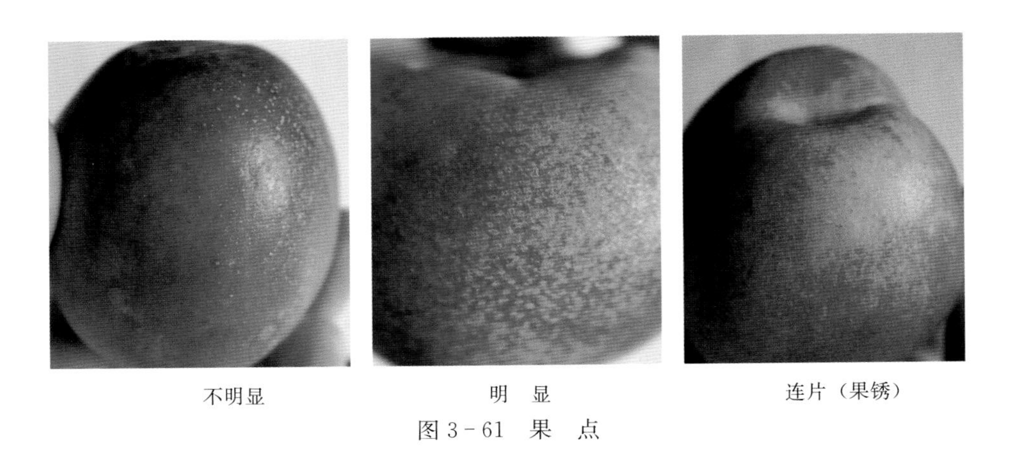

不明显　　明　显　　连片（果锈）

图 3-61　果　点

（十三）果肉颜色

1. 遗传多样性　桃果实在成熟期时果肉所呈现的颜色，在遗传上分为白肉和黄肉，其中白肉对黄肉为一对显性性状。在实际应用时根据色素含量的多少，分为白肉、绿肉、黄肉和红肉（图 3-62）。

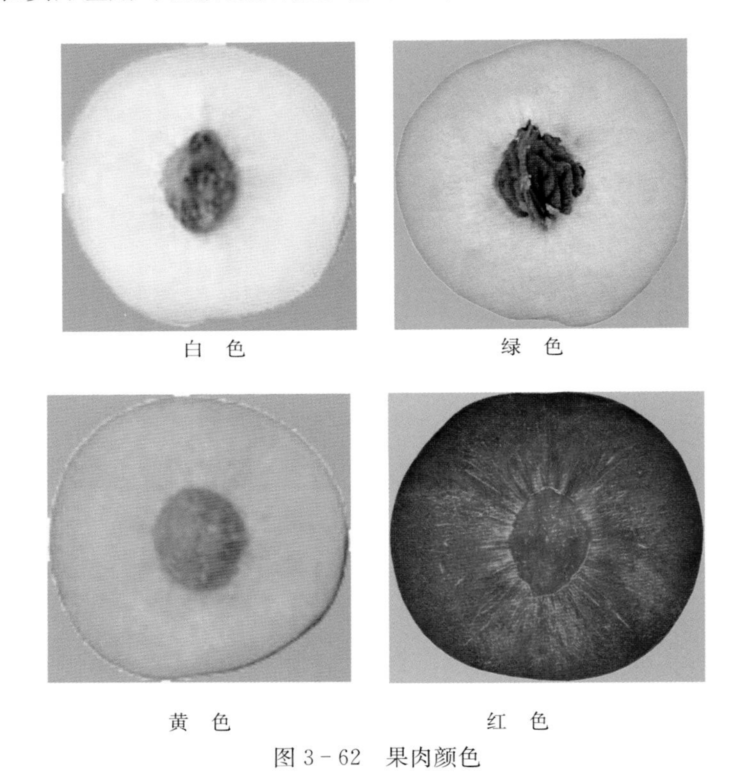

白　色　　绿　色

黄　色　　红　色

图 3-62　果肉颜色

2. 特异种质

（1）果肉纯绿色品种　菊花桃、铁 4-1。

（2）果肉纯白色品种　豫白、云署 1 号、云署 2 号、扬州 3 号、石头桃。

（3）果肉纯黄色品种　杏桃、塞瑞纳、NJC77。

（4）红肉品种　大红袍、万州酸桃、天津水蜜、大果黑桃、黑油桃、乌黑鸡肉桃、哈露红、武汉 2 号、吉林 8903、朱砂红。

（十四）果肉红色素多少

1. 遗传多样性　桃果实在成熟期时果肉中红色素的多少（图 3-63）。

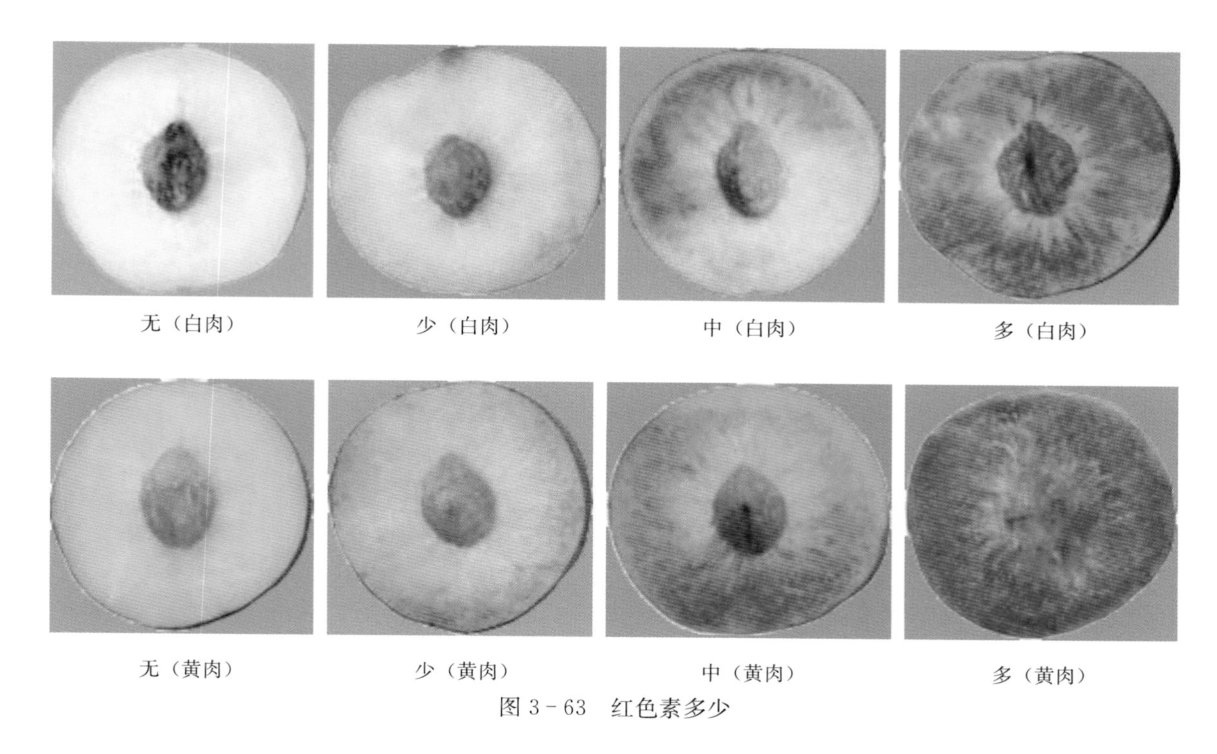

图 3-63　红色素多少

2. 特异种质

（1）红色素多的品种　红桃、黑布袋、平碑子、望谟小米桃、兴义白花桃、大红袍、宣城甜桃、紫肉桃、乌黑鸡肉桃、天津水蜜、武汉 2 号、大果黑桃、早黄冠、芒夏露、格兰特 2 号。

（2）无红色素品种　南山 1 号、金皇后、锦绣、增艳、金童 6 号、明星、NJC77、西姆斯、佛雷德里克（NJC83）、西庄 1 号、塞瑞纳、大离核黄肉、黄李光、菲利甫、喀什 1 号。

（十五）近核处红色素多少

1. 遗传多样性　桃果实在食用成熟期时靠近果核处果肉红色素的多少，不同品种之间差异很大（图 3-64）。

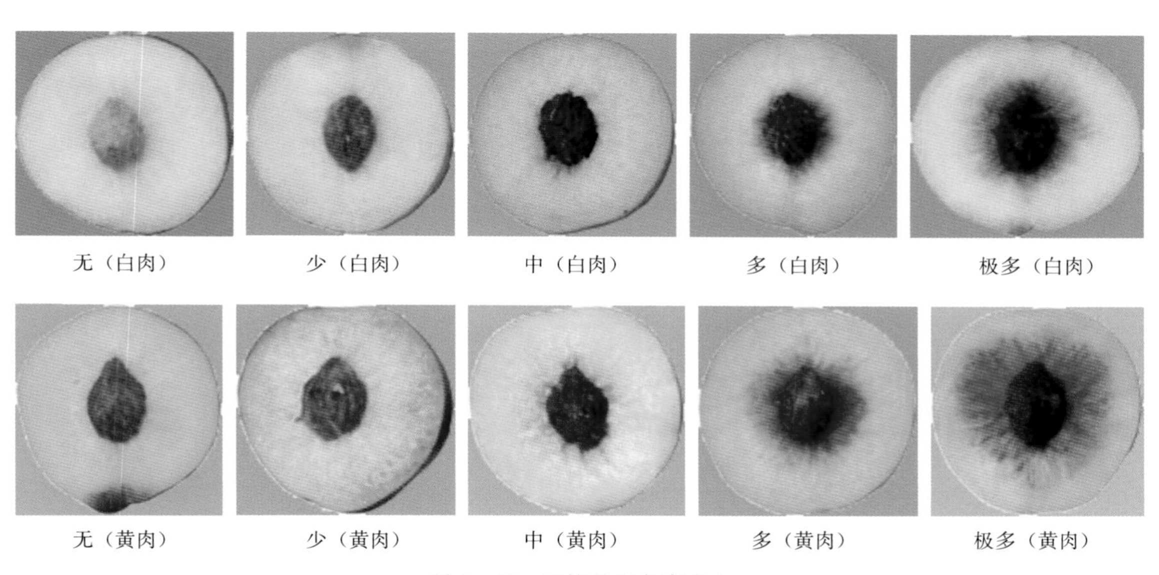

图 3-64　近核处红色素多少

2. 优异种质

(1) 近核处无红色素品种（黄肉加工品种） 明星、NJN95、金皇后、西姆斯、西庄1号、塞瑞纳、新疆黄肉、铁4-1、伊犁县黄肉桃、黄李光、菲利甫、沙斯塔、塔斯康。

(2) 近核处白色、果肉环状紫红色品种 大果黑桃。

（十六）红肉桃肉色类型

1. 遗传多样性 根据果实着色类型及颜色，红肉桃可分为4种类型，分别为环形红、紫红、鲜红和斑红（图3-65）。

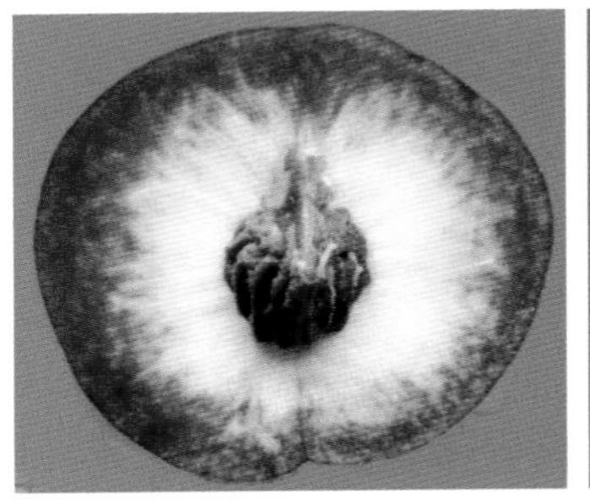
环形红

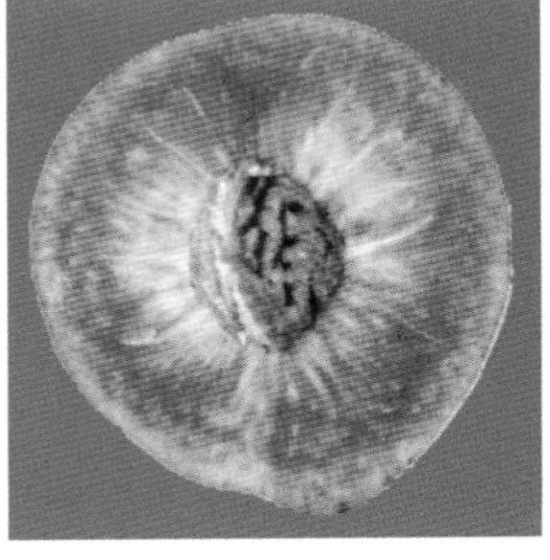
紫 红

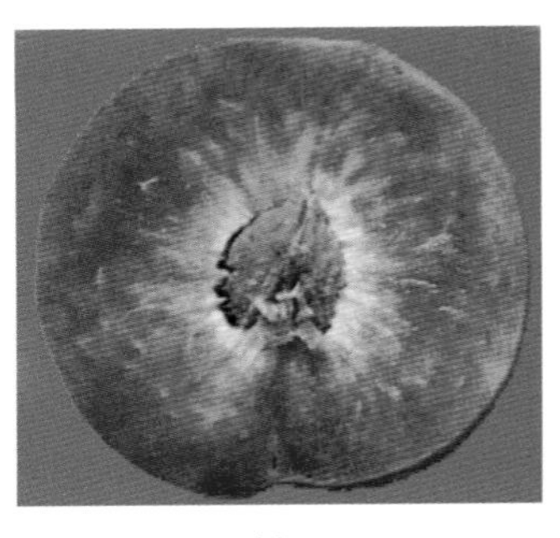
鲜 红

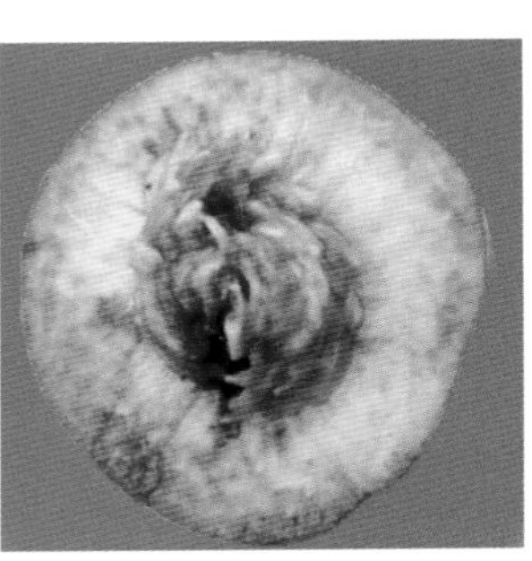
斑 红

图3-65 红肉桃肉色类型

2. 优异种质

(1) 环形红品种 郑引82-9、大果黑桃、红桃。

(2) 紫红品种 哈露红、吉林8903。

(3) 鲜红品种 天津水蜜、大红袍、武汉2号、黑布袋、荆门桃、万州酸桃、望谟小米桃、园春白、青毛子白花、武汉大红袍。

(4) 斑红品种 乌黑鸡肉桃。

（十七）核粘离性

1. 遗传多样性 桃果实成熟时，果核与果肉可分离的程度，可分为离核、半离核和粘核（图3-66），其中离核对粘核为显性。早熟品种因果实发育期短，成熟时果肉与果核不能够达到生理分离，因此早熟品种均为粘核品种。

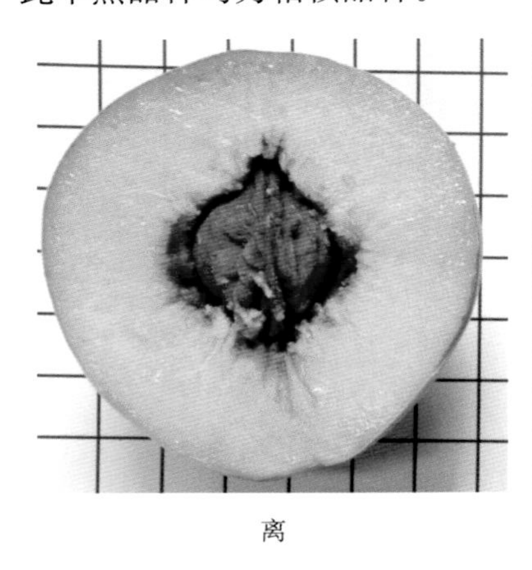
离

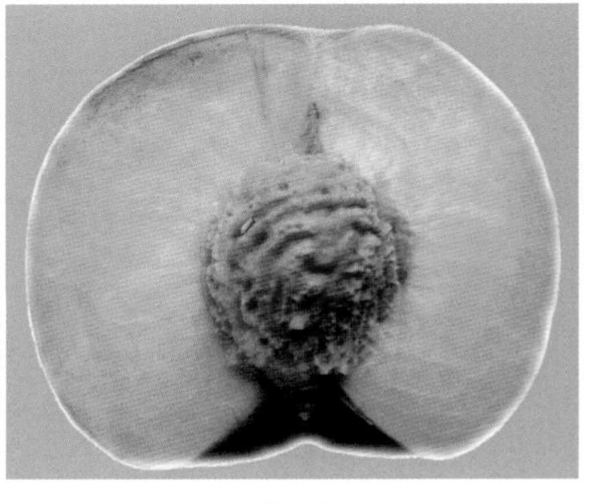
半 离

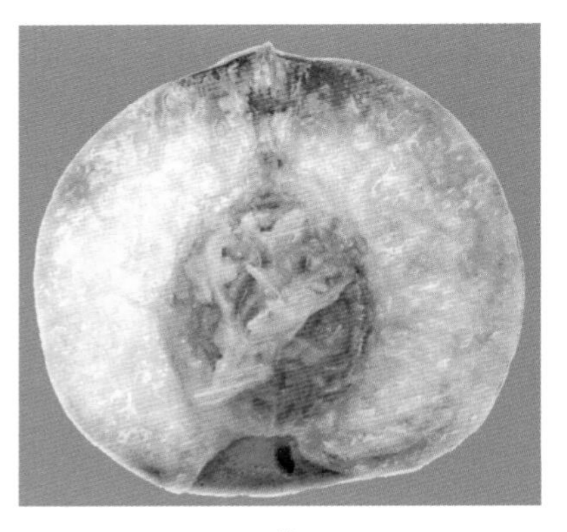
粘

图3-66 核粘离性

2. 典型种质

(1) 离核代表品种 大久保、京玉、五月鲜、鸡嘴白。

（2）半离代表品种　早红2号、鲁宾、双喜红。

（3）粘核代表品种　雨花露、白凤、金童6号。

（十八）裂果

1. 遗传多样性　裂果包括果皮开裂和果核开裂，油桃易果皮开裂，而蟠桃易裂核，油蟠桃更易裂核裂果（图3－67）。裂果与含糖量相关，一般裂果率高的品种含糖量较高。

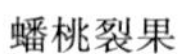
蟠桃裂果

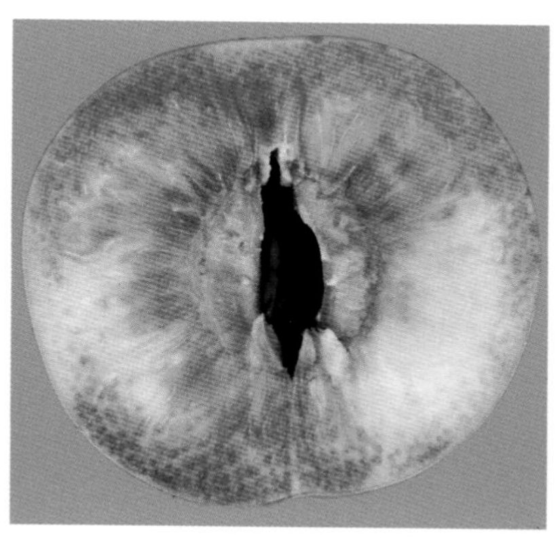
裂　核

油桃裂果

图3－67　裂核、裂果

2. 优异种质

（1）不裂果油桃品种　五月火、早红2号、五月阳光等。

（2）不裂核蟠桃品种　农神蟠桃、NJF7等。

（十九）核果比率

1. 遗传多样性　核果比是果实可食率的重要指标，606个品种核果比率介于1.6%～25%，均值6.0%。蟠桃核果比均值4.0%，可食率最高；普通桃与油桃核果比均为6.0%；在同一遗传群体中油桃核果比大于普通桃，即油桃的果核较大（图3－68）。

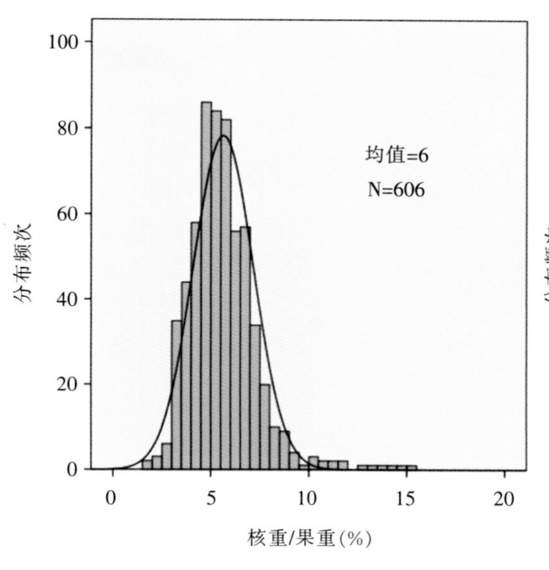

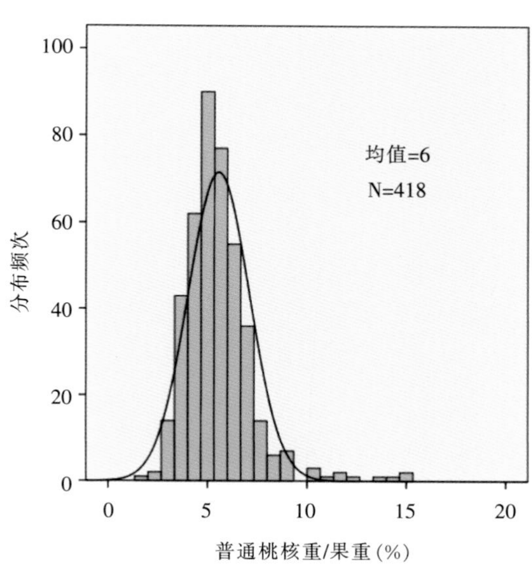

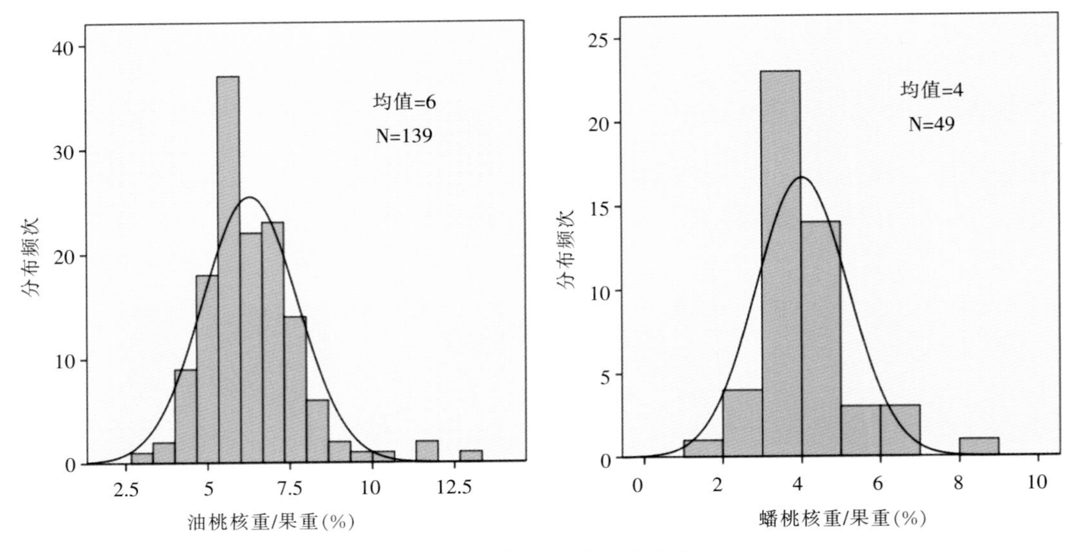

图 3-68　核果比多样性分布

2. 特异种质

(1) 核果比小的品种　蟠桃品种群、甜仁桃、超红、哈可、红珊瑚、秦光。

(2) 核果比大的鲜食品种　大雪桃、春花、割谷。

二、果实风味品质

(一) 果实风味

1. 遗传多样性　果实风味可以分为酸、酸甜、淡甜、甜和浓甜。欧美国家鲜食品种以酸甜为主，亚洲国家以甜为主；制罐和制汁加工品种以酸甜为主。

2. 典型种质

(1) 风味酸甜品种　天津水蜜、理想、酸桃。

(2) 风味浓甜品种　鲁宾、白凤、郑州早凤、钻石金蜜、金蜜狭叶、瑞光 2 号、麦黄蟠桃。

(二) 果实肉质

1. 遗传多样性　果实肉质可以分为溶质和不溶质，前者对后者为显性，由一对等位基因控制，不溶质与粘核在遗传上位居同一位点。溶质又可分为软溶质和硬溶质。

2. 典型种质

(1) 溶质代表品种　白凤、华光、大久保、曙光。

(2) 不溶质代表品种　金童 6 号、NJC83、五月鲜扁干。

(三) 汁液多少

1. 遗传多样性　我国传统地方品种，根据汁液多少可分为水蜜桃、硬肉桃和蜜桃。其中水蜜桃汁液多，长江流域地方品种多为此类；硬肉桃在南北地方品种中均有，果实成熟后肉质发面，汁液少；深州蜜桃、肥城桃为蜜桃，果实肉质介于溶质与不溶质之间，果实汁液较少。我国西北的地方品种，如黄甘桃果实汁液极少，为不溶质类型，可以在树上挂贮，成为“树上干”。

2. 典型种质

(1) 汁液少的代表性品种　早熟黄甘、五月鲜、六月白、深州蜜桃。

(2) 汁液多的代表性品种　雨花露、花玉露、上海水蜜、白花。

（四）果实硬度

1. 遗传多样性　硬度是果实商品性的重要衡量指标之一。带皮硬度反映果皮的韧性和果肉硬度两个方面，而去皮硬度却反映了果肉的硬度。283 个品种带皮硬度介于 0.10～22kg/cm²，均值 17.08kg/cm²；282 个品种去皮硬度介于 0.02～16.14kg/cm²，均值 11.28kg/cm²（图 3－69），其带皮硬度和去皮硬度的评价指标及参照品种分别见表 3－9 和表 3－10（王力荣，2005a）。

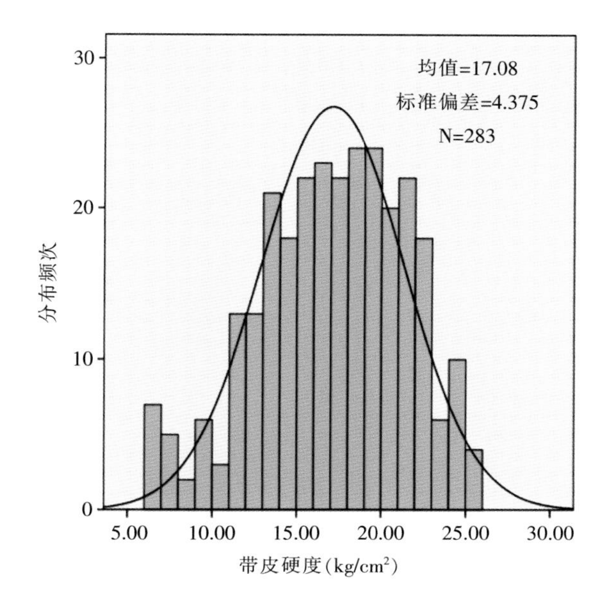

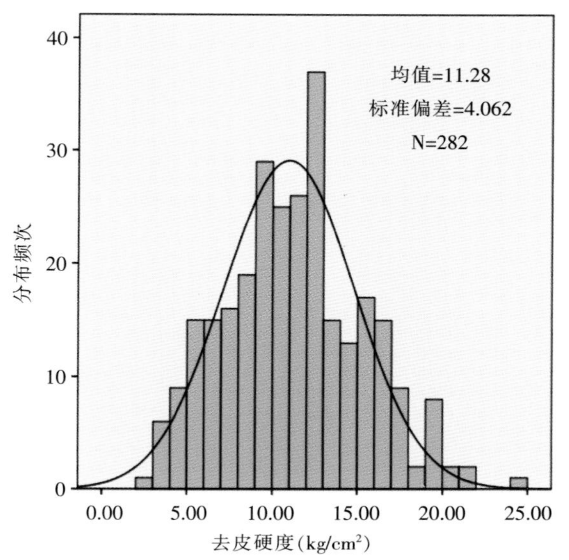

图 3－69　硬度多样性分布

表 3－9　带皮硬度评价指标及参照品种

等级	评价标准（kg/cm²）	参照品种
很软	＜13.0	春蕾、玛丽维拉
软	13.0～16.0	京春、爱保太
中	16.0～19.0	雨花露、五月火
硬	19.0～22.0	大久保、红港
很硬	≥22.0	石头桃

表 3－10　去皮硬度评价指标及参照品种

等级	评价标准（kg/cm²）	参照品种
很软	＜7.0	春蕾、玛丽维拉
软	7.0～10.0	白凤、爱保太
中	10.0～13.0	大久保、红港
硬	13.0～16.0	仓方早生、五月火
很硬	≥16.0	石头桃

2. 优异种质　果实很硬的品种有青州蜜桃、接土白、石头桃、京玉、钻石金蜜、双喜红。

（五）香气

1. 遗传多样性 一般黄桃类品种香气浓郁，而白桃品种则有淡淡的清香。

2. 优异种质 香气浓的品种有橙香、露香、五月金、中油蟠 2 号、瑞光 2 号、卡洛红、斯蜜、金童 6 号、NJC83、石窝水蜜、麦黄蟠桃、中蟠桃 11 号、大连 4－35。

（六）可溶性固形物含量

1. 遗传多样性 果实可溶性固形物含量是品质的重要指标，主要成分为可溶性糖和可滴定酸。653 个品种可溶性固形物含量介于 6.0%～18.0%，均值 11%；其中 457 个普通桃品种介于 6.06%～18%，均值 11.01%；148 个油桃品种介于 7.6%～15%，均值 11.02%；48 个蟠桃品种介于 9.5%～17%，均值 12.25%（图 3－70）；其评价指标及参照品种见表 3－11（王力荣，2005a）。在同一遗传群体中，油蟠桃可溶性固形物含量最高，其次是蟠桃和油桃，普通桃最低。

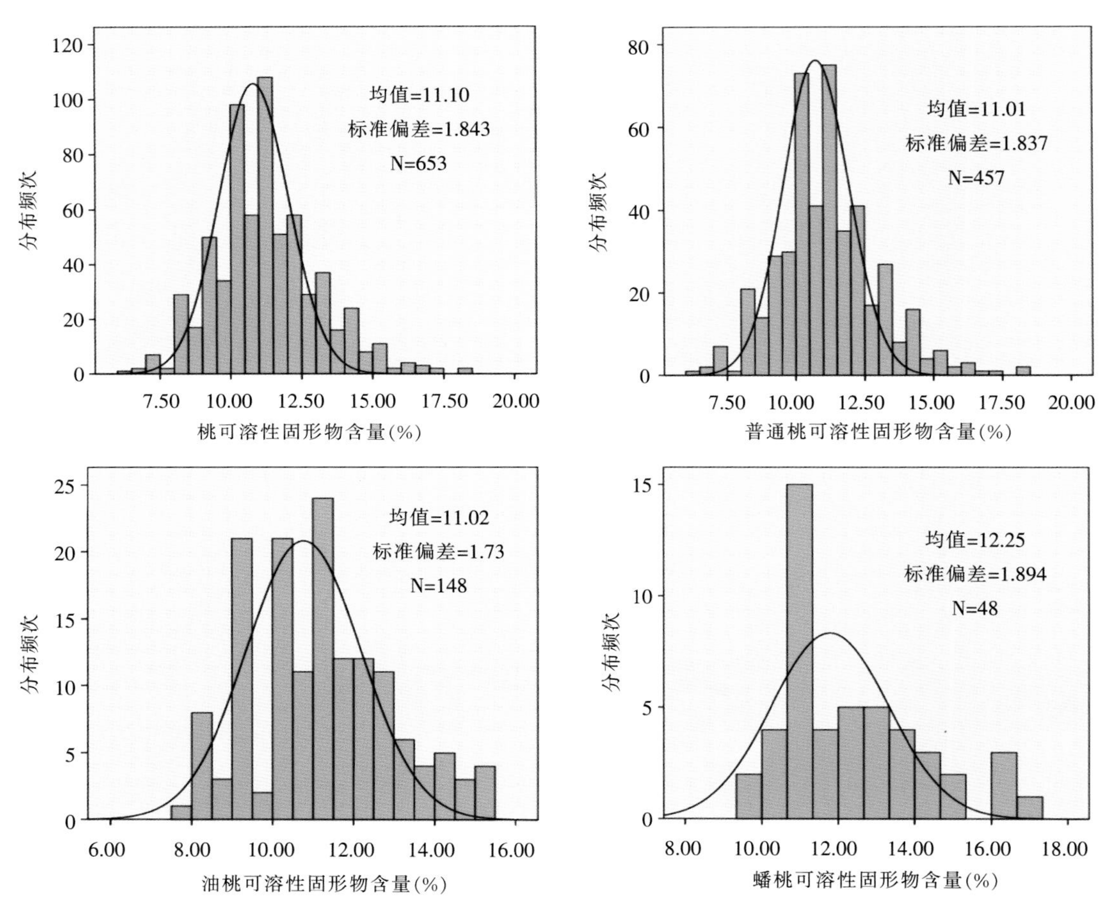

图 3－70 可溶性固形物含量多样性分布

表 3－11 可溶性固形物评价指标及参照品种

等级	评价标准（%）	参照品种
很低	<8.0	春蕾
低	8.0～10.0	曙光、五月火
中	10.0～12.0	白凤、早红 2 号
高	12.0～14.0	燕红、兴津油桃
很高	≥14.0	肥城白里 10 号

2. 优异种质

（1）可溶性固形物含量很高的普通桃品种　迟园蜜、花玉露、青州红皮蜜桃、青州白皮蜜桃、和田黄肉、甜仁桃、锦绣。

（2）可溶性固形物含量很高的油桃品种　红李光、黄李光、金蜜狭叶。

（3）可溶性固形物含量很高的蟠桃品种　124 蟠桃、中油蟠桃 1 号、中油蟠桃 3 号、碧霞蟠桃。

（七）可溶性糖含量

1. 遗传多样性　296 个品种可溶性糖含量介于 4.8%～14%，均值 9%（图 3－71），其评价指标及参照品种见表 3－12（王力荣，2005a，2005c）。

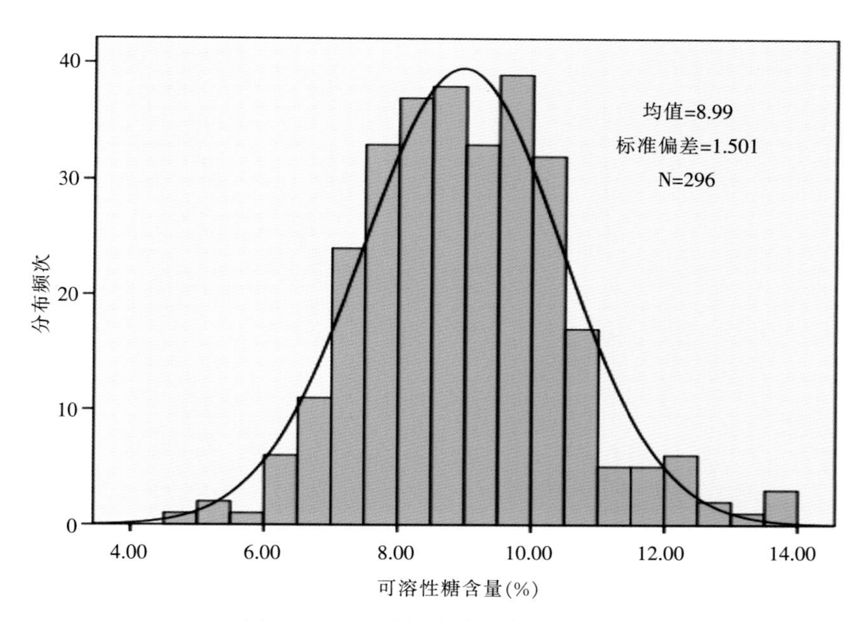

图 3－71　可溶性含糖量多样性分布

表 3－12　可溶性糖含量评价指标及参照品种

等级	评价标准（%）	参照品种
很低	＜6.00	红日
低	6.00～8.00	春蕾、新端阳
中	8.00～10.00	白凤、爱保太
高	10.00～12.00	燕红、兴津油桃
很高	≥12.00	肥城白里 10 号

2. 优异种质　可溶性糖含量很高的品种：深州蜜桃、中州白桃、秋蜜、肥城桃、青州蜜桃、西农 19 号、石育白桃。

（八）糖组分

1. 遗传多样性　桃果实可溶性糖组分主要包括蔗糖、葡萄糖、果糖和山梨醇，其占可溶性糖含量的比例依次为 82%、8%、5%和 5%。95 个品种蔗糖含量介于 3.1%～22.7%，均值 9.2%；95 个品种葡萄糖含量介于 0.4%～1.7%，均值 0.87%；95 个品种果糖含量介于 0.01%～4.3%，均值 0.58%；95 个品种山梨醇含量介于 0.02%～2.6%，均值 0.58%（图 3－72）。

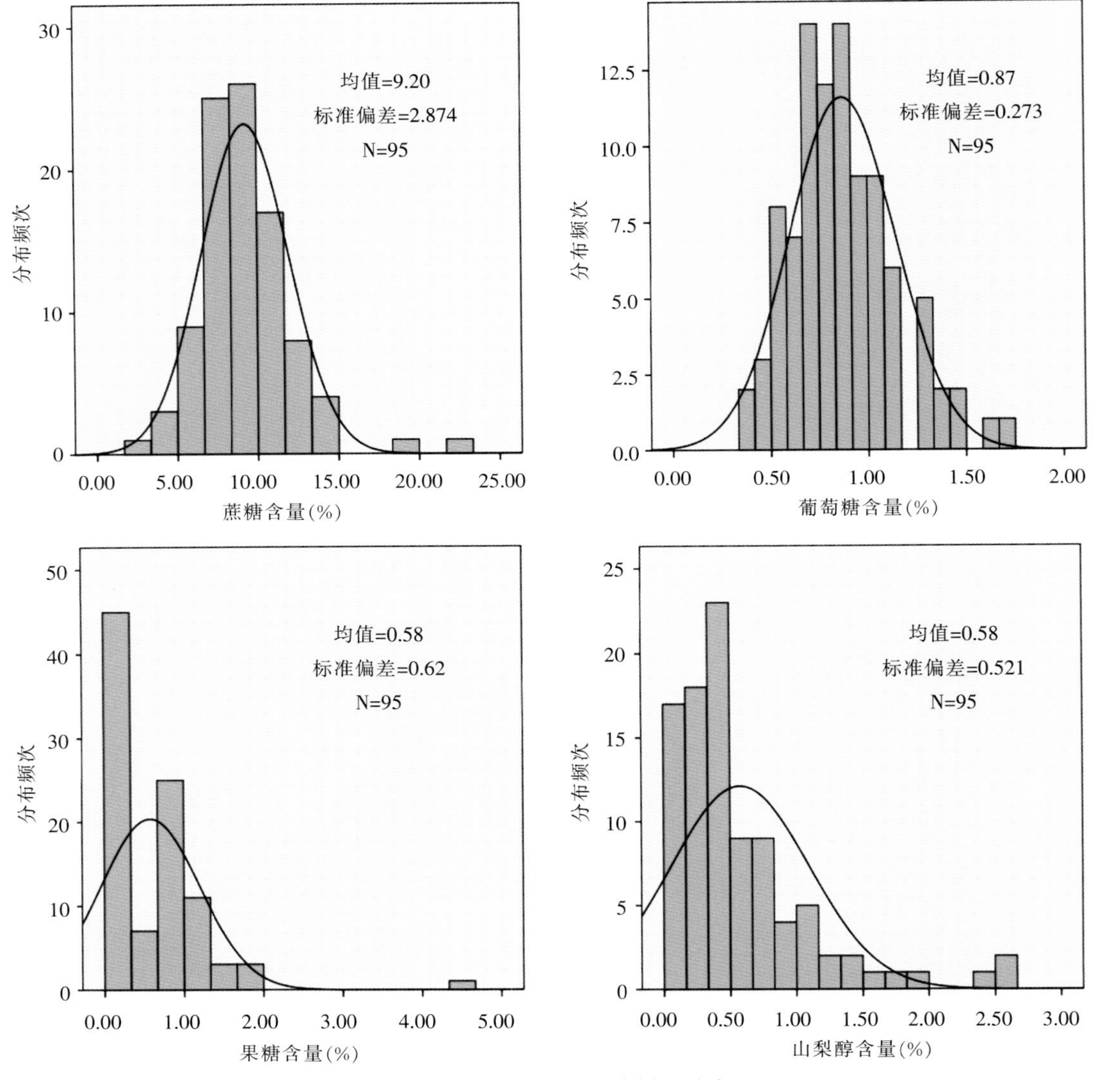

图 3－72　糖组分含量多样性分布

2. 优异种质

（1）蔗糖含量高的品种　青丝、金蜜狭叶、肥城白里 17 号、南山甜桃、青州水蜜、割谷、深州水蜜、小红桃、酸桃、白凤。

（2）葡萄糖含量高的品种　白单瓣垂枝、小白桃、张白甘、大果黑桃、酸桃、五月鲜、六月白、上海水蜜、山东四月半、割谷。

（3）果糖含量高的品种　金蜜狭叶、石育白桃、大果黑桃、上海水蜜、仙桃、天津水蜜、红桃、红李光、石头桃、NJN69。

（4）山梨醇含量高的品种　山东四月半、白根甘肃桃 1 号、人面桃、小白桃、六月白、南山甜桃、铁 4－1、吐－2、大果黑桃、石育白桃。

（九）可滴定酸含量

1. 遗传多样性　284 个品种可滴定酸含量介于 0.15%～1.24%，均值 0.51%（图 3－73），其评价指标及参照品种见表 3－13（王力荣，2005a，2005c）。在分布图中，以 0.4%为界，分别有 2 个高峰，体现了可滴定酸以 0.4%以上和 0.4%以下为 1 对质量性状，0.4%以上口感为酸，0.4%以下口感为甜。可滴定酸主要是柠檬酸。我国鲜食品种以低酸品种为主，而欧美鲜食品种以高酸品种为主。

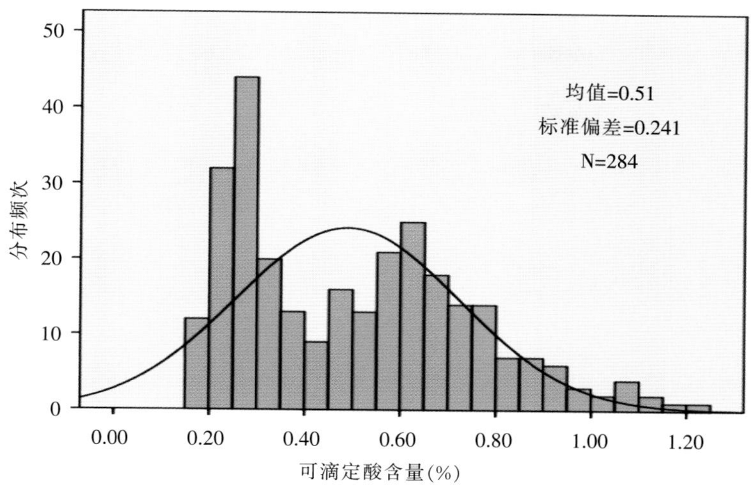

图 3-73　可滴定酸含量多样性分布

表 3-13　可滴定酸含量评价指标及参照品种

等级	评价标准（%）	参照品种
很低	<0.30	白凤、鲁宾
低	0.30～0.40	五月鲜、农神蟠桃
中	0.40～0.60	麦香、新端阳
高	0.60～0.70	五月火、爱保太
很高	≥0.70	红桃、小林

2. 优异种质

（1）可滴定酸含量很低的品种　霞晖 2 号、早红魁、郑州 7 号、郑州早凤、青州蜜桃、早乙女。

（2）可滴定酸含量很高的品种　酸桃、红日、天津水蜜、草巴特、独立、哈太雷。

（十）固酸比与糖酸比

1. 遗传多样性　284 个品种固酸比（可溶性固形物含量/可滴定酸含量）介于 7.93～93.75，均值 28.18（图 3-74）；糖酸比（可溶性含糖量/可滴定酸含量）介于 4.62～73.52，均值 23.40（图 3-75）；且品种间具有一致性。为方便起见，用固酸比代替糖酸比，其评价指标及参照品种见表 3-14。固酸比小于 20 的口感一般为酸，大于 20 的为甜，固酸比越高，风味越甜。

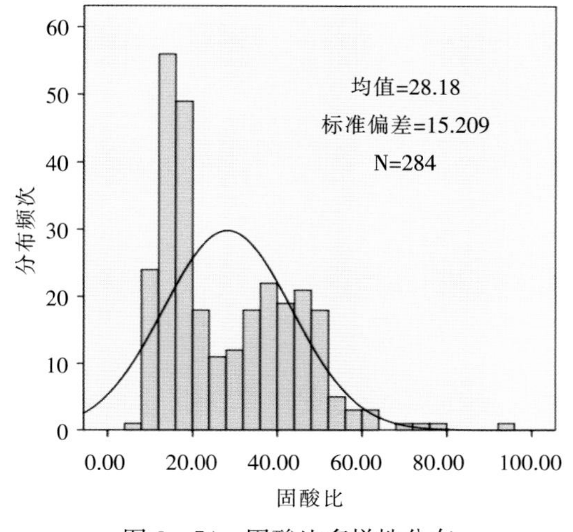

图 3-74　固酸比多样性分布

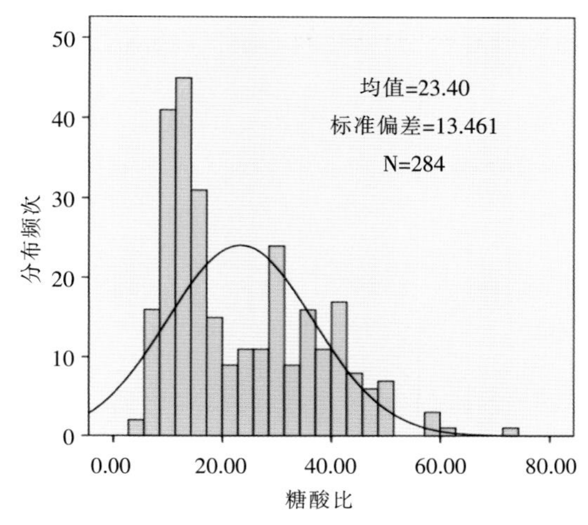

图 3-75　糖酸比多样性分布

表 3-14　固酸比评价指标及参照品种

等级	评价标准	参照品种
低（酸）	＜20	麦香、连黄
中（甜）	20～50	五月鲜、农神蟠桃
高（浓甜）	≥50	白凤、大雪桃

2. 优异种质　固酸比高的品种：青州红皮蜜桃、青州白皮蜜桃、大雪桃、秋蜜、霞晖 2 号、郑州 7 号、中州白桃、早甜桃、白凤、郑州白凤、凤露、离核蟠桃、早乙女、西农 19 号。

（十一）鲜食品质

1. 遗传多样性　鲜食品质是果实口感的综合表现，不同消费群体间有差异，亚洲国家偏爱低酸品种，而欧美国家偏爱高酸品种。在我国大多数消费者喜欢柔软多汁的水蜜桃，而年轻人趋向于脆肉桃，老年人喜爱面桃。

2. 优异种质

（1）普通桃品种　白凤、郑州早凤、大团蜜露、晚黄金。

（2）油桃品种　华光、瑞光 2 号、瑞光 16 号、双喜红、霞光、金蜜狭叶。

（3）蟠桃品种　大连 4-35、麦黄蟠桃、早黄蟠桃、中油蟠桃 2 号、中蟠桃 11 号。

三、功能性营养品质

（一）维生素 C 含量

1. 遗传多样性　295 个品种维生素 C 含量介于 14.1～211.2 mg/kg，均值 119.3 mg/kg（图 3-76），其评价指标及参照品种见表 3-15（王力荣，2005a，2005c）。一般可滴定酸含量高的品种维生素 C 含量高，抗氧化能力强，加工时不容易褐变。

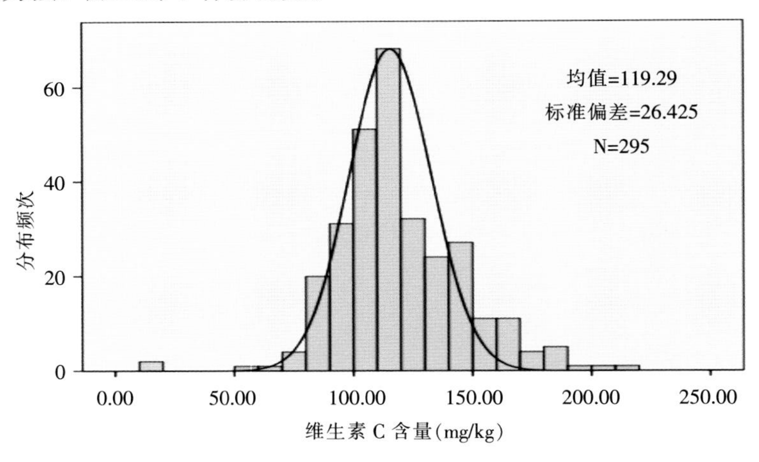

图 3-76　维生素 C 含量多样性分布

表 3-15　维生素 C 含量评价指标及参照品种

等级	评价标准（mg/kg）	参照品种
很低	＜70.0	早花露、布目早生
低	70.0～90.0	雨花露、大久保
中	90.0～110.0	丰黄、爱保太
高	110.0～130.0	金莹、红港
很高	≥130.0	肉蟠桃

2. 优异种质　维生素C含量很高的品种：今井、张白5号、金塔油蟠桃、龙2－4－6、佛尔都娜、连黄。

（二）单宁含量

1. 遗传多样性　31个品种单宁含量介于70.58～1 846mg/kg，均值747.8mg/kg（图3－77），其评价指标及参照品种见表3－16。单宁含量与口感的爽口性有关，但单宁含量过高口感发涩，果肉易褐变。

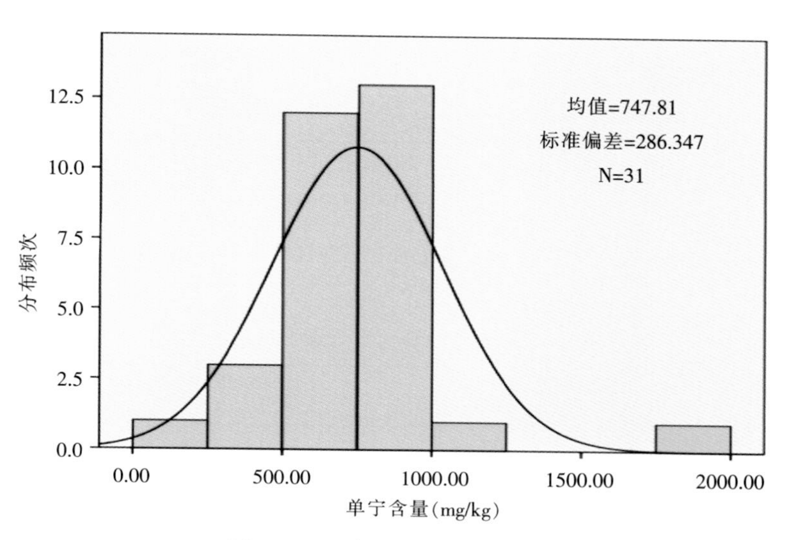

图3－77　单宁含量多样性分布

表3－16　单宁含量评价指标及参照品种

等级	评价标准（mg/kg）
很低	＜500.0
低	500.0～700.0
中	700.0～900.0
高	900.0～1 100.0
很高	≥1 100.0

2. 优异种质

（1）单宁含量高的品种　天津水蜜、仓方早生、一线红、郑黄3号、丰黄。

（2）单宁含量低的品种　芒夏露、郑州11号、郑州早凤、早黄金。

（三）花色苷含量

1. 遗传多样性　花色苷对抗衰老及对心血管病有一定的预防作用。73个品种花色苷每100g含量介于0～72.99 mg，每100g含量均值4.30mg（图3－78），其评价指标及参照品种见表3－17。此结果仅适用于高酸品种，对低酸品种虽感官为红肉，但花色苷检测值较低。根据花色苷含量将桃划分5个等级，每100g含量20mg定位红肉桃的划分临界点，对红肉桃品种天津水蜜果实发育过程中花色苷的动态变化测定表明：天津水蜜在盛花后25d果肉中花色苷含量较高，而后逐渐减少，直至进入盛花后45d才缓慢回升，并在果实发育后期（盛花后86d）含量迅速增加（章秋平，2008）。

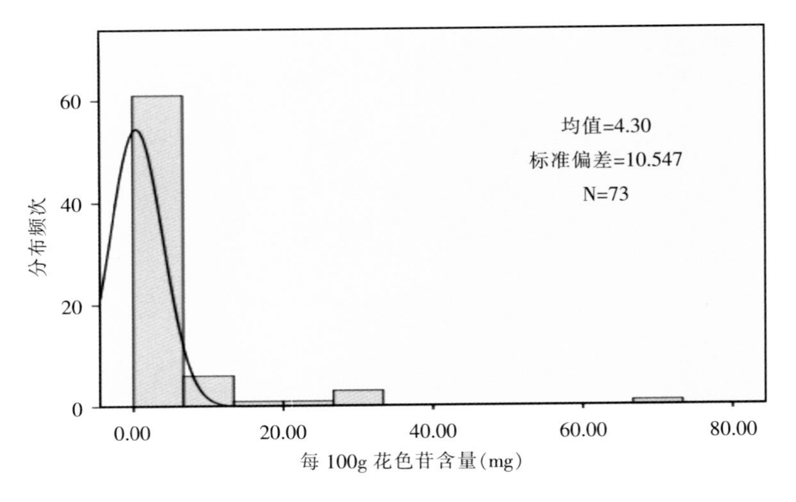

图3-78 花色苷含量多样性分布

表3-17 桃果肉花色苷含量分级指标及参照品种

等级	每100g花色苷含量（mg）	评价	参照品种
很低	0	无	豫白
低	0.01～1.99	微红	鸡嘴白
中	2～19.99	较红	兴义白花桃
高	20～29.99	红	黑布袋
很高	≥30	很红	天津水蜜

2. 优异种质 花色苷含量高或很高的品种：齐嘴红肉、荆门桃、黑布袋、天津水蜜、万州酸桃。

第四节 生长结果习性

桃的生长结果习性不仅种质之间差异很大，而且受栽培方式如株行距、树体营养状况、修剪方法和树龄的影响。以下均为国家果树种质郑州桃圃5～6年生成龄树的调查结果，砧木和栽培管理方式均一致。

一、干　周

1. 遗传多样性 干周是生长势、生长量重要的参考指标。低需冷量品种生长势强，干周长，黄肉桃品种群较普通桃白肉品种群长势强。262个品种5年生树干周18～77.5cm，均值39.87cm（图3-79）。

2. 特异种质 袖珍曲枝生长势极弱（非矮化种质），7年生，70cm高，干周3cm。

二、果枝百分率

1. 遗传多样性 桃树生长快，结果早，一般定植2～3年后即开始结果，5～6年可进入盛果期，15～20年树势衰退，产量下降。成龄桃树当年抽生的枝条即可形成花芽，除徒长树外，结果枝占总枝量的 80%，因树龄、栽培方式及管理水平不同，结果枝百分率差异很大。644 个品种果枝百分率介于 9.05%～100%，均值 79.93%（图 3－80），其评价指标及参照品种见表 3－18（王力荣，2005c）。

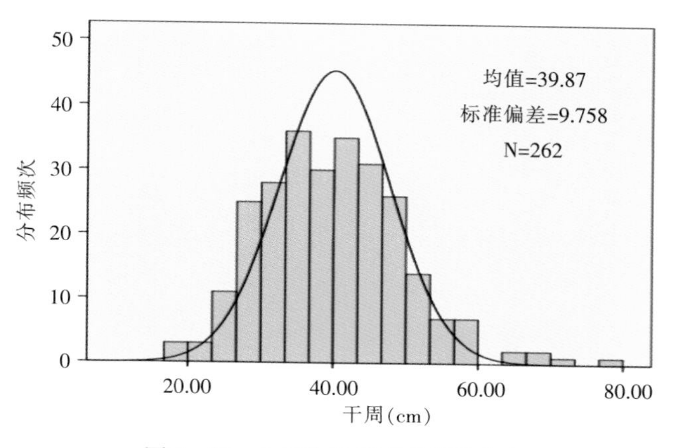

图 3－79　5 年生树干周多样性分布

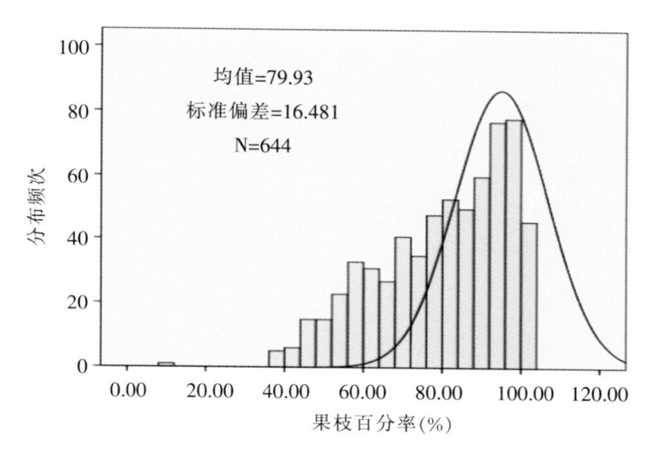

图 3－80　果枝百分率多样性分布

表 3－18　果枝百分率评价指标及参照品种

等级	评价标准（%）	参照品种
很低	<50.0	砂子早生
低	50.0～60.0	中州白桃、麦克尼丽
中	60.0～70.0	大久保、鲁宾
高	70.0～80.0	早露蟠桃、红港
很高	≥80.0	红日

2. 特异种质

（1）果枝百分率很低的品种　冈山 3 号、早白凤、西眉 1 号、玉露蟠桃、南方红。

（2）果枝百分率很高的品种　德克萨、武汉大红袍、黄心绵。

（一）花束状结果枝百分率

1. 遗传多样性　644 个品种花束状结果枝百分率介于 0%～77%，均值 17.22%（图 3－81），其评价指标见表 3－19。同一品种，当年产量过高时，第二年形成的花束状结果枝的比例高。

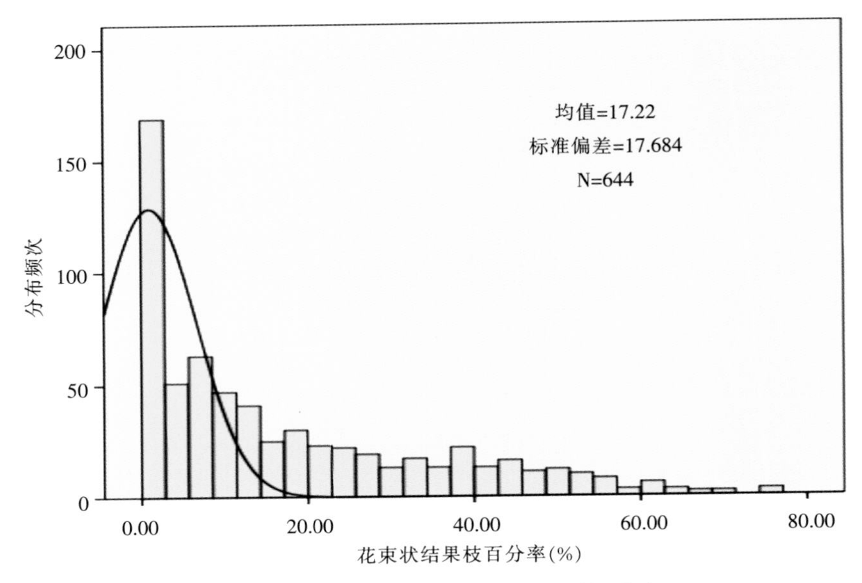

图 3－81　花束状结果枝百分率多样性分布

表 3－19　花束状结果枝百分率评价指标

等级	评价标准（%）
很低	<10.0
低	10.0～30.0
中	30.0～50.0
高	50.0～70.0
很高	≥70.0

2. 特异种质　寿星桃花束状结果枝比例高。

（二）短果枝、中果枝百分率

1. 遗传多样性　642 个品种短果枝百分率介于 1.4%～68.69%，均值 27.59%；644 个品种中果枝百分率介于 2.23%～62.03%，均值 19.03%（图 3－82），其评价指标见表 3－20。

表 3－20　短果枝、中果枝百分率评价指标

等级	短果枝评价标准（%）	中果枝评价标准（%）
很低	<10.0	<5.0
低	10.0～20.0	5.0～10.0
中	20.0～30.0	10.0～15.0
高	30.0～40.0	15.0～20.0
很高	≥40.0	≥20.0

2. 典型种质　北方品种群蜜桃和硬肉桃均以中、短果枝结果为主，如深州水蜜、肥城红里 6 号、五月鲜、六月白、吊枝白等，而南方品种群如白花、大团蜜露等以中、长果枝结果为主。

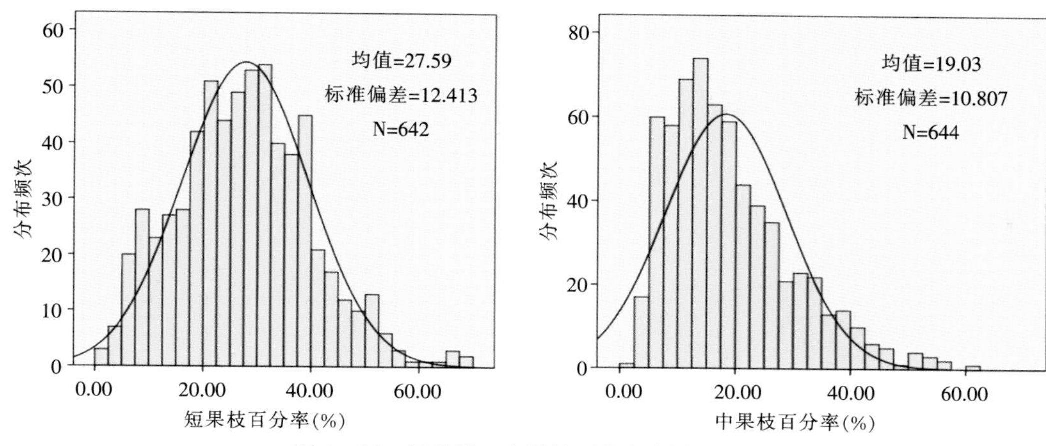

图 3-82 短果枝、中果枝百分率多样性分布

（三）长果枝百分率

1. 遗传多样性 643 个品种长果枝百分率介于 0%～79.84%，均值 27.02%（图 3-83），其评价指标见表 3-21。

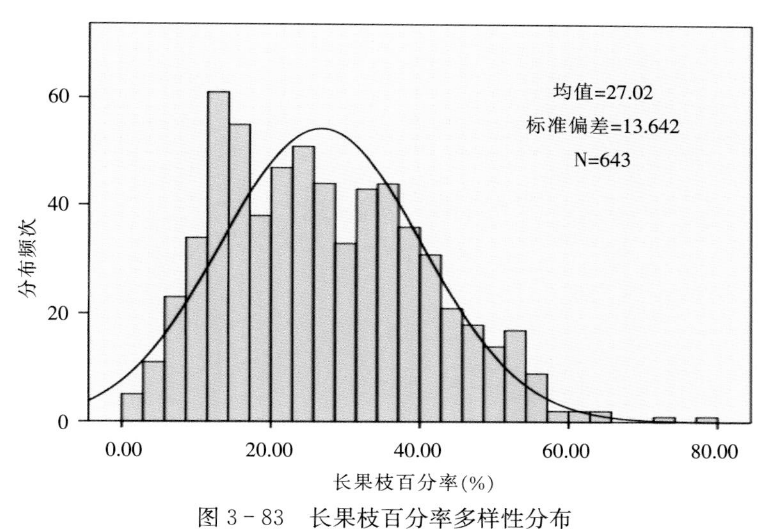

图 3-83 长果枝百分率多样性分布

表 3-21 长果枝百分率评价指标

等级	评价标准（%）
很低	<10.0
低	10.0～20.0
中	20.0～30.0
高	30.0～40.0
很高	≥40.0

2. 特异种质 南方水蜜桃和蟠桃以中、长果枝结果为主，因而具有良好的丰产性。

（四）徒长果枝百分率

1. 遗传多样性 642 个品种徒长果枝百分率介于 0%～40.98%，均值 7.10%（图 3-84），其评价指标见表 3-22。

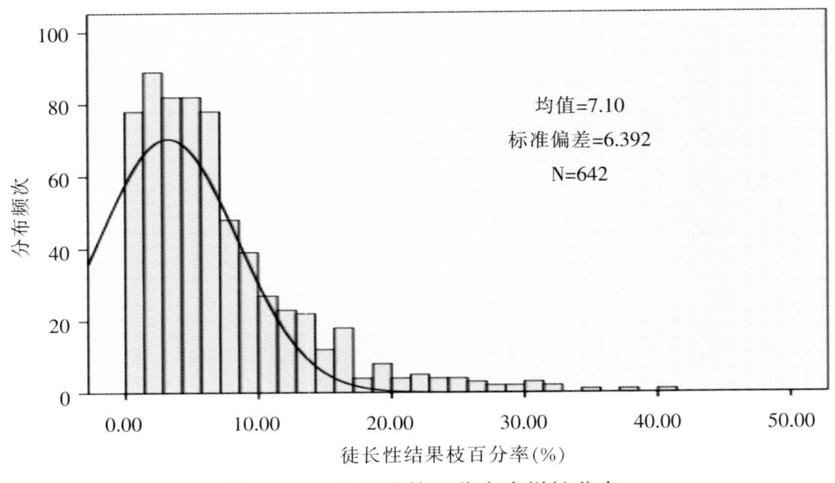

图 3-84　徒长果枝百分率多样性分布

表 3-22　徒长果枝百分率评价指标

等级	评价标准（%）
很低	<5.0
低	5.0～10.0
中	10.0～15.0
高	15.0～20.0
很高	≥20.0

2. 特异种质　西北桃长势旺，徒长性结果枝比例高。

（五）节间长度

1. 遗传多样性　健壮长果枝中部节与节之间的长度，在一定程度上反映了树体的紧凑状态（图 3-85）。640 个品种的节间长度介于 0.48～3.40cm，均值 2.31cm（图 3-86），在矮化形中，枝条节间长度也不一样，其评价指标及参照品种见表 3-23。

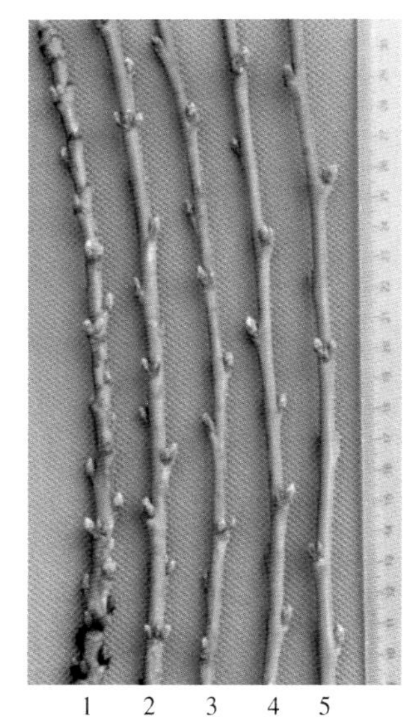

矮化形（1）、乔化形（2～5）节间长度比较

矮化形不同种质节间长度比较

图 3-85　矮化、乔化形节间长度比较

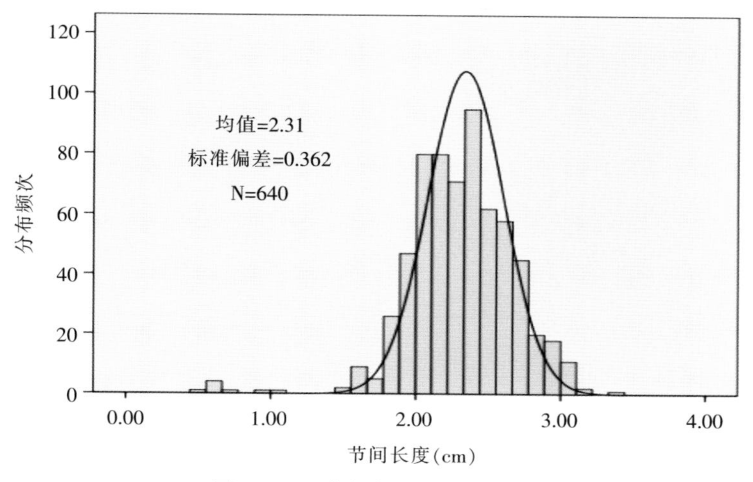

图 3-86　节间长度多样性分布

表 3-23　节间长度评价指标及参照品种

等级	评价标准（cm）	参照品种
很短	<1.6	红寿星
短	1.6～2.0	玉汉
中	2.0～2.4	白凤、新端阳
长	2.4～2.8	京玉、爱保太
很长	≥2.8	墨玉 8 号、哈太雷

2. 特异种质

（1）节间长度短的品种　紧爱保太、中油桃 14 号、满天红、早红 2 号、报春、元春、玉汉。

（2）节间长度长的品种　安农水蜜、徒沟 1 号、墨玉 8 号、沙红桃。

（3）特殊类型　矮化桃枝条节间均较短，但不同种质之间也存在差异，入画寿星 12 年生，树高可达 2m。

三、花芽习性

（一）花芽起始节位

1. 遗传多样性　636 个品种花芽起始节位介于 1～9.7 节，均值 3.44 节（图 3-87），其评价指标及参照品种见表 3-24。花芽起始节位和花、叶芽比率与品种的成花能力相关，花芽起始节位低，花、叶芽比率高说明该品种的成花能力强。西北品种群和华北品种群地方品种花芽起始节位显著高于长江流域品种群（方伟超，2008）。

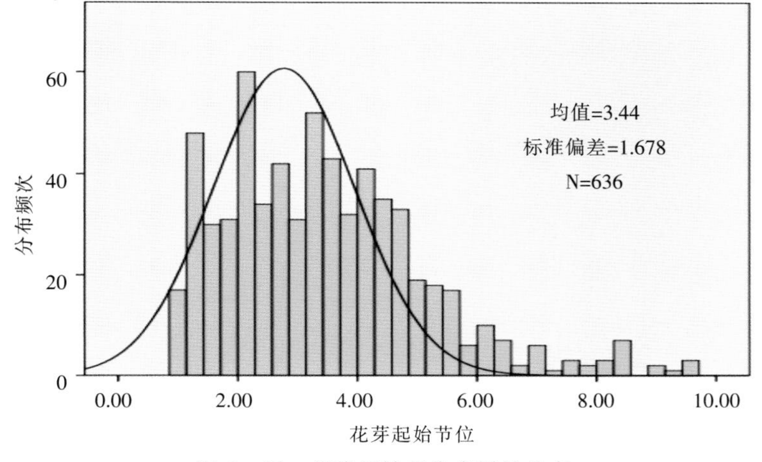

图 3-87　花芽起始节位多样性分布

表 3-24 花芽起始节位评价指标及参照品种

等级	评价标准（节）	参照品种
很低	<3.0	京玉、五月火
低	3.0～4.0	白凤、爱保太
中	4.0～5.0	大久保、红港
高	5.0～6.0	雨花露、春时
很高	≥6.0	天津水蜜、金皇后

2. 特异种质

（1）起始节位很低的品种 勘助白桃、五月火、京玉、报春、红花碧桃。

（2）起始节位很高的品种 青桃、山东四月半、大雪桃、中州白桃、天津水蜜。

（二）花芽/叶芽

1. 遗传多样性 花芽叶芽比率低，说明品种的成花能力低；花芽叶芽比率高，说明品种的成花能力强。641 个品种花芽/叶芽介于 0.21～4.90，均值 1.18（图 3-88），其评价指标及参照品种见表 3-25。

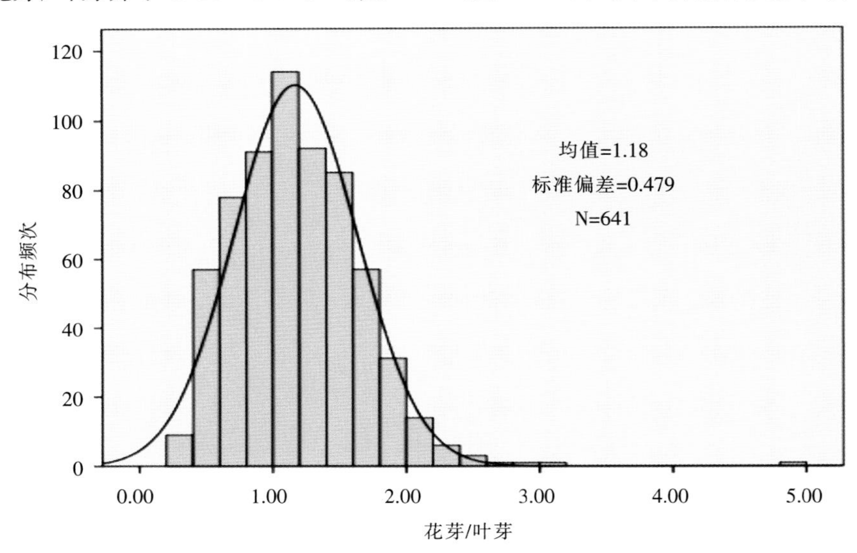

图 3-88 花芽/叶芽多样性分布

表 3-25 花芽/叶芽评价指标及参照品种

等级	评价标准	参照品种
很低	<0.60	砂子早生、鲁宾
低	0.60～0.90	雨花露、明星
中	0.90～1.20	大久保、爱保太
高	1.20～1.50	白凤、春时
很高	≥1.50	丰黄、五月火

2. 特异种质

（1）花芽/叶芽很低的品种 大果黑桃、青桃、大雪桃、酸李光、红鸭嘴。

（2）花芽/叶芽很高的品种 红花碧桃、满天红、勘助白桃、瑞光 2 号、玛丽维拉。

（三）单花芽/复花芽

1. 遗传多样性　634 个品种单花芽/复花芽介于 0.035～9.99，均值 1.13（图 3－89），其评价标准见表 3－26（王力荣，2005c）。西北品种群、华北品种群的单复花芽比显著高于长江流域品种群，说明前二者以单花芽结果为主（方伟超，2008）。

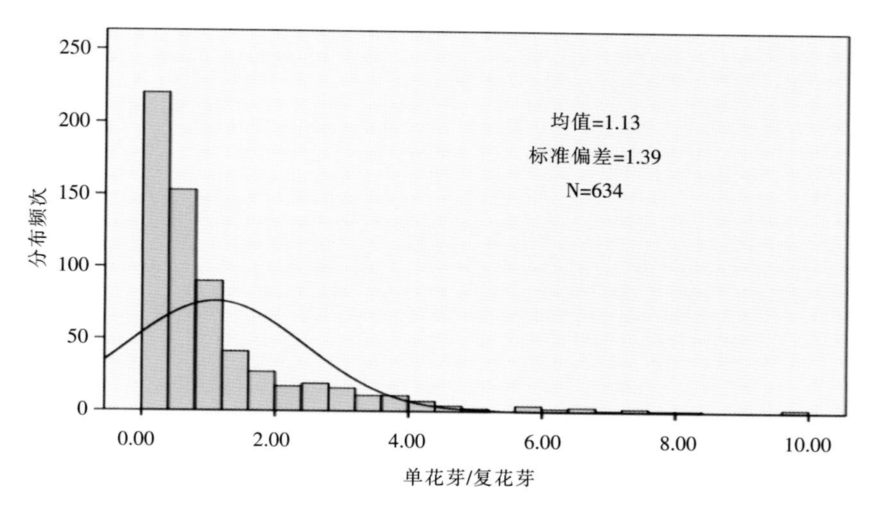

图 3－89　单花芽/复花芽多样性分布

表 3－26　单花芽/复花芽评价指标及参照品种

等级	评价标准	参照品种
很低	＜0.50	玛利维拉
低	0.50～1.50	白凤、红港
中	1.50～2.50	砂子早生、南方红
高	2.50～3.50	肥城白里 10 号、卡里南
很高	≥3.50	山东四月半、红顶

2. 特异种质

（1）单花芽/复花芽很低的品种　满天红、NJF7、早魁、京艳、川中岛白桃。

（2）单花芽/复花芽很高的品种　山东四月半、肥城白里 17 号、西教 1 号、早熟黄甘、深州白蜜。

（四）枯花芽

1. 遗传多样性　桃花芽在早春能够正常萌动或发育到小蕾期，但不能继续正常膨大、开花的花芽称枯花芽或僵花芽（图 3－90）。不同品种之间差异很大，华南低需冷量品种和华北高需冷量品种均易产生枯花芽，其原因可能是由于长期需冷量不足而产生的遗传，同时不同年份枯花芽率也有所不同，也有认为是气温骤然降低，休眠解除之际不耐寒，受冻导致枯花芽。1987 年 3 月下旬花芽萌动期调查 368 个品种的枯花芽率介于 0.3%～58.7%，均值 8.7%（图 3－91），4 月上中旬再次调查时已萌动，但仍有相当比例的花芽不能萌发，枯花芽率个别品种高达 90% 以上，2012 年万重红的枯花芽率达到 93.33%。

2. 特异种质　易发生僵花芽的品种：万重红、万重粉、白沙（南京）、六月白、深州蜜桃、五月鲜、南山甜桃、泰国桃。

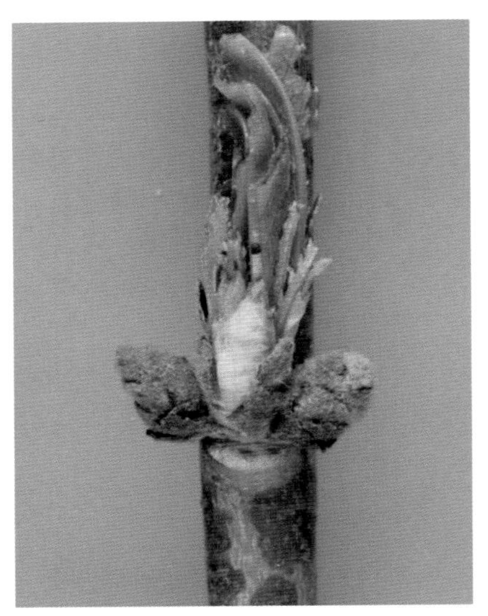

图 3-90　枯花芽现象

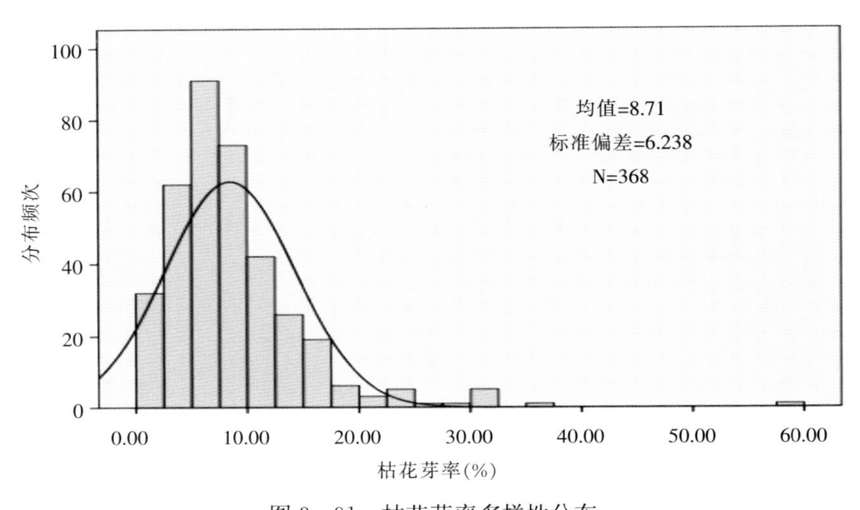

图 3-91　枯花芽率多样性分布

四、果实发育习性

（一）不同成熟期品种发育特点

桃果实生长曲线属双S形，果实在花后30d内，子房迅速膨大为第Ⅰ期。第Ⅱ期即果实生长缓慢期，核木质化开始，是胚的生长高峰期；第Ⅱ期随品种而异，一般早熟品种2～3周，中熟品种4～5周，晚熟品种6～7周，早熟品种此期短，果实成熟时，胚还未充分成熟，播种后不能发芽。第Ⅲ期即果实第二次迅速生长期，果实依靠细胞体积增长，果肉厚度明显增加，直至采收。各品种的开始和终止期不一，但在果实采收前20d左右，增长速度最快（图3-92）。

（二）同一成熟期不同果实类型果实发育特点

对同一果实发育期不同果实类型品种，虽然果实纵径、横径、侧径、果实鲜果重、果实体积生长变化均呈双S形生长曲线，但蟠桃和油蟠桃的纵径在第Ⅰ期和第Ⅲ期快速生长期均显著小于油桃和普通桃，侧径没有差异；在整个发育过程中，蟠桃的纵径是普通桃的60%左右，油蟠桃只有普通桃的50%

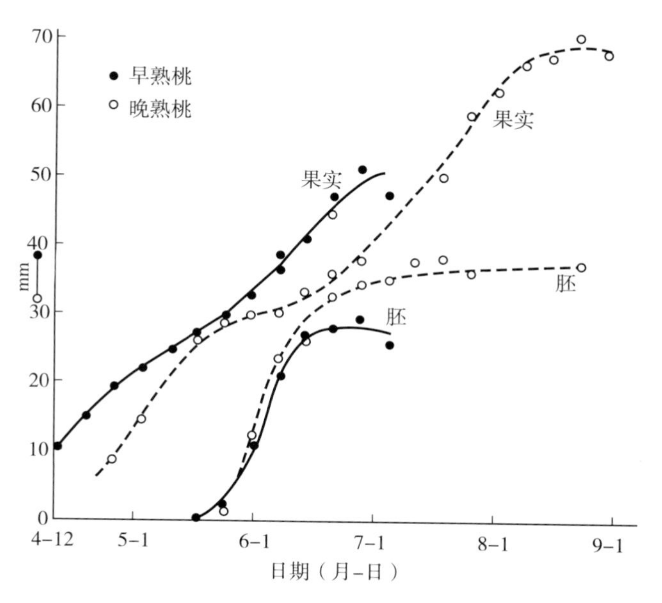

图 3-92　不同成熟期品种果实发育特点

左右（图 3-93）。在第Ⅱ期，普通桃、油桃果核的干物质含量增加速度大于蟠桃和油蟠桃，尤其是油桃，而蟠桃的果核重量显著减小，油桃对果核有增大作用（王力荣，2007）。

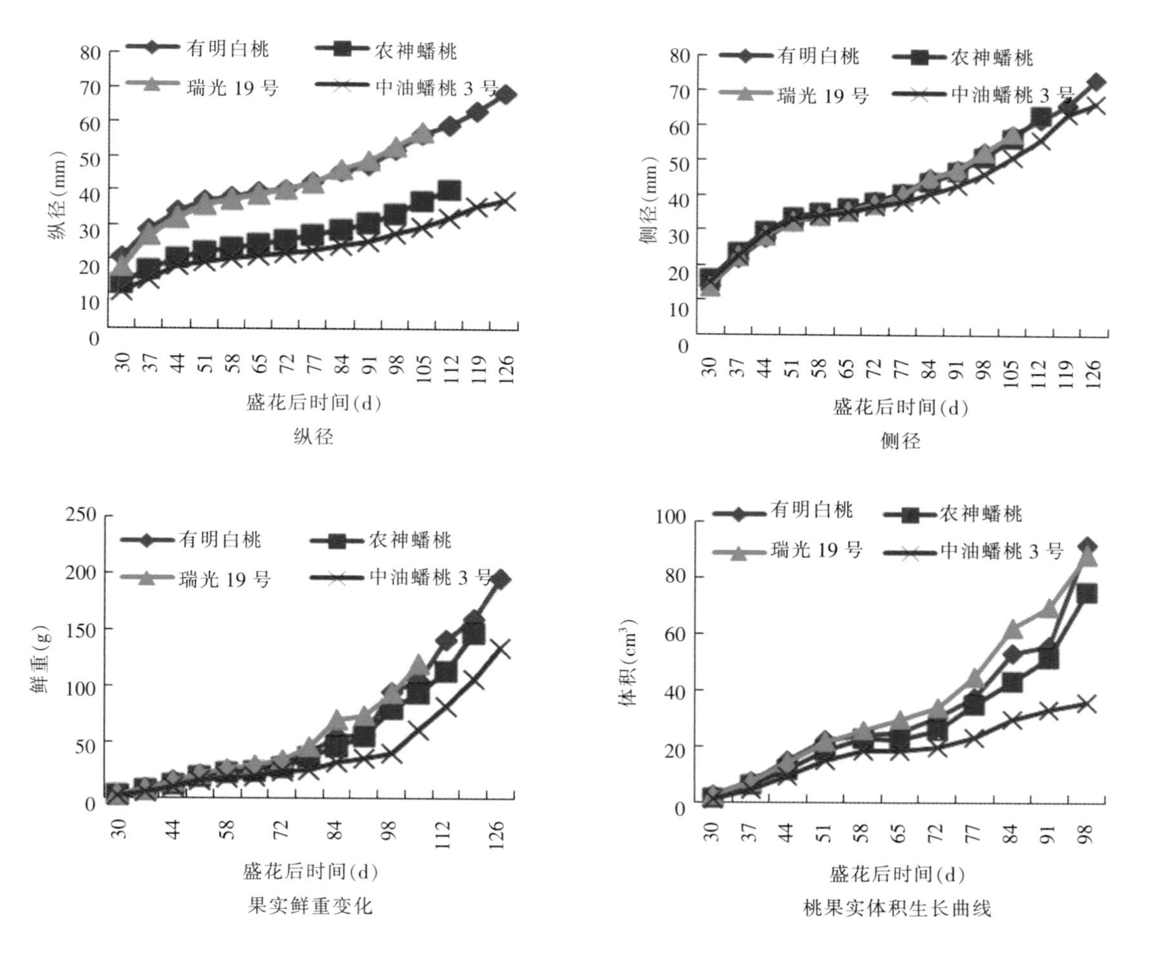

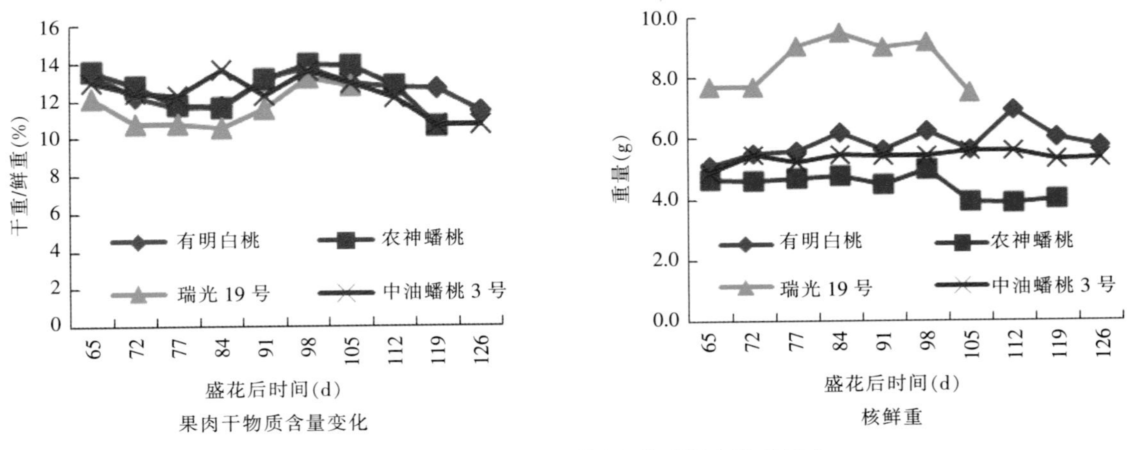

图3-93　同一成熟期不同果实类型果实发育特点

（三）不同果实类型果皮茸毛长度变化

在果实发育的第Ⅰ期前半期，即盛花期后22d前，果实的表皮毛较长，在第Ⅰ期后半期，22～50d，表皮毛大量减少，之后果实发育进入第Ⅱ期，表皮毛长度降低到100～10μm，在第Ⅱ期末，普通桃和蟠桃的果皮茸毛长度在80μm（图3-94）。在整个发育过程中，蟠桃的茸毛长度始终小于普通桃，因此果形扁平基因在一定程度上降低了果皮毛的长度（王力荣，2007）。

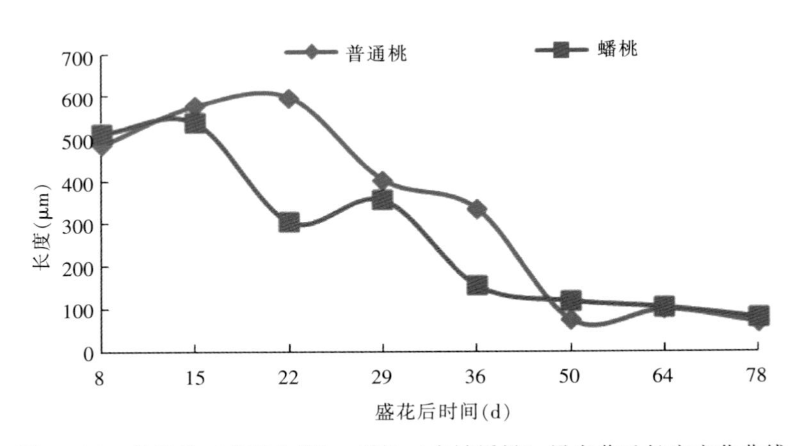

图3-94　普通桃（有明白桃）、蟠桃（农神蟠桃）果实茸毛长度变化曲线

（四）不同果实类型果皮细胞的变化（王力荣，2007）

1. 表皮细胞层数和排列方式　普通桃和蟠桃表皮细胞为1～4层，且在不同位置层数不一致，因此表皮起伏不平；油桃和油蟠桃表皮细胞仅为1层，表面比较平整；油桃和油蟠桃表皮外覆角质层，尤其是油蟠桃角质层较厚，说明果皮毛影响果实细胞层数和排列方式（图3-95）。

2. 表皮细胞厚度　蟠桃的果皮厚度大于普通桃，油蟠桃、油桃表皮细胞厚度始终大于蟠桃和普通桃，说明果皮无毛基因对表皮细胞厚度的增加作用大于果形扁平基因（图3-96）。

3. 表皮细胞宽度　果皮细胞宽度变化趋势基本与厚度变化一致，油桃的表皮宽度始终处于较宽的地位，蟠桃表皮细胞宽度在第Ⅰ期有明显增大（图3-96）。

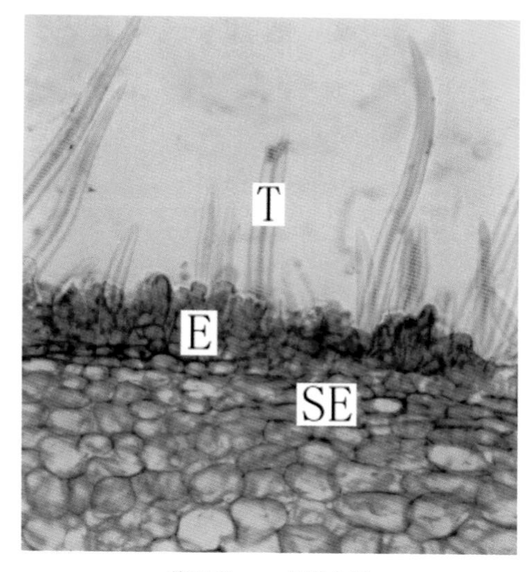

普通桃——有明白桃

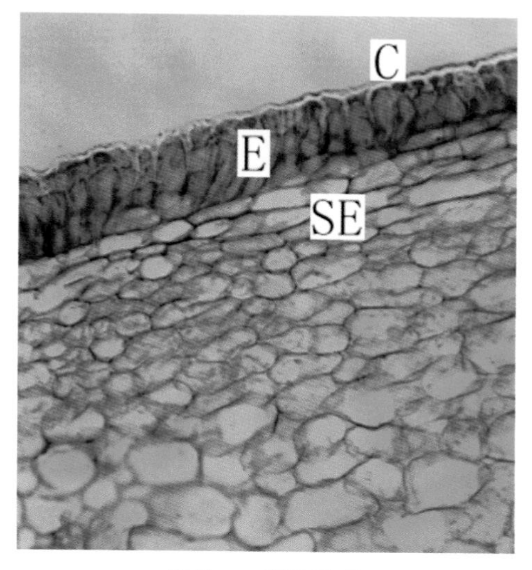

油桃——瑞光 19 号

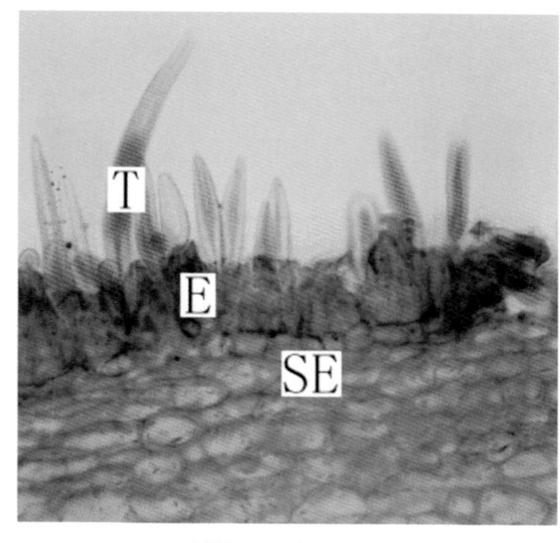

蟠桃——农神蟠桃

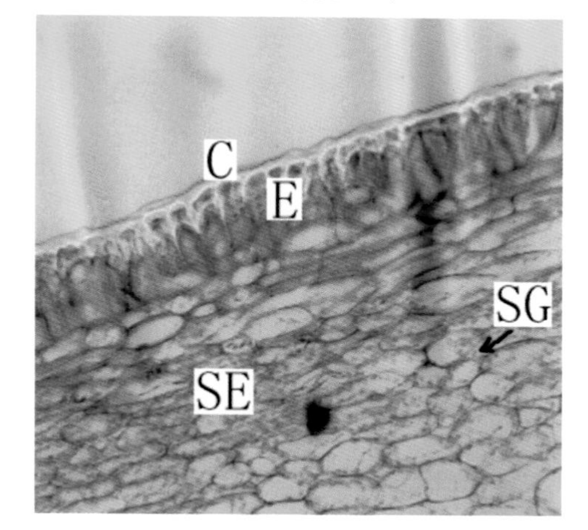

油蟠桃——中油蟠桃 3 号

图 3-95　不同类型果实表皮、亚表皮和中果皮截面的显微结构（200×）

T. 茸毛　E. 表皮细胞　SE. 亚表皮细胞　C. 表皮细胞蜡质　SG. 淀粉粒

4. 表皮细胞形状　无毛基因使得表皮细胞向纵向延伸，每个细胞裸露在表皮外的相对面积小。有毛桃接近圆形，无毛桃接近长方形（图 3-96）。

5. 表皮细胞大小　在果实发育的第Ⅱ期末，普通桃、蟠桃、油桃、油蟠桃表皮细胞的截面积依次为 558μm^2、563μm^2、738μm^2、1 044μm^2（图 3-96）。

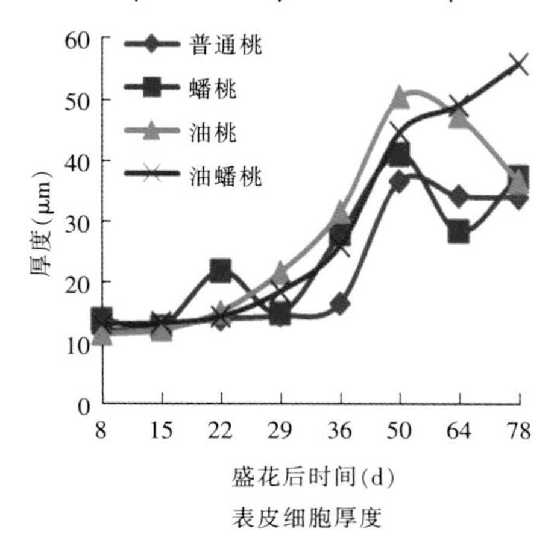

表皮细胞厚度

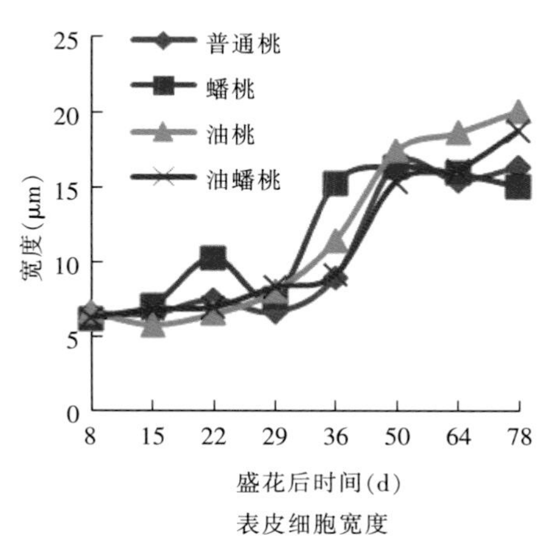

表皮细胞宽度

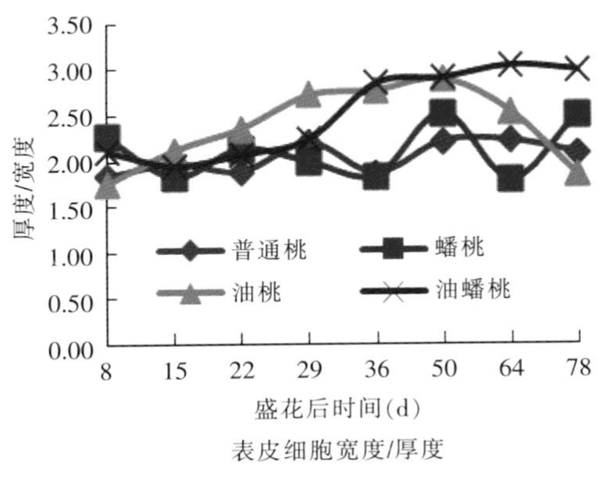

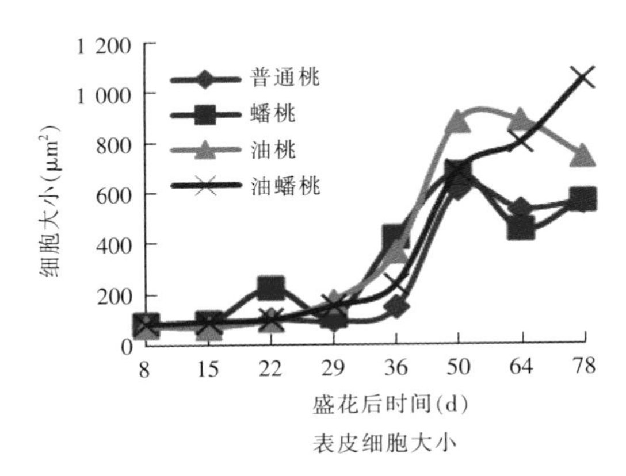

图 3-96　表皮细胞

6. 亚表皮与中果皮细胞大小　亚表皮细胞的截面积依次为普通桃 1 190μm²、蟠桃 936μm²、油桃 907μm²、油蟠桃 624μm²，中果皮细胞的大小依次普通桃 5 931μm²、油蟠桃 4 539μm²、蟠桃 4 071μm²、油桃 3 342μm²，均与平均单果重无显著相关（图 3-97）。

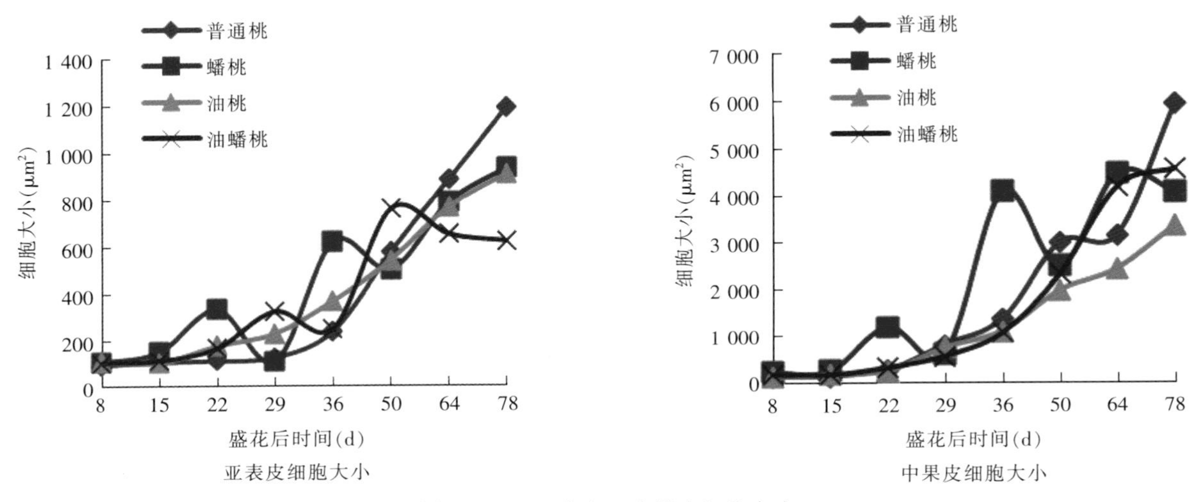

图 3-97　亚表皮、中果皮细胞大小

（五）不同类型果实亚表皮细胞淀粉粒细胞学发育特点

在果实发育的第Ⅰ期，油蟠桃、蟠桃和油桃在亚表皮层细胞开始积累淀粉粒，其中油蟠桃亚表皮细胞淀粉粒数量最多，出现时间最早；油桃和蟠桃亚表皮细胞淀粉粒数量较少；普通桃无可见淀粉粒。果皮无毛和果形扁平基因均具有增加果皮亚表皮层淀粉粒的作用，且两个基因具有累加效应（表 3-27）。淀粉粒的存在可能与可溶性糖含量、裂果有一定相关性（曹珂，2009）。

表 3-27　果实亚表皮单个细胞可见淀粉粒数目（个）

类　型	盛花后时间（d）							
	8d	15d	22d	29d	36d	50d	64d	78d
普通桃（有明白桃）	0	0	0	0	0	0	0	0
蟠桃（农神蟠桃）	0	0	0	0	0	4～6	3～5	3～5
油桃（瑞光 19 号）	0	0	0	2～4	4～5	2～4	3～5	3～5
油蟠桃（中油蟠桃 3 号）	0	3	3～4	3～4	3～6	7～10	7～10	7～10

（六）果肉内含物变化

普通桃、油蟠桃果实近果皮层果肉的淀粉、可溶性糖、可滴定酸均大于中果皮层，在果实内存在由表皮向内的内含物降低的梯度。

五、坐果习性

（一）自然授粉坐果率

1. 遗传多样性　桃以自花授粉为主，也可以进行异花授粉。325 个品种自然授粉坐果率介于 0.34%～60.22%，均值 25.64%（图 3－98），其评价指标及参照品种见表 3－28。在生产实践中，往往利用坐果率衡量品种的丰产性。该数据在国家种质资源圃调查，品种多，自然授粉坐果率可能高于生产栽培。

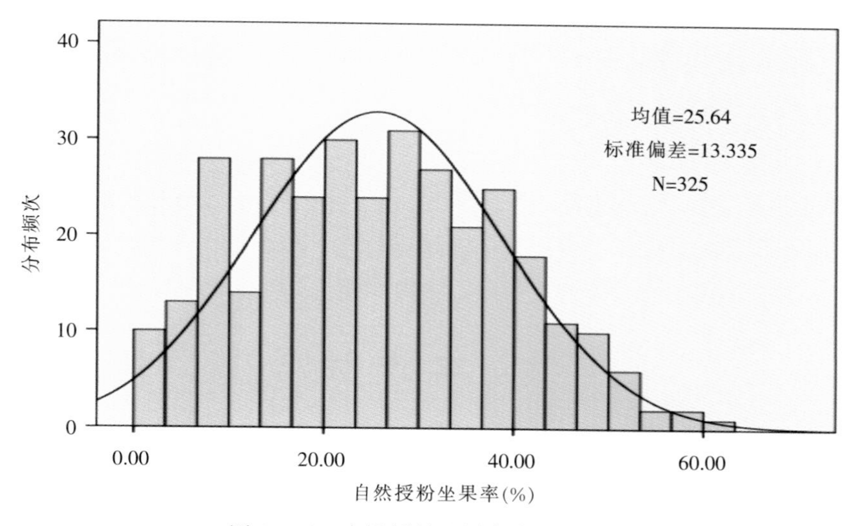

图 3－98　自然授粉坐果率多样性分布

表 3－28　自然授粉坐果率评价指标及参照品种

等级	评价标准（%）	参照品种
很低	<10.0	砂子早生
低	10.0～20.0	仓方早生
中	20.0～30.0	京玉、新端阳
高	30.0～40.0	大久保、农神蟠桃
很高	≥40.0	白凤、爱保太

2. 典型种质

（1）自然授粉坐果率很高的品种　金童 7 号、凯旋、女王、玛丽维拉、白凤、爱保太。

（2）自然授粉坐果率很低的品种　和田黄肉、酸桃、临白 10 号、喀什 4 号、肥城红里 6 号、砂子早生。

（二）自花授粉坐果率

1. 遗传多样性　499 份花粉可育种质的自花授粉坐果率介于 1.1%～78.55%，均值 29%（图 3－99）；

54份花粉不稔种质自花授粉坐果率介于0%～19.5%，均值3.6%（图3-100）。花粉不稔但自花授粉可坐果，说明即使花粉感官不稔，但实际仍有部分花粉粒具有一定的活力。对于生产品种，坐果率在20%～30%即可满足生产需求。

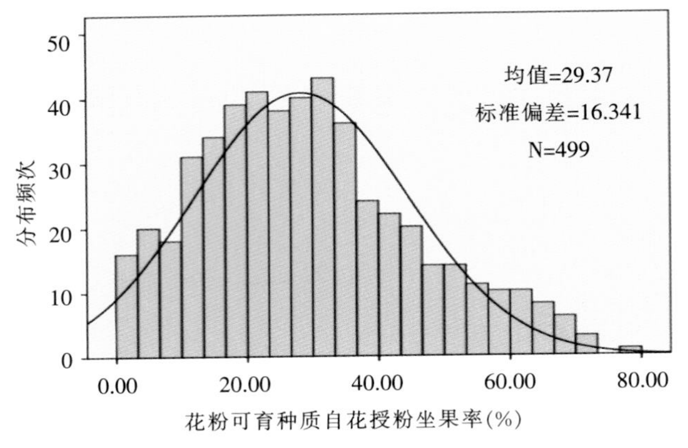

图3-99　花粉可育种质自花授粉坐果率多样性分布

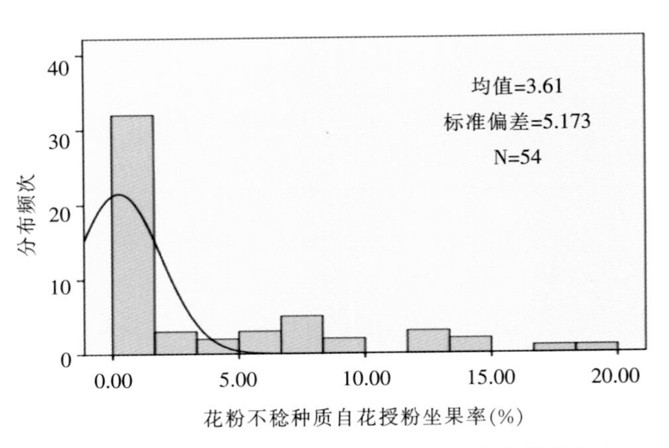

图3-100　花粉不稔种质自花授粉坐果率多样性分布

2. 优异种质

（1）自花授粉坐果率很高的品种　春天王子、阿克拉娃、小金旦、贝蕾、燕红、光辉王子等。

（2）花粉不稔但可以少量坐果的品种　丰白、上海水蜜、川中岛白桃、朝晖、沙红、未央2号等。

六、丰产性

1. 遗传多样性　栽培密度株行距为4m×5m，在果实成熟期将盛果期桃树整个植株的成熟果实采收，称其质量，折合成每667m^{2}产量。212个品种每667m^{2}产量介于40.0～3 561.0kg，均值1 023.74kg。以当地白凤产量为对照，采用产量指数来鉴定，即被测定品种产量÷白凤产量×100%（图3-101、图3-102），其评价指标及参照品种见表3-29。

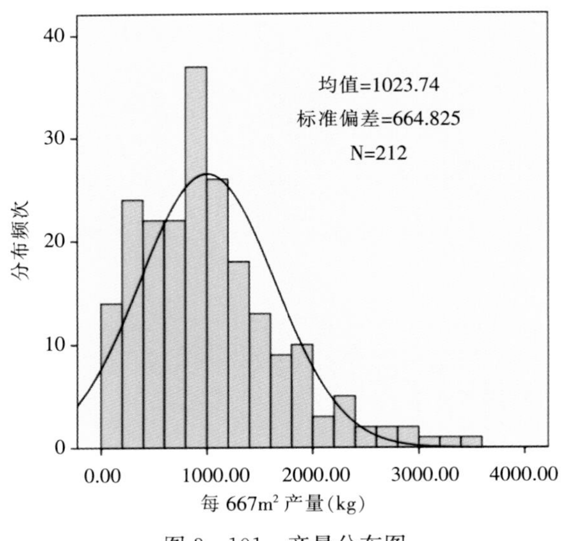

图3-101　产量分布图

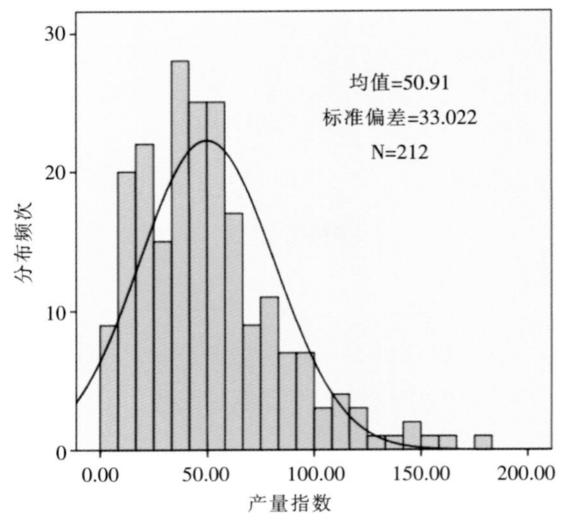

图3-102　产量指数分布图

表 3-29　丰产性评价指标及参照品种

等级	评价标准（产量指数，%）	参照品种
极低	<40	五月鲜
低	40～60	仓方早生、南方红
中	60～80	雨花露、爱保太
丰产	80～100	大久保
极丰产	≥100	白凤、卡里南

2. 优异种质　极丰产的品种有卡里南、麦克里尼、罗米拉、早黄金、红港、金童 6 号、法叶、奉化 1-2、郑黄 3 号、明星、金童 5 号、太阳粘核、法伏莱特 3 号、大连1-2。

七、其　　他

（一）桃奴

1. 遗传多样性　桃受精不良所结的小果（图 3-103），其核小、硬化晚、壳薄、无种仁，仅有小而干缩的珠被残迹。桃奴与正常桃的主要区别是大小悬殊，如肥城佛桃，正常桃单果重 300g 左右，桃奴仅 30～50g。桃奴形态发育各异，茸毛极多，果实可溶性固形物含量极高，风味很甜且比正常果成熟期晚。

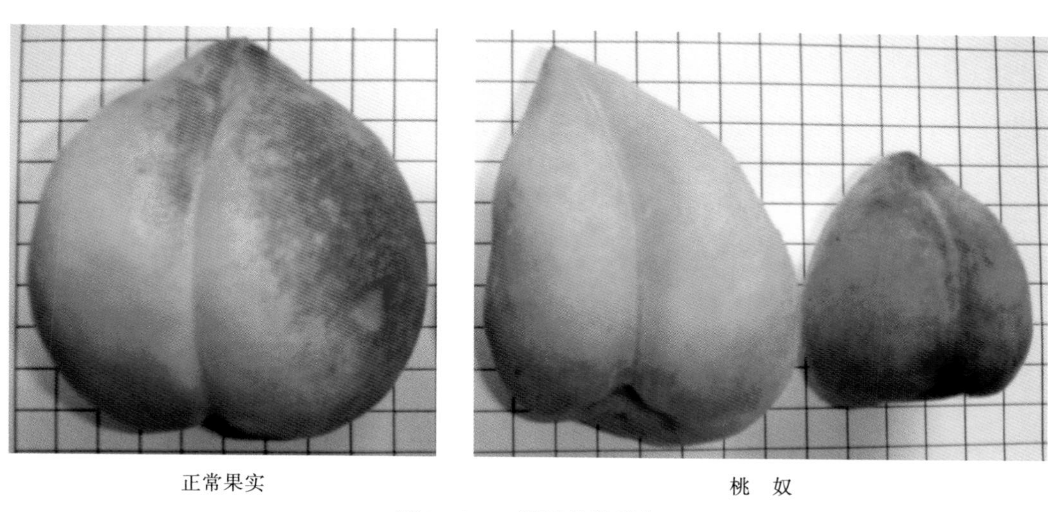

正常果实　　　　桃　奴

图 3-103　肥城佛桃桃奴

2. 特异种质　肥城红里 6 号、肥城白里 10 号、肥城白里 17 号、深州水蜜、深州白蜜、金蜜狭叶等易产生桃奴。

（二）光合特性

1. 遗传多样性　桃是强喜光树种，对光照反应敏感，但不同树姿、不同叶形的透光条件不一致，在 5～6 月通过对 75 个品种进行光合特性的测定，光合速率值介于 7.24～18.54μmol/(m^2 · s)，均值 14.87μmol/(m^2 · s)（图 3-104）。低需冷量桃南方早红光合总量明显高于中需冷品种大久保，尤其是 9～10 月光合效率前者明显高于后者，为低需冷量品种早期丰产性高于高需冷量品种奠定了物质基础（图 3-105）（曹珂，2008）。

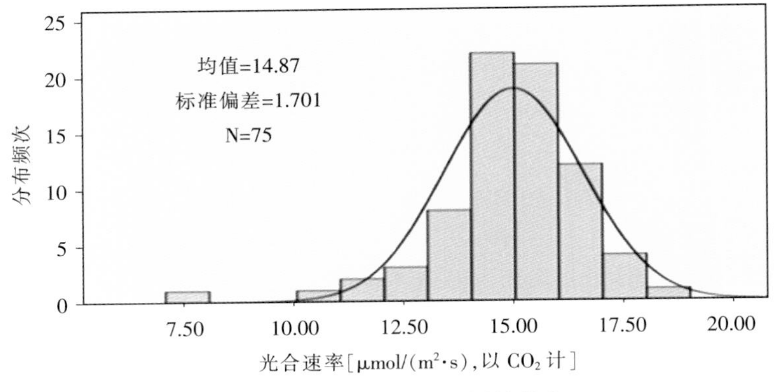

图 3-104　光合速率多样性分布

2. 优异种质　高光合速率品种有鸳鸯垂枝、吊枝白、大红袍、朱粉垂枝、红花碧桃、黑布袋、中华寿桃、寿白、洒红桃、金塔油蟠桃、贝蕾、上海水蜜等。

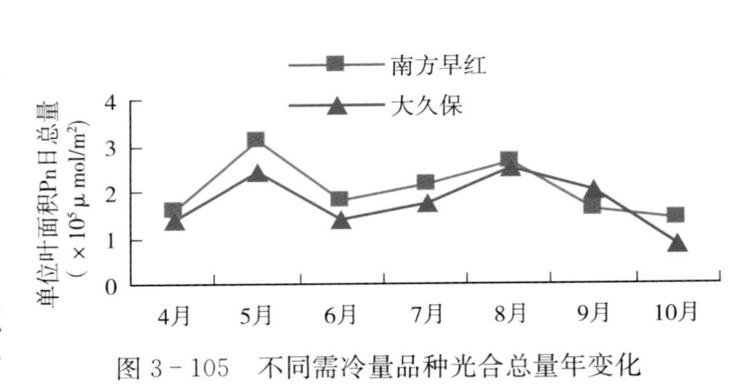

图 3-105　不同需冷量品种光合总量年变化

(三) 种子春化层积特性

1. 野生近缘种　桃不同野生近缘种春化层积所需要低温时间不同，一般山桃、甘肃桃、蒙古扁桃、长柄扁桃和榆叶梅较短，而光核桃、新疆桃、桃、扁桃需要时间较长。

2. 栽培种　种子的春化层积所需要的低温时间明显与品种的需冷量呈正相关，即种子萌发所需要的春化时间越长，以后形成植株的需冷量时间就越长。种子在4℃层积60～70d可萌发的种子，形成植株的需冷量为400～600h，而需要70～90d可萌发的种子，形成植株的需冷量为600～800h，依次类推。在杂交育种中，也往往利用亲本的需冷量推断其杂交种子萌发所需要的低温时间。春化低温满足后有的子叶易开裂，而有的不易开裂（图3-106）。

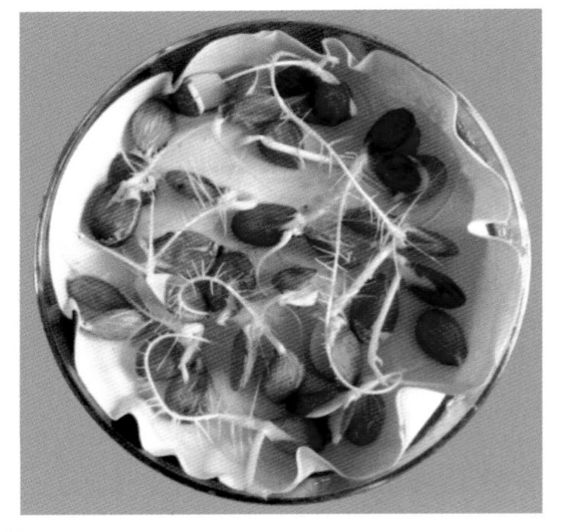

图 3-106　子叶开裂情况

(四) 单倍体

桃染色体 $2n=16$，在杂交过程中可能出现0.01%的单倍体概率。单倍体植株生长势弱，花小，叶小，不能正常结果（图3-107），是桃基因组学研究的宝贵材料。

表 3-29　丰产性评价指标及参照品种

等级	评价标准（产量指数,%）	参照品种
极低	＜40	五月鲜
低	40～60	仓方早生、南方红
中	60～80	雨花露、爱保太
丰产	80～100	大久保
极丰产	≥100	白凤、卡里南

2. 优异种质　极丰产的品种有卡里南、麦克里尼、罗米拉、早黄金、红港、金童 6 号、法叶、奉化 1-2、郑黄 3 号、明星、金童 5 号、太阳粘核、法伏莱特 3 号、大连1-2。

七、其　　他

（一）桃奴

1. 遗传多样性　桃受精不良所结的小果（图 3-103），其核小、硬化晚、壳薄、无种仁，仅有小而干缩的珠被残迹。桃奴与正常桃的主要区别是大小悬殊，如肥城佛桃，正常桃单果重 300g 左右，桃奴仅 30～50g。桃奴形态发育各异，茸毛极多，果实可溶性固形物含量极高，风味很甜且比正常果成熟期晚。

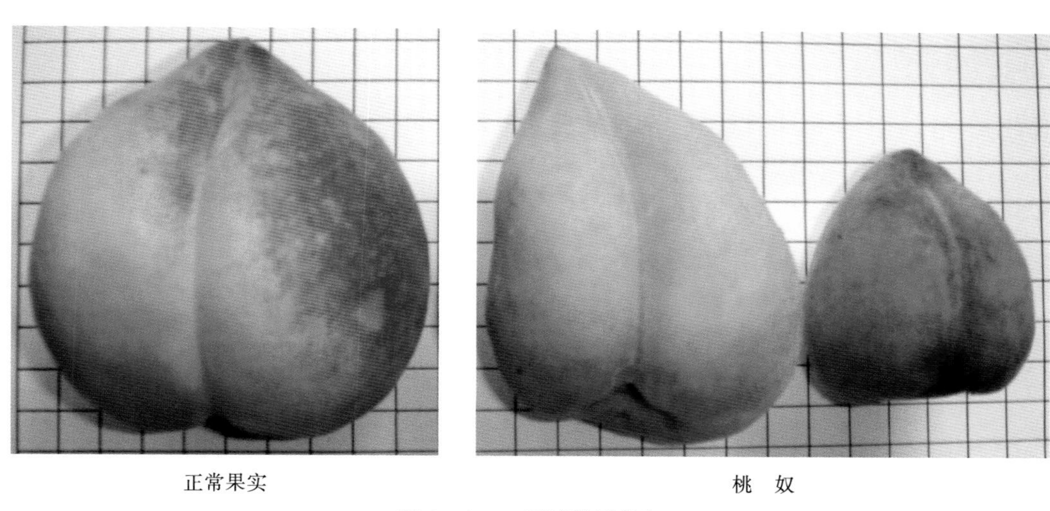

正常果实　　　　桃　奴

图 3-103　肥城佛桃桃奴

2. 特异种质　肥城红里 6 号、肥城白里 10 号、肥城白里 17 号、深州水蜜、深州白蜜、金蜜狭叶等易产生桃奴。

（二）光合特性

1. 遗传多样性　桃是强喜光树种，对光照反应敏感，但不同树姿、不同叶形的透光条件不一致，在 5～6 月通过对 75 个品种进行光合特性的测定，光合速率值介于 7.24～18.54μmol/(m^2 · s)，均值 14.87μmol/(m^2 · s)（图 3-104）。低需冷量桃南方早红光合总量明显高于中需冷品种大久保，尤其是 9～10 月光合效率前者明显高于后者，为低需冷量品种早期丰产性高于高需冷量品种奠定了物质基础（图 3-105）（曹珂，2008）。

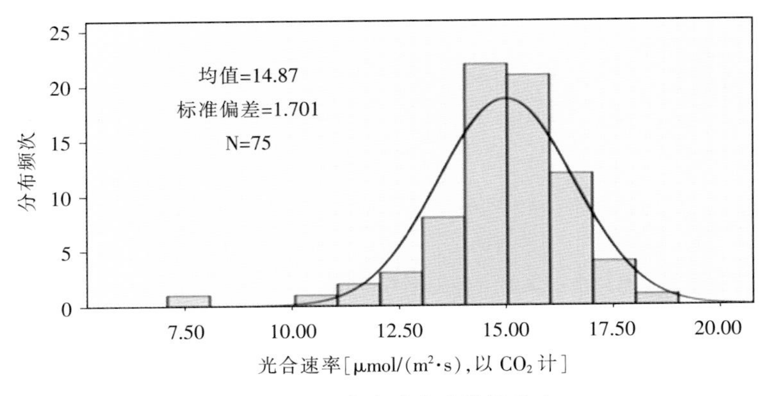

图 3－104　光合速率多样性分布

2. 优异种质　高光合速率品种有鸳鸯垂枝、吊枝白、大红袍、朱粉垂枝、红花碧桃、黑布袋、中华寿桃、寿白、洒红桃、金塔油蟠桃、贝蕾、上海水蜜等。

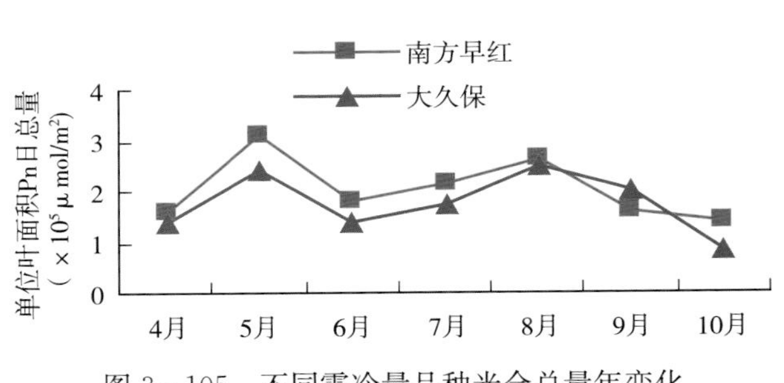

图 3－105　不同需冷量品种光合总量年变化

（三）种子春化层积特性

1. 野生近缘种　桃不同野生近缘种春化层积所需要低温时间不同，一般山桃、甘肃桃、蒙古扁桃、长柄扁桃和榆叶梅较短，而光核桃、新疆桃、桃、扁桃需要时间较长。

2. 栽培种　种子的春化层积所需要的低温时间明显与品种的需冷量呈正相关，即种子萌发所需要的春化时间越长，以后形成植株的需冷量时间就越长。种子在 4℃层积 60～70d 可萌发的种子，形成植株的需冷量为 400～600h，而需要 70～90d 可萌发的种子，形成植株的需冷量为 600～800h，依次类推。在杂交育种中，也往往利用亲本的需冷量推断其杂交种子萌发所需要的低温时间。春化低温满足后有的子叶易开裂，而有的不易开裂（图 3－106）。

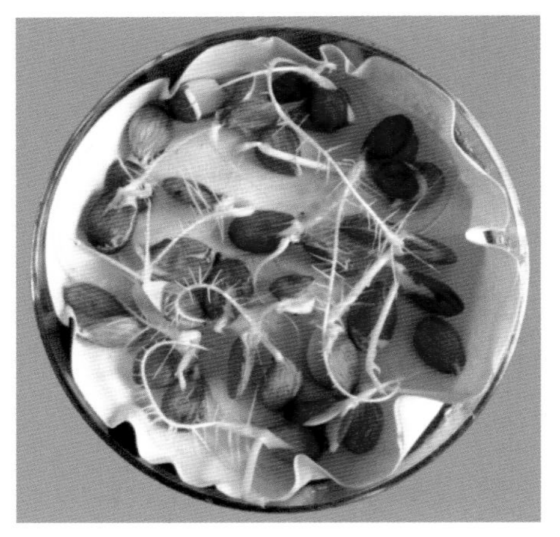

图 3－106　子叶开裂情况

（四）单倍体

桃染色体 $2n=16$，在杂交过程中可能出现 0.01%的单倍体概率。单倍体植株生长势弱，花小，叶小，不能正常结果（图 3－107），是桃基因组学研究的宝贵材料。

图 3－107　单倍体植物学特征

（五）特殊紧凑、矮生类型

红垂枝与菊花桃杂交后代 31 株中有 1 株（紧矮生），10 年生仅有 70～80cm 高，嫁接苗 4 年生树高近 90cm，节间较短，但为非矮化类型；红寿星与帚形山桃杂交的 F_1 代实生中有 1 株（紧曲矮生），7 年生树高 70cm，同样是节间较短的非矮化类型，且树形呈盘龙状，可以正常开花，未见结果（图 3－108）。

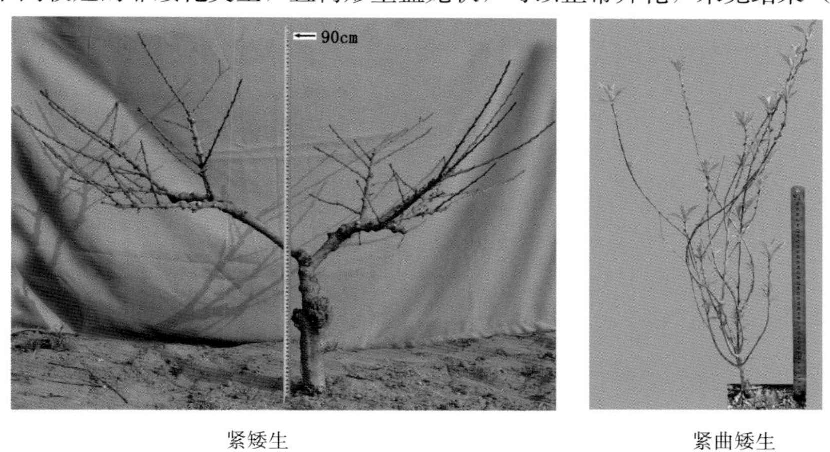

图 3－108　特殊紧凑、矮生类型

第五节　物候期

桃的物候期不仅品种之间差异很大，还受气候条件、环境和树龄的影响，如根据种质资源圃30年参照品种的记载，2008年与常年比较物候期偏早7d左右，但品种间物候期先后顺序基本不变。以下均为国家果树种质郑州桃圃多年调查数据。

一、营养生长物候期

（一）叶芽膨大期

1. 遗传多样性　叶芽膨大期指5%叶芽鳞片开始分离，其间露出浅色痕迹的时间。421个品种叶芽膨大期最早2月中旬，最晚3月上旬，集中分布在2月下旬（图3-109），其评价等级及参照品种见表3-30（王力荣，2005c）。

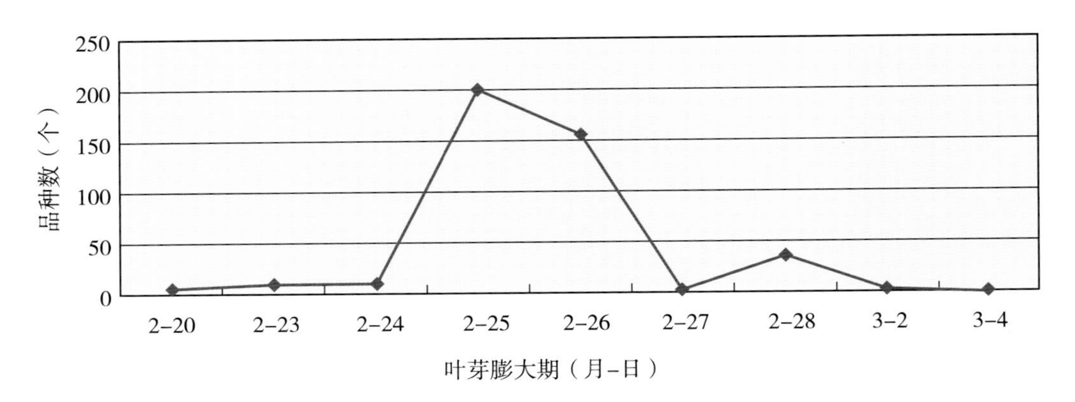

图3-109　叶芽膨大期多样性分布

表3-30　叶芽膨大期评价参照品种

等级	参照品种
很早	玛丽维拉、南山甜桃
早	早红2号、五月火
中	爱保太、雨花露
晚	白凤、南方红
很晚	五月鲜

2. 特异种质

（1）叶芽膨大很早的品种　五月阳光、光辉、红日、阿克拉娃、佛罗里达晓、蟠桃皇后。

（2）叶芽膨大很晚的品种　深州水蜜、肥城白里6号、红叶桃、菊花桃、洒红桃。

（二）叶芽开放期

1. 遗传多样性　5%叶芽鳞片裂开，顶端露出叶尖的时间。422个品种叶芽开放期最早3月上旬，最晚3月下旬，集中分布在3月中旬（图3-110），其评价等级及参照品种见表3-31（王力荣，2005c）。

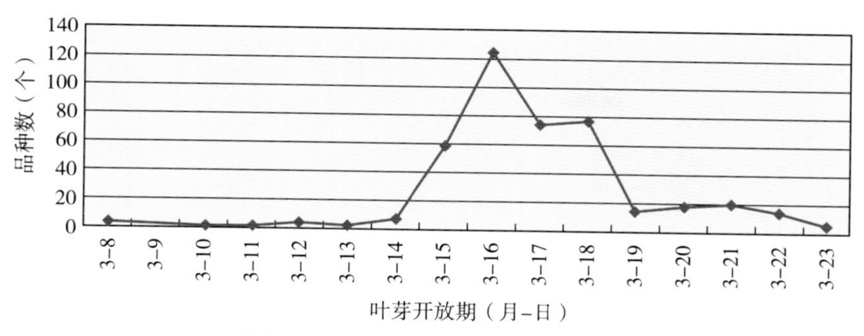

图 3-110　叶芽开放期多样性分布

表 3-31　叶芽开放期评价参照品种

等级	参照品种
很早	玛丽维拉、南山甜桃
早	早红 2 号、五月火
中	爱保太、雨花露
晚	白凤、南方红
很晚	五月鲜

2. 特异种质

（1）叶芽开放很早的品种　五月阳光、光辉、红日、阿克拉娃、阳光、桑多拉、佛罗里达晓、热带美、玛丽维拉、南山甜桃、莺歌桃、台农 2 号、迎春、二早桃、佛罗里达冠、探春、佛罗里达王。

（2）叶芽开放很晚的品种　珲春桃、大雪桃、肥城白里 10 号、肥城白里 17 号、香桃、中华寿桃、朱粉垂枝、五月鲜。

（三）大量落叶开始期

1. 遗传多样性　全株 25％的叶片自然脱落的时间。开始大量落叶的早晚与始花期开始的早晚时期相反，品种之间的先后顺序基本稳定，说明是品种本身特性的反应。大量落叶开始期是种质进入自然休眠的标志。422 个品种大量落叶开始期最早 10 月初，最晚 11 月中旬，集中分布在 10 月下旬和 11 月上旬（图 3-111），其评价参照品种见表 3-32。

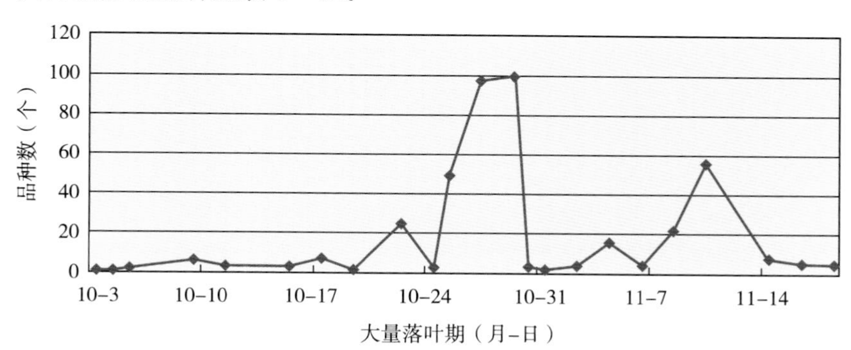

图 3-111　大量落叶开始期多样性分布

表 3-32　大量落叶期评价参照品种

等级	参照品种
很早	砂子早生、早花露
早	白凤、京玉
中	爱保太、燕红
晚	春时、新红早蟠桃
很晚	红日、南山甜桃

2. 特异种质

（1）大量落叶开始期很早的品种 五月金、金冠、早花露、早霞露、早美、扬州531、春童、春蕾、北京21－2、北农早熟。

（2）大量落叶开始期很晚的品种 台农2号、大金旦、火炼金丹、热带美、青丝、红日、玛丽维拉。

（四）大量落叶终止期

1. 遗传多样性 95%叶片脱落的时间。郑州地区桃大量落叶终止期在11月中旬之后，由当地早霜、酷霜和大风等气候因素决定。11月中下旬，气候多变。此时叶柄与枝条之间的离层已经形成，大风往往造成一夜之间很多品种的大量落叶终止。因此在某种意义上大量落叶终止期更容易受环境影响。需冷量低、始花期早的品种南山甜桃和红日的落叶终止期很晚，作为大量落叶终止期很晚的参照品种。2008年422个品种大量落叶终止期最早在10月下旬，最晚在12月上旬，集中分布在11月下旬（图3－112），其评价参照品种见表3－33。

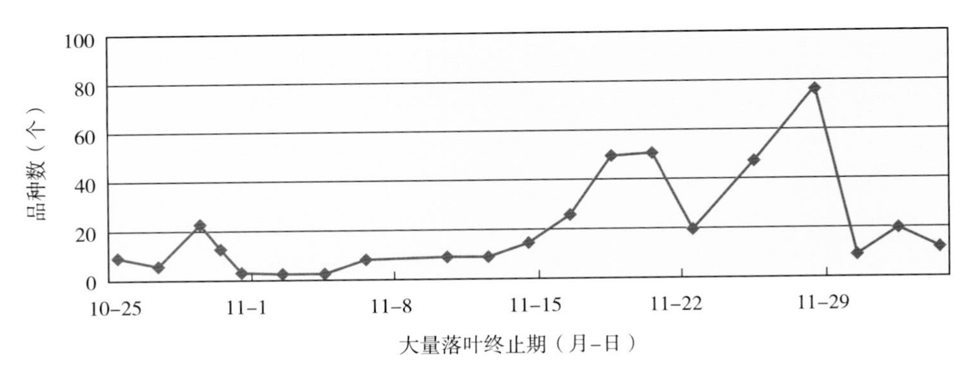

图3－112　2008年大量落叶终止期多样性分布

表3－33　大量落叶终止期评价参照品种

等级	参照品种
很早	砂子早生、早花露
早	白凤、春蕾
中	爱保太、仓方早生
晚	春时、撒花红蟠桃
很晚	红日、南山甜桃

2. 特异种质

（1）大量落叶终止期很早的品种 古城春蕾、合阳油桃、银宝石、丽格兰特、六月空、白芒蟠桃、长生蟠桃、玉露蟠桃、奉化蟠桃、陈圃蟠桃、嘉庆蟠桃、124蟠桃。

（2）大量落叶终止期很晚的品种 火炼金丹、青丝、黄艳、莺歌桃、佛罗里达冠、台农2号、大金旦、热带美、红日、南山甜桃。

（五）营养生长期

1. 遗传多样性 营养生长期是引种时所要考虑的重要生物学指标，由图3－113可知，桃品种的营养生长期很少高于280d，多数分布在250～275d，低需冷量品种萌芽期早，落叶期晚，因而营养生长期长。594个品种的营养生长期介于239～269d，均值261d，其评价指标及参照品种见表3－34。

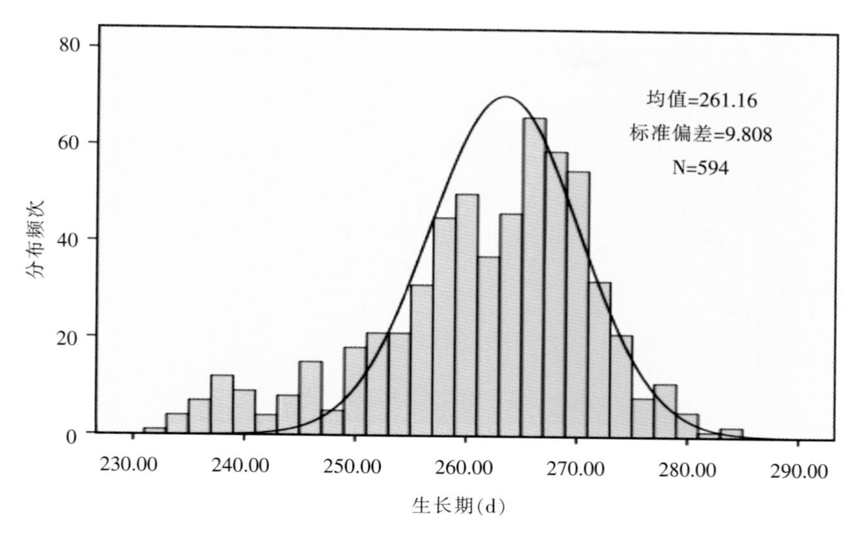

图 3-113　营养生长期多样性分布

表 3-34　营养生长期评价指标及参照品种

等级	评价标准	参照品种
很短	<250	白凤、大久保
短	250～260	兴津油桃、雨花露
中	260～270	爱保太、燕红
长	270～280	红港、撒花红蟠桃
很长	≥280	红日、玛丽维拉

2. 特异种质

（1）营养生长期很短的品种　玛拉米、川中岛白桃、春蕾、北农早熟、北京 21-2、早美、扬州 531、红清水、早花露、早霞露。

（2）营养生长期很长的品种　火炼金丹、青丝、黄艳、大金旦、Southern Pearl、五月阳光、光辉、佛罗里达晓、佛罗里达冠、阿克拉娃、莺歌桃、台农 2 号、热带美、红日、南山甜桃、玛丽维拉。

二、生殖生长物候期

（一）始花期

1. 遗传多样性　5%的花完全开放的时间。不同品种的花期有差异，品种的花期由需冷量和需热量共同决定，是品种的重要特性。始花期早晚与品种的需冷量有着密切的关系，花期越早的品种一般需冷量低，花期较晚的品种需冷量较高。山桃、甘肃桃开花早，其需冷量 400～500h，需热量也较低。白凤与大久保比较，需冷量近似，但白凤需热量较高，因而花期晚 3d 左右。近年来由于暖冬的影响，开花期有提早的趋势。640 个品种始花期最早 3 月中旬，最晚 4 月中旬，集中分布在 3 月下旬至 4 月上旬（图 3-114），其评价参照品种见表 3-35。

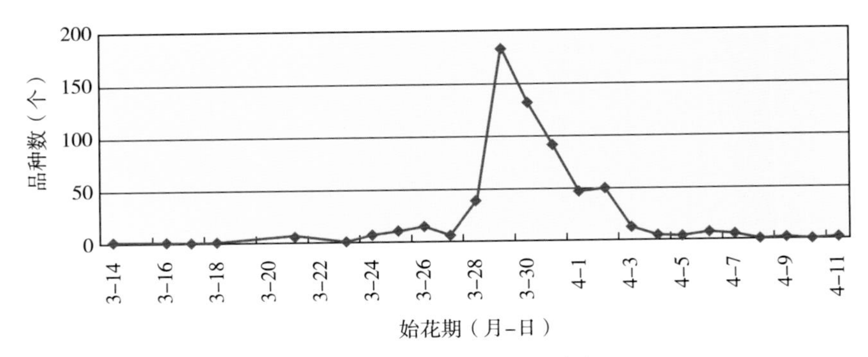

图 3-114　始花期多样性分布

表 3-35　始花期评价参照品种

等级	参照品种
很早	玛丽维拉、南山甜桃
早	早红 2 号、五月火
中	爱保太、雨花露
晚	白凤、南方红
很晚	洒红桃、菊花桃

2. 优异种质

（1）始花期很早的品种　探春、莺歌桃、台农 2 号、热带美、玛丽维拉、南山甜桃、阿克拉娃、五月阳光、光辉、佛罗里达晓、红日。

（2）始花期很晚的品种　白重瓣垂枝、五月鲜、六月白、香桃、深州白蜜、深州水蜜、割谷、朱粉垂枝、鸳鸯垂枝、红叶垂枝、花玉露、接土白、法伏莱特 3 号、肥城白里 17 号、菊花桃、洒红桃。

（二）盛花初期

1. 遗传多样性　25％花完全开放的时间。634 个品种始花期最早 3 月中旬，最晚 4 月中旬，集中分布在 3 月下旬至 4 月上旬（图 3-115）。多数年份始花期与盛花期可能为同一天，主要取决于开花期的温度，当温度在 25℃以上时，开花过程进行很快。

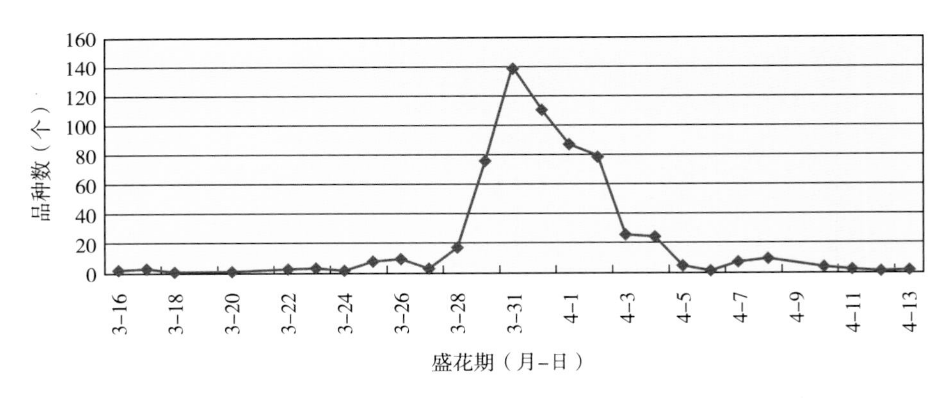

图 3-115　盛花期多样性分布

2. 优异种质

（1）盛花期早的品种　探春、莺歌桃、台农 2 号、热带美、玛丽维拉、南山甜桃、阿克拉娃。

（2）盛花期很晚的品种　花玉露、割谷、洒红桃、白重瓣垂枝、人面桃、五月鲜、五宝桃、绯桃、六月白、朱粉垂枝、香桃、深州白蜜、深州水蜜。

（三）末花期

1. 遗传多样性　75%花瓣变色，开始落瓣的时间。628个品种末花期最早3月下旬，最晚4月下旬，集中分布在4月上旬（图3-116）。

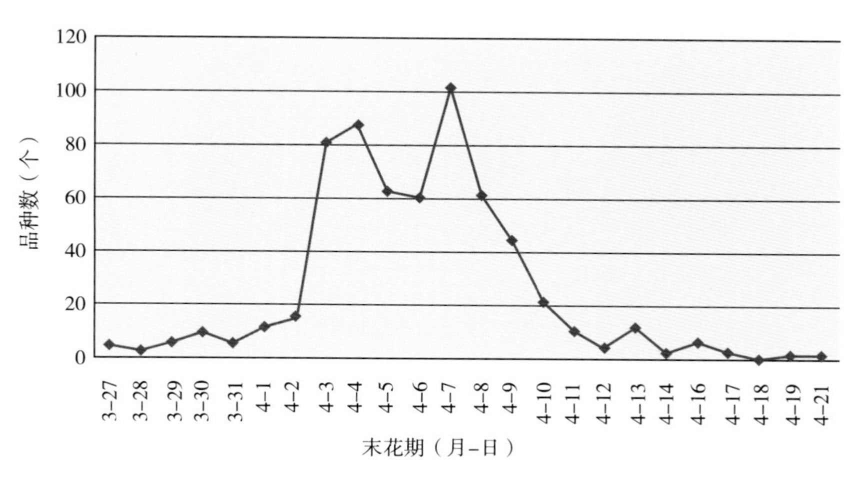

图3-116　末花期多样性分布

2. 特异种质

（1）末花期早的品种　红日、阿克拉娃、五月阳光、日照、光辉、佛罗里达晓。

（2）末花期晚的品种　肥城白里17号、安龙白桃、寿白、寿粉、鸡嘴白、割谷、深州水蜜、深州白蜜、香桃、花玉露、五月鲜、六月白、鸳鸯垂枝、朱粉垂枝、白重瓣垂枝。

（四）开花持续时间

1. 遗传多样性　开花持续时间指盛花初期至末花期的天数。422个品种开花持续时间介于3～12d，均值7d。前期温度较低开花早的品种花期持续时间长，重瓣花的花期持续时间长（图3-117）。

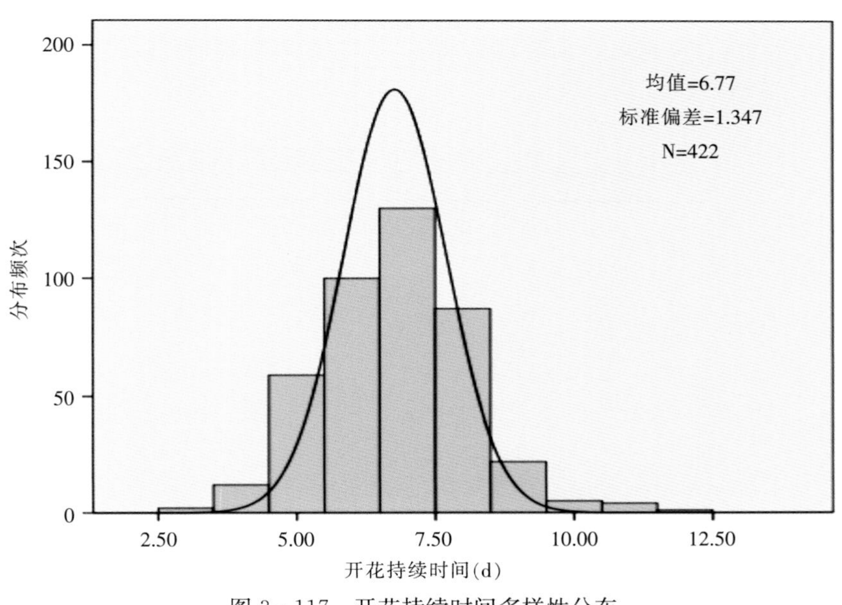

图3-117　开花持续时间多样性分布

2. 优异种质 开花持续时间长的品种：探春、迎春、鸡嘴白、鸳鸯垂枝、寿粉、朱粉垂枝、白重瓣垂枝、红寿星、寿白、白花山碧桃。

（五）开花过程

从现蕾到花朵完全开放的过程（图 3 - 118）。花朵刚刚开放到谢花过程中其花瓣颜色和花心、花丝颜色的变化见图 3 - 119。

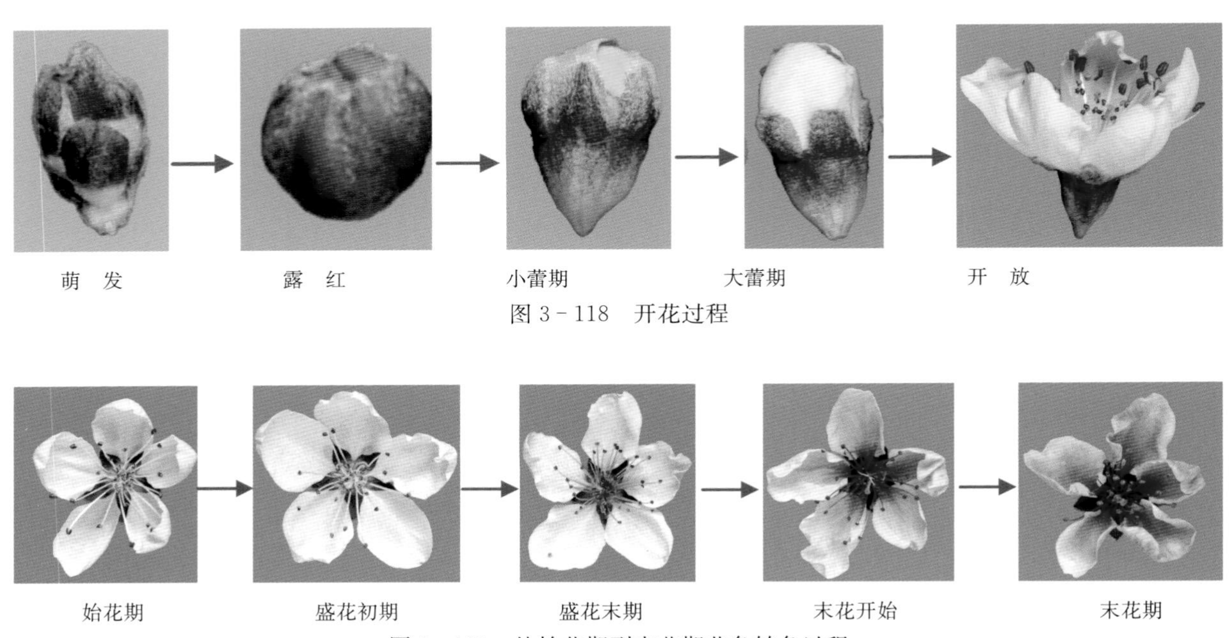

图 3 - 118　开花过程

图 3 - 119　从始花期到末花期花色转色过程

（六）花芽分化

1. 遗传多样性 花芽分化期因地区和品种而异，多集中于 7～8 月。需冷量越低的品种，花芽分化开始越早，性细胞形成的早晚也与需冷量的高低呈正相关，品种内每个分化期的持续时间长短一致，约为 10d。不同种质的雌雄配子体形成过程中，山桃与桃之间存在很大差异。山桃雄蕊是以四分体和花粉粒的形式越冬，雌蕊以胚珠原基越冬；而桃品种则是以小孢子母细胞形式越冬，次年 2 月才开始陆续分化胚珠原基（表 3 - 36）（江雪飞，2003）。

表 3 - 36　桃品种花芽分化进程中器官形成期

（2002—2003 年）

分化阶段	白花山碧桃	迎春	满天红	菊花桃
萼片分化期	8 月上旬	8 月中旬	8 月下旬	9 月上旬
花瓣分化期	8 月中旬	8 月下旬	9 月上旬	9 月中旬
雄蕊分化期	8 月下旬	9 月上旬	9 月中旬	9 月下旬
雌蕊分化期	9 月上旬	9 月中旬	9 月下旬	10 月上旬
子房形成期	10 月中旬	10 月上旬	10 月中旬	10 月中旬
胚珠原基形成期	12 月上旬	次年 2 月上旬	次年 2 月上旬	次年 2 月下旬
孢原细胞形成期	次年 2 月上旬	次年 2 月下旬	次年 2 月下旬	次年 3 月中旬
四个大孢子纵排	—	次年 3 月上旬	次年 3 月中旬	次年 3 月中旬
雌配子体形成期	—	次年 3 月中旬	次年 3 月中旬	次年 3 月下旬

2. 特异种质

(1) 种间差异　山桃、甘肃桃雄蕊以四分体越冬，而普通桃以小孢子母细胞越冬。

(2) 品种间差异　迎春花芽分化早，菊花桃花芽分化晚。

(七) 落花落果

正常的落花落果有3次。落花、落果的程度在品种间差异显著。在果实将近成熟时，有的品种还有采前落果现象，如扬州早甜桃、大久保采前落果比较严重。丰白、燕红等品种的采前落果严重是其果实较大而果柄较短的缘故，还有一些品种是因为裂核而引起采前落果。

(八) 果实成熟期

1. 遗传多样性　桃果实成熟期包括3个过程，即可采成熟期、成熟期和完熟成熟期。

果实成熟速度的快慢是品种的重要特性，也是果实商品性的重要表现。我国硬肉桃品种在可采收期，果肉很硬，但随后果实迅速变软，成粉质状态，并且近核处先熟，极易腐烂，如五月鲜、六月白等著名地方品种；软溶质品种在8～9月成熟时，虽然风味较好，但已不适合长距离运输，如雨花露、白凤等；双喜红、有明白桃等硬溶质品种以及金童6号、早熟黄甘等不溶质品种具有慢熟特点，可以在树上完全成熟，成熟后仍具有一定的耐贮运性，这种类型的品种是今后育种的重要目标。2008年405个品种果实成熟期最早5月下旬，最晚11月中旬，集中分布在6月中旬至8月上中旬，成熟期达170～180d（图3-120）。果实成熟期评价指标及参照品种见表3-37。

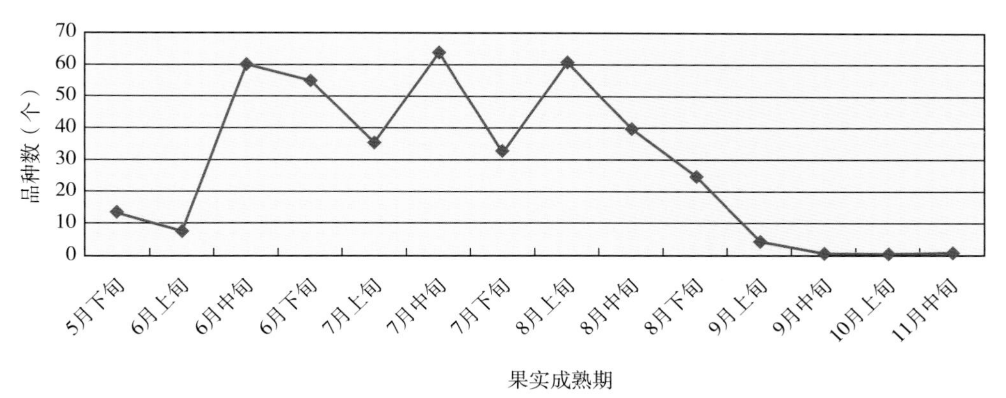

图3-120　2008年果实成熟期多样性分布

2. 优异种质

(1) 极早熟的品种　春蕾、早花露、早霞露、早美、金冠、五月金、千年红、五月火、NJ265、春花、扬州531、麦黄蟠桃、佛罗里达晓、春时、京春、双丰。

(2) 极晚熟的品种　中华寿桃、青州白皮蜜桃、青州红皮蜜桃、大果黑桃、红李光、敦煌冬桃、迎雪、凡俄兰。

(九) 果实发育期

1. 遗传多样性　盛花初期到果实成熟期的时间。585个品种的果实发育期介于57～189d，均值111d（图3-121），果实发育期评价标准及参照品种见表3-37。

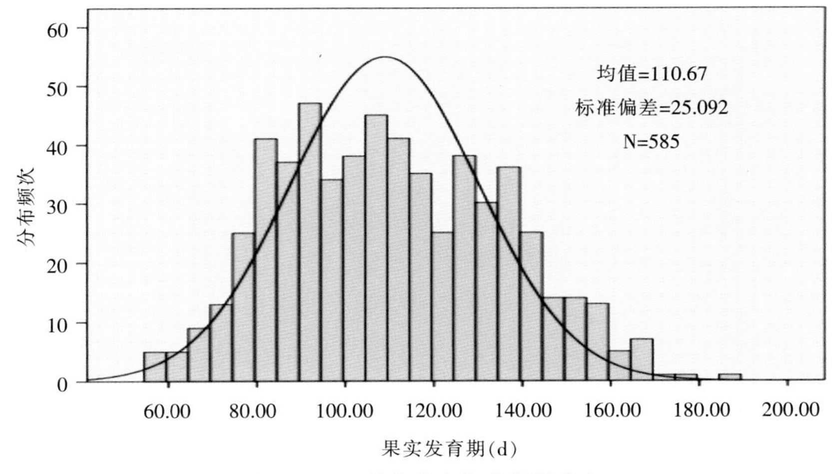

图3-121　果实发育期多样性分布

表3-37　果实成熟期评价指标及参照品种

等级	果实发育期指标（d）	参照品种
极早	<60	五月火、春蕾
早	60～90	雨花露、早红2号
中	90～120	白凤、红港
晚	120～150	燕红、晴朗
极晚	≥150	中华寿桃、青州蜜桃

2. 优异种质

（1）果实发育期很短的品种　春蕾、北农早熟、北京21-2、扬州531、早美、早霞露、早花露。

（2）果实发育期很长的品种　青州红皮蜜桃、敦煌冬桃、迎雪、离核甜仁、青州白皮蜜桃、大果黑桃、叶县冬桃、中华寿桃。

三、1983—2012年郑州桃物候期的变化

（一）始花期

1983—2012年白凤始花期最早年份是2002年3月21日，最晚年份为1984年4月12日，最早与最晚年份相差22d，平均始花期4月4日。30年来始花期整体趋势提早了9d（图3-122）。

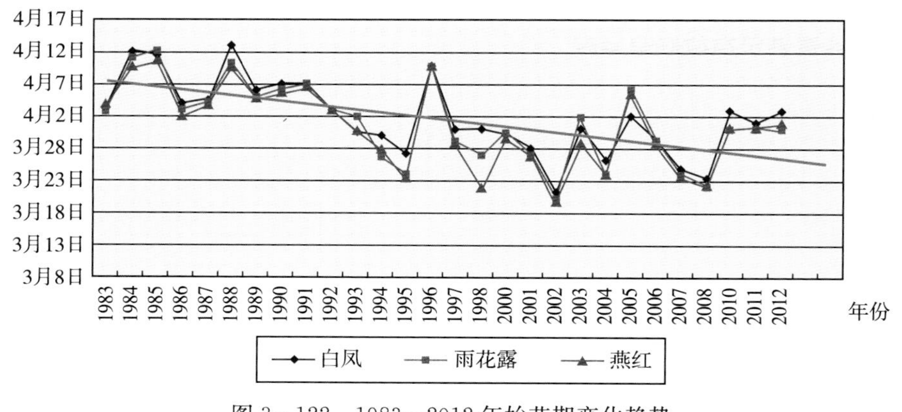

图3-122　1983—2012年始花期变化趋势

（注：其中1999年和2009年缺乏数据）

（二）果实成熟期

1983—2011 年白凤果实成熟期最早年份是 1995 年 7 月 2 日，最晚年份为 1991 年 7 月 20 日，最早与最晚年份相差 18d，平均在 7 月 13 日。近 30 年来果实成熟期整体趋势基本不变（图 3－123）。

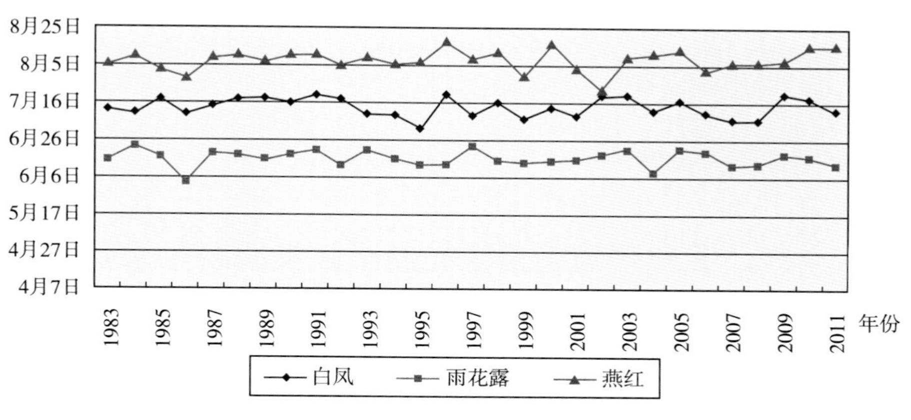

图 3－123　1983—2011 年果实成熟期趋势

（三）大量落叶期

1983—2012 年 8 年间白凤大量落叶期开始期最早年份是 1984 年 10 月 13 日，最晚年份为 2009 年 11 月 9 日，最早与最晚年份相差 26d，平均在 10 月 20 日。近 30 年来大量落叶期整体趋势延迟 20d 左右（图 3－124）。

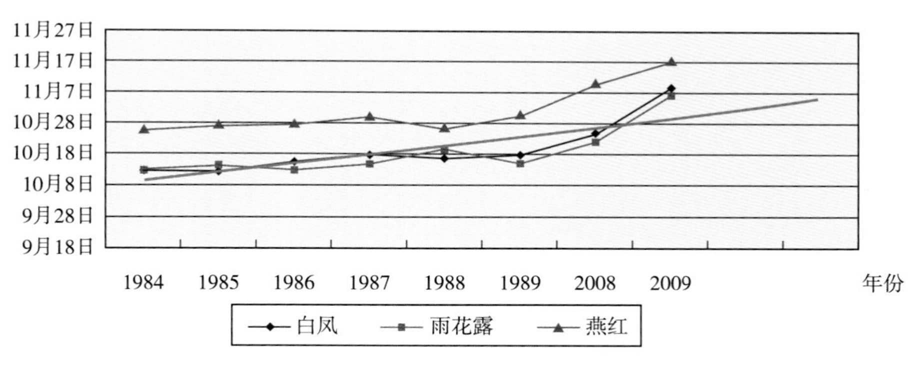

图 3－124　不同年份大量落叶期变化趋势

（四）郑州市需冷量满足有效低温进程

根据 1986—2001 年郑州地区累积低温的记载，按照 0～7.2℃评价模式（王力荣，2003）求得不同年份平均值，得出郑州地区冬季有效低温近似进程（表 3－38）。根据此表和温室中枝条的萌发状况可以计算品种的需冷量，同时可以根据品种的需冷量指导设施栽培罩棚升温时间。

表 3－38　郑州冬季累积低温近似进程

日期	0～7.2℃累积值（h）	近似值（h）
11 月 20 日	81	100
11 月 30 日	208	200
12 月 10 日	316	300
12 月 20 日	450	450

（续）

日期	0～7.2℃累积值（h）	近似值（h）
12月30日	552	550
1月10日	676	650
1月20日	745	750
1月30日	838	850
2月10日	978	1 000
2月20日	1 114	1 100
3月1日	1 168	1 200

四、我国不同省份曙光油桃物候期的变化

对于同一品种我国南北开花与果实成熟期相差90～100d，为便于各地物候期与郑州的比较，选择适应性广泛的曙光油桃品种作为参照品种，列出其大致的开花期与果实成熟期（表3-39）。

表3-39　我国不同省份曙光常年主要物候期

省（自治区、直辖市）	地区、市、县	花　期	成熟期
云南省	西双版纳傣族自治州	1月30日	4月初
云南省	昆明市	2月15日	4月20日
云南省	玉屏县	3月1日	5月5日
广东省	乐昌市	3月1日	5月5日
贵州省	贵阳市	3月10日	5月15日
湖南省	衡阳市	3月10日	5月15日
重庆市	万州区	3月15日	5月20日
福建省	建宁县	3月15日	5月20日
江西省	南昌市	3月15日	5月20日
广西壮族自治区	桂林市	3月20日	5月25日
四川省	成都市	3月20日	5月25日
湖南省	长沙市	3月20日	5月25日
上海市	浦东新区	3月25日	5月30日
浙江省	杭州市	3月25日	5月30日
湖北省	武汉市	3月25日	5月30日
江苏省	南京市	3月30日	6月5日
安徽省	砀山县	3月30日	6月5日
河南省	郑州市	3月30日	6月5日
陕西省	西安市	3月30日	6月5日
山西省	运城市	3月30日	6月5日
山东省	泰安市	4月5日	6月10日
河北省	石家庄市	4月5日	6月10日
西藏自治区	林芝县	3月25日	6月10日
新疆维吾尔自治区	和田市	4月5日	6月10日
新疆维吾尔自治区	霍城县	4月20日	6月25日
甘肃省	兰州市	4月20日	6月25日
天津市	天津市	4月20日	6月25日
北京市	平谷区	4月20日	6月25日
甘肃省	酒泉市	4月20日	6月底7月初
宁夏回族自治区	中卫市	4月25日	6月底7月初
西藏自治区	拉萨市	4月10日	6月底7月初
青海省	化隆县	4月25日	7月1日
新疆维吾尔自治区	乌鲁木齐市	5月1日	7月5日
辽宁省	大连市	4月底5月初	7月10日

第六节　抗逆性和抗病虫性

一、抗 寒 性

1. 遗传多样性　采用人工模拟低温胁迫试验研究果树抗寒性与有关生理指标的关系，并对抗寒性作出评价，是目前果树抗寒性研究的主要方法之一。对109个桃及野生近缘种的品种在低温冷害下测试枝条电导率的变化，结果表明63个品种半致死温度介于－15.05～－36.13℃，均值－22.70℃（图3－125）。

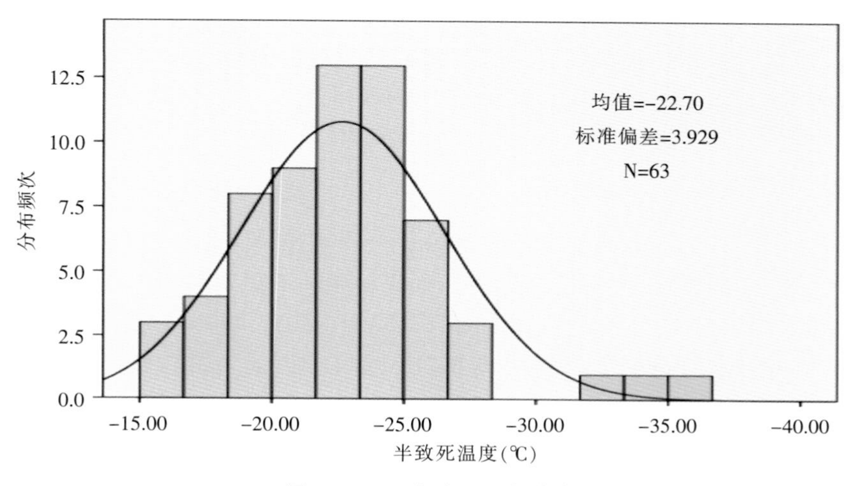

图3－125　半致死温度分布

2. 优异种质　抗寒性较强品种有吉林8801、吉林8501、吉林8601、吉林8701、红港、山东四月半、阳泉肉桃、红桃、鸡嘴白、撒花红蟠桃、嘉庆蟠桃、春蕾、二接白、上海水蜜、平碑子、哈露红、西伯利亚C等品种。山桃抗寒性最强。

大雪桃、中华寿桃抗寒性差，可能是果实成熟期晚，叶片营养回流枝干少，树干越冬营养贮备不够。

二、需 冷 量

（一）需冷量的遗传多样性

需冷量是指打破落叶果树自然休眠所需的有效低温时数，是果树区划最根本的因素。低需冷量品种是适应亚热带、热带冬季温暖气候的必要条件，与北方寒冷地区抗寒性相对应；同时也是影响北方设施栽培扣棚升温时期的关键因素（王力荣，1995）。桃是对低温要求极为严格的树种。我国桃品种需冷量值分布很广，从低的南山甜桃200h，到高的深州白蜜1 200h，多数集中分布在750～950h。野生种山桃、甘肃桃、陕甘山桃、光核桃的需冷量均较低，在400～650h。374个品种需冷量介于100～1 200h，均值789h（图3－126）（王力荣，1997）。地方观赏桃品种的需冷量一般都较高（朱更瑞，2004）。低需冷量种质一般萌芽早、落叶晚，光合作用时间长，营养生长旺盛，具有较好的早期丰产性（曹珂，2007；2008），需冷量500h品种的早期丰产性可以比1 000h的提早1年左右。

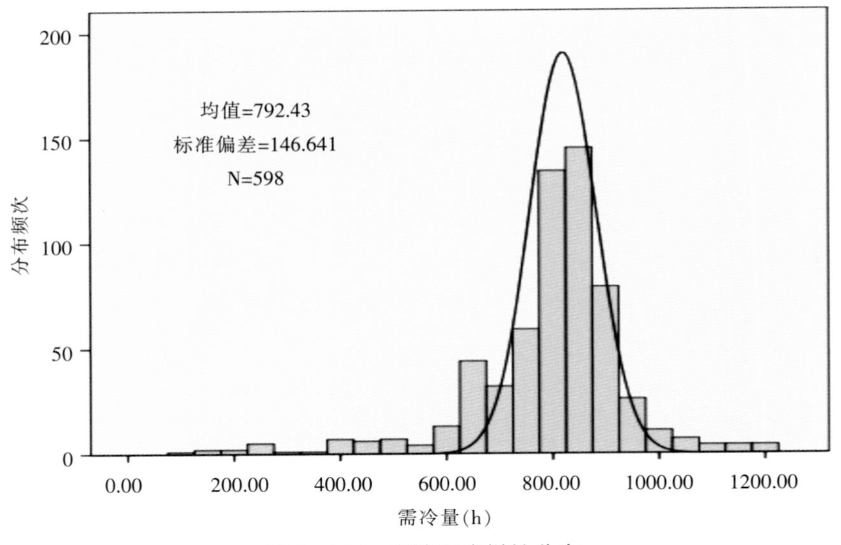

图 3-126 需冷量多样性分布

(二) 不同生态型的需冷量

华南亚热带桃区在 200～300h，如南山甜桃 200h；云贵高原桃区 550～650h，如青丝桃 550h、火炼金丹 550h、黄艳 600h；青藏高原桃区 600～700h，如光核桃的不同类型均在 650h 左右；东北高寒桃区 600～700h，如吉林省实生选种的抗寒品系吉林 8501 和吉林 8601，需冷量分别为 600h 和 500h；西北高旱桃区 750～900h，如早熟黄甘 750h、新疆黄肉 850h、龙 1-2-4 700h、喀什黄肉李光 900h；长江流域桃区 800～900h，如上海水蜜 850h，平碑子 850h；华北平原桃区 900～1 000h，如鸡嘴白 900h，大雪桃 1 000h（图 3-127）（王力荣，1997）。

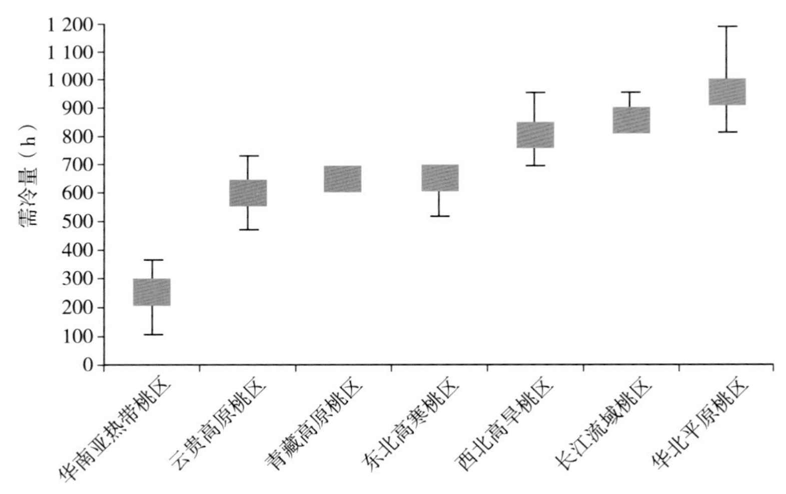

图 3-127 桃不同生态型的需冷量

(三) 不同品种群的需冷量

依品种特性与地理分布、进化地位的关系，将桃品种划分为 6 个品种群（图 3-128）。蜜桃品种群需冷量最高，如青州蜜桃 950h、深州离核水蜜 1 050h、肥城白里 17 号 1 100h、深州水蜜 1 150h、深州白蜜 1 200h，它们集中分布在 950～1 150h；硬肉桃品种群中的北方系次之，六月白、暑季红 1 000h，陆林水蜜、鸡嘴白 900h。它们集中分布在 850～1 000h；而南方硬肉系较低，如南山甜桃 200h，平碑子 850h；水蜜桃和油桃多数品种居中，主要在 800～900h，如雨花露 800h，上海水蜜、大久保 850h，仓方早生 900h，甜李光 800h，瑞光 2 号 850h；黄桃品种群需冷量较水蜜桃偏低，如早熟黄甘 750h、新疆黄肉 850h；金童系列稍长，在 850～900h；蟠桃品种群需冷量较低，离核蟠桃 600h。新红早蟠桃 650h。白芒蟠桃、撒花红蟠桃 700h，五月鲜扁干 850h，集中分布在 650～750h（图 3－128）（王力荣，1997），其评价指标及参照品种见表 3－40（王力荣，2003，2005c）。

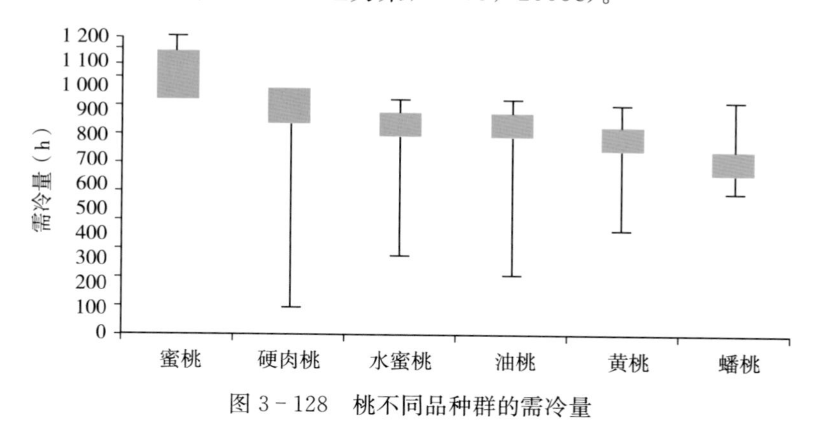

图 3－128　桃不同品种群的需冷量

表 3－40　需冷量评价指标及参照品种

等级	评价标准（h）	参照品种
很低	<300	南山甜桃、玛丽维拉
低	300～600	南方早红、早红 2 号
中	600～900	曙光、大久保
高	900～1200	六月白
很高	≥1200	红叶桃、菊花桃

（四）优异种质

低需冷量品种有阿克拉娃、台农 2 号、热带美、南山甜桃、五月阳光、玛丽维拉、红日、佛罗里达晓、佛罗里达金、迎春、报春、元春、佛罗里达王、南方早红、光辉、桑多拉、仙桃、佛罗里达冠、南方金蜜、乐园、中农金硕、珍珠红、早红 2 号、阳光、日照、双佛、五月火、阿姆肯。

（五）桃需冷量遗传特性的研究

对桃的 9 个杂交组合 463 株杂种实生苗需冷量进行测定，统计结果表明：桃需冷量是由多基因控制的，幼树 F_1 代需冷量平均值较双亲中值低，不同组合偏离程度不同，南山甜桃、红日、玛丽维拉、白凤、大久保需冷量育种值分别为 159h、216h、319h、831h、834h，遗传传递力分别为 79%、54%、92%、83%、93%。需冷量的遗传力为 89.69%。萌芽开花与需冷量密切相关（王力荣，1996）。低需冷量种质根系开始生长活动早（孙旭武，2004）。

三、对桃蚜的抗性

1. 遗传多样性　通过对桃亚属植物 5 个种 419 份资源进行抗桃蚜（*Myzus persica* Sulzer）性的田间自然鉴定和初选出的 34 份抗性资源的人工接种鉴定，结果表明：山桃的抗性最强，甘肃桃的抗性最弱，不同品种的抗蚜性差异很大，按照品种类型划分，其蚜害指数寿星桃 20.00、白桃 45.70、油桃 77.00、黄桃 60.16、蟠桃 77.86；山桃叶片灰绿色抗性为趋避性；寿星桃和红花类观赏桃抗性为黄酮类化合物，而低需冷量种质的抗性为避蚜（王力荣，2001）。

2. 抗性优异种质　北京 S1、北京 S2、北京 S9、红垂枝、五宝桃、红寿星、寿粉、北京 2－7、红花山桃、北京 101、红花碧桃、粉寿星、帚形山桃、寿白。

四、对南方根结线虫的抗性

1. 遗传多样性 通过对郑州地区为害桃的根结线虫进行雌成虫会阴花纹的制片观察和鉴别寄主试验，确定为南方根结线虫（*Meloidogyne incognita*）的2号宗；以卵块接种24种桃砧木进行抗性鉴定，主要鉴定结果见表3-41，评价指标及参照品种见表3-42。通过对红根甘肃桃1号、红寿星两份免疫材料进行鉴定评价，其基因型为同质结合的显性遗传，由1对等位基因控制，位于第二条染色体的顶端（朱更瑞，2001b；Cao ke 2001a，2001b）。

表3-41 桃砧木对抗南方根结线虫鉴定结果

（朱更瑞，2001b）

种（变种）学名	类型名称	根结指数（%）	评价
桃（*P. persica*）	红寿星	0.00	免疫
	阿克拉娃	5.00	高度抗病
	西伯利亚C	54.86	高度感病
	哈露红	55.00	高度感病
	贝蕾	97.33	高度感病
	白寿星	75.00	高度感病
	粉寿星	89.28	高度感病
	粉花碧桃	35.95	高度感病
山桃（*P. davidiana*）	红花山桃	1.00	高度抗病
	白花山桃	3.57	高度抗病
甘肃桃（*P. kansuensis*）	红根甘肃桃1号	0.00	免疫
	白根甘肃桃1号	2.89	高度抗病
光核桃（*P. mira*）	光核桃7号	55.00	高度感病
新疆桃（*P. ferganensis*）	新疆毛桃	50.40	高度感病
桃与扁桃杂交种	GF677	89.50	高度感病

表3-42 南方根结线虫评价指标及参照品种

等级	评价标准（根结指数，%）	参照品种
0 免疫（I）	0	红根甘肃桃1号
1 高抗（HR）	0<根结指数<5	白根甘肃桃1号
3 抗病（R）	5～10	阿克拉娃
5 中抗（MR）	10～20	
7 感病（S）	20～25	
9 高感（HS）	≥25	贝蕾

2. 优异种质

（1）免疫种质 红根甘肃桃1号、红寿星。

（2）高抗种质 白根甘肃桃1号、阿克拉娃、红花山桃、白花山桃、满天红、红垂枝。

第七节 果实贮藏加工性状

一、低温贮藏能力

1. 遗传多样性 果实的贮藏能力受诸多因素的影响，不溶质品种大于溶质品种，硬溶质品种大于软溶质品种，硬度高的品种大于硬度低的品种。在低温贮藏时果实容易发生褐变，根据褐变的程度分为轻、中、重三级（图3-129）。一般晚熟品种耐低温贮藏能力弱，如中华寿桃、晴朗在低温贮藏过程褐变严重。

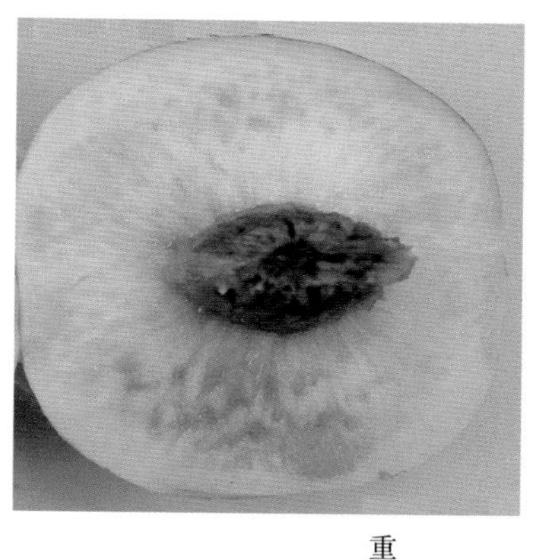

图 3-129　果实低温贮藏过程中褐变程度

2. 优异种质　低温贮藏能力较强的品种：钻石金蜜、松森、东京红、佛罗里达金、日本红甜桃、陆林水蜜、Rich Lady。

二、制罐性状

（一）加工原料利用率

1. 遗传多样性　50 个加工品种原料利用率介于 45.2%～84.3%，均值 61.19%（图 3-130），评价指标及参照品种见表 3-43。果形圆整的品种加工利用率高，果实有尖、果肉近核处红色素多、果核有尖的品种加工利用率低。

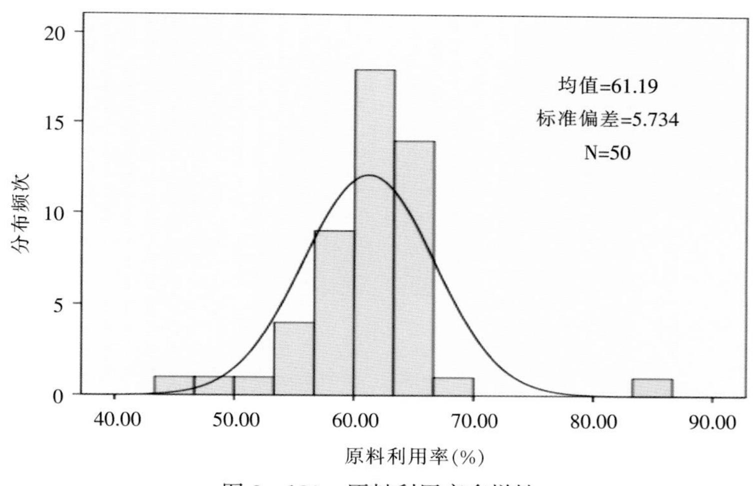

图 3-130　原料利用率多样性

表 3-43　原料利用率评价指标及参照品种

等级	评价标准（%）	参照品种
极低	＜40.0	
低	40.0～50.0	奉罐 2 号
中	50.0～60.0	罐桃 5 号
高	60.0～70.0	金童 6 号
极高	≥70	菲利甫

2. 优异种质　原料利用率高的品种：五月鲜扁干、佛雷德里克、NJC83、NJC72、菲利甫。

（二）制罐品质

1. 遗传多样性　黄肉、粘核、不溶质是制罐品种的基本要求，其划分等级见表 3-44。我国在实际生产中亦利用白肉的大久保等品种进行加工。部分品种成品（手工挖核、去皮）图见图 3 - 131。

表 3 - 44　制罐黄桃等级划分

项目名称	等级		
	一等	二等	三等
果实大小（g）	150～250	120～150	90～120
肉质	不溶质	不溶质	不溶质或硬溶质
肉色	黄色，色卡 6 以上	黄色，色卡 5 以上	
红色素	无	<1/4	1/4～2/4
核粘离性	粘核		粘核或离核
可溶性固形物（%）	≥10	9～10	8～9
糖酸比	15～20∶1	13～15∶1	10～13∶1

2. 优异种质　综合性状优良的制罐品种：佛雷德里克、NJC83、NJC77、金童 7 号、金童 5 号、NJC105、金童 6 号、罐桃 5 号、明星、郑黄 4 号等。

NJC77

NJC83

NJC105

NJC108

NJC112

大久保

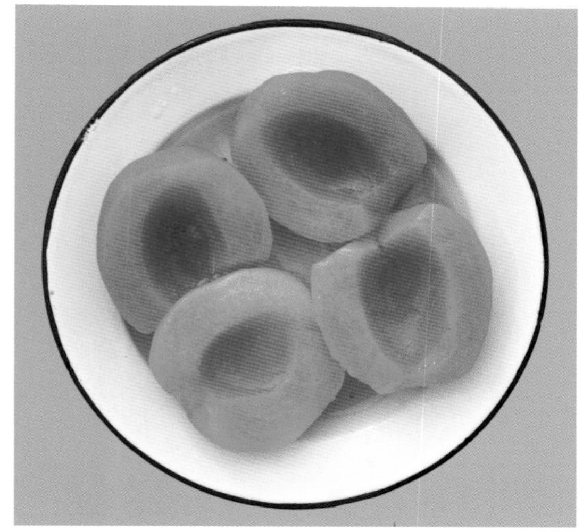

大连 12 - 28

丰　黄

奉罐 2 号

佛尔都娜

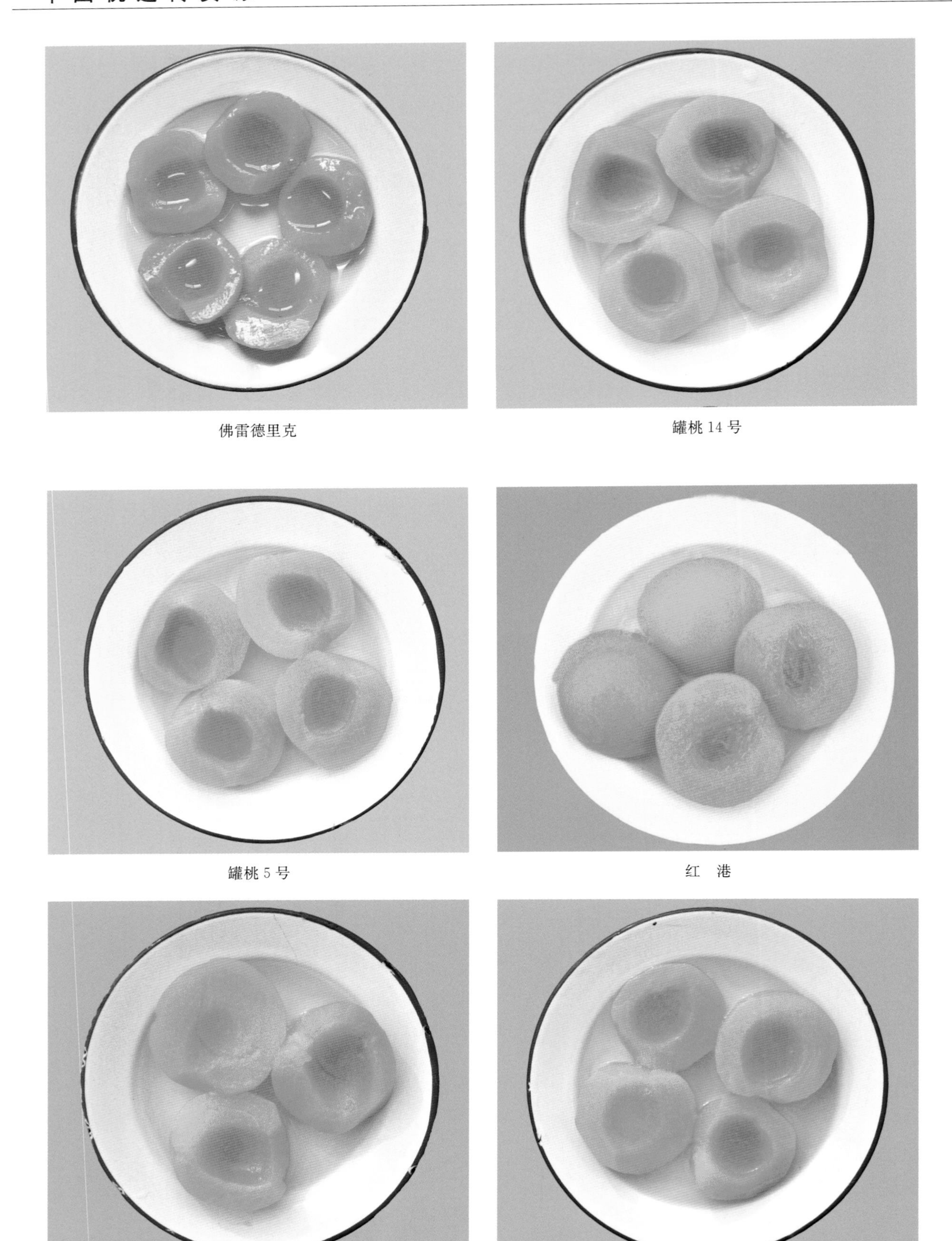

佛雷德里克

罐桃 14 号

罐桃 5 号

红　港

金童 5 号

金童 6 号

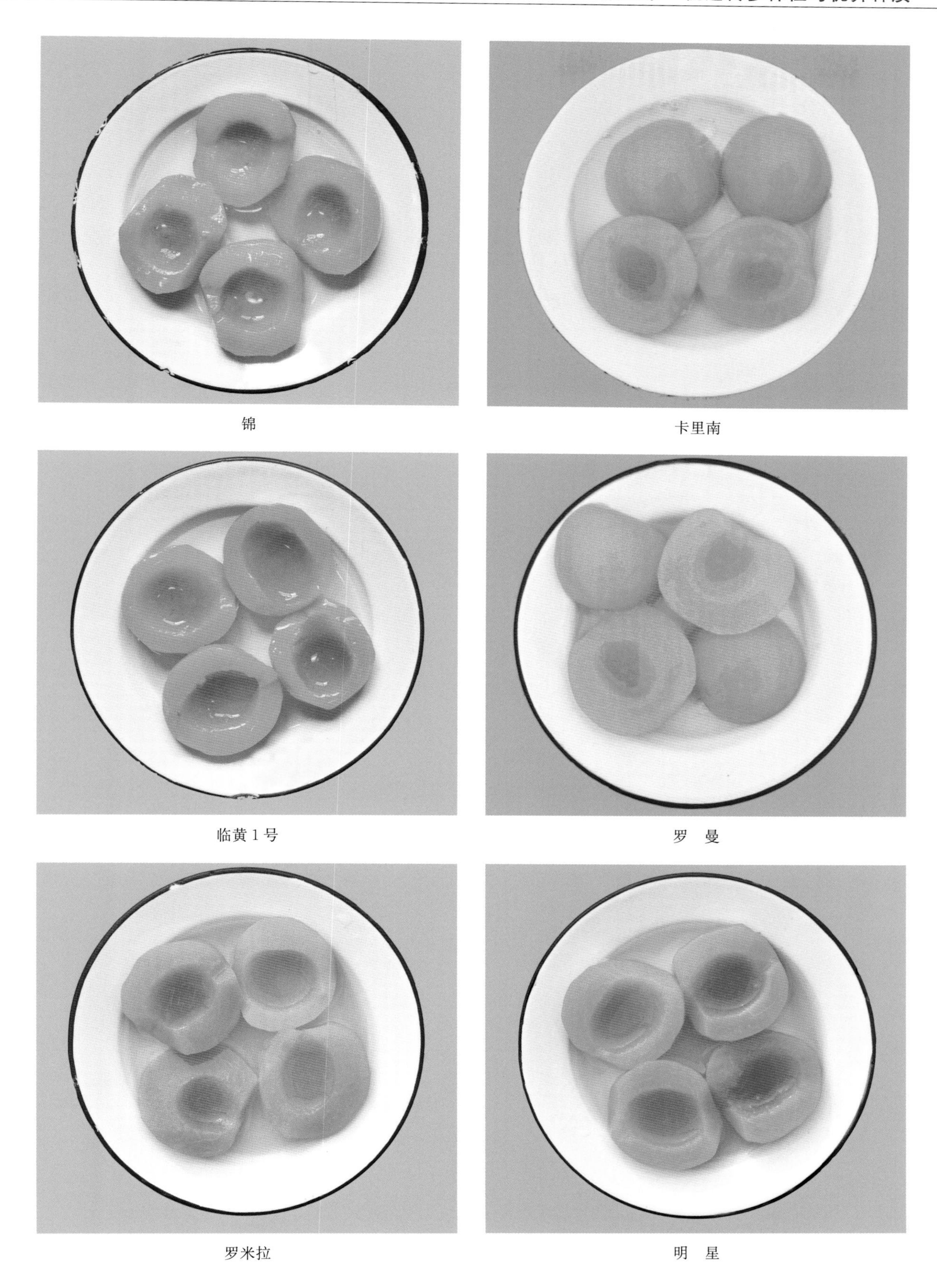

锦　　卡里南

临黄 1 号　　罗　曼

罗米拉　　明　星

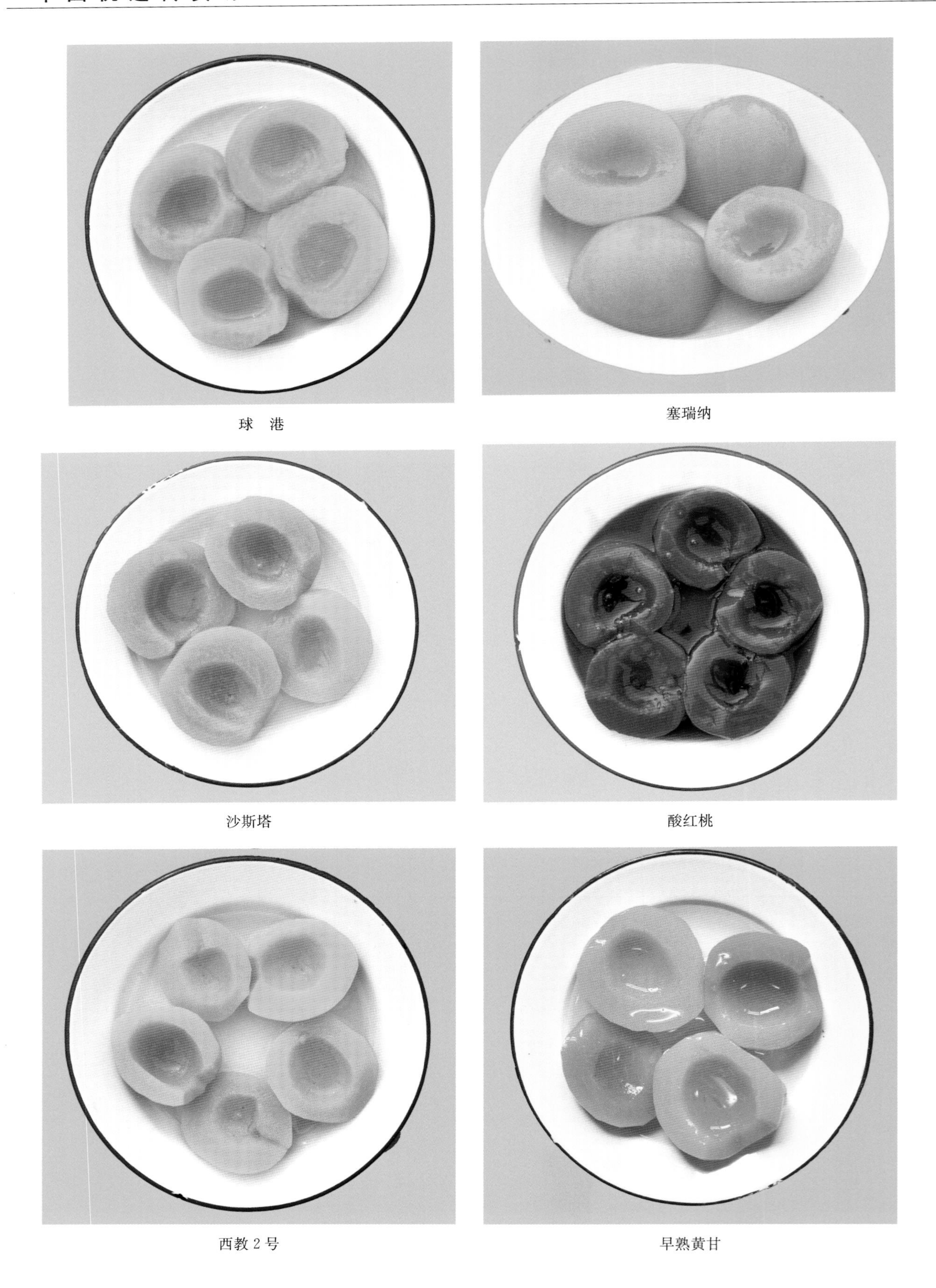

球　港

塞瑞纳

沙斯塔

酸红桃

西教 2 号

早熟黄甘

郑黄 1-65

郑黄 3 号

图 3-131　主要加工品种制罐成品

三、制汁品质

(一) 出汁率

1. 遗传多样性　不溶质和硬溶质品种出汁率低，而软溶质品种出汁率高，但在实际生产中往往用硬溶质品种。50 个品种出汁率介于 40%～80%，均值 64%（图 3-132），其评价指标及参照品种见表 3-45（王力荣，2004）。

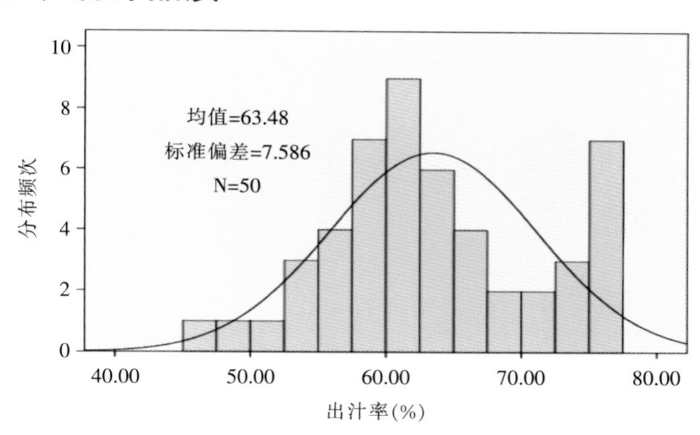

图 3-132　出汁率多样性分布

表 3-45　出汁率评价指标及参照品种

等级	评价标准（%）	参照品种
极低	<50.0	五月鲜
低	50.0～60.0	丰黄
中	60.0～70.0	红港
高	70.0～80.0	露香、白凤
极高	≥80.0	

2. 优异种质　出汁率高的品种有佛罗里达王、FAL16-33MR、玉汉、女王、露香、朝霞、郑州 11 号、早黄金、临黄 1 号、佛尔蒂尼・莫蒂尼、安农水蜜、郑州早凤、麦香、NJC108、哈布莱特、芒夏露、鲁宾、红港、早黄蟠桃、红甘露、雨花露。

(二) 制汁品质

1. 遗传多样性　黄肉桃品种具有较好的制汁品质，其果肉颜色比白肉品种抗氧化，不同品种的抗氧化能力差别很大，果肉花色素多者在加工过程中容易变色；高酸品种比低酸品种果汁更为爽口，且果肉颜色不易褐变，评价项目及等级见表 3－46，不同果肉颜色制汁成品见图 3－133。

表 3－46　制汁品质

项目名称	等　级		
	一等	二等	三等
果实大小（g）	≥125	100～125	75～100
肉色	橙黄或乳白		黄或白
红色素程度	<1/4		1/4～2/4
可溶性固形物（%）	≥12	10～12	8～10
可滴定酸（%）	≥0.2		
果肉褐变程度	轻		中
裂核率（%）	<2	2～4	4～6

黄肉品种制汁比较，从左至右：露香、连黄、佛尔蒂尼·莫蒂尼、哈布莱特、红港

白肉品种制汁比较，从左至右：北农 2 号、郑州 11 号、郑州早凤、红甘露

红肉、白肉品种制汁比较，从左至右：天津水蜜、郑州8号、安农水蜜、麦香、豫白、一线红
图3-133　不同果肉颜色品种制汁成品

2. 优异种质（王力荣，2004）

（1）黄肉品种　哈布莱特、红港、早黄蟠桃、NJC108、丰黄、佛罗里达金、露香、早黄金、红顶、罗曼、大王庄黄桃、金童5号、金童6号、橙艳。

（2）白肉品种　郑州早凤、凤露、白凤、红月、北农2号、郑州11号、玉汉、雨花露、红甘露。

第八节　特异种质

1. 紧凑盘龙形　帚形山桃与红垂枝杂交后代 F_1 的自然实生，枝条为盘龙形，树体紧凑，果实似山桃（图3-134）。

2. 桃曲枝变异　石家庄果树研究所马之胜用 ^{60}Co 照射砂子早生，获得枝条扭曲、狭叶的种质（图3-135）。

图3-134　紧凑盘龙形

图3-135　曲枝变异

3. 红叶桃绿叶变异 红叶桃的绿叶变异中还有叶色嵌合体（图 3－136、图 3－137）。

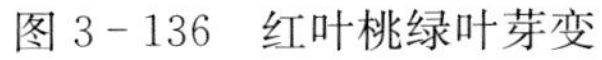

图 3－136 红叶桃绿叶芽变

图 3－137 红叶—绿叶变异

4. 万重红 花瓣数最多达到 270 瓣（图 3－138）。

5. 万重粉 花瓣数最多达到 201 瓣，且花柄很长（图 3－139）。

花 枝

萼片、花丝

图 3－138 万重红

花 枝

长花柄

图 3－139 万重粉

6. 特殊花色 当红色花色与白色花色杂交，其 F_2 代出现中间色，即水红色和水粉色，花色有光泽，别致优雅（图 3－140）。

水红色

水粉色

图 3－140　特殊花色

7. 菊花桃中间型　菊花桃杂交后代有许多中间型，类似人面桃（图 3－141）。

8. 红色叶桃赤芽　叶色为红色的品种，其冬芽萌发后芽色为紫红色，花柱也为紫红色（图 3－142）。

图 3－141　菊花桃中间型

图 3－142　筑波 2 号

9. 满天红跳枝（图 3－143）。

10. 矮化油蟠桃　矮化性状与蟠桃、油桃可以自由组合，形成矮化油蟠桃（图 3－144）。

11. 新红早蟠桃的圆桃芽变　新红早蟠桃为蟠桃—圆桃杂合体，出现了圆桃变异（图 3－145）。

12. 曙光黑线芽变　曙光缝合线出现黑色变异（图 3－146）。

13. 中油桃 9 号黑线芽变　中油桃 9 号黑线芽变（图 3－147）。

14. 野生油桃　在太行山、大洪山、桐柏山和新疆南疆资源考察中均发现野生油桃（图 3－148）。

15. 半边桃　京玉桃（毛桃与油桃的杂合体）出现半边有毛（左边），半边无毛果实（右边）（图 3－149）。

16. 甜仁桃　甜仁桃种子发芽后随着幼苗的生长子叶营养被吸收，原子叶干缩消失，而相同时期的苦仁桃子叶仍较饱满（图 3－150）。

17. 紫红红肉油桃（图 3－151）。

18. 矮化狭叶桃（图 3－152）。

图 3－143　满天红跳枝

图 3－144　矮化油蟠桃

图 3－145　新红早蟠桃的圆桃芽变

（王安柱提供）

图 3－146　曙光缝合线黑线芽变

图 3－147　中油桃 9 号缝合线黑线芽变

太行山野生油桃结果状

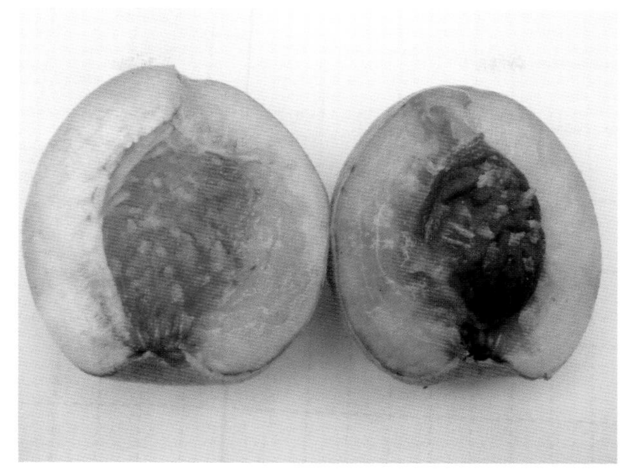

太行山野生油桃果实剖面

太行山野生油桃生境

太行山野生油桃结果枝

太行山野生油桃果实

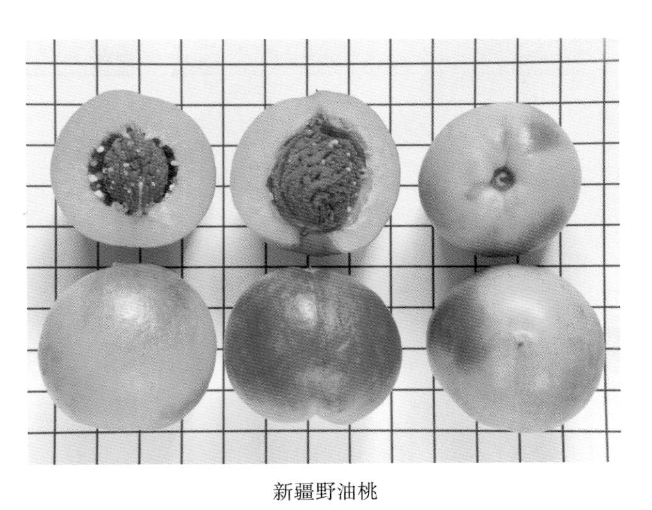

新疆野油桃

图 3-148 野生油桃

图 3-149　半边桃（河北省雄县大营镇北刘庄村）
（杨连仲提供）

图 3-150　甜仁桃子叶营养已吸收殆尽
（左为甜仁桃，右为苦仁桃）

图 3-151　紫红红肉油桃

图 3-152　矮化狭叶桃

第四章　中国桃地方品种遗传多样性与名特优品种（群）

桃原产中国，地方品种资源丰富。在长期的自然实生过程中，形成了庞大的自然实生群体，人们从中选择出大量遗传背景相对纯合的优良地方品种，这些品种（确切为品种群）具有典型的地域特色和很强的环境适应能力，是中国劳动人民集体劳动与智慧的结晶，更是中国桃种质资源的重要组成部分，其含有的优异基因比野生资源更易利用，且是桃性状演变研究的宝贵遗传材料。本章主要概述地方名特优品种（群）的遗传多样性，以期为这些种质资源的利用奠定基础。

第一节　地方品种概况

据不完全统计，1949—2011年，中国报道性状记载比较完善的地方品种共计397个，其中普通桃品种360个，油桃品种18个，蟠桃品种19个，这些品种的主要性状分类统计见表4-1。普通桃在地方品种中占90.7%，是中国桃地方品种的主流，油桃和蟠桃的比例分别为4.5%和4.8%；已知白肉品种占62.5%，已知黄肉品种占18.9%，已知粘核品种占57.7%，离核品种占34%；已知软溶质品种占33.0%，硬溶质品种占33.2%，不溶质品种占14.9%。

表4-1　中国桃地方品种性状分类统计

桃品种类型	果肉颜色	核粘离性	肉　质
普通桃（360，90.7%）	白肉（215，59.7%） 黄肉（71，19.7%） 不详（74，20.6%）	粘核（205，56.9%） 离核（124，34.4%） 不详（31，8.7%）	软溶质（105，29.2%） 硬溶质（128，35.6%） 不溶质（53，14.7%） 不详（74，20.5%）
油桃（18，4.5%）	白肉（17，94%） 黄肉（1，6%）	粘核（8，44.4%） 离核（10，55.6%）	软溶质（13，72.2%） 硬溶质（1，5.6%） 不溶质（4，22.2%）
蟠桃（19，4.8%）	白肉（16，84.2%） 黄肉（3，15.8%）	粘核（16，84.2%） 离核（1，5.3%） 不详（2，10.5%）	软溶质（13，68.4%） 硬溶质（3，15.8%） 不溶质（2，10.5%） 不详（1，5.3%）

注：括号中数据前面为品种数量，后面为占所有品种比例。

一、单果重分布

中国桃地方品种单果重在50.0～100.0g（小）的品种占已知单果重品种的26.76%，单果重在100.0～150.0g（中）的品种占已知单果重品种的44.51%，单果重在150.0～200.0g（大）的品种占已知单果重的17.46%；普通桃、蟠桃以中果居多，油桃以小果居多（图4-1）。

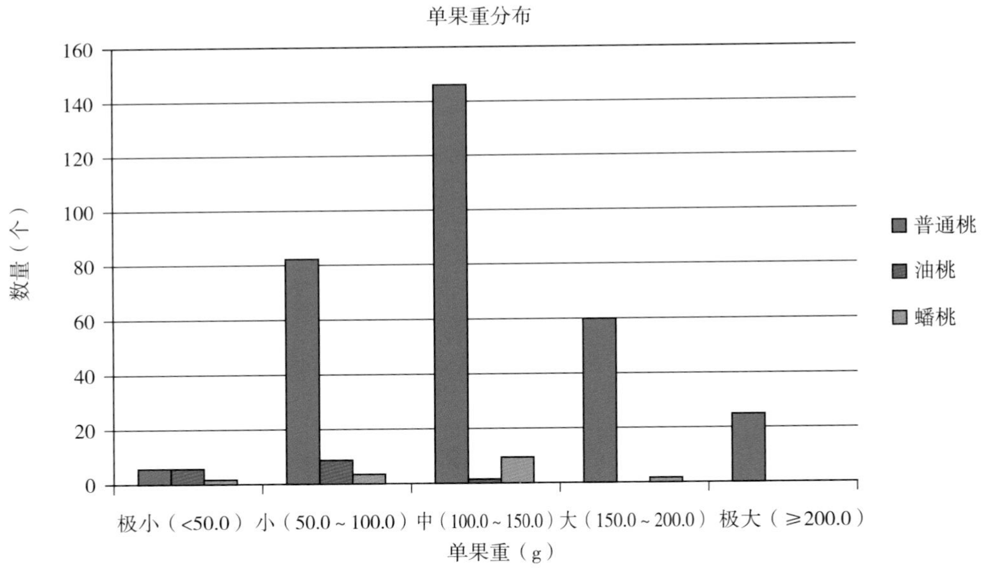

图 4－1 桃地方品种单果重的分布

二、果实成熟期分布

中国桃地方品种果实 6 月成熟的品种占已知成熟期品种的 13.52%，7 月成熟的品种占已知成熟期品种的 31.27%，8 月成熟的品种占已知成熟期品种的 34.93%，9 月成熟的品种占已知成熟期品种的 16.06%。桃品种中 6 月、7 月、8 月和 9 月成熟的品种比例接近 1：2：2：1，普通桃以 8 月成熟最多（图 4－2）。

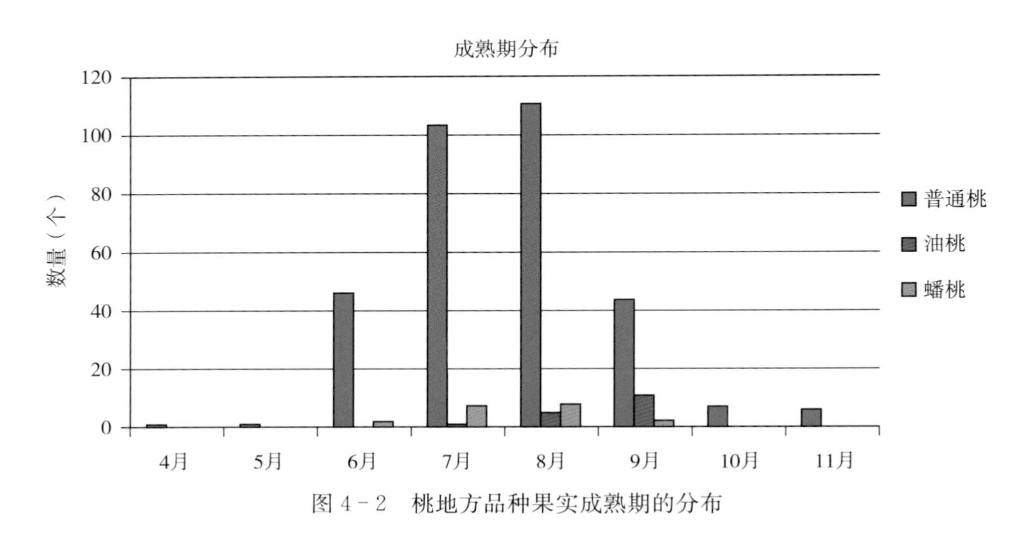

图 4－2 桃地方品种果实成熟期的分布

三、果实发育期分布

中国地方品种普通桃果实发育期 60～90d 的品种占已知发育期品种的 23.88%，果实发育期 90～120d 的品种占已知发育期品种的 42.54%，果实发育期 120～150d 的品种占已知发育期的 20.90%。桃品种发育期短、中、长比例接近 1：2：1，普通桃 90～120d 居多（图 4－3）。

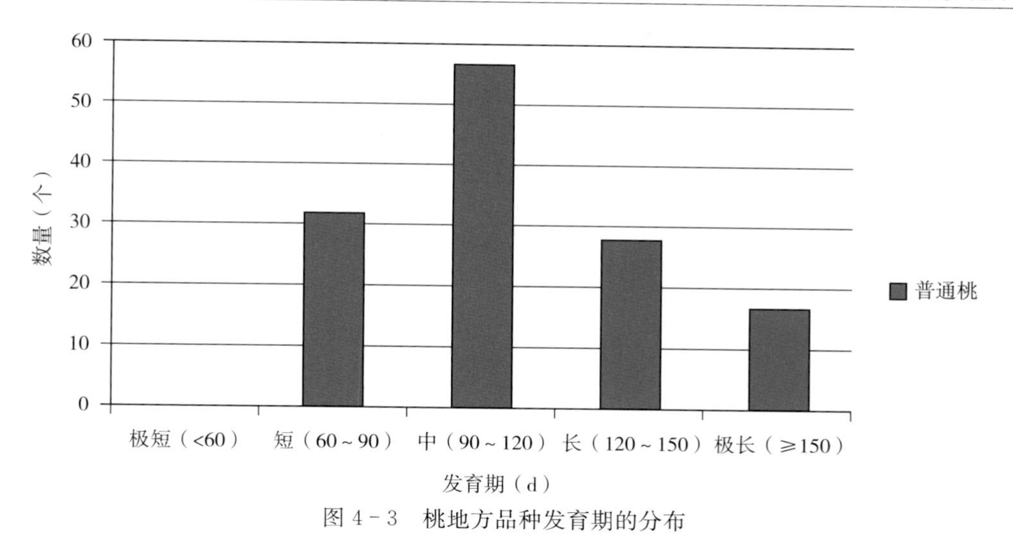

图 4－3　桃地方品种发育期的分布

四、果实可溶性固形物分布

中国桃地方品种可溶性固形物含量在 10.0%～12.0%的品种占已知可溶性固形物含量品种的 28.57%，可溶性固形物含量在 12.0%～14.0%的品种占已知可溶性固形物含量品种的 38.78%，可溶性固形物含量≥14.0%的品种占已知可溶性固形物品种的 26.53%。桃品种可溶性固形物含量中、高、极高比例接近 1∶1.5∶1，普通桃、油桃、蟠桃可溶性固形物以中、高、极高居多（图 4－4）。可溶性固形物含量均值高于育成品种。

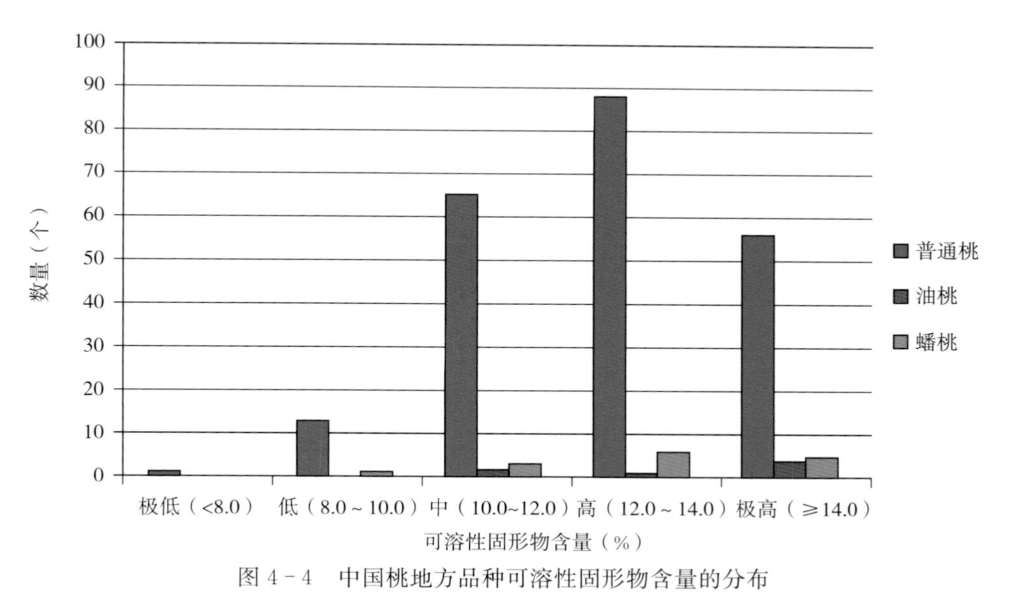

图 4－4　中国桃地方品种可溶性固形物含量的分布

第二节　地方名特优品种遗传多样性

按照地方品种的地理生态条件及其生物学特点，中国地方品种可以划分为 7 个生态品种群（汪祖华，2001）：西北高旱桃区（包括新疆、甘肃、陕西、宁夏等地），华北平原桃区（包括北京、天津、河北大部、辽宁南部、山东、山西、河南大部、江苏和安徽北部），长江流域桃区（包括江苏南部、浙江、上海、安徽南部、江西和湖南北部、湖北大部及成都平原、汉中盆地、四川和重庆大部分地区），云贵高原桃区（包括云南、贵州和四川的西南部），华南亚热带桃区（长江流域以南，包括福建、江西、湖南南部、广东、广西北部和台湾），东北高寒桃区（北纬 41°以北），青藏高原桃区（西藏、青海大部、四川西部）。观赏桃品种在不同生态群均有分布，为叙述方便起见，将其作为一个品种群单列。

一、西北高旱桃区品种群

（一）品种群特征

西北高旱桃区主要在新疆、甘肃、陕西和宁夏等地，该区地方品种类型最为丰富，是新疆桃与桃的混生地带。果实类型包括普通桃、油桃、蟠桃和油蟠桃。果肉颜色以黄肉为主，同时存在白肉类型。果肉质地致密，耐贮运，为硬溶质或不溶质，粘核居多。核仁风味中有很多甜仁类型；核纹直、致密。冬芽茸毛有无毛、少毛种质。该类群品种在郑州的共同特点是生长势较旺，开花较早，花色深红，果实汁液少，可溶性固形物含量高，风味甘甜或酸，肉质致密，耐贮运，有甜仁种质，但该类群品种在郑州存在果实偏小、外观欠佳，生长旺，单复花芽比例高，产量偏低等现象（方伟超，2008）。主要包含以下实生群体：

1. 新疆的喀什、和田实生品种群（图 4－5） 该实生群体是新疆桃和普通桃的混交类型，品种资源极其丰富。在 20 世纪 70 年代产桃 5×10^6～7.5×10^6 kg，其中 4×10^5 kg 用于加工桃干。陈沛人 1978 年资源考察详细记载了 34 个品种（系），其中普通桃（*P. persica* L.）白肉品种 5 个，新疆桃（*P. ferganensis* Kost. et Riab）白肉品种 9 个和黄肉蟠桃品种 1 个，黄肉品种（没有明确指出，应包括桃与新疆桃）19 个；在 43 个品种中有 5 个甜仁品种。根据《中国伊朗编》考证，早在 1 800～2 000 年前，新疆南疆的桃由甘肃河西走廊引进。该地区桃可溶性固形物含量普遍在 20%以上。

生长状况

（王继勋提供）

结果状况

（王继勋提供）

果　　实

（王继勋提供）

市　　场

油　桃

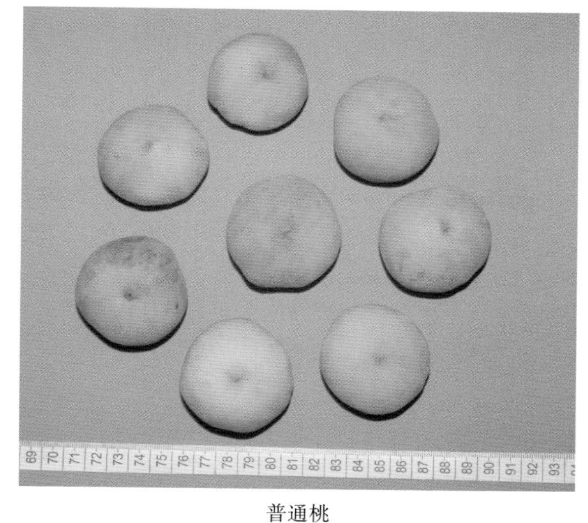
普通桃

图 4－5　新疆南疆桃地方品种

2. 甘肃河西走廊实生品种群（图 4－6）　河西走廊酒泉市的桃资源类型丰富，包括普通桃、油桃、蟠桃和油蟠桃，其中油桃资源非常丰富，遍及酒泉市的各个县区，主要分布在金塔县，至今仍有大量的实

红李光丰产状

绿李光丰产状

油蟠桃丰产状

油蟠桃裂果状

图 4－6　油桃、油蟠桃结果状（甘肃省酒泉市）

（李宽莹提供）

生群体，其种子最早由哈密市引入，然后引入张掖等地，种植面积约有 800hm^2。根据刘志虎（2005）的调查，甘肃敦煌市 32 份油桃资源中，有 16 份为新疆桃（*P. ferganensis* Kost. et Riab），16 份为桃（*P. persica* L.）（由于新疆桃叶脉直出为非选择目标性状，直出与非直出为 1∶1，说明该性状为 1 对等位基因控制的质量性状，其中直出为隐性性状），新疆桃和桃中均存在油桃类型。树龄多在 10 年以上，有的可达 40 余年，树体健壮，表现出良好的抗旱和抗寒性；抗晚霜、抗春季抽条能力强。成年树单株产量 50kg 以上，丰产性好，可以连年丰产，存在优异的抗晚霜品种资源。而在相同年份，引入该地区的曙光、中油桃 5 号等油桃品种不能正常过冬，春季抽条严重，且花期易遭受晚霜危害。该群体果顶以平、凹陷为主，少有带尖；以白肉、硬溶质桃为主，也有黄肉不溶质类型；平均单果重在 70～100g（1978 年调查在 30～80g，说明实生选种在进步），可溶性固形物含量在 13%～16%，高者达 17%，果实成熟期集中在 9 月份（刘志虎，2005）。

河西走廊另一特色实生群体为张掖市、临泽县和高台县区。根据 1978 年西北黄桃考察组报告（中国农业科学院郑州果树研究所组织，江苏省农业科学院园艺研究所、北京市农林科学院林业果树研究所、西北农学院等多家单位参加），该区桃以白肉溶质和不溶质类型为主，核小，罐头成品风味浓郁。黄肉类型有零星分布。果实较小，70～120g。此群体与敦煌实生群体密切相关。

3. 黄土高原宁县黄甘桃实生品种群体（图 4－7） 该地群众喜欢黄桃，因此离核黄桃占主要地位，平均果重在 100～170g。1977 年由郑州果树研究所组织的西北黄桃考察组对宁县黄甘桃进行考察，收集了龙系列黄桃品种，江村 1 号、江村 2 号、江村 3 号、江村 4 号黄桃种质，其果面不平，肉质以硬溶或不溶质为主，果肉浅黄色。2008 年作者再次考察该县，以前的单株已经被风味甜的鲜食地方品种取代，显示出地方品种也在不断更新。

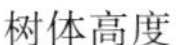

树体高度

结果状

图 4－7 黄甘桃树冠与丰产状（甘肃省宁县）

（二）生态进化意义

作者在湖北襄樊（神农架地区）和河南林州的太行山中均发现了野生油桃，在种质创新过程中也发现了普通桃—油桃杂合体突变为油桃的现象，说明油桃基因的突变是多元的。关于蟠桃基因的起源，汪祖华（1990）通过花粉电镜扫描和古书记载分析认为，北方五月鲜扁干和南方蟠桃具有不同的起源，即蟠桃的起源也是多元的。但是为什么大量的油桃和蟠桃地方品种是在新疆南疆和甘肃河西走廊发现的？内地的突变体为什么难以保留？作者认为，一是西北高旱桃区的自然条件，光照度强、极度干旱、昼夜温差大，自然选择的结果使得油桃、蟠桃、不溶质桃、黄肉桃、甜仁桃在这里适应性强，成为这些基因的重要起源地；二是华中、华南地区降水量大，油桃突变体裂果严重，人为淘汰的可能性大；三是西北地区，人口稀少，农事活动少，使得自然突变体有被保留的机会。

（1）油桃　果皮无毛，表皮层角质化（表皮、亚表皮细胞减小），气孔增多，果核增大，抗旱能力增强；油桃果皮红色素含量增加，以抵御紫外线辐射；果实可溶性固形物含量增高，增强树体抗寒性和抗旱性（王力荣，2007）。

（2）蟠桃　是果实短缩的极端类型。在新疆桃中有介于非扁平和扁平桃的中间类型——新疆黄肉桃。蟠桃通过降低果实的平轴分裂而降低果实中果皮细胞的体积，果实可溶性固形物含量增高，增强树体抗寒性和抗旱性。

（3）不溶质　果肉橡皮质，含水量明显降低，增强果实抗旱性。

（4）黄肉　黄肉桃不仅果肉黄，而且果皮也黄，以抵御紫外线辐射。

（5）甜仁　与其说是甜仁，不如说是不苦，可能与果实含糖量高有关。

（6）种核纹饰　致密皱缩，是干旱适应的结果。

（7）花色深红、艳丽　以抵御紫外线辐射。

二、华北平原桃区品种群

（一）品种群特征

华北平原桃区主要包括河北、山东、河南东北部、山西和北京等区域，品种涵盖蜜桃、北方硬肉桃以及主要的观赏桃。蜜桃主要特点是以短果枝结果为主，果实大，风味甜，离核或半离核，但果顶明显突出。硬肉桃果实未成熟时果肉较硬，但果实一旦成熟很快变面，不耐贮运。著名的品种有深州蜜桃、肥城桃、青州蜜桃、五月鲜等。需冷量高，一般在900h以上，枯花芽现象较为明显，产量不稳定，适应性较差。但是以深州蜜桃为亲本材料（深州水蜜×杭州早水蜜）获得的后代品种却异常丰产。观赏桃的地方品种有洒红桃、菊花桃和碧桃等。

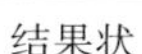

结果状

果实特性

图4-8　深州蜜桃（河北省深州市）

（马之胜提供）

1. 深州蜜桃品种群（图4－8） 深州蜜桃主要分布在河北深州市，栽培历史悠久。明代蜜桃开始大量栽培，清朝道光年间桃树发展到10万多株，分布于20多个村庄，并列为进献皇宫的贡品，2009年有140hm²。根据果面着色，分为红蜜和白蜜。果实大，300～450g，但僵芽率严重，一般年份僵芽率在77%，严重年份达95%，因而蜜桃的产量低且不稳定。

2. 肥城桃品种群（图4－9） 肥城桃是我国著名的地方特产，因产于山东肥城故称“肥城桃”，又称“肥桃”、“佛桃”，栽培历史迄今有1 100多年。根据叶形，肥城桃中存在窄叶肥城桃，根据果面着色状况，分为红里和白里两种；根据果实成熟期，又有早肥城和晚肥城之分。该群体果实大，平均单果重350g以上，最大单果重900g。果尖突出，果肉致密（介于硬溶质与不溶质之间）。栽培在山坡地可溶性固形物含量一般为16%～18%，最高为26%。2009年栽培面积有1 333hm²，主要分布在桃园镇、新城镇和仪阳乡等。

结果状　　红里品种

白里品种　　市　场

图4－9　肥城桃（山东肥城）

3. 青州蜜桃品种群（图4－10） 原产山东省青州市山区，集中在青州市王府、邵庄、云门山等地，面积达1 333hm²。根据成熟期可分为早熟蜜桃、中熟蜜桃、晚熟蜜桃、特晚熟蜜桃，其中冬雪蜜桃是从青州蜜桃中通过实生选育而成的优良变异品种。根据着色分为青州红蜜、青州白蜜等系列。该桃有四大独特优点：一是成熟期极晚，在11月上中旬成熟；二是品质佳，平均单果重110g，最大果重230g，可溶性固形物含量22%，最高可达24%，品质上；三是贮藏期长，普通室内可贮藏月余，恒温库内可贮藏至元旦、春节，当地百姓在屋后阴凉处挖沟、铺塑料膜可贮藏至次年春节；四是丰产性强，定植2年见果，4～5年丰产，每667m² 产量在2 500kg以上。其种子实生苗常被用作砧木，有小脚现象。该品种群与肥城桃品种群、深州蜜桃品种群比较，进化程度较低，似野生大毛桃。

图 4-10　青州蜜桃

4. 北方硬肉桃品种群　原产黄土高原末端及向东的“中原大地”，包括河南省大部分地区以及陕西省东部、河北省南部、山西省南部，及山东省西部、安徽省北部、江苏省北部在内的黄河中下游地区，著名品种有河南洛阳一带的吊枝白、白沙桃，宁陵、周口、许昌一带的五月鲜、六月空、鸡嘴白、小白桃、黑布袋、血桃，驻马店一带的二节桃，河北的六月白、一线红等，肉质硬，充分成熟后发面，多为绵甜型，离核。需冷量高，树体直立，中短果枝结果为主，无花粉类型较多。

（二）生态进化意义

与西北高旱桃区比较，此区光照减弱，因此地方品种几乎为白肉品种。温湿度适中，文化历史悠久，自然与人为选择使得该区域地方品种果实明显增大。果肉质地以硬溶质为主，肥城桃、深州蜜桃等蜜桃品种群介于不溶质与溶质桃之间。至于果实尖、枯花芽严重，作者认为是需冷量不足的结果。

三、长江流域桃区品种群

（一）水蜜桃品种群特征（图 4-11）

长江流域桃区水蜜桃主要分布于长江两岸，包括江苏南部、浙江北部、上海、安徽南部、江西和湖南北部、湖北大部，处于暖温带与亚热带的过渡地带。品种类型包括水蜜桃和南方硬肉桃。水蜜桃是该区域的典型特征，主要特点是树体开张、果实较大、外观白里透红、皮韧易剥、柔软多汁等。适应性强，综合性状优良。需冷量 800～900h。著名的品种有上海水蜜、白花水蜜、玉露、撒花红蟠桃、六月团、平碑子、陆林甜桃、野鸡红、湖景蜜露、大红花等，其中湖景蜜露、大红花、野鸡红等品种至今还在生产中应用。

图 4－11　水蜜桃（江苏省南京市）

（二）红肉桃品种群特征（图 4－12）

长江流域桃区红肉桃以淮河流域为主，包括湖北的武汉市、孝感市、大悟市、仙桃市和河南信阳市、南阳市等地，主要是硬肉桃。目前该区域存在的典型实生品种群体特色为红肉桃，品种包括朱砂红、武汉 2 号、大红袍、黑布袋、关爷脸、血桃等。该地区红肉桃类型丰富，在成熟期、风味、可溶性固形物、丰产性、肉色等方面均表现出差异性，单果均重 60～100g，果实成熟期 6 月上旬至 7 月中旬，以红肉离核类型居多，风味有酸甜之分；有无花粉类型，多数丰产性好。

生长状况

果　实

图 4－12　朱砂红红肉桃（河南省桐柏县）

（三）生态进化意义

光照弱、降水量大、生长季节高温高湿的自然条件导致了该区域树体开张，以便树体获得更多光照；因光照弱，使得花色粉白（不像西北桃花色深粉红）、果肉为清一色白肉；果实溶质是适应高湿的结果；花期低温、寡光照，造成多个品种花粉不稔。高强度的自然选择压，使得该区域的地方品种适应性强，抗病虫能力强。

早在几个世纪前，通过丝绸之路，西北黄桃资源通过波斯传播到西班牙等欧洲国家，1850 年美国从中国引入上海水蜜，1875年日本从中国引入上海水蜜和天津水蜜。西北桃较上海水蜜引入西班牙、美国时间早，天津水蜜和上海水蜜同时引入日本，但仅有上海水蜜（Chinese Cling）奠定了世界桃育种的基础，推测其遗传学的根本原因是长江中下游高温高湿的环境使得该品种群的自然选择压高，种质具有广泛的适应性。

四、云贵高原桃区品种群

（一）需冷量较低、黄肉不溶质品种群特征

该品种群主要分布在云贵高原亚热带地区，主要特点是需冷量较低，萌芽早，开花早，花色艳丽，落叶晚，生长势旺，早果性强，果实茸毛密，果型较小，果顶有小尖，果肉硬溶或不溶质，较耐贮运，果肉颜色有黄、白、青等。云贵高原品种需冷量在550～650h，著名品种包括青丝桃、火炼金丹、青桃、安义小白桃等。美国NJC系列品种的黄肉、不溶质基因和低需冷量基因来源于此区域。近年来，冬桃在云南发展迅速，如昆明市宜良县种植的冬桃品种（根据李玲2009年报道为从河南引进的红雪桃范畴），果实10～11月成熟，果实含糖量高，丰产性好，虽有裂果，但综合经济效益较好（图4-13），分析认为，这些冬桃品种进化程度低，与野生类型接近，故需冷量较低。

图4-13　冬桃结果状（云南省昆明市）

（二）生态进化意义

该区域的品种与西北桃有很多近似之处，如树体直立、生长旺、花色艳丽、黄肉不溶质类型多，是云南海拔高、光照强的结果，低纬度致使品种需冷量较低。青桃是贵州省的特色品种，应该与那里果实生长期的寡光照有密切关系。

五、华南亚热带桃区品种群

（一）低需冷量品种群特征

华南亚热带桃区包括长江以南的广西、广东、福建等地。本区桃品种的特点是需冷量低，一般在400h以下，开花早，落叶很迟，枯花芽现象明显。著名的地方品种有广东深圳南山甜桃、广州石马甜桃、连平鹰嘴桃等。

石马甜桃来自石马村，该村位于广州白云区新市镇，已有二三百年的栽培历史，是该区特有的地方名优水果。19 世纪 70 年代初，该区种植面积达 $80hm^2$，因病害严重 2004 年仅有 $4.67hm^2$（图 4－14）。19 世纪 40 年代以后，该村从芳村西滘引种观赏桃，由于种植观赏桃周期短，收益大，所以渐渐取代了以鲜食为主的石马甜桃（图 4－15）。南山甜桃属南方硬肉桃类，现已选出早熟、中熟和晚熟 3 个株系，各株系的果实成熟期相差 5～7d，采收销售期依次自 6 月上旬开始至 6 月下旬结束（图 4－16）。

结果状

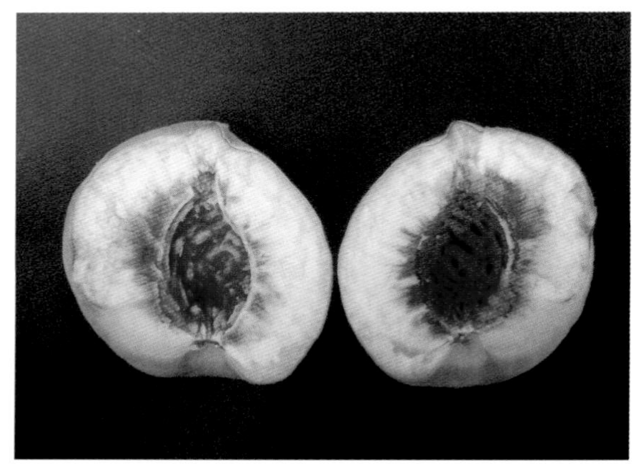

果实剖面

图 4－14　石马甜桃

（广州市石马村）

起垄—防涝

花　市

图 4－15　石马村观赏桃栽培与花市

丰产状　　果实梗洼

结果状　　果　形

图 4-16　南山甜桃

（深圳市南山区农业技术推广站提供）

（二）生态进化意义

该品种群是适应热带与亚热带冬季温暖气候条件的结果。

六、东北高寒桃区品种群

（一）珲春桃品种群特征（图 4-17）

珲春桃品种群主要分布在吉林、辽宁北部和黑龙江南部，主要特点是抗寒性强，能耐－30℃低温，需冷量 600～700h。吉林从毛桃中筛选或引进吉林 8501、吉林 8601、吉林 8701 等系列优良品系。波兰 1957 年从中国吉林延边引进能耐－32℃低温的桃资源为亲本材料，培育出果实大且抗寒性强的桃品种。加拿大又从波兰引进这些抗寒品种资源，培育出西伯利亚 C、哈露红等抗寒桃砧木，且使嫁接树体矮化 20％～30％，拓宽了桃栽培北限。

著名的品种是延边珲春桃，相传在延边已有 80 余年的栽培历史，最早是由朝鲜族人从朝鲜引入延吉县，现在延吉县、图们、珲春及沿图们江均有分布，尤其在珲春县凉水西山栽培的实生桃中出现了不少大果类型，故此种桃以珲春桃得名。在集安县沿鸭绿江边，也见有此种桃的分布。珲春桃的栽培多用实生繁殖，故其变异颇多，从果形上可分为两种：一种为尖顶，名为鹰嘴桃；另一种为圆顶，名为圆桃，平均果重 80g，最大达 120g。在果实大小、风味、果肉颜色（有红色、纯白色、白绿色、黄色）、粘离核及成熟期早晚上变异颇多，但均具较高抗寒性，在－30℃的条件下栽培可安全越冬。从核形与核纹、果形、叶片、枝干与抗寒性等性状对珲春桃的起源历史进行了探讨，认为珲春桃是普通桃与山毛桃的自然杂交种（顾模，1983）。

开花状

丰产状

果　实

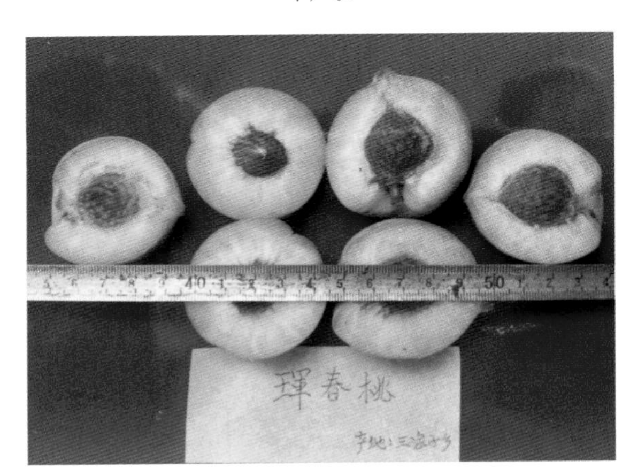

果实剖面

图 4－17　珲春桃（吉林省珲春市）

（朴永虎提供）

（二）生态进化意义

该群体基本为野生大毛桃，野生性状比较明显。由于当地有效积温低，其生长量小，生长势偏弱，作为砧木有一定的矮化效果，抗冬季绝对低温能力强。

七、青藏高原桃区品种群

青藏高原桃区包括西藏、青海大部和四川西部。地方品种普遍果型偏小，但也有果型较大者，以硬肉桃居多。主要地方品种有夏至桃、六月红、药桃等，需冷量在 600～700h。

八、观赏桃品种群

观赏桃品种群主要指普通桃变种中的碧桃、垂枝桃和矮化桃类，主要特点是花色鲜艳、重瓣，可观赏性强。观赏桃基因型非常丰富，树姿包括普通开张形、矮化形、垂枝形、帚形和紧凑形，花色有深红、粉红和白色，花型有蔷薇形、铃形和菊花形，花瓣轮数 1～6 轮，花瓣性有单瓣、重瓣，花径 3.1～5.5cm，花丝数可达 92 条。从最早开花到最迟开花花期近 2 个月。重瓣桃花地方品种的需冷量在 900h 以上，洒红桃和菊花桃达 1 250h。有些品种还可用于鲜食。由于观赏桃品种大多为地方品种，因此还蕴涵着丰富的抗性资源。优良的地方品种有红寿星、红叶桃、红垂枝、朱粉垂枝、鸳鸯垂枝、洒红桃、菊花桃等。观赏桃以其美丽的外观及其丰富的文化内涵，在中国园林绿化和观光农业中得到广泛利用（图 4 - 18）。

图 4－18　观赏桃在园林绿化中的应用

观赏桃品种群是一个很具特色的实生群体，在中国各地均有分布，以华北地区居多。由于该实生群体在人工选择中仅对树姿、叶色、花色、花型等单一性状进行筛选，因此从演化进化的角度，无论是植物学特征、生物学特性、细胞学还是分子生物学的研究结果，都表明其与野生毛桃的亲缘关系较近，即在桃进化中处于低级状态，遗传背景纯合，实生后代分离少。

第五章　中国桃育成品种遗传背景分析

培育具有自主知识产权的品种提供生产利用是遗传资源研究的主要目的之一。1949 年以来，中国共培育桃新品种 400 多个，为中国桃产业的发展提供了良好支撑。然而遗传背景狭窄、育成品种水平不高，依然是中国桃育种研究面临的严峻挑战。本章拟通过对中国桃育成品种遗传多样性背景分析，为中国进一步提高育种水平，尤其为有效扩展桃育种品种遗传背景提供依据。

第一节　育成品种概况

一、品种性状分布

通过查阅《中国果树志·桃卷》，各省、自治区、直辖市果树志，中国知网，中国农业科学院种质资源目录，各地培育新品种名录等材料，据不完全统计，1949—2011 年共育成新品种 439 个，其中包括普通鲜食桃品种 273 个，加工桃品种 43 个，油桃品种 71 个，蟠桃品种 40 个，观赏桃品种 12 个。根据对食用品种进行分类统计（不包括观赏桃），普通桃品种在培育品种中占 74%，是中国桃育种的主流，油桃和蟠桃的比例分别为 16.6%和 9.4%；普通桃中白肉品种占 79.7%，黄肉品种占 20.3%；油桃白肉品种占 60.6%，油桃黄肉品种占 39.4%；蟠桃白肉品种占 90%，黄肉品种占 10%。桃品种中已知粘核品种占 75.2%，离核品种占 24.4%；已知软溶质占 30.2%，硬溶质占 47.1%，不溶质占 13.3%（表 5－1）。

表 5－1　中国育成桃品种性状分类统计

桃品种类型	果肉颜色	核粘离性	肉　质
普通桃（316，74%）	白肉（252，79.7%） 黄肉（64，20.3%）	粘核（228，72.2%） 离核（88，27:8%）	软溶质（105，33.2%） 硬溶质（128，40.5%） 不溶质（53，16.8%） 不详（30，9.5%）
油桃（71，16.6%）	白肉（43，60.6%） 黄肉（28，39.4%）	粘核（57，80.3%） 离核（12，16.9%） 不详（2，2.8%）	软溶质（13，18.3%） 硬溶质（47，66.2%） 不溶质（2，2.8%） 不详（9，12.7%）
蟠桃（40，9.4%）	白肉（36，90%） 黄肉（4，10%）	粘核（36，90%） 离核（4，10%）	软溶质（11，27.5%） 硬溶质（26，65%） 不溶质（2，5%） 不详（1，2.5%）
总计（427）	白肉（331，77.5%） 黄肉（96，22.5%）	粘核（321，75.2%） 离核（104，24.4%） 不详（2，0.4%）	软溶质（129，30.2%） 硬溶质（201，47.1%） 不溶质（57，13.3%） 不详（40，9.4%）

注：括号中数据前面为品种数量，后面为占所有品种比例。

二、成熟期分布

中国自育桃品种成熟期主要集中在 6 月、7 月和 8 月，占全部品种的 85.4%，成熟期比例接近

1∶1∶1，普通桃以 7 月成熟居多，油桃品种以 6 月成熟居多，蟠桃品种以 7 月成熟的居多（图 5－1）。

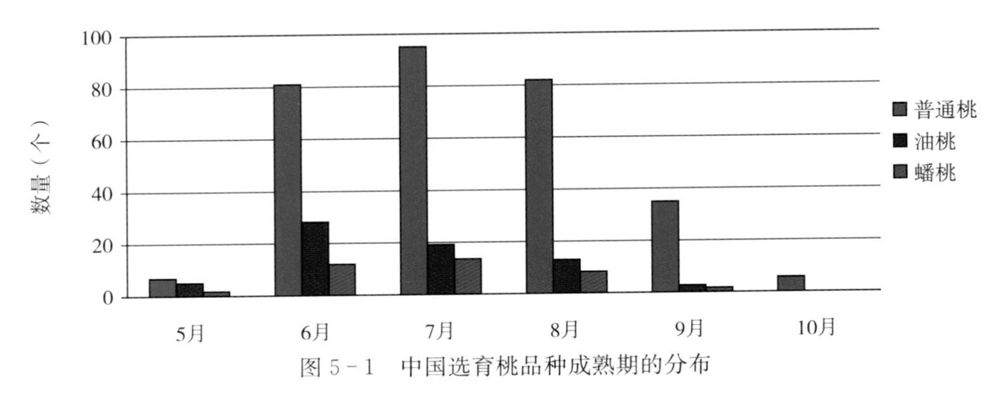

图 5－1　中国选育桃品种成熟期的分布

由于同一品种各地成熟期差别较大，因此按照果实发育期进行分类，品种果实生育期在 60～90d 的品种占已知生育期品种的 35.73%，果实生育期在 90～120d 的品种占已知生育期品种的 33.43%，果实生育期在 120～150d 的品种占已知生育期品种的 16.71%。桃品种生育期短、中、长比例接近 2∶2∶1（124∶116∶58），普通桃、油桃发育期以 60～90d 居多，蟠桃以 90～120d 居多，而果实发育期极短和极长的品种比例很少，呈现中间多、两头少的分布（图 5－2）。

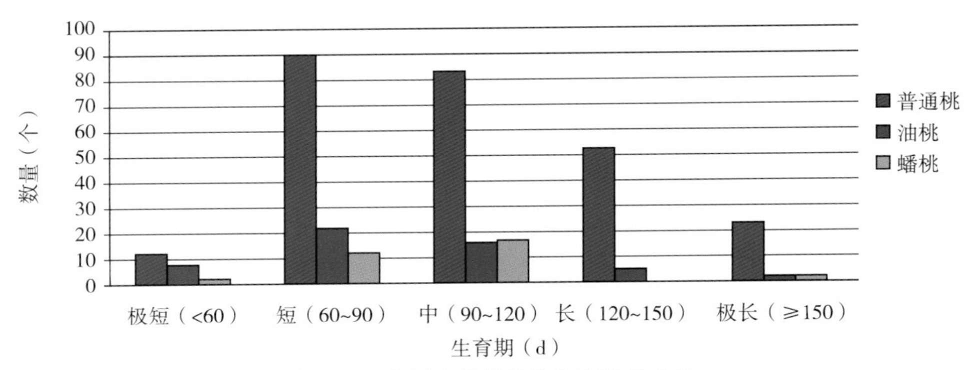

图 5－2　中国选育桃品种生育期的分布

三、可溶性固形物分布

选育桃品种可溶性固形物含量在 10.0%～12.0%（中）的品种占已知可溶性固形物含量品种的 37.84%，可溶性固形物含量在 12.0%～14.0%（高）的品种占已知可溶性固形物含量品种的 37.10%。桃品种可溶性固形物含量低、中、高比例接近 1∶3∶3（40∶151∶148），普通桃、油桃、蟠桃可溶性固形物含量以中、高居多（图 5－3）。

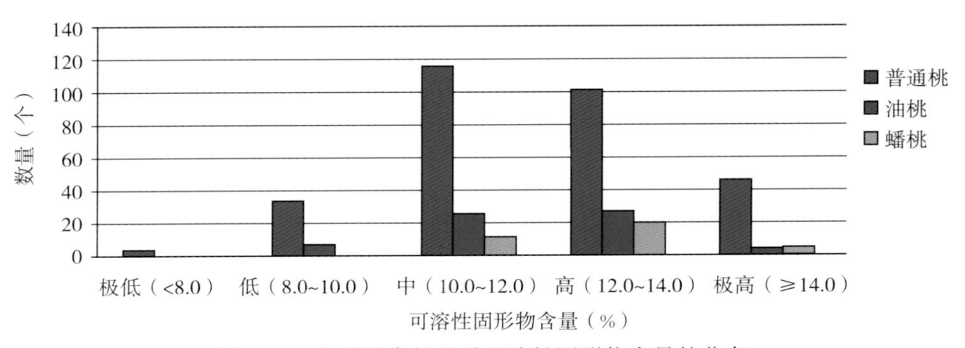

图 5－3　中国选育桃品种可溶性固形物含量的分布

四、地理来源分布

从育成品种数量看，我国桃育种力量主要集中在北京、江苏、河南、山东、河北、陕西等省、直辖市，共培育307个品种，占总数（427个）的71.9%（图5－4），其中北京培育品种最多。

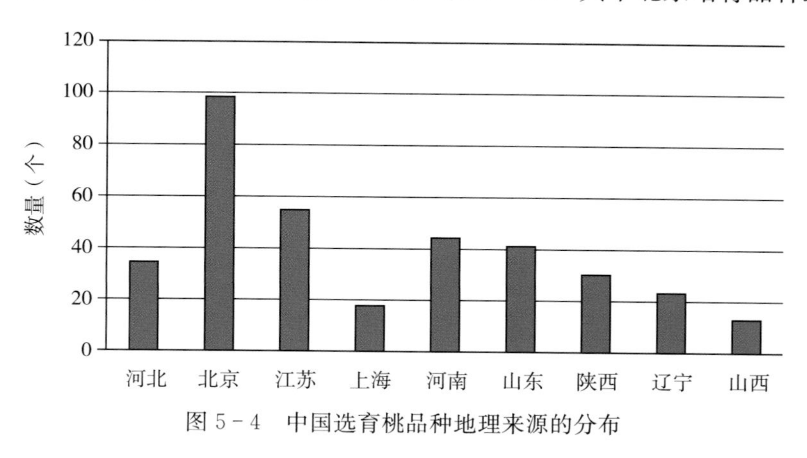

图5－4　中国选育桃品种地理来源的分布

第二节　育成品种遗传背景分析

一、普 通 桃

中国普通桃主要亲本及其直接或间接育成的品种见表5－2。普通桃育种的亲本，江苏省农业科学院园艺研究所以白花为主，北京市农林科学院林业果树研究所和河北职业技术师范学院以大久保为主，石家庄果树研究所则利用了深州蜜桃。除了大久保和白花水蜜桃的后代品种有一定的栽培面积外，其他亲本材料的后代品种栽培面积均有限，说明大久保和白花水蜜是优良的育种亲本。

表5－2　普通桃主要亲本及其直接或间接育成的品种

亲本	培育出的品种
白花	雨花露、白蜜蟠桃、朝霞、朝晖、锦绣、新白花、钟山早露、金花露、雪香露、雪雨露、白香露、芒夏露、潘姚早白花、银花露、霞光、早霞露、玫瑰露、晖雨露、雪玉露、霞晖1号、霞晖2号、春蕾、早硕蜜、春花、秦蜜、霞晖5号、霞晖3号、霞晖4号
大久保	麦香、双丰、庆丰、京玉、秋玉、京艳、八月脆、津艳、早香玉、北农1号、早玉、丰白、秦蜜、晚红蜜、春丰、春艳、津艳、美硕、华玉、秦王
初香美	芒夏露、西农夏蜜、雪香露、银花露、早熟初香美、早香玉、朝霞、钟山早露、金花露
白凤	湖景蜜露、京蜜、郑州早甜、郑州早凤、郑州7号、郑州11号、新星、早白凤、城南晚白凤、大连早凤、凤露、晚白蜜
新端阳	西农早蜜、西农新蜜、新红蟠桃、新红早蟠桃、北农1号、杭州早水蜜、麦香、庆丰
玉露	杭玉、花玉露、林玉、秋香蜜、双白、扬州2号、早玉露、扬州40号
五云桃	杭艳、杭州早水蜜、晚白蜜、扬州早甜桃、云署1号、早白蜜
西农水蜜	西农18号、西农19号、西农新蜜、西农早蜜
肥城桃	晚硕蜜、迟园蜜、扬州52号、扬州61号、早脆蜜
碧桃	郑州7号、郑州11号、郑州早甜、郑州早凤
深州蜜桃	春霞蜜、早红蜜、夏丰蜜
西姆斯	雨花2号
冬桃	丹桂、晚香、21世纪桃、金世纪、晚世纪
扶风黄甘桃	丹桂、21世纪桃、金世纪、晚世纪

二、制罐桃

中国罐桃育种的基础是大连农科所选出的早生黄金。从早生黄金中选育出丰黄、连黄，这两个品种奠定了中国罐桃的育种基础，几乎所有的品种均直接或间接来自丰黄和连黄（表5－3）。

表5－3　罐桃主要亲本及其直接或间接育成的品种

亲本	培育出的品种
早生黄金	橙香、橙艳、丰黄、连黄、桂黄、金晖、金旭、菊黄、露香、早黄冠
罐桃5号	超黄、奉罐1号、奉罐2号、奉罐3号、金晖、金旭、金艳、金莹、蓉早黄、浙金2号、浙金3号、郑黄2号、郑黄4号
连黄	奉罐1号、奉罐2号、奉罐3号、浙金2号、浙金3号、郑黄4号、郑黄5号、红明星
丰黄	超黄、金晖、金旭、蓉早黄、燕丰、浙金1号、郑黄2号、郑黄3号
菲利甫	金橙、桂黄、金丰、金艳、菊黄、金莹、雨花2号
罐桃14号	燕丰、浙金1号、郑黄5号、红明星
爱保太	京川
早熟黄甘	郑黄3号

三、油　　桃

含有兴津油桃基因的京玉普通桃品种奠定了中国油桃育种的基础，中国培育的油桃品种均直接或间接来自兴津油桃。除兴津油桃外，美国著名桃育种家Hough教授送给中国的NJN76对中国油桃品种的培育则起到关键作用。而现代油桃品种五月火、阿姆肯、早红2号、丽格兰特等品种也在育种中发挥了重要作用（表5－4）。

表5－4　油桃主要亲本及其直接或间接育成的品种

亲本	培育出的品种
兴津油桃	燕黄、秦光、京玉、京蜜、秋玉、霞光、秦光2号
京玉	瑞光1号、瑞光2号、瑞光3号、瑞光5号、瑞光7号、瑞光11号、玫瑰红、早红霞、早红珠、丹墨、秦光2号
NJN76	瑞光2号、瑞光3号、瑞光5号、瑞光11号、红珊瑚、香珊瑚、丹墨
丽格兰特	曙光、瑞光18号、瑞光19号、瑞光22号、瑞光28号、秦光5号、秦光8号、美秋、紫金红2号
五月火	千年红、中油桃5号、玫瑰红、艳光、华光、秦光3号、秦光4号、秦光5号、秦光6号、沪油002、沪油004、沪油018、丽春、玫瑰红、瑞光3号、新春、秀春、春美、春蜜
阿姆肯	瑞蟠13号、中农金辉、秦光7号
早红2号	丹墨、乐园、矮丽红、双喜红、中油桃9号、中农金硕、秦光9号、瑞光40号、春蜜、春美、蟠桃王、蟠桃皇后
瑞光2号	曙光、双喜红、瑞光28号、瑞光40号、秀春、中油桃10号
瑞光3号	艳光、华光、中油桃5号、新春
秋玉	红珊瑚、香珊瑚
理想	霞光、瑞蟠17号、瑞蟠21号、瑞蟠22号、金霞油蟠
喀什黄肉李光	NF9260、金霞油蟠

四、蟠　　桃

蟠桃育种以撒花红蟠桃等地方品种为亲本培育出的品种较多，遗传背景比普通桃相对较宽，主要亲本及其直接或间接育成的品种见表 5-5。

表 5-5 蟠桃主要亲本及其直接或间接育成的品种

亲本	培育出的品种
撒花红蟠桃	早露蟠桃、新红早蟠桃、新红蟠桃、豫白
白芒蟠桃	早硕蜜
晚蟠桃	早魁蜜、瑞蟠 4 号
124 蟠桃	早魁蜜、瑞蟠 4 号
晚熟大蟠桃	瑞蟠 2 号、瑞蟠 5 号、瑞蟠 14 号、瑞蟠 17 号
陈圃蟠桃	瑞蟠 3 号
奉化蟠桃	早黄蟠桃、中蟠桃 10 号、中蟠桃 11 号
早露蟠桃	袖珍蟠桃、瑞蟠 13 号、双红蟠、蟠桃王、蟠桃皇后
扁桃	NF9260、金霞蟠桃

五、观 赏 桃

观赏桃的主要育种目标集中在提早花期和花果兼用品种。提早花期主要利用白花山碧桃，而花果兼用品种主要用红寿星和白凤的后代，共培育出观赏桃 8 个（表 5-6）。

表 5-6 观赏桃主要亲本及其直接或间接育成的品种

亲本	育成品种
白花山碧桃	探春、报春、元春、粉花山碧桃、粉红山碧桃
红寿星	华春、咏春、满天红

六、综合分析

育成品种外在品质显著提高，类型趋于多样化，果实成熟期明显提早，栽培适宜区域有效扩大是中国桃育成品种的典型特点。但中国育种的整体水平落后桃育种强国 20 年左右，中国桃育种研究面临严峻挑战。优异亲本缺乏致使遗传背景狭窄是造成中国桃育种不能取得有效突破的根本因素之一。中国桃育种的基因背景非常狭窄，就是 4 个品种：白花、大久保、早生黄金和兴津油桃，而这 4 个品种均来自上海水蜜。白花水蜜品质较好，但果肉为软溶质，致使其后代的多数品种耐贮性较差；大久保综合性状良好，但其成熟期晚，采前落果严重，且品质一般，适应性有限，其后代品种往往也仅适合北方种植；早生黄金的后代丰黄、连黄，虽然丰产性很好，其肉质为半不溶质，用于罐藏加工，但红色素相对较重；兴津油桃后代虽然风味很好，但是裂果严重，其后代品种往往容易裂果或烂顶。SSR 和生物学的主成分分析结果也证明中国桃育成品种（主要是普通桃）的遗传多样性低于欧美国家，略高于日本（陈巍，2007）（图 5-5）。

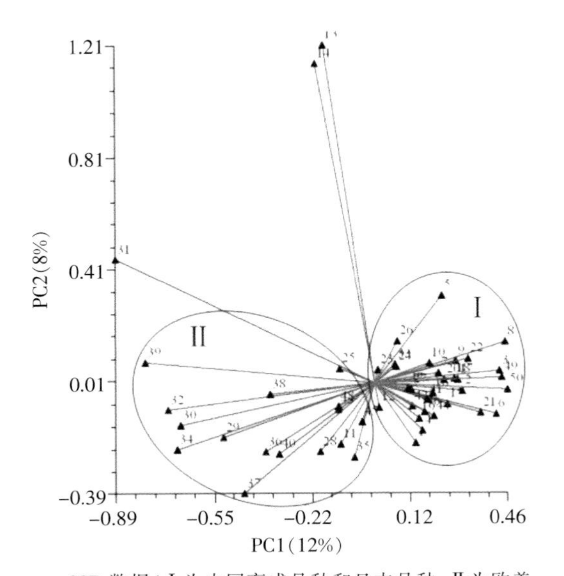

SSR数据(Ⅰ为中国育成品种和日本品种,Ⅱ为欧美育成品种)

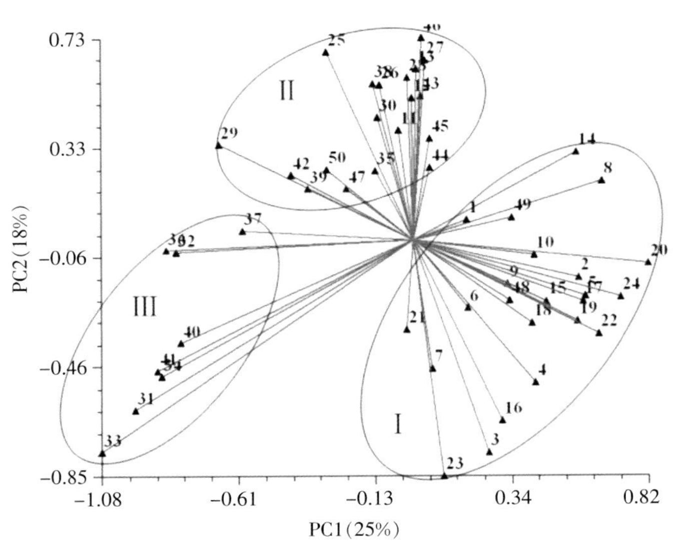

生物学性状数据(Ⅰ为中国育成品种和日本品种,Ⅱ为欧美育成品种,Ⅲ为美国油桃短低温品种)

图5-5　SSR数据PCA聚类结果和生物学性状数据PCA聚类结果比较

第三节　中国桃栽培品种的历史变迁与发展趋势

一、桃主要栽培品种的历史变迁

中国桃产业的快速发展是伴随着新品种的不断推出进行的，其桃品种的更新速度也是空前的（表5-7）。

(一) 普通桃

1980年以前，生产栽培品种主要以地方品种为主，由于这些品种成熟期较晚，果实的综合性状不够理想，因此20世纪80年代极早熟桃春蕾的推出，在以后几年中迅猛发展；但由于其果小、味淡、品质欠佳，只宜适量种植，自90年代后期出现卖果难，而春花、雨花露、京春等品种为该时期推广的主要品种。

2000年以来，新建果园的主栽品种为果实较大、果形正、外观美、插空补缺的品种，如春艳、沙红桃、松森、八月脆、锦绣等。目前，生产中推广的主要品种有春雪、春蜜、春美、霞脆等。

(二) 油桃

20世纪80年代从国外引进的油桃品种NJN72、NJN76、NJN78、五月火、早红2号和丽格兰特等品种，它们外观美，肉质硬，产生了极好的经济效益，但由于风味偏酸，在90年代以后不再规模发展。

20世纪80年代后期，中国桃育种工作者培育的甜油桃品系瑞光2号、瑞光3号、秦光等，从根本上改变了风味偏酸的状况，受到消费者欢迎。但存在外观欠佳、裂果等问题，至90年代中期以后不再发展。

1993—2000年，推出了极早熟甜油桃品种曙光、艳光、华光、早红珠、丹墨及中熟品种瑞光18号、瑞光19号等，较中国自主培育的第一代油桃有了长足进步。

2001—2010年，千年红、双喜红、玫瑰红、中农金辉、中油桃4号、中油桃5号、瑞光系列品种、霞光等品种发展良好，其中曙光、中农金辉、中油桃4号、中油桃5号成为目前主要栽培品种。

（三）蟠桃

中国蟠桃品种以地方品种为生产主要栽培品种，育成品种中早露蟠桃栽培面积最大。

表 5-7 不同时期推广的主要栽培桃品种

时 期	主 要 品 种
1980 年以前	普通桃：五月鲜、鸡嘴白、天水齐桃、渭南甜桃、西农水蜜、橘早生、肥城桃、深州蜜桃、白花、玉露、白凤、大久保 蟠 桃：撒花红蟠桃、124 蟠桃
1981—1985	水蜜桃：春蕾、麦香、雨花露、白凤、大久保、玉露 蟠 桃：撒花红蟠桃、124 蟠桃
1986—1990	普通桃：春蕾、布目早生、雨花露、庆丰、白凤、大久保 罐 桃：丰黄、明星、罐桃 14 号、红港、金童 5 号、金童 6 号、金童 7 号 油 桃：NJN72、阿姆肯 蟠 桃：新红早蟠桃、撒花红蟠桃、124 蟠桃、英日尔蟠桃
1991—1995	普通桃：春蕾、早花露、春花、玫瑰露、雨花露、京艳、白凤、大久保、京玉、红清水、北京 7 号 油 桃：五月火、早红 2 号、瑞光 2 号、瑞光 3 号 蟠 桃：早露蟠桃
1996—2000	普通桃：霞晖 1 号、雨花露、砂子早生、安农水蜜、白凤、大久保、京玉、丰白、燕红、秦王 油 桃：曙光、秦光、瑞光 18 号、早红 2 号、华光、艳光、早红珠、早红艳 蟠 桃：早硕蜜、早露蟠桃、早魁蜜、农神蟠桃、碧霞蟠桃
2001—2010	普通桃：春艳、砂子早生、仓方早生、大久保、丰白、川中岛白桃、阿部白桃、八月脆、锦绣、湖景蜜露、中华寿桃 油 桃：中油桃 11 号、千年红、曙光、中油桃 4 号、中油桃 5 号、双喜红、玫瑰红、中农金辉、瑞光 22 号、瑞光 27 号、沪 018、沪 019 等 蟠 桃：早露蟠桃、早黄蟠桃、蟠桃皇后、农神蟠桃、瑞蟠 4 号、英日尔蟠桃、中油蟠 4 号、碧霞蟠桃
2011 年至今	普通桃：春雪、春蜜、松森、春美、中油桃 5 号、黄金蜜 3 号、锦绣、霞脆、八月脆等 油 桃：中农金辉、中农金硕、中油桃 9 号、中油桃 12 号、中油桃 13 号 蟠 桃：早露蟠桃、农神蟠桃、中蟠桃 10 号、中蟠桃 11 号、瑞蟠 4 号等

二、桃育种的发展趋势

1. 提高鲜食果实品质 桃果实品质包括果实类型、大小、色泽、质地、风味和其他一切影响消费者感官的因素，因此世界桃育种者和栽培者的主要目标集中在提高品质上。毫无疑问果实类型的多样化是世界桃育种的方向，油桃、蟠桃、油蟠桃在鲜食品种中的比例将大幅度提高，果实鲜红以及其他纯色系品种（纯黄、纯绿、纯白）将更加吸引消费者，硬溶质或半不溶质的鲜食品种将成为生产品种主流，风味浓郁、富含功能性成分的品种将更受消费者青睐。

2. 砧木品种化 丰富的野生资源为中国桃产业提供了大量的、综合性状良好的砧木资源，其以实生繁殖的形式在一定程度上降低了病毒病通过砧木传播。目前在中国桃生产中，桃的砧木问题主要是根癌病、根结线虫病和流胶病，涝、旱、盐碱问题也普遍存在。在生产中都是收集的野生桃种子，其抗性良莠不齐，建议利用中国丰富的抗性资源，筛选或培育多抗砧木品种，早日实现中国桃砧木的品种化。

3. 抗性品种培育 冬季绝对低温和春季晚霜是桃树在温带地区种植的重要限制性因素，而冬季低温不足则限制桃树在亚热带、热带地区的产量和品质。桃不但容易感染真菌性病害、细菌性病害、病毒病、类病毒病和线虫病等，而且易受蚜虫、桃蛀螟、食心虫、叶螨等害虫为害。病虫害防治不仅是桃商品生产的重要环节，而且农药的滥用致使果品的安全性、环境的安全性受到严重威胁。培育抗性品种将是 21 世纪的重要育种目标。

4. 提高单产，降低生产成本 如何更有效地利用环境资源，大幅度提高单位面积产量、降低劳动力成本是生产者重要目标之一，因此对桃树树形的研究、高光效种质的利用等均成为果树育种者和栽培者的重要研究内容。省力化栽培是降低生产成本的重要手段，对柱型种质、半矮化种质、狭叶桃种质、长节间少花芽资源的研究和利用是提高单产和品质、简化修剪方式、减少人工成本希望所在。

综上所述，利用野生优异资源、地方优异资源与引进国外优良品种进行新品种培育，扩展遗传背景是中国桃育种取得突破性进展的必由之路。

第六章 桃及其野生近缘种花粉粒的遗传多样性

利用扫描电镜，对国家果树种质郑州桃圃586份桃及其野生近缘种的花粉粒超微结构进行了观察测定，以分析花粉粒超微结构性状的遗传多样性。

第一节 野生近缘种花粉粒超微结构的遗传多样性

一、花粉粒形状

桃及其野生近缘种间花粉粒的极轴及赤轴长见表6-1，形状见图6-1。

1. 光核桃 光核桃种质2份，为林芝光核桃1号和林芝光核桃2号，其花粉粒侧面观与顶面观形状分别为圆形和三角形；花粉粒极轴长平均43.72μm，赤轴长35.96μm。

2. 甘肃桃 甘肃桃种质2份，花粉粒形状为长椭圆形（侧面观，以下非特指均为侧面观）；白根甘肃桃1号花粉粒极轴长55.06μm，赤轴长31.99μm；红根甘肃桃1号花粉粒极轴长60.07μm，赤轴长32.28μm。

3. 山桃 山桃种质5份，花粉粒形状除白花山碧桃外均为长椭圆形；白花山桃、红花山桃、帚形山桃、陕甘山桃和白花山碧桃花粉粒极轴长分别为58.65μm、63.42μm、64.37μm、62.43μm、46.23μm，赤轴长分别为31.82μm、34.47μm、32.09μm、31.64μm、33.73μm。

4. 新疆桃 新疆桃种质5份，花粉粒形状均为长椭圆形；喀什1号、喀什2号、喀什3号、甜仁桃、新疆黄肉桃花粉粒极轴长分别为58.80μm、59.09μm、56.18μm、59.03μm、60.91μm，赤轴长分别为27.87μm、28.19μm、29.09μm、29.12μm、28.55μm。

5. 扁桃×桃 扁桃×桃种质（GF677）1份，花粉粒形状为长椭圆形，花粉粒极轴长58.67μm，赤轴长27.50μm。

表6-1 不同种间花粉粒形状性状的遗传多样性

名称	份数	花粉粒极轴（μm）			花粉粒赤轴（μm）			花粉粒极轴/赤轴		
		最大	最小	平均	最大	最小	平均	最大	最小	平均
光核桃	2	43.72	43.72	43.72	35.96	35.96	35.96	1.22	1.22	1.22
甘肃桃	2	60.07	55.06	57.57	32.28	31.99	32.14	1.86	1.72	1.79
山桃	5	64.37	46.23	59.02	34.47	31.64	32.75	2.01	1.37	1.81
新疆桃	5	60.91	56.18	58.80	29.12	27.87	28.56	2.13	1.93	2.06
桃	571	66.00	21.60	57.95	38.25	17.84	30.09	2.41	1.07	1.94

图 6－1　野生近缘种花粉粒形状及大小比较

由此可知，除光核桃为圆形花粉粒外，其余均为椭圆形。

二、花粉粒外壁纹饰

不同种花粉粒外壁纹饰表现出广泛的遗传多样性，从光核桃→甘肃桃→山桃→新疆桃，花粉粒外壁条纹由较为规则的直条纹进化为不规则的弯曲条纹，且出现了纹孔。结果见表 6－2，形状如图 6－2 所示。

1. 光核桃　林芝光核桃花粉粒外壁多为起伏非常明显的直条纹，条纹间有轻微交叉，无纹孔。

2. 甘肃桃　2 份甘肃桃种质花粉粒外壁纹饰与光核桃类似，均为有交叉的直条纹。

3. 山桃　5 份山桃种质中，白花山桃花粉粒外壁条纹不明显，且有一定数量的纹孔；其余种质与光核桃类似。

4. 新疆桃　5 份新疆桃种质中，喀什 1 号与喀什 3 号花粉粒外壁纹饰类似，均为弯曲条纹，且条纹已不像光核桃起伏那么明显，有少量纹孔；新疆黄肉桃花粉粒外壁条纹宽度小，弯曲不明显，但也不似光核桃条纹那么直，纹孔密度适中；喀什 2 号和甜仁桃花粉粒外壁条纹起伏不明显，且有较多纹孔。

5. GF677　花粉粒外壁条纹起伏明显，有少量纹孔。

表 6-2　不同种间花粉粒外壁纹饰性状遗传多样性

名称	条纹宽（μm）			条纹间距（μm）		
	最大	最小	平均	最大	最小	平均
光核桃	0.28	0.28	0.28	0.13	0.13	0.13
甘肃桃	0.28	0.28	0.28	0.26	0.21	0.24
山桃	0.31	0.22	0.27	0.23	0.18	0.20
新疆桃	0.34	0.22	0.25	0.23	0.16	0.19
桃	0.56	0.15	0.27	0.49	0.09	0.21

名称	条纹倾斜度			条纹清晰度			纹孔密度		
	最大	最小	平均	最大	最小	平均	最大	最小	平均
光核桃	1	1	1	3	3	3	1	1	1
甘肃桃	1	1	1	2	2	2	1	1	1
山桃	1	1	1	3	2	2.20	2	1	1.20
新疆桃	3	1	1.80	2	1	1.60	3	2	2.40
桃	3	1	2.08	3	1	2.11	3	1	1.96

注：条纹倾斜度分级（1=条纹平行；2=条纹稍有交叉；3=条纹交叉明显）；条纹清晰度分级（1=条纹起伏不明显；2=条纹起伏明显；3=条纹起伏非常明显）；纹孔密度分级（1=纹孔密度少或无；2=纹孔密度适中；3=纹孔密度大）。下同。

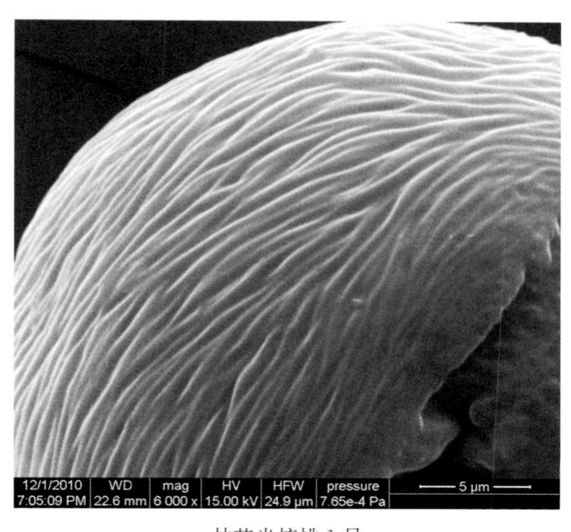

林芝光核桃 1 号

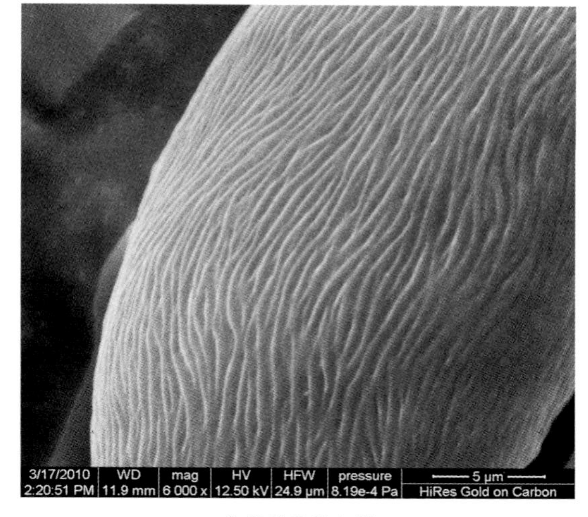

白根甘肃桃 1 号

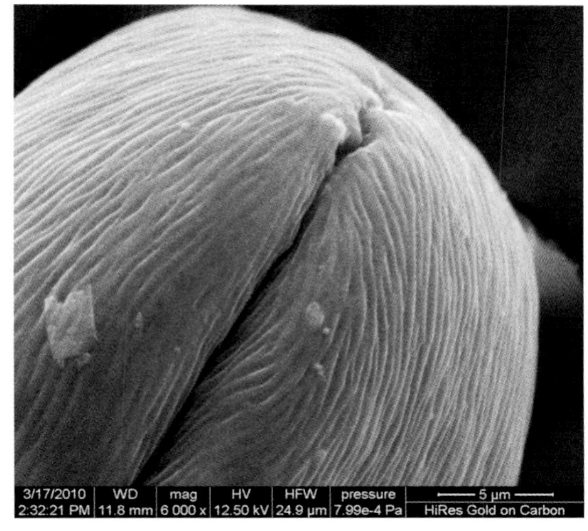

红根甘肃桃 1 号

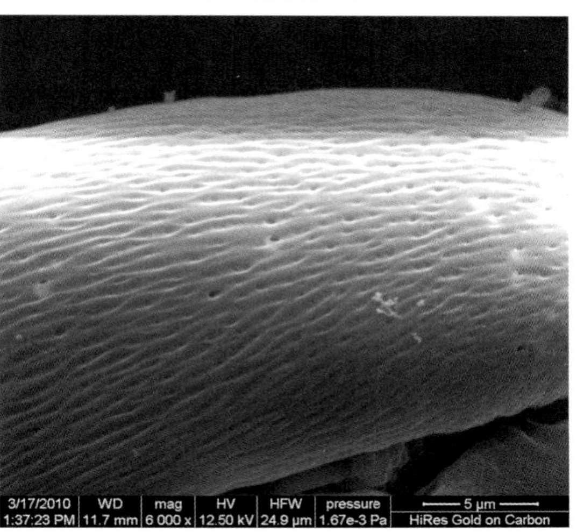

白花山桃

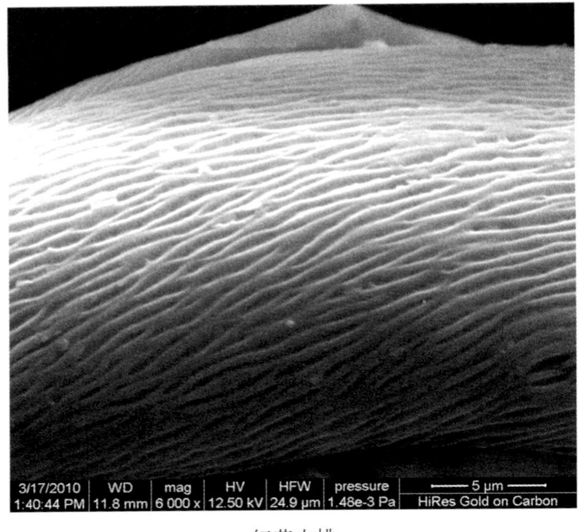

红花山桃

帚形山桃

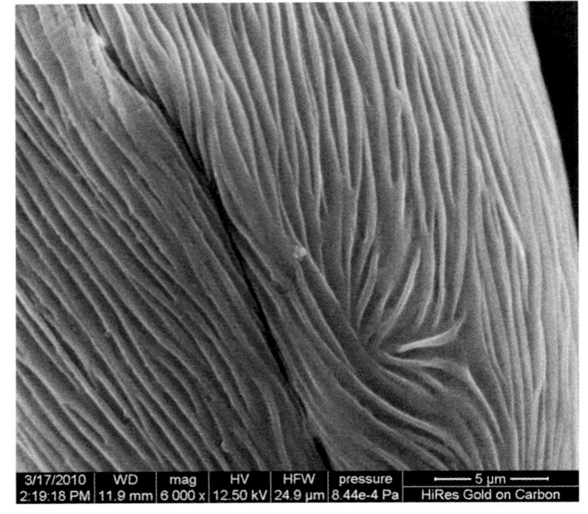

陕甘山桃

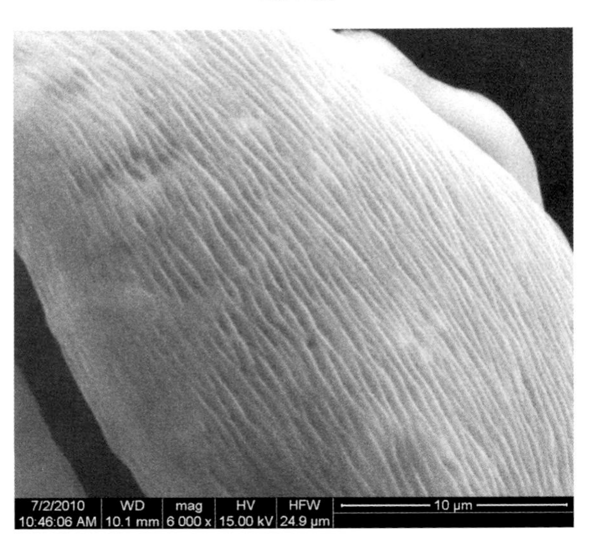

白花山碧桃

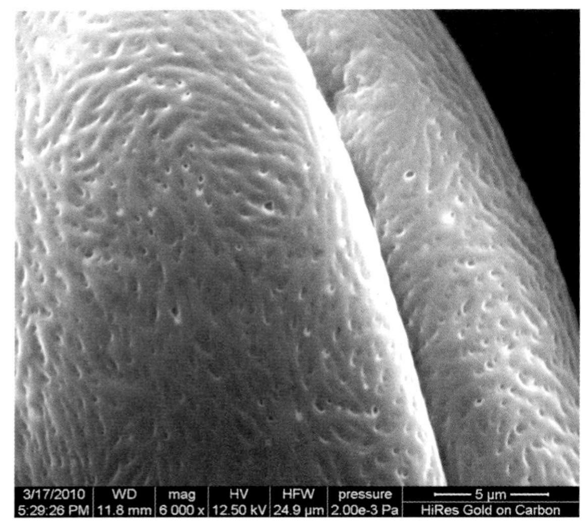

喀什1号

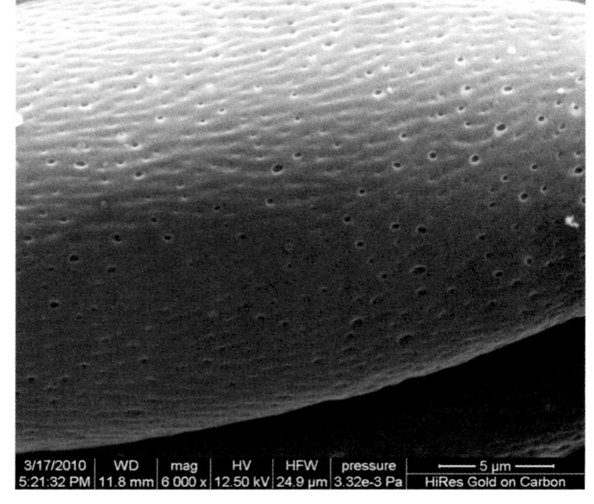

喀什2号

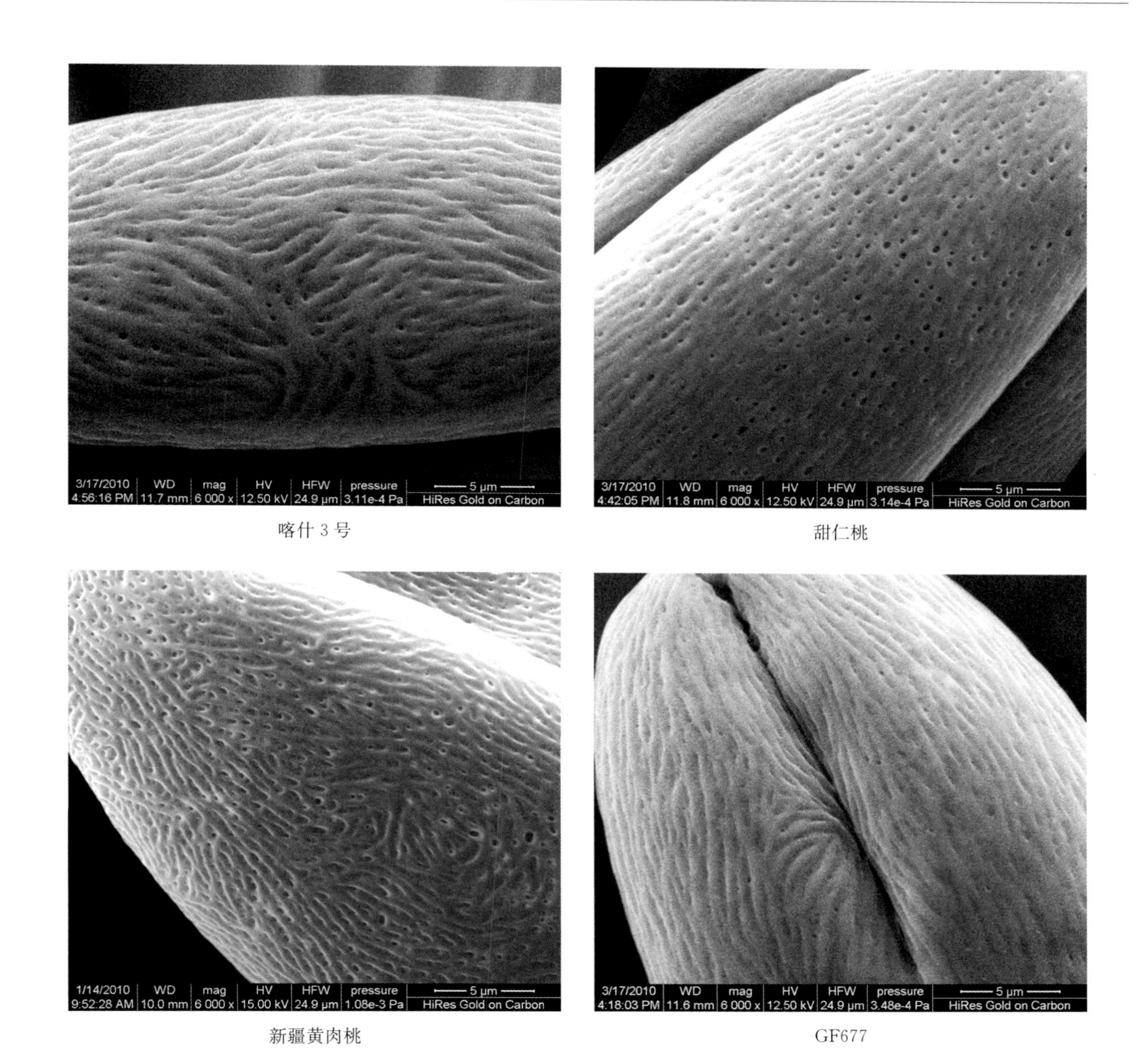

图 6-2　野生近缘种花粉粒外壁纹饰

WD 为工作距离；mag 为放大倍数；HV 为高压；HFW 为宽屏；pressure 为气压；HiRes Gold on Carbon 为碳喷金

第二节　桃花粉粒超微结构的遗传多样性

一、花粉粒形状

（一）花粉粒形状

571 个品种花粉极赤比为 1.02～2.41。根据极赤比的大小可将花粉粒形状分为圆形（1.02～1.15）、椭圆形（1.16～1.89）和长形（1.90～2.41）（图 6-3）。花粉粒极轴长 21.60～66.00μm，平均值为 57.95μm；赤轴长 17.84～38.25μm，平均值为 30.09μm（表 6-1），花粉粒形状分布频次如图 6-4 所示。花粉极轴长主要分布在 50～70μm；花粉赤轴主要分布在 26～35μm；极赤比主要分布在 1.9～2.2。

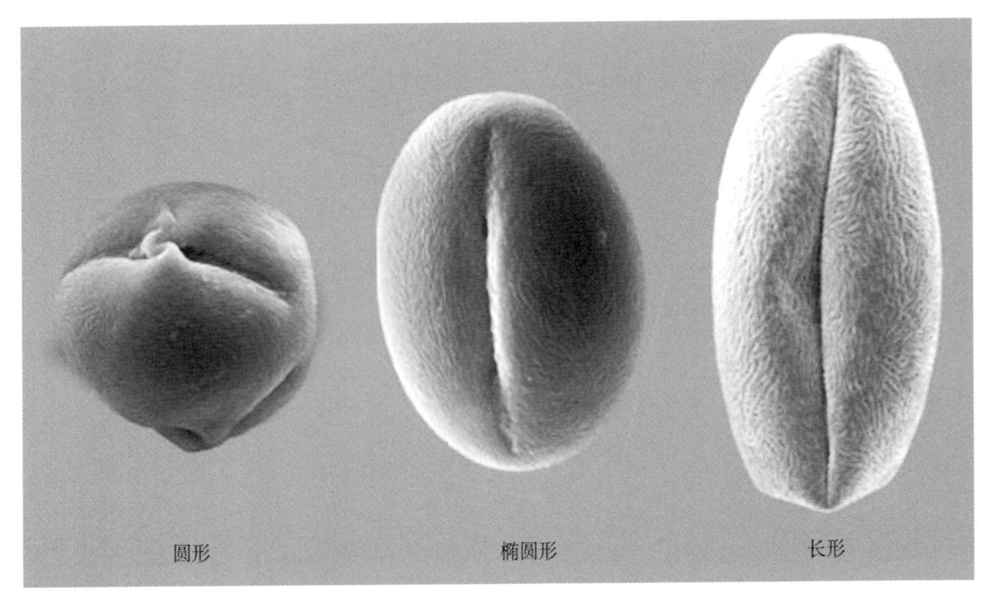

图 6－3　花粉粒形状

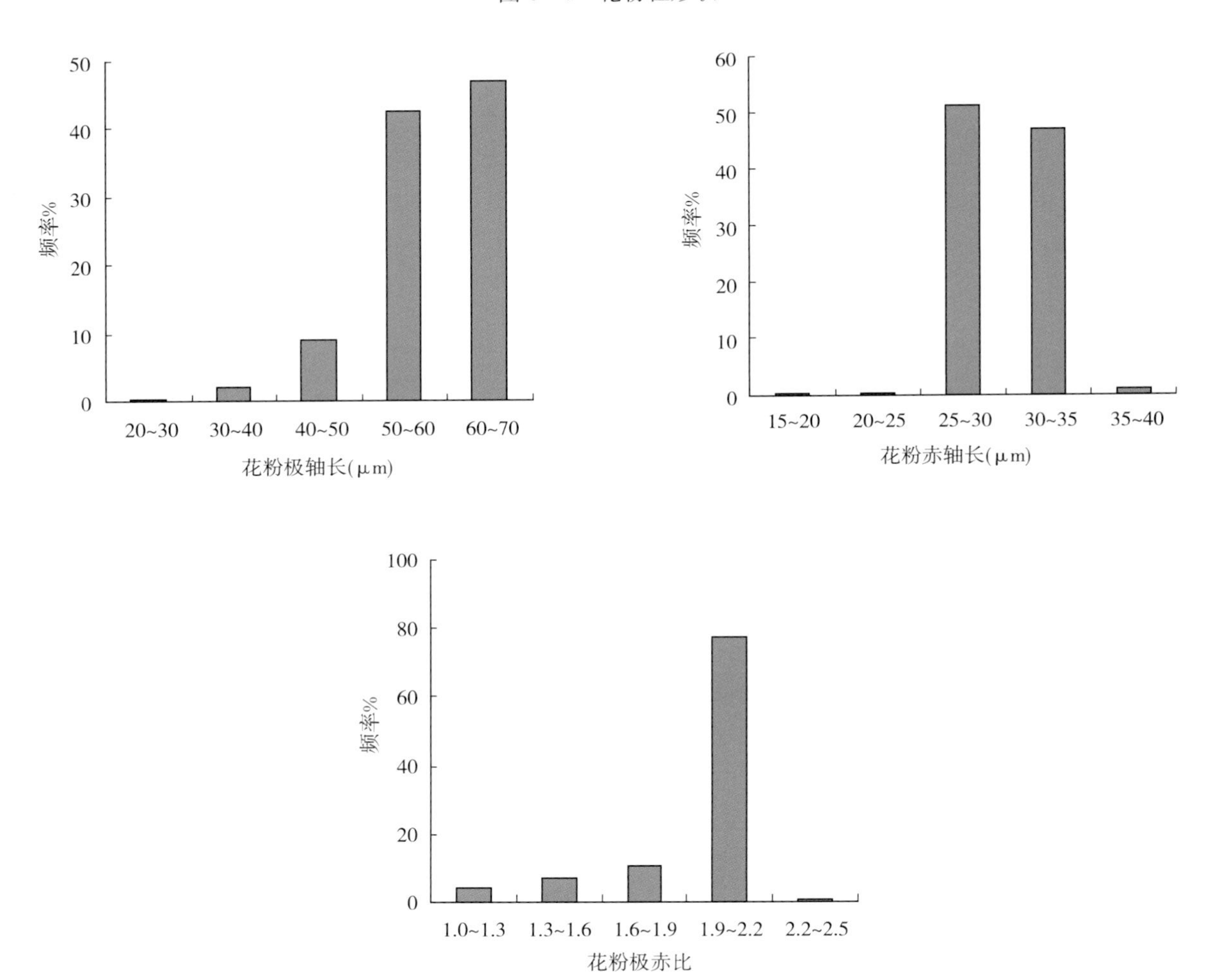

图 6－4　花粉粒形状分布频次

（二）花粉粒形状代表性品种

1. 花粉粒圆形品种　杭州早水蜜、扬州 531 号、中油桃 9 号、西农 14－3、芒夏露、礼泉 54 号、菊花桃、红菊花桃、万州香桃、迪克松、NJC77、Chiycmarn、锦绣等。

2. 花粉粒椭圆形品种　早魁、六月空、桂黄、喀什黄肉李光、黄李光、洒红桃、白单瓣、球港、红李光、甜李光、瓜桃、麦香、早甜桃、酸李光、瑞蟠3号、秦光、早玉、甜丰、早霞露、早早等为短椭圆形；小白桃、卡拉、信赖、NJC108、乐园、鸳鸯垂枝、古巴红甜桃、东京红、莺歌桃、迎春、西教2号、天津水蜜、花玉露、早艳、哈露红、夏魁、加纳岩、寿白、台农2号等为长椭圆形。

3. 花粉粒长形品种　万州黄桃、临白10号、红金、秦光2号、六月金、雨花露、石窝水蜜、早红魁、布目早生、张白甘、瑞蟠4号、西庄1号、龙2-4-6、南山1号、西农19-1、墨玉8号、武汉2号、曙光、森格鲁、玉露蟠桃等。

（三）花粉粒形状代表性品种图谱（图6-5）

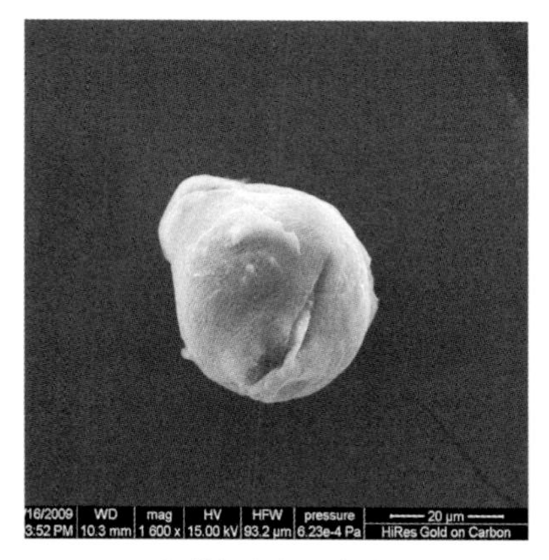

极轴长度小（锦绣）

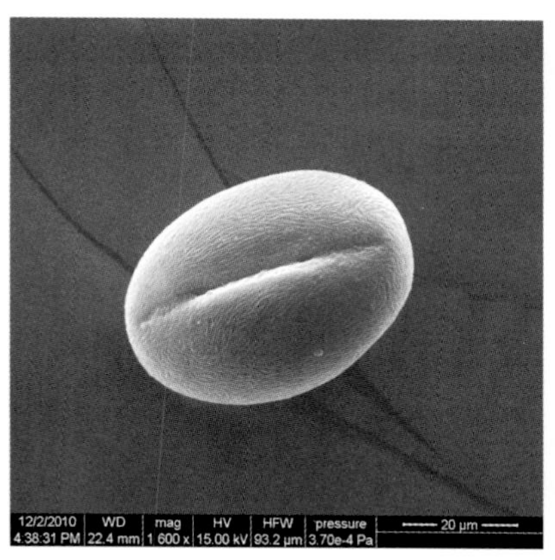

极轴长度中等（卡里南）

极轴长度大（武汉2号）

花粉粒极轴长度性状的代表品种

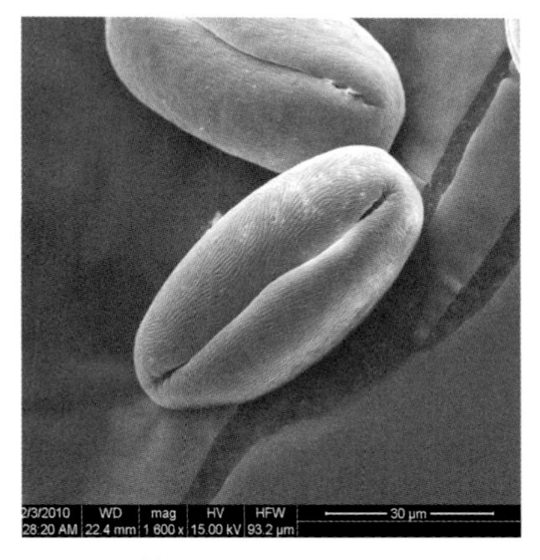

赤轴长度小（佛罗里达王）

赤轴长度适中（天津水蜜）

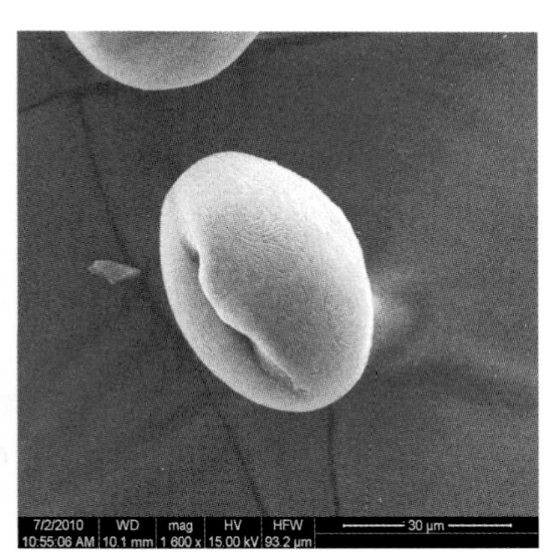

赤轴长度大（万州香桃）

花粉粒赤轴长度性状的代表品种

图6-5　花粉粒形状代表品种

WD为工作距离；mag为放大倍数；HV为高压；HFW为宽屏；pressure为气压；HiRes Gold on Carbon为碳喷金

在桃中，存在许多花粉不稔的种质，如割谷，在电镜下可以看到只有花药，而没有散开的花粉粒（图6-6）。

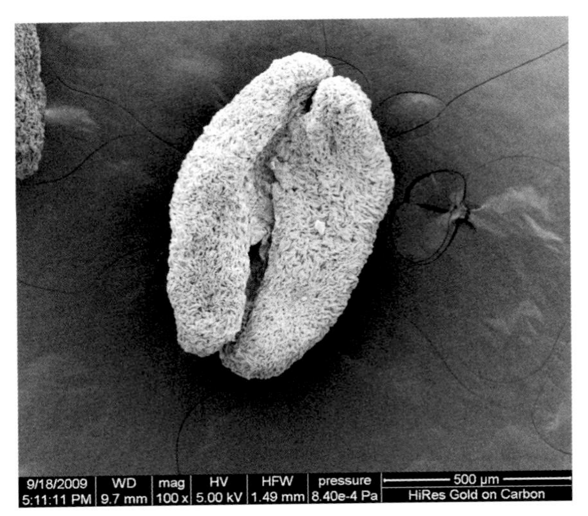

花药（割谷）

花药（割谷）

图 6-6　花粉不稔种质

WD 为工作距离；mag 为放大倍数；HV 为高压；HFW 为宽屏；pressure 为气压；HiRes Gold on Carbon 为碳喷金

二、花粉粒外壁纹饰

（一）花粉粒外壁纹饰

571 个桃品种花粉粒外壁纹饰指标分布频次如图 6-7 所示。花粉粒外壁纹饰条纹宽主要分布在 0.2～0.3μm；条纹间距主要分布在 0.1～0.3μm，条纹倾斜度以稍有交叉为主（49.82%），但也有 28.77%的为平行直条纹，21.40%的为明显交叉的弯曲条纹；条纹清晰度则主要以起伏明显的为主；纹孔密度大多表现为纹孔密度适中。

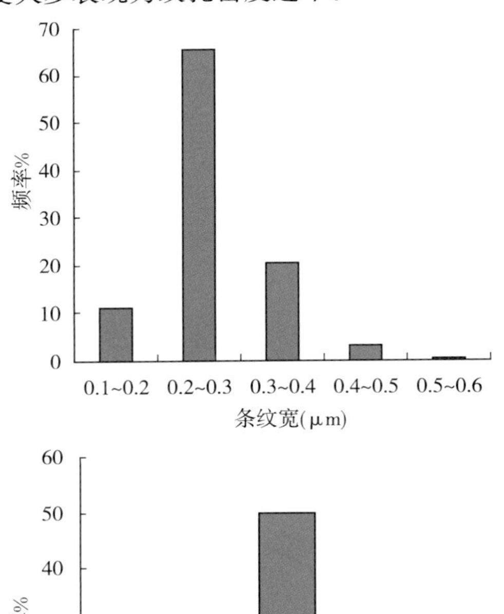

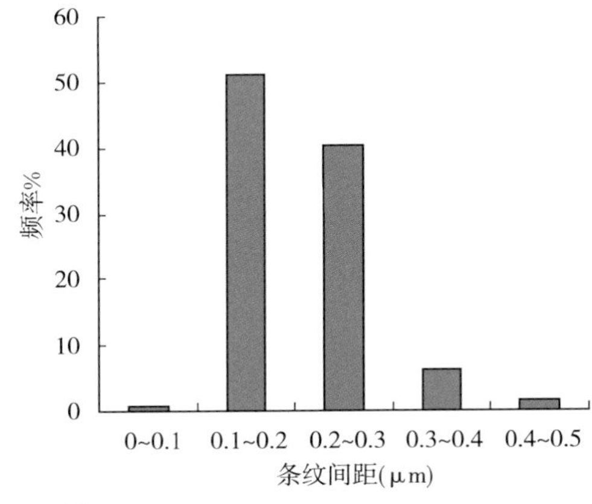

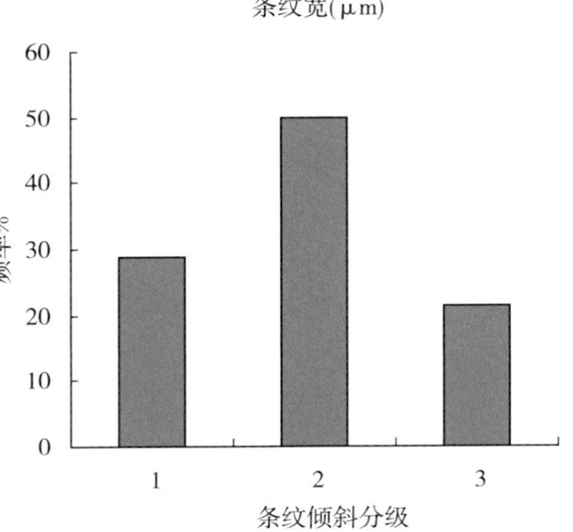

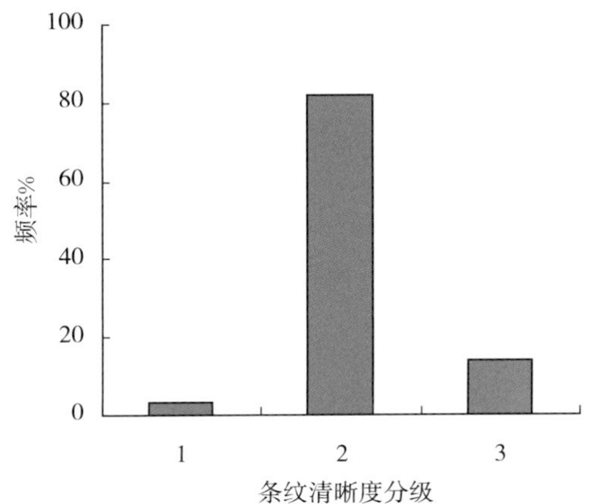

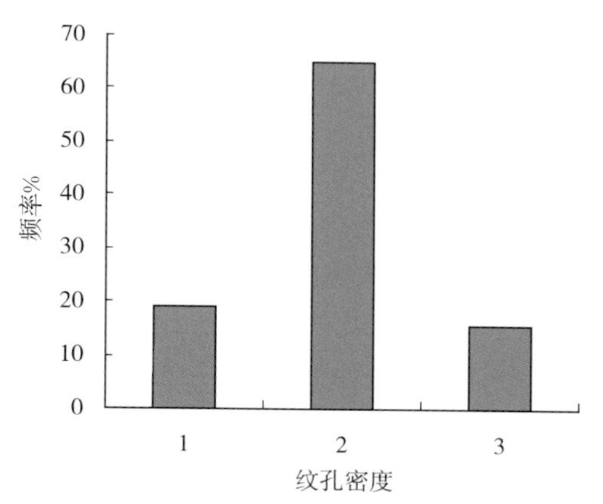

图 6-7　571 个品种的花粉各性状的分布频次

（二）花粉粒外壁纹饰代表性品种图谱

1. 条纹宽度的代表性品种（图 6-8）

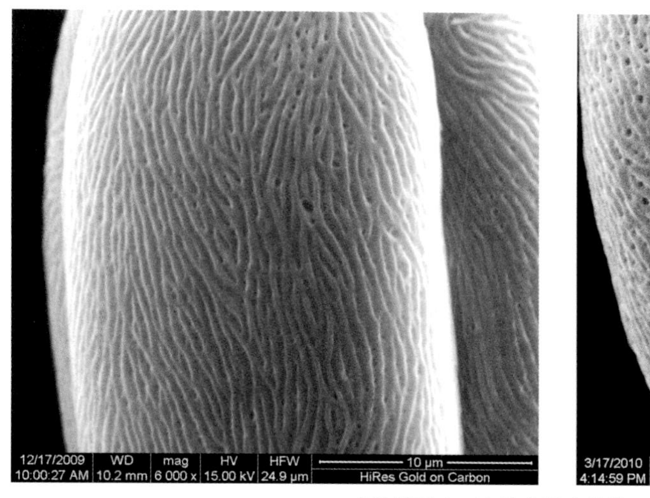

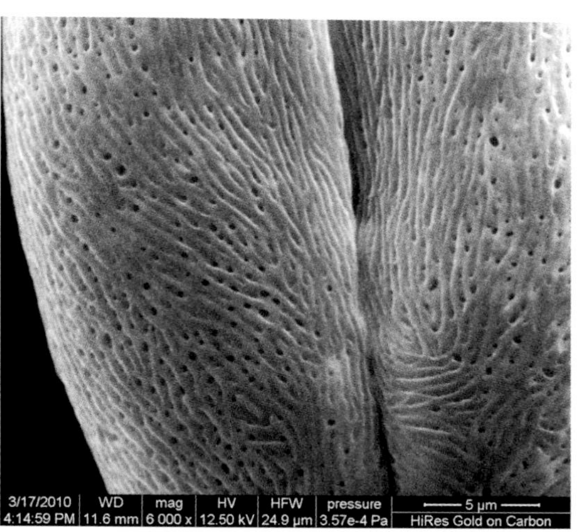

条纹宽度小（左为美国晚油桃，右为列玛格）

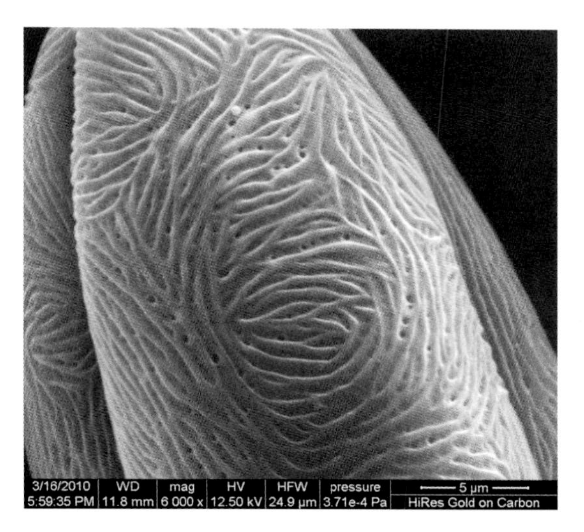

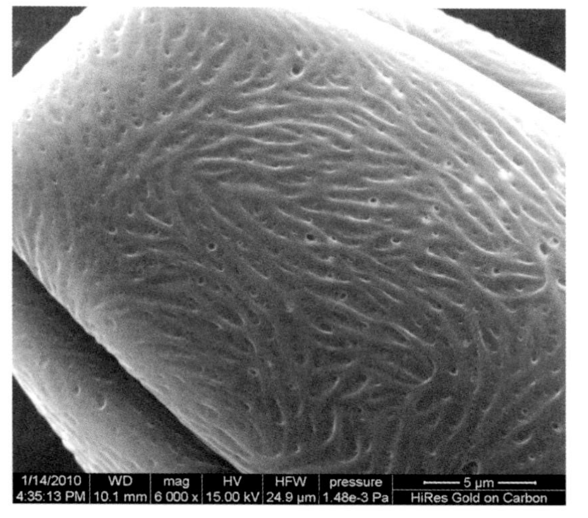

条纹宽度适中（左为银宝石，右为农神蟠桃）

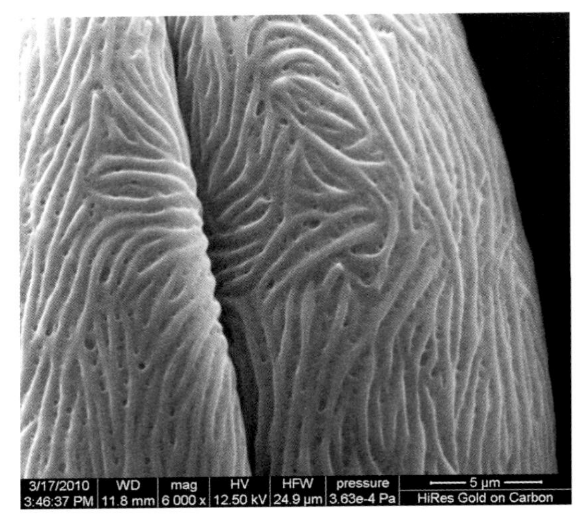

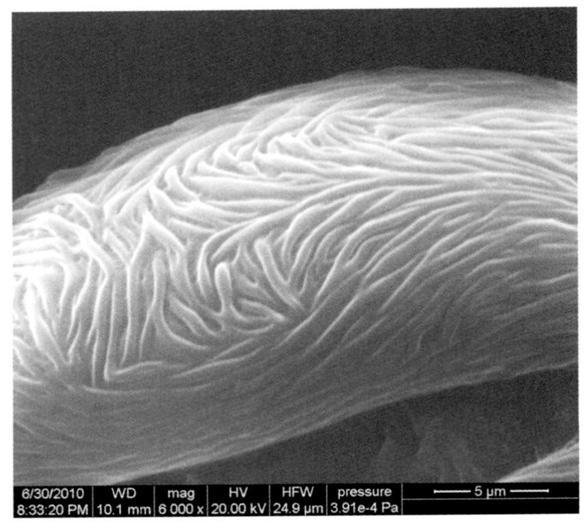

条纹宽度大（左为哈露红实生，右为早早）

图 6-8　花粉粒条纹宽度性状的代表性品种

WD 为工作距离；mag 为放大倍数；HV 为高压；HFW 为宽屏；pressure 为气压；HiRes Gold on Carbon 为碳喷金

2. 条纹间距的代表性品种（图 6-9）

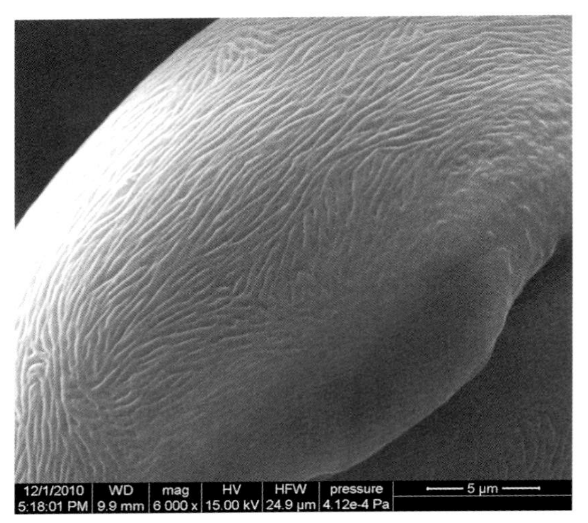

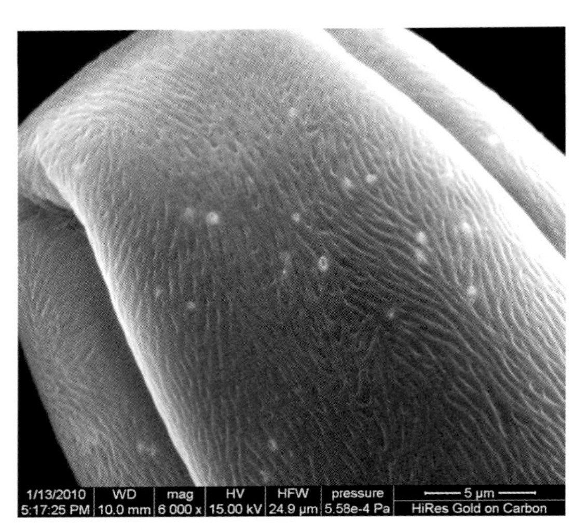

条纹间距小（左为大连 22-6，右为大金旦）

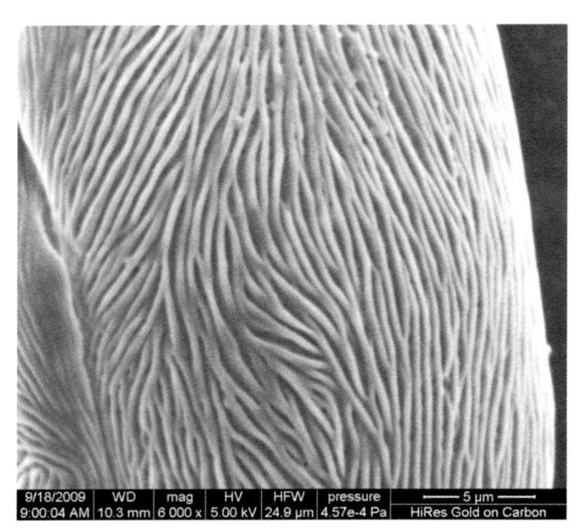

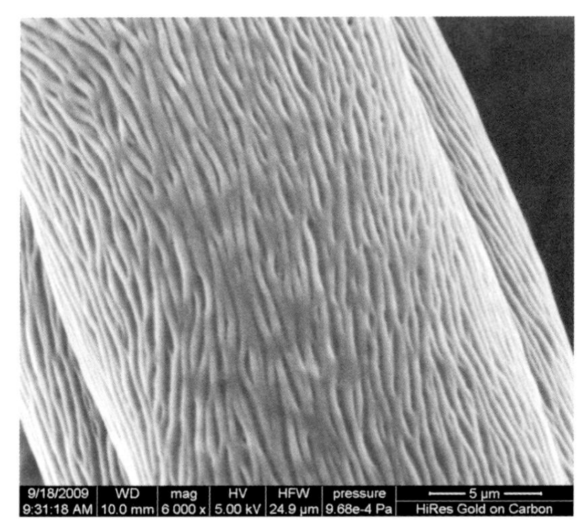

条纹间距适中（左为银星，右为迟园蜜）

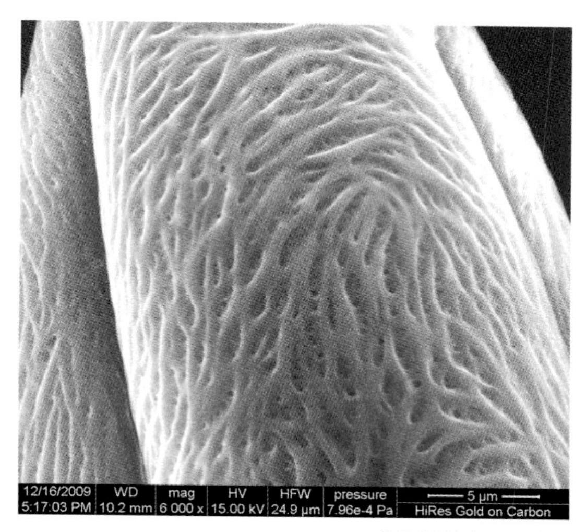

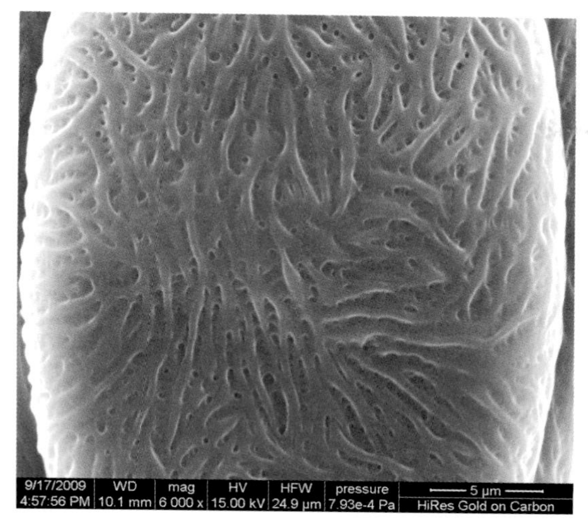

条纹间距大（左为西洋黄肉，右为早生水蜜）

图 6－9 花粉粒条纹间距性状的代表性品种

WD 为工作距离；mag 为放大倍数；HV 为高压；HFW 为宽屏；pressure 为气压；HiRes Gold on Carbon 为碳喷金

3. 条纹倾斜度性状的代表性品种（图 6－10）

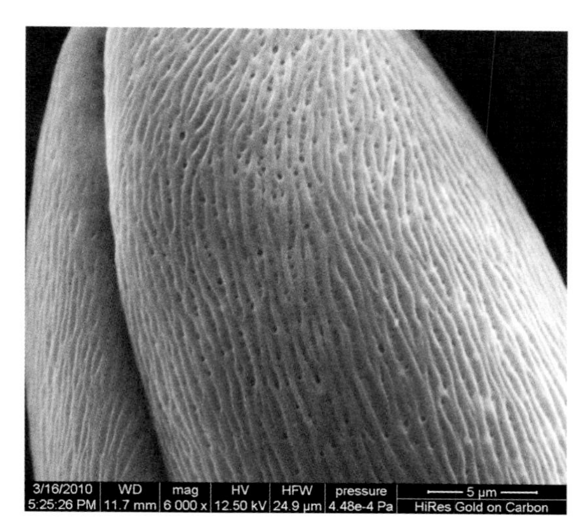

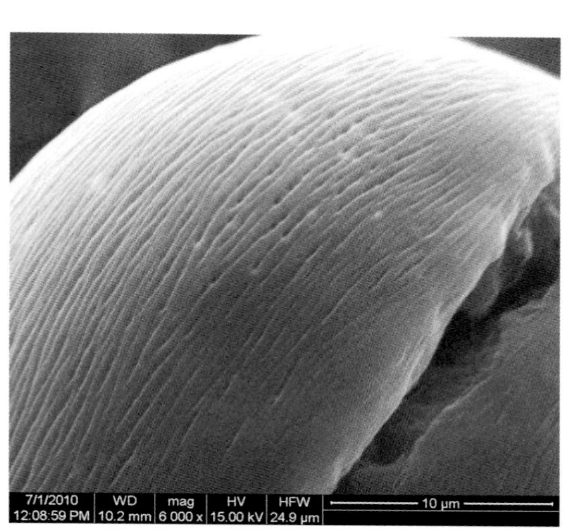

条纹平行（左为郑油桃 3－12，右为碧桃）

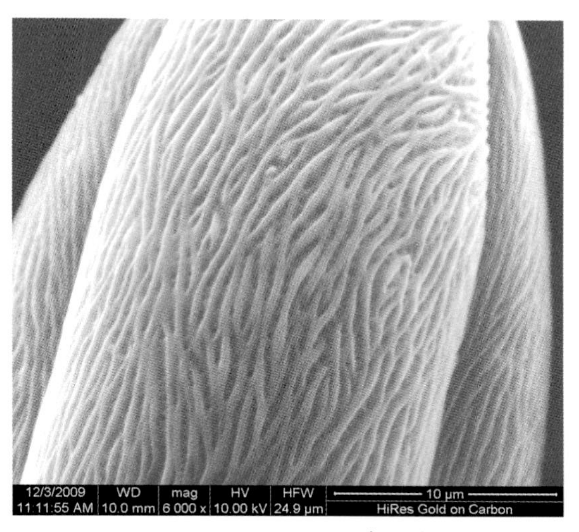

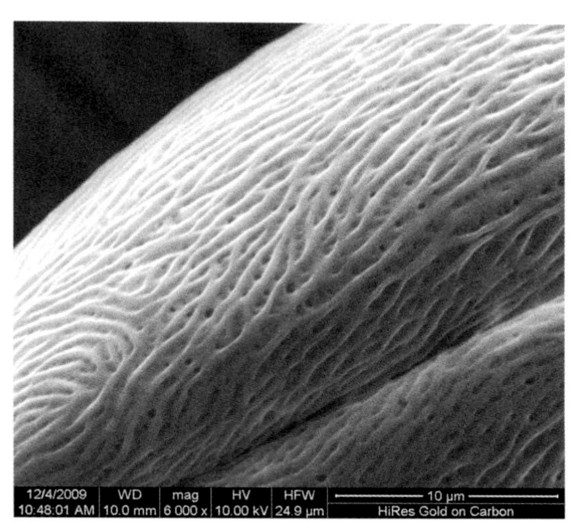

条纹稍有交叉（左为临白 10 号，右为六月金）

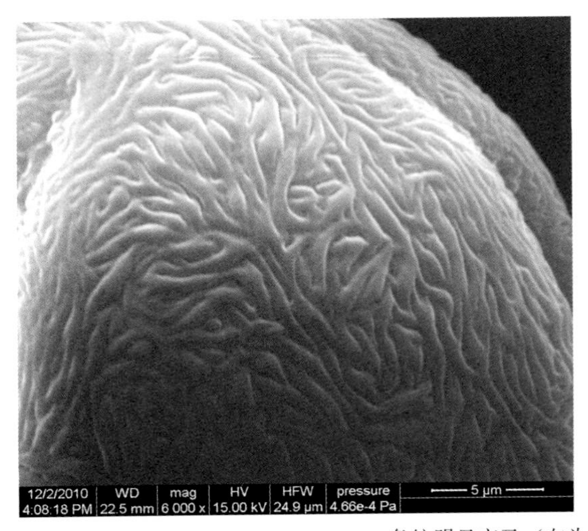

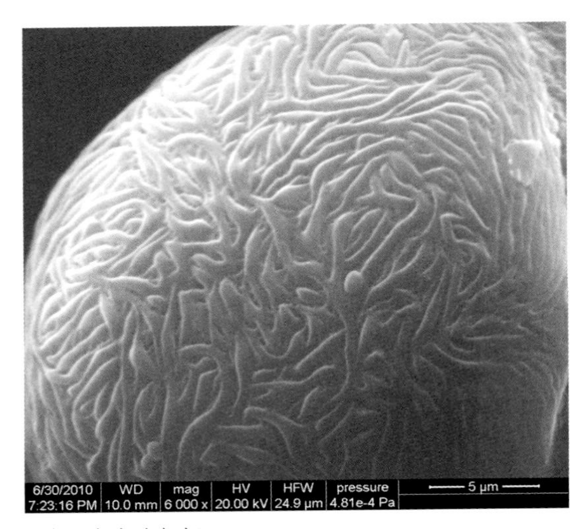

条纹明显交叉（左为五月白，右为酸李光）

图 6－10　花粉粒条纹倾斜度性状的代表性品种

WD 为工作距离；mag 为放大倍数；HV 为高压；HFW 为宽屏；pressure 为气压；HiRes Gold on Carbon 为碳喷金

4. 条纹清晰度性状的代表性品种（图 6－11）

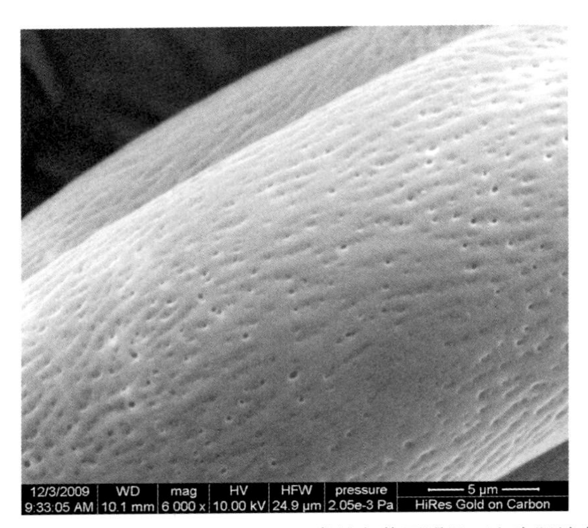

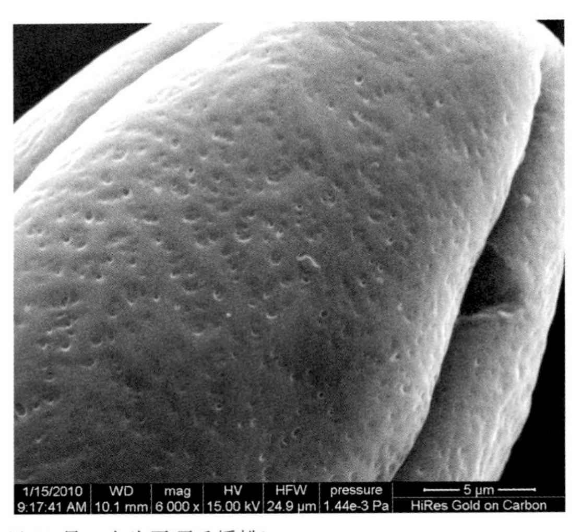

条纹起伏不明显（左为肥城白里 10 号，右为平顶毛蟠桃）

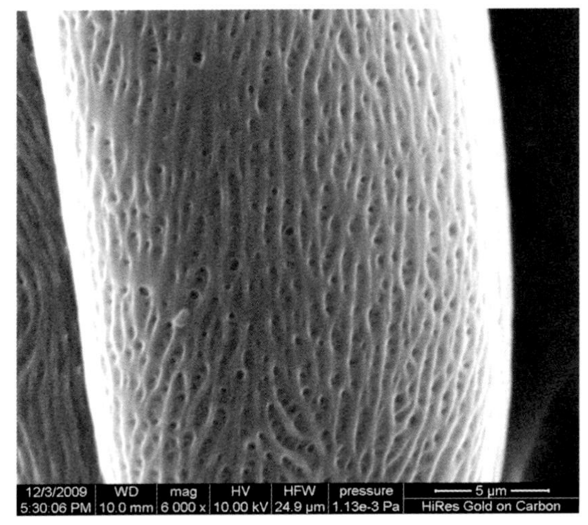

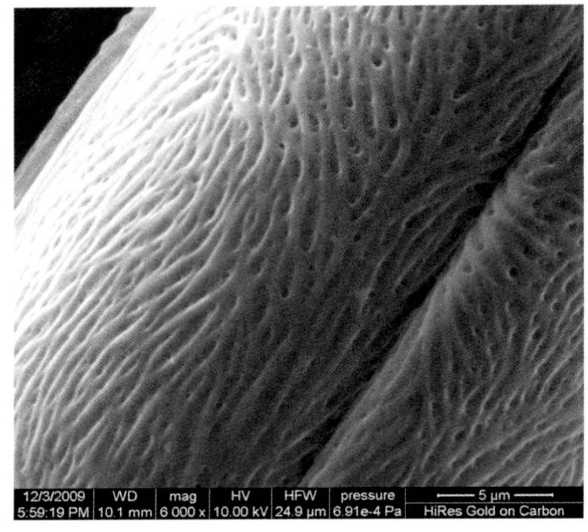

条纹起伏明显（左为兴义白花桃，右为秋蜜实生）

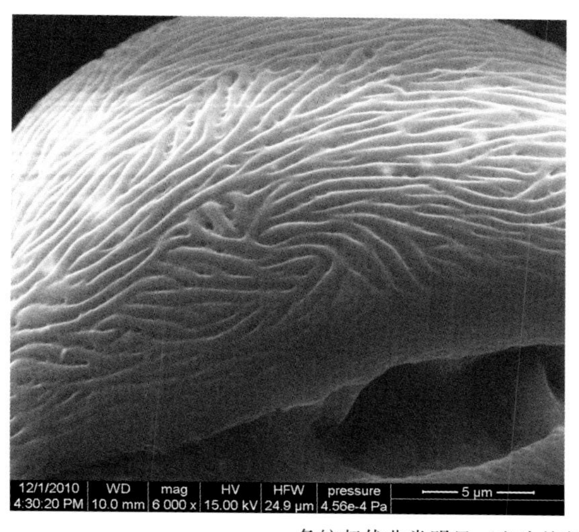

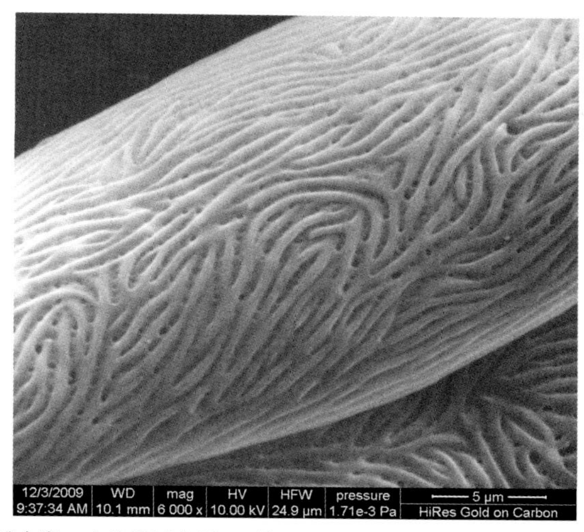

条纹起伏非常明显（左为杭州早水蜜，右为肥城白里 17 号）

图 6－11　花粉粒条纹清晰度性状的代表性品种

WD 为工作距离；mag 为放大倍数；HV 为高压；HFW 为宽屏；pressure 为气压；HiRes Gold on Carbon 为碳喷金

5. 纹孔密度性状的代表品种（图 6－12）

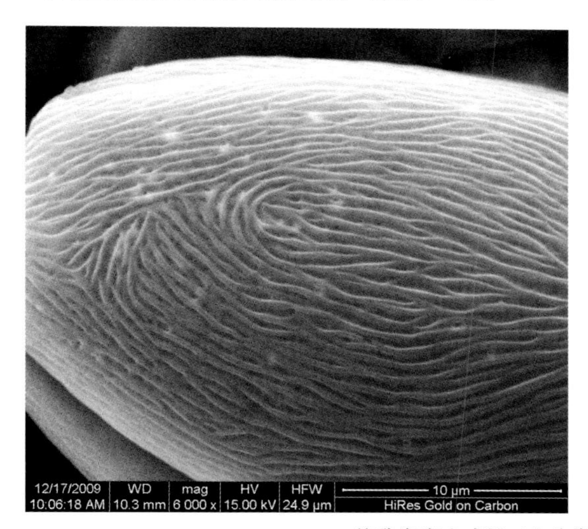

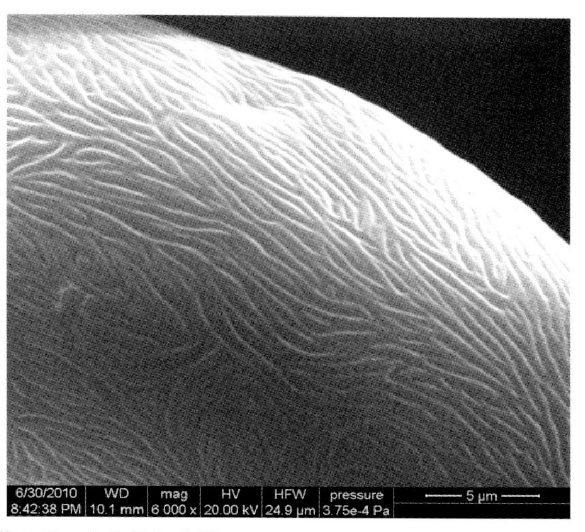

纹孔密度少或无（左为郑黄 3 号，右为粉红碧桃）

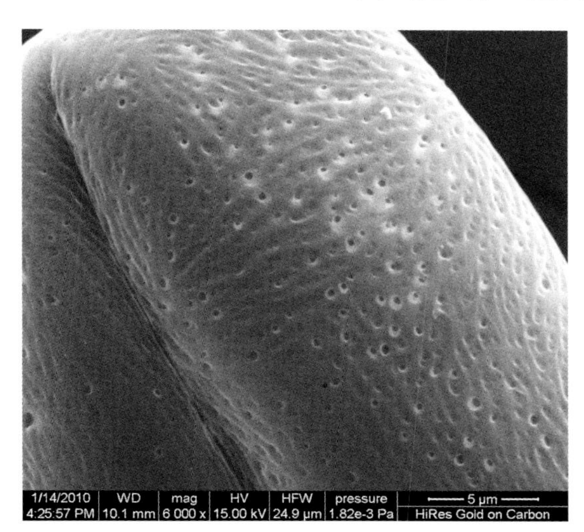

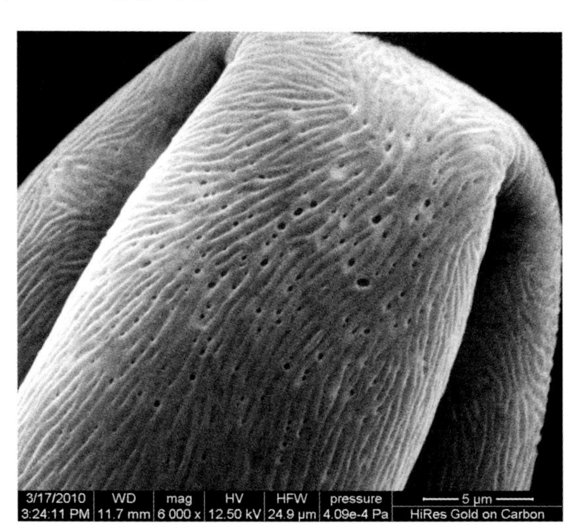

纹孔密度适中（左为白芒蟠桃，右为单瓣紫桃）

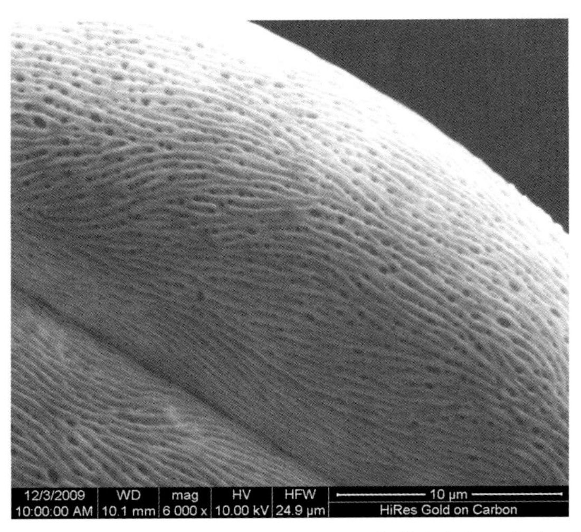

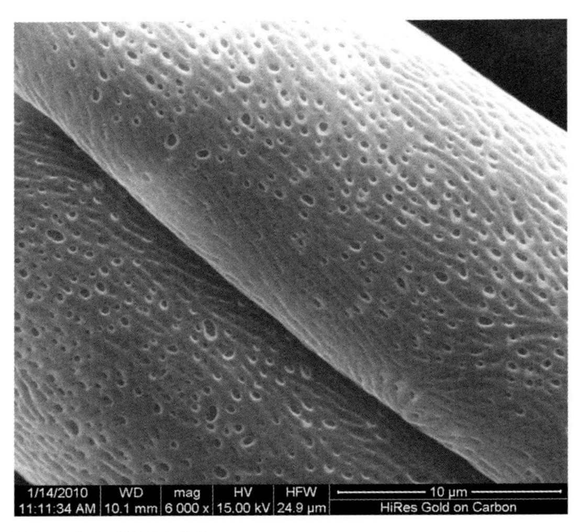

纹孔密度大（左为朱粉垂枝，右为钻石金蜜）

图 6－12　花粉粒纹孔密度性状的代表性品种

WD 为工作距离；mag 为放大倍数；HV 为高压；HFW 为宽屏；pressure 为气压；HiRes Gold on Carbon 为碳喷金

三、地方品种群花粉粒超微结构

（一）花粉粒形状的遗传多样性

将 153 份地方品种划分为 7 个生态群，各生态群花粉粒形状遗传多样性如表 6－3。花粉粒极轴长度以东北品种群和长江中下游品种群最大，西南品种群次之，其中存在少量花粉粒极轴短的品种。花粉赤轴长度在种群间相差不大，均存在有长和有短的类型。花粉粒极赤比以西南品种群最高，其中存在少量极赤比低的品种；而西北品种群虽然存在极赤比大的品种，但极赤比较小的品种分布频率高。

表 6－3　地方品种群花粉粒形状的遗传多样性

名　称	份数	花粉粒极轴（μm）			花粉粒赤轴（μm）			花粉粒极轴/赤轴		
		最大	最小	平均	最大	最小	平均	最大	最小	平均
西南品种群	27	62.20	40.27	58.21	35.87	27.50	29.17	2.15	1.12	2.01
西北品种群	40	61.66	41.26	56.12	36.67	26.61	29.94	2.20	1.19	1.90
华北品种群	24	63.84	39.80	57.74	32.81	27.66	30.13	2.17	1.21	1.92
华南品种群	5	60.75	43.56	56.53	34.45	28.31	30.13	2.14	1.26	1.90
东北品种群	8	62.91	50.55	58.35	32.57	29.00	30.43	2.14	1.57	1.93
长江中下游品种群	30	62.57	48.39	59.29	34.59	25.20	29.98	2.41	1.40	1.98
观赏桃花品种群	19	63.44	38.75	54.98	35.11	26.58	30.43	2.12	1.10	1.82

（二）花粉粒外壁纹饰的遗传多样性

1. 品种群的遗传多样性　不同地方品种群花粉粒外壁纹饰性状的遗传多样性见表 6－4。条纹宽度以东北品种群最宽，长江中下游和华北品种群次之，再次是华南品种群和观赏桃品种群，最小是西南品种群和西北品种群。条纹间距以西南品种群最高，东北品种群次之，再次为长江中下游品种群、华北品种群、西北品种群，观赏桃品种群和华南品种群最低。条纹倾斜度以华南品种群、东北品种群和长江中下游品种群交叉最严重，西北品种群和华北品种群其次，观赏桃品种群和西南品种群条纹较为平行。条纹清晰度以观赏桃品种群、华南品种群起伏最为明显，西北品种群、华北品种群和东北品种群其次，西南品种群和长江中下游品种群起伏最不明显。纹孔密度以西南品种群最大，其次为华北品种群、华南品种群和长江中下游品种群及西北品种群，东北品种群和观赏桃品种群纹孔密度小。

综上所述，条纹宽度和条纹倾斜度基本上能够反映不同地理类群的进化关系，即从西南到西北，再到华北和长江中下游，条纹宽度增加，倾斜度由基本平行进化为弯曲有交叉。

表 6-4　地方品种群花粉粒外壁纹饰性状的遗传多样性

名　称	条纹宽（μm）			条纹间距（μm）		
	最大	最小	平均	最大	最小	平均
西南品种群	0.37	0.18	0.25	0.31	0.10	0.29
西北品种群	0.44	0.17	0.25	0.30	0.11	0.20
华北品种群	0.39	0.20	0.28	0.39	0.14	0.21
华南品种群	0.49	0.18	0.27	0.23	0.15	0.18
东北品种群	0.36	0.28	0.31	0.34	0.15	0.23
长江中下游品种群	0.56	0.19	0.28	0.49	0.12	0.22
观赏桃花品种群	0.39	0.17	0.26	0.24	0.12	0.18

名　称	条纹倾斜度			条纹清晰度			纹孔密度		
	最大	最小	平均	最大	最小	平均	最大	最小	平均
西南品种群	3	1	1.81	3	1	1.93	3	1	2.11
西北品种群	3	1	2.08	3	1	2.15	3	1	1.95
华北品种群	3	1	2.04	3	1	2.13	3	1	2.04
华南品种群	3	2	2.20	3	2	2.20	2	2	2.00
东北品种群	3	1	2.25	3	2	2.13	3	1	1.88
长江中下游品种群	3	1	2.27	3	1	1.83	3	1	2.00
观赏桃花品种群	3	1	1.84	3	2	2.26	3	1	1.74

注：条纹倾斜度分级（1=条纹平行；2=条纹稍有交叉；3=条纹明显交叉）；条纹清晰度分级（1=条纹起伏不明显；2=条纹起伏明显；3=条纹起伏非常明显）；纹孔密度分级（1=纹孔密度少或无；2=纹孔密度适中；3=纹孔密度大）。

2. 品种的遗传多样性

（1）普通桃　普通桃地方品种 131 个。

花粉粒外壁条纹平行的品种如下：白单瓣、迎春、黑布袋、大果黑桃、深州离核水蜜、米扬山、大雪桃、叶县冬桃、白离胡、乌达桃、平永桃、白核桃、早春桃、黄粘胡、早熟黄甘、和田黄肉、黄艳、火炼金丹、叶县黄肉桃、临黄 1 号、龙 1-2-3、龙 1-2-4、龙 1-2-6、万州酸桃、绯桃、红叶桃绿叶芽变、五宝桃、单瓣紫桃、珲春桃、碧桃。

条纹稍有交叉的品种如下：粉寿星、南方红花早、万州香桃、上山大玉露、太白、寿白、南山甜桃、天津水蜜、郑引 82-9、乌黑鸡肉桃、平碑子、红鸭嘴、大红袍、吊枝白、小白桃、陆林水蜜、齐桃、鹰嘴、太原水蜜、温州水蜜、阳泉肉桃、青州红皮蜜桃、青州白皮蜜桃、珲春桃、吉林 8601、吉林 8701、吉林 8801、高台 1 号、秦岭冬桃、敦煌冬桃、肥城白里 10 号、朱粉垂枝、白粘胡、红桃、张白 2 号、张白 5 号、临白 3 号、临白 10 号、园春白、青桃（南）、仙桃、石桃、红垂枝、久仰青桃、秋白桃、二早桃、桔山童桃、大红袍（湖北谷城）、兴义白花桃、望谟小米桃、大金旦、下庙 1 号、徒沟 1 号、青丝、西教 1 号、西教 2 号、吐-2、大离核黄肉、江村 4 号、龙 2-4-6、南山 1 号、红叶桃、绛桃、比南 I、红花碧桃、粉红碧桃、六月空、黄心绵、菊花桃、洒红桃。

条纹明显交叉的品种如下：红寿星、小红花、阳桃、寿粉、白沙、一线红、吉林 8501、鸳鸯垂枝、寒露蜜、肥城红里 6 号、肥城白里 17 号、石窝水蜜、张白甘、瓜桃、黄腊桃、白粘核、荆门桃（毛）、五月白、大赵黄桃、香蕉桃、早黄金、大王庄黄桃、铁 4-1、小金旦、伊犁县黄肉桃、临黄 9 号、张黄 9 号、墨玉 8 号、茅山贡桃、武汉大红袍。

（2）油桃　油桃地方品种共有 8 个，没有花粉粒外壁条纹平行的品种，有 2 个条纹稍有交叉的品种，为和田晚油桃和黄李光；6 个条纹明显交叉的品种，为荆门桃（油）、合阳油桃、喀什黄肉李光、甜李光、酸李光、红李光。

(3) 蟠桃　蟠桃地方品种共有 13 个，其中花粉粒外壁条纹平行的品种有嘉庆蟠桃和黄金蟠桃；条纹稍有交叉的品种有白芒蟠桃、长生蟠桃、玉露蟠桃、奉化蟠桃、陈圃蟠桃、新疆蟠桃、扁桃和北京晚蟠桃；条纹明显交叉的品种有五月鲜扁干、撒花红蟠桃和离核蟠桃。

(4) 油蟠桃　油蟠桃地方品种只有 1 个品种，品种名为金塔油蟠桃，花粉粒外壁条纹稍有交叉。

（三）代表品种花粉粒超微结构

1. 西南品种群　代表性品种如图 6 - 13。

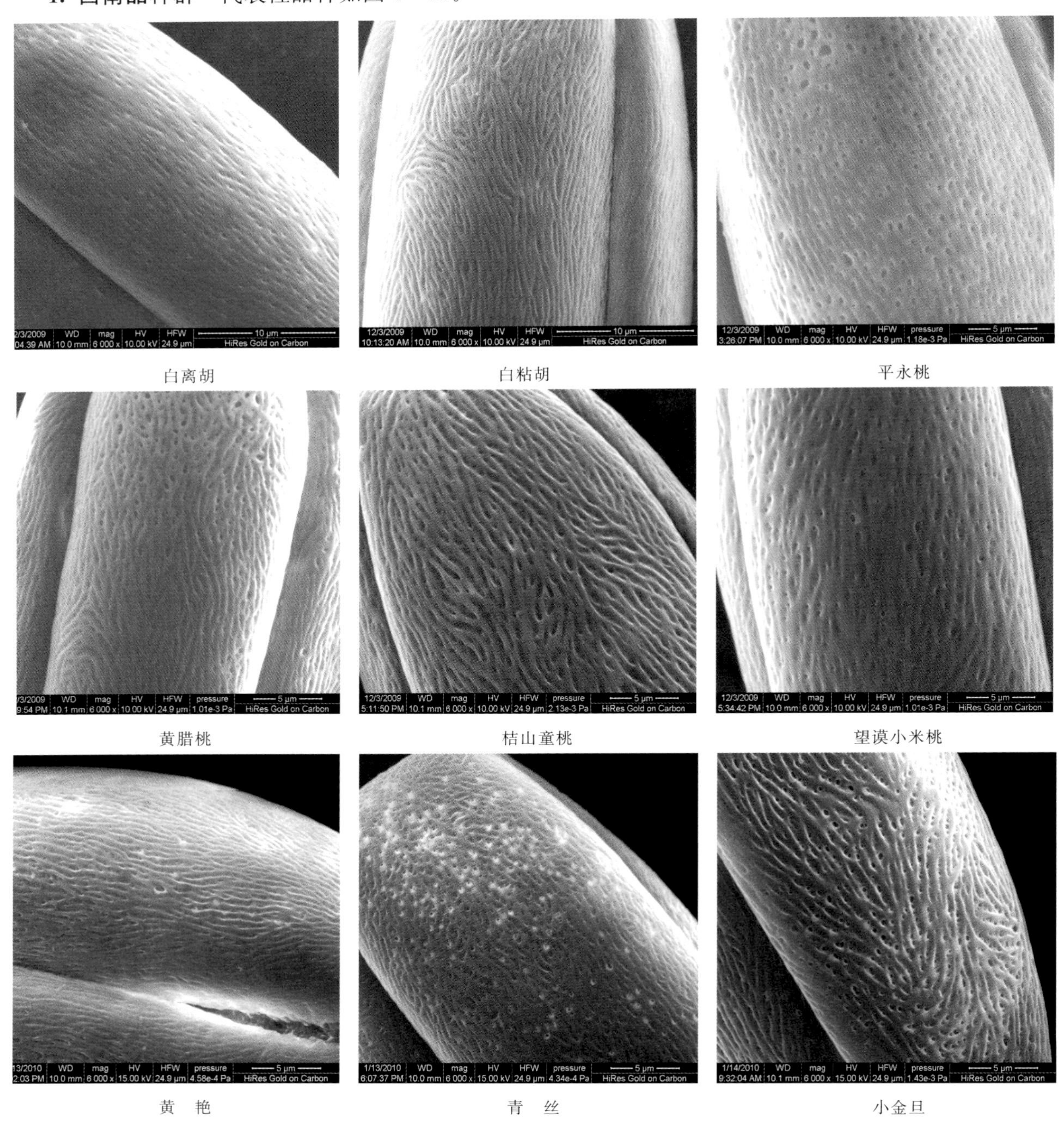

白离胡　白粘胡　平永桃

黄腊桃　桔山童桃　望谟小米桃

黄　艳　青　丝　小金旦

图 6 - 13　西南品种群

WD 为工作距离；mag 为放大倍数；HV 为高压；HFW 为宽屏；pressure 为气压；HiRes Gold on Carbon 为碳喷金

2. 西北品种群　代表性品种如图 6－14。

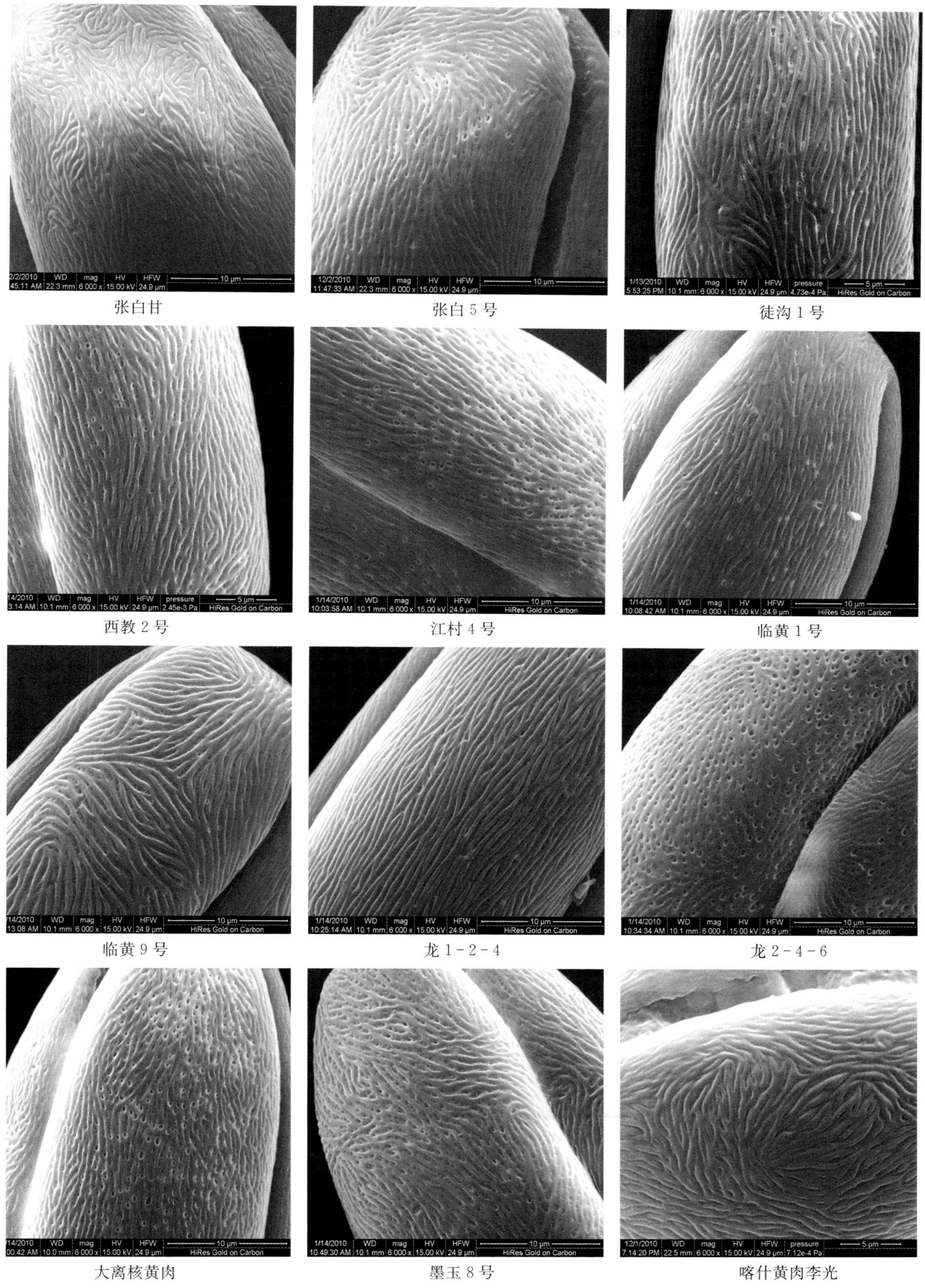

张白甘　张白 5 号　徒沟 1 号

西教 2 号　江村 4 号　临黄 1 号

临黄 9 号　龙 1－2－4　龙 2－4－6

大离核黄肉　墨玉 8 号　喀什黄肉李光

图 6－14　西北品种群

WD 为工作距离；mag 为放大倍数；HV 为高压；HFW 为宽屏；pressure 为气压；HiRes Gold on Carbon 为碳喷金

3. 华北品种群 代表性品种如图 6－15。

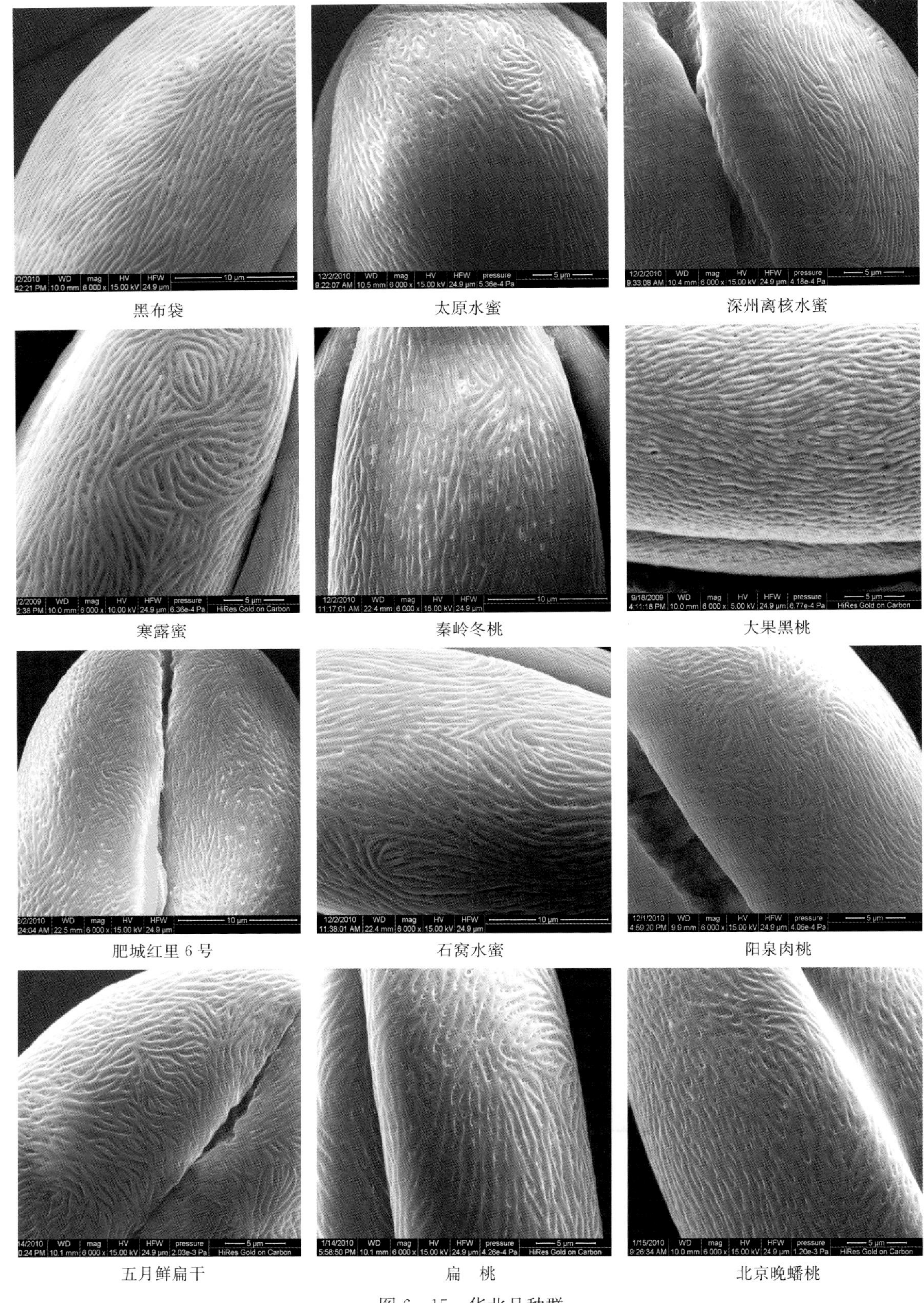

图 6－15 华北品种群

WD 为工作距离；mag 为放大倍数；HV 为高压；HFW 为宽屏；pressure 为气压；HiRes Gold on Carbon 为碳喷金

4. 华南品种群　代表性品种如图 6－16。

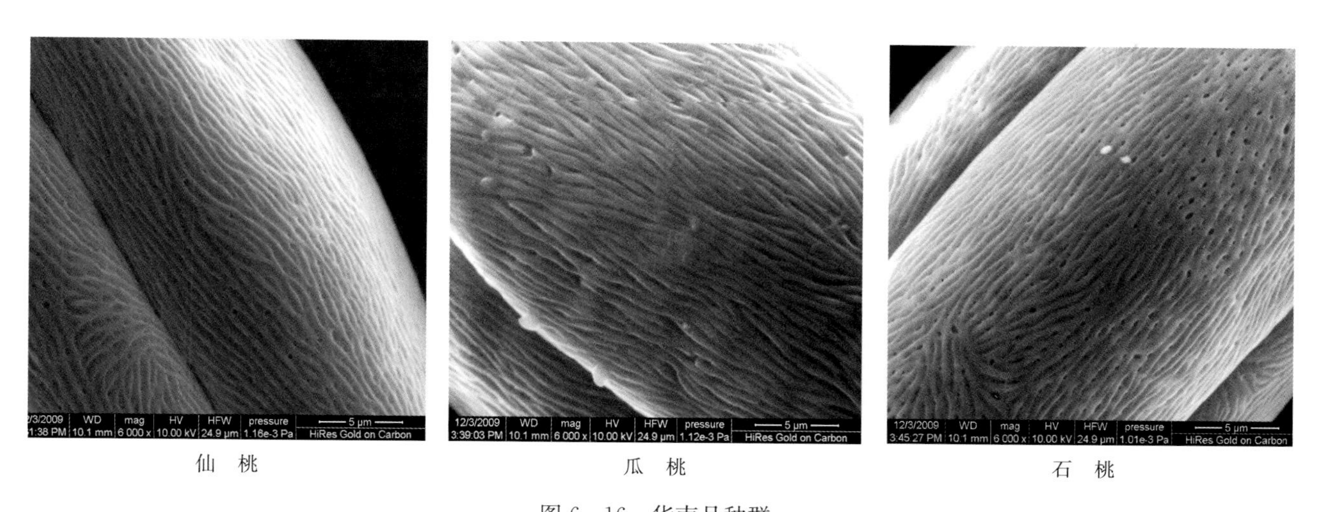

仙　桃　　瓜　桃　　石　桃

图 6－16　华南品种群

WD 为工作距离；mag 为放大倍数；HV 为高压；HFW 为宽屏；pressure 为气压；HiRes Gold on Carbon 为碳喷金

5. 东北品种群　代表性品种如图 6－17。

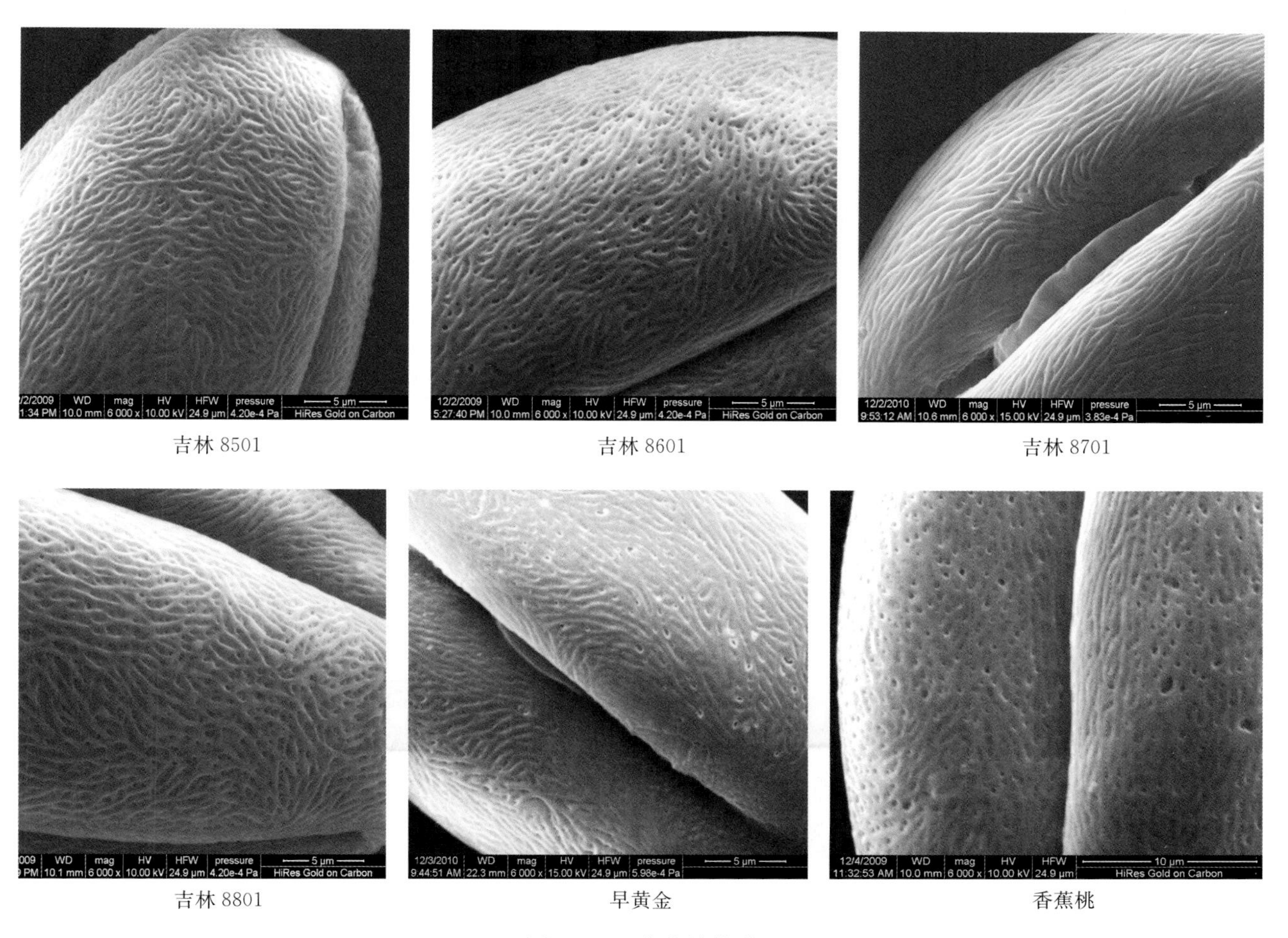

吉林 8501　　吉林 8601　　吉林 8701

吉林 8801　　早黄金　　香蕉桃

图 6－17　东北品种群

WD 为工作距离；mag 为放大倍数；HV 为高压；HFW 为宽屏；pressure 为气压；HiRes Gold on Carbon 为碳喷金

6. 长江中下游品种群 代表性品种如图 6-18。

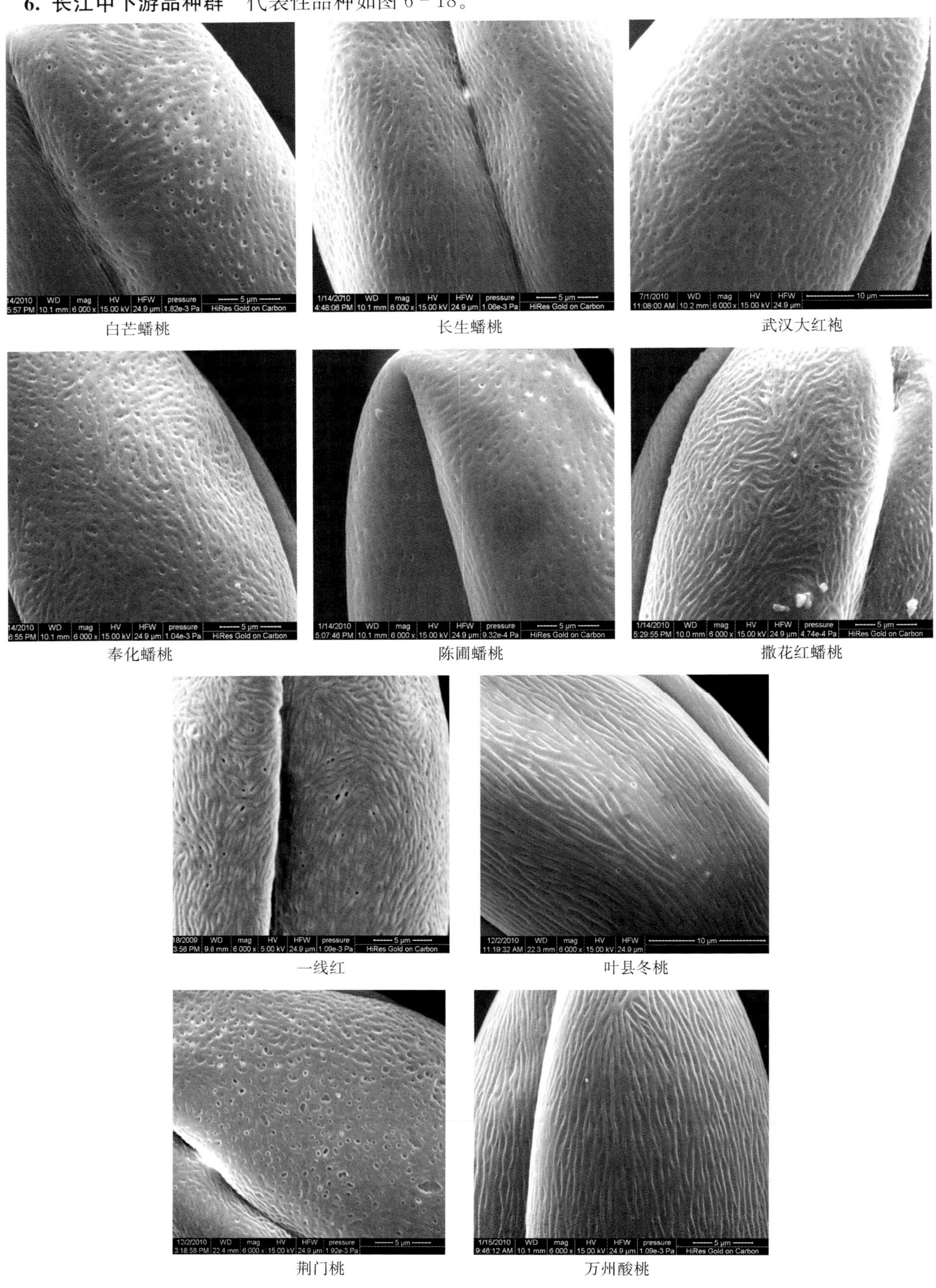

白芒蟠桃　长生蟠桃　武汉大红袍

奉化蟠桃　陈圃蟠桃　撒花红蟠桃

一线红　叶县冬桃

荆门桃　万州酸桃

图 6-18　长江中下游品种群

WD 为工作距离；mag 为放大倍数；HV 为高压；HFW 为宽屏；pressure 为气压；HiRes Gold on Carbon 为碳喷金

7. 观赏桃品种群　代表性品种如图6-19。

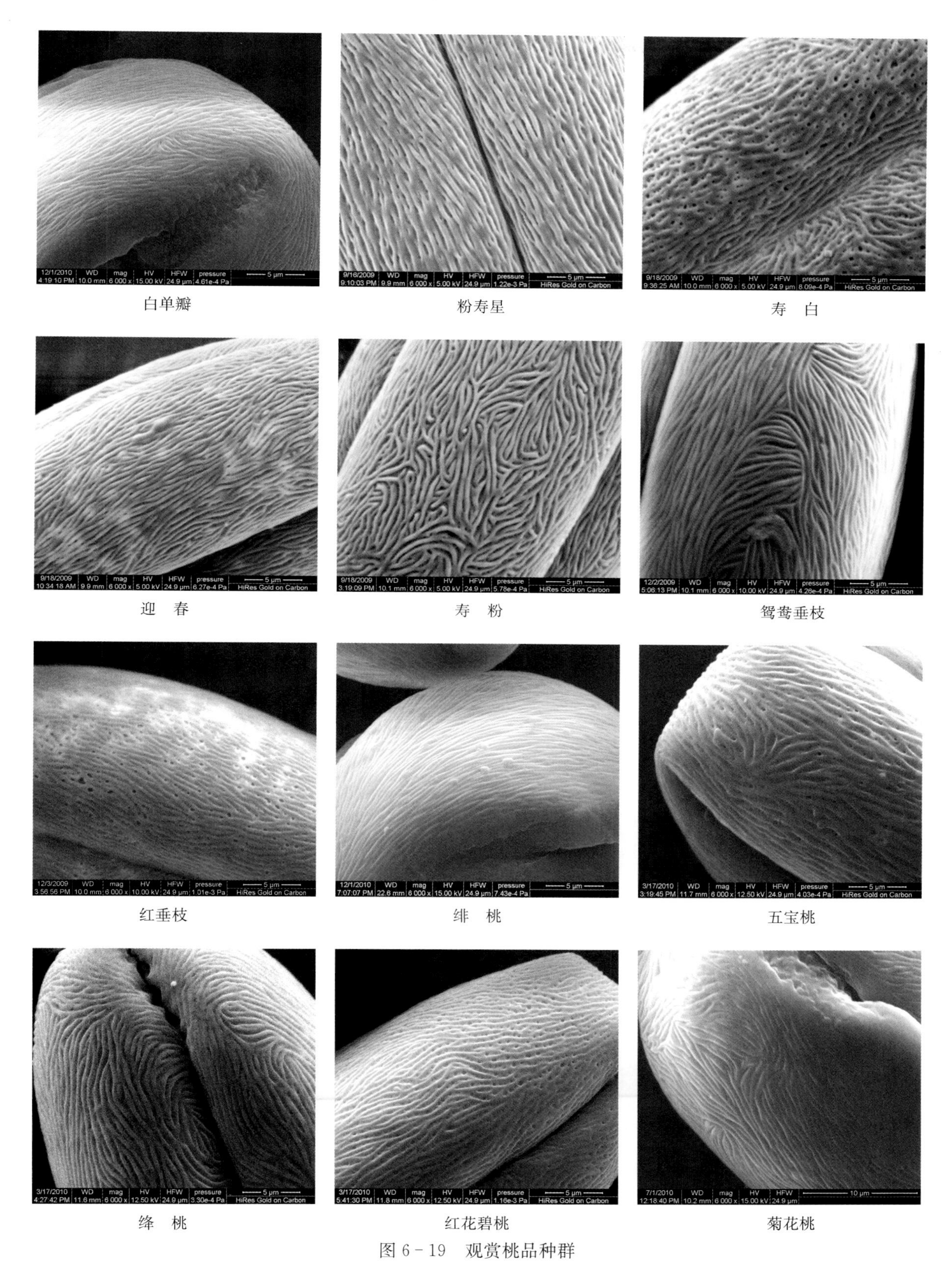

图6-19　观赏桃品种群

WD为工作距离；mag为放大倍数；HV为高压；HFW为宽屏；pressure为气压；HiRes Gold on Carbon为碳喷金

四、育成品种花粉粒超微结构

（一）普通桃

1. 花粉粒外壁条纹平行的品种

（1）白肉品种 布目早生、迟园蜜、春时、东京红、古巴红甜桃、晖雨露、京艳、京玉、玛丽维拉、秦王、台农2号、西眉2号、西农14-3、莺歌桃、迎庆、迎雪、有明白桃、豫白、早花露、早甜桃、早霞露、早乙女、郑州8号、阿克拉娃、洛格红叶、西伯利亚C。

（2）黄肉品种 NJC112、NJC19、NJC77、春冠、春金、大连1-49、奉罐2号、弗雷德里克、甘选2号、哈佛、金童5号、金童6号、金童7号、金童8号、锦绣、卡拉、卡门、罗米拉、明星、热带美、沙斯塔、收获、早黄冠、郑黄3号、黄金美丽、桃花仙子。

（3）红肉品种 哈露红。

2. 条纹稍有交叉的品种

（1）白肉品种 豫甜、云署2号、早白凤、早上海水蜜、郑白5-2、郑州7号、中华寿桃、筑波2号、筑波3号、筑波85号、筑波89号，红叶垂枝。

（2）黄肉品种 FAL16-33MR、NJ265、NJC3、艾维茨、爱保太（小花）、宝石王子、橙香、春天王子、大连12-28、德克萨斯星、法伏莱特2号、丰黄、佛尔蒂尼莫蒂尼、佛罗里达冠、佛罗里达王、伏罗里达晓、高日、罐桃14号、哈库恩、红顶、红港、金冠、大连22-8、卡里南、六月金、露香、南方红、女王、萨门莱特、塔斯康、五月金、扬州40号、郑黄15-1、郑黄1-3-4、郑黄1-3-6、郑黄4-1-65、钻石金蜜、NJC105、NJC47、NJC83、TX4B185LN、迪克松、佛罗里达金、西姆斯。

（3）红肉品种 武汉2号。

3. 条纹明显交叉的品种

（1）白肉品种 北京11-12、早艳、豫红、芒夏露、礼泉54号、长泽白凤、土用、美香、砂激2号、北农早熟、京春、早魁、京蜜、秦安2号、郑州11号、中州白桃、哈露红实生、雪香露、红甘露、西农夏蜜、西农306、玉露、筑波86号、鲁宾、D2R32T158、桔早生、白凤、红清水、C4R2T23、Southern pearl、贝蕾、北京S2、燕红、早凤、早生水蜜。

（2）黄肉品种 金橙、连黄、法伏莱特3号、卫士、金玛丽、麦克尼丽、信赖、和谐、西洋黄肉、光明王子、拉菲、NJC108、球港、太阳粘核、金童9号、金皇后、锦、罐桃5号、佛尔都娜、紧爱保太、西庄1号、哈布丽特、增艳、女王、红皮、菲利甫、卡路纳、金凤、法叶、爱保太、凯旋、红菊花桃。

4. 代表品种花粉超微结构 如图6-20。

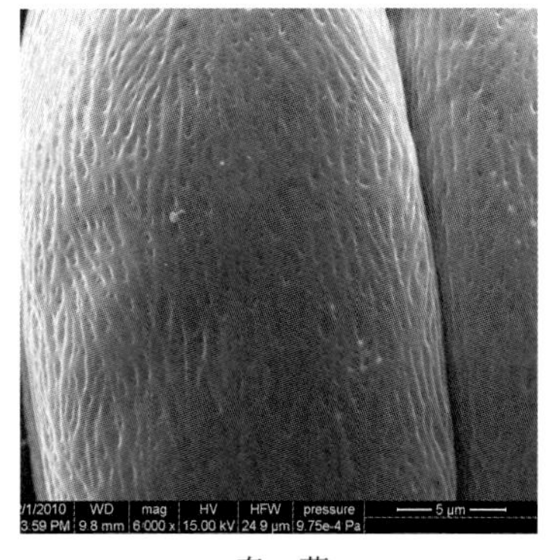

春 蕾

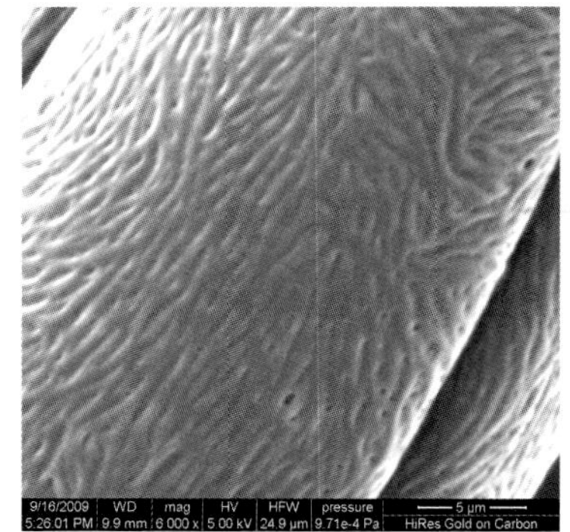

雨花露

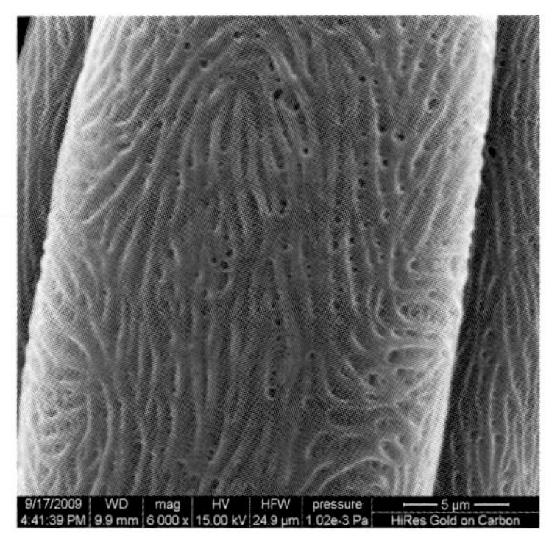

白 凤

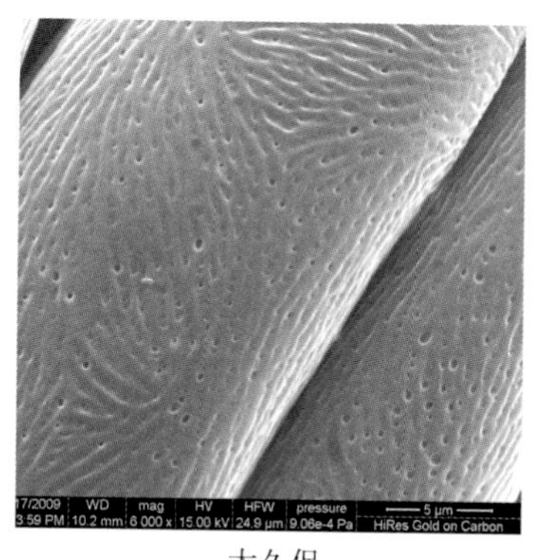
大久保

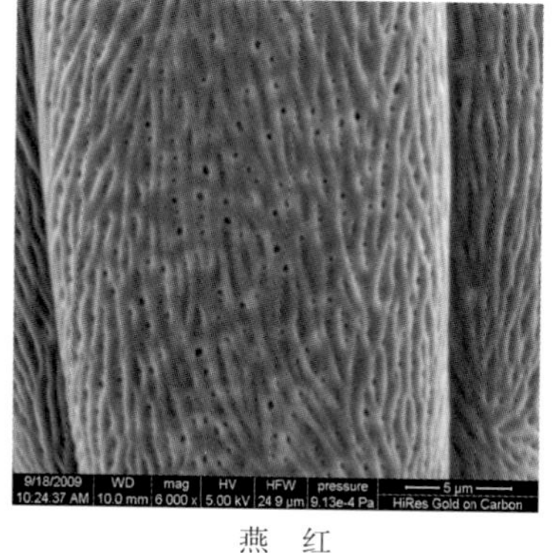
燕　红

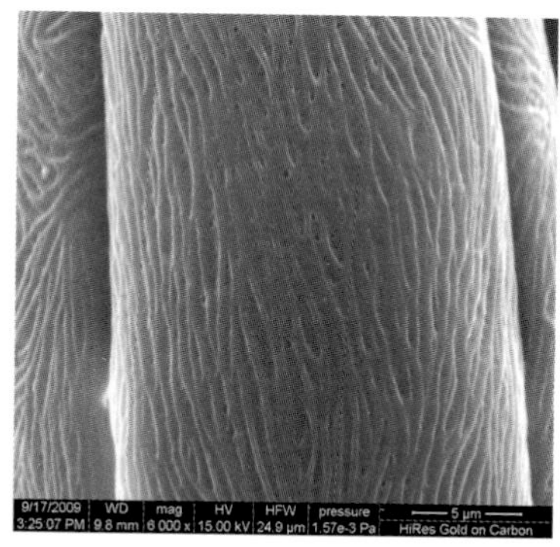
京　玉

图 6－20　普通桃花粉粒外壁纹饰

WD 为工作距离；mag 为放大倍数；HV 为高压；HFW 为宽屏；pressure 为气压；HiRes Gold on Carbon 为碳喷金

（二）油桃

1. 花粉粒外壁条纹平行的品种　单白矮油、大连 60－14－111、瑞光 18 号、中油桃 4 号、玫瑰红、秀玉、金硕、南方早红、五月火、南十字、格兰特 4 号、红油桃 4 号、维拉斯、丝德斯、单黄油矮、早红艳、九月离核、NJN95、卡洛红。

2. 条纹稍有交叉的品种

（1）白肉品种　艳光、秦光、早红珠、早红霞、瑞光 5 号、瑞光 19 号、红珊瑚、中油桃 5 号、大白酸、秦光 2 号、银宝石、雪皇后、弗扎洛德、单白矮油、珍珠红、瑞光 3 号。

（2）黄肉品种　瑞光 10 号、乐园、中农金硕、夏魁、理想、瑞光 16 号、南方金蜜、金蜜狭叶、沪油 003、沪油 004、红线曙光、紫肉桃、五月阳光、光辉、阳光、六月王子、NJN72、NJN76、NJN78、NJN80、NJN89、格兰特 7 号、早红魁、独立、日金、早红 2 号、森格鲁、红金星、美夏、哈可、超红、兴津油桃、秀峰、草巴特、桂花、瑞光 28 号、千年红、中油桃 8 号、双喜红、玫瑰王子、安德逊、红金。

3. 条纹明显交叉的品种　瑞光 6 号、秀玉、五月魁、杜宾、早早、中油桃 9 号、丹墨、瑞光 2 号、瑞光 9 号、日照、桑多拉、天红、艾米拉、格兰特 2 号、NJN93、氟丹尼、美味、阿姆肯、卡拉、红宝石、今井、平冢红、哈太雷、德克萨、凡俄兰、佩加苏、双佛、早玉、瑞光 7 号、NJN69、NJN70、格兰特 1 号、温伯特、红日、斯蜜、弗扎德、红油桃 6 号。

4. 代表品种花粉粒超微结构　如图 6－21。

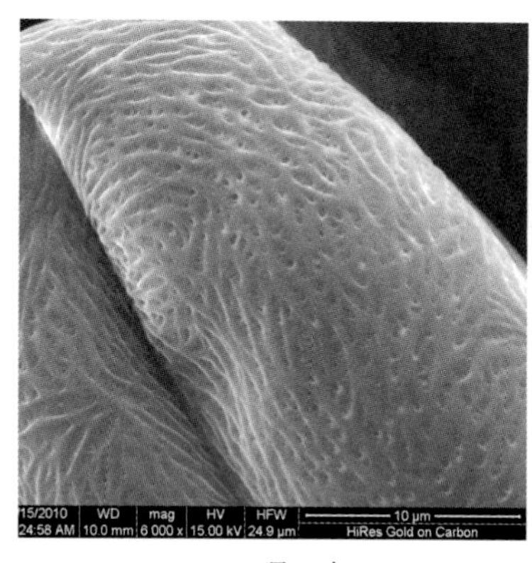
曙　光

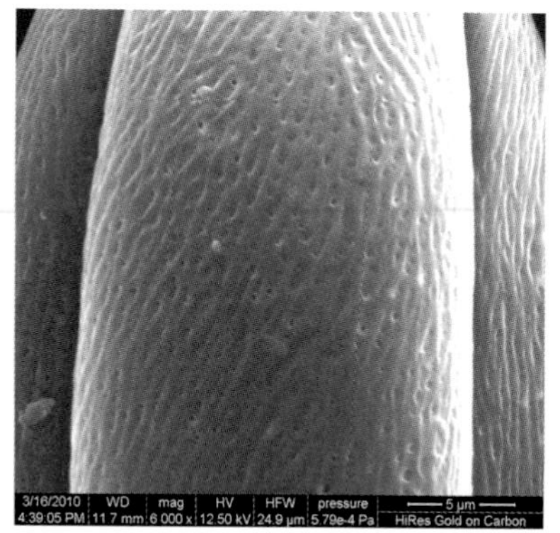
中油桃 5 号

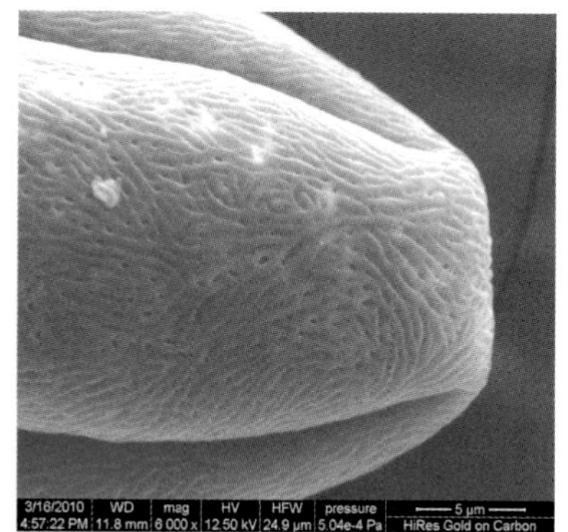
瑞光 2 号

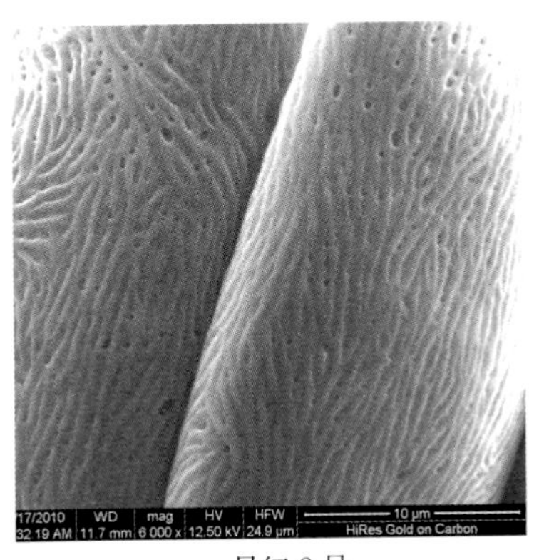

早红 2 号

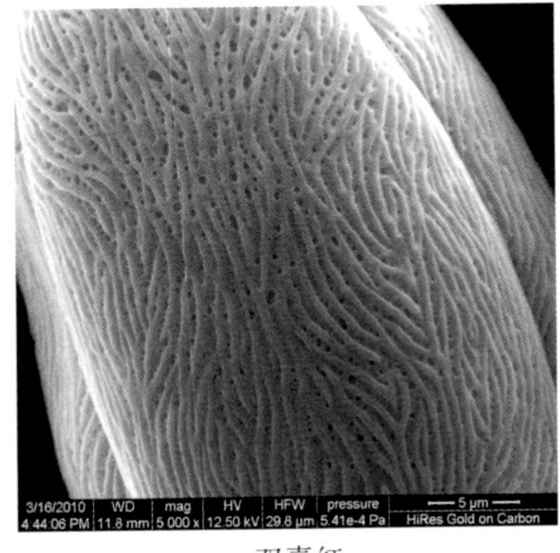

双喜红

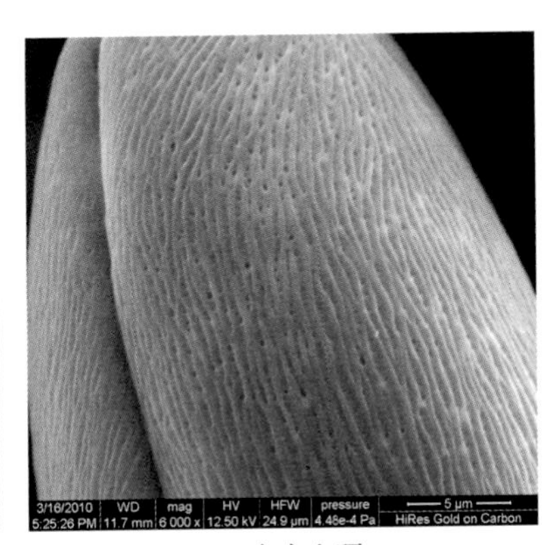

中农金硕

图 6－21　油桃花粉粒外壁纹饰

WD 为工作距离；mag 为放大倍数；HV 为高压；HFW 为宽屏；pressure 为气压；HiRes Gold on Carbon 为碳喷金

（三）蟠桃

1. 花粉外壁条纹平行的品种　碧霞蟠桃、早露蟠桃、NJF7。

2. 条纹稍有交叉的品种　麦黄蟠桃、美国蟠桃、蟠桃王、蟠桃皇后、124 蟠桃、陕 76－2－13、苏联蟠桃、平顶毛蟠桃、早蟠、新红早蟠桃。

3. 条纹明显交叉的品种　瑞蟠 3 号、瑞蟠 4 号、早黄蟠桃、早魁蜜、大连 4－35、早蜜蟠桃、农神蟠桃、NJF10。

4. 代表品种花粉粒超微结构　如图 6－22。

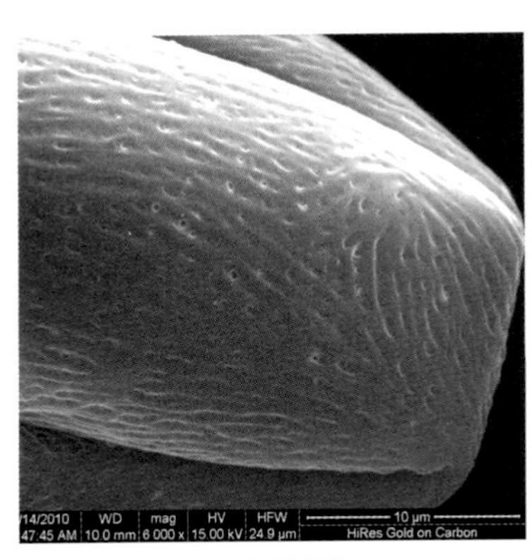

早露蟠桃

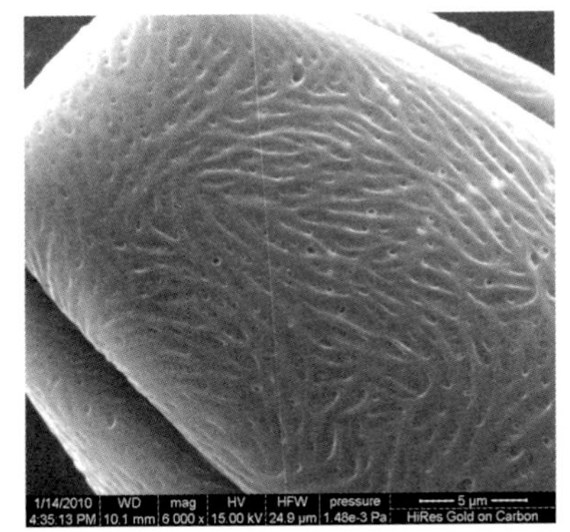

农神蟠桃

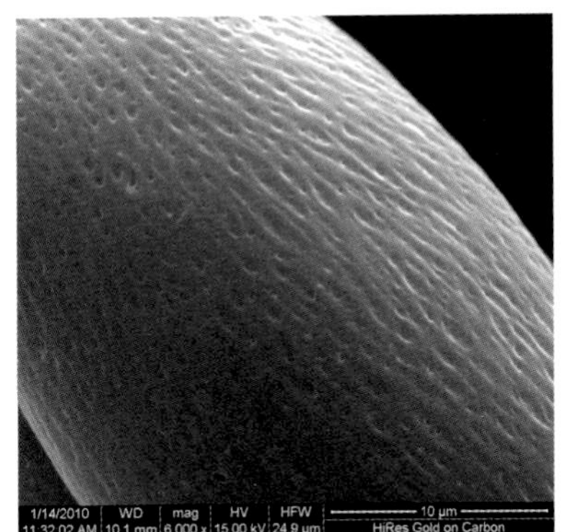

蟠桃皇后

图 6－22　蟠桃花粉粒外壁纹饰

WD 为工作距离；mag 为放大倍数；HV 为高压；HFW 为宽屏；pressure 为气压；HiRes Gold on Carbon 为碳喷金

（四）油蟠桃

1. 花粉外壁条纹平行的品种　中油蟠桃 1 号、中油蟠桃 3 号。

2. 条纹稍有交叉的品种　中油蟠桃 2 号、中油蟠桃 4 号。

3. 没有发现条纹明显交叉的品种。

4. 代表品种花粉粒超微结构　图 6－23。

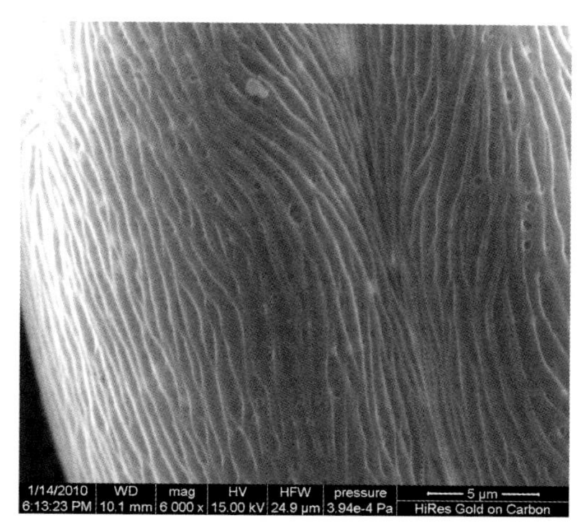

中油蟠桃 1 号

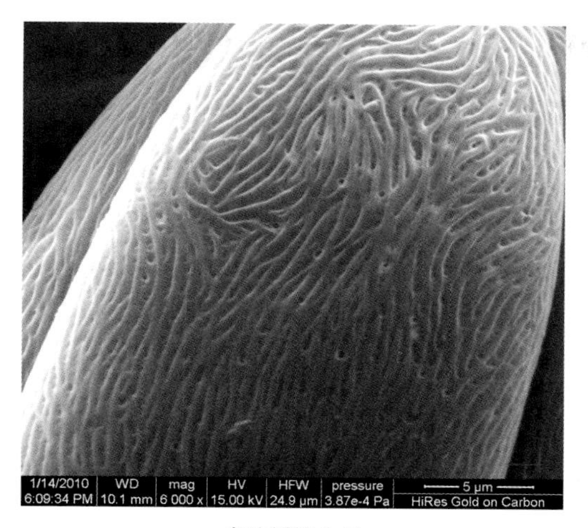

中油蟠桃 2 号

图 6－23　油蟠桃花粉粒外壁纹饰

WD 为工作距离；mag 为放大倍数；HV 为高压；HFW 为宽屏；pressure 为气压；HiRes Gold on Carbon 为碳喷金

第七章 桃及其野生近缘种的分子身份证

分子身份证是识别品种的一个标准，与指纹图谱的功能相同，但分子身份证将DNA指纹数字化，达到了在品种检索时更加直观的目的。以16对SSR引物对国家果树种质郑州桃圃保存的237份中国桃地方品种、育成品种及其野生近缘种进行了分子身份证构建工作，在237份种质中有202份具有唯一的分子身份证编码（陈昌文，2011）。

第一节 分子身份证构建策略

237份桃种质包括桃近缘野生种25份、桃212份。提取叶片基因组DNA。采用80对SSR引物对随机挑选的40个品种进行扩增，筛选出多态性较高的引物，用于桃及其野生近缘种的分子身份证构建。为了让构建的分子身份证的编码体现不同染色体的信息，尽量选择在桃8条染色体上均匀分布的SSR位点的引物（图7-1），最终选取每条染色体上2对共16对多态性较高的引物进行PCR扩增，用于分子身份证的构建。

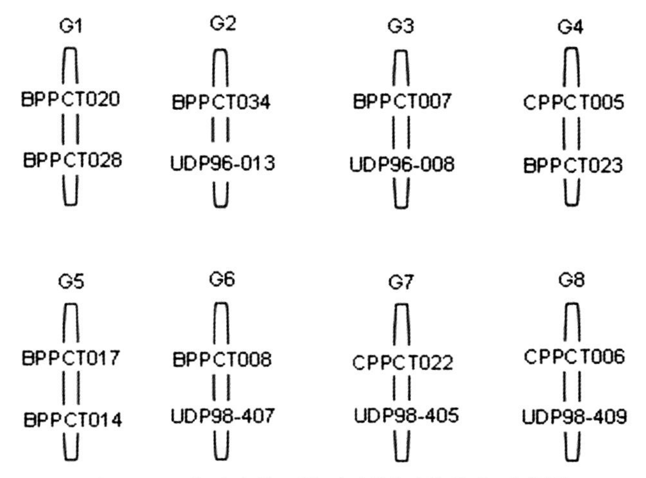

图7-1 分子身份证构建所用引物分布示意图

对扩增产物电泳结果根据每引物对不同品种扩增条带分子质量的大小，按从小到大依次编码为1～9，如果总的带数超过9条带，则在参考已经报道的该引物扩增带大小范围基础上，并兼顾尽量包含野生品种的谱带范围进行适当筛选。当在扩增带大小限定范围内，而扩增条带编码超过9条时，将该类带型赋值为0。不同引物对扩增的等位基因选择和赋值结果如表7-1。各种质分子身份证的编码详见本章第二节。

表7-1 等位基因选择和赋值标准

引物	编码								
	1	2	3	4	5	6	7	8	9
BPPCT020	190*	196	198	201	204	208	257*	267*	291*
BPPCT028	172	179	185*	187*	189*	191*			
BPPCT034	225	233	235	237	239	242	245	248*	261*
UDP96-013	175*	180*	182*	185*	197	200	207	217	242*

（续）

引物	编码								
	1	2	3	4	5	6	7	8	9
BPPCT007	132*	134	139	145	147	149	152	163*	176*
UDP96-008	133	148	154	160	166	169			
CPPCT005	147*	149*	152*	157*	160*	163	171	182	185
BPPCT023	189	212	227	232	265*				
BPPCT017	160	163	165	167	176	181	183		
BPPCT014	193*	197*	201	208	210	212	217		
BPPCT008	100	110	117	129	134	141	143	147	151
UDP98-407	186	188	190	205	207	208	209	215	
CPPCT022	280	283	287	299	306	313	318	327	
UDP98-405	101*	104*	106*	108	110	112	114*		
CPPCT006	186	188	196	198	201	205*	210*		
UDP98-409	136	140	145	149	158	168	174	180	

* 表示只来自桃近缘野生种。

第二节　分子身份证

一、'上海水蜜'标准模式解析

根据等位基因选择与赋值标准，每引物对品种扩增的条带只选一条带进行编码，也就是说，在某个引物对品种扩增的带型不外乎两种，杂合双带与纯合单带，那么杂合的双带则只选择位点较小的带进行编码，纯合单带则选择该单带进行编码。以上海水蜜为例来说，其在 16 个引物下的扩增条带只选择位点较小带的进行编码，即保证每引物下的编码只有一位数字。将条带输入 Gel2.0 软件，就得到上海水蜜扩增条带的标准模式图（图 7-2）。

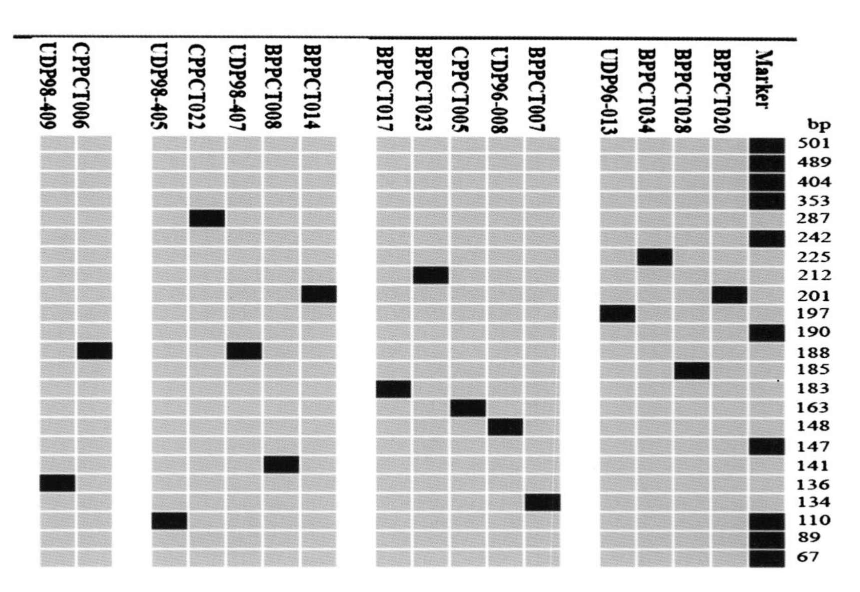

图 7-2　上海水蜜标准模式图

根据等位基因选择与赋值标准原则，每个品种的分子身份证则转换为 16 个数字组成（图 7-3）。第 1～16 个数字分别是第 1～8 染色体每个染色体上对应的 SSR 引物扩增出的带的大小的编码。第一个数字 4 代表第一个染色体上的第一个引物 BPPCT020 扩增的条带为 201bp，按编码原则编号为 4，第二个数字 3 代表第一个染色体上的第二个引物 BPPCT028 扩增的条带为 185bp，按编码原则编号为 3，剩下的数字与此类似。

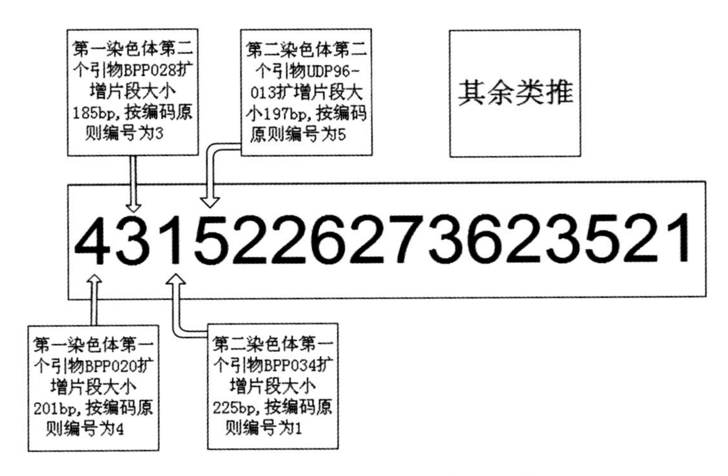

图 7－3　上海水蜜的分子身份证编码

二、桃种质分子身份证编码

根据各引物对品种的扩增结果和表 7－1 中等位基因的赋值标准，对 237 份种质赋值，结果显示其中的 202 份具有特异的分子身份证编码（表 7－2、表 7－3）。

表 7－2　172 份桃种质的分子身份证编码

种质名称	分子身份证编码	种质名称	分子身份证编码
NJC83	4337566243855521	鲁宾	4337566443623521
NJN76	4337566243656541	洛格红叶	4337466443657541
阿克拉娃	4467549103924501	玛丽维拉	4437546163852501
爱保太	4335569473955521	米扬山	4437566143927545
早爱保太	4317526243926521	明星	4335526243923541
（白凤×五月火）×曙光　第 47 株	3325566263925521	墨玉 8 号	4367566143953421
（白凤×五月火）×曙光　第 47 株芽变	3327526163627520	南山甜桃	4137567103440521
白单瓣	4345666173825521	平碑子	4377566103123425
白凤	4335666243625521	平顶油蟠桃	4337526103627543
白离核	4137566473323543	齐桃	4337566443620540
白沙	4166566243123523	秦岭冬桃	4365266103327525
白粘核	4367566473323543	青丝	4137266455327525
白重瓣垂枝	4465666163825526	青桃	4437566163837545
碧霞蟠桃	4337666263623525	青州白皮蜜桃	4367566263923555
扁桃	4136566103627545	青州红皮蜜桃	4367566203920545
仓方早生	4315226243976521	热带美	4438546146950501
长生蟠桃	4135566173623421	人面桃	4136626163623545

（续）

种质名称	分子身份证编码	种质名称	分子身份证编码
传十郎	4335666243626521	日照	4437566143950521
春蕾	4315626473927521	肉蟠桃	4336566123627641
大果黑桃	4127526176723601	洒红桃	4135729106723545
大久保	4335266243976521	桑多拉	4138566143653521
大离核黄肉	4327666143957420	砂子早生	2317266443676541
大团蜜露	4335266243925541	山东四月半	4337566203923525
大雪桃	2365666403323525	山根	4335566273656521
单瓣紫桃	2335666433657521	上海水蜜	4315226273623521
敦煌冬桃	4337566143920445	深州白蜜	3326266263127525
粉寿星	4335766103925525	深州离核水蜜	4327266273627521
丰白	4375266243976541	深州水蜜	4325266263427525
丰黄	4315629273655521	石桃	6367566103177521
佛罗里达王	4437567143824541	曙光	4327566243676521
岗山早生	4435626243926521	松森	4335666243675521
割谷	3366266263623521	台农水蜜	6335526107623521
瓜桃	4167566103977525	太白	4315226243923541
光辉	4438546143924441	太原水蜜	4335566243655521
贵州水蜜	4345266203627525	天津水蜜	4337669106970525
哈露红	4337566443958548	甜仁桃	4327566143620545
合阳油桃	4337526243956521	铁 4－1	4335666143327520
和田黄肉	4337666143623420	温伯格	4338569443925541
和田晚油桃	4427566143827520	温州水蜜	4337569163920425
黑布袋	4365526103123520	乌黑鸡肉桃	4337566103843520
红垂枝	4465666263726521	五宝桃	3125549103923525
红港	2338566443957541	五月火	4138529443923541
红花碧桃	4338646463623501	五月鲜扁干	4336666203624525
红李光	4437566143827520	五月阳光	4438569473920520
红日	4438566463953521	西伯利亚 C	4335666103955545
红寿星	4446669463927521	西农 18 号	4165266103623521
红鸭嘴	3335266243627521	西农 19 号	4135546133653521
红叶垂枝	4466666453656521	西农水蜜	4337526243620521
黄腊桃	4167566176170425	西庄 1 号	4367566143657551
黄李光	4436626143627540	仙桃	4337569166170425
黄艳	4367560463927527	新疆黄肉桃	4437666143957525
黄粘核	4467566163330525	兴津油桃	4337326243956521
珲春桃	4365666203855545	秀峰	4338566243957540
火炼金丹	4367566463627525	燕红	4337566243925521
鸡嘴白	4365566103120521	阳光	4138529143823441
鸡嘴白（林国）	4365666103120521	阳泉肉桃	4367566203923523

（续）

种质名称	分子身份证编码	种质名称	分子身份证编码
吉林 8501	4325666203825545	野油 1 号	4367566103175521
吉林 8601	4325766103855545	野油 2 号	4467646103153421
吉林 8701	2125566203827645	野油 3 号	4467646403153421
吉林 8801	2165766203855545	叶县冬桃	4365266143623443
吉林 8903	2345266203325525	伊犁县黄肉桃	4437666143937525
嘉庆蟠桃	4335526243653421	银宝石	4337226243956521
江村 1 号	4367566243927555	莺歌桃	6325526107623521
江村 4 号	4367566243923455	鹰嘴	4137566263623441
江村 5 号	4367566243923555	迎春	4337669163724541
绛桃	2447666463727546	迎雪	4125626133652521
今井	4337326443956541	有明白桃	4315526273956521
金蜜狭叶	4327366243657521	雨花露	4315226243926521
金塔油蟠桃	4336566103627541	豫白	2366266253927523
金童 6 号	4337526243623521	早凤王	4365266243976521
紧爱保太	5335569473975521	早红 2 号	4337566143957543
橘早生	4335626243927521	早露蟠桃	4135566243603521
菊花桃	4446666263725621	早上海水蜜	4337666243625521
莱山蜜	4335666243936521	早生水蜜	4337566243627521
离核蟠桃	4135526173620421	早熟黄甘	4347566203920555
离核甜仁	4437566143927525	早甜桃	4317566243670521
连黄	4315629273955541	张白 2 号	4336566103927541
列玛格	4335546173427541	张白 5 号	4366566233927545
临白 10 号	4337566203927541	张白甘	4367566203627541
临白 3 号	4367566203927541	张黄 9 号	4347566103927521
临黄 1 号	4325526273923521	中华寿桃	4347666203323521
临黄 9 号	4327566103627521	重瓣玉露	4315226243956621
龙 1-2-3	4365266243923511	柱形毛桃	2426666463727541
龙 1-2-4	4365566243927555	筑波 84 号	4365666203127520
龙 1-2-6	4367566143927551	筑波 85 号	4367666103927541
龙 2-4-6	4367566143927543	筑波 86 号	4437266243676521

表 7-3　30 份桃野生近缘种种质的分子身份证编码

品　种	学　　名	分子身份证
白花山桃	*P. davidiana* (Carr.) Franch.	0283234303083264
白花山碧桃	*P. persica* (L.) Batsch.×*P. davidiana* (Carr.) Franch.	0450164147010540
白根甘肃桃 1 号	*P. kansuensis* Rehd.	8309147243080372
垂枝梅 1 号	*P. mume* var. *pendula*	0262810103010360
西康扁桃 1 号	*P. tangutica* Batal.	0206164223620520
光核桃（林芝）1 号	*P. mira* Koehe	1180726243000342

（续）

品　种	学　　名	分子身份证
光核桃（阿坝）1号	*P. mira* Koehe	0650726243021222
光核桃王	*P. mira* Koehe	1680726203700323
红根甘肃桃1号	*P. kansuensis* Rehd.	7309147243080372
红花山桃	*P. davidiana*（Carr.）Franch.	0262031222023264
红叶李	*P. cerasifera* Ehrh.	0260824101411542
金太阳	*P. armeniaca* L.	0233851001023522
喀什1号	*P. ferganensis* Kost. et Riab.	4467566143957541
喀什2号	*P. ferganensis* Kost. et Riab.	4467566143927541
喀什3号	*P. ferganensis* Kost. et Riab.	4367566143957525
辽梅	*P. armeniaca* L.	0231910200010562
毛樱桃1号	*P. tomentosa* Thunb.	9582756303001160
梅杏1号	*P. armeniaca* L. ×*P. mume* Sieb	0350418200010372
梅杏2号	*P. armeniaca* L. ×*P. mume* Sieb	0340418200010572
美人梅1号	*P. mume* Sieb. ×*P. cerasifera* Ehrh.	0395510202510724
青奈	*P. salicina* L. var. *cordatar* Y. he	0600408501008341
陕甘山桃	*P. davidiana* var. *potaninii* Rehd.	1502233222010434
甜仁桃	*P. ferganensis* Kost. et Riab.	4327566143620545
新疆黄肉桃	*P. ferganensis* Kost. et Riab.	4437666143957525
榆叶梅纯红	*P. triloba* Lindl.	0222262200300240
榆叶梅粉红	*P. triloba* Lindl.	0205261200004240
郁李1号	*P. japonica* Thunb.	0337513201000545
珍珠梅	*P. mume* Sieb.	4337511141532522
藏杏1号	*P. holosericea* Kost	0202850101020504
帚形山桃	*P. davidiana*（Carr.）Franch.	0257563213323260

在202份具有特异分子身份证的种质中，有15份种质具有至少1个特异的等位基因位点，因此仅用1对引物就能与其他种质区分开，如表7-4所示。其中辽梅、美人梅和毛樱桃1号有2个特异的等位基因。

表7-4　用1对引物就能区分的品种

引物名称	种质名称及其具有的特异等位基因编码
BPPCT020	紧爱保太（5）、红根甘肃桃（7）、白根甘肃桃（8）、毛樱桃1号（9）
BPPCT034	美人梅（9）
UDP96-013	辽梅（1）
BPPCT007	辽梅（9）
CPPCT005	榆叶梅纯红（2）
BPPCT023	青奈1（5）
BPPCT017	帚形山桃（1）
BPPCT014	青丝（5）
UDP98-407	青桃（6）
UDP98-405	毛樱桃1号（1）、美人梅（7）
CPPCT006	龙1-2-3（1）、陕甘山桃（3）
UDP98-409	黄艳（7）、哈露红（8）

注：品种后数字表示该品种在对应引物下扩增条带的编码。

此外，237份种质中有35份种质不具有特异的分子身份证，即其分子身份证编码在不同品种间出现相同的情况，如表 7－5 所示。

表 7－5　35 份用 16 对引物不能完全区分的种质

分子身份证	品种	分子身份证	品种
4125629106723545	碧桃、绯桃	4446666163727541	朱粉垂枝、鸳鸯垂枝
4338566443925541	理想、美味、哈太雷	4335526243926521	罐桃 14 号、佛罗里达晓
4335566243623521	NJF7、农神蟠桃	4337566243656521	白花、白花芽变
4415526403205525	乌达桃、平永桃	4335226243925521	西教 1 号、西教 3 号、下庙 1 号
4437666103957525	甜李光、酸李光	4367566143927555	新疆蟠桃、新疆蟠桃 1 号
3366266163323525	五月鲜、六月白	4326266103957525	陈圃蟠桃、白芒蟠桃、玉露蟠桃、撒花红蟠桃
4367566103120525	吊枝白、陆林水蜜	4135566273683421	肥城红里 6 号、肥城白里 10 号、肥城白里 17 号
4367566143927540	西教 2 号、吐-2		

第八章　桃遗传多样性与起源、演化

第一节　野生种的起源与进化

一、地理分布

桃亚属植物根据果实是否开裂将其分为真桃组和扁桃组。无论真桃组还是扁桃组，其野生种在中国均有大量自然分布，并在地理分布上存在交叉（图8-1）。在起源中心的藏、川、甘交界处有光核桃、西康扁桃、甘肃桃，在太行山区有山桃、甘肃桃和桃，在新疆南疆有新疆桃、桃和扁桃。野生种或部分野生种之间不存在生物学生殖隔离，当花期相遇时，自然杂交可产生可育种子，为野生种的进化奠定了遗传基础。在自然界中，同一地区的山桃、甘肃桃与桃花期不遇是造成种间隔离的重要原因，当然，对于具体的地形而言，它们的花期有可能相遇。新疆桃与桃之所以亲缘关系很近，是由于它们花期基本一致，为自然杂交创造了有利条件。

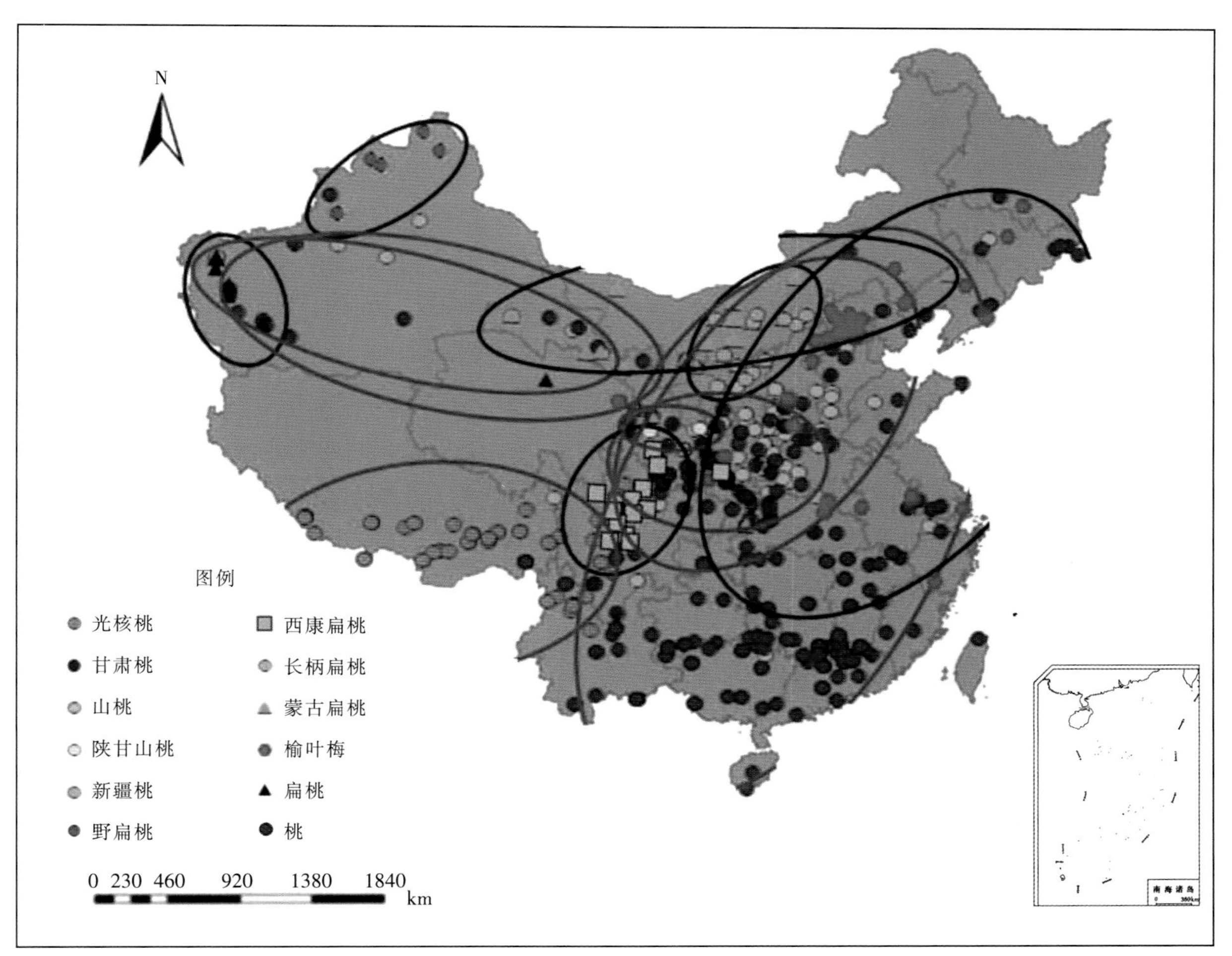

图8-1　桃及野生近缘种在我国的自然分布

二、植物学

（一）光核桃多样性

在光核桃中，花型存在类似西康扁桃、长柄扁桃、山桃、新疆桃和普通桃的类型（图 8－2）。光核桃果实与新疆桃和普通桃近似，而甘肃桃、山桃与桃果实相差较远。如果仅从果实性状判定真桃组种间的进化关系，则光核桃与新疆桃和普通桃关系较近，与甘肃桃较远，与山桃最远。

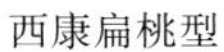

西康扁桃型　　长柄扁桃型　　山桃型　　新疆桃型

图 8－2　光核桃花的不同类型

（二）桃巴旦

根据新疆农业科学院陈沛人对新疆桃资源考察，桃巴旦在新疆喀什有广泛分布，植株、果实、种壳、种仁的性状介于桃和扁桃之间，被当地群众称为“桃巴旦”，推测是桃与扁桃的中间杂交种类型，或者是桃向扁桃或者扁桃向桃自然进化的过渡类型。存在以下几种类型：①叶片大似桃，果实成熟后薄而不开裂、汁少、味甜、微涩、可食，核厚，沟纹似扁桃，仁半甜或苦。②叶片窄小似扁桃，种核厚，沟纹似桃，甜仁，果肉薄，开裂不可食。③植株、树形、枝、叶、果实、种壳均像桃，甜仁。说明自然界中存在桃与扁桃的杂交种。

（三）普通桃果实开裂

扁桃组果实成熟时，会出现沿缝合线开裂现象。普通桃中的一些野生性状明显的种质如寿星桃、绯桃、洒红桃、五宝桃在果实成熟后，亦有沿缝合线开裂（图 8－3），说明桃或多或少有扁桃基因。

红寿星桃

五宝桃

图 8－3　桃果实缝合线开裂

（四）种核

种核形态与核纹是鉴定种的重要依据，其多样性（表8-1、图8-4、图8-5）反映了种的进化过程。

1. 光核桃与甘肃桃的关系　光核桃种核结构最为简单，这进一步证明光核桃是最原始的种，其深沟型类似甘肃桃和西康扁桃。

2. 甘肃桃与西康扁桃和新疆桃的关系　甘肃桃核纹与西康扁桃接近，它们和新疆桃均有直沟纹，只是甘肃桃和西康扁桃的沟纹为弧线，而新疆桃缝合线纵向平行，说明新疆桃与甘肃桃亲缘关系较近。

3. 山桃与扁桃的关系　山桃的点纹与扁桃相似，推测山桃的点纹来自扁桃。

4. 山桃与榆叶梅的关系　山桃核形和点纹与榆叶梅近似，在地理分布上有重叠，且均具有抗寒性。

5. 新疆桃与桃的关系　新疆桃和桃均具有沟纹和点纹，说明关系较近，但新疆桃具有典型的纵沟纹的特征，说明比桃原始。

6. 陕甘山桃与山桃、甘肃桃的关系　陕甘山桃为山桃与甘肃桃的种间杂交种。

7. 扁桃之间的关系　西康扁桃、长柄扁桃与蒙古扁桃相似，尤其是后两者极为相似。

8. 真桃组与扁桃组的关系　西康扁桃与甘肃桃在核形、核纹上近似，蒙古扁桃似西康扁桃核纹，长柄扁桃似榆叶梅。

以上说明，从光核桃向甘肃桃、山桃、新疆桃和桃进化，其间扁桃尤其西康扁桃可能发挥了重要作用。

表8-1　桃及其近缘野生种的核结构特点比较

名称	核重（g）	核长（cm）	核宽（cm）	核厚（cm）	核面纹饰结构	
					点纹	沟纹
光核桃	1.10	1.78	1.37	1.06	无	少
甘肃桃	1.73	2.01	1.54	1.44	无	多
山桃	2.98	2.09	1.78	1.61	极多	多
陕甘山桃	2.00	1.70	1.50	1.30	极多	少
新疆桃	5.85	2.92	2.55	1.81	少	极多
普通桃	6.40	3.50	2.40	1.70	多	多

光核桃

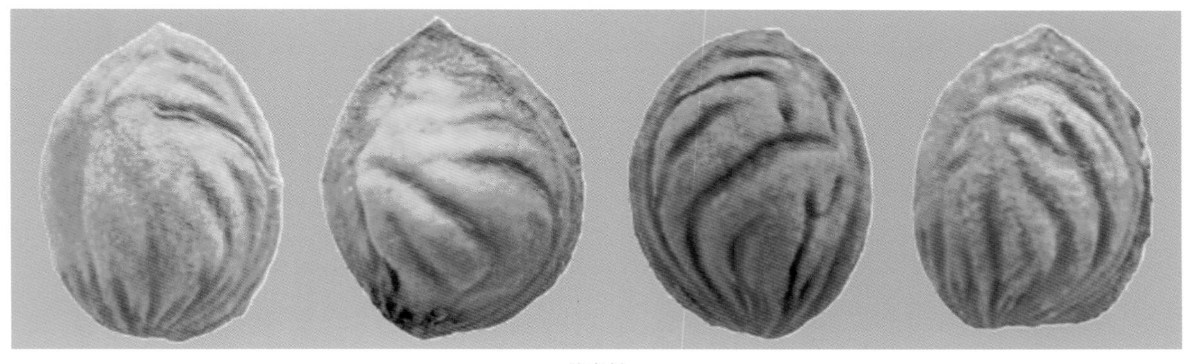

甘肃桃

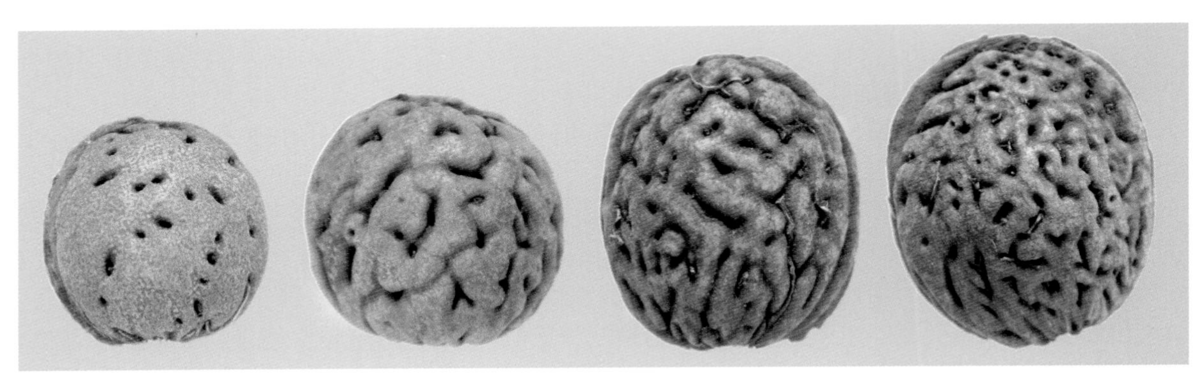

山　桃

新疆桃

图 8－4　桃组野生近缘种核纹比较

西康扁桃

长柄扁桃

蒙古扁桃

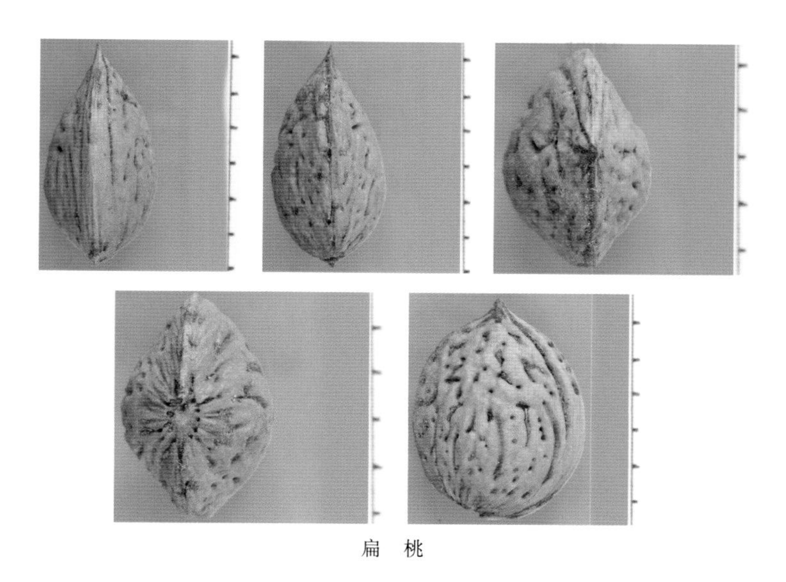

扁　桃

野扁桃

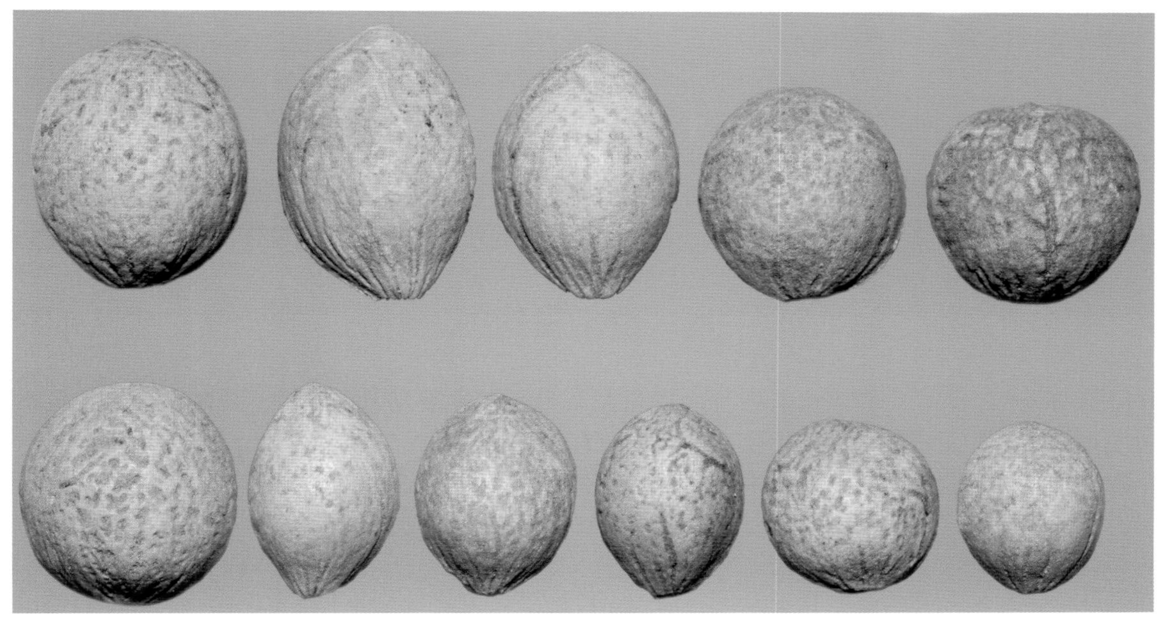

榆叶梅

图 8－5　扁桃组桃核纹比较

三、细胞学

（一）染色体

桃亚属的 12 个植物学种，其染色体均以 8 条为基数，真桃组的 6 个植物学种和扁桃组的扁桃、野扁桃、西康扁桃、蒙古扁桃均为二倍体（$2n=16$），榆叶梅为八倍体（$2n=8x=64$），长柄扁桃为十二倍体（$2n=12x=96$）。

（二）花粉粒形态特征（图 8-6）

光核桃、甘肃桃和山桃三者之间存在明显差异。光核桃花粉粒外壁纹饰呈平行条纹状纵向延伸，条纹之间无穿孔；甘肃桃外壁纹饰也呈平行纵向延伸，条纹存在规律性弯曲，但与光核桃不同的是条纹之间有少量穿孔；山桃外壁纹饰条纹呈间断平行，穿孔较多；新疆桃花粉粒外壁饰纹不同部位呈间断平行或网状两种纹饰，并具有较多的穿孔；桃外壁纹饰呈网状，穿孔多。根据被子植物花粉外壁纹饰的演化由无结构层（光滑）向穿孔型（穴状）类型发展的原理，可以证明光核桃在桃属植物的 5 个种中起源、演化中处于最为原始的地位，即桃属植物种的演化方向为：光核桃→甘肃桃→山桃→新疆桃→普通桃，与汪祖华（2001）、过国南（2006）结论一致。

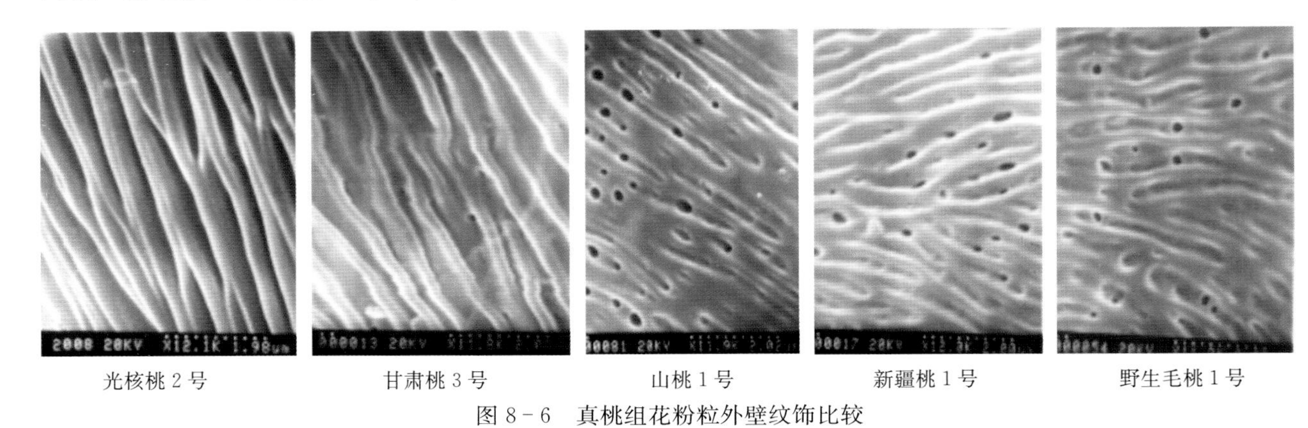

图 8-6 真桃组花粉粒外壁纹饰比较

（三）花芽分化

甘肃桃、山桃、西康扁桃、长柄扁桃和蒙古扁桃花芽在越冬前已经形成四分体，越冬后形成雄配子体，即这些种雄配子体具有早熟的原始性，而桃和新疆桃均在越冬后形成四分体和雄配子体。

四、分子生物学

RAPD 分子标记表明，桃野生近缘种的进化关系为光核桃最原始，山桃、甘肃桃和陕甘山桃有交叉，说明亲缘关系较近，新疆桃和桃聚为一类，说明亲缘关系更近（郭金英，2004）。

采用筛选的 16 对 SSR 引物，对桃及其近缘种共 16 个种 41 份材料进行了遗传多样性分析，UPGMA 聚类分析结果表明（图 8-7），辽梅与桃的亲缘关系最远，其次为梅杏 1 号与红叶李，再次是青奈；在组①包含有榆叶梅、垂枝梅、梅杏 2 号、珍珠梅、郁李、美人梅、构桃子（西康扁桃）等扁桃组种质；在组②中，与桃的亲缘关系从远及近分别为光核桃、甘肃桃与山桃、白花山碧桃，其中白花山碧桃是山桃与桃的种间杂交种；组③中是新疆桃；组④中是桃。分子标记也反映了由光核桃向甘肃桃、山桃、桃和新疆桃的方向进化。

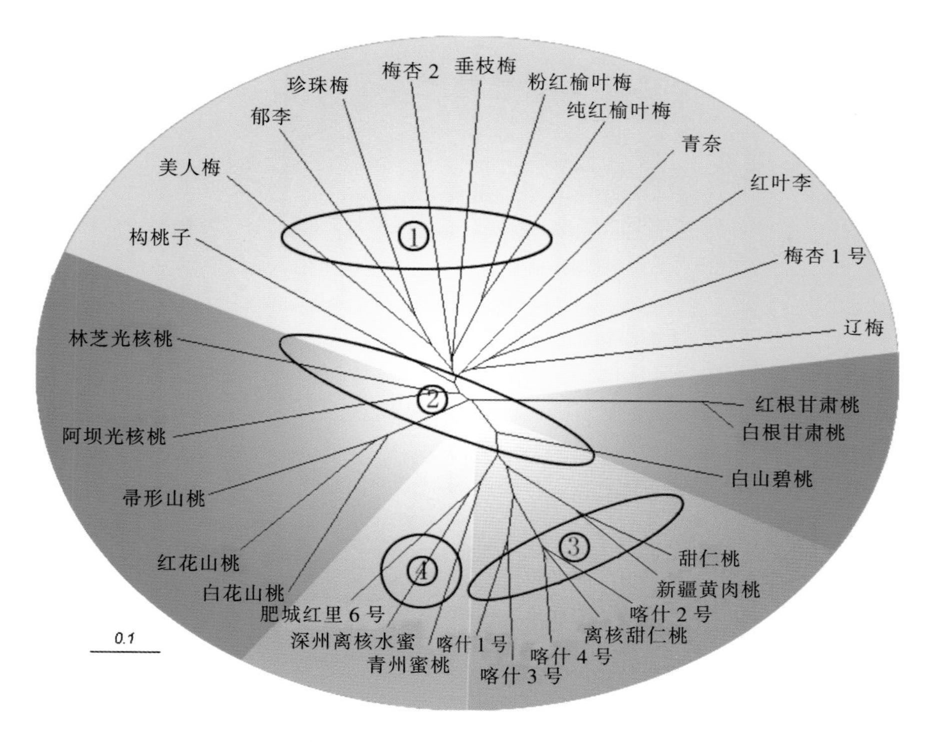

图 8－7　桃野生近缘种聚类图

第二节　地方品种的演化

一、植 物 学

西南桃品种核面轻微粗糙，而西北桃品种核面很粗糙，与新疆桃品种和欧洲古老桃地方品种如凯旋、塔什干类似，说明西南桃、西北桃和欧洲古老桃品种关系密切。华北桃、长江中下游和华南桃核点纹、沟纹均明显，表现相对进化；同是长江中下游华中品种较华东品种核纹更为简单，说明华中较华东品种原始。观赏桃核纹少，较为简单，相对原始，可能是观赏桃在人工选择时仅选择了单一性状，如树姿、花色、瓣性。从中国云南引进的低需冷量种质阿克拉娃，与云南屏边毛桃近似，可能与甘肃桃有关；贝蕾、哈露红、西伯利亚 C 是从中国东北引进的抗寒种质，点纹明显，可能是融入了山桃的基因（图 8－8）。

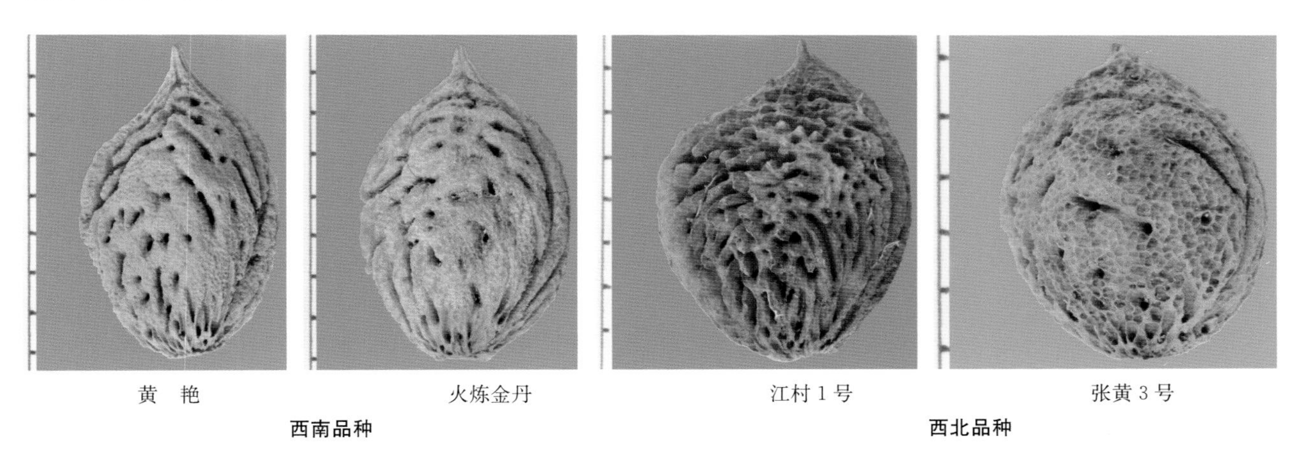

黄　艳　　火炼金丹　　江村 1 号　　张黄 3 号

西南品种　　西北品种

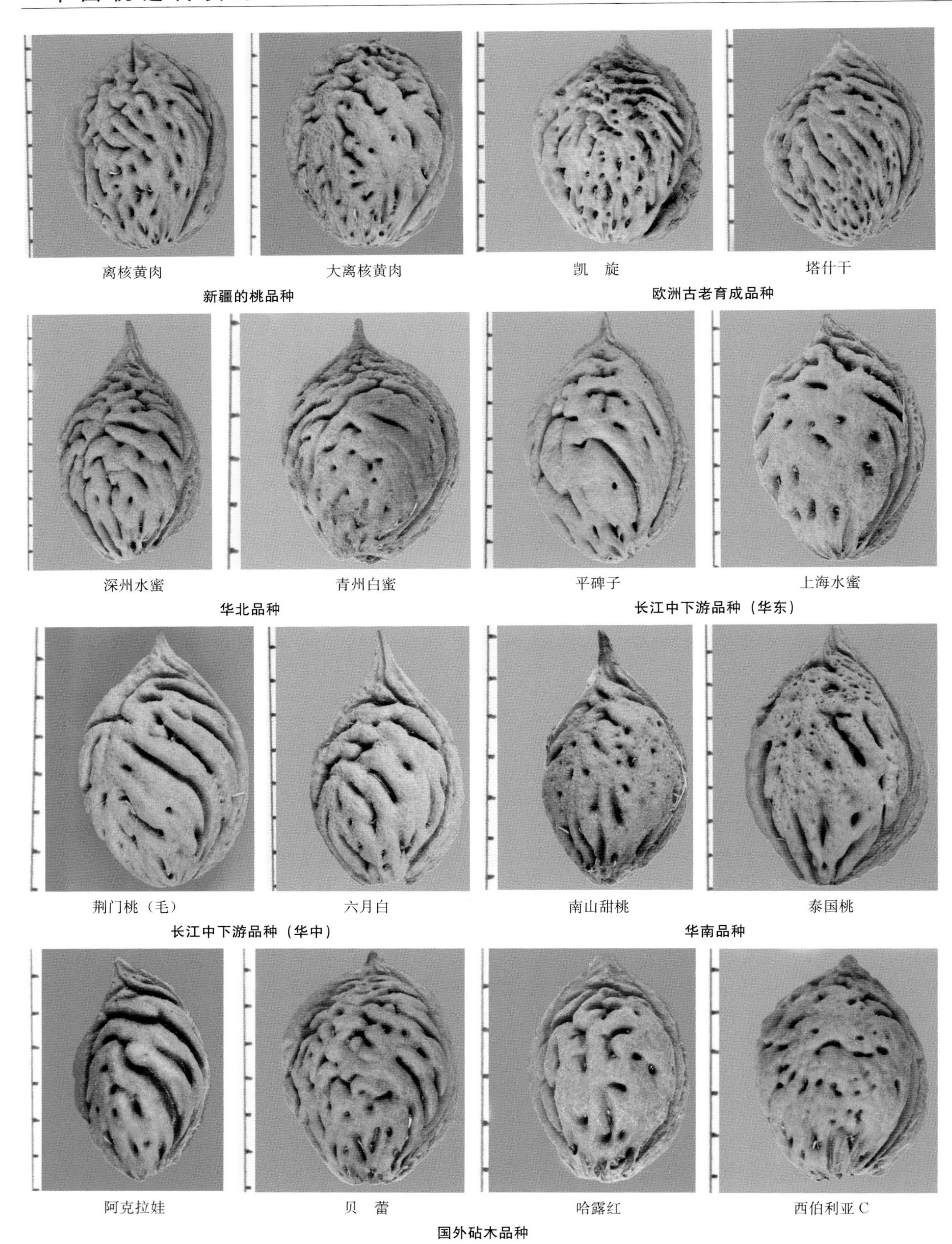

图8-8　不同生态群地方品种核纹比较

二、生 态 学

需冷量是反映不同生态型的最基本指标。中国地方桃品种需冷量的系统研究表明，云贵高原区为550～650h，青藏高原区为650h，西北区为750～900h，华北区为900～1 200h，长江中下游区为800～900h，华南区为200～300h，东北区为650h（王力荣，1997）。从需冷量的角度认为中国桃品种从青藏高原向东进化，两条进化路线应该是存在的，且两条进化路线在进化中有交叉，交叉的位点在硬肉桃。由于北方硬肉、南方硬肉与南方水蜜桃需冷量最为接近，因此，水蜜桃由硬肉桃而来。地方品种油桃、蟠桃不仅需冷量与西北桃相近，而且生长势等生物学特性与西北桃也近似。因此，认为即使是南方蟠桃也由西北蟠桃而来。矮化、重瓣、菊花桃品种需冷量为1 000～1 200h（朱更瑞，2004），应该属于华北平原区起源的品种。

三、细 胞 学

花粉粒条纹宽度和条纹倾斜度基本上能够反映不同地理类群的进化关系，即从西南到西北，再到华北和长江中下游，条纹宽度增加，倾斜度由基本平行进化为弯曲有交叉（图 8-9）。

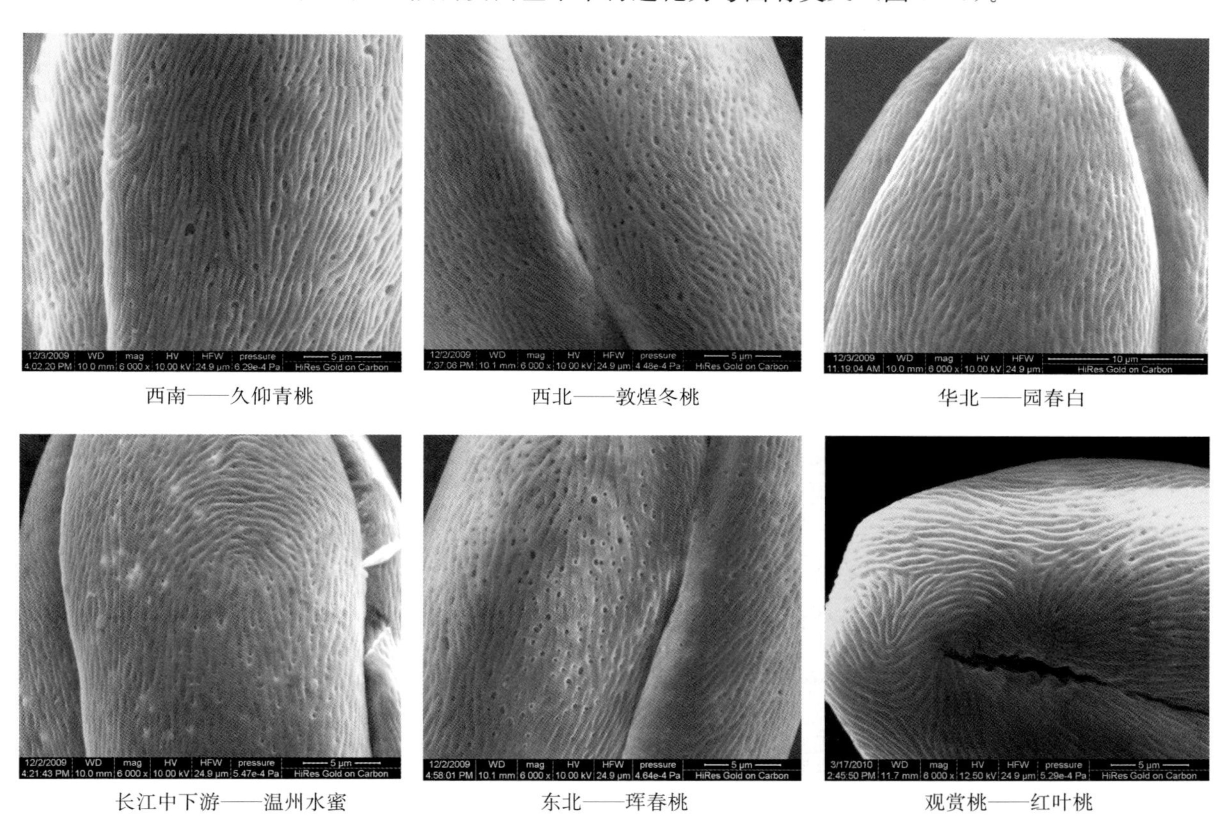

西南——久仰青桃　西北——敦煌冬桃　华北——园春白

长江中下游——温州水蜜　东北——珲春桃　观赏桃——红叶桃

图 8-9　地方品种花粉粒外壁纹饰比较

WD 为工作距离；mag 为放大倍数；HV 为高压；HFW 为宽屏；pressure 为气压；HiRes Gold on Carbon 为碳喷金

四、分子生物学

利用 53 对 SSR 引物对 104 份地方品种的进化关系进行分析，104 个品种可以分为 7 类，相同地理起源的品种大致聚为一类（图 8-10）。A 类群包括新疆桃和普通桃中的西北品种群；B 类群大部分为西北品种群，其次为一些华北品种群和长江中下游品种群；C类群为东北品种群；D类群为3份云贵品种群；E类群大部分为长江中下游品种群；F类群主要为华北品种群种质及个别的西北品种群和长江中下游品种群；G类群为混合类群，包括大部分云贵品种群、长江中下游品种群和西北品种群。同一类群中存在不同地理起源品种的过渡类群，说明该类群的进化程度不一致，反映了地方品种人为引种活动的结果。

根据图8-10的结果，云贵品种群、西北品种群、华北品种群、东北品种群、长江中下游品种群以及华南亚热带品种群的遗传距离见图8-11。如果以云贵品种群为祖先类群，云贵品种群与华北和长江中下游品种群关系最为密切，其次是西北品种群，最远的是东北品种群和华南亚热带品种群，究其原因是西北品种群在进化过程中相对独立，与中亚桃的关系更为密切；东北品种群从华北品种群中抗寒种质进化而来，而华南亚热带品种群可能是云贵品种群与长江流域品种群杂交的结果。以上结果表明野生近缘种的进化主要是受地理环境的影响，是自然进化的结果；而地方品种群的进化除了与自然环境有关外，人为引种驯化也起到了重要作用（Cao Ke，2012）。

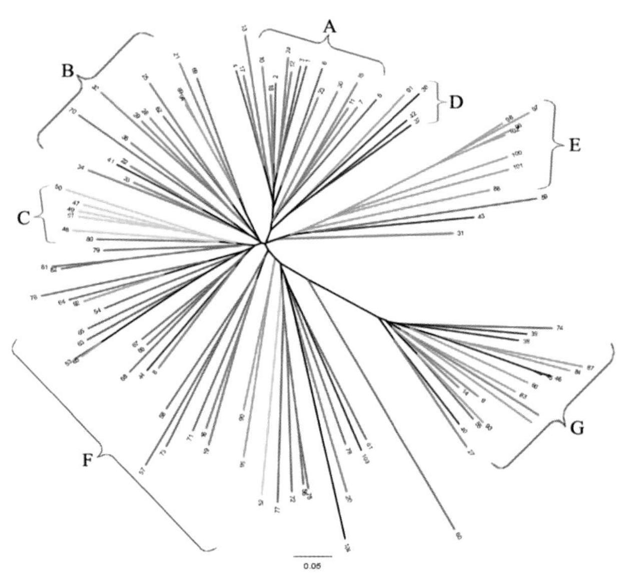

图8-10　地方品种SSR聚类图

注：红色为新疆桃，其余颜色为桃：橙色来自华北品种群；黄色来自东北品种群；绿色来自西北品种群；青色来自长江中下游品种群；蓝色来自西南品种群；黑色来自华南品种群。

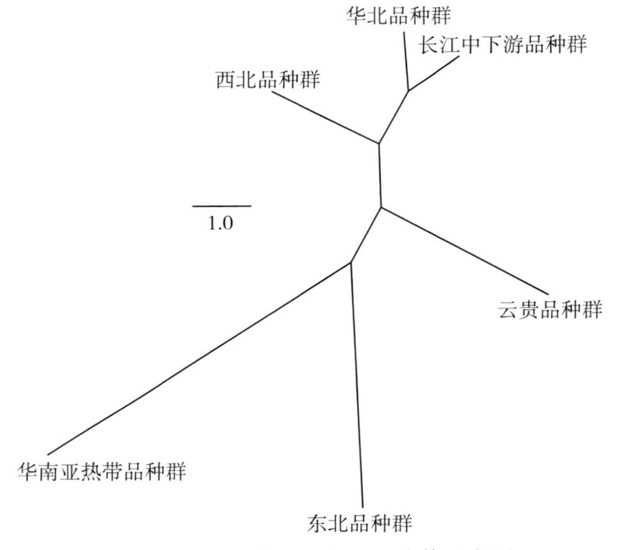

图8-11　不同地理群SSR遗传距离图

第三节　杂交证据

一、人工杂交证据

（一）桃、扁桃、甘肃桃杂交种群

GF677为桃与扁桃的杂交种，其花型为蔷薇形，花色是粉色，与普通桃近似，甘肃桃也为蔷薇形花（图8-12）。GF677与红根甘肃桃1号进行杂交，F_1花型、花色、花径、花药色及花粉有无等均产生广泛分离（图8-13），产生了铃形花，因此铃形花可能是桃、扁桃与甘肃桃种间杂交而来；其F_1的果实，缝合线开裂（图8-14），类似扁桃，果形似山桃，且核纹的点纹明显；F_1的核纹亦产生广泛分离，分为扁桃型、新疆桃型和甘肃桃型（图8-15）。以上说明当真桃组与扁桃组进行种间杂交时，可产生极其广泛的变异，继而推测山桃、普通桃的点纹来自扁桃，在真桃组的起源进化中融入了扁桃的基因。

GF677

红根甘肃桃 1 号

图 8－12　GF677 与红根甘肃桃 1 号花性状

图 8－13　（GF677×红根甘肃桃）F_1 花性状分离

缝合线开裂

结果状

图 8－14　（GF677×红根甘肃桃）F_1 果实性状

图 8-15 (GF677×红根甘肃桃) F_1 核性状分离情况

(二) 桃与山桃杂交

桃与山桃杂交，其后代趋向山桃，但后代核尖突出，沟纹明显，表现了普通桃的特征（图 8-16）。

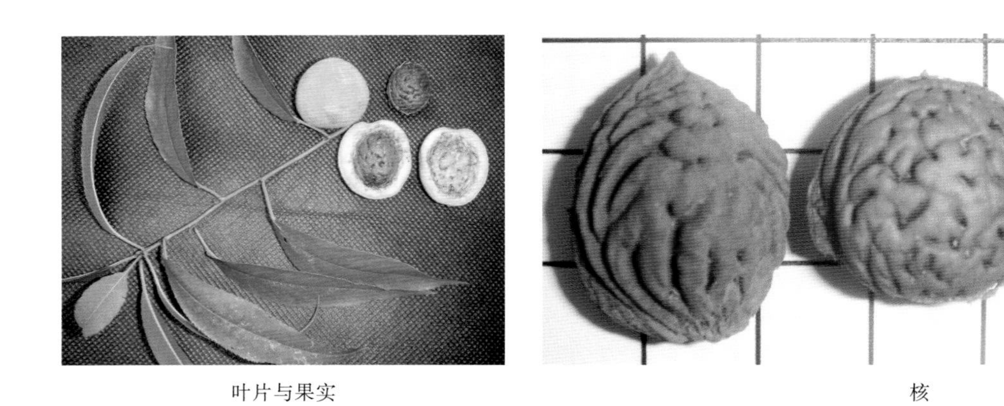

叶片与果实　　核

图 8-16 普通桃与山桃杂交变异

二、自然杂交证据

(一) 西南地区野生近缘种中间类型

自然界中桃野生种的中间类型是自然杂交的结果。光核桃中有类似甘肃桃、新疆桃或其他种间杂交种类型（图 2-27）；云南省屏边县野生毛桃核纹的直纹类型（类似深沟型光核桃）接近甘肃桃核纹，推测与甘肃桃亲缘关系密切；核直纹毛桃不仅在云南广泛存在，在贵州和重庆也有分布（图 8-

17），只不过贵州、重庆当地的核纹中直纹数量有所减少，沟纹、点纹有所增加，更趋向于普通桃。图 2－27 与图 8－17 展示了从光核桃向甘肃桃、新疆桃、普通桃的核纹进化过程，其中云南直纹毛桃在此过程中发挥了重要桥梁作用，推测该类型在光核桃向甘肃桃、新疆桃和桃进化过程中起到承上启下的作用。

（二）伏牛山区和太行山区的野生近缘种中间类型

伏牛山区和太行山区中广泛存在着不同种间的杂交类型。伏牛山野生毛桃以普通毛桃为主，有甘肃桃与桃的杂交类型、普通桃与山桃的杂交类型（图 8－18）；太行山以山桃为主，有普通桃与山桃的种间杂交类型，该类型叶形、果形和核形均介于二者之间（图 8－19，图 8－20）。图 8－18、图 8－19 和图 8－20 反映了甘肃桃向山桃的核纹地理进化过程。

云南省屏边苗族自治县野生桃

（李国怀提供）

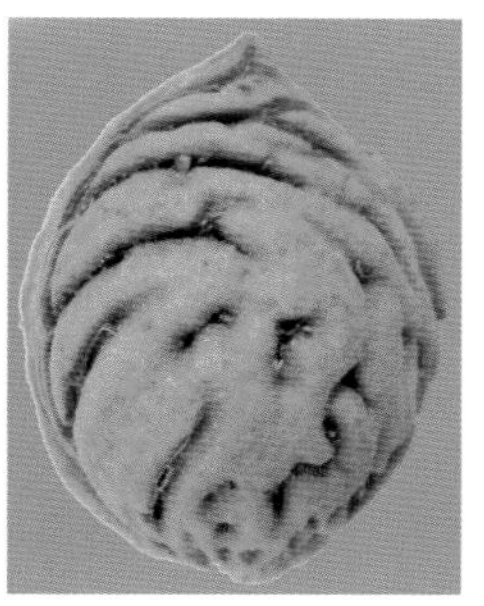
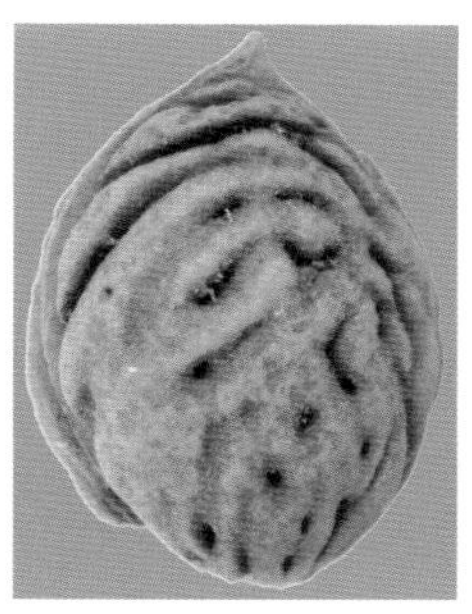
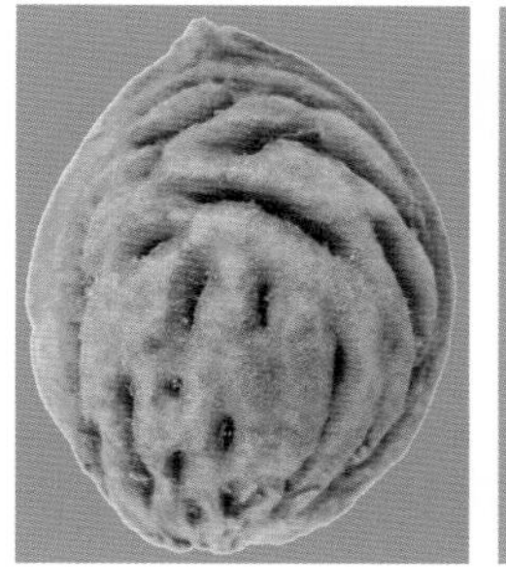
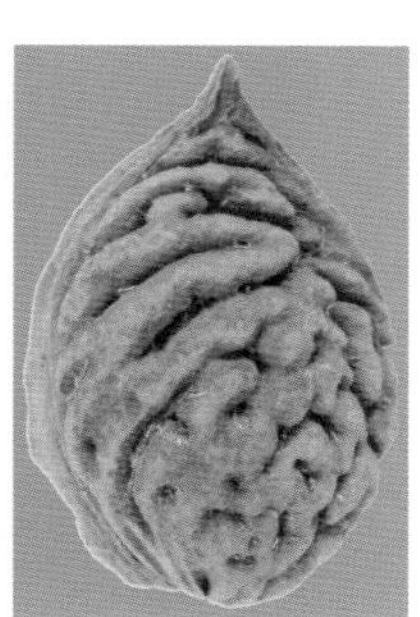

贵州省野生毛桃

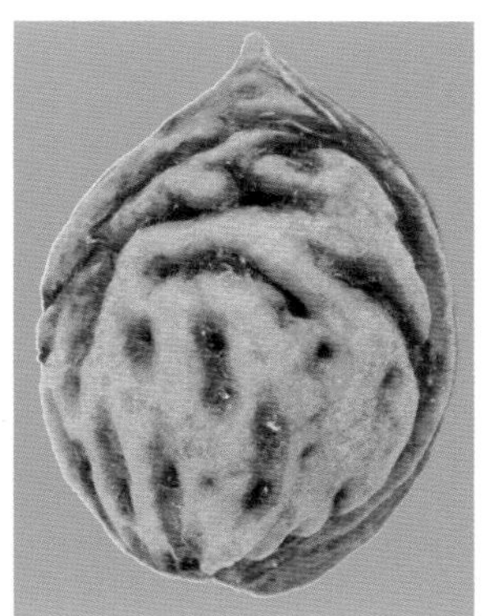
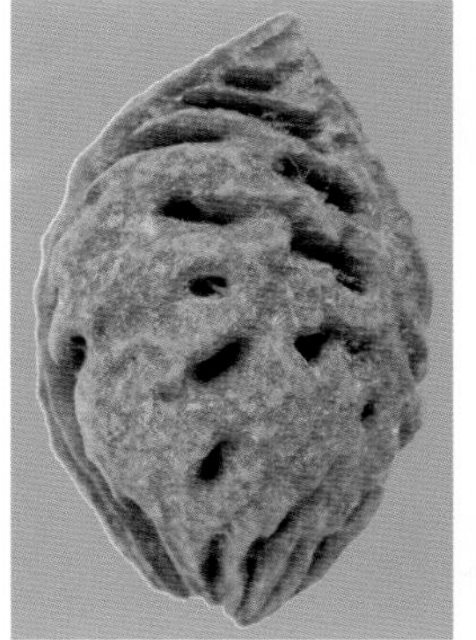
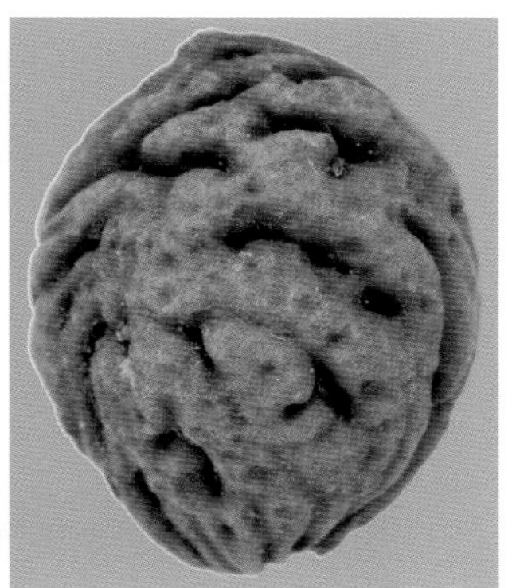

重庆市野生毛桃

图 8－17　云南省、贵州省和重庆市野生桃核纹的比较

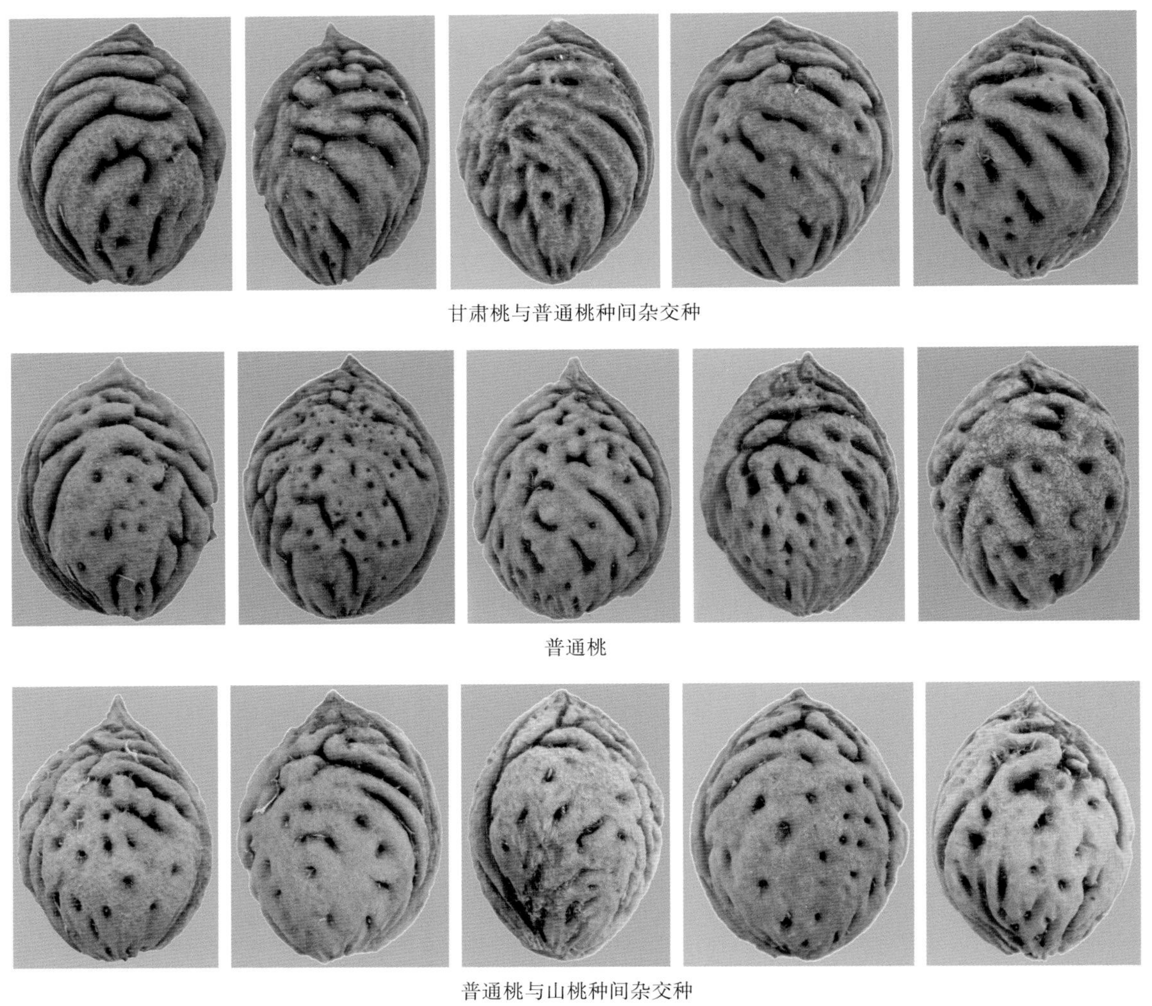

甘肃桃与普通桃种间杂交种

普通桃

普通桃与山桃种间杂交种

图 8-18　伏牛山区野生桃核纹的比较

叶片与果实　　　　叶　腺

图 8-19　太行山区普通桃和山桃的自然杂交种

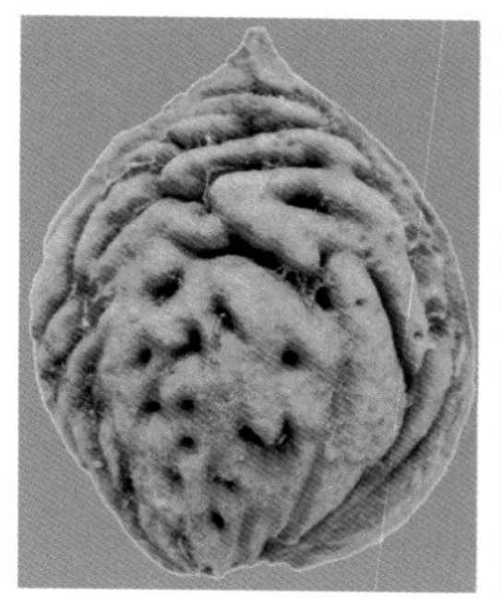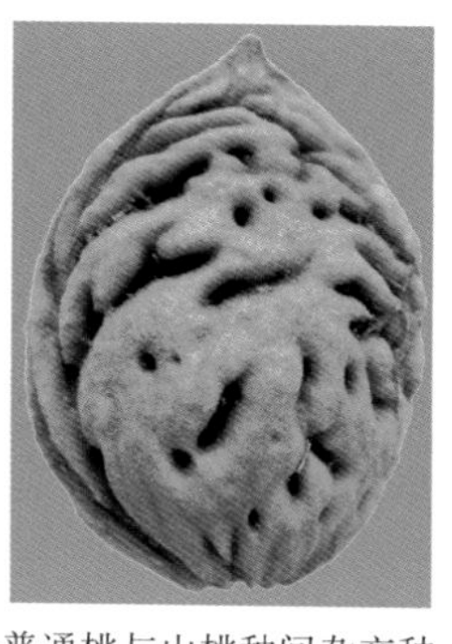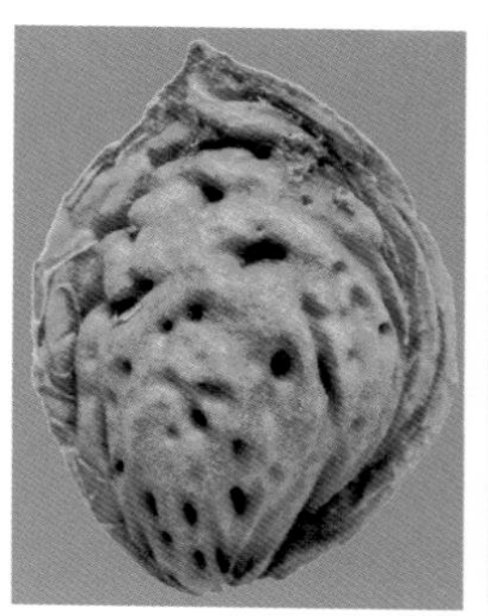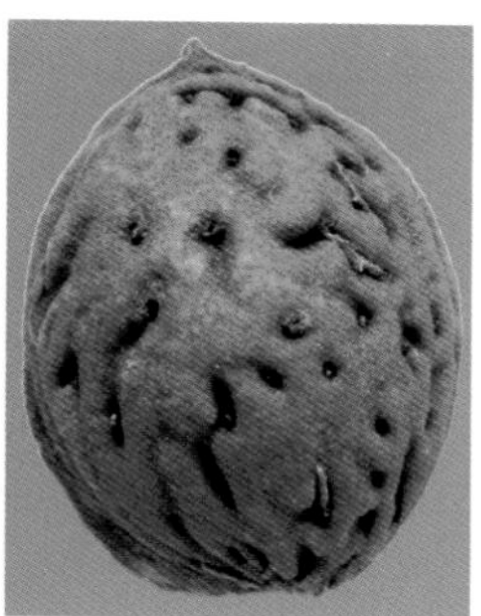

普通桃与山桃种间杂交种

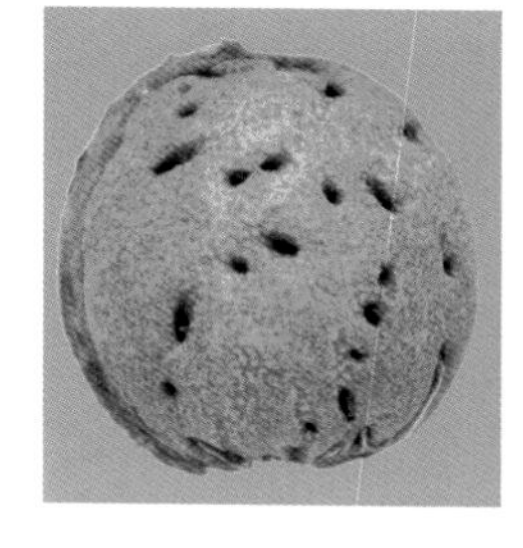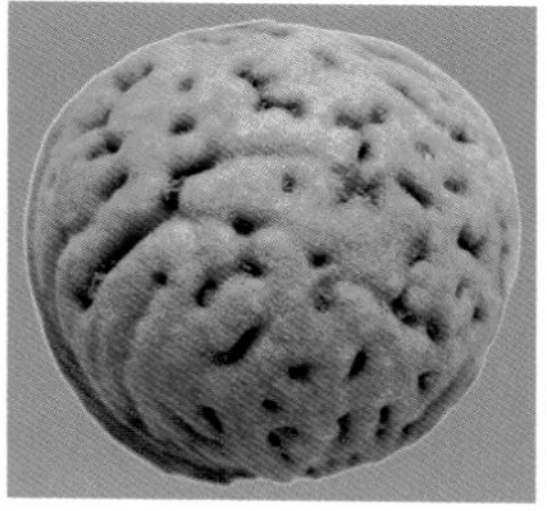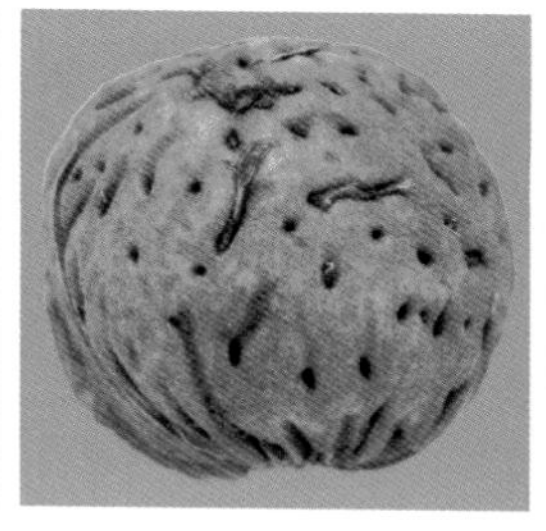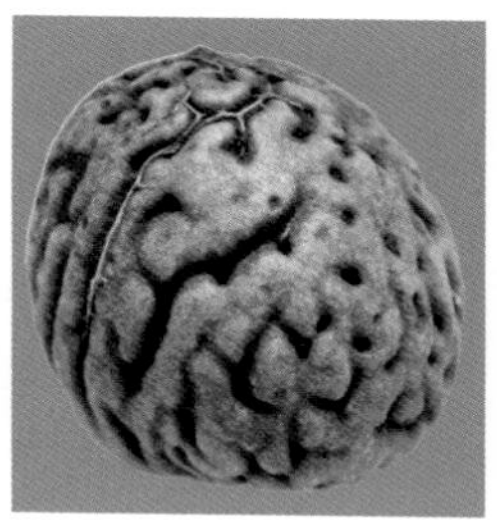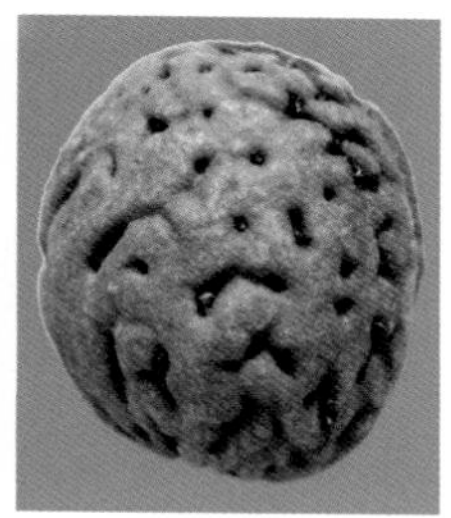

山　桃

图 8－20　太行山区野生桃核纹的比较

（三）自然杂交结论

桃野生种子核纹比较是桃进化方向最有力的证据。综合以上认为桃野生近缘种从青藏高原起源，一路向东、向北进化。

第四节　桃及其近缘植物的演化、进化图

一、中国桃野生近缘种的演变方向

根据以上研究结果，作者认为光核桃为最原始种，光核桃与西康扁桃杂交产生甘肃桃，甘肃桃与西康扁桃杂交产生新疆桃和山桃。在扁桃中西康扁桃最为原始，向长柄扁桃、蒙古扁桃和榆叶梅进化（图 8－21）。

二、中国桃地方品种的演变方向

中国桃最原始的地区在云贵高原和四川西部的区域，由 3 条线向东北、东和东南进化，主线分为黄河线、长江线和珠江线，分别形成北方品种群、南方品种群和低需冷量品种群，3 条线之间均有交叉，形成过渡类型。其中向东北的黄河线从黄土高原沿丝绸之路向西传播为第四条进化线，形成西北品种群，此品种群与欧洲古老品种群密切相关。进化方向除与地理环境有关外，还与中华民族的活动密切相关（图 8－22）。

三、性状的演变

在地方品种进化过程中，与生态条件密切相关形成桃特有的性状，在云贵高原形成黄肉粘核不溶质，在西北品种群中形成果皮无毛、果实扁平、甜仁和核纹皱缩，以及铃形花，在北方品种群中以蜜桃为代表形成果尖突出，肉质介于不溶质与软溶质之间，在南方品种群中以果肉软溶的白肉水蜜桃为代

表，在蜜桃与水蜜桃之间是分布最为广泛的硬肉桃（图 8－23）；在华南地区，形成低需冷量种质。桃及野生近缘种在进化过程中主要性状演变见表 8－2。

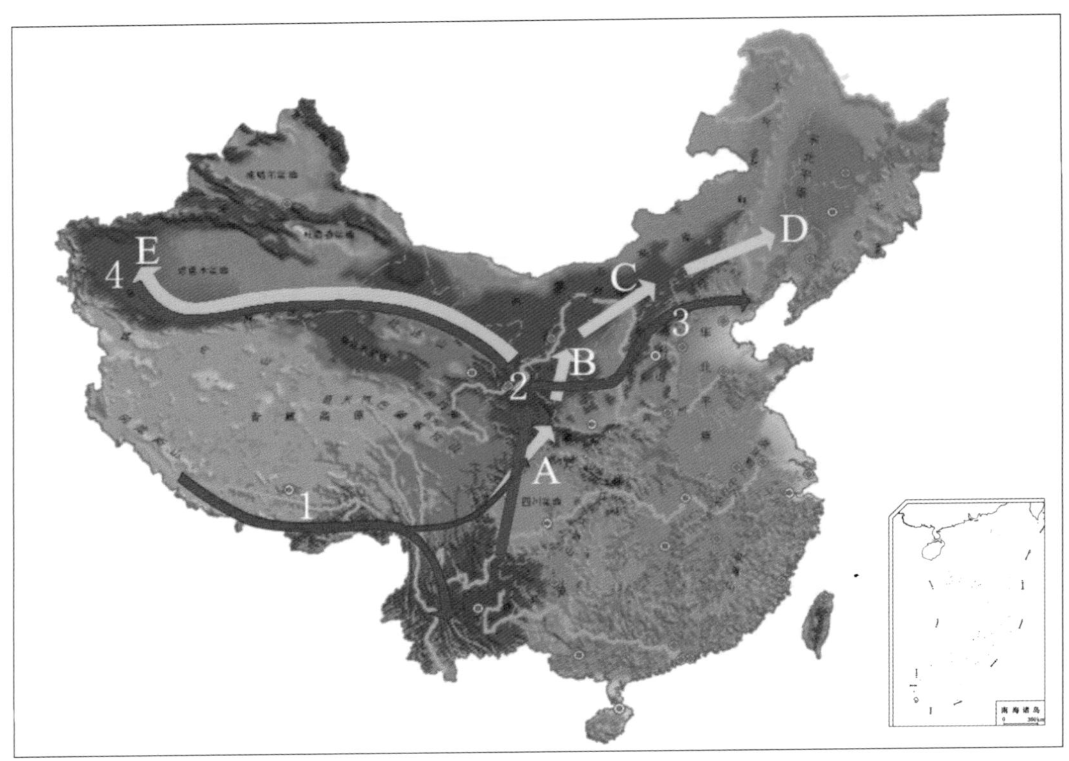

图 8－21 中国桃野生近缘种演变方向示意

1. 光核桃 2. 甘肃桃 3. 山桃 4. 新疆桃 A. 西康扁桃 B. 长柄扁桃 C. 蒙古扁桃 D. 榆叶梅 E. 扁桃

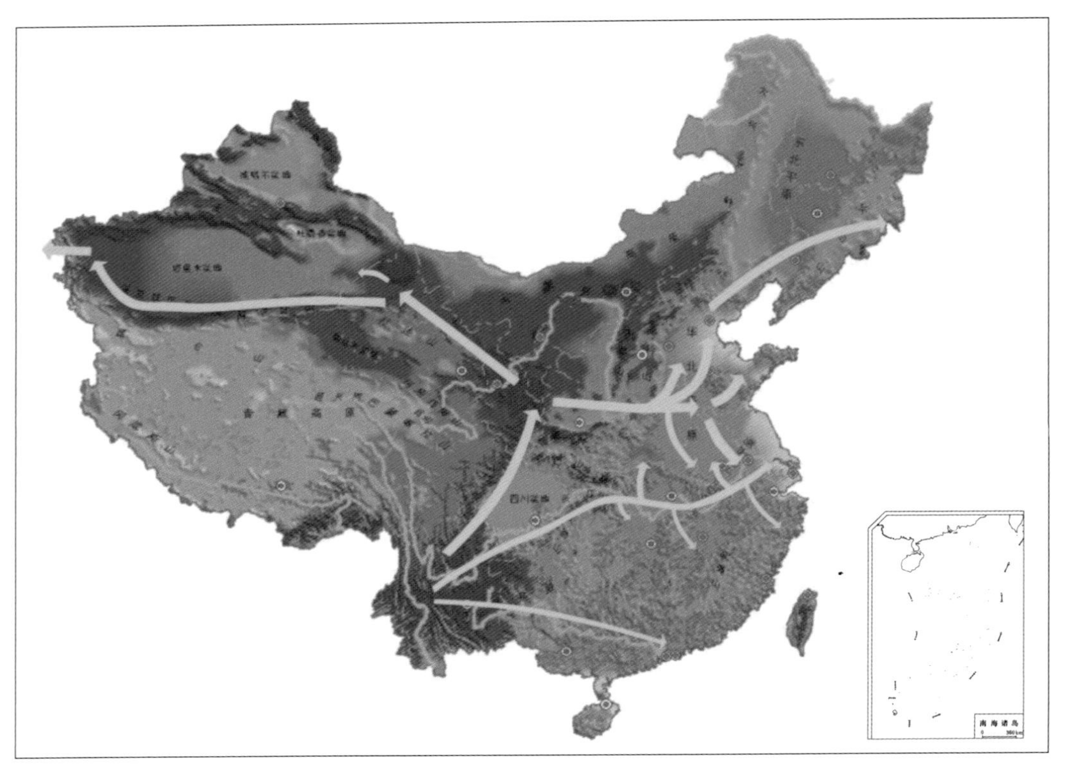

图 8－22 中国桃地方品种演变方向示意

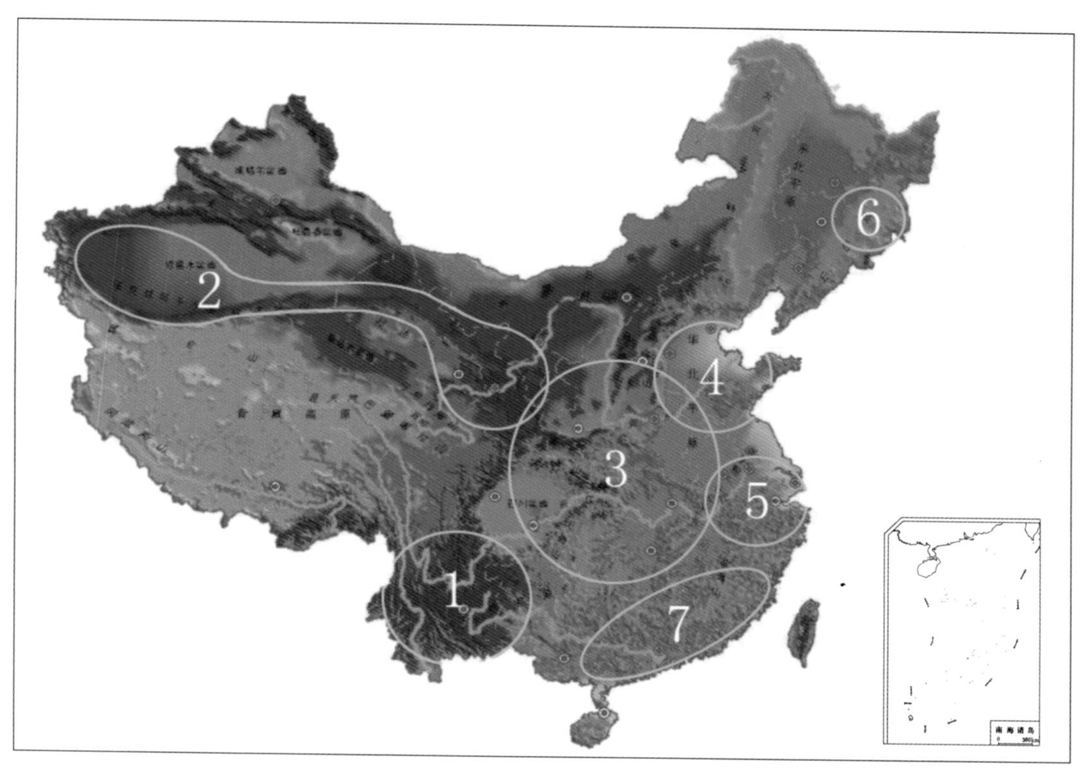

图 8-23　中国桃地方品种性状演变地理示意

1. 黄肉、粘核、不溶质　2. 果实扁平、无毛、甜仁、核纹皱缩

3. 硬肉　4. 果实有尖、肉质为蜜桃型　5. 肉质柔软　6. 抗寒　7. 低需冷量

表 8-2　桃及野生近缘种主要性状演变

性　状	原始性状	进化性状
子叶	出土	不出土
树形	自然开张形	帚形、垂枝形、矮化形
树皮皮孔	大、小	小、大
叶腺	肾形	圆形
花型	蔷薇形	铃形、菊花形
花粉育种	可育	不稔
花色	粉红	红、白
花瓣性	单瓣	重瓣
果皮茸毛	有毛	无毛
果实形状	圆	扁平
果肉颜色	白肉	红、黄肉
肉质	溶质	不溶质
核粘离性	粘核	离核
核纹	光滑	沟纹、点纹
核仁风味	苦	甜
果实成熟期	晚	早

第九章 桃遗传多样性与中国桃文化

桃树是一种古老的果树树种，有近 4 000 多年的栽培历史。桃以色泽艳丽、肉细汁多、风味鲜美、芳香诱人而成为果中佳品，民间神话中广传为“仙果”，作为吉祥之兆，被誉为“寿桃”。中国的山川、峡谷和县乡亦多用桃命名，陶渊明的“世外桃源”更是人们梦寐以求的理想家园。“桃李满天下”形象地说明了桃适应性广，“桃园三结义”更是友谊的象征。桃丰富的遗传多样性为中国源远流长的桃文化奠定了物质基础，而中国桃文化是桃遗传多样性保护与利用的重要载体。因此，中国桃文化与中国桃遗传多样性密不可分。

第一节 “桃”的名称及其来源

据《说文解字》中解释：桃与梅、李、杏同属一类，统称为“某”字，“某”是酸果类的意思（远古时代，桃品种处于野生及半野生状态，风味多酸），“某”字可分解为“甘”和“木”，“甘”在古代时与“母”字为同形字，而“母”字上加一“人”即为“每”，“每”加“木”为“梅”。怀孕的妇女喜欢吃酸的食物。桃与梅同属酸果，因而桃也就成了怀孕妇女要生孩子，家庭要增添人口的吉祥征兆。

另有说法认为在距今 3 400 多年前，先人经常利用烧灼龟甲来占卜吉凶。灼烧时，龟甲的裂痕往往会呈卜形，并爆发出噗的声音，龟甲向左右裂开时卜纹的样子就是“兆”字。而熟透后的桃子也会向左右两边裂开，裂开的桃面上就会出现像卜卦一样的裂纹。这就是“桃”中“兆”的来历，“桃”由“木”与“兆”组成，就成了吉祥之树。

第二节 有关桃的传说与习俗

一、消灾避难挂桃符

北宋王安石在《元日》中有“千门万户曈曈日，总把新桃换旧符”诗句，于是“新桃换旧符”成了辞旧迎新、年代更替的同语。以后桃符逐渐被春联、年画所代替。挂桃符于门户之上的由来与古人对桃的崇拜有关。远古时期人类靠采集植物果实为主要食物，桃为中国较早的野生可食植物果实，它味美色艳极得人们的喜爱与尊崇，逐渐在人们心目中成了灵物，作为长寿、多子多福的象征。由于人们对桃过分宠爱，逐渐将桃木崇拜为可消灾避邪、制鬼降妖的圣物，并称为“神树”“灵树”。

据史书记载，东海中有度朔之山，山上有棵巨大的桃树，树顶之上站着一只“天鸡”，每当东方微亮，“天鸡”便啼叫黎明的到来，随即天下公鸡便跟着一齐呼唤黎明。大树枝叶之间，东北处，有座鬼门，游散众鬼由此出入，此门由两位大神管理，一为神荼，二为郁垒，妖魔鬼怪被捆去喂老虎，于是人们用桃木雕绘神荼 、郁垒挂于门上，门上贴公鸡和老虎，以御鬼怪。

至少在 2 000 年前中国就有挂贴门神的习俗，桃木可消灾避邪的习俗一直流传至今，现在也常见出门的妇女怀里抱着孩子，孩子腰里插着桃枝，以保佑母子平安。久病不愈的人往往在屋里挂桃木以驱邪避灾，企盼早日恢复健康。如今，用桃核、桃木及桃根做的工艺品精致美观，极大地丰富了人们的文化生活（图 9－1）。

桃核工艺品

桃如意

图 9－1　桃工艺品

二、长命百岁的祝愿

据古书《山海经》记载，西王母是居住在中国西部昆仑山的仙女，她的生日是农历三月三，正是桃红柳绿时。“王母娘娘的蟠桃园有三千六百株桃树。前面一千二百株，花果微小，三千年一熟，人食之便成仙得道。中间一千二百株，六千年一熟，人食之霞举飞升，长生不老。后面一千二百株，紫纹细核，九千年一熟，人食之与天地齐寿，日月同庚。”《西游记》中王母娘娘的蟠桃盛宴在吴承恩笔下熠熠生辉（图 9－2）。这固然是传说，但与桃果实含多种维生素和微量元素密切相关。为老人祝寿，果实尖圆的蜜桃作为长寿的标志。河南丁石斋商贸有限公司是全球首家专业从事中华民族传统“寿桃”文化研究、设计、制造的高科技企业，并将桃文化发扬光大（图 9－3）。

梦幻西游

九千年一熟蟠桃

图 9－2　《西游记》中蟠桃会

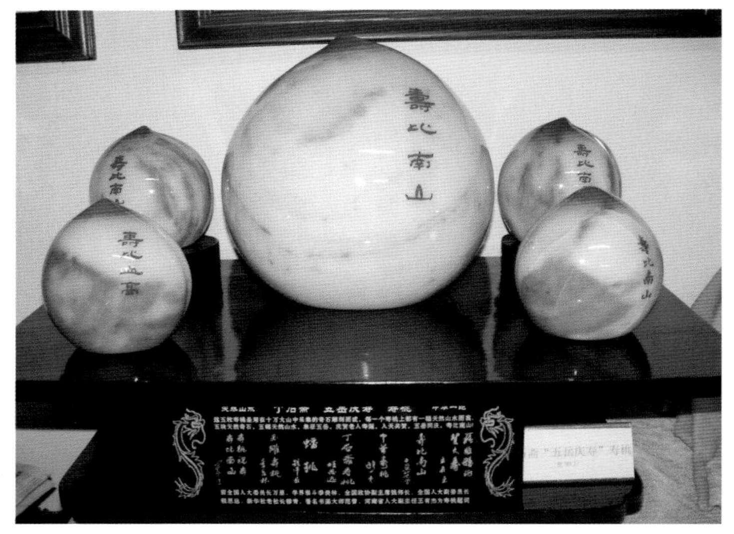

河南省郑州市丁石斋玉石陶艺

中国传统老寿星

图 9－3　寿　桃

三、女性美丽的象征

或许是“桃”本身的意义与女性有关，或许是因为桃花、桃果实与女性有着共同的美丽，所以与“桃”有关的词语大多与女性有关。“人面桃花”是对女性美貌的最高赞赏，甚至很多桃品种的名字都是女性化的，如人面桃、绯桃、胭脂桃、鸳鸯垂枝、合欢二色、二乔媲美，不仅中国如此，国外亦是，如 Snow Queen（雪皇后）、Gold Queen（金皇后）、Rich Lady（富太太）。意大利培育的桃品种多以 Maria（玛丽）命名，可见桃与女性的美丽是世人共识的。

四、向往的理想王国

“忽逢桃花林，夹岸数百步，中无杂草，芳香鲜美，落英缤纷。”东晋诗人陶渊明把一个宁静、祥和的理想乐园描绘为桃花源。一些武侠小说中把那种与世隔绝、高人所居之处说成是桃花岛。湖北的仙桃市、湖南的桃源县、台湾的桃源市……以桃命名的地名数不胜数，都是对家乡寄予美好的祝愿。当今社会，人们对陶渊明描绘的世外桃源更是向往。英国作家詹姆斯·希尔顿在他著名的《消失的地平线》一书中写到：毫无疑问，桃花源是中国文化深处最动人的‘香格里拉’。

桃花象征着美好愿望，在 2008 年北京奥运会开幕式上，无数立体的桃花出现在活字印刷版的顶端，雄伟的长城形象被优美的桃花覆盖，让人瞬间置身于满园春色、和谐浪漫的桃花仙境，表达中国人热爱和平的美好心愿（图 9－4）。

活字印刷版立体桃花

图 9－4　北京奥运会开幕式

第三节　桃花满山诗满山

中国人民从古到今喜爱桃花。桃花是春天的象征，桃花源是人们理想的家园。历代文人墨客常以桃花为主吟诗作赋，“桃花满山诗满山”的词句充分体现了桃花与诗的密切关系（图 9-5）。

远在公元前 11 至前 6 世纪，《诗经》就首先用简洁美丽的诗句：“桃之夭夭，灼灼其华”描写桃树开花状况。白居易“人间四月芳菲尽，山寺桃花始盛开”，李白“犬吠水声中，桃花带露浓”，杜甫“桃花一簇开无主，可爱深红映浅红”、“三月桃花水，江流复旧痕”，苏轼“野桃含笑竹篱短，溪柳自摇沙水清”，晁冲之“鹅鸭不知春去尽，争随流水趁桃花”，元好问“爱惜芳心莫轻吐，且教桃李闹春风”，谭嗣同“棠梨树下鸟呼风，桃花溪边白复红”等，这些诗句用桃花赞美了万物复苏的春天，生机盎然，蒸蒸日上的自然景象，抒发作者对大自然和生活的热爱。以桃花寄情描绘理想家园的还有南宋谢枋得“寻得桃花好避秦，桃红又是一年春”，清代施闰章“野水合诸润，桃花成一村”，南朝阴铿“沅水桃花色，湘流杜若香”，唐朝张旭“桃花尽日随流水，洞在清溪何处边”等等。

图 9-5　中国桃文化诗歌墙（四川省成都龙泉驿）

第四节　桃的药用价值

桃的根、叶、皮、花、果、仁均可入药，具有医疗作用，《本草纲目》、《神农本草经》、《名医别录》、《伤寒论》等医学名著中都有桃的药用价值、诸多民间疗法的记载。桃树皮可治赤痢，桃叶可治伤风、呕吐、腹痛、脱肛，桃果实具有治疗吐血、下血、盗汗等病症，桃花干燥后食用可利尿，治疗浮肿、便秘，桃仁更是常用中药材，具有消炎、祛淤血的作用，可治妇科病、脑出血、高血压、荨麻疹、急性大肠炎、膀胱炎、膀胱结石、坐骨神经、眼病、牙痛等多种疾病，桃胶可治疗淋症、糖尿病。桃花色苷对心血管病、脑血管病具有功能性作用。民间用桃花、桃仁、桃胶制作成多种营养保健药膳。

第五节　中国桃文化对世界的影响

中国桃文化对日本的影响是中国文化对世界文化影响的一个方面。日本关于水蜜桃的最早记载是明治十二年（1879 年）3 月博物局刊印的博物杂志第三号，明治四年（1871 年），由崎阳县人满川新三在中国上海得到两三个天津水蜜桃种子，据考究，引进到日本的水蜜桃即上海水蜜系这一品种。而正是上海水蜜奠定了日本现代桃育种的基础，以至日本桃育种家感叹地说：“您们（中国）的桃是我们的祖先，我们的桃是您们的子孙”。

桃的日文名“モモ”，其意为灵果、灵木的意思。三月节踏青、桃太郎的传说是日本桃文化的典例，无不透示着中国桃文化喻以桃的美丽、吉祥的象征。现代日本植物园中的桃花更是争奇斗艳，桃插花、桃花酒、桃果酒在日本更是寻常。美国特拉华州（Delaware）的州花为桃花，希腊等欧洲国家桃花也有一定市场。

第六节　桃文化与当代人的生活

一、多样性丰富了人们的生活

当代中国人除保留传统的桃文化以外，随着人民生活水平的提高，桃文化绽放出更加绚丽的色彩。当代人对果品追求多样化、时令化，绿色保健果品备受青睐，汁多味美、营养丰富的水蜜桃、蟠桃成为我国人民消费的主要水果种类之一，油桃以其光滑无毛、外观艳丽、食用方便竞相走向市场，成为人们消费的新热点。新疆是桃的原产地之一，甜仁桃、李光桃、蟠桃驰名中外，传说中王母娘娘的蟠桃盛会在天山天池举行，加之新疆得天独厚的气候条件赋予了蟠桃更加香甜浓郁的风味，使新疆人对蟠桃更是情有独钟，每年在新疆阜康举办的蟠桃会规模赛过传说中王母娘娘的蟠桃会。

二、地方名特优桃成为国家地理标志产品

在地方名特优桃的基础上，截至 2012 年已经成为国家地理标志的名特优桃生产区的有 21 个，包括辽宁省大连市金州黄桃、北京市平谷区平谷大桃、河北省顺平县顺平桃、山东省青州蜜桃、山东省肥城桃、山东省平邑县武台黄桃、山东省垦利县黄河口蜜桃、山东省蒙阴县蒙阴蜜桃、江苏省张家港凤凰水蜜桃、江苏省无锡阳山水蜜桃、上海市奉贤黄桃、上海市金山区金山蟠桃、上海市南汇水蜜桃、浙江省奉化水蜜桃、福建省回瑶油桃、广东省翁源县九仙桃、云南省开远市蜜桃、四川省成都龙泉驿水蜜桃、陕西省周至县老堡子鲜桃、甘肃省秦安县秦安蜜桃和新疆维吾尔自治区阜康蟠桃。地方名特优品种是国家地理标志产品的重要内容，或者得到延伸而成为一种品牌。得到国家地理标志产品的认证，不仅有效促进了桃产业的发展，而且促进了当地桃生态旅游产业的发展，成为新型观光农业的重要形式。

三、观赏桃被誉为“中国的圣诞树”

香港、广州、深圳、珠海等东南沿海的人们对桃花的兴趣更是浓厚，春节前宾馆、酒楼甚至家家户户都要插上美丽的桃花，以期来年吉祥发财，使得桃花成为春节前花市上的重要商品花卉（图 9－6）。

石马村观赏桃栽培

桃花市场

图 9－6　广州市桃花栽培与市场

近年来，春节期间的盆栽桃花消费开始向其他经济发达地区发展，北京和上海等城市的桃花也悄然走向市场。天翼生物工程有限公司在河南漯河市、北京昌平区和上海青浦区建立了观赏桃花观光基地，成为珠江三角洲、东南亚市场春节观赏桃供应的一道靓丽风景线（图 9－7）。

示范园（1） 示范园（2）

河南省漯河市桃花示范园

桃花园

桃红柳绿

上海市青浦区神州桃花园

（王玲玲提供）

催 花

（刘端明提供）

迎春盆景

广州市桃花市场

天翼桃花草莓园

桃花展厅

北京市昌平区桃花草莓园

图 9-7 天翼生物工程有限公司桃花栽培与市场供应

四、桃花节盛行

桃树的树姿、花型、花色、瓣性具有丰富的遗传多样性，不同品种花期组合达45d，且开花早，使得观赏桃花成为早春观赏植物的佼佼者。北京、兰州、成都等许多城市在早春桃花盛开的季节举行盛大的桃花节，被严寒捂了一冬的人们来到桃园观花、踏青，感受春回大地，万物复苏的气息（图9-8）。

广西桂林市恭城瑶族自治县

（李宏辉提供）

江苏省无锡市阳山镇

（阳山镇政府提供）

浙江省杭州市西湖

上海市浦东新区

北京市植物园

北京市平谷区

（周士龙提供）

河北省顺平县桃产区

（马之胜提供）

西安市未央区

（黄晓提供）

西藏林芝县桃园村

四川省成都龙泉驿区

图 9－8　桃花节集锦

第十章　桃品种图谱

第一节　白肉普通桃

品种名称：21 世纪桃
外文名：21 Shi Ji Tao
原产地：河北省昌黎县
资源类型：选育品种
用途：果实鲜食、加工
系谱：（丹桂×雪桃）F_1 自交
选育单位：河北省职业技术师范学院
育成年份：1998
果实类型：普通桃
果形：卵圆
单果重（g）：180

果皮底色：绿白
盖色深浅：红
着色程度：少
果肉颜色：白
外观品质：中
核粘离性：粘
肉质：硬溶质
风味：甜
可溶性固形物（%）：10
鲜食品质：中上
花型：蔷薇形
花瓣类型：单瓣

花瓣颜色：粉红
花粉育性：可育
花药颜色：橘红
叶腺：肾形
树形：开张
生长势：中庸
丰产性：丰产
始花期：3 月底
果实成熟期：8 月上旬
果实发育期（d）：128
营养生长期（d）：263
需冷量（h）：850～950

综合评价：晚熟，果实大，着色一般，风味偏淡。

品种名称：C4R2T23
外文名：C4R2T23
原产地：美国
资源类型：品系
用途：果实鲜食
系谱：不详
选育单位：不详
育成年份：不详
果实类型：普通桃
果形：圆
单果重（g）：208
果皮底色：乳黄
盖色深浅：红
着色程度：少
果肉颜色：白
外观品质：中上
核粘离性：粘
肉质：不溶质
风味：酸甜
可溶性固形物（%）：10
鲜食品质：中
花型：铃形
花瓣类型：单瓣
花瓣颜色：粉红
花粉育性：可育
花药颜色：橘红
叶腺：肾形
树形：开张
生长势：中庸
丰产性：丰产
始花期：3月底
果实成熟期：7月上中旬
果实发育期（d）：102
营养生长期（d）：260
需冷量（h）：750～850
综合评价：果实很大，着色极少，果肉纯白，味浓，果汁乳白色，制汁品质一般。

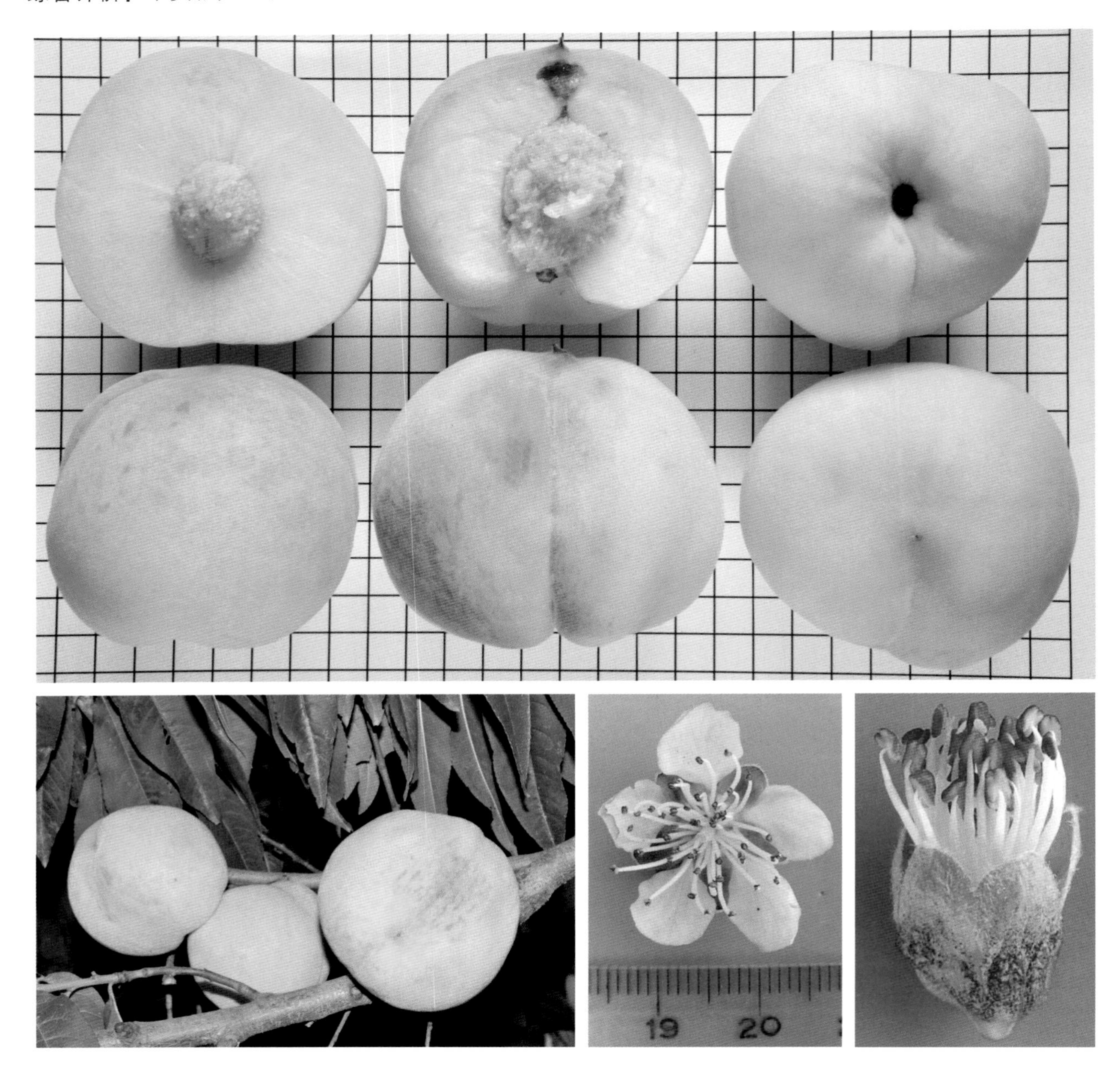

品种名称：D2R32T158
外文名：D2R32T158
原产地：美国
资源类型：选育品种
用途：果实鲜食
系谱：不详
选育单位：不详
育成年份：不详
果实类型：普通桃
果形：圆
单果重（g）：91
果皮底色：绿白
盖色深浅：深红
着色程度：中
果肉颜色：白
外观品质：中上
核粘离性：粘
肉质：硬溶质
风味：酸
可溶性固形物（%）：10
鲜食品质：中
花型：铃形
花瓣类型：单瓣
花瓣颜色：粉红
花粉育性：可育
花药颜色：橘黄
叶腺：肾形
树形：开张
生长势：中庸
丰产性：中
始花期：3月底
果实成熟期：6月上中旬
果实发育期（d）：79
营养生长期（d）：257
需冷量（h）：800
综合评价：早熟；果实圆形，果实小，果皮薄，果肉白色，软溶质，风味酸。

品种名称：阿部白桃
外文名：Abehakuto，阿部白桃
原产地：日本广岛县
资源类型：选育品种
用途：果实鲜食
系谱：（大久保×白桃）后代混植园实生
选育单位：日本广岛县阿部静雄
育成年份：1988
果实类型：普通桃
果形：圆
单果重（g）：184
果皮底色：绿白
盖色深浅：红
着色程度：中
果肉颜色：白
外观品质：中上
核粘离性：粘
肉质：硬溶质
风味：甜
可溶性固形物（%）：11
鲜食品质：上
花型：蔷薇形
花瓣类型：单瓣
花瓣颜色：粉红
花粉育性：不稔
花药颜色：白
叶腺：肾形
树形：开张
生长势：中庸
丰产性：丰产
始花期：3月底
果实成熟期：7月中旬
果实发育期（d）：111
营养生长期（d）：265
需冷量（h）：800～900
综合评价：果实大，外观漂亮，花粉不稔。

品种名称：安龙白桃
外文名：Anlong Bai Tao
原产地：贵州省安龙县
资源类型：地方品种
用途：果实鲜食
选育单位：农家选育
果实类型：普通桃
果形：圆
单果重（g）：108
果皮底色：白
盖色深浅：红
着色程度：少
果肉颜色：白
外观品质：中下
核粘离性：离
肉质：硬溶质
风味：酸
可溶性固形物（%）：10
鲜食品质：下
花型：蔷薇形
花瓣类型：单瓣
花瓣颜色：粉红
花粉育性：可育
花药颜色：橘红
叶腺：肾形
树形：开张
生长势：中庸
丰产性：丰产
始花期：3月底
果实成熟期：8月中旬
果实发育期（d）：138
营养生长期（d）：260
需冷量（h）：850
综合评价：晚熟，果面着色少，风味酸。

品种名称：安农水蜜
外文名：An Nong Shui Mi
原产地：安徽省寿县
资源类型：选育品种
用途：果实鲜食
系谱：砂子早生的变异
选育单位：安徽农业大学
育成年份：1994
果实类型：普通桃
果形：椭圆
单果重（g）：213
果皮底色：绿白
盖色深浅：红
着色程度：中
果肉颜色：白
外观品质：中上
核粘离性：粘
肉质：硬溶质
风味：甜
可溶性固形物（%）：10
鲜食品质：中上
花型：蔷薇形
花瓣类型：单瓣
花瓣颜色：粉红
花粉育性：不稔
花药颜色：白
叶腺：肾形
树形：开张
生长势：中庸
丰产性：低
始花期：3月底
果实成熟期：6月中旬
果实发育期（d）：78
营养生长期（d）：260
需冷量（h）：800

综合评价：早熟；果实椭圆形，果实很大，部分果实缝合线中上部呈绿色；果肉白色，硬溶质，熟后软溶，风味甜；花粉不稔。生产主要栽培品种之一。

品种名称：八月脆
外文名：Ba Yue Cui
别名：北京 33
资源类型：选育品种
用途：果实鲜食
系谱：绿化 5 号×大久保
选育单位：北京市农林科学院林业果树研究所
育成年份：1977
果实类型：普通桃
果形：圆
单果重（g）：200
果皮底色：白
盖色深浅：红
着色程度：中
果肉颜色：白
核粘离性：粘
肉质：硬溶质
风味：甜
可溶性固形物（%）：10
鲜食品质：中上
花型：蔷薇形
花瓣类型：单瓣
花瓣颜色：粉红
花粉育性：不稔
叶腺：肾形
树形：开张
树势：强健
丰产性：丰产
始花期：4 月初
果实成熟期：8 月上旬
果实发育期（d）：130
营养生长期（d）：260
需冷量（h）：850～900
综合评价：果实很大，风味甜，略淡，需配置授粉树；是北方重要栽培品种之一。

品种名称：白凤
外文名：Hakuho，白鳳
原产地：日本
资源类型：选育品种
用途：果实鲜食
系谱：白桃×橘早生
选育单位：日本神奈川农业试验场
育成年份：1933
果实类型：普通桃
果形：圆
单果重（g）：128
果皮底色：乳白
盖色深浅：红
着色程度：多
果肉颜色：白
外观品质：上
核粘离性：粘
肉质：软溶质
风味：浓甜
可溶性固形物（%）：12
鲜食品质：上
花型：蔷薇形
花瓣类型：单瓣
花瓣颜色：粉红
花粉育性：可育
花药颜色：橘黄
叶腺：肾形
树形：开张
生长势：中庸
丰产性：极丰产
始花期：3月底
果实成熟期：7月上旬
果实发育期（d）：102
营养生长期（d）：260
需冷量（h）：900
综合评价：果形圆整，风味浓甜纯正，品质优良。制汁品质优。丰产性好，区域适应性广。芽变频率高，选育出不同成熟期的变异品种，是优良育种亲本材料。我国主要栽培品种之一。

品种名称：白核桃
外文名：Bai He Tao
原产地：云贵高原
资源类型：地方品种
用途：果实鲜食
系谱：自然实生
选育单位：农家选育
果实类型：普通桃
果形：扁圆
单果重（g）：134
果皮底色：绿白
盖色深浅：深红
着色程度：少
果肉颜色：白
外观品质：下
核粘离性：离
肉质：硬溶质
风味：酸
可溶性固形物（%）：14
鲜食品质：中下
花型：蔷薇形
花瓣类型：单瓣
花瓣颜色：粉红
花粉育性：可育
花药颜色：橘黄
叶腺：肾形
树形：开张
生长势：强健
丰产性：低
始花期：3月下旬
果实成熟期：8月中下旬
果实发育期（d）：146
营养生长期（d）：270
需冷量（h）：650～750
综合评价：着色很少，风味酸，裂果较重。

品种名称：白花
外文名：Bai Hua
原产地：江苏省无锡市
资源类型：地方品种
用途：果实鲜食
系谱：上海水蜜群体
选育单位：农家选育
果实类型：普通桃
果形：椭圆
单果重（g）：155
果皮底色：绿白
盖色深浅：红
着色程度：少
果肉颜色：白
外观品质：中
核粘离性：粘
肉质：硬溶质
风味：浓甜
可溶性固形物（%）：11
鲜食品质：中上
花型：蔷薇形
花瓣类型：单瓣
花瓣颜色：粉红
花粉育性：不稔
花药颜色：浅褐
叶腺：肾形
树形：开张
生长势：中庸
丰产性：中
始花期：3月底
果实成熟期：8月上旬
果实发育期（d）：124
营养生长期（d）：251
需冷量（h）：800
综合评价：我国古老的地方品种，与‘上海水蜜’（Chinese Cling）性状近似，推测与其为同一类实生群体，果实大，风味甜，熟后柔软多汁，风味甜，综合性状优良；花粉不稔；抗逆性强；对炭疽病抗性强；是很好的亲本材料，作为亲本已培育出大量优良品种。

品种名称：白离胡
外文名：Bai Li Hu
原产地：云南省蒙自市
资源类型：地方品种
用途：果实鲜食
系谱：自然实生
选育单位：农家选育
果实类型：普通桃
果形：圆
单果重（g）：123
果皮底色：绿白
盖色深浅：无
着色程度：无
果肉颜色：白
外观品质：下
核粘离性：半离
肉质：硬溶质
风味：酸
可溶性固形物（%）：12
鲜食品质：下
花型：蔷薇形
花瓣类型：单瓣
花瓣颜色：粉红
花粉育性：可育
花药颜色：橘黄
叶腺：肾形
树形：开张
生长势：强健
丰产性：低
始花期：3月底
果实成熟期：8月中旬
果实发育期（d）：139
营养生长期（d）：269
需冷量（h）：600～650
综合评价：晚熟，果面无红色，风味酸。

品种名称：白粘核
外文名：Bai Nian He
原产地：云南省蒙自市
资源类型：地方品种
用途：果实鲜食、加工
系谱：自然实生
选育单位：农家选育
果实类型：普通桃
果形：扁圆
单果重（g）：152
果皮底色：绿白
盖色深浅：深红
着色程度：少
果肉颜色：白
外观品质：下
核粘离性：粘
肉质：不溶质
风味：酸
可溶性固形物（%）：11
鲜食品质：下
花型：蔷薇形
花瓣类型：单瓣
花瓣颜色：粉红
花粉育性：可育
花药颜色：橘红
叶腺：肾形
树形：开张
生长势：强健
丰产性：丰产
始花期：3月底
果实成熟期：8月中旬
果实发育期（d）：138
营养生长期（d）：268
需冷量（h）：600～650
综合评价：晚熟，果面无红色，白肉、不溶质，风味酸。

品种名称：白沙
外文名：Bai Sha
原产地：陕西省武功县
资源类型：地方品种
用途：果实鲜食
系谱：自然实生
选育单位：农家选育
果实类型：普通桃
果形：卵圆
单果重（g）：130
果皮底色：绿白
盖色深浅：红
着色程度：中
果肉颜色：白
外观品质：中
核粘离性：半离
肉质：硬溶质
风味：浓甜
可溶性固形物（%）：12
鲜食品质：中上
花型：蔷薇形
花瓣类型：单瓣
花瓣颜色：粉红
花粉育性：可育
花药颜色：橘红
叶腺：肾形
树形：开张
生长势：强健
丰产性：丰产
始花期：3月底
果实成熟期：6月底
果实发育期（d）：98
营养生长期（d）：258
需冷量（h）：850～950
综合评价：果实品质好，果肉红色素较多，丰产。

品种名称：白香露
外文名：Bai Xiang Lu
原产地：江苏省南京市
资源类型：选育品种
用途：果实鲜食
系谱：白花×初香美
选育单位：江苏省农业科学院园艺研究所
育成年份：1963
果实类型：普通桃
果形：圆
单果重（g）：120
果皮底色：乳黄
盖色深浅：红
着色程度：中
果肉颜色：白
外观品质：中上
核粘离性：半离
肉质：软溶质
风味：甜
可溶性固形物（%）：10
鲜食品质：中
花型：蔷薇形
花瓣类型：单瓣
花瓣颜色：粉红
花粉育性：可育
花药颜色：橘黄
叶腺：肾形
树形：开张
生长势：中庸
丰产性：极丰产
始花期：3月底
果实成熟期：6月上中旬
果实发育期（d）：77
营养生长期（d）：253
需冷量（h）：900
综合评价：早熟，果实圆形，色泽鲜艳，果肉白色，软溶质，风味甜，丰产性强。

品种名称：白雪公主
外文名：Snow Princess
原产地：美国
资源类型：选育品种
用途：果实鲜食
系谱：Diamond Princess×未名白肉桃
选育单位：美国加利福尼亚州实验果园
育成年份：2000
果实类型：普通桃
果形：近圆
单果重（g）：150
果皮底色：白
盖色深浅：深红
着色程度：全红
果肉颜色：白
外观品质：上
核粘离性：离
肉质：硬溶质
风味：酸甜
可溶性固形物（%）：10
鲜食品质：中下
花型：蔷薇形
花瓣类型：单瓣
花瓣颜色：粉红
花粉育性：可育
花药颜色：橙黄
叶腺：肾形
树形：半开张
生长势：强健
丰产性：丰产
始花期：3月底
果实成熟期：7月初
果实发育期（d）：96
营养生长期（d）：260
需冷量（h）：700
综合评价：果实近圆，果顶有小尖，果面全红。风味酸甜，硬溶质，离核，丰产。耐低温贮藏能力强。

品种名称：宝露
外文名：Bao Lu
原产地：浙江省杭州市
资源类型：选育品种
用途：果实鲜食
系谱：不详
选育单位：浙江省农业科学院园艺研究所
收集年份：2000
果实类型：普通桃
果形：椭圆
单果重（g）：160
果皮底色：绿白
盖色深浅：红
着色程度：中
果肉颜色：白
外观品质：中上
核粘离性：粘
肉质：软溶质
风味：甜
可溶性固形物（%）：10
鲜食品质：中
花型：蔷薇形
花瓣类型：单瓣
花瓣颜色：粉红
花粉育性：不稔
花药颜色：白
叶腺：肾形
树形：开张
生长势：中庸
丰产性：丰产
始花期：4月初
果实成熟期：6月中旬
果实发育期（d）：77
营养生长期（d）：255
需冷量（h）：800
综合评价：果实大，风味好，肉质偏软。

品种名称：北京 11－12
外文名：Beijing 11－12
原产地：北京市
资源类型：品系
用途：果实鲜食
系谱：（白凤×红寿星）F_1 实生
选育单位：北京市农林科学院林业果树研究所
育成年份：20 世纪 80 年代
果实类型：普通桃
果形：椭圆
单果重（g）：50

果皮底色：乳白
盖色深浅：红
着色程度：多
果肉颜色：白
外观品质：中
核粘离性：粘
肉质：软溶质
风味：甜
可溶性固形物（%）：9
鲜食品质：中
花型：蔷薇形
花瓣类型：单瓣

花瓣颜色：粉红
花粉育性：可育
花药颜色：橘红
叶腺：肾形
树形：开张
生长势：中庸
丰产性：丰产
始花期：3 月底
果实成熟期：5 月下旬
果实发育期（d）：55
营养生长期（d）：260
需冷量（h）：900

综合评价：极早熟；果小，椭圆形，软溶质，较硬，味纯甜。

品种名称：北京 21－2
外文名：Beijing 21－2
原产地：北京市
资源类型：品系
用途：果实鲜食
系谱：不详
选育单位：北京市农林科学院林业果树研究所
育成年份：20 世纪 80 年代之前
果实类型：普通桃
果形：圆
单果重（g）：49
果皮底色：绿白
盖色深浅：红
着色程度：中
果肉颜色：白
外观品质：中
核粘离性：粘
肉质：软溶质
风味：酸甜
可溶性固形物（%）：10
鲜食品质：中下
花型：蔷薇形
花瓣类型：单瓣
花瓣颜色：粉红
花粉育性：可育
花药颜色：橘红
叶腺：肾形
树形：开张
生长势：中庸
丰产性：中
始花期：3 月底
果实成熟期：5 月下旬
果实发育期（d）：55
营养生长期（d）：250
需冷量（h）：750
综合评价：极早熟，果小，圆形，果肉软溶，味酸甜，粘核，有裂核。果实充分成熟时，种皮基本变色，胚约占种子的 1/3。

品种名称：北京 76－9－1
外文名：Beijing 76－9－1
原产地：北京市
资源类型：品系
用途：果实鲜食
系谱：（白凤×红寿星）F_1 实生
选育单位：北京市农林科学院林业果树研究所
育成年份：20 世纪 90 年代前
果实类型：普通桃
果形：圆
单果重（g）：112

果皮底色：乳黄
盖色深浅：深红
着色程度：多
果肉颜色：白
外观品质：中
核粘离性：粘
肉质：硬溶质
风味：浓甜
可溶性固形物（%）：10
鲜食品质：上
花型：蔷薇形
花瓣类型：单瓣

花瓣颜色：粉红
花粉育性：可育
花药颜色：橘黄
叶腺：肾形
树形：开张
生长势：中庸
丰产性：丰产
始花期：3 月底
果实成熟期：7 月上中旬
果实发育期（d）：101
营养生长期（d）：260
需冷量（h）：850～950

综合评价：中熟，果实圆形，果实中等大小，着色优于白凤。果肉白色，硬溶质，风味甜。

品种名称：北农 2 号
外文名：Bei Nong 2
原产地：北京市
资源类型：选育品种
用途：果实鲜食
系谱：冈山白自然实生
选育单位：北京农业大学
育成年份：1980
果实类型：普通桃
果形：椭圆
单果重（g）：138
果皮底色：乳黄
盖色深浅：红
着色程度：中
果肉颜色：白
外观品质：中上
核粘离性：粘
肉质：软溶质
风味：浓甜
可溶性固形物（%）：10
鲜食品质：中上
花型：蔷薇形
花瓣类型：单瓣
花瓣颜色：粉红
花粉育性：不稔
花药颜色：白
叶腺：肾形
树形：开张
生长势：中庸
丰产性：中
始花期：3 月底
果实成熟期：6 月下旬
果实发育期（d）：88
营养生长期（d）：264
需冷量（h）：800
综合评价：早熟，果实椭圆形，裂核多，综合性状良好。

品种名称：北农早熟
外文名：Bei Nong Zao Shu
原产地：北京市
资源类型：选育品种
用途：果实鲜食
系谱：不详
选育单位：北京农业大学
育成年份：20世纪80年代或之前
果实类型：普通桃
果形：圆
单果重（g）：50
果皮底色：绿白
盖色深浅：深红
着色程度：中
果肉颜色：白
外观品质：中
核粘离性：粘
肉质：软溶质
风味：酸甜
可溶性固形物（%）：9
鲜食品质：下
花型：蔷薇形
花瓣类型：单瓣
花瓣颜色：粉红
花粉育性：可育
花药颜色：橘红
叶腺：肾形
树形：开张
生长势：中庸
丰产性：丰产
始花期：3月底
果实成熟期：5月下旬
果实发育期（d）：55
营养生长期（d）：243
需冷量（h）：850

综合评价：极早熟，果实小，圆形，果肉软溶，味酸甜，皮下微涩，软核，裂核较多。果实充分成熟时，种皮已完全变色，胚约占种子的1/4。丰产性强。

品种名称：布目早生
外文名：Nunome Wase，
布目早生
原产地：日本
资源类型：选育品种
用途：果实鲜食
系谱：自然实生
选育单位：日本爱知县的布目清
育成年份：1951
果实类型：普通桃
果形：椭圆
单果重（g）：130
果皮底色：白
盖色深浅：红
着色程度：中
果肉颜色：白
外观品质：上
核粘离性：半离
肉质：软溶质
风味：甜
可溶性固形物（%）：10
鲜食品质：中上
花型：蔷薇形
花瓣类型：单瓣
花瓣颜色：粉红
花粉育性：可育
花药颜色：橘黄
叶腺：肾形
树形：开张
生长势：中庸
丰产性：中
始花期：3月底
果实成熟期：6月中旬
果实发育期（d）：82
营养生长期（d）：253
需冷量（h）：800
综合评价：早熟，果实椭圆形，果肉白色，软溶质，风味甜。果实易感染炭疽病。

品种名称：仓方早生
外文名：Kurakato Wase，倉方早生
原产地：日本
资源类型：选育品种
用途：果实鲜食
系谱：长生种（塔什干×白桃）×实生种（不溶质的早熟桃）
选育单位：不详
育成年份：1951
果实类型：普通桃
果形：圆
单果重（g）：150
果皮底色：绿白
盖色深浅：深红
着色程度：中
果肉颜色：白
外观品质：上
核粘离性：粘
肉质：硬溶质
风味：甜
可溶性固形物（%）：12
鲜食品质：中上
花型：蔷薇形
花瓣类型：单瓣
花瓣颜色：粉红
花粉育性：不稔
花药颜色：淡黄
叶腺：肾形
树形：开张
生长势：中庸
丰产性：中
始花期：4月初
果实成熟期：7月初
果实发育期（d）：94
营养生长期（d）：258
需冷量（h）：850
综合评价：早熟，果实圆形，果实大，肉质硬，较耐运输。果肉出汁率56%，制汁品质一般。花粉不稔，需配置授粉品种。目前我国生产中的重要栽培品种。

品种名称：长岭早玉露
外文名：Changling Zao Yu Lu
原产地：浙江省奉化市
资源类型：地方品种
用途：果实鲜食
系谱：自然实生
选育单位：农家选育
果实类型：普通桃
果形：圆
单果重（g）：137
果皮底色：绿白
盖色深浅：红
着色程度：少
果肉颜色：白
外观品质：中下
核粘离性：离
肉质：软溶质
风味：甜
可溶性固形物（%）：11
鲜食品质：中
花型：蔷薇形
花瓣类型：单瓣
花瓣颜色：粉红
花粉育性：不稔
花药颜色：白
叶腺：肾形
树形：开张
生长势：中庸
丰产性：中
始花期：4月初
果实成熟期：7月中旬
果实发育期（d）：108
营养生长期（d）：256
需冷量（h）：850
综合评价：中熟，果实圆形，有采前落果现象。

品种名称：长泽白凤
外文名：Nagasawa Hakuho，
長沢白鳳
原产地：日本
资源类型：选育品种
用途：果实鲜食
系谱：白凤芽变
选育单位：日本山梨县中巨摩郡栉形町农业共同组合
育成年份：1985
果实类型：普通桃
果形：圆
综合评价：果实综合性状优良。

单果重（g）：135
果皮底色：乳白
盖色深浅：红
着色程度：多
果肉颜色：白
外观品质：上
核粘离性：粘
肉质：硬溶质
风味：甜
可溶性固形物（%）：11
鲜食品质：中上
花型：蔷薇形
花瓣类型：单瓣

花瓣颜色：粉红
花粉育性：可育
花药颜色：橘黄
叶腺：肾形
树形：开张
生长势：中庸
丰产性：丰产
始花期：3月底
果实成熟期：7月中旬
果实发育期（d）：103
营养生长期（d）：240
需冷量（h）：800～900

品种名称：迟园蜜
外文名：Chi Yuan Mi
原产地：江苏省南京市
资源类型：选育品种
用途：果实鲜食
系谱：晚熟水蜜×肥城桃
选育单位：江苏省农业科学院园艺研究所
育成年份：1973
果实类型：普通桃
果形：圆
单果重（g）：180
果皮底色：乳黄
盖色深浅：红
着色程度：少
果肉颜色：白
外观品质：中下
核粘离性：粘
肉质：软溶质
风味：浓甜
可溶性固形物（%）：14
鲜食品质：上
花型：蔷薇形
花瓣类型：单瓣
花瓣颜色：粉红
花粉育性：可育
花药颜色：橘红
叶腺：肾形
树形：开张
生长势：中庸
丰产性：中
始花期：4月初
果实成熟期：8月中旬
果实发育期（d）：134
营养生长期（d）：252
需冷量（h）：850
综合评价：晚熟，外观一般，风味品质上。

品种名称：初香美
外文名：Hatsukami，初香美
原产地：日本
资源类型：选育品种
用途：果实鲜食
系谱：偶然实生
选育单位：不详
育成年份：不详
果实类型：普通桃
果形：圆
单果重（g）：150
果皮底色：乳白
盖色深浅：红
着色程度：多
果肉颜色：白
外观品质：中上
核粘离性：粘
肉质：硬溶质
风味：浓甜
可溶性固形物（%）：11
鲜食品质：中上
花型：蔷薇形
花瓣类型：单瓣
花瓣颜色：粉红
花粉育性：可育
花药颜色：橘红
叶腺：肾形
树形：开张
生长势：中庸
丰产性：丰产
始花期：3月底
果实成熟期：7月上中旬
果实发育期（d）：91
营养生长期（d）：261
需冷量（h）：800～900
综合评价：果实大，品质中上，栽培适应性强，为优良的育种亲本材料。

品种名称：川中岛白桃
外文名：Kawanakajima Hakuto，川中島白桃
原产地：日本
资源类型：选育品种
用途：果实鲜食
系谱：白桃与上海水蜜混植园中发现
育成年份：1984
果实类型：普通桃
果形：卵圆
单果重（g）：185
果皮底色：绿白
盖色深浅：红
着色程度：多
果肉颜色：白
外观品质：中上
核粘离性：粘
肉质：软溶质
风味：甜
可溶性固形物（%）：13
鲜食品质：上
花型：蔷薇形
花瓣类型：单瓣
花瓣颜色：粉红
花粉育性：不稔
花药颜色：浅褐
叶腺：肾形
树形：开张
生长势：中庸
丰产性：丰产
始花期：4月初
果实成熟期：8月初
果实发育期（d）：121
营养生长期（d）：250
需冷量（h）：800～900
综合评价：果实大，外观漂亮，肉质偏软，风味佳。

品种名称：春花
外文名：Chun Hua
原产地：上海市
资源类型：选育品种
用途：果实鲜食
系谱：北农2号×春蕾
选育单位：上海市农业科学院园艺研究所
育成年份：1989
果实类型：普通桃
果形：圆
单果重（g）：115
果皮底色：乳黄
盖色深浅：红
着色程度：中
果肉颜色：白
外观品质：中上
核粘离性：粘
肉质：软溶质
风味：甜
可溶性固形物（%）：12
鲜食品质：中上
花型：蔷薇形
花瓣类型：单瓣
花瓣颜色：粉红
花粉育性：可育
花药颜色：橘红
叶腺：肾形
树形：开张
生长势：中庸
丰产性：极丰产
始花期：3月下旬
果实成熟期：5月底至6月初
果实发育期（d）：62
营养生长期（d）：237
需冷量（h）：800

综合评价：极早熟。果实圆形，果面大部分着红色，果肉软溶质，味甜较浓，核较大。丰产性强；在20世纪90年代为主要推广品种。

品种名称：春蕾
外文名：Chun Lei
原产地：上海市
资源类型：选育品种
用途：果实鲜食
系谱：砂子早生×白香露
选育单位：上海市农业科学院园艺研究所
育成年份：1985
果实类型：普通桃
果形：卵圆
单果重（g）：70
果皮底色：乳黄
盖色深浅：红
着色程度：中
果肉颜色：白
外观品质：中
核粘离性：粘
肉质：软溶质
风味：淡甜
可溶性固形物（%）：10
鲜食品质：中下
花型：蔷薇形
花瓣类型：单瓣
花瓣颜色：粉红
花粉育性：可育
花药颜色：橘红
叶腺：肾形
树形：开张
生长势：中庸
丰产性：极丰产
始花期：3月底
果实成熟期：5月下旬
果实发育期（d）：58
营养生长期（d）：243
需冷量（h）：750

综合评价：极早熟，果实卵圆形，果肉软溶，味淡甜，软核，核顶常横裂成空腔，裂核较多。果实成熟状态不一致，果顶先熟，果实充分成熟时，种皮尚未变色，胚约占种子的1/3。丰产性强，适应性强；是我国利用胚培养的方法培育的第一个极早熟品种，是20世纪80～90年代主要的栽培品种。

品种名称：春时
外文名：Springtime
原产地：美国
资源类型：选育品种
用途：果实鲜食
系谱：(Luken's Honey × July Elberta) ×Robin
选育单位：美国加利福尼亚州Armstrong苗圃
育成年份：1953
果实类型：普通桃
果形：卵圆
单果重（g）：80
果皮底色：乳黄
盖色深浅：深红
着色程度：多
果肉颜色：白
外观品质：中
核粘离性：粘
肉质：软溶质
风味：酸甜
可溶性固形物（%）：10
鲜食品质：中下
花型：铃形
花瓣类型：单瓣
花瓣颜色：粉红
花粉育性：可育
花药颜色：橘红
叶腺：圆形
树形：开张
生长势：中庸
丰产性：极丰产
始花期：3月下旬
果实成熟期：6月初
果实发育期（d）：70
营养生长期（d）：268
需冷量（h）：650

综合评价：早熟；果实卵圆形，果尖明显，果全面着紫红色，风味酸甜；曾是世界主要低需冷量品种的育种材料。

品种名称：春雪
外文名：Spring Snow
原产地：美国
资源类型：选育品种
用途：果实鲜食
系谱：47EB280[29G560(O'Henry × Giant Babcock）× 17G185（Fayette×May Grand）] × 1GC131 [41G1176（亲本不详）×42G280（May Grand 实生）]
选育单位：美国加利福尼亚州 Dave Wilson 苗圃

育成年份：1995
果实类型：普通桃
果形：圆
单果重（g）：140
果皮底色：白
盖色深浅：紫红
着色程度：多
果肉颜色：白
外观品质：中上
核粘离性：粘
肉质：硬溶质
风味：甜、微酸
可溶性固形物（%）：11
鲜食品质：中上

花型：蔷薇形
花瓣类型：单瓣
花瓣颜色：粉红
花粉育性：可育
花药颜色：橘黄
叶腺：肾形
树形：开张
生长势：强健
丰产性：丰产
始花期：3 月底
果实成熟期：6 月中旬
果实发育期（d）：75
营养生长期（d）：260
需冷量（h）：600

综合评价：果面紫红色，果实极耐贮运，风味品质一般；幼树成花较少，花芽尖形；在生产中常进行套袋栽培以改善果面颜色（图片最下边一排为解袋后 1～6d 与未套袋果实比较，右为未套袋果实）。

品种名称：春艳
外文名：Chun Yan
原代号：81－1－10
资源类型：选育品种
用途：果实鲜食
系谱：仓方早生×早香玉
选育单位：青岛市农业科学研究所
育成年份：1981
果实类型：普通桃
果形：卵圆
单果重（g）：85
果皮底色：乳白
盖色深浅：红
着色程度：少
果肉颜色：白
外观品质：中上
核粘离性：粘
肉质：硬溶质
风味：甜
可溶性固形物（%）：10
鲜食品质：中
花型：蔷薇形
花瓣类型：单瓣
花瓣颜色：粉红
花粉育性：可育
花药颜色：橘红
叶腺：肾形
树形：开张
生长势：中庸
丰产性：丰产
始花期：3月底
果实成熟期：6月上旬
果实发育期（d）：65
营养生长期（d）：265
需冷量（h）：800
综合评价：早熟；果实卵圆形，果面乳白色，仅果顶着粉红色，可谓白里透红。

品种名称：大果黑桃
外文名：Da Guo Hei Tao
原产地：山东省枣庄市
资源类型：地方品种
用途：果实鲜食
系谱：自然实生
选育单位：农家选育
果实类型：普通桃
果形：圆
单果重（g）：146
果皮底色：绿
盖色深浅：深红
着色程度：中
果肉颜色：黑红
外观品质：下
核粘离性：离
肉质：硬溶质
风味：酸
可溶性固形物（%）：12
鲜食品质：下
花型：蔷薇形
花瓣类型：单瓣
花瓣颜色：粉红
花粉育性：可育
花药颜色：橘红
叶腺：肾形
树形：开张
生长势：中庸
丰产性：丰产
始花期：3月底
果实成熟期：9月上旬
果实发育期（d）：163
营养生长期（d）：256
需冷量（h）：800～900
综合评价：果实底色灰绿色，有紫色条纹。果肉红色，但近核处白色，与天津水蜜有明显区别。花色苷含量高。

品种名称：大和早生
外文名：Yamato Wase，大和早生
原产地：日本
资源类型：选育品种
用途：果实鲜食
系谱：大和白桃（白桃×Carmen）芽变
选育单位：日本奈良县儿城郡川东村的森川嘉造
育成年份：1955
果实类型：普通桃
果形：圆
单果重（g）：125
果皮底色：绿白
盖色深浅：深红
着色程度：中
果肉颜色：白
外观品质：中上
核粘离性：半离
肉质：软溶质
风味：酸甜
可溶性固形物（%）：11
鲜食品质：中
花型：蔷薇形
花瓣类型：单瓣
花瓣颜色：粉红
花粉育性：可育
花药颜色：橘红
叶腺：肾形
树形：开张
生长势：中庸
丰产性：中
始花期：3月底
果实成熟期：6月下旬
果实发育期（d）：84
营养生长期（d）：264
需冷量（h）：850
综合评价：早熟，果实圆形，果顶平，果肉白色，软溶质，风味酸甜。

品种名称：大红袍
外文名：Da Hong Pao
原产地：湖北省大悟县
资源类型：地方品种
用途：果实鲜食
系谱：自然实生
选育单位：农家选育
果实类型：普通桃
果形：圆
单果重（g）：108
果皮底色：绿白
盖色深浅：深红
着色程度：多
果肉颜色：红
外观品质：上
核粘离性：离
肉质：硬溶质
风味：甜
可溶性固形物（%）：12
鲜食品质：中
花型：蔷薇形
花瓣类型：单瓣
花瓣颜色：粉红
花粉育性：可育
花药颜色：橘红
叶腺：肾形
树形：开张
生长势：强健
丰产性：极丰产
始花期：3月底
果实成熟期：6月底
果实发育期（d）：86
营养生长期（d）：254
需冷量（h）：800
综合评价：红肉桃品种，在湖北北部广泛种植，与河南桐柏朱砂红应为同一来源的实生群体，花色苷含量高。

品种名称：大红桃
外文名：Da Hong Tao
原产地：山西省运城市
资源类型：地方品种
用途：果实鲜食
系谱：不详
选育单位：农家选育
果实类型：普通桃
果形：圆
单果重（g）：219
果皮底色：绿白
盖色深浅：深红
着色程度：中
果肉颜色：白
外观品质：中上
核粘离性：离
肉质：硬溶质
风味：甜
可溶性固形物（%）：12
鲜食品质：中上
花型：蔷薇形
花瓣类型：单瓣
花瓣颜色：粉红
花粉育性：可育
花药颜色：橘红
叶腺：肾形
树形：开张
生长势：中庸
丰产性：极丰产
始花期：3月底
果实成熟期：7月中旬
果实发育期（d）：115
营养生长期（d）：252
需冷量（h）：800～900
综合评价：中熟，果实圆形，果实很大，果面大部分着红色，果肉白色，离核，硬溶质，风味甜。丰产性强；可以作为生产品种种植。

品种名称：大久保
外文名：Okubo，大久保
原产地：日本
资源类型：选育品种
用途：果实鲜食
系谱：白桃园中发现的实生后代
选育单位：日本冈山县赤盘郡熊山町的大久保重五郎
育成年份：1927
果实类型：普通桃
果形：圆
单果重（g）：159
果皮底色：乳黄
盖色深浅：红
着色程度：多
果肉颜色：白
外观品质：上
核粘离性：离
肉质：硬溶质
风味：甜
可溶性固形物（%）：12
鲜食品质：中上
花型：蔷薇形
花瓣类型：单瓣
花瓣颜色：粉红
花粉育性：可育
花药颜色：橘红
叶腺：肾形
树形：极开张
生长势：中庸
丰产性：极丰产
始花期：3月底
果实成熟期：7月中旬
果实发育期（d）：108
营养生长期（d）：253
需冷量（h）：900

综合评价：果实大，外观美，离核，品质良好。也可用来制罐或制汁，制汁时果肉易褐变，汁味甜，微香，出汁率62%。丰产，稳产；在北方地区有广泛适应性；是我国近几十年的主要栽培品种，同时是优良的中晚熟育种亲本材料，培育了大量的品种。

品种名称：大甜桃
外文名：Da Tian Tao
原产地：江苏省
资源类型：地方品种
用途：果实鲜食
系谱：不详
选育单位：农家选育
育成年份：不详
果实类型：普通桃
果形：圆
单果重（g）：158
果皮底色：绿白
盖色深浅：红
着色程度：多
果肉颜色：白
外观品质：中
核粘离性：半离
肉质：硬肉
风味：甜
可溶性固形物（%）：14
鲜食品质：中上
花型：蔷薇形
花瓣类型：单瓣
花瓣颜色：粉红
花粉育性：可育
花药颜色：橘红
叶腺：肾形
树形：半开张
生长势：强健
丰产性：丰产
始花期：3月底
果实成熟期：7月中下旬
果实发育期（d）：110
营养生长期（d）：264
需冷量（h）：850
综合评价：果实圆，风味甜，硬肉桃，丰产；是近期选育的地方品种，不一定是自然实生。

品种名称：大团蜜露
外文名：Datuan Mi Lu
原产地：上海市南汇大团乡
资源类型：选育品种
用途：果实鲜食
系谱：太仓芽变
选育单位：上海市南汇县大团乡果园
育成年份：1989
果实类型：普通桃
果形：近圆
单果重（g）：160

果皮底色：乳白
盖色深浅：红
着色程度：多
果肉颜色：白
外观品质：上
核粘离性：粘
肉质：硬溶质
风味：浓甜
可溶性固形物（%）：12
鲜食品质：上
花型：蔷薇形
花瓣类型：单瓣

花瓣颜色：粉红
花粉育性：不稳
花药颜色：淡黄
叶腺：肾形
树形：开张
生长势：强健
丰产性：丰产
始花期：4月初
果实成熟期：7月上中旬
果实发育期（d）：98
营养生长期（d）：238
需冷量（h）：800～850

综合评价：果实大，综合性状良好，抗炭疽病，是江浙沪一带的主要栽培品种。

品种名称：大雪桃
外文名：Da Xue Tao
别名：满城雪桃
原产地：河北省满城县
资源类型：地方品种
用途：果实鲜食
系谱：自然实生
选育单位：农家选育
果实类型：普通桃
果形：卵圆
单果重（g）：126
果皮底色：绿白
盖色深浅：无
着色程度：无
果肉颜色：白
外观品质：中下
核粘离性：粘
肉质：硬溶质
风味：浓甜
可溶性固形物（%）：17
鲜食品质：中上
花型：蔷薇形
花瓣类型：单瓣
花瓣颜色：粉红
花粉育性：可育
花药颜色：橘红
叶腺：肾形
树形：开张
生长势：中庸
丰产性：丰产
始花期：3月底
果实成熟期：8月底
果实发育期（d）：156
营养生长期（d）：265
需冷量（h）：900

综合评价：极晚熟；果实中等大小，不着色，肉硬，风味浓甜，可溶性固形物含量高。耐运性较强，但裂果严重；抗寒能力差。曾在河北满城一带有一定面积种植。

品种名称：大珍宝赤月
外文名：Reddomun，赤月
原产地：日本
资源类型：选育品种
用途：果实鲜食
系谱：白凤×白桃
选育单位：不详
育成年份：不详
果实类型：普通桃
果形：椭圆
单果重（g）：136
果皮底色：绿白
盖色深浅：红
着色程度：多
果肉颜色：白
外观品质：中上
核粘离性：粘
肉质：硬溶质
风味：浓甜
可溶性固形物（%）：13
鲜食品质：上
花型：蔷薇形
花瓣类型：单瓣
花瓣颜色：粉红
花粉育性：可育
花药颜色：橘红
叶腺：肾形
树形：开张
生长势：中庸
丰产性：丰产
始花期：3月底
果实成熟期：7月中旬
果实发育期（d）：106
营养生长期（d）：258
需冷量（h）：800～900
综合评价：外观漂亮，风味较好，可在生产中种植。

品种名称：吊枝白
外文名：Diao Zhi Bai
原产地：安徽省
资源类型：地方品种
用途：果实鲜食
系谱：自然实生
选育单位：农家选育
果实类型：普通桃
果形：卵圆
单果重（g）：130
果皮底色：绿白
盖色深浅：红
着色程度：多
果肉颜色：白
外观品质：中上
核粘离性：离
肉质：硬肉
风味：浓甜
可溶性固形物（%）：12
鲜食品质：中
花型：蔷薇形
花瓣类型：单瓣
花瓣颜色：粉红
花粉育性：可育
花药颜色：橘红
叶腺：肾形
树形：半开张
生长势：强健
丰产性：丰产
始花期：4月初
果实成熟期：7月上旬
果实发育期（d）：103
营养生长期（d）：260
需冷量（h）：950
综合评价：近核处先熟，熟后发面。以中短果枝结果为主，幼树花芽形成少。

品种名称：东王母
外文名：Toobo，东王母
原产地：日本
资源类型：选育品种
用途：果实鲜食
系谱：不详
选育单位：不详
育成年份：不详
果实类型：普通桃
果形：圆
单果重（g）：83
果皮底色：绿白
盖色深浅：深红
着色程度：多
果肉颜色：白
外观品质：中
核粘离性：粘
肉质：软溶质
风味：酸甜
可溶性固形物（%）：11
鲜食品质：下
花型：蔷薇形
花瓣类型：单瓣
花瓣颜色：粉红
花粉育性：可育
花药颜色：橘红
叶腺：圆形
树形：开张
生长势：中庸
丰产性：中
始花期：3月底
果实成熟期：6月中下旬
果实发育期（d）：86
营养生长期（d）：266
需冷量（h）：850

综合评价：早熟，果实圆形，果实小，果肉白色，软溶质，风味酸，综合性状一般；是日本较为古老的品种，推测也应该是上海水蜜桃后代。

品种名称：东云水蜜
外文名：Azumo，東雲水蜜
原产地：日本
资源类型：选育品种
用途：果实鲜食
系谱：偶然实生
选育单位：日本冈山县小田郡谷本
育成年份：20 世纪 30 年代以前
果实类型：普通桃
果形：圆
单果重（g）：100
果皮底色：乳黄
盖色深浅：红
着色程度：中
果肉颜色：白
外观品质：中
核粘离性：粘
肉质：软溶质
风味：酸甜
可溶性固形物（%）：10
鲜食品质：中下
花型：蔷薇形
花瓣类型：单瓣
花瓣颜色：粉红
花粉育性：不稔
花药颜色：浅褐
叶腺：肾形
树形：开张
生长势：中庸
丰产性：中
始花期：3 月底
果实成熟期：6 月中旬
果实发育期（d）：85
营养生长期（d）：242
需冷量（h）：800

综合评价：早熟，果实圆形，果肉白色，软溶质，风味酸甜。花粉不稔。

品种名称：敦煌冬桃
外文名：Dunhuang Dong Tao
原产地：甘肃省敦煌市
资源类型：地方品种
用途：果实鲜食
系谱：自然实生
选育单位：农家选育
果实类型：普通桃
果形：圆
单果重（g）：104
果皮底色：乳黄
盖色深浅：红

着色程度：少
果肉颜色：白
外观品质：中
核粘离性：粘
肉质：不溶质
风味：酸甜
可溶性固形物（%）：11
鲜食品质：中下
花型：蔷薇形
花瓣类型：单瓣
花瓣颜色：粉红

花粉育性：可育
花药颜色：橘红
叶腺：肾形
树形：半开张
生长势：强健
丰产性：低
始花期：3月底
果实成熟期：9月上旬
果实发育期（d）：166
营养生长期（d）：259
需冷量（h）：850

综合评价：晚熟，果面基本不着色，果肉纯白，耐贮运。抗寒性强，抗晚霜能力强，是优良的晚熟种质资源。

品种名称：二接白
外文名：Er Jie Bai
原产地：河南省许昌市
资源类型：地方品种
用途：果实鲜食
系谱：自然实生
选育单位：农家选育
果实类型：普通桃
果形：圆
单果重（g）：157
果皮底色：绿白
盖色深浅：深红
着色程度：少
果肉颜色：白
外观品质：中
核粘离性：粘
肉质：软溶质
风味：甜
可溶性固形物（%）：11
鲜食品质：中上
花型：蔷薇形
花瓣类型：单瓣
花瓣颜色：粉红
花粉育性：不稔
花药颜色：浅褐
叶腺：肾形
树形：半开张
生长势：中庸
丰产性：中
始花期：3月底
果实成熟期：6月初
果实发育期（d）：67
营养生长期（d）：256
需冷量（h）：800
综合评价：早熟，果实大，风味甜，综合性状良好。

品种名称：二早桃
外文名：Er Zao Tao
别名：夏至桃
原产地：云南省呈贡县
资源类型：地方品种
用途：果实鲜食、加工
系谱：自然实生
选育单位：农家选育
果实类型：普通桃
果形：圆
单果重（g）：93
果皮底色：绿白
盖色深浅：红
着色程度：多
果肉颜色：白
外观品质：中上
核粘离性：粘
肉质：不溶质
风味：酸甜
可溶性固形物（%）：11
鲜食品质：中
花型：蔷薇形
花瓣类型：单瓣
花瓣颜色：粉红
花粉育性：可育
花药颜色：橘红
叶腺：肾形
树形：开张
生长势：中庸
丰产性：低
始花期：3月下旬
果实成熟期：7月中旬
果实发育期（d）：109
营养生长期（d）：271
需冷量（h）：650
综合评价：外观漂亮，品质中上，肉质不溶质，耐贮运。

品种名称：肥城白里 10 号
外文名：Feicheng Bai Li 10
原产地：山东省肥城市
资源类型：地方品种
用途：果实鲜食、加工
系谱：自然实生
选育单位：农家选育
果实类型：普通桃
果形：卵圆
单果重（g）：191
果皮底色：绿白
盖色深浅：无
着色程度：无
果肉颜色：白
外观品质：中
核粘离性：粘
肉质：硬溶质
风味：浓甜
可溶性固形物（%）：13
鲜食品质：上
花型：蔷薇形
花瓣类型：单瓣
花瓣颜色：粉红
花粉育性：可育
花药颜色：橘红
叶腺：肾形
树形：直立
生长势：强健
丰产性：中
始花期：4 月初
果实成熟期：8 月中下旬
果实发育期（d）：143
营养生长期（d）：269
需冷量（h）：1 100

综合评价：果实大，果顶微尖，缝合线深、过顶，梗洼深广，果面、果肉均无红色素，风味甜。需冷量长。以中短果枝结果为主，僵花芽多。典型北方品种群品种，有 100 多年的记载历史，是我国优良的地方品种，在山东、河北有一定的适应性，目前仅在山东省肥城市有一定栽培面积，形成了成熟期、着色等不同系列的实生优株。

品种名称：肥城白里 17 号
外文名：Feicheng Bai Li 17
原产地：山东省肥城市
资源类型：地方品种
用途：果实鲜食
系谱：自然实生
选育单位：农家选育
果实类型：普通桃
果形：卵圆
单果重（g）：258
果皮底色：绿白
盖色深浅：无
着色程度：无
果肉颜色：白
外观品质：中
核粘离性：粘
肉质：硬溶质
风味：浓甜
可溶性固形物（%）：12
鲜食品质：中上
花型：蔷薇形
花瓣类型：单瓣
花瓣颜色：粉红
花粉育性：可育
花药颜色：橘红
叶腺：肾形
树形：直立
生长势：强健
丰产性：中
始花期：4 月上旬
果实成熟期：8 月中旬
果实发育期（d）：137
营养生长期（d）：263
需冷量（h）：1 100
综合评价：果实很大，综合性状同肥城白里 10 号。

品种名称：肥城红里 6 号
外文名：Feicheng Hong Li 6
原产地：山东省肥城市
资源类型：地方品种
用途：果实鲜食
系谱：自然实生
选育单位：农家选育
果实类型：普通桃
果形：椭圆
单果重（g）：221
果皮底色：绿白
盖色深浅：红
着色程度：少
果肉颜色：白
外观品质：中
核粘离性：粘
肉质：硬溶质
风味：浓甜
可溶性固形物（%）：13
鲜食品质：上
花型：蔷薇形
花瓣类型：单瓣
花瓣颜色：粉红
花粉育性：可育
花药颜色：橘红
叶腺：肾形
树形：直立
生长势：强健
丰产性：中
始花期：4 月初
果实成熟期：8 月中旬
果实发育期（d）：138
营养生长期（d）：263
需冷量（h）：1 150

综合评价：果面部分着红色，综合性状同肥城白里 10 号，是肥城红里品种的代表。

品种名称：丰白
外文名：Feng Bai
原代号：60－28－5
原产地：辽宁省大连市
资源类型：选育品种
用途：果实鲜食
系谱：大久保自然实生
选育单位：大连市农业科学研究所
育成年份：1966
果实类型：普通桃
果形：圆
单果重（g）：246
果皮底色：绿白
盖色深浅：红
着色程度：中
果肉颜色：白
外观品质：上
核粘离性：离
肉质：硬溶质
风味：甜微酸
可溶性固形物（%）：10
鲜食品质：中
花型：蔷薇形
花瓣类型：单瓣
花瓣颜色：粉红
花粉育性：不稔
花药颜色：淡黄
叶腺：肾形
树形：开张
生长势：中庸
丰产性：中
始花期：4月初
果实成熟期：7月下旬
果实发育期（d）：114
营养生长期（d）：258
需冷量（h）：850～900
综合评价：果实很大，果肉很硬、艮，风味淡，裂核较多。花粉不稔。20世纪90年代至21世纪初为主要栽培品种。

品种名称：凤露
外文名：Feng Lu
原产地：上海市南汇区
资源类型：选育品种
用途：果实鲜食
系谱：白凤生产园自然实生
选育单位：上海市南汇六灶果园
育成年份：1973
果实类型：普通桃
果形：圆
单果重（g）：115
果皮底色：乳黄
盖色深浅：红
着色程度：多
果肉颜色：白
外观品质：中上
核粘离性：粘
肉质：软溶质
风味：浓甜
可溶性固形物（%）：12
鲜食品质：中上
花型：蔷薇形
花瓣类型：单瓣
花瓣颜色：粉红
花粉育性：可育
花药颜色：橘红
叶腺：肾形
树形：开张
生长势：中庸
丰产性：极丰产
始花期：3月底
果实成熟期：7月中旬
果实发育期（d）：106
营养生长期（d）：252
需冷量（h）：1 050
综合评价：中熟；果实圆形，果肉白色，软溶质，风味甜，有香气。出汁率54.83%，制汁品质良好。

品种名称：甘选 4 号
外文名：Gan Xuan 4
原产地：甘肃省兰州市
资源类型：品系
用途：果实鲜食
系谱：不详
选育单位：甘肃省农业科学院果树研究所
育成年份：20 世纪 80 年代
果实类型：普通桃
果形：圆
单果重（g）：102
综合评价：综合性状一般。

果皮底色：乳白
盖色深浅：红
着色程度：多
果肉颜色：白
外观品质：上
核粘离性：离
肉质：软溶质
风味：甜
可溶性固形物（%）：11
鲜食品质：中上
花型：蔷薇形
花瓣类型：单瓣

花瓣颜色：粉红
花粉育性：可育
花药颜色：橘红
叶腺：肾形
树形：直立
生长势：强健
丰产性：丰产
始花期：3 月底
果实成熟期：7 月上中旬
果实发育期（d）：102
营养生长期（d）：259
需冷量（h）：750～850

品种名称：冈山 3 号
外文名：Okayama 3，岡山 3 号
原产地：日本冈山县
资源类型：选育品种
用途：果实鲜食
系谱：土用×Susquehanna
选育单位：日本冈山县农业园艺试验站
育成年份：1908
果实类型：普通桃
果形：圆
单果重（g）：130
综合评价：综合性状尚可。

果皮底色：绿白
盖色深浅：中
着色程度：中
果肉颜色：白
外观品质：中上
核粘离性：粘
肉质：硬溶质
风味：浓甜
可溶性固形物（%）：13
鲜食品质：中上
花型：蔷薇形
花瓣类型：单瓣

花瓣颜色：粉红
花粉育性：可育
花药颜色：橘红
叶腺：肾形
树形：半开张
生长势：强健
丰产性：丰产
始花期：3 月底
果实成熟期：7 月下旬
果实发育期（d）：112
营养生长期（d）：257
需冷量（h）：850

品种名称：冈山5号
外文名：Okayama 5，岡山5号
原产地：日本冈山县
资源类型：选育品种
用途：果实鲜食
系谱：土用×Susquehanna
选育单位：日本冈山县农业园艺试验站
育成年份：20世纪20年代
果实类型：普通桃
果形：椭圆
单果重（g）：120
果皮底色：乳黄
盖色深浅：深红
着色程度：中
果肉颜色：白
外观品质：中上
核粘离性：粘
肉质：软溶质
风味：浓甜
可溶性固形物（%）：12
鲜食品质：上
花型：蔷薇形
花瓣类型：单瓣
花瓣颜色：粉红
花粉育性：可育（少）
花药颜色：橘黄
叶腺：肾形
树形：半开张
生长势：强健
丰产性：丰产
始花期：3月底
果实成熟期：7月上中旬
果实发育期（d）：108
营养生长期（d）：265
需冷量（h）：850
综合评价：综合性状一般。

品种名称：冈山 11 号
外文名：Okayama 11，岡山 11 号
原产地：日本
资源类型：选育品种
用途：果实鲜食
系谱：不详
选育单位：日本冈山县农业园艺试验场
育成年份：不详
果实类型：普通桃
果形：椭圆
单果重（g）：195

果皮底色：绿白
盖色深浅：红
着色程度：少
果肉颜色：白
外观品质：中上
核粘离性：粘
肉质：软溶质
风味：酸甜
可溶性固形物（%）：14
鲜食品质：中
花型：蔷薇形
花瓣类型：单瓣

花瓣颜色：粉红
花粉育性：不稔
花药颜色：淡黄
叶腺：肾形
树形：半开张
生长势：强健
丰产性：中
始花期：4 月初
果实成熟期：8 月中旬
果实发育期（d）：139
营养生长期（d）：255
需冷量（h）：850

综合评价：晚熟，果实大，风味浓，综合性状良好。

品种名称：冈山500号
外文名：Okayama 500，岡山500号
原产地：日本
资源类型：选育品种
用途：果实鲜食
系谱：金桃×Red Bridcling
选育单位：日本冈山县农业园艺试验场
引进年份：20世纪30年代
果实类型：普通桃
果形：椭圆
单果重（g）：108
果皮底色：绿白
盖色深浅：深红
着色程度：中
果肉颜色：白
外观品质：中上
核粘离性：粘
肉质：软溶质
风味：浓甜
可溶性固形物（%）：12
鲜食品质：上
花型：蔷薇形
花瓣类型：单瓣
花瓣颜色：粉红
花粉育性：可育
花药颜色：橘红
叶腺：肾形
树形：开张
生长势：中庸
丰产性：丰产
始花期：3月底
果实成熟期：7月中旬
果实发育期（d）：109
营养生长期（d）：263
需冷量（h）：800
综合评价：品质优，风味纯甜。产量稳定。

品种名称：冈山白
外文名：Hakuto，岡山白
原产地：日本
资源类型：选育品种
用途：果实鲜食
系谱：上海水蜜自然实生
选育单位：日本冈山县赤盘郡熊山町的大久保重五郎
育成年份：1899
果实类型：普通桃
果形：卵圆
单果重（g）：135

果皮底色：绿白
盖色深浅：红
着色程度：少
果肉颜色：白
外观品质：中上
核粘离性：粘
肉质：硬溶质
风味：浓甜
可溶性固形物（%）：11
鲜食品质：中上
花型：蔷薇形
花瓣类型：单瓣

花瓣颜色：粉红
花粉育性：不稔
花药颜色：白
叶腺：肾形
树形：半开张
生长势：强健
丰产性：中
始花期：3月底
果实成熟期：7月下旬
果实发育期（d）：123
营养生长期（d）：244
需冷量（h）：800

综合评价：品质优，风味甜；栽培时需配置授粉树。

品种名称：冈山早生
外文名：Okayama Wase，
岡山早生
原产地：日本
资源类型：选育品种
用途：果实鲜食
系谱：不详
选育单位：日本冈山县御律郡平津村福本喜久治
育成年份：1921
果实类型：普通桃
果形：椭圆
单果重（g）：142
果皮底色：绿白
盖色深浅：红
着色程度：中
果肉颜色：白
外观品质：中上
核粘离性：半离
肉质：硬溶质
风味：甜
可溶性固形物（%）：13
鲜食品质：中上
花型：蔷薇形
花瓣类型：单瓣
花瓣颜色：粉红
花粉育性：不稔
花药颜色：白
叶腺：肾形
树形：开张
生长势：中庸
丰产性：中
始花期：3月底
果实成熟期：6月中旬
果实发育期（d）：85
营养生长期（d）：259
需冷量（h）：850
综合评价：早熟；果实椭圆形，果肉白色，硬溶质，风味甜；花粉不稔。

品种名称：高台1号
外文名：Gaotai 1
原产地：甘肃省高台县
资源类型：地方品种
用途：果实鲜食、加工
系谱：自然实生
选育单位：农家选育
果实类型：普通桃
果形：圆
单果重（g）：133
果皮底色：绿白
盖色深浅：红

着色程度：极少
果肉颜色：白
外观品质：下
核粘离性：粘
肉质：不溶质
风味：酸
可溶性固形物（%）：12
鲜食品质：下
花型：蔷薇形
花瓣类型：单瓣
花瓣颜色：粉红

花粉育性：可育
花药颜色：橘红
叶腺：肾形
树形：直立
生长势：强健
丰产性：低
始花期：3月底
果实成熟期：8月中旬
果实发育期（d）：133
营养生长期（d）：265
需冷量（h）：750

综合评价：果面不平，果肉无红色素，是我国白肉不溶质地方品种。

品种名称：高阳白桃
外文名：Kouyou Hakuto，
高陽白桃
原产地：日本
资源类型：选育品种
用途：果实鲜食
系谱：白桃早熟变异
选育单位：不详
育成年份：不详
果实类型：普通桃
果形：圆
单果重（g）：144
果皮底色：绿白
盖色深浅：深红
着色程度：多
果肉颜色：白
外观品质：上
核粘离性：粘
肉质：硬溶质
风味：甜
可溶性固形物（%）：11
鲜食品质：中上
花型：蔷薇形
花瓣类型：单瓣
花瓣颜色：粉红
花粉育性：不稔
花药颜色：淡黄
叶腺：肾形
树形：半开张
生长势：强健
丰产性：丰产
始花期：4月初
果实成熟期：7月中下旬
果实发育期（d）：111
营养生长期（d）：263
需冷量（h）：850～900
综合评价：果实中等大小，栽培时需配置授粉树。

品种名称：割谷
外文名：Ge Gu
原产地：河北省昌黎县
资源类型：地方品种
用途：果实鲜食
系谱：自然实生
选育单位：农家选育
果实类型：普通桃
果形：尖圆
单果重（g）：118
果皮底色：乳黄
盖色深浅：红
着色程度：中
果肉颜色：白
外观品质：中上
核粘离性：粘
肉质：不溶质
风味：甜
可溶性固形物（%）：12
加工品质：中
花型：蔷薇形
花瓣类型：单瓣
花瓣颜色：粉红
花粉育性：不稔
花药颜色：红褐
叶腺：肾形
树形：半开张
生长势：强健
丰产性：低
始花期：4月上旬
果实成熟期：7月初
果实发育期（d）：92
营养生长期（d）：241
需冷量（h）：1 050

综合评价：果顶突出，果肉不溶质，耐贮运。制汁果肉易褐变，出汁率54%，制汁品质差；可作为传统寿桃的育种亲本。

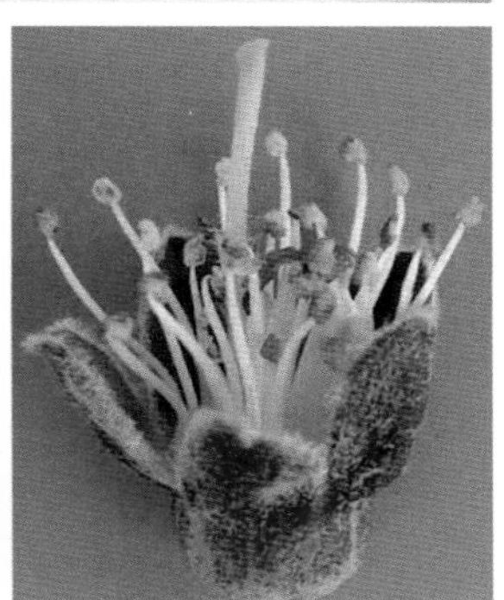

品种名称：贵州水蜜
外文名：Guizhou Shui Mi
原产地：贵州省
资源类型：地方品种
用途：果实鲜食
系谱：自然实生
选育单位：农家选育
果实类型：普通桃
果形：卵圆
单果重（g）：140
果皮底色：绿白
盖色深浅：无
着色程度：无
果肉颜色：白
外观品质：中上
核粘离性：粘
肉质：软溶质
风味：甜
可溶性固形物（%）：11
鲜食品质：中
花型：蔷薇形
花瓣类型：单瓣
花瓣颜色：粉红
花粉育性：不稔
花药颜色：橘红
叶腺：肾形
树形：半开张
生长势：强健
丰产性：低
始花期：4月上旬
果实成熟期：8月初
果实发育期（d）：122
营养生长期（d）：266
需冷量（h）：850
综合评价：果面不着色，果肉无红色素，熟后发面；花粉不稔。

品种名称：寒露蜜
外文名：Han Lu Mi
原产地：山东省青岛市崂山区李村镇河马石村
资源类型：地方品种
用途：果实鲜食
系谱：自然实生
选育单位：农家选育
果实类型：普通桃
果形：圆
单果重（g）：150
果皮底色：绿白
盖色深浅：红
着色程度：少
果肉颜色：白
外观品质：中
核粘离性：粘
肉质：硬溶质
风味：甜
可溶性固形物（%）：11
鲜食品质：中上
花型：蔷薇形
花瓣类型：单瓣
花瓣颜色：粉红
花粉育性：可育
花药颜色：橘红
叶腺：肾形
树形：半开张
生长势：强健
丰产性：中
始花期：3月底
果实成熟期：8月中旬
果实发育期（d）：135
营养生长期（d）：261
需冷量（h）：900～1 000
综合评价：晚熟，果实大，近核处紫红色，综合性状良好。

品种名称：杭玉
外文名：Hang Yu
原产地：浙江省杭州市
资源类型：选育品种
用途：果实鲜食
系谱：玉露自然杂交后代
选育单位：浙江省农业科学院园艺研究所
育成年份：1978
果实类型：普通桃
果形：圆
单果重（g）：130
果皮底色：乳黄
盖色深浅：红
着色程度：少
果肉颜色：白
外观品质：中上
核粘离性：粘
肉质：软溶质
风味：浓甜
可溶性固形物（%）：12
鲜食品质：中上
花型：蔷薇形
花瓣类型：单瓣
花瓣颜色：粉红
花粉育性：可育
花药颜色：橘红
叶腺：肾形
树形：开张
生长势：中庸
丰产性：中
始花期：3月底
果实成熟期：8月上旬
果实发育期（d）：132
营养生长期（d）：253
需冷量（h）：800
综合评价：晚熟，果实圆形，果实中等大小，品质好，有采前落果现象。

品种名称：杭州早水蜜
外文名：Hangzhou Zao Shui Mi
原产地：浙江省杭州市
资源类型：选育品种
用途：果实鲜食
系谱：五云×新端阳
选育单位：浙江省农业科学院园艺研究所、浙江农业大学
育成年份：1979
果实类型：普通桃
果形：圆
单果重（g）：100
果皮底色：绿白
盖色深浅：红
着色程度：中
果肉颜色：白
外观品质：中上
核粘离性：粘
肉质：软溶质
风味：酸甜
可溶性固形物（%）：8
鲜食品质：中
花型：蔷薇形
花瓣类型：单瓣
花瓣颜色：粉红
花粉育性：可育
花药颜色：橘红
叶腺：肾形
树形：开张
生长势：中庸
丰产性：极丰产
始花期：3月底
果实成熟期：6月中旬
果实发育期（d）：76
营养生长期（d）：264
需冷量（h）：800
综合评价：早熟，果实圆形，果实中等大小，风味品质一般，有裂核现象。丰产性强。

品种名称：黑布袋
外文名：Hei Bu Dai
来源地：河南省扶沟县
资源类型：地方品种
用途：果实鲜食
系谱：自然实生
选育单位：农家选育
果实类型：普通桃
果形：尖圆
单果重（g）：123
果皮底色：白
盖色深浅：深红
着色程度：多
果肉颜色：红
外观品质：中
核粘离性：离
肉质：硬溶质
风味：甜
可溶性固形物（%）：14
鲜食品质：中上
花型：蔷薇形
花瓣类型：单瓣
花瓣颜色：粉红
花粉育性：可育
花药颜色：橘红
叶腺：肾形
树形：半开张
生长势：强健
丰产性：丰产
始花期：3月底
果实成熟期：7月上旬
果实发育期（d）：94
营养生长期（d）：261
需冷量（h）：850
综合评价：外观较漂亮，风味浓郁，品质较好，是优异的红肉桃种质资源。

品种名称：红甘露
外文名：Hong Gan Lu
原产地：辽宁省大连市
资源类型：选育品种
用途：果实鲜食
系谱：红甜桃自然实生
选育单位：大连市农业科学研究所
育成年份：1970
果实类型：普通桃
果形：扁圆
单果重（g）：103

果皮底色：绿白
盖色深浅：红
着色程度：多
果肉颜色：白
外观品质：上
核粘离性：粘
肉质：硬溶质
风味：甜
可溶性固形物（%）：11
鲜食品质：中上
花型：蔷薇形
花瓣类型：单瓣

花瓣颜色：粉红
花粉育性：可育
花药颜色：橘黄
叶腺：肾形
树形：开张
生长势：中庸
丰产性：极丰产
始花期：3月底
果实成熟期：7月初
果实发育期（d）：94
营养生长期（d）：260
需冷量（h）：850

综合评价：果实扁圆，外观漂亮，风味甘甜，品质很好，唯果实稍小；生产栽培时应严格疏果。

品种名称：红玫2号
外文名：Hong Mei 2
原产地：浙江省杭州市
资源类型：品系
用途：果实鲜食
系谱：不详
选育单位：浙江省农业科学院园艺研究所
收集年份：2002
果实类型：普通桃
果形：圆
单果重（g）：155

果皮底色：绿白
盖色深浅：红
着色程度：中
果肉颜色：白
外观品质：中上
核粘离性：半离
肉质：硬溶质
风味：甜
可溶性固形物（%）：12
鲜食品质：中上
花型：蔷薇形
花瓣类型：单瓣

花瓣颜色：粉红
花粉育性：不稔
花药颜色：浅褐
叶腺：肾形
树形：开张
生长势：中庸
丰产性：丰产
始花期：4月初
果实成熟期：7月上旬
果实发育期（d）：94
营养生长期（d）：250
需冷量（h）：800～850

综合评价：果实大，外观漂亮，风味好。

品种名称：红清水
外文名：Benishimizu，紅清水
原产地：日本
资源类型：选育品种
用途：果实鲜食
系谱：森上白桃与清水白桃混植园发现
选育单位：日本冈山县岸青氏
育成年份：1977
果实类型：普通桃
果形：圆
单果重（g）：138
果皮底色：绿白
盖色深浅：红
着色程度：中
果肉颜色：白
外观品质：中上
核粘离性：粘
肉质：软溶质
风味：甜
可溶性固形物（%）：12
鲜食品质：上
花型：蔷薇形
花瓣类型：单瓣
花瓣颜色：粉红
花粉育性：可育
花药颜色：橘红
叶腺：肾形
树形：开张
生长势：中庸
丰产性：丰产
始花期：3月底
果实成熟期：7月上中旬
果实发育期（d）：101
营养生长期（d）：251
需冷量（h）：850～900
综合评价：果实中等大小，外观颜色较好，风味品质好。

品种名称：红桃
外文名：Hong Tao
原产地：北京市昌平区
资源类型：地方品种
用途：果实鲜食
系谱：自然实生
选育单位：农家选育
果实类型：普通桃
果形：圆
单果重（g）：147
果皮底色：绿白
盖色深浅：深红
着色程度：多
果肉颜色：白
外观品质：中
核粘离性：半离
肉质：硬溶质
风味：酸甜
可溶性固形物（%）：11
鲜食品质：下
花型：蔷薇形
花瓣类型：单瓣
花瓣颜色：粉红
花粉育性：可育
花药颜色：橘红
叶腺：肾形
树形：开张
生长势：中庸
丰产性：丰产
始花期：3月底
果实成熟期：6月中旬
果实发育期（d）：78
营养生长期（d）：256
需冷量（h）：800～850
综合评价：果实中等大小，外观较漂亮，风味偏酸，品质中等。

品种名称：红鸭嘴
外文名：Hong Ya Zui
原产地：河北省昌黎县
资源类型：地方品种
用途：果实鲜食
系谱：自然实生
选育单位：农家选育
果实类型：普通桃
果形：卵圆
单果重（g）：104
果皮底色：乳黄
盖色深浅：红
着色程度：多
果肉颜色：白
外观品质：中上
核粘离性：粘
肉质：不溶质
风味：甜
可溶性固形物（%）：12
鲜食品质：中
花型：蔷薇形
花瓣类型：单瓣
花瓣颜色：粉红
花粉育性：可育
花药颜色：橘红
叶腺：肾形
树形：开张
生长势：中庸
丰产性：丰产
始花期：4月初
果实成熟期：6月中下旬
果实发育期（d）：83
营养生长期（d）：255
需冷量（h）：950
综合评价：果顶突出，果肉红色素多，果实耐贮运。

品种名称：红月
外文名：Kogetsu，紅月
原产地：日本
资源类型：选育品种
用途：果实鲜食
系谱：不详
选育单位：不详
果实类型：普通桃
果形：卵圆
单果重（g）：122
果皮底色：绿白
盖色深浅：红
着色程度：多
果肉颜色：白
外观品质：中
核粘离性：粘
肉质：软溶质
风味：甜
可溶性固形物（%）：10
鲜食品质：中上
花型：蔷薇形
花瓣类型：单瓣
花瓣颜色：粉红
花粉育性：可育
花药颜色：橘红
叶腺：肾形
树形：开张
生长势：中庸
丰产性：丰产
始花期：4月初
果实成熟期：7月上中旬
果实发育期（d）：99
营养生长期（d）：250
需冷量（h）：850～900
综合评价：果形不够圆整，风味品质较好。制汁果肉有褐变，味浓但缺酸，出汁率60.56%，制汁品质良好。

品种名称：湖景蜜露
外文名：Hu Jing Mi Lu
原产地：江苏省无锡市阳山镇
资源类型：地方品种
用途：果实鲜食
系谱：不详
选育单位：农家选育
育成年份：不详
果实类型：普通桃
果形：圆
单果重（g）：227
果皮底色：绿白
盖色深浅：红
着色程度：中
果肉颜色：白
外观品质：中上
核粘离性：粘
肉质：硬溶质
风味：甜
可溶性固形物（%）：14
鲜食品质：上
花型：蔷薇形
花瓣类型：单瓣
花瓣颜色：粉红
花粉育性：可育
花药颜色：橘红
叶腺：肾形
树形：半开张
生长势：强健
丰产性：丰产
始花期：3月底
果实成熟期：7月下旬
果实发育期（d）：120
营养生长期（d）：265
需冷量（h）：850
综合评价：果形圆整，果实很大，风味好，丰产；江苏无锡市主要栽培品种。

品种名称：晖雨露
外文名：Hui Yu Lu
原产地：江苏省南京市
资源类型：选育品种
用途：果实鲜食
系谱：朝晖×雨花露
选育单位：江苏省农业科学院园艺研究所
育成年份：1994
果实类型：普通桃
果形：圆
单果重（g）：150
果皮底色：乳黄
盖色深浅：红
着色程度：多
果肉颜色：白
外观品质：中上
核粘离性：粘
肉质：软溶质
风味：甜
可溶性固形物（%）：10
鲜食品质：中
花型：蔷薇形
花瓣类型：单瓣
花瓣颜色：粉红
花粉育性：可育
花药颜色：橘红
叶腺：肾形
树形：开张
生长势：中庸
丰产性：极丰产
始花期：3月底
果实成熟期：6月初
果实发育期（d）：68
营养生长期（d）：255
需冷量（h）：800～850
综合评价：早熟，果实圆形，果实大，果肉白色，软溶质，风味甜。

品种名称：珲春桃
外文名：Hunchun Tao
原产地：吉林省珲春市
资源类型：地方品种
用途：抗寒种质
选育单位：吉林省农业科学院果树研究所
报道年份：1983
果实类型：普通桃
果形：卵圆
单果重（g）：94
果皮底色：绿白
盖色深浅：红
着色程度：少
果肉颜色：绿白
外观品质：下
核粘离性：离
肉质：硬溶质
风味：酸
可溶性固形物（%）：13
鲜食品质：下
花型：蔷薇形
花瓣类型：单瓣
花瓣颜色：粉红
花粉育性：可育
花药颜色：橘黄
叶腺：肾形
树形：开张
生长势：弱
丰产性：极丰产
始花期：3月底
果实成熟期：8月中旬
果实发育期（d）：135
营养生长期（d）：252
需冷量（h）：750

综合评价：综合性状与野生毛桃类似；年生长量小，树体较矮；是我国分布最北的桃地方品种，报道的抗低温能力在－30℃以下，在吉林省珲春市有种植。

品种名称：火珠
外文名：Huo Zhu
原产地：江苏省
资源类型：地方品种
用途：果实鲜食
系谱：自然实生
选育单位：农家选育
育成年份：不详
果实类型：普通桃
果形：尖圆
单果重（g）：117
果皮底色：白
盖色深浅：深红
着色程度：多
果肉颜色：白
外观品质：中上
核粘离性：离
肉质：硬溶质
风味：甜
可溶性固形物（%）：12
鲜食品质：中上
花型：蔷薇形
花瓣类型：单瓣
花瓣颜色：粉红
花粉育性：可育
花药颜色：橘红
叶腺：肾形
树形：半开张
生长势：强健
丰产性：极丰产
始花期：3月底
果实成熟期：6月底
果实发育期（d）：90
营养生长期（d）：265
需冷量（h）：850
综合评价：果实尖圆，风味甜，成熟后果实发面，极丰产。

品种名称：鸡嘴白
外文名：Ji Zui Bai
原产地：河南省商水县
资源类型：地方品种
用途：果实鲜食
系谱：自然实生
选育单位：农家选育
果实类型：普通桃
果形：尖圆
单果重（g）：145
果皮底色：绿白
盖色深浅：红
着色程度：多
果肉颜色：白
外观品质：中
核粘离性：离
肉质：硬溶质
风味：甜
可溶性固形物（%）：12
鲜食品质：中
花型：蔷薇形
花瓣类型：单瓣
花瓣颜色：粉红
花粉育性：不稔
花药颜色：浅褐
叶腺：肾形
树形：半开张
生长势：强健
丰产性：中
始花期：4月初
果实成熟期：7月初
果实发育期（d）：92
营养生长期（d）：263
需冷量（h）：900
综合评价：果顶突尖，缝合线处青色；硬熟期耐贮运，熟后发面；种植时需配置授粉树。

品种名称：吉林 8501
外文名：Jilin 8501
原产地：吉林省长春市聋哑学校
资源类型：地方品种
用途：抗寒种质
系谱：自然实生
选育单位：农家选育
果实类型：普通桃
果形：圆
单果重（g）：68
果皮底色：绿白
盖色深浅：深红
着色程度：少
果肉颜色：白
外观品质：中下
核粘离性：离
肉质：硬溶质
风味：酸
可溶性固形物（%）：14
鲜食品质：中下
花型：蔷薇形
花瓣类型：单瓣
花瓣颜色：粉红
花粉育性：可育
花药颜色：橘红
叶腺：肾形
树形：直立
生长势：强健
丰产性：丰产
始花期：3 月底
果实成熟期：7 月下旬
果实发育期（d）：118
营养生长期（d）：250
需冷量（h）：600～700
综合评价：果实性状近似普通桃野生类型，成熟后果实发面，抗寒性较强。

品种名称：吉林 8601
外文名：Jilin 8601
原产地：吉林省盘石名城石墨矿
资源类型：地方品种
用途：抗寒种质
系谱：自然实生
选育单位：农家选育
果实类型：普通桃
果形：圆
单果重（g）：50
果皮底色：绿

盖色深浅：深红
着色程度：少
果肉颜色：白
外观品质：中下
核粘离性：粘
肉质：硬溶质
风味：酸
可溶性固形物（%）：13
鲜食品质：中下
花型：蔷薇形
花瓣类型：单瓣
花瓣颜色：粉红

花粉育性：可育
花药颜色：橘红
叶腺：肾形
树形：直立
生长势：强健
丰产性：丰产
始花期：3 月底
果实成熟期：7 月下旬
果实发育期（d）：117
营养生长期（d）：236
需冷量（h）：600～700

综合评价：果实性状近似普通桃野生类型，成熟后果实发面，抗寒性强。

品种名称：吉林 8701
外文名：Jilin 8701
原产地：吉林省长春市干休所
资源类型：地方品种
用途：抗寒种质
系谱：自然实生
选育单位：农家选育
果实类型：普通桃
果形：扁圆
单果重（g）：70
果皮底色：绿白
盖色深浅：无
着色程度：无
果肉颜色：绿白
外观品质：中下
核粘离性：离
肉质：硬脆
风味：酸
可溶性固形物（%）：11
鲜食品质：中下
花型：蔷薇形
花瓣类型：单瓣
花瓣颜色：粉红
花粉育性：可育
花药颜色：橘红
叶腺：肾形
树形：直立
生长势：强健
丰产性：丰产
始花期：3 月底
果实成熟期：8 月中旬
果实发育期（d）：135
营养生长期（d）：236
需冷量（h）：600～700
综合评价：果实性状近似普通桃野生类型，抗寒性较强。

品种名称：吉林 8801
外文名：Jilin 8801
原产地：吉林省梨树县郭家店村
资源类型：地方品种
用途：抗寒种质
系谱：自然实生
选育单位：农家选育
果实类型：普通桃
果形：圆
单果重（g）：46
果皮底色：绿
盖色深浅：无
着色程度：无
果肉颜色：绿白
外观品质：中下
核粘离性：半离
肉质：硬溶质
风味：酸
可溶性固形物（%）：13
鲜食品质：中下
花型：蔷薇形
花瓣类型：单瓣
花瓣颜色：粉红
花粉育性：可育
花药颜色：橘红
叶腺：肾形
树形：直立
生长势：强健
丰产性：丰产
始花期：3 月底
果实成熟期：7 月下旬
果实发育期（d）：120
营养生长期（d）：244
需冷量（h）：600～700
综合评价：果实性状近似普通桃野生类型，果肉颜色绿白，抗寒性强。

品种名称：吉林 8903
外文名：Jilin 8903
原产地：吉林省长春市柳河窖村
资源类型：不详
用途：抗寒种质
系谱：不详
选育单位：农家或外地引进
果实类型：普通桃
果形：椭圆
单果重（g）：158
果皮底色：绿白
盖色深浅：红
着色程度：中
果肉颜色：红
外观品质：中
核粘离性：粘
肉质：硬溶质
风味：甜
可溶性固形物（%）：10
鲜食品质：中
花型：蔷薇形
花瓣类型：单瓣
花瓣颜色：粉红
花粉育性：不稔
花药颜色：浅褐
叶腺：肾形
树形：开张
生长势：强健
丰产性：丰产
始花期：3 月底
果实成熟期：6 月中旬
果实发育期（d）：74
营养生长期（d）：257
需冷量（h）：800
综合评价：果实大，果肉红色素多，紫红色，似红肉桃。出汁率 47%。抗寒性较强。从果实综合性状看，疑似外地引进品种。

品种名称：加纳岩
外文名：Kanoiwa，加納岩
原产地：日本
资源类型：选育品种
用途：果实鲜食
系谱：浅间白桃芽变
选育单位：日本山梨县加纳岩农协
育成年份：不详
果实类型：普通桃
果形：圆
单果重（g）：142

果皮底色：绿白
盖色深浅：红
着色程度：多
果肉颜色：白
外观品质：中上
核粘离性：粘
肉质：硬溶质
风味：甜
可溶性固形物（%）：11
鲜食品质：中上
花型：蔷薇形
花瓣类型：单瓣

花瓣颜色：粉红
花粉育性：可育
花药颜色：橘红
叶腺：肾形
树形：开张
生长势：中庸
丰产性：丰产
始花期：3月底
果实成熟期：6月中旬
果实发育期（d）：85
营养生长期（d）：238
需冷量（h）：700～800

综合评价：外观漂亮，品质好。

品种名称：尖嘴红肉
外文名：Jian Zui Hong Rou
原产地：河南省固始县
资源类型：地方品种
用途：果实鲜食
系谱：自然实生
选育单位：农家选育
育成年份：不详
果实类型：普通桃
果形：尖圆
单果重（g）：132
果皮底色：绿白
盖色深浅：红
着色程度：多
果肉颜色：红
外观品质：中上
核粘离性：半离
肉质：硬溶质
风味：甜
可溶性固形物（%）：15
鲜食品质：中上
花型：蔷薇形
花瓣类型：单瓣
花瓣颜色：粉红
花粉育性：可育
花药颜色：橘红
叶腺：肾形
树形：半开张
生长势：强健
丰产性：丰产
始花期：3月底
果实成熟期：6月底
果实发育期（d）：90
营养生长期（d）：265
需冷量（h）：750～850
综合评价：红肉桃，风味甜，充分成熟后肉质发面。丰产。

品种名称：接土白
外文名：Jie Tu Bai
原产地：河北省昌黎县
资源类型：选育品种
用途：果实鲜食
系谱：大久保实生
选育单位：河北省农林科学院昌黎果树研究所
收集年份：1980
果实类型：普通桃
果形：圆
单果重（g）：220
果皮底色：绿白
盖色深浅：红
着色程度：中
果肉颜色：白
外观品质：中上
核粘离性：离
肉质：硬溶质
风味：甜
可溶性固形物（%）：12
鲜食品质：中上
花型：蔷薇形
花瓣类型：单瓣
花瓣颜色：粉红
花粉育性：不稔
花药颜色：浅褐
叶腺：肾形
树形：开张
生长势：中庸
丰产性：低
始花期：4月上旬
果实成熟期：7月下旬
果实发育期（d）：116
营养生长期（d）：259
需冷量（h）：900
综合评价：中熟，果实很大，圆形，果顶平，肉很硬。花粉不稔。产量低。

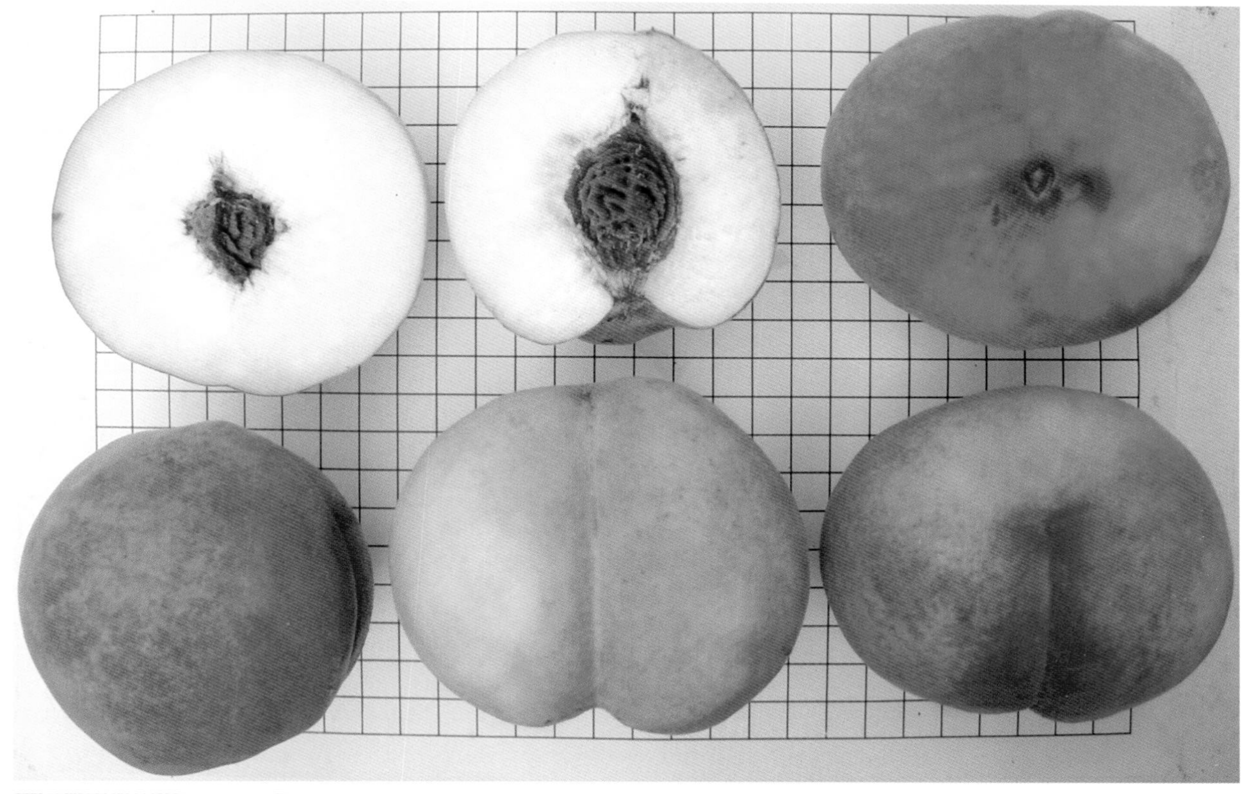

品种名称：京春
外文名：Jing Chun
原产地：北京市
资源类型：选育品种
用途：果实鲜食
系谱：早生黄金自然实生
选育单位：北京市农林科学院林业果树研究所
育成年份：1989
果实类型：普通桃
果形：圆
单果重（g）：116

果皮底色：绿白
盖色深浅：红
着色程度：中
果肉颜色：白
外观品质：上
核粘离性：粘
肉质：软溶质
风味：甜
可溶性固形物（%）：9
鲜食品质：中上
花型：蔷薇形
花瓣类型：单瓣

花瓣颜色：粉红
花粉育性：可育
花药颜色：橘红
叶腺：肾形
树形：开张
生长势：中庸
丰产性：极丰产
始花期：3月底
果实成熟期：6月初
果实发育期（d）：65
营养生长期（d）：245
需冷量（h）：900

综合评价：早熟，果实圆形，稍扁，整齐一致，色泽鲜艳，综合性状良好。

品种名称：京蜜
外文名：Jing Mi
原代号：北京 15 号
原产地：北京市
资源类型：选育品种
用途：果实鲜食
系谱：绿化 1 号×兴津油桃
选育单位：北京市农林科学院林业果树研究所
育成年份：1977
果实类型：普通桃
果形：圆
单果重（g）：149
果皮底色：绿白
盖色深浅：红
着色程度：少
果肉颜色：白
外观品质：中上
核粘离性：粘
肉质：硬溶质
风味：浓甜
可溶性固形物（%）：12
鲜食品质：中上
花型：蔷薇形
花瓣类型：单瓣
花瓣颜色：粉红
花粉育性：可育
花药颜色：橘红
叶腺：肾形
树形：半开张
生长势：强健
丰产性：丰产
始花期：3 月底
果实成熟期：8 月上旬
果实发育期（d）：121
营养生长期（d）：253
需冷量（h）：950
综合评价：晚熟，综合性状一般。

品种名称：京艳
外文名：Jing Yan
原代号：北京 24 号
原产地：北京市
资源类型：选育品种
用途：果实鲜食
系谱：绿化 5 号×大久保
选育单位：北京市农林科学院林业果树研究所
育成年份：1977
果实类型：普通桃
果形：椭圆
单果重（g）：159
果皮底色：绿白
盖色深浅：深红
着色程度：中
果肉颜色：白
外观品质：上
核粘离性：粘
肉质：硬溶质
风味：甜
可溶性固形物（%）：11
鲜食品质：中上
花型：蔷薇形
花瓣类型：单瓣
花瓣颜色：粉红
花粉育性：可育
花药颜色：橘红
叶腺：肾形
树形：半开张
生长势：强健
丰产性：丰产
始花期：3 月底
果实成熟期：8 月上旬
果实发育期（d）：129
营养生长期（d）：240
需冷量（h）：850～950
综合评价：晚熟，果实大，综合性状优良。

品种名称：京玉
外文名：Jing Yu
原代号：北京 14 号
原产地：北京市
资源类型：选育品种
用途：果实鲜食
系谱：大久保×兴津油桃
选育单位：北京市农林科学院林业果树研究所
育成年份：1975
果实类型：普通桃
果形：椭圆
单果重（g）：150

果皮底色：绿白
盖色深浅：深红
着色程度：中
果肉颜色：白
外观品质：中上
核粘离性：离
肉质：硬溶质
风味：浓甜
可溶性固形物（%）：13
鲜食品质：中上
花型：蔷薇形
花瓣类型：单瓣

花瓣颜色：粉红
花粉育性：可育
花药颜色：橘红
叶腺：肾形
树形：开张
生长势：中庸
丰产性：极丰产
始花期：3 月底
果实成熟期：8 月上旬
果实发育期（d）：120
营养生长期（d）：251
需冷量（h）：800

综合评价：果实大，品质优良。含有油桃隐性基因，是优良的油桃育种亲本材料，用作亲本已培育出大量的油桃品种，是我国北方主要栽培品种。

品种名称：荆门桃
外文名：Jingmen Tao
原产地：湖北省荆门市
资源类型：地方品种
用途：果实鲜食
系谱：自然实生
选育单位：农家选育
果实类型：普通桃
果形：圆
单果重（g）：108
果皮底色：白
盖色深浅：深红
着色程度：多
果肉颜色：红
外观品质：中
核粘离性：离
肉质：硬溶质
风味：甜
可溶性固形物（%）：10
鲜食品质：中
花型：蔷薇形
花瓣类型：单瓣
花瓣颜色：粉红
花粉育性：可育
花药颜色：橘红
叶腺：肾形
树形：开张
生长势：中庸
丰产性：丰产
始花期：3月底
果实成熟期：7月初
果实发育期（d）：92
营养生长期（d）：246
需冷量（h）：800
综合评价：优良红肉桃品种，可能与大红袍等为同一实生群体。

品种名称：久仰青桃
外文名：Jiuyang Qing Tao
原产地：贵州省剑河县久仰乡
资源类型：地方品种
用途：果实鲜食
系谱：自然实生
选育单位：农家选育
果实类型：普通桃
果形：圆
单果重（g）：80
果皮底色：绿白
盖色深浅：红
着色程度：少
果肉颜色：白
外观品质：中
核粘离性：离
肉质：软溶质
风味：酸
可溶性固形物（%）：14
鲜食品质：下
花型：蔷薇形
花瓣类型：单瓣
花瓣颜色：粉红
花粉育性：可育
花药颜色：橘红
叶腺：肾形
树形：半开张
生长势：强健
丰产性：丰产
始花期：4月初
果实成熟期：8月底
果实发育期（d）：149
营养生长期（d）：258
需冷量（h）：650～750
综合评价：综合性状一般。

品种名称：橘早生
外文名：Tachibana Wase，
橘早生
原产地：日本
资源类型：选育品种
用途：果实鲜食
系谱：传十郎实生
选育单位：日本神奈川县川崎市的吉沃寅之助
育成年份：1919
果实类型：普通桃
果形：圆
单果重（g）：110
果皮底色：绿白
盖色深浅：红
着色程度：多
果肉颜色：白
外观品质：中
核粘离性：粘
肉质：软溶质
风味：酸甜
可溶性固形物（%）：12
鲜食品质：中下
花型：蔷薇形
花瓣类型：单瓣
花瓣颜色：粉红
花粉育性：可育
花药颜色：淡黄
叶腺：肾形
树形：开张
生长势：中庸
丰产性：丰产
始花期：3月底
果实成熟期：6月下旬
果实发育期（d）：87
营养生长期（d）：255
需冷量（h）：850
综合评价：风味酸甜，综合性状一般。

品种名称：喀什 4 号
外文名：Kashi 4
原产地：新疆喀什市
资源类型：地方品种
用途：仁用、鲜食兼用
系谱：自然实生
选育单位：农家选育
果实类型：普通桃
果形：椭圆
单果重（g）：112
果皮底色：绿白
盖色深浅：深红
着色程度：少
果肉颜色：白
外观品质：下
核粘离性：离
肉质：软溶质
风味：酸甜
可溶性固形物（%）：13
鲜食品质：中下
花型：蔷薇形
花瓣类型：单瓣
花瓣颜色：粉红
花粉育性：可育
花药颜色：橘红
叶腺：肾形
树形：直立
生长势：强健
丰产性：低
始花期：3 月底
果实成熟期：9 月上旬
果实发育期（d）：161
营养生长期（d）：271
需冷量（h）：850
综合评价：甜仁，干核仁重 0.6g。在新疆南疆有零星种植。

品种名称：勘助白桃
外文名：Kansuke Hakuto，勘助白桃
原产地：日本
资源类型：选育品种
用途：果实鲜食
系谱：爱知白桃芽变
选育单位：日本爱知县丰桥市加茂町山本广明
育成年份：1981年之前
果实类型：普通桃
果形：圆
单果重（g）：92
综合评价：风味品质优良。

果皮底色：绿白
盖色深浅：红
着色程度：多
果肉颜色：白
外观品质：上
核粘离性：粘
肉质：硬溶质
风味：甜
可溶性固形物（%）：11
鲜食品质：中
花型：蔷薇形
花瓣类型：单瓣

花瓣颜色：粉红
花粉育性：可育
花药颜色：橘红
叶腺：肾形
树形：开张
生长势：中庸
丰产性：丰产
始花期：3月底
果实成熟期：7月初
果实发育期（d）：96
营养生长期（d）：238
需冷量（h）：850～900

品种名称：跨喜桃
外文名：Kuaxi Tao
原产地：云南省玉溪市红塔区洛河乡跨喜村
资源类型：地方品种
用途：果实鲜食
系谱：自然实生
选育单位：农家选育
果实类型：普通桃
果形：椭圆
单果重（g）：109
果皮底色：乳黄
盖色深浅：深红
着色程度：中
果肉颜色：白
外观品质：中
核粘离性：粘
肉质：不溶质
风味：甜
可溶性固形物（%）：13
鲜食品质：中
花型：蔷薇形
花瓣类型：单瓣
花瓣颜色：红
花粉育性：可育
花药颜色：橘红
叶腺：肾形
树形：半开张
生长势：中庸
丰产性：中
始花期：4月初
果实成熟期：8月初
果实发育期（d）：122
营养生长期（d）：265
需冷量（h）：700
综合评价：果实缝合线较深，外观一般，不溶质，风味甜。花瓣深红色、较细、分离，花丝粉红色，萼筒紫红色。

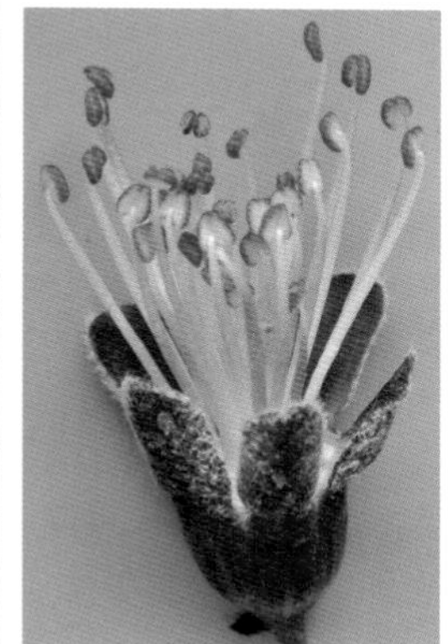

品种名称：莱山蜜
外文名：Laishan Mi
原产地：山东省烟台市莱山区莱山镇曲村
资源类型：选育品种
用途：果实鲜食
系谱：自然实生
选育单位：山东省烟台市果树站
育成年份：1995
果实类型：普通桃
果形：卵圆
单果重（g）：193
果皮底色：绿白
盖色深浅：深红
着色程度：中
果肉颜色：白
外观品质：中上
核粘离性：粘
肉质：硬溶质
风味：浓甜
可溶性固形物（%）：13
鲜食品质：上
花型：蔷薇形
花瓣类型：单瓣
花瓣颜色：粉红
花粉育性：可育
花药颜色：橘红
叶腺：肾形
树形：开张
生长势：中庸
丰产性：中
始花期：4月初
果实成熟期：8月上旬
果实发育期（d）：127
营养生长期（d）：238
需冷量（h）：950～1 000
综合评价：果实大，着色一般，风味好，品质优良。

品种名称：丽红
外文名：Li Hong
原产地：河北省秦皇岛市
资源类型：选育品种
用途：果实鲜食
系谱：橘早生单株变异
选育单位：河北科技师范学院
育成年份：2003
果实类型：普通桃
果形：扁圆
单果重（g）：140
果皮底色：绿白
盖色深浅：深红
着色程度：中
果肉颜色：白
外观品质：中
核粘离性：粘
肉质：硬溶质
风味：淡甜
可溶性固形物（%）：8
鲜食品质：中
花型：蔷薇形
花瓣类型：单瓣
花瓣颜色：粉红
花粉育性：不稔
花药颜色：粉褐
叶腺：肾形
树形：半开张
生长势：强健
丰产性：中
始花期：3月底
果实成熟期：8月中下旬
果实发育期（d）：141
营养生长期（d）：265
需冷量（h）：850
综合评价：晚熟，果实圆稍扁，风味淡甜，硬溶质。花粉不稔。

品种名称：离核甜仁
外文名：Li He Tian Ren
原产地：新疆喀什市伯什克拉木
资源类型：地方品种
用途：仁用、鲜食兼用
系谱：自然实生
选育单位：农家选育
果实类型：普通桃
果形：椭圆
单果重（g）：111
果皮底色：绿白
盖色深浅：无
着色程度：无
果肉颜色：绿白
外观品质：下
核粘离性：离
肉质：软溶质
风味：酸甜
可溶性固形物（%）：12
鲜食品质：中
花型：蔷薇形
花瓣类型：单瓣
花瓣颜色：粉红
花粉育性：可育
花药颜色：橘红
叶腺：肾形
树形：开张
生长势：强健
丰产性：低
始花期：3月底
果实成熟期：9月上旬
果实发育期（d）：161
营养生长期（d）：272
需冷量（h）：750～850
综合评价：果面、果肉均无红色素，缝合线偶有开裂。甜仁，干核仁重1g。产量低。

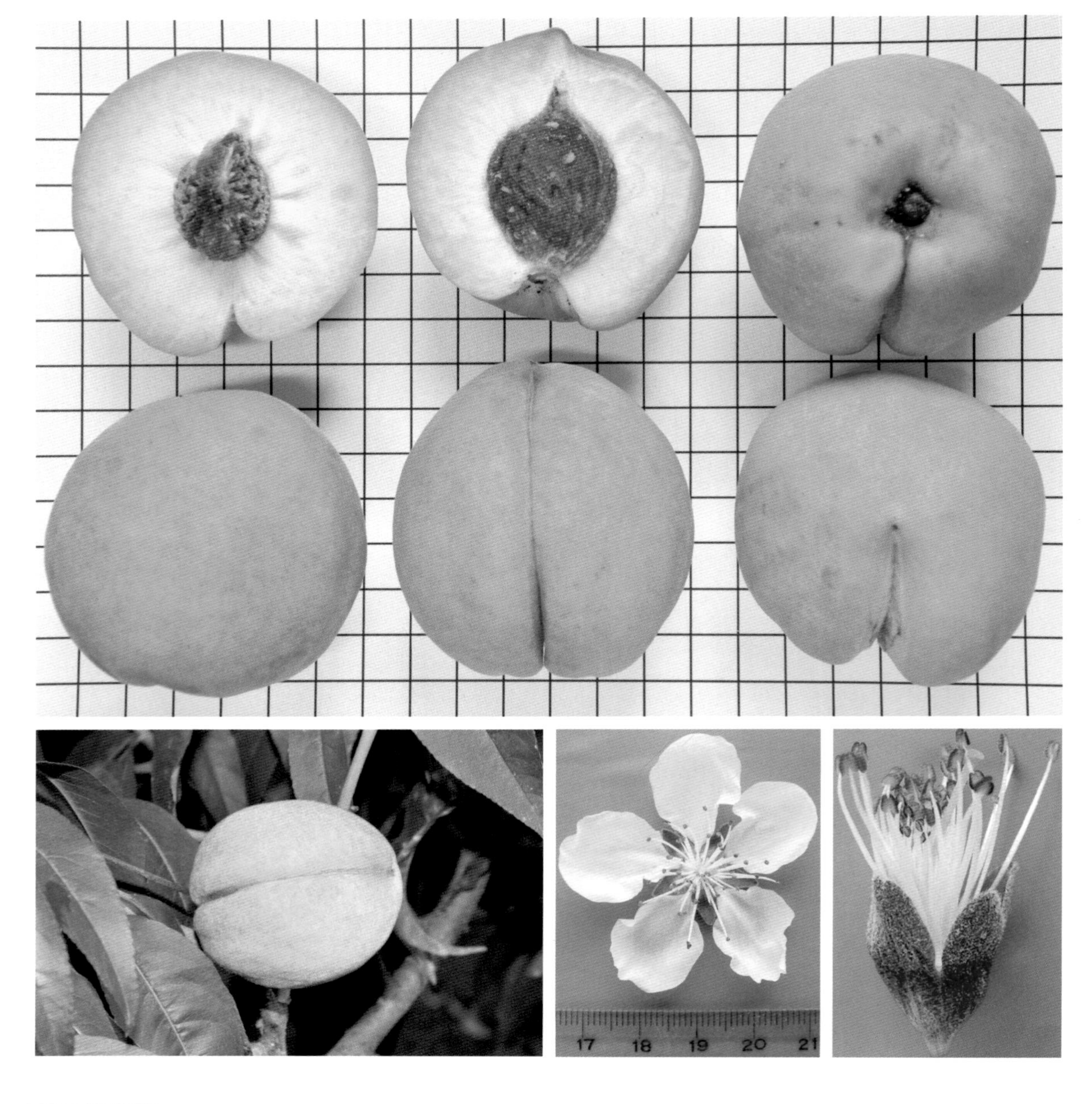

品种名称：礼泉 54 号
外文名：Liquan 54
原产地：陕西省礼泉县
资源类型：地方品种
用途：果实鲜食
系谱：自然实生
选育单位：引自西北农学院
果实类型：普通桃
果形：圆
单果重（g）：101
果皮底色：绿白
盖色深浅：红
着色程度：多
果肉颜色：白
外观品质：中上
核粘离性：粘
肉质：软溶质
风味：浓甜
可溶性固形物（%）：10
鲜食品质：中
花型：蔷薇形
花瓣类型：单瓣
花瓣颜色：粉红
花粉育性：可育
花药颜色：橘红
叶腺：肾形
树形：开张
生长势：中庸
丰产性：极丰产
始花期：3 月底
果实成熟期：7 月上中旬
果实发育期（d）：103
营养生长期（d）：264
需冷量（h）：850～900
综合评价：中熟，外观漂亮，品质优良。丰产性强。

品种名称：临白 3 号
外文名：Lin Bai 3
原产地：甘肃省临泽县沙河镇
资源类型：地方品种
用途：果实鲜食、加工
系谱：自然实生
选育单位：农家选育
果实类型：普通桃
果形：圆
单果重（g）：50
果皮底色：乳黄
盖色深浅：红
着色程度：少
果肉颜色：白
外观品质：下
核粘离性：粘
肉质：不溶质
风味：甜
可溶性固形物（%）：12
鲜食品质：下
花型：蔷薇形
花瓣类型：单瓣
花瓣颜色：深粉红
花粉育性：可育
花药颜色：橘红
叶腺：肾形
树形：直立
生长势：强健
丰产性：低
始花期：3 月底
果实成熟期：7 月底
果实发育期（d）：124
营养生长期（d）：260
需冷量（h）：850
综合评价：果实小，其他近似临白 10 号。

品种名称：临白 10 号
外文名：Lin Bai 10
原产地：甘肃省临泽县沙河镇
资源类型：地方品种
用途：果实鲜食、加工
系谱：自然实生
选育单位：农家选育
果实类型：普通桃
果形：椭圆
单果重（g）：81
果皮底色：绿白
盖色深浅：红

着色程度：少
果肉颜色：白
外观品质：下
核粘离性：粘
肉质：不溶质
风味：酸甜
可溶性固形物（%）：13
鲜食品质：中下
花型：蔷薇形
花瓣类型：单瓣
花瓣颜色：深粉红

花粉育性：可育
花药颜色：橘红
叶腺：肾形
树形：直立
生长势：强健
丰产性：低
始花期：4 月初
果实成熟期：8 月初
果实发育期（d）：130
营养生长期（d）：267
需冷量（h）：750

综合评价：果实小，白肉，不溶质；肉细，果实耐煮，加工性能好。花色深粉红，花丝红色。

品种名称：临城桃
外文名：Lincheng Tao
原产地：山东省枣庄市古临城县
资源类型：地方品种
用途：果实鲜食
系谱：自然实生
选育单位：农家选育
果实类型：普通桃
果形：圆
单果重（g）：131
果皮底色：绿白
盖色深浅：红
着色程度：中
果肉颜色：白
外观品质：中
核粘离性：粘
肉质：软溶质
风味：酸甜
可溶性固形物（%）：10
鲜食品质：中上
花型：蔷薇形
花瓣类型：单瓣
花瓣颜色：粉红
花粉育性：不稔
花药颜色：白
叶腺：肾形
树形：直立
生长势：强健
丰产性：丰产
始花期：3月底
果实成熟期：7月中旬
果实发育期（d）：110
营养生长期（d）：255
需冷量（h）：900～1 000
综合评价：果肉红色素多；花粉不稔；是优良的地方品种。

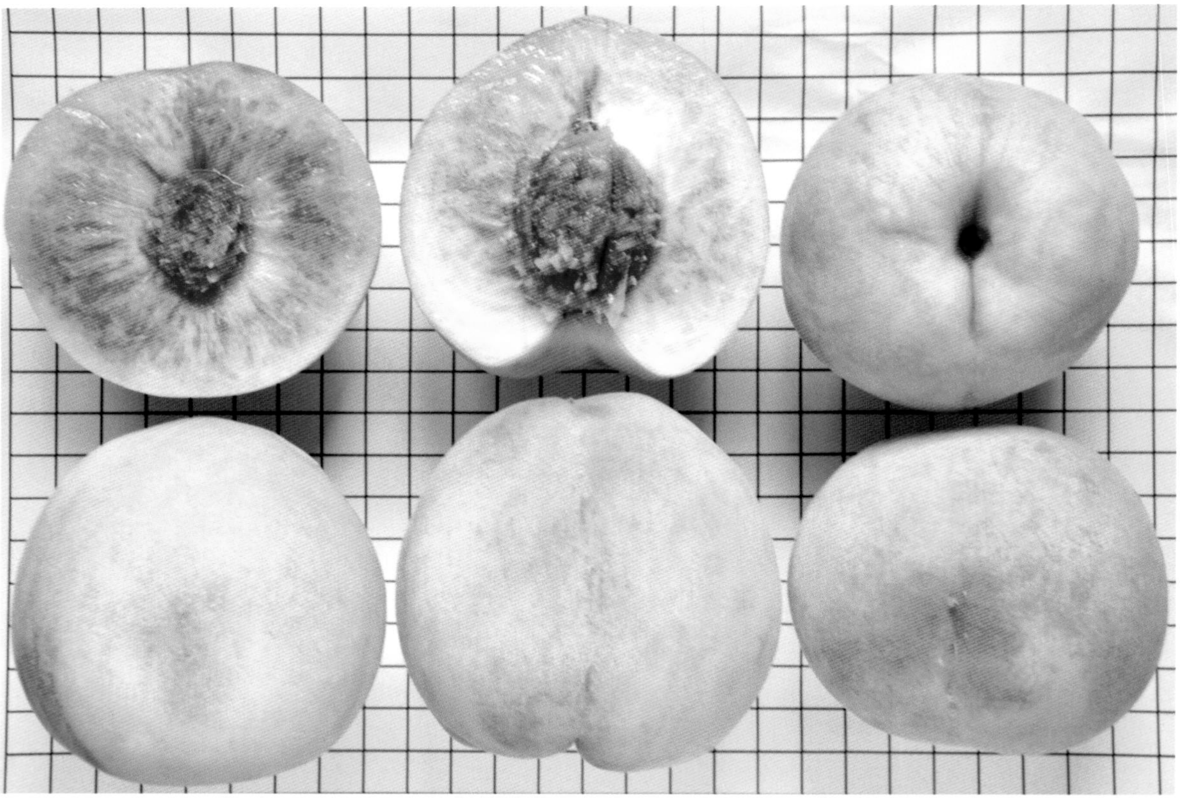

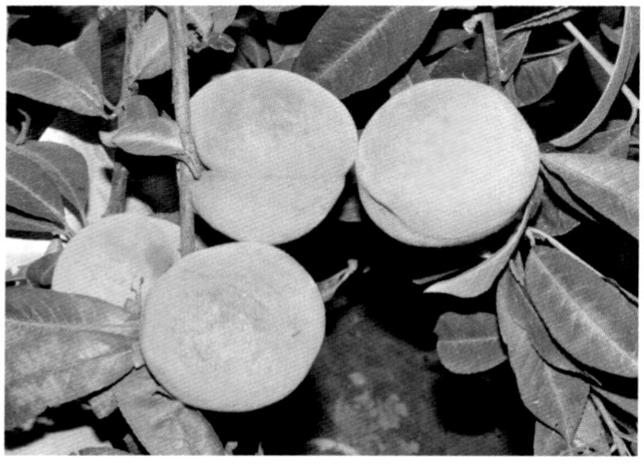

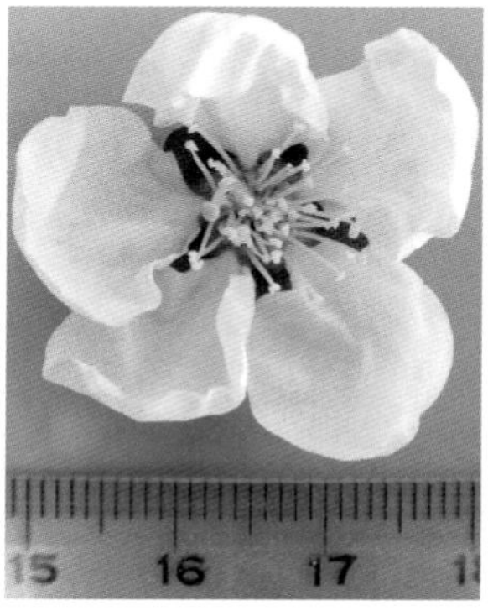

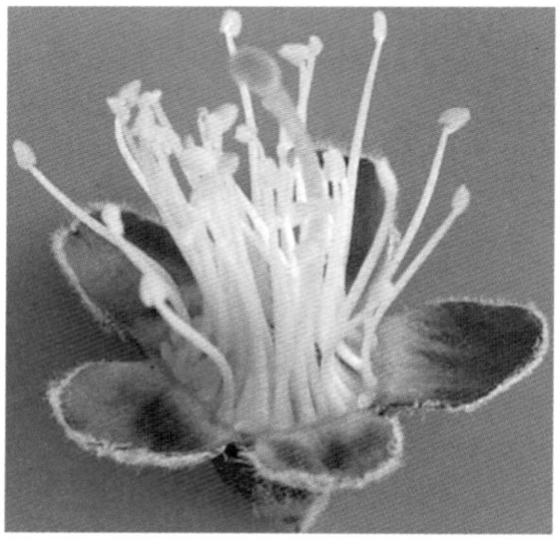

品种名称：六月白
外文名：Liu Yue Bai
原产地：河北省
资源类型：地方品种
用途：果实鲜食
系谱：自然实生
引种单位：河北省农林科学院石家庄果树研究所
果实类型：普通桃
果形：卵圆
单果重（g）：114
果皮底色：乳白
盖色深浅：红
着色程度：少
果肉颜色：白
外观品质：中上
核粘离性：离
肉质：硬溶质
风味：甜
可溶性固形物（%）：13
鲜食品质：中
花型：蔷薇形
花瓣类型：单瓣
花瓣颜色：粉红
花粉育性：不稔
花药颜色：浅褐
叶腺：肾形
树形：半开张
生长势：强健
丰产性：低
始花期：4月中上旬
果实成熟期：6月下旬
果实发育期（d）：87
营养生长期（d）：246
需冷量（h）：1 000
综合评价：果实熟后发面，产量低，枯花芽严重，以中短果枝结果为主，是典型的北方品种群品种。

品种名称：六月空
外文名：Liu Yue Kong
原产地：河南省西华县
资源类型：地方品种
用途：果实鲜食
系谱：自然实生
选育单位：农家选育
果实类型：普通桃
果形：椭圆
单果重（g）：117
果皮底色：绿白
盖色深浅：红
着色程度：少
果肉颜色：白
外观品质：中
核粘离性：半离
肉质：硬溶质
风味：甜
可溶性固形物（%）：11
鲜食品质：中
花型：蔷薇形
花瓣类型：单瓣
花瓣颜色：粉红
花粉育性：可育
花药颜色：橘红
叶腺：肾形
树形：开张
生长势：中庸
丰产性：丰产
始花期：4月初
果实成熟期：6月下旬
果实发育期（d）：83
营养生长期（d）：265
需冷量（h）：850
综合评价：早熟，肉质面，果实类似五月鲜。

品种名称：龙华水蜜
外文名：Longhua Shui Mi
原产地：上海市
资源类型：地方品种
用途：果实鲜食
系谱：自然实生
引种单位：上海市农业科学院园艺研究所
果实类型：普通桃
果形：椭圆
单果重（g）：160
果皮底色：绿白

盖色深浅：深红
着色程度：少
果肉颜色：白
外观品质：中
核粘离性：粘
肉质：软溶质
风味：浓甜
可溶性固形物（%）：13
鲜食品质：上
花型：蔷薇形
花瓣类型：单瓣
花瓣颜色：粉红

花粉育性：不稳
花药颜色：白
叶腺：肾形
树形：半开张
生长势：强健
丰产性：丰产
始花期：3月底
果实成熟期：8月上旬
果实发育期（d）：129
营养生长期（d）：257
需冷量（h）：850

综合评价：上海著名的栽培品种，已有100年的栽培历史。花粉不稳，与《中国果树志·桃卷》“有花粉”描述不一致。

品种名称：鲁宾
外文名：Robin
原产地：美国
资源类型：选育品种
用途：果实鲜食
系谱：Babcock×May Flower
选育单位：美国加利福尼亚州Armstrong苗圃
育成年份：1944
果实类型：普通桃
果形：圆
单果重（g）：92
果皮底色：绿白
盖色深浅：深红
着色程度：多
果肉颜色：白
外观品质：中
核粘离性：半离
肉质：硬溶质
风味：甜
可溶性固形物（%）：10
鲜食品质：中
花型：蔷薇形
花瓣类型：单瓣
花瓣颜色：粉红
花粉育性：可育
花药颜色：橘红
叶腺：圆形
树形：开张
生长势：中庸
丰产性：极丰产
始花期：3月底
果实成熟期：6月中旬
果实发育期（d）：83
营养生长期（d）：268
需冷量（h）：700～800
综合评价：早熟，果实圆形，果顶圆平，果实较小，果面近全面着深红色。果肉绿白色，硬溶质，风味甘甜，有野生毛桃的清香味。

品种名称：陆林水蜜
外文名：Lulin Shui Mi
别名：小暑桃
原产地：江苏省宜兴市
资源类型：地方品种
用途：果实鲜食
系谱：自然实生
选育单位：农家选育
果实类型：普通桃
果形：卵圆
单果重（g）：131
果皮底色：绿白
盖色深浅：红
着色程度：中
果肉颜色：白
外观品质：中
核粘离性：离
肉质：硬肉
风味：甜
可溶性固形物（%）：11
鲜食品质：中上
花型：蔷薇形
花瓣类型：单瓣
花瓣颜色：粉红
花粉育性：可育
花药颜色：橘红
叶腺：肾形
树形：半开张
生长势：强健
丰产性：极丰产
始花期：4月初
果实成熟期：7月中旬
果实发育期（d）：102
营养生长期（d）：262
需冷量（h）：900

综合评价：果实品质中等，果实发面。制汁果肉有褐变，出汁率为48.23%，制汁品质差。极丰产，但易感桃炭疽病。该品种是一个古老南方硬肉桃品种。

品种名称：玛丽维拉
外文名：Maravilha
原产地：美国
资源类型：选育品种
用途：果实鲜食
系谱：Sunred×Fla. 28－48 OP
(＝Okinawa×Hiland)
选育单位：美国佛罗里达大学
育成年份：1975
果实类型：普通桃
果形：圆
单果重（g）：91
果皮底色：绿白
盖色深浅：红
着色程度：多
果肉颜色：白
外观品质：中上
核粘离性：粘
肉质：硬溶质
风味：酸
可溶性固形物（%）：10
鲜食品质：中下
花型：蔷薇形
花瓣类型：单瓣
花瓣颜色：粉红
花粉育性：可育
花药颜色：橘红
叶腺：肾形
树形：半开张
生长势：强健
丰产性：极丰产
始花期：3月中下旬
果实成熟期：6月中旬
果实发育期（d）：87
营养生长期（d）：266
需冷量（h）：250
综合评价：果实小，果形圆整，果顶凹入，外观漂亮，风味品质一般。极丰产；含有油桃基因；是优良的低需冷量育种材料。

品种名称：麦香
外文名：Mai Xiang
原产地：北京市
资源类型：选育品种
用途：果实鲜食
系谱：大久保×新端阳
选育单位：北京市农林科学院林业果树研究所
育成年份：1975
果实类型：普通桃
果形：椭圆
单果重（g）：94

果皮底色：绿白
盖色深浅：红
着色程度：中
果肉颜色：白
外观品质：中上
核粘离性：粘
肉质：软溶质
风味：酸甜
可溶性固形物（%）：9
鲜食品质：中
花型：蔷薇形
花瓣类型：单瓣

花瓣颜色：粉红
花粉育性：可育
花药颜色：橘红
叶腺：圆形
树形：开张
生长势：中庸
丰产性：极丰产
始花期：3月底
果实成熟期：6月中旬
果实发育期（d）：75
营养生长期（d）：255
需冷量（h）：850

综合评价：早熟，果实椭圆形，果肉白色，软溶质，风味酸甜。果顶先熟；丰产性强。

品种名称：芒夏露
外文名：Mang Xia Lu
原产地：江苏省南京市
资源类型：选育品种
用途：果实鲜食
系谱：白花×初香美
选育单位：江苏省农业科学院园艺研究所
育成年份：1975
果实类型：普通桃
果形：椭圆
单果重（g）：91
果皮底色：绿白
盖色深浅：红
着色程度：中
果肉颜色：白
外观品质：上
核粘离性：粘
肉质：软溶质
风味：酸
可溶性固形物（%）：10
鲜食品质：中下
花型：蔷薇形
花瓣类型：单瓣
花瓣颜色：粉红
花粉育性：可育
花药颜色：橘红
叶腺：肾形
树形：开张
生长势：中庸
丰产性：极丰产
始花期：4月初
果实成熟期：6月中旬
果实发育期（d）：77
营养生长期（d）：248
需冷量（h）：750
综合评价：早熟；果实椭圆形，果肉白色，红色素多，软溶质，风味酸。丰产性强。

品种名称：美香
外文名：Mika，美香
原产地：日本
资源类型：选育品种
用途：果实鲜食
系谱：ゆうぞら［白桃×あかつき（白桃×白鳳）］的大果芽变
选育单位：日本福岛县伊达市伊达果园小野博英氏
育成年份：不详
果实类型：普通桃
果形：圆
单果重（g）：131
果皮底色：绿白
盖色深浅：红
着色程度：多
果肉颜色：白
外观品质：中上
核粘离性：粘
肉质：硬溶质
风味：浓甜
可溶性固形物（%）：14
鲜食品质：上
花型：蔷薇形
花瓣类型：单瓣
花瓣颜色：粉红
花粉育性：可育
花药颜色：橘红
叶腺：肾形
树形：开张
生长势：中庸
丰产性：丰产
始花期：3月底
果实成熟期：8月上旬
果实发育期（d）：130
营养生长期（d）：261
需冷量（h）：850
综合评价：作为中晚熟品种在河南、安徽和山东等地有栽培。

品种名称：米扬山
外文名：Mi Yang Shan
原产地：新疆和田市
资源类型：地方品种
用途：果实鲜食
系谱：自然实生
选育单位：农家选育
果实类型：普通桃
果形：扁圆
单果重（g）：99
果皮底色：绿白
盖色深浅：无
着色程度：无
果肉颜色：绿白
外观品质：下
核粘离性：离
肉质：硬溶质
风味：甜
可溶性固形物（%）：11
鲜食品质：下
花型：蔷薇形
花瓣类型：单瓣
花瓣颜色：粉红
花粉育性：可育
花药颜色：橘红
叶腺：肾形
树形：直立
生长势：强健
丰产性：极低
始花期：3月底
果实成熟期：8月中下旬
果实发育期（d）：145
营养生长期（d）：269
需冷量（h）：850
综合评价：晚熟，果面、果肉均为绿色，果形扁圆，产量极低。

品种名称：穆阳水蜜
外文名：Muyang Shui Mi
原产地：福建省福安市
资源类型：地方品种
用途：果实鲜食
系谱：自然实生
选育单位：农家选育
果实类型：普通桃
果形：近圆或椭圆
单果重（g）：134
果皮底色：浅绿
盖色深浅：浅红
着色程度：中
果肉颜色：白
外观品质：中上
核粘离性：粘
肉质：软溶质
风味：浓甜
可溶性固形物（%）：14
鲜食品质：中上
花型：蔷薇形
花瓣类型：单瓣
花瓣颜色：粉红
花粉育性：可育
树形：半开张
生长势：强健
丰产性：丰产
始花期：3月底
果实成熟期：7月中下旬
果实发育期（d）：115
营养生长期（d）：260
需冷量（h）：750
综合评价：果实肉质柔软、风味浓甜，是优良的地方品种。

品种名称：南山甜桃	着色程度：中	花粉育性：可育
外文名：Nan Shan Tian Tao	果肉颜色：白	花药颜色：橘红
原产地：广东省深圳市南山区	外观品质：下	叶腺：肾形
资源类型：地方品种	核粘离性：离	树形：半开张
用途：果实鲜食	肉质：硬溶质	生长势：中庸
系谱：自然实生	风味：甜	丰产性：丰产
选育单位：农家选育	可溶性固形物（%）：12	始花期：3月中下旬
果实类型：普通桃	鲜食品质：中	果实成熟期：8月上旬
果形：卵圆	花型：蔷薇形	果实发育期（d）：143
单果重（g）：100	花瓣类型：单瓣	营养生长期（d）：277
果皮底色：绿白	花瓣颜色：粉红	需冷量（h）：200
盖色深浅：红		

综合评价：果实成熟后发面，且遗传力强。枯花芽严重；是我国优异低需冷量地方品种，至今在深圳市南山区为主要的栽培品种。

品种名称：平碑子
外文名：Ping Bei Zi
原产地：江苏省南京市
资源类型：地方品种
用途：果实鲜食
系谱：自然实生
选育单位：农家选育
果实类型：普通桃
果形：卵圆
单果重（g）：91
果皮底色：乳白
盖色深浅：红
着色程度：多
果肉颜色：白
外观品质：中
核粘离性：离
肉质：硬肉
风味：甜
可溶性固形物（%）：13
鲜食品质：中上
花型：蔷薇形
花瓣类型：单瓣
花瓣颜色：粉红
花粉育性：可育
花药颜色：橘红
叶腺：肾形
树形：半开张
生长势：强健
丰产性：极丰产
始花期：4月初
果实成熟期：6月中下旬
果实发育期（d）：86
营养生长期（d）：263
需冷量（h）：800
综合评价：果实红色素多，风味品质佳，熟后发面，综合性状良好。

品种名称：平永桃
外文名：Pingyong Tao
原产地：贵州省黔东南州
资源类型：地方品种
用途：果实鲜食
系谱：自然实生
选育单位：农家选育
果实类型：普通桃
果形：圆
单果重（g）：73
果皮底色：绿白
盖色深浅：深红
着色程度：少
果肉颜色：白
外观品质：中
核粘离性：离
肉质：软溶质
风味：酸
可溶性固形物（%）：14
鲜食品质：中下
花型：蔷薇形
花瓣类型：单瓣
花瓣颜色：粉红
花粉育性：可育
花药颜色：橘红
叶腺：肾形
树形：半开张
生长势：中庸
丰产性：丰产
始花期：3月底
果实成熟期：8月上旬
果实发育期（d）：130
营养生长期（d）：259
需冷量（h）：700～750
综合评价：综合性状一般。

品种名称：齐桃
外文名：Qi Tao
原产地：甘肃省天水市
资源类型：地方品种
用途：果实鲜食
系谱：自然实生
选育单位：农家选育
果实类型：普通桃
果形：圆
单果重（g）：92
果皮底色：绿白
盖色深浅：深红
着色程度：中
果肉颜色：白
外观品质：中
核粘离性：粘
肉质：硬溶质
风味：酸甜
可溶性固形物（%）：11
鲜食品质：中
花型：蔷薇形
花瓣类型：单瓣
花瓣颜色：粉红
花粉育性：可育
花药颜色：橘红
叶腺：肾形
树形：半开张
生长势：中庸
丰产性：丰产
始花期：3月底
果实成熟期：6月底
果实发育期（d）：90
营养生长期（d）：260
需冷量（h）：800～900
综合评价：近核处无红色，花瓣深粉色鲜艳；20世纪80年代以前曾为当地主栽品种。

品种名称：齐嘴红肉
外文名：Qi Zui Hong Rou
原产地：河南省固始县
资源类型：地方品种
用途：果实鲜食
系谱：自然实生
选育单位：农家选育
育成年份：不详
果实类型：普通桃
果形：卵圆
单果重（g）：113
果皮底色：绿白
盖色深浅：深红
着色程度：多
果肉颜色：红
外观品质：中上
核粘离性：离
肉质：硬溶质
风味：甜
可溶性固形物（%）：13
鲜食品质：中上
花型：蔷薇形
花瓣类型：单瓣
花瓣颜色：粉红
花粉育性：可育
花药颜色：橘红
叶腺：肾形
树形：半开张
生长势：强健
丰产性：丰产
始花期：3月底
果实成熟期：6月下旬
果实发育期（d）：87
营养生长期（d）：265
需冷量（h）：750～850
综合评价：红肉桃，风味甜，充分成熟后肉质发面；丰产。

品种名称：浅间白桃
外文名：Asama Hakuto，
浅間白桃
原产地：日本
资源类型：选育品种
用途：果实鲜食
系谱：高阳白桃芽变
选育单位：日本山梨县前岛传次郎
育成年份：1974
果实类型：普通桃
果形：圆
单果重（g）：130

果皮底色：绿白
盖色深浅：浅红
着色程度：多
果肉颜色：白
外观品质：中
核粘离性：粘
肉质：硬溶质
风味：甜
可溶性固形物（%）：11
鲜食品质：中上
花型：蔷薇形
花瓣类型：单瓣

花瓣颜色：粉红
花粉育性：不稔
花药颜色：白
叶腺：肾形
树形：开张
生长势：中庸
丰产性：中
始花期：4月初
果实成熟期：7月上中旬
果实发育期（d）：99
营养生长期（d）：265
需冷量（h）：750～800

综合评价：外观漂亮，风味好；花粉不稔，种植时应配置授粉树。

品种名称：秦安2号
外文名：Qin'an 2
原产地：甘肃省天水市
资源类型：选育品种
用途：果实鲜食
系谱：冈山白×（大久保×京玉）
选育单位：甘肃省天水市林业局
育成年份：20世纪80年代
果实类型：普通桃
果形：卵圆
单果重（g）：105
果皮底色：乳黄
盖色深浅：红
着色程度：多
果肉颜色：白
外观品质：中
核粘离性：粘
肉质：软溶质
风味：浓甜
可溶性固形物（%）：13
鲜食品质：中上
花型：蔷薇形
花瓣类型：单瓣
花瓣颜色：粉红
花粉育性：可育
花药颜色：橘红
叶腺：圆形
树形：半开张
生长势：强健
丰产性：极丰产
始花期：3月底
果实成熟期：6月中旬
果实发育期（d）：79
营养生长期（d）：268
需冷量（h）：800～850
综合评价：早熟，风味好，丰产性强。

品种名称：秦岭冬桃
外文名：Qinling Dong Tao
原产地：陕西省
资源类型：地方品种
用途：果实鲜食
系谱：自然实生
选育单位：农家选育
果实类型：普通桃
果形：圆
单果重（g）：53
果皮底色：绿
盖色深浅：深红
着色程度：少
果肉颜色：白
外观品质：中下
核粘离性：离
肉质：软溶质
风味：酸甜
可溶性固形物（%）：12
鲜食品质：中
花型：蔷薇形
花瓣类型：单瓣
花瓣颜色：粉红
花粉育性：可育
花药颜色：橘红
叶腺：肾形
树形：直立
生长势：强健
丰产性：低
始花期：3月底
果实成熟期：8月底
果实发育期（d）：152
营养生长期（d）：268
需冷量（h）：850～950
综合评价：极晚熟优良种质。

品种名称：秦王
外文名：Qin Wang
原产地：陕西省西安市
资源类型：选育品种
用途：果实鲜食
系谱：大久保自然授粉实生
选育单位：西北农林科技大学
育成年份：2000
果实类型：普通桃
果形：圆
单果重（g）：179
果皮底色：绿白

盖色深浅：红
着色程度：中
果肉颜色：白
外观品质：中上
核粘离性：粘
肉质：硬溶质
风味：甜
可溶性固形物（%）：11
鲜食品质：中上
花型：蔷薇形
花瓣类型：单瓣
花瓣颜色：粉红

花粉育性：可育
花药颜色：橘红
叶腺：肾形
树形：半开张
生长势：强健
丰产性：中
始花期：4月初
果实成熟期：8月上旬
果实发育期（d）：126
营养生长期（d）：260
需冷量（h）：900

综合评价：果实大，肉质硬，在黄土高原有生产栽培。

品种名称：青毛子白花
外文名：Qing Mao Zi Bai Hua
原产地：四川省成都市龙泉驿
资源类型：地方品种
用途：果实鲜食
系谱：自然实生
选育单位：农家选育
果实类型：普通桃
果形：卵圆
单果重（g）：143
果皮底色：绿白
盖色深浅：红
着色程度：多
果肉颜色：红
外观品质：中上
核粘离性：离
肉质：硬溶质
风味：甜
可溶性固形物（%）：11
鲜食品质：中
花型：蔷薇形
花瓣类型：单瓣
花瓣颜色：粉红
花粉育性：不稔
花药颜色：橘黄
叶腺：肾形
树形：半开张
生长势：强健
丰产性：中
始花期：4月初
果实成熟期：6月底
果实发育期（d）：88
营养生长期（d）：257
需冷量（h）：800～850
综合评价：果肉红色素多。

品种名称：清水白桃
外文名：Shimizu Hakuto，
清水白桃
原产地：日本
资源类型：选育品种
用途：果实鲜食
系谱：冈山桃园偶然实生
选育单位：日本冈山县农民
育成年份：1932
果实类型：普通桃
果形：圆稍扁
单果重（g）：180
果皮底色：绿白
盖色深浅：红
着色程度：中
果肉颜色：白
外观品质：中
核粘离性：粘
肉质：硬溶质
风味：浓甜
可溶性固形物（%）：14
鲜食品质：上
花型：蔷薇形
花瓣类型：单瓣
花瓣颜色：粉红
花粉育性：可育
花药颜色：橘红
叶腺：肾形
树形：半开张
生长势：强健
丰产性：丰产
始花期：3月底
果实成熟期：7月中下旬
果实发育期（d）：112
营养生长期（d）：260
需冷量（h）：850
综合评价：果实大，风味浓甜，硬溶质，丰产。

品种名称：青桃
外文名：Qing Tao
原产地：贵州省安龙县
资源类型：地方品种
用途：果实鲜食
系谱：自然实生
选育单位：农家选育
果实类型：普通桃
果形：椭圆
单果重（g）：160
果皮底色：绿白
盖色深浅：红
着色程度：少
果肉颜色：白
外观品质：中下
核粘离性：离
肉质：硬溶质
风味：甜
可溶性固形物（%）：12
鲜食品质：中上
花型：蔷薇形
花瓣类型：单瓣
花瓣颜色：粉红
花粉育性：可育
花药颜色：橘红
叶腺：肾形
树形：半开张
生长势：强健
丰产性：丰产
始花期：3月底
果实成熟期：7月下旬
果实发育期（d）：120
营养生长期（d）：257
需冷量（h）：650～750
综合评价：果实大，熟后发面；在贵州、湖南等高温高湿地区适应性好。

品种名称：青州白皮蜜桃
外 文 名：Qingzhou Bai Pi Mi Tao
原产地：山东省青州市
资源类型：地方品种
用途：果实鲜食
系谱：自然实生
选育单位：农家选育
果实类型：普通桃
果形：圆
单果重（g）：46
果皮底色：绿白
盖色深浅：无
着色程度：无
果肉颜色：白
外观品质：下
核粘离性：离
肉质：软溶质
风味：浓甜
可溶性固形物（%）：15
鲜食品质：上
花型：蔷薇形
花瓣类型：单瓣
花瓣颜色：粉红
花粉育性：可育
花药颜色：橘红
叶腺：肾形
树形：半开张
生长势：强健
丰产性：丰产
始花期：3月底
果实成熟期：9月中旬
果实发育期（d）：168
营养生长期（d）：259
需冷量（h）：1 100
综合评价：极晚熟，果实小，风味蜜甜，品质上，耐贮运。叶片狭长，类似于野生毛桃，是青州蜜桃不着色类型的代表；在山东省青州有栽培，常用作桃砧木。

品种名称：青州红皮蜜桃
外 文 名：Qingzhou Hong Pi Mi Tao
原产地：山东省青州市
资源类型：地方品种
用途：果实鲜食
系谱：自然实生
选育单位：农家选育
果实类型：普通桃
果形：圆
单果重（g）：52
果皮底色：绿白
盖色深浅：红
着色程度：极少
果肉颜色：白
外观品质：下
核粘离性：离
肉质：软溶质
风味：浓甜
可溶性固形物（%）：17
鲜食品质：上
花型：蔷薇形
花瓣类型：单瓣
花瓣颜色：粉红
花粉育性：可育
花药颜色：橘红
叶腺：圆形
树形：半开张
生长势：强健
丰产性：丰产
始花期：4 月初
果实成熟期：9 月上旬
果实发育期（d）：161
营养生长期（d）：264
需冷量（h）：900
综合评价：极晚熟，果实小，果面有极少量红晕，风味蜜甜，品质上，耐贮运。叶片狭长，类似于野生毛桃；在山东省青州有栽培，常用于桃砧木，有轻微小脚现象。

品种名称：庆丰
外文名：Qing Feng
原产地：北京市
资源类型：选育品种
用途：果实鲜食
系谱：大久保×新端阳
选育单位：北京市农林科学院林业果树研究所
育成年份：1979
果实类型：普通桃
果形：圆
单果重（g）：108
果皮底色：绿白
盖色深浅：红
着色程度：多
果肉颜色：白
外观品质：中上
核粘离性：粘
肉质：软溶质
风味：甜
可溶性固形物（%）：10
鲜食品质：中上
花型：蔷薇形
花瓣类型：单瓣
花瓣颜色：粉红
花粉育性：可育
花药颜色：橘红
叶腺：圆形
树形：半开张
生长势：强健
丰产性：极丰产
始花期：3月底
果实成熟期：6月中旬
果实发育期（d）：82
营养生长期（d）：259
需冷量（h）：800
综合评价：早熟，果实中等大小，丰产性强；20世纪90年代为北方主要栽培品种。

品种名称：秋白桃
外文名：Qiu Bai Tao
原产地：云南省昆明市呈贡区
资源类型：地方品种
用途：果实鲜食
系谱：自然实生
选育单位：农家选育
果实类型：普通桃
果形：扁圆
单果重（g）：108
果皮底色：绿白
盖色深浅：深红
着色程度：少
果肉颜色：白
外观品质：中
核粘离性：粘
肉质：不溶质
风味：酸
可溶性固形物（%）：15
鲜食品质：下
花型：蔷薇形
花瓣类型：单瓣
花瓣颜色：粉红
花粉育性：可育
花药颜色：橘红
叶腺：肾形
树形：半开张
生长势：强健
丰产性：中
始花期：3月底
果实成熟期：8月底
果实发育期（d）：152
营养生长期（d）：268
需冷量（h）：650
综合评价：果肉近核处红色素多，风味浓郁。

品种名称：秋红
外文名：Qiu Hong
原产地：北京市
资源类型：选育品种
用途：果实鲜食
系谱：不详
选育单位：北京农业大学
育成年份：20 世纪 80 年代或之前
果实类型：普通桃
果形：圆
单果重（g）：167
果皮底色：绿白
盖色深浅：红
着色程度：中
果肉颜色：白
外观品质：上
核粘离性：粘
肉质：硬溶质
风味：浓甜
可溶性固形物（%）：13
鲜食品质：中上
花型：蔷薇形
花瓣类型：单瓣
花瓣颜色：粉红
花粉育性：可育
花药颜色：橘红
叶腺：肾形
树形：半开张
生长势：强健
丰产性：丰产
始花期：3 月底
果实成熟期：8 月上旬
果实发育期（d）：132
营养生长期（d）：269
需冷量（h）：900
综合评价：果实大，肉质硬，风味浓甜，为优良的晚熟品种。

品种名称：秋蜜	果皮底色：绿白	花瓣颜色：粉红
外文名：Qiu Mi	盖色深浅：红	花粉育性：不稔
原产地：陕西省武功县	着色程度：少	花药颜色：浅褐
资源类型：选育品种	果肉颜色：白	叶腺：肾形
用途：果实鲜食	外观品质：中上	树形：半开张
系谱：不详	核粘离性：粘	生长势：强健
选育单位：西北农业大学	肉质：硬溶质	丰产性：中
育成年份：20 世纪 80 年代之前	风味：浓甜	始花期：4 月初
	可溶性固形物（%）：16	果实成熟期：8 月上旬
果实类型：普通桃	鲜食品质：中上	果实发育期（d）：128
果形：卵圆	花型：蔷薇形	营养生长期（d）：265
单果重（g）：233	花瓣类型：单瓣	需冷量（h）：1 050

综合评价：果实很大，果顶尖，风味品质上等。花朵较小，花粉不稔。

品种名称：秋蜜实生
外文名：Qiu Mi Shi Sheng
原产地：陕西省武功县
资源类型：品系
用途：果实鲜食
系谱：秋蜜实生
选育单位：西北农业大学
收集年份：1992
果实类型：普通桃
果形：圆
单果重（g）：222
果皮底色：绿白
盖色深浅：红
着色程度：中
果肉颜色：白
外观品质：中上
核粘离性：粘
肉质：硬溶质
风味：甜
可溶性固形物（%）：10
鲜食品质：中上
花型：蔷薇形
花瓣类型：单瓣
花瓣颜色：粉红
花粉育性：可育
花药颜色：橘红
叶腺：肾形
树形：半开张
生长势：强健
丰产性：丰产
始花期：3月底
果实成熟期：7月上中旬
果实发育期（d）：103
营养生长期（d）：260
需冷量（h）：900
综合评价：果实很大，果面着色比秋蜜好。

品种名称：秋香
外文名：Qiu Xiang
原代号：绿化 3 号
原产地：北京市
资源类型：选育品种
用途：果实鲜食
系谱：自然实生
选育单位：北京市东北义园
育成年份：1984
果实类型：普通桃
果形：椭圆
单果重（g）：158

果皮底色：绿白
盖色深浅：红
着色程度：少
果肉颜色：白
外观品质：中上
核粘离性：粘
肉质：软溶质
风味：浓甜
可溶性固形物（%）：14
鲜食品质：上
花型：蔷薇形
花瓣类型：单瓣

花瓣颜色：粉红
花粉育性：不稔
花药颜色：淡黄
叶腺：肾形
树形：半开张
生长势：强健
丰产性：中
始花期：3 月底
果实成熟期：8 月中旬
果实发育期（d）：143
营养生长期（d）：263
需冷量（h）：900

综合评价：果实大，果面着色少，肉质软，果肉近核处红色素多，风味好；花粉不稔。

品种名称：秋香蜜
外文名：Qiu Xiang Mi
原产地：江苏省扬州市
资源类型：选育品种
用途：果实鲜食
系谱：玉露×大蟠桃
选育单位：江苏里下河地区农业科学研究所
育成年份：1974
果实类型：普通桃
果形：椭圆
单果重（g）：103

果皮底色：绿白
盖色深浅：红
着色程度：少
果肉颜色：白
外观品质：中
核粘离性：粘
肉质：硬溶质
风味：浓甜
可溶性固形物（%）：14
鲜食品质：中上
花型：蔷薇形
花瓣类型：单瓣

花瓣颜色：粉红
花粉育性：可育
花药颜色：橘红
叶腺：肾形
树形：开张
生长势：强健
丰产性：丰产
始花期：3月底
果实成熟期：7月下旬
果实发育期（d）：127
营养生长期（d）：258
需冷量（h）：750

综合评价：果肉有红色素，风味好，其他性状一般。

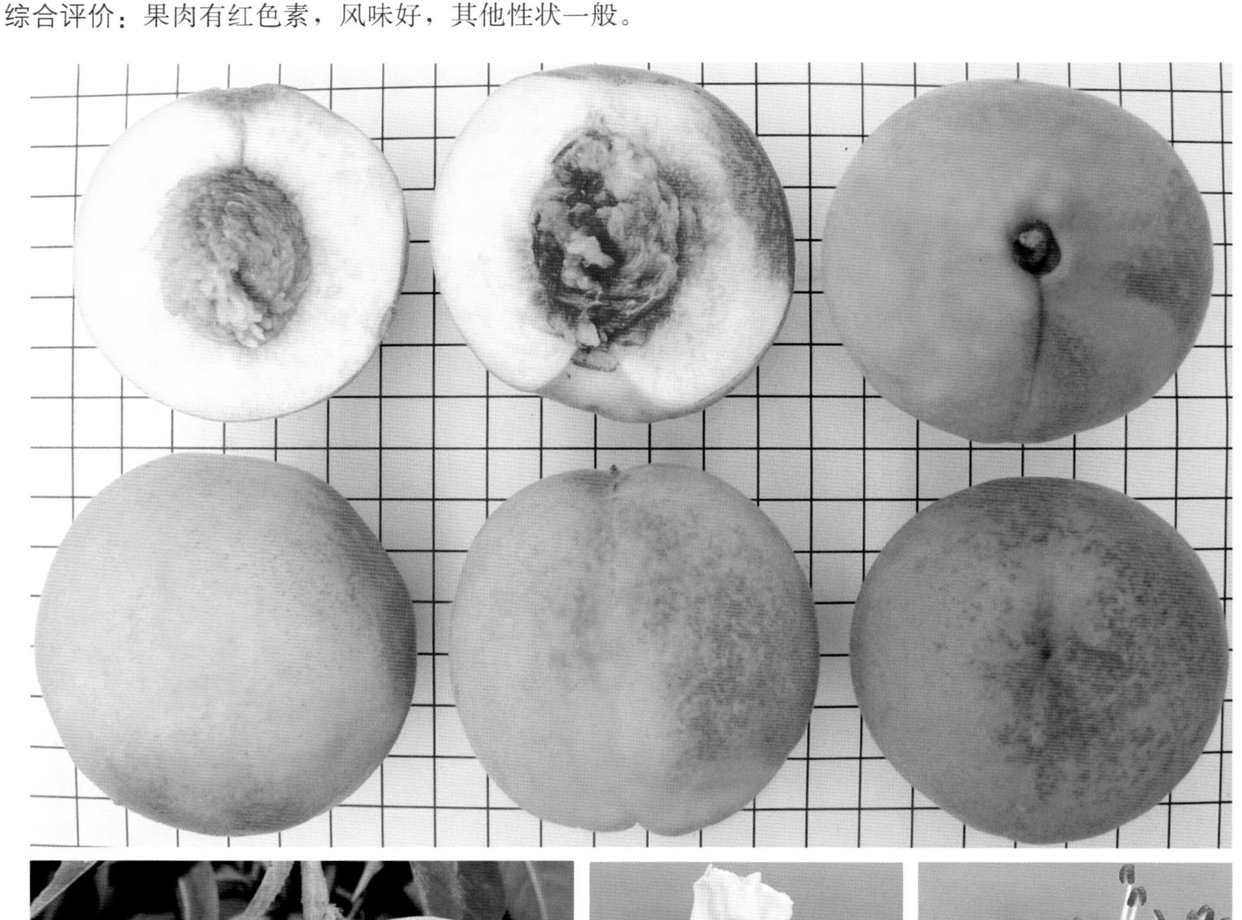

品种名称：日 89 号
外文名：Ri 89
原产地：不详
资源类型：选育品种
用途：果实鲜食
系谱：不详
选育单位：不详
育成年份：不详
果实类型：普通桃
果形：圆
单果重（g）：117
果皮底色：绿白
盖色深浅：红
着色程度：中
果肉颜色：白
外观品质：中上
核粘离性：粘
肉质：软溶质
风味：浓甜
可溶性固形物（%）：13
鲜食品质：中上
花型：蔷薇形
花瓣类型：单瓣
花瓣颜色：粉红
花粉育性：可育
花药颜色：橘红
叶腺：肾形
树形：开张
生长势：强健
丰产性：丰产
始花期：3 月底
果实成熟期：7 月中旬
果实发育期（d）：104
营养生长期（d）：250
需冷量（h）：800
综合评价：果实外观漂亮，风味浓甜。

品种名称：沙红桃
外文名：Sha Hong Tao
原产地：陕西省
资源类型：选育品种
用途：果实鲜食
系谱：仓方早生芽变
选育单位：陕西省礼泉县沙红桃研究中心
育成年份：1999
果实类型：普通桃
果形：圆
单果重（g）：186
果皮底色：绿白
盖色深浅：红
着色程度：多
果肉颜色：白
外观品质：上
核粘离性：粘
肉质：硬溶质
风味：甜
可溶性固形物（%）：10
鲜食品质：中上
花型：蔷薇形
花瓣类型：单瓣
花瓣颜色：粉红
花粉育性：不稔
花药颜色：淡黄
叶腺：肾形
树形：开张
生长势：中庸
丰产性：中
始花期：3月底
果实成熟期：6月下旬
果实发育期（d）：85
营养生长期（d）：257
需冷量（h）：900
综合评价：早熟，果实圆形，果顶圆平，果实大，果肉白色，硬溶质，风味品质优良。耐运输；目前是我国重要的生产栽培品种。

品种名称：砂激 2 号
外文名：Sha Ji 2
原产地：安徽省合肥市
资源类型：选育品种
用途：果实鲜食
系谱：砂子早生变异
选育单位：安徽农学院
育成年份：1979
果实类型：普通桃
果形：卵圆
单果重（g）：150
果皮底色：绿白

盖色深浅：红
着色程度：少
果肉颜色：白
外观品质：中
核粘离性：粘
肉质：软溶质
风味：甜
可溶性固形物（%）：8
鲜食品质：中
花型：蔷薇形
花瓣类型：单瓣
花瓣颜色：粉红

花粉育性：可育
花药颜色：橘黄
叶腺：肾形
树形：半开张
生长势：强健
丰产性：丰产
始花期：3 月底
果实成熟期：6 月上中旬
果实发育期（d）：74
营养生长期（d）：239
需冷量（h）：800

综合评价：CO_2 激光处理砂子早生休眠芽选育而成，综合性状一般，与砂子早生相比花粉变为可育。

品种名称：砂子早生
外文名：Sunago Wase，砂子早生
原产地：日本
资源类型：选育品种
用途：果实鲜食
系谱：偶发实生（神玉×大久保?）
选育单位：日本冈山县上村辉男
育成年份：1958
果实类型：普通桃
果形：椭圆
单果重（g）：169
果皮底色：绿白
盖色深浅：红
着色程度：少
果肉颜色：白
外观品质：上
核粘离性：粘
肉质：硬溶质
风味：甜
可溶性固形物（%）：11
鲜食品质：中
花型：蔷薇形
花瓣类型：单瓣
花瓣颜色：粉红
花粉育性：不稔
花药颜色：白
叶腺：肾形
树形：半开张
生长势：强健
丰产性：中
始花期：3月底
果实成熟期：6月中旬
果实发育期（d）：81
营养生长期（d）：252
需冷量（h）：800

综合评价：早熟，果实椭圆形，果实大，部分果实缝合线中上部呈绿色，果肉白色，硬溶质，熟后肉质发面，但与硬肉桃不同，风味淡，品质中。需配置授粉树。

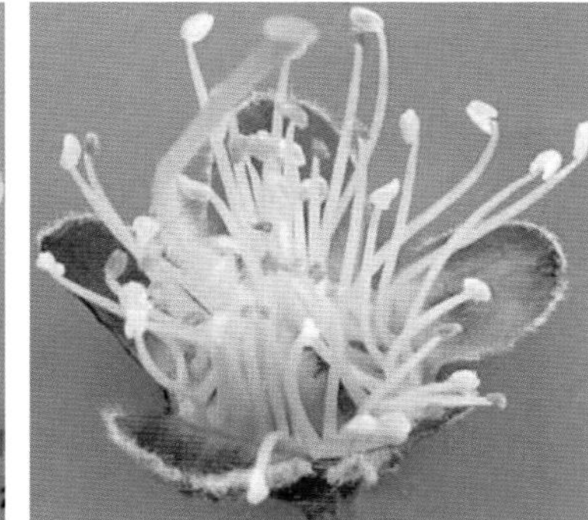

品种名称：山东四月半
外文名：Shandong Si Yue Ban
原产地：山东省齐河县桑梓
资源类型：地方品种
用途：果实鲜食
系谱：自然实生
选育单位：农家选育
果实类型：普通桃
果形：卵圆
单果重（g）：52
果皮底色：绿白
盖色深浅：红
着色程度：中
果肉颜色：白
外观品质：中
核粘离性：粘
肉质：硬肉
风味：酸
可溶性固形物（%）：10
鲜食品质：中
花型：蔷薇形
花瓣类型：单瓣
花瓣颜色：粉红
花粉育性：不稔
花药颜色：浅褐
叶腺：肾形
树形：直立
生长势：强健
丰产性：中
始花期：3月底
果实成熟期：6月上中旬
果实发育期（d）：74
营养生长期（d）：258
需冷量（h）：850
综合评价：果实成熟期早，果实小，肉质硬，风味品质中；是典型的硬肉桃品种。

品种名称：山根
外文名：Aichi Hakuto，
山根白桃
原产地：日本
资源类型：选育品种
用途：果实鲜食
系谱：自然实生
选育单位：日本山梨县山梨市的山根
收集年份：1979
果实类型：普通桃
果形：圆
单果重（g）：134
果皮底色：乳黄
盖色深浅：红
着色程度：中
果肉颜色：白
外观品质：中上
核粘离性：粘
肉质：硬溶质
风味：浓甜
可溶性固形物（%）：12
鲜食品质：中上
花型：蔷薇形
花瓣类型：单瓣
花瓣颜色：粉红
花粉育性：可育
花药颜色：橘红
叶腺：肾形
树形：开张
生长势：中庸
丰产性：中
始花期：4月初
果实成熟期：7月下旬
果实发育期（d）：110
营养生长期（d）：263
需冷量（h）：950
综合评价：风味品质上，综合性状优良。

品种名称：上海水蜜
外文名：Chinese Cling
原产地：上海市
资源类型：地方品种
用途：果实鲜食
系谱：自然实生
选育单位：农家选育
果实类型：普通桃
果形：圆
单果重（g）：172
果皮底色：绿白
盖色深浅：红

着色程度：少
果肉颜色：白
外观品质：中上
核粘离性：粘
肉质：软溶质
风味：酸甜
可溶性固形物（%）：12
鲜食品质：中
花型：蔷薇形
花瓣类型：单瓣
花瓣颜色：粉红

花粉育性：不稔
花药颜色：白
叶腺：肾形
树形：半开张
生长势：中庸
丰产性：丰产
始花期：3月底
果实成熟期：8月上旬
果实发育期（d）：132
营养生长期（d）：254
需冷量（h）：800

综合评价：晚熟，综合性状好，栽培适应性强，基因型丰富，性状遗传力强，是优良的育种亲本材料。我国古老品种之一，世界现代桃品种的鼻祖。

品种名称：上山大玉露
外文名：Shangshan Da Yu Lu
原产地：浙江省奉化市
资源类型：地方品种
用途：果实鲜食
系谱：玉露变异
引种单位：浙江奉化市林业局
果实类型：普通桃
果形：圆
单果重（g）：122
果皮底色：绿白
盖色深浅：红
着色程度：中
果肉颜色：白
外观品质：中上
核粘离性：粘
肉质：软溶质
风味：浓甜
可溶性固形物（%）：13
鲜食品质：中上
花型：蔷薇形
花瓣类型：单瓣
花瓣颜色：粉红
花粉育性：可育
花药颜色：橘红
叶腺：肾形
树形：开张
生长势：中庸
丰产性：极丰产
始花期：3月底
果实成熟期：8月上旬
果实发育期（d）：128
营养生长期（d）：245
需冷量（h）：800
综合评价：晚熟，果实圆形，果肉白色，近核处红，软溶质，风味甜。

品种名称：深州白蜜
外文名：Shenzhou Bai Mi
原产地：河北省深州市西马庄
资源类型：地方品种
用途：果实鲜食
系谱：自然实生
选育单位：农家选育
果实类型：普通桃
果形：卵圆
单果重（g）：168
果皮底色：绿白
盖色深浅：无

着色程度：无
果肉颜色：白
外观品质：中上
核粘离性：粘
肉质：硬溶质
风味：浓甜
可溶性固形物（%）：12
鲜食品质：中上
花型：蔷薇形
花瓣类型：单瓣
花瓣颜色：粉红

花粉育性：不稔
花药颜色：红褐
叶腺：肾形
树形：直立
生长势：强健
丰产性：极低
始花期：4月上旬
果实成熟期：8月中旬
果实发育期（d）：134
营养生长期（d）：263
需冷量（h）：1 150

综合评价：晚熟，果面及果肉均无红色，风味甜有涩味，在郑州几乎不结果；僵花芽严重。深州蜜桃的重要类型，典型的北方蜜桃品种。

品种名称：深州离核水蜜
外文名：Shenzhou Li He Shui Mi
原产地：河北省深州市
资源类型：地方品种
用途：果实鲜食
系谱：自然实生
选育单位：农家选育
果实类型：普通桃
果形：卵圆
单果重（g）：131
果皮底色：绿白
盖色深浅：红
着色程度：少
果肉颜色：白
外观品质：中上
核粘离性：离
肉质：硬溶质
风味：浓甜
可溶性固形物（%）：13
鲜食品质：中上
花型：蔷薇形
花瓣类型：单瓣
花瓣颜色：粉红
花粉育性：可育
花药颜色：橘红
叶腺：肾形
树形：半开张
生长势：强健
丰产性：丰产
始花期：4月初
果实成熟期：7月上中旬
果实发育期（d）：105
营养生长期（d）：254
需冷量（h）：1 050
综合评价：果顶突出，缝合线深，肉质硬。典型的北方蜜桃品种，在河北深州市有种植。

品种名称：深州水蜜
外文名：Shenzhou Shui Mi
原产地：河北省深州市西马庄
资源类型：地方品种
用途：果实鲜食
系谱：自然实生
选育单位：农家选育
果实类型：普通桃
果形：卵圆
单果重（g）：225
果皮底色：绿白
盖色深浅：红
着色程度：少
果肉颜色：白
外观品质：中上
核粘离性：粘
肉质：硬溶质
风味：浓甜
可溶性固形物（%）：13
鲜食品质：中上
花型：蔷薇形
花瓣类型：单瓣
花瓣颜色：粉红
花粉育性：不稔
花药颜色：白
叶腺：肾形
树形：半开张
生长势：强健
丰产性：低
始花期：4 月上旬
果实成熟期：8 月上旬
果实发育期（d）：128
营养生长期（d）：262
需冷量（h）：1 150
综合评价：果实很大，肉质硬，品质上。桃奴较多，适应性差，仅在河北深州市有种植。我国著名的地方品种，典型的北方蜜桃品种。

品种名称：石桃
外文名：Shi Tao
原产地：广西那坡县
资源类型：地方品种
用途：果实鲜食
系谱：自然实生
选育单位：农家选育
果实类型：普通桃
果形：圆
单果重（g）：91
果皮底色：绿白
盖色深浅：深红
着色程度：少
果肉颜色：绿白
外观品质：中
核粘离性：离
肉质：硬脆
风味：酸甜
可溶性固形物（%）：14
鲜食品质：下
花型：蔷薇形
花瓣类型：单瓣
花瓣颜色：粉红
花粉育性：可育
花药颜色：橘红
叶腺：圆形
树形：半开张
生长势：中庸
丰产性：中
始花期：3月底
果实成熟期：9月初
果实发育期（d）：158
营养生长期（d）：258
需冷量（h）：600～650
综合评价：果实完熟后发面。

品种名称：石头桃
外文名：Shi Tou Tao
原产地：河南省郑州市
资源类型：品系
用途：果实鲜食
系谱：自然实生
选育单位：中国农业科学院郑州果树研究所
育成年份：1992
果实类型：普通桃
果形：圆
单果重（g）：136

果皮底色：绿白
盖色深浅：红
着色程度：多
果肉颜色：白
外观品质：中
核粘离性：粘
肉质：硬溶质
风味：甜
可溶性固形物（%）：11
鲜食品质：中上
花型：蔷薇形
花瓣类型：单瓣

花瓣颜色：粉红
花粉育性：可育
花药颜色：橘红
叶腺：肾形
树形：半开张
生长势：中庸
丰产性：丰产
始花期：3月底
果实成熟期：7月下旬
果实发育期（d）：118
营养生长期（d）：260
需冷量（h）：850

综合评价：果实硬度极高，果实带皮硬度 22kg/cm^2，去皮硬度 16kg/cm^2。

品种名称：石窝水蜜
外文名：Shiwo Shui Mi
原产地：北京市房山区石窝村
资源类型：地方品种
用途：果实鲜食
系谱：自然实生
选育单位：农家选育
果实类型：普通桃
果形：椭圆
单果重（g）：131
果皮底色：绿白
盖色深浅：红
着色程度：少
果肉颜色：白
外观品质：下
核粘离性：粘
肉质：硬溶质
风味：甜
可溶性固形物（%）：11
鲜食品质：中
花型：蔷薇形
花瓣类型：单瓣
花瓣颜色：粉红
花粉育性：可育
花药颜色：橘红
叶腺：肾形
树形：半开张
生长势：强健
丰产性：丰产
始花期：4月初
果实成熟期：7月下旬
果实发育期（d）：116
营养生长期（d）：246
需冷量（h）：900
综合评价：综合性状一般。

品种名称：实生 3 号
外文名：Shi Sheng 3
原产地：日本
资源类型：选育品种
用途：果实鲜食
系谱：自然实生
引种单位：甘肃省农业科学院果树研究所
收集年份：1989
果实类型：普通桃
果形：椭圆
单果重（g）：161
果皮底色：绿白
盖色深浅：红
着色程度：中
果肉颜色：白
外观品质：中
核粘离性：粘
肉质：软溶质
风味：甜
可溶性固形物（%）：9
鲜食品质：中
花型：蔷薇形
花瓣类型：单瓣
花瓣颜色：粉红
花粉育性：不稔
花药颜色：浅褐
叶腺：肾形
树形：开张
生长势：中庸
丰产性：丰产
始花期：3 月底
果实成熟期：6 月上中旬
果实发育期（d）：70
营养生长期（d）：251
需冷量（h）：850
综合评价：早熟，果实大，风味品质一般。

品种名称：石育白桃
外文名：Shi Yu Bai Tao
原产地：河北省石家庄市
资源类型：选育品种
用途：果实鲜食
系谱：陕西白桃后代
选育单位：河北省农林科学院石家庄果树研究所
育成年份：2009
果实类型：普通桃
果形：圆
单果重（g）：170
果皮底色：白
盖色深浅：无
着色程度：无
果肉颜色：白
外观品质：上
核粘离性：粘
肉质：半不溶质
风味：甜
可溶性固形物（%）：12.5
鲜食品质：上
花型：蔷薇形
花瓣类型：单瓣
花瓣颜色：粉红
花粉育性：可育
叶腺：肾形
树形：半开张
生长势：强健
丰产性：丰产
始花期：3月底
果实成熟期：7月中旬
果实发育期（d）：115
营养生长期（d）：260
需冷量（h）：850
综合评价：果实圆，果面、果肉均纯白，风味浓甜，外观漂亮，极丰产，是优良的纯白品种。

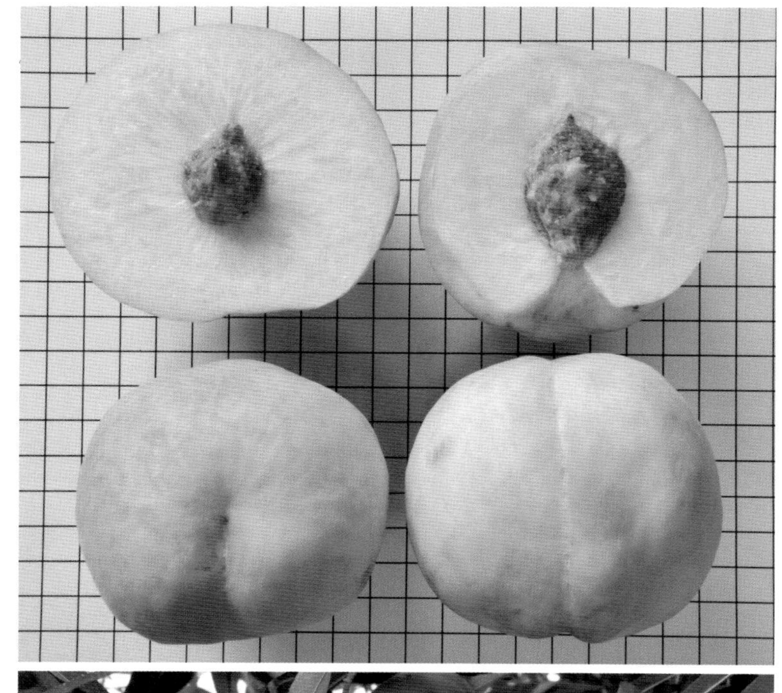

品种名称：双丰
外文名：Shuang Feng
原产地：北京市
资源类型：选育品种
用途：果实鲜食
系谱：早香玉×大久保
选育单位：北京市农林科学院林业果树研究所
育成年份：1989
果实类型：普通桃
果形：圆
单果重（g）：120
果皮底色：绿白
盖色深浅：红
着色程度：多
果肉颜色：白
外观品质：中
核粘离性：粘
肉质：软溶质
风味：甜
可溶性固形物（%）：9
鲜食品质：中
花型：蔷薇形
花瓣类型：单瓣
花瓣颜色：粉红
花粉育性：可育
花药颜色：橘黄
叶腺：肾形
树形：开张
生长势：中庸
丰产性：极丰产
始花期：3月底
果实成熟期：6月初
果实发育期（d）：67
营养生长期（d）：257
需冷量（h）：850
综合评价：果实中等大小，外观漂亮，肉质软，综合性状良好，在北方省份有栽培。

品种名称：水白桃
外文名：Shui Bai Tao
原产地：江苏省南京市太平门外将王庙
资源类型：地方品种
用途：果实鲜食
系谱：自然实生
选育单位：农家选育
果实类型：普通桃
果形：卵圆
单果重（g）：160
果皮底色：绿白
盖色深浅：无
着色程度：无
果肉颜色：白
外观品质：中
核粘离性：粘
肉质：硬溶质
风味：酸甜
可溶性固形物（%）：12
鲜食品质：中
花型：蔷薇形
花瓣类型：单瓣
花瓣颜色：粉色
花粉育性：不稔
花药颜色：浅黄
叶腺：肾形
树形：半开张
生长势：直立
丰产性：中
始花期：4月初
果实成熟期：7月上旬
果实发育期（d）：90
营养生长期（d）：260
需冷量（h）：800
综合评价：果实大，果面基本不着色。风味酸，肉质硬，为南方硬肉桃。

品种名称：斯诺克
外文名：Snow Kist
原产地：美国
资源类型：选育品种
用途：果实鲜食
系谱：36EB86（May Grand×无名桃）×5GB8（Fayette×Royal April）
选育单位：美国加利福尼亚州Zaiger苗木公司
育成年份：1997
果实类型：普通桃
果形：圆
单果重（g）：149
果皮底色：绿白
盖色深浅：深红
着色程度：全红
果肉颜色：白
外观品质：上
核粘离性：粘
肉质：硬溶质
风味：甜
可溶性固形物（%）：12
鲜食品质：中上
花型：蔷薇形
花瓣类型：单瓣
花瓣颜色：粉红
花粉育性：可育
花药颜色：橘红
叶腺：肾形
树形：半开张
生长势：强健
丰产性：极丰产
始花期：3月底
果实成熟期：6月中下旬
果实发育期（d）：83
营养生长期（d）：260
需冷量（h）：700
综合评价：果实圆，果顶有小尖，果面全红，硬溶质，风味甜，极丰产。

品种名称：松森
外文名：Matsumori，松森
原产地：日本
资源类型：选育品种
用途：果实鲜食
系谱：白凤变异株
选育单位：日本山梨县东八代郡八代町松森美富氏
育成年份：1959
果实类型：普通桃
果形：圆
单果重（g）：120
果皮底色：绿白
盖色深浅：红
着色程度：多
果肉颜色：白
外观品质：上
核粘离性：粘
肉质：硬溶质
风味：浓甜
可溶性固形物（%）：13
鲜食品质：上
花型：蔷薇形
花瓣类型：单瓣
花瓣颜色：粉红
花粉育性：可育
花药颜色：橘红
叶腺：肾形
树形：开张
生长势：中
丰产性：极丰产
始花期：3月底
果实成熟期：7月初
果实发育期（d）：93
营养生长期（d）：257
需冷量（h）：850
综合评价：果实圆形，果顶平，风味品质上。丰产性强。

品种名称：酥红
外文名：Su Hong
原产地：江苏省
资源类型：地方品种
用途：果实鲜食
系谱：自然实生
选育单位：农家选育
果实类型：普通桃
果形：尖圆
单果重（g）：105
果皮底色：绿白
盖色深浅：红
着色程度：多
果肉颜色：白
外观品质：中
核粘离性：粘
肉质：硬溶质
风味：甜
可溶性固形物（%）：14
鲜食品质：中上
花型：蔷薇形
花瓣类型：单瓣
花瓣颜色：粉红
花粉育性：可育
花药颜色：橘红
叶腺：肾形
树形：半开张
生长势：强健
丰产性：丰产
始花期：3月底
果实成熟期：7月初
果实发育期（d）：95
营养生长期（d）：266
需冷量（h）：850
综合评价：果实尖圆，风味甜，肉质软溶，丰产。

品种名称：酸桃
外文名：Suan Tao
原产地：山东省肥城市
资源类型：地方品种
用途：果实鲜食
系谱：自然实生
选育单位：农家选育
果实类型：普通桃
果形：卵圆
单果重（g）：193
果皮底色：绿白
盖色深浅：无
着色程度：无
果肉颜色：白
外观品质：中
核粘离性：粘
肉质：硬溶质
风味：酸
可溶性固形物（%）：15
鲜食品质：中
花型：蔷薇形
花瓣类型：单瓣
花瓣颜色：粉红
花粉育性：不稔
花药颜色：浅褐
叶腺：肾形
树形：直立
生长势：强健
丰产性：低
始花期：4月初
果实成熟期：8月中下旬
果实发育期（d）：140
营养生长期（d）：261
需冷量（h）：900
综合评价：果实大，果面绿白色，风味浓郁，有香气，可滴定酸含量1.24%，是肥城桃的一种类型。

品种名称：塔桥
外文名：Taqiao
原产地：上海市嘉定县唐行乡塔桥村
资源类型：地方品种
用途：果实鲜食
系谱：白凤芽变
选育单位：农家选育
育成年份：1966
果实类型：普通桃
果形：圆
单果重（g）：187
果皮底色：绿白
盖色深浅：红
着色程度：多
果肉颜色：白
外观品质：中
核粘离性：粘
肉质：软溶质
风味：甜
可溶性固形物（%）：13
鲜食品质：上
花型：蔷薇形
花瓣类型：单瓣
花瓣颜色：粉红
花粉育性：可育
花药颜色：橘红
叶腺：肾形
树形：半开张
生长势：中庸
丰产性：极丰产
始花期：3月底
果实成熟期：7月上中旬
果实发育期（d）：105
营养生长期（d）：260
需冷量（h）：850
综合评价：果实圆，风味甜，香气浓，软溶质，极丰产。

品种名称：台农2号
外文名：Tai Nong 2
别名：夏蜜
原产地：台湾省
资源类型：选育品种
用途：果实鲜食
系谱：台农甜蜜（Cardel × 15deNovembro）× Flordared（South-land × Hawaiian）
选育单位：台湾农业试验所
育成年份：2005
果实类型：普通桃

果形：圆
单果重（g）：78
果皮底色：绿白
盖色深浅：深红
着色程度：多
果肉颜色：白
外观品质：中上
核粘离性：粘
肉质：软溶质
风味：甜
可溶性固形物（%）：12
鲜食品质：中上
花型：蔷薇形

花瓣类型：单瓣
花瓣颜色：粉红
花粉育性：可育
花药颜色：橘红
叶腺：肾形
树形：半开张
生长势：强健
丰产性：极丰产
始花期：3月中旬
果实成熟期：7月初
果实发育期（d）：93
营养生长期（d）：281
需冷量（h）：125

综合评价：果实外观漂亮，果实小，果肉红色素多，肉质软，风味较好；极丰产；需冷量极低；台湾平地水蜜桃，在风味上取代传统莺歌桃。

品种名称：太原水蜜
外文名：Taiyuan Shui Mi
原产地：山西省太原市丈子头乡瓜地沟村
资源类型：地方品种
用途：果实鲜食
系谱：自然实生
选育单位：农家选育
果实类型：普通桃
果形：卵圆
单果重（g）：161
果皮底色：绿白
盖色深浅：红
着色程度：少
果肉颜色：白
外观品质：中上
核粘离性：粘
肉质：硬溶质
风味：甜
可溶性固形物（%）：11
鲜食品质：中
花型：蔷薇形
花瓣类型：单瓣
花瓣颜色：粉红
花粉育性：可育
花药颜色：橘红
叶腺：肾形
树形：半开张
生长势：强健
丰产性：中
始花期：4月初
果实成熟期：8月上旬
果实发育期（d）：127
营养生长期（d）：257
需冷量（h）：950
综合评价：果面绿白色，阳面着少量红色，缝合线深，果肉纯白色；相传有200多年的栽培历史。

品种名称：天津水蜜
外文名：Tianjin Shui Mi
原产地：天津市
资源类型：地方品种
用途：果实鲜食
系谱：自然实生
选育单位：农家选育
果实类型：普通桃
果形：卵圆
单果重（g）：100
果皮底色：绿白
盖色深浅：深红
着色程度：多
果肉颜色：红
外观品质：中
核粘离性：离
肉质：硬溶质
风味：酸
可溶性固形物（%）：11
鲜食品质：下
花型：蔷薇形
花瓣类型：单瓣
花瓣颜色：粉红
花粉育性：可育
花药颜色：橘红
叶腺：肾形
树形：直立
生长势：强健
丰产性：极丰产
始花期：3月底
果实成熟期：7月初
果实发育期（d）：98
营养生长期（d）：266
需冷量（h）：950
综合评价：果形卵圆，果顶突出，缝合线深，果肉紫红色，每100g果肉花色苷含量44mg，果实完熟后发面；果肉出汁率低，果肉红色遗传力强，是优良的红肉桃育种材料，是我国重要的红肉桃品种和典型的北方品种群品种。

品种名称：土用
外文名：Doyou，土用
原产地：日本
资源类型：选育品种
用途：果实鲜食
系谱：上海水蜜实生选种
选育单位：日本冈山县小田郡新山村
育成年份：1897
果实类型：普通桃
果形：椭圆
单果重（g）：132
果皮底色：乳黄
盖色深浅：红
着色程度：多
果肉颜色：白
外观品质：中上
核粘离性：粘
肉质：软溶质
风味：浓甜
可溶性固形物（%）：10
鲜食品质：中上
花型：蔷薇形
花瓣类型：单瓣
花瓣颜色：粉红
花粉育性：可育
花药颜色：橘红
叶腺：肾形
树形：开张
生长势：强健
丰产性：丰产
始花期：3月底
果实成熟期：7月中旬
果实发育期（d）：111
营养生长期（d）：270
需冷量（h）：850
综合评价：综合性状一般。

品种名称：晚白	果皮底色：绿白	花瓣颜色：粉红
外文名：Wan Bai	盖色深浅：红	花粉育性：可育
原产地：四川省简阳市	着色程度：少	花药颜色：橘红
资源类型：选育品种	果肉颜色：白	叶腺：肾形
用途：果实鲜食	外观品质：中上	树形：半开张
系谱：上海水蜜实生变异	核粘离性：粘	生长势：中庸
选育单位：四川省成都市简阳园艺场	肉质：硬溶质	丰产性：丰产
	风味：浓甜	始花期：4月初
育成年份：1973	可溶性固形物（%）：13	果实成熟期：8月上旬
果实类型：普通桃	鲜食品质：中上	果实发育期（d）：134
果形：椭圆	花型：蔷薇形	营养生长期（d）：243
单果重（g）：132	花瓣类型：单瓣	需冷量（h）：750

综合评价：晚熟，果面细腻，风味品质上，是四川省主要栽培品种之一。

品种名称：晚白花
外文名：Wan Bai Hua
原产地：江苏省无锡市阳山镇
资源类型：选育品种
用途：果实鲜食
系谱：不详
选育单位：不详
育成年份：20 世纪 90 年代
果实类型：普通桃
果形：椭圆
单果重（g）：144
果皮底色：绿白
盖色深浅：红
着色程度：少
果肉颜色：白
外观品质：中上
核粘离性：粘
肉质：硬溶质
风味：浓甜
可溶性固形物（%）：13
鲜食品质：上
花型：蔷薇形
花瓣类型：单瓣
花瓣颜色：粉红
花粉育性：可育
花药颜色：橘红
叶腺：肾形
树形：半开张
生长势：强健
丰产性：丰产
始花期：3 月底
果实成熟期：8 月中旬
果实发育期（d）：140
营养生长期（d）：260
需冷量（h）：850
综合评价：晚熟，果肉近核处红色素多，风味品质好。

品种名称：晚白蜜
外文名：Wan Bai Mi
原产地：江苏省扬州市
资源类型：选育品种
用途：果实鲜食
系谱：五云×白凤
选育单位：江苏里下河地区农业科学研究所
育成年份：1957
果实类型：普通桃
果形：圆
单果重（g）：131
果皮底色：绿白
盖色深浅：红
着色程度：少
果肉颜色：白
外观品质：中上
核粘离性：粘
肉质：硬溶质
风味：浓甜
可溶性固形物（%）：12
鲜食品质：中上
花型：蔷薇形
花瓣类型：单瓣
花瓣颜色：粉红
花粉育性：不稔
花药颜色：白
叶腺：肾形
树形：开张
生长势：强健
丰产性：中
始花期：3月底
果实成熟期：8月上旬
果实发育期（d）：132
营养生长期（d）：256
需冷量（h）：850
综合评价：综合性状优良。

品种名称：晚蜜
外文名：Wan Mi
原产地：北京市
资源类型：选育品种
用途：果实鲜食
系谱：杂种自然实生
选育单位：北京市农林科学院林业果树研究所
育成年份：1999
果实类型：普通桃
果形：卵圆
单果重（g）：175

果皮底色：绿白
盖色深浅：深红
着色程度：中
果肉颜色：白
外观品质：中
核粘离性：粘
肉质：硬溶质
风味：浓甜
可溶性固形物（%）：14
鲜食品质：上
花型：蔷薇形
花瓣类型：单瓣

花瓣颜色：粉红
花粉育性：可育
花药颜色：橘红
叶腺：肾形
树形：开张
生长势：中庸
丰产性：中
始花期：3月底
果实成熟期：8月底
果实发育期（d）：151
营养生长期（d）：268
需冷量（h）：900～950

综合评价：晚熟，风味品质上，综合性状一般。

品种名称：万州酸桃
外文名：Wanzhou Suan Tao
原产地：重庆市万州区
资源类型：地方品种
用途：果实鲜食
系谱：自然实生
选育单位：农家选育
果实类型：普通桃
果形：椭圆
单果重（g）：150
果皮底色：绿白
盖色深浅：深红

着色程度：多
果肉颜色：红
外观品质：中上
核粘离性：离
肉质：硬溶质
风味：酸
可溶性固形物（%）：10
鲜食品质：中
花型：蔷薇形
花瓣类型：单瓣
花瓣颜色：粉红

花粉育性：可育
花药颜色：橘红
叶腺：肾形
树形：直立
生长势：强健
丰产性：极丰产
始花期：3月下旬
果实成熟期：7月中旬
果实发育期（d）：105
营养生长期（d）：265
需冷量（h）：700～750

综合评价：果实大，椭圆形，果肉鲜红色，风味酸。极丰产；是典型的南方红肉桃类型。

品种名称：望谟小米桃
外文名：Wangmo Xiao Mi Tao
原产地：贵州省望谟县
资源类型：地方品种
用途：果实鲜食
系谱：自然实生
选育单位：农家选育
果实类型：普通桃
果形：卵圆
单果重（g）：81
果皮底色：绿白
盖色深浅：红
着色程度：多
果肉颜色：白
外观品质：中
核粘离性：离
肉质：硬溶质
风味：甜
可溶性固形物（%）：10
鲜食品质：中上
花型：蔷薇形
花瓣类型：单瓣
花瓣颜色：粉红
花粉育性：可育
花药颜色：橘红
叶腺：肾形
树形：半开张
生长势：强健
丰产性：丰产
始花期：3月底
果实成熟期：6月下旬
果实发育期（d）：87
营养生长期（d）：260
需冷量（h）：650～700
综合评价：果实小，外观漂亮，果肉红色素多，综合性状优良。

品种名称：微尖红肉
外文名：Wei Jian Hong Rou
原产地：河南省固始县汪棚乡
资源类型：地方品种
用途：果实鲜食
系谱：自然实生
选育单位：农家选育
果实类型：普通桃
果形：椭圆
单果重（g）：127
果皮底色：绿白
盖色深浅：深红
着色程度：多
果肉颜色：红
外观品质：上
核粘离性：离
肉质：硬肉
风味：甜
可溶性固形物（%）：12
鲜食品质：中上
花型：蔷薇形
花瓣类型：单瓣
花瓣颜色：粉红
花粉育性：可育
花药颜色：橘红
叶腺：肾形
树形：半开张
生长势：强健
丰产性：极丰产
始花期：3月底
果实成熟期：6月底
果实发育期（d）：90
营养生长期（d）：262
需冷量（h）：800
综合评价：果实椭圆，果肉红色，风味甜，硬肉桃，丰产。推测与大红袍为同一系列。

品种名称：未央 2 号
外文名：Weiyang 2
原产地：陕西省西安市未央区
资源类型：品系
用途：果实鲜食
系谱：不详
选育单位：西安市未央区林果站
育成年份：1993
果实类型：普通桃
果形：圆
单果重（g）：168

果皮底色：绿白
盖色深浅：红
着色程度：多
果肉颜色：白
外观品质：上
核粘离性：粘
肉质：硬溶质
风味：甜
可溶性固形物（%）：13
鲜食品质：中上
花型：蔷薇形
花瓣类型：单瓣

花瓣颜色：粉红
花粉育性：不稔
花药颜色：黄褐
叶腺：肾形
树形：开张
生长势：中庸
丰产性：中
始花期：3 月底
果实成熟期：6 月下旬
果实发育期（d）：86
营养生长期（d）：251
需冷量（h）：850

综合评价：果实大，圆形，果个均匀，外观艳丽，肉质硬，种植时需配置授粉树。

品种名称：温州水蜜
外文名：Wenzhou Shui Mi
原产地：浙江省温州市
资源类型：地方品种
用途：果实鲜食
系谱：自然实生
选育单位：农家选育
果实类型：普通桃
果形：卵圆
单果重（g）：144
果皮底色：绿白
盖色深浅：红
着色程度：少
果肉颜色：白
外观品质：中上
核粘离性：离
肉质：硬溶质
风味：浓甜
可溶性固形物（%）：13
鲜食品质：中
花型：蔷薇形
花瓣类型：单瓣
花瓣颜色：粉红
花粉育性：可育
花药颜色：橘红
叶腺：肾形
树形：直立
生长势：强健
丰产性：低
始花期：4月初
果实成熟期：7月下旬
果实发育期（d）：123
营养生长期（d）：258
需冷量（h）：750
综合评价：果实卵圆形，离核，近核处先熟，熟后发面。产量低。

品种名称：乌达桃
外文名：Wu Da Tao
原产地：贵州省
资源类型：地方品种
用途：果实鲜食
系谱：自然实生
选育单位：农家选育
果实类型：普通桃
果形：圆
单果重（g）：49
果皮底色：绿白
盖色深浅：深红

着色程度：中
果肉颜色：白
外观品质：中下
核粘离性：离
肉质：软溶质
风味：酸
可溶性固形物（%）：9
鲜食品质：下
花型：蔷薇形
花瓣类型：单瓣
花瓣颜色：粉红

花粉育性：可育
花药颜色：橘红
叶腺：肾形
树形：半开张
生长势：强健
丰产性：丰产
始花期：3月底
果实成熟期：8月上旬
果实发育期（d）：130
营养生长期（d）：259
需冷量（h）：700

综合评价：果实小，性状一般。

品种名称：乌黑鸡肉桃
外文名：Wu Hei Ji Rou Tao
原产地：安徽省六安市
资源类型：地方品种
用途：果实鲜食
系谱：自然实生
选育单位：农家选育
果实类型：普通桃
果形：椭圆
单果重（g）：68
果皮底色：绿
盖色深浅：深红
着色程度：多
果肉颜色：红
外观品质：下
核粘离性：粘
肉质：硬溶质
风味：酸
可溶性固形物（%）：14
鲜食品质：中
花型：蔷薇形
花瓣类型：单瓣
花瓣颜色：粉红
花粉育性：可育
花药颜色：橘红
叶腺：肾形
树形：直立
生长势：强健
丰产性：中
始花期：3月下旬
果实成熟期：8月中旬
果实发育期（d）：139
营养生长期（d）：261
需冷量（h）：850～900
综合评价：晚熟，果实小，红肉，风味浓郁，品质一般。枝条紫红色。

品种名称：吴江白
外文名：Wujiang Bai
原产地：江苏省苏州市吴江区
资源类型：地方品种
用途：果实鲜食
系谱：自然实生
选育单位：农家选育
果实类型：普通桃
果形：卵圆
单果重（g）：123
果皮底色：绿白
盖色深浅：红
着色程度：少
果肉颜色：白
外观品质：中下
核粘离性：粘
肉质：软溶质
风味：甜
可溶性固形物（%）：13
鲜食品质：上
花型：蔷薇形
花瓣类型：单瓣
花瓣颜色：粉红
花粉育性：可育
花药颜色：橘红
叶腺：圆形
树形：开张
生长势：强健
丰产性：丰产
始花期：3月底
果实成熟期：7月底
果实发育期（d）：120
营养生长期（d）：260
需冷量（h）：850
综合评价：中晚熟品种，品质上，丰产。仅在吴江有少量栽培。

品种名称：五月白
外文名：Wu Yue Bai
原产地：河南省西华县
资源类型：地方品种
用途：果实鲜食
选育单位：农家选育
果实类型：普通桃
果形：圆
单果重（g）：96
果皮底色：绿白
盖色深浅：红
着色程度：多
果肉颜色：白
外观品质：中
核粘离性：粘
肉质：硬溶质
风味：浓甜
可溶性固形物（%）：11
鲜食品质：中上
花型：蔷薇形
花瓣类型：单瓣
花瓣颜色：粉红
花粉育性：可育
花药颜色：橘红
叶腺：圆形
树形：半开张
生长势：中庸
丰产性：丰产
始花期：3月底
果实成熟期：6月上中旬
果实发育期（d）：74
营养生长期（d）：262
需冷量（h）：800
综合评价：果实较小，外观漂亮，风味品质上。

品种名称：五月鲜
外文名：Wu Yue Xian
原产地：北京市
资源类型：地方品种
用途：果实鲜食
系谱：自然实生
选育单位：农家选育
果实类型：普通桃
果形：卵圆
单果重（g）：112
果皮底色：乳白
盖色深浅：红
着色程度：少
果肉颜色：白
外观品质：中上
核粘离性：离
肉质：硬肉
风味：甜
可溶性固形物（%）：14
鲜食品质：中
花型：蔷薇形
花瓣类型：单瓣
花瓣颜色：粉红
花粉育性：不稔
花药颜色：红褐
叶腺：肾形
树形：直立
生长势：强健
丰产性：低
始花期：4月中上旬
果实成熟期：6月下旬
果实发育期（d）：87
营养生长期（d）：245
需冷量（h）：1 050

综合评价：果实卵圆形，果尖明显，果肉硬脆，汁液少，完熟时发面，核尖处易形成空腔，典型的北方硬肉桃。树姿直立，生长旺盛，枝干皮孔较大；枯花芽严重，开花晚，无花粉，坐果率低；是20世纪70年代前北方广泛栽培的农家品种。

品种名称：武汉2号
外文名：Wuhan 2
原产地：湖北省武汉市
资源类型：地方品种
用途：果实鲜食
系谱：自然实生
选育单位：农家选育
果实类型：普通桃
果形：卵圆
单果重（g）：90
果皮底色：白
盖色深浅：深红
着色程度：多
果肉颜色：红
外观品质：中
核粘离性：离
肉质：硬溶质
风味：甜
可溶性固形物（%）：12
鲜食品质：中
花型：蔷薇形
花瓣类型：单瓣
花瓣颜色：粉红
花粉育性：可育
花药颜色：橘红
叶腺：肾形
树形：直立
生长势：强健
丰产性：丰产
始花期：3月底
果实成熟期：6月下旬
果实发育期（d）：91
营养生长期（d）：262
需冷量（h）：900
综合评价：果肉红色，每100g果肉花色苷含量21mg，风味甜，完熟后发面，常出现核尖空腔现象，典型的南方红肉桃类。

品种名称：武汉大红袍
外文名：Wuhan Da Hong Pao
原产地：湖北省武汉市
资源类型：地方品种
用途：果实鲜食
系谱：自然实生
选育单位：农家选育
果实类型：普通桃
果形：圆
单果重（g）：110
果皮底色：白
盖色深浅：深红
着色程度：多
果肉颜色：红
外观品质：中
核粘离性：离
肉质：硬溶质
风味：甜
可溶性固形物（%）：12
鲜食品质：中上
花型：蔷薇形
花瓣类型：单瓣
花瓣颜色：粉红
花粉育性：可育
花药颜色：橘红
叶腺：肾形
树形：开张
生长势：强健
丰产性：极丰产
始花期：3月下旬
果实成熟期：6月底
果实发育期（d）：90
营养生长期（d）：265
需冷量（h）：800
综合评价：果肉纯红色，肉质硬，熟后发面，风味甜；可能与朱砂红、武汉2号、大红袍为同一来源的实生群体。

品种名称：西教 1 号
外文名：Xi Jiao 1
原产地：陕西省富平县
资源类型：地方品种
用途：果实鲜食、加工
系谱：自然实生
选育单位：农家选育
果实类型：普通桃
果形：卵圆
单果重（g）：135
果皮底色：乳黄
盖色深浅：红
着色程度：少
果肉颜色：乳黄
外观品质：下
核粘离性：粘
肉质：不溶质
风味：酸甜
可溶性固形物（%）：10
鲜食品质：下
花型：蔷薇形
花瓣类型：单瓣
花瓣颜色：粉红
花粉育性：可育
花药颜色：橘红
叶腺：肾形
树形：直立
生长势：强健
丰产性：低
始花期：3 月下旬
果实成熟期：7 月上中旬
果实发育期（d）：109
营养生长期（d）：272
需冷量（h）：700
综合评价：果面不平，果皮色、果肉色、叶色均介于白肉桃与黄肉桃之间。风味品质差，核纹较多、细，介于西北桃与普通桃之间。果实成熟不一致，果肩部缝合线处先熟。枝干皮孔大。

品种名称：西教 3 号
外文名：Xi Jiao 3
原产地：陕西省富平县
资源类型：地方品种
用途：果实鲜食
系谱：自然实生
选育单位：农家选育
果实类型：普通桃
果形：圆
单果重（g）：112
果皮底色：绿白
盖色深浅：红
着色程度：中
果肉颜色：白
外观品质：下
核粘离性：离
肉质：软溶质
风味：酸甜
可溶性固形物（%）：13
鲜食品质：中下
花型：蔷薇形
花瓣类型：单瓣
花瓣颜色：粉红
花粉育性：不稔
花药颜色：浅褐
叶腺：肾形
树形：直立
生长势：强健
丰产性：低
始花期：4 月初
果实成熟期：7 月上旬
果实发育期（d）：102
营养生长期（d）：260
需冷量（h）：850
综合评价：外观差，果实成熟不一致，缝合线处先熟。产量极低。

品种名称：西眉 1 号
外文名：Xi Mei 1
原产地：陕西省武功县
资源类型：选育品种
用途：果实鲜食
系谱：西农水蜜×眉县冬桃
选育单位：西北农学院
杂交年份：20 世纪 60 年代
果实类型：普通桃
果形：椭圆
单果重（g）：112
果皮底色：绿白
盖色深浅：红
着色程度：少
果肉颜色：白
外观品质：中
核粘离性：离
肉质：硬溶质
风味：酸甜
可溶性固形物（%）：12
鲜食品质：中
花型：蔷薇形
花瓣类型：单瓣
花瓣颜色：粉红
花粉育性：可育
花药颜色：橘红
叶腺：肾形
树形：半开张
生长势：强健
丰产性：中
始花期：3 月底
果实成熟期：8 月下旬
果实发育期（d）：153
营养生长期（d）：265
需冷量（h）：850
综合评价：晚熟，综合性状一般。

品种名称：西眉2号
外文名：Xi Mei 2
原产地：陕西省武功县
资源类型：选育品种
用途：果实鲜食
系谱：西农水蜜×眉县冬桃
选育单位：西北农学院
杂交年份：20世纪60年代
果实类型：普通桃
果形：圆
单果重（g）：100
果皮底色：绿白
盖色深浅：红
着色程度：少
果肉颜色：白
外观品质：中
核粘离性：离
肉质：硬溶质
风味：酸甜
可溶性固形物（%）：11
鲜食品质：中上
花型：蔷薇形
花瓣类型：单瓣
花瓣颜色：粉红
花粉育性：可育
花药颜色：橘红
叶腺：肾形
树形：半开张
生长势：强健
丰产性：中
始花期：3月底
果实成熟期：8月底
果实发育期（d）：157
营养生长期（d）：263
需冷量（h）：850
综合评价：晚熟，果实小，综合性状一般。

品种名称：西农 14－3
外文名：Xi Nong 14－3
原产地：陕西省杨凌区
资源类型：品系
用途：果实鲜食
系谱：秋蜜自然实生
选育单位：西北农业大学
育成年份：1990
果实类型：普通桃
果形：椭圆
单果重（g）：150
果皮底色：绿白
盖色深浅：红
着色程度：中
果肉颜色：白
外观品质：中
核粘离性：离
肉质：软溶质
风味：甜
可溶性固形物（%）：10
鲜食品质：中上
花型：蔷薇形
花瓣类型：单瓣
花瓣颜色：粉红
花粉育性：可育
花药颜色：橘红
叶腺：肾形
树形：半开张
生长势：强健
丰产性：丰产
始花期：3 月底
果实成熟期：7 月中旬
果实发育期（d）：105
营养生长期（d）：263
需冷量（h）：900～950
综合评价：果实大，外观好，综合性状一般。

品种名称：西农 17－1
外文名：Xi Nong 17－1
原产地：陕西省杨凌区
资源类型：品系
用途：果实鲜食
系谱：秋蜜自然实生
选育单位：西北农业大学
育成年份：1990
果实类型：普通桃
果形：卵圆
单果重（g）：106
果皮底色：绿白
盖色深浅：深红
着色程度：多
果肉颜色：白
外观品质：中
核粘离性：粘
肉质：软溶质
风味：甜
可溶性固形物（%）：9
鲜食品质：中
花型：蔷薇形
花瓣类型：单瓣
花瓣颜色：粉红
花粉育性：可育
花药颜色：橘红
叶腺：肾形
树形：半开张
生长势：强健
丰产性：丰产
始花期：3 月底
果实成熟期：7 月上旬
果实发育期（d）：97
营养生长期（d）：256
需冷量（h）：900～950
综合评价：果面着色好，果顶突出，风味一般。

品种名称：西农 18 号
外文名：Xi Nong 18
原产地：陕西省武功县
资源类型：选育品种
用途：果实鲜食
系谱：西农水蜜×眉县冬桃
选育单位：西北农学院
育成年份：1963
果实类型：普通桃
果形：圆
单果重（g）：154
果皮底色：绿白
盖色深浅：红
着色程度：少
果肉颜色：白
外观品质：中
核粘离性：离
肉质：软溶质
风味：酸甜
可溶性固形物（%）：14
鲜食品质：中
花型：蔷薇形
花瓣类型：单瓣
花瓣颜色：粉红
花粉育性：可育
花药颜色：橘红
叶腺：肾形
树形：半开张
生长势：强健
丰产性：中
始花期：4 月初
果实成熟期：8 月中下旬
果实发育期（d）：145
营养生长期（d）：270
需冷量（h）：900
综合评价：晚熟，果实大，果肉近核处红色素多，风味浓郁。

品种名称：西农 19 号
外文名：Xi Nong 19
原产地：陕西省武功县
资源类型：选育品种
用途：果实鲜食
系谱：西农水蜜×眉县冬桃
选育单位：西北农学院
育成年份：1963
果实类型：普通桃
果形：圆
单果重（g）：100
果皮底色：绿白
盖色深浅：红
着色程度：少
果肉颜色：白
外观品质：中上
核粘离性：离
肉质：软溶质
风味：酸甜
可溶性固形物（%）：14
鲜食品质：中
花型：蔷薇形
花瓣类型：单瓣
花瓣颜色：粉红
花粉育性：可育
花药颜色：橘红
叶腺：肾形
树形：半开张
生长势：强健
丰产性：中
始花期：3 月底
果实成熟期：8 月中旬
果实发育期（d）：141
营养生长期（d）：262
需冷量（h）：850
综合评价：综合性状一般。

品种名称：西农 19－1
外文名：Xi Nong 19－1
原产地：陕西省杨凌区
资源类型：品系
用途：果实鲜食
系谱：秋蜜自然实生
选育单位：西北农业大学
育成年份：1990
果实类型：普通桃
果形：圆
单果重（g）：233
果皮底色：绿白
盖色深浅：红
着色程度：少
果肉颜色：白
外观品质：中上
核粘离性：粘
肉质：硬溶质
风味：甜
可溶性固形物（%）：10
鲜食品质：中上
花型：蔷薇形
花瓣类型：单瓣
花瓣颜色：粉红
花粉育性：可育
花药颜色：橘红
叶腺：肾形
树形：半开张
生长势：强健
丰产性：丰产
始花期：3月底
果实成熟期：7月中旬
果实发育期（d）：105
营养生长期（d）：260
需冷量（h）：900～950
综合评价：果实很大，外观漂亮，风味好，综合性状优良。

品种名称：西农水蜜
外文名：Xi Nong Shui Mi
原产地：陕西省武功县
资源类型：选育品种
用途：果实鲜食
系谱：自然实生
选育单位：西北农学院
收集年份：1960
果实类型：普通桃
果形：圆
单果重（g）：125
果皮底色：乳黄
盖色深浅：红
着色程度：中
果肉颜色：白
外观品质：中上
核粘离性：粘
肉质：软溶质
风味：酸甜
可溶性固形物（%）：11
鲜食品质：中
花型：蔷薇形
花瓣类型：单瓣
花瓣颜色：粉红
花粉育性：可育
花药颜色：橘红
叶腺：肾形
树形：开张
生长势：中
丰产性：丰产
始花期：3月底
果实成熟期：7月中旬
果实发育期（d）：109
营养生长期（d）：262
需冷量（h）：850
综合评价：中熟，果实圆形，果肉白色，软溶质，风味酸甜，有香气；出汁率64.86%，制汁品质良好。

品种名称：西农夏蜜
外文名：Xi Nong Xia Mi
原产地：陕西省武功县
资源类型：选育品种
用途：果实鲜食
系谱：初香美×桃花兰
选育单位：西北农业大学
育成年份：1990
果实类型：普通桃
果形：圆
单果重（g）：122
果皮底色：绿白
盖色深浅：红
着色程度：多
果肉颜色：白
外观品质：中上
核粘离性：粘
肉质：硬溶质
风味：浓甜
可溶性固形物（%）：12
鲜食品质：中上
花型：蔷薇形
花瓣类型：单瓣
花瓣颜色：粉红
花粉育性：可育
花药颜色：橘红
叶腺：肾形
树形：半开张
生长势：强健
丰产性：丰产
始花期：3月底
果实成熟期：7月上旬
果实发育期（d）：97
营养生长期（d）：240
需冷量（h）：900
综合评价：中熟，外观较好，风味好。

品种名称：西农新蜜
外文名：Xi Nong Xin Mi
原产地：陕西省杨凌区
资源类型：选育品种
用途：果实鲜食
系谱：西农水蜜×新端阳
选育单位：西北农业大学
育成年份：1990
果实类型：普通桃
果形：卵圆
单果重（g）：105
果皮底色：绿白
盖色深浅：红
着色程度：多
果肉颜色：白
外观品质：中
核粘离性：粘
肉质：硬溶质
风味：甜
可溶性固形物（%）：10
鲜食品质：中
花型：蔷薇形
花瓣类型：单瓣
花瓣颜色：粉红
花粉育性：可育
花药颜色：橘红
叶腺：肾形
树形：半开张
生长势：强健
丰产性：丰产
始花期：3月下旬
果实成熟期：7月上旬
果实发育期（d）：93
营养生长期（d）：265
需冷量（h）：850
综合评价：中熟，外观漂亮，果顶突出，综合性状一般。

品种名称：西农早蜜
外文名：Xi Nong Zao Mi
原产地：陕西省武功县
资源类型：选育品种
用途：果实鲜食
系谱：西农水蜜×新端阳
选育单位：西北农业大学
育成年份：1989
果实类型：普通桃
果形：圆
单果重（g）：72
果皮底色：绿白
盖色深浅：红
着色程度：多
果肉颜色：白
外观品质：中上
核粘离性：粘
肉质：软溶质
风味：酸甜
可溶性固形物（%）：10
鲜食品质：中
花型：蔷薇形
花瓣类型：单瓣
花瓣颜色：粉红
花粉育性：可育
花药颜色：橘红
叶腺：圆形
树形：半张
生长势：强健
丰产性：极丰产
始花期：3月底
果实成熟期：6月上旬
果实发育期（d）：69
营养生长期（d）：248
需冷量（h）：800
综合评价：极早熟，果小，果面大部分着红色，软溶质较硬，酸甜味较浓；丰产性强。

品种名称：西野
外文名：Nishino Hakuto，西野
原产地：日本
资源类型：选育品种
用途：果实鲜食
系谱：大久保和白凤混栽自然实生
选育单位：日本山梨县巨摩郡白根郡的芦泽达雄
育成年份：1970
果实类型：普通桃
果形：圆
单果重（g）：150
果皮底色：乳黄
盖色深浅：红
着色程度：少
果肉颜色：白
外观品质：中上
核粘离性：粘
肉质：硬溶质
风味：浓甜
可溶性固形物（%）：11
鲜食品质：中上
花型：蔷薇形
花瓣类型：单瓣
花瓣颜色：粉红
花粉育性：不稔
花药颜色：白
叶腺：肾形
树形：半开张
生长势：中庸
丰产性：中
始花期：3月底
果实成熟期：7月中旬
果实发育期（d）：106
营养生长期（d）：241
需冷量（h）：900
综合评价：中熟，果实大，风味品质良好。

品种名称：霞脆
外文名：Xia Cui
原代号：92－8－50
原产地：江苏省南京市
资源类型：选育品种
用途：果实鲜食
系谱：雨花2号×77－1－6[(白花×橘早生)×朝霞]
选育单位：江苏省农业科学院园艺研究所
育成年份：2003
果实类型：普通桃
果形：近圆
单果重（g）：190
果皮底色：绿白
盖色深浅：红
着色程度：多
果肉颜色：白
外观品质：中上
核粘离性：粘
肉质：硬溶质
风味：甜
可溶性固形物（%）：13
鲜食品质：中上
花型：蔷薇形
花瓣类型：单瓣
花瓣颜色：粉红
花粉育性：可育
花药颜色：橘红
叶腺：肾形
树形：半开张
生长势：中庸
丰产性：丰产
始花期：3月底
果实成熟期：7月上旬
果实发育期（d）：99
营养生长期（d）：260
需冷量（h）：850
综合评价：果实近圆，果实大，肉质硬，风味甜，丰产。

品种名称：霞晖 1 号
外文名：Xia Hui 1
原产地：江苏省南京市
资源类型：选育品种
用途：果实鲜食
系谱：朝晖×朝霞
选育单位：江苏省农业科学院园艺研究所
育成年份：1992
果实类型：普通桃
果形：圆
单果重（g）：130

果皮底色：绿白
盖色深浅：深红
着色程度：中
果肉颜色：白
外观品质：中
核粘离性：粘
肉质：软溶质
风味：甜
可溶性固形物（%）：10
鲜食品质：中上
花型：蔷薇形
花瓣类型：单瓣

花瓣颜色：粉红
花粉育性：不稔
花药颜色：白
叶腺：肾形
树形：开张
生长势：中庸
丰产性：中
始花期：3 月底
果实成熟期：6 月上旬
果实发育期（d）：67
营养生长期（d）：243
需冷量（h）：800

综合评价：早熟，果实圆形，软溶质，风味甜。种植时需配置授粉树。在江苏、河北有生产种植。

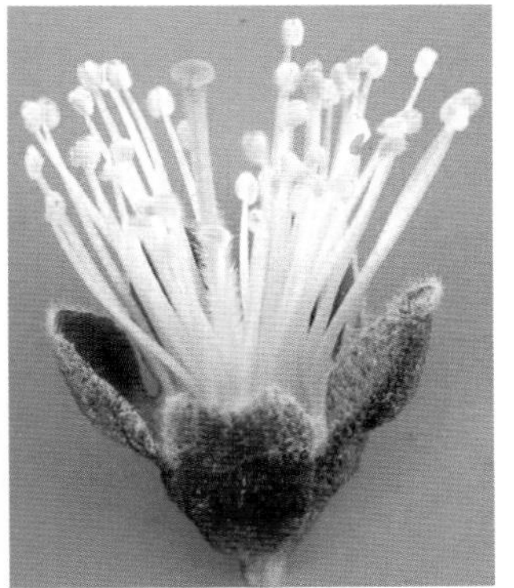

品种名称：霞晖2号	果皮底色：乳黄	花瓣颜色：粉红
外文名：Xia Hui 2	盖色深浅：深红	花粉育性：可育
原产地：江苏省南京市	着色程度：中	花药颜色：橘黄
资源类型：选育品种	果肉颜色：白	叶腺：肾形
用途：果实鲜食	外观品质：中	树形：开张
系谱：朝晖×朝霞	核粘离性：粘	生长势：中庸
选育单位：江苏省农业科学院园艺研究所	肉质：软溶质	丰产性：极丰产
	风味：甜	始花期：3月底
育成年份：1992	可溶性固形物（%）：10	果实成熟期：6月上中旬
果实类型：普通桃	鲜食品质：中上	果实发育期（d）：72
果形：圆	花型：蔷薇形	营养生长期（d）：238
单果重（g）：128	花瓣类型：单瓣	需冷量（h）：800

综合评价：早熟，果实圆形，果肉白色，软溶质，风味甜。丰产性强。

品种名称：仙桃
外文名：Xian Tao
原产地：广西那坡县
资源类型：地方品种
用途：观赏、鲜食兼用
系谱：自然实生
选育单位：农家选育
果实类型：普通桃
果形：椭圆
单果重（g）：129
果皮底色：绿
盖色深浅：红

着色程度：少
果肉颜色：绿白
外观品质：中
核粘离性：粘
肉质：硬溶质
风味：酸甜
可溶性固形物（%）：11
鲜食品质：下
花型：蔷薇形
花瓣类型：单瓣
花瓣颜色：红

花粉育性：可育
花药颜色：橘黄
叶腺：肾形
树形：半开张
生长势：中庸
丰产性：中
始花期：3月底
果实成熟期：8月下旬
果实发育期（d）：147
营养生长期（d）：245
需冷量（h）：450

综合评价：晚熟，果实中等大小，果肉近核处红色素多。风味品质一般；花单瓣，红色，有观赏价值。产量较低。需冷量低。

品种名称：香桃
外文名：Xiang Tao
原产地：辽宁省大连市
资源类型：地方品种
用途：果实鲜食
选育单位：农家选育
果实类型：普通桃
果形：圆
单果重（g）：136
果皮底色：绿白
盖色深浅：深红
着色程度：少
果肉颜色：白
外观品质：中
核粘离性：粘
肉质：软溶质
风味：酸甜
可溶性固形物（%）：12
鲜食品质：中
花型：蔷薇形
花瓣类型：单瓣
花瓣颜色：粉红
花粉育性：可育
花药颜色：橘红
叶腺：肾形
树形：半开张
生长势：强健
丰产性：中
始花期：4月上旬
果实成熟期：8月上旬
果实发育期（d）：132
营养生长期（d）：267
需冷量（h）：1 150
综合评价：晚熟，果实中等大小，风味品质一般，需冷量高。

品种名称：小白桃
外文名：Xiao Bai Tao
原产地：河南省周口市
资源类型：地方品种
用途：果实鲜食
系谱：自然实生
选育单位：农家选育
果实类型：普通桃
果形：卵圆
单果重（g）：113
果皮底色：绿白
盖色深浅：红
着色程度：少
果肉颜色：白
外观品质：中
核粘离性：离
肉质：硬溶质
风味：浓甜
可溶性固形物（%）：13
鲜食品质：中
花型：蔷薇形
花瓣类型：单瓣
花瓣颜色：粉红
花粉育性：可育
花药颜色：橘红
叶腺：肾形
树形：半开张
生长势：强健
丰产性：丰产
始花期：4 月上旬
果实成熟期：6 月下旬
果实发育期（d）：89
营养生长期（d）：243
需冷量（h）：1 000
综合评价：果实中等大小，外观一般，风味品质好；叶片很长。

品种名称：小红花
外文名：Xiao Hong Hua
原产地：江苏省无锡市
资源类型：地方品种
用途：果实鲜食
系谱：自然实生
选育单位：农家选育
果实类型：普通桃
果形：圆
单果重（g）：110
果皮底色：乳黄
盖色深浅：红
着色程度：多
果肉颜色：白
外观品质：中上
核粘离性：粘
肉质：软溶质
风味：甜
可溶性固形物（%）：11
鲜食品质：上
花型：蔷薇形
花瓣类型：单瓣
花瓣颜色：粉红
花粉育性：可育
花药颜色：橘红
叶腺：肾形
树形：开张
生长势：强健
丰产性：极丰产
始花期：3月底
果实成熟期：7月上中旬
果实发育期（d）：105
营养生长期（d）：250
需冷量（h）：850
综合评价：中熟，果实圆形，风味品质一般。

品种名称：小花白桃
外文名：Xiao Hua Bai Tao
原产地：辽宁省大连市
资源类型：品系
用途：果实鲜食
系谱：不详
引自单位：大连市农业科学研究所
育成年份：20 世纪 80 年代前
果实类型：普通桃
果形：圆
单果重（g）：136

果皮底色：绿白
盖色深浅：红
着色程度：中
果肉颜色：白
外观品质：中上
核粘离性：粘
肉质：软溶质
风味：酸
可溶性固形物（%）：11
鲜食品质：下
花型：铃形
花瓣类型：单瓣

花瓣颜色：粉红
花粉育性：可育
花药颜色：橘红
叶腺：肾形
树形：半开张
生长势：强健
丰产性：丰产
始花期：3 月底
果实成熟期：8 月上旬
果实发育期（d）：122
营养生长期（d）：268
需冷量（h）：850

综合评价：果实成熟度不一致，缝合线处先熟，果形较好，综合性状一般。

品种名称：晓
外文名：Akatsuki，暁
别名：农林6号
原产地：日本
资源类型：选育品种
用途：果实鲜食
系谱：白桃×白凤
选育单位：日本农林水产省筑波果树试验场
育成年份：1979
果实类型：普通桃
果形：圆
单果重（g）：83
果皮底色：绿白
盖色深浅：红
着色程度：中
果肉颜色：白
外观品质：中上
核粘离性：粘
肉质：软溶质
风味：甜
可溶性固形物（%）：10
鲜食品质：中
花型：蔷薇形
花瓣类型：单瓣
花瓣颜色：粉红
花粉育性：可育
花药颜色：橘红
叶腺：肾形
树形：半开张
生长势：强健
丰产性：丰产
始花期：3月底
果实成熟期：7月初
果实发育期（d）：96
营养生长期（d）：239
需冷量（h）：850
综合评价：中熟，果实圆形，果实较小，果肉白色，软溶质，风味甜，综合性状一般。

品种名称：新白花
外文名：Xin Bai Hua
原产地：江苏省南京市
资源类型：选育品种
用途：果实鲜食
系谱：白花水蜜自然实生
选育单位：江苏省农业科学院园艺研究所
育成年份：1973
果实类型：普通桃
果形：圆
单果重（g）：150
果皮底色：绿白
盖色深浅：浅红
着色程度：少
果肉颜色：白
外观品质：中上
核粘离性：粘
肉质：硬溶质
风味：甜
可溶性固形物（%）：11
鲜食品质：中上
花型：蔷薇形
花瓣类型：单瓣
花瓣颜色：粉红
花粉育性：不稔
花药颜色：白
叶腺：肾形
树形：开张
生长势：中庸
丰产性：丰产
始花期：3月底
果实成熟期：8月上旬
果实发育期（d）：127
营养生长期（d）：255
需冷量（h）：850
综合评价：晚熟，果实大，风味甜，种植时需配置授粉树。

品种名称：新端阳
外文名：Amsden，Amsden June
别名：阿目斯丁
原产地：美国
资源类型：选育品种
用途：果实鲜食
系谱：不详
选育单位：美国密苏里州
育成年份：1868
果实类型：普通桃
果形：圆
单果重（g）：87
果皮底色：绿白
盖色深浅：深红
着色程度：多
果肉颜色：白
外观品质：中上
核粘离性：粘
肉质：软溶质
风味：酸甜
可溶性固形物（%）：11
鲜食品质：中
花型：蔷薇形
花瓣类型：单瓣
花瓣颜色：粉红
花粉育性：可育
花药颜色：橘红
叶腺：圆形
树形：开张
生长势：中庸
丰产性：中
始花期：3月底
果实成熟期：6月上中旬
果实发育期（d）：74
营养生长期（d）：264
需冷量（h）：800
综合评价：早熟，果实圆形，果顶尖圆，果面大部分着深红色晕、斑，果肉白色，软溶质，酸甜味浓；是美国早期选育的白肉桃品种。

品种名称：兴义白花桃
外文名：Xingyi Bai Hua Tao
原产地：贵州省兴义市
资源类型：地方品种
用途：果实鲜食
系谱：自然实生
选育单位：农家选育
果实类型：普通桃
果形：椭圆
单果重（g）：99
果皮底色：绿白
盖色深浅：红
着色程度：多
果肉颜色：白
外观品质：中上
核粘离性：离
肉质：硬溶质
风味：甜
可溶性固形物（%）：10
鲜食品质：中
花型：蔷薇形
花瓣类型：单瓣
花瓣颜色：粉红
花粉育性：可育
花药颜色：橘红
叶腺：肾形
树形：开张
生长势：中庸
丰产性：极丰产
始花期：4月初
果实成熟期：6月下旬
果实发育期（d）：83
营养生长期（d）：260
需冷量（h）：750～800
综合评价：果实外观好，红色素多，综合性状良好。

品种名称：兴义五月桃
外文名：Xingyi Wu Yue Tao
原产地：贵州兴义市
资源类型：地方品种
用途：果实鲜食
系谱：自然实生
选育单位：农家选育
果实类型：普通桃
果形：扁圆
单果重（g）：161
果皮底色：绿白
盖色深浅：红
着色程度：多
果肉颜色：白
外观品质：中上
核粘离性：粘
肉质：硬脆
风味：甜
可溶性固形物（%）：10
鲜食品质：中
花型：蔷薇形
花瓣类型：单瓣
花瓣颜色：粉红
花粉育性：不稔
花药颜色：黄
叶腺：肾形
树形：开张
生长势：中庸
丰产性：丰产
始花期：3月底
果实成熟期：6月下旬
果实发育期（d）：88
营养生长期（d）：259
需冷量（h）：750～800
综合评价：果实着色一般。花粉不稔。

品种名称：宣城甜桃	着色程度：多	花粉育性：不稔
外文名：Xuancheng Tian Tao	果肉颜色：白	花药颜色：浅褐
原产地：安徽省宣城市	外观品质：中	叶腺：肾形
资源类型：地方品种	核粘离性：粘	树形：开张
用途：果实鲜食	肉质：硬溶质	生长势：强健
选育单位：农家选育	风味：甜	丰产性：丰产
果实类型：普通桃	可溶性固形物（%）：10	始花期：4月初
果形：圆	鲜食品质：中上	果实成熟期：6月中旬
单果重（g）：105	花型：蔷薇形	果实发育期（d）：76
果皮底色：绿白	花瓣类型：单瓣	营养生长期（d）：260
盖色深浅：红	花瓣颜色：粉红	需冷量（h）：850

综合评价：果肉红色素多，风味品质优良，综合性状一般。

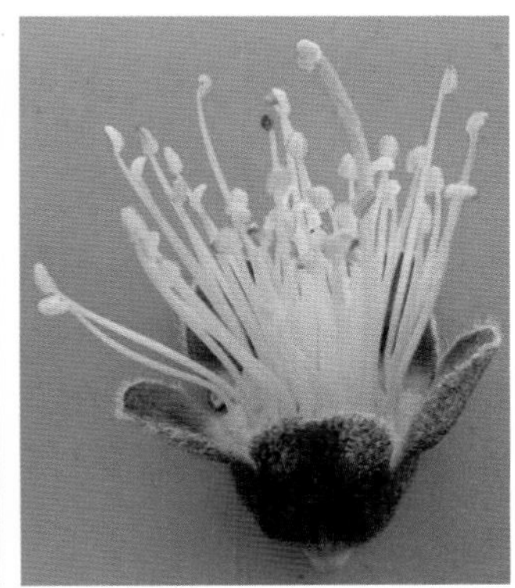

品种名称：雪香露
外文名：Xue Xiang Lu
原产地：江苏省南京市
资源类型：选育品种
用途：果实鲜食
系谱：白花×初香美
选育单位：江苏省农业科学院园艺研究所
育成年份：1975
果实类型：普通桃
果形：圆
单果重（g）：86

果皮底色：乳黄
盖色深浅：红
着色程度：中
果肉颜色：白
外观品质：中上
核粘离性：半离
肉质：软溶质
风味：酸甜
可溶性固形物（%）：11
鲜食品质：中
花型：蔷薇形
花瓣类型：单瓣

花瓣颜色：粉红
花粉育性：可育
花药颜色：橘红
叶腺：肾形
树形：开张
生长势：强健
丰产性：丰产
始花期：4月初
果实成熟期：6月上中旬
果实发育期（d）：79
营养生长期（d）：256
需冷量（h）：850

综合评价：早熟，果实圆形，果肉白色，软溶质，风味酸甜。

品种名称：燕红
外文名：Yan Hong
别名：绿化9号
原产地：北京市
资源类型：选育品种
用途：果实鲜食
系谱：自然实生
选育单位：北京市东北义园
育成年份：1984
果实类型：普通桃
果形：圆
单果重（g）：172
果皮底色：绿白
盖色深浅：深红
着色程度：中
果肉颜色：白
外观品质：中上
核粘离性：粘
肉质：硬溶质
风味：浓甜
可溶性固形物（%）：13
鲜食品质：上
花型：蔷薇形
花瓣类型：单瓣
花瓣颜色：粉红
花粉育性：可育
花药颜色：橘红
叶腺：肾形
树形：开张
生长势：中庸
丰产性：极丰产
始花期：3月底
果实成熟期：8月上旬
果实发育期（d）：132
营养生长期（d）：267
需冷量（h）：900

综合评价：果皮底色发青，着紫红色，套袋果实外观鲜红色，果肉红色素多，口感很甜，风味品质上，有裂果；是我国北方重要的栽培品种。

品种名称：扬州3号
外文名：Yangzhou 3
原产地：江苏省扬州市
资源类型：选育品种
用途：果实鲜食
系谱：不详
选育单位：江苏里下河地区农业科学研究所
育成年份：1957
果实类型：普通桃
果形：卵圆
单果重（g）：115

果皮底色：乳黄
盖色深浅：无
着色程度：无
果肉颜色：白
外观品质：中
核粘离性：半离
肉质：软溶质
风味：酸甜
可溶性固形物（%）：11
鲜食品质：中下
花型：蔷薇形
花瓣类型：单瓣

花瓣颜色：粉红
花粉育性：不稔
花药颜色：橘红
叶腺：肾形
树形：开张
生长势：中庸
丰产性：丰产
始花期：3月底
果实成熟期：6月中旬
果实发育期（d）：81
营养生长期（d）：264
需冷量（h）：850

综合评价：早熟，果实卵圆形，果面、果肉无红色，风味酸甜。花粉不稔。采前落果较重。

品种名称：扬州 431 号
外文名：Yangzhou 431
原产地：江苏省扬州市里下河地区
资源类型：选育品系
用途：果实鲜食
系谱：不详
选育单位：江苏里下河地区农业科学研究所
育成年份：20 世纪 80 年代或之前
果实类型：普通桃
果形：圆
单果重（g）：265
果皮底色：绿白
盖色深浅：深红
着色程度：多
果肉颜色：白
外观品质：中上
核粘离性：粘
肉质：硬溶质
风味：浓甜
可溶性固形物（%）：15
鲜食品质：上
花型：蔷薇形
花瓣类型：单瓣
花瓣颜色：粉红
花粉育性：可育
花药颜色：橘红
叶腺：肾形
树形：半开张
生长势：强健
丰产性：丰产
始花期：3 月底
果实成熟期：7 月上中旬
果实发育期（d）：106
营养生长期（d）：260
需冷量（h）：800
综合评价：果实圆，果实很大，风味浓甜，品质优良。应为 20 世纪 80 年代或以前育成。

品种名称：扬州531号
外文名：Yangzhou 531
原产地：江苏省扬州市
资源类型：品系
用途：果实鲜食
系谱：不详
选育单位：江苏里下河地区农业科学研究所
收集年份：1991
果实类型：普通桃
果形：椭圆
单果重（g）：80
果皮底色：乳黄
盖色深浅：深红
着色程度：少
果肉颜色：白
外观品质：中
核粘离性：粘
肉质：软溶质
风味：甜
可溶性固形物（%）：11
鲜食品质：中
花型：蔷薇形
花瓣类型：单瓣
花瓣颜色：粉红
花粉育性：可育
花药颜色：橘红
叶腺：肾形
树形：半开张
生长势：中庸
丰产性：极丰产
始花期：3月底
果实成熟期：5月底
果实发育期（d）：61
营养生长期（d）：250
需冷量（h）：800
综合评价：极早熟；果实椭圆形，果实小，软溶质，味甜，有裂核现象；丰产性强。

品种名称：阳泉肉桃
外文名：Yangquan Rou Tao
原产地：山西省阳泉市
资源类型：地方品种
用途：果实鲜食
系谱：自然实生
选育单位：农家选育
果实类型：普通桃
果形：圆
单果重（g）：178
果皮底色：绿白
盖色深浅：红
着色程度：中
果肉颜色：白
外观品质：中
核粘离性：粘
肉质：硬肉
风味：甜
可溶性固形物（%）：9
鲜食品质：中
花型：蔷薇形
花瓣类型：单瓣
花瓣颜色：粉红
花粉育性：可育
花药颜色：橘红
叶腺：肾形
树形：半开张
生长势：强健
丰产性：中
始花期：4月初
果实成熟期：8月初
果实发育期（d）：127
营养生长期（d）：268
需冷量（h）：850
综合评价：果实大，综合性状一般。

品种名称：阳桃
外文名：Yang Tao
原产地：上海市
资源类型：地方品种
用途：果实鲜食
选育单位：农家选育
果实类型：普通桃
果形：圆
单果重（g）：175
果皮底色：绿白
盖色深浅：红
着色程度：少
果肉颜色：白
外观品质：中上
核粘离性：粘
肉质：软溶质
风味：浓甜
可溶性固形物（%）：12
鲜食品质：中上
花型：蔷薇形
花瓣类型：单瓣
花瓣颜色：粉红
花粉育性：可育
花药颜色：橘黄
叶腺：肾形
树形：半开张
生长势：强健
丰产性：中
始花期：4月初
果实成熟期：8月上旬
果实发育期（d）：131
营养生长期（d）：259
需冷量（h）：800
综合评价：晚熟，近核处红色素多，有裂果现象，综合性状一般。

品种名称：叶县冬桃
外文名：Yexian Dong Tao
原产地：河南省叶县
资源类型：地方品种
用途：果实鲜食
系谱：自然实生
选育单位：农家选育
果实类型：普通桃
果形：圆
单果重（g）：55
果皮底色：绿白
盖色深浅：红
着色程度：少
果肉颜色：白
外观品质：下
核粘离性：离
肉质：硬溶质
风味：浓甜
可溶性固形物（%）：16
鲜食品质：中上
花型：蔷薇形
花瓣类型：单瓣
花瓣颜色：粉红
花粉育性：可育
花药颜色：橘红
叶腺：肾形
树形：直立
生长势：强健
丰产性：丰产
始花期：3 月底
果实成熟期：11 月中旬
果实发育期（d）：171
营养生长期（d）：270
需冷量（h）：800
综合评价：极晚熟，果实小，外观青绿，不着色，风味品质尚可，是优良的冬桃品种资源。

品种名称：一线红
外文名：Yi Xian Hong
原产地：河北省昌黎县
资源类型：地方品种
用途：果实鲜食
收集单位：河北省农林科学院昌黎果树研究所
果实类型：普通桃
果形：椭圆
单果重（g）：150
果皮底色：乳黄
盖色深浅：红
着色程度：中
果肉颜色：白
外观品质：上
核粘离性：离
肉质：硬溶质
风味：甜
可溶性固形物（%）：10
鲜食品质：中上
花型：蔷薇形
花瓣类型：单瓣
花瓣颜色：粉红
花粉育性：可育
花药颜色：橘红
叶腺：肾形
树形：半开张
生长势：强健
丰产性：丰产
始花期：3月底
果实成熟期：6月底
果实发育期（d）：91
营养生长期（d）：266
需冷量（h）：950
综合评价：果实大，果顶突出，缝合线深，风味佳。

品种名称：银花露
外文名：Yin Hua Lu
原产地：江苏省南京市
资源类型：选育品种
用途：果实鲜食
系谱：白花×初香美
选育单位：江苏省农业科学院园艺研究所
育成年份：1994
果实类型：普通桃
果形：圆
单果重（g）：107

果皮底色：绿白
盖色深浅：红
着色程度：多
果肉颜色：白
外观品质：中
核粘离性：粘
肉质：软溶质
风味：甜
可溶性固形物（%）：10
鲜食品质：中上
花型：蔷薇形
花瓣类型：单瓣

花瓣颜色：粉红
花粉育性：不稔
花药颜色：白
叶腺：肾形
树形：开张
生长势：强健
丰产性：丰产
始花期：4月初
果实成熟期：6月中旬
果实发育期（d）：77
营养生长期（d）：252
需冷量（h）：850

综合评价：外观漂亮，品质优良。花粉不稔。

品种名称：银星
外文名：Gin Sei，銀星
原产地：日本
资源类型：选育品种
用途：果实加工
系谱：不详
来源地：日本
收集年份：1980
果实类型：普通桃
果形：椭圆
单果重（g）：150
果皮底色：乳白
盖色深浅：红
着色程度：少
果肉颜色：白
外观品质：中上
核粘离性：粘
肉质：不溶质
风味：酸甜
可溶性固形物（%）：10
鲜食品质：中
花型：蔷薇形
花瓣类型：单瓣
花瓣颜色：粉红
花粉育性：可育
花药颜色：橘红
叶腺：肾形
树形：半开张
生长势：中庸
丰产性：丰产
始花期：3月底
果实成熟期：7月上中旬
果实发育期（d）：108
营养生长期（d）：272
需冷量（h）：750
综合评价：果实大，肉质细韧，风味品质中。

品种名称：鹰嘴
外文名：Ying Zui
原产地：不详
资源类型：自然实生
用途：果实鲜食、加工
系谱：地方品种
引种地：安徽省亳州市
果实类型：普通桃
果形：卵圆
单果重（g）：160
果皮底色：乳黄
盖色深浅：红
着色程度：少
果肉颜色：白
外观品质：中上
核粘离性：粘
肉质：不溶质
风味：酸
可溶性固形物（%）：11
鲜食品质：中
花型：蔷薇形
花瓣类型：单瓣
花瓣颜色：粉红
花粉育性：可育
花药颜色：橘红
叶腺：肾形
树形：直立
生长势：强健
丰产性：中
始花期：3月底
果实成熟期：7月上中旬
果实发育期（d）：107
营养生长期（d）：262
需冷量（h）：900

综合评价：果实大，果尖特大，缝合线处发青。肉质细韧，风味品质中，加工品质一般；与兰州鹰嘴桃性状相似。根据其品种特性应为华北平原区品种。

品种名称：迎庆
外文名：Ying Qing
原产地：江苏省镇江市
资源类型：选育品种
用途：果实鲜食
系谱：自然实生
选育单位：江苏省镇江市黄山园艺场
引种地：上海市农业科学院园艺研究所
收集年份：1979
果实类型：普通桃
果形：圆
单果重（g）：154
果皮底色：绿白
盖色深浅：红
着色程度：少
果肉颜色：白
外观品质：中
核粘离性：粘
肉质：硬溶质
风味：甜
可溶性固形物（%）：13
鲜食品质：中
花型：蔷薇形
花瓣类型：单瓣
花瓣颜色：粉红
花粉育性：可育
花药颜色：橘红
叶腺：肾形
树形：半开张
生长势：中庸
丰产性：中
始花期：3月底
果实成熟期：8月中旬
果实发育期（d）：144
营养生长期（d）：257
需冷量（h）：800
综合评价：晚熟，果实大，果面着色少，果肉近核处红色素较多，耐贮运。

品种名称：迎雪
外文名：Ying Xue
原产地：北京市
资源类型：地方品种
用途：果实鲜食
系谱：自然实生
选育单位：农家选育
果实类型：普通桃
果形：圆
单果重（g）：130
果皮底色：绿白
盖色深浅：红
着色程度：极少
果肉颜色：绿白
外观品质：中
核粘离性：离
肉质：硬溶质
风味：酸甜
可溶性固形物（%）：12
鲜食品质：中下
花型：蔷薇形
花瓣类型：单瓣
花瓣颜色：粉红
花粉育性：可育
花药颜色：橘红
叶腺：肾形
树形：半开张
生长势：强健
丰产性：低
始花期：3月底
果实成熟期：9月中下旬
果实发育期（d）：168
营养生长期（d）：268
需冷量（h）：800
综合评价：极晚熟，果面、果肉均无红色素，果肉绿；是绿肉桃优异种质。

品种名称：有明白桃
外文名：Yumyeong，유명
原产地：韩国
资源类型：选育品种
用途：果实鲜食
系谱：大花早生×布目早生
或大久保×布目早生
选育单位：韩国农业振兴厅园艺研究所
育成年份：1977
果实类型：普通桃
果形：圆
单果重（g）：190
果皮底色：乳黄
盖色深浅：红
着色程度：多
果肉颜色：白
外观品质：中上
核粘离性：粘
肉质：硬溶质
风味：甜
可溶性固形物（%）：13
鲜食品质：上
花型：蔷薇形
花瓣类型：单瓣
花瓣颜色：粉红
花粉育性：可育
花药颜色：橘红
叶腺：肾形
树形：开张
生长势：中庸
丰产性：极丰产
始花期：3月底
果实成熟期：8月上旬
果实发育期（d）：128
营养生长期（d）：259
需冷量（h）：850～900
综合评价：果实大，肉质硬，风味品质上，耐贮运，综合性状良好；是重要的生产栽培品种，曾占韩国桃栽培面积的1/2以上。

品种名称：雨花露
外文名：Yu Hua Lu
原产地：江苏省南京市
资源类型：选育品种
用途：果实鲜食
系谱：白花×早上海水蜜
选育单位：江苏省农业科学院园艺研究所
育成年份：1975
果实类型：普通桃
果形：椭圆
单果重（g）：110

果皮底色：乳黄
盖色深浅：红
着色程度：中
果肉颜色：白
外观品质：上
核粘离性：粘
肉质：软溶质
风味：甜
可溶性固形物（%）：11
鲜食品质：中上
花型：蔷薇形
花瓣类型：单瓣

花瓣颜色：粉红
花粉育性：可育
花药颜色：橘红
叶腺：肾形
树形：开张
生长势：中庸
丰产性：极丰产
始花期：3月底
果实成熟期：6月上中旬
果实发育期（d）：79
营养生长期（d）：245
需冷量（h）：800

综合评价：早熟；色泽鲜艳，肉质较软，风味品质良好。丰产性强。制汁果汁颜色不够鲜亮；是我国重要的栽培品种。

品种名称：玉汉
外文名：Tama Kan，玉漢
原产地：日本
资源类型：选育品种
用途：果实鲜食
系谱：不详
选育单位：日本
引种年份：1960
果实类型：普通桃
果形：圆
单果重（g）：101
果皮底色：绿白
盖色深浅：红
着色程度：多
果肉颜色：白
外观品质：中
核粘离性：半离
肉质：软溶质
风味：酸
可溶性固形物（%）：11
鲜食品质：中
花型：蔷薇形
花瓣类型：单瓣
花瓣颜色：粉红
花粉育性：可育
花药颜色：橘红
叶腺：肾形
树形：开张
生长势：强健
丰产性：丰产
始花期：4月初
果实成熟期：6月下旬
果实发育期（d）：87
营养生长期（d）：259
需冷量（h）：850
综合评价：果肉红色素较多，综合性状一般。制汁果汁味浓，稍有褐变，出汁率77.81%，制汁品质良好。

品种名称：玉露
外文名：Yu Lu
别名：奉化水蜜桃、大暑桃
原产地：浙江省奉化市
资源类型：地方品种
用途：果实鲜食
系谱：尖顶水蜜桃改良后代
选育单位：浙江奉化张银祟
果实类型：普通桃
果形：圆
单果重（g）：150
果皮底色：绿白
盖色深浅：红
着色程度：少
果肉颜色：白
外观品质：中上
核粘离性：粘
肉质：软溶质
风味：甜
可溶性固形物（%）：12
鲜食品质：中上
花型：蔷薇形
花瓣类型：单瓣
花瓣颜色：粉红
花粉育性：可育
花药颜色：橘红
叶腺：肾形
树形：开张
生长势：中庸
丰产性：极丰产
始花期：3月底
果实成熟期：8月上旬
果实发育期（d）：131
营养生长期（d）：245
需冷量（h）：850

综合评价：中晚熟，果实圆形，果肉白色，近核处红，软溶质，风味品质上。我国著名的地方品种，浙江奉化张银祟于1883年自上海黄泥墙引入的尖顶水蜜桃，经长期改良而成。由于长期改良驯化的结果，产生很多优良品系，主要有早玉露、迟玉露、平顶玉露、尖顶玉露、大叶玉露、小叶玉露等品种，在江浙一带为主要栽培品种。

品种名称：豫白
外文名：Yu Bai
原产地：河南省郑州市
资源类型：选育品种
用途：果实加工
系谱：脆白×撒花红蟠桃
选育单位：河南农学院
育成年份：1974
果实类型：普通桃
果形：卵圆
单果重（g）：130
果皮底色：乳白
盖色深浅：无
着色程度：无
果肉颜色：白
外观品质：中上
核粘离性：粘
肉质：不溶质
风味：甜
可溶性固形物（%）：11
鲜食品质：中
花型：蔷薇形
花瓣类型：单瓣
花瓣颜色：粉红
花粉育性：可育
花药颜色：橘红
叶腺：肾形
树形：半开张
生长势：中庸
丰产性：丰产
始花期：4月初
果实成熟期：7月上旬
果实发育期（d）：98
营养生长期（d）：265
需冷量（h）：900

综合评价：果面、果肉均无红色；制罐、制汁加工过程中褐变严重，出汁率低，制罐、制汁品质差；是优异的纯白色种质资源。

品种名称：豫红
外文名：Yu Hong
原产地：河南省郑州市
资源类型：选育品种
用途：果实鲜食
系谱：无名甜桃的自然实生
选育单位：河南农学院
育成年份：1979
果实类型：普通桃
果形：椭圆
单果重（g）：177
果皮底色：绿白
盖色深浅：红
着色程度：中
果肉颜色：白
外观品质：中上
核粘离性：粘
肉质：软溶质
风味：甜
可溶性固形物（%）：12
鲜食品质：中上
花型：蔷薇形
花瓣类型：单瓣
花瓣颜色：粉红
花粉育性：可育
花药颜色：橘黄
叶腺：肾形
树形：半开张
生长势：强健
丰产性：丰产
始花期：3 月底
果实成熟期：7 月中旬
果实发育期（d）：105
营养生长期（d）：263
需冷量（h）：900
综合评价：果实大，风味品质良好，综合性状一般，在河南许昌一带有栽培。

品种名称：豫甜
外文名：Yu Tian
原产地：河南省郑州市
资源类型：选育品种
用途：果实鲜食
系谱：脆白自然实生
选育单位：河南农学院
育成年份：1963
果实类型：普通桃
果形：圆
单果重（g）：209
果皮底色：绿白
盖色深浅：深红
着色程度：中
果肉颜色：白
外观品质：中
核粘离性：离
肉质：硬溶质
风味：甜
可溶性固形物（%）：11
鲜食品质：中
花型：蔷薇形
花瓣类型：单瓣
花瓣颜色：粉红
花粉育性：可育
花药颜色：橘红
叶腺：肾形
树形：半开张
生长势：强健
丰产性：中
始花期：3月底
果实成熟期：7月上中旬
果实发育期（d）：103
营养生长期（d）：261
需冷量（h）：900～1 000
综合评价：果实很大，果面凸凹不平，肉质硬，晚熟后发面，稍有苦味。

品种名称：园春白
外文名：Yuan Chun Bai
原产地：河北省秦皇岛市
资源类型：地方品种
用途：果实鲜食
引种地：河北省农林科学院
　　　　昌黎果树研究所
果实类型：普通桃
果形：椭圆
单果重（g）：120
果皮底色：绿白
盖色深浅：红

着色程度：多
果肉颜色：红
外观品质：中上
核粘离性：粘
肉质：软溶质
风味：酸
可溶性固形物（%）：10
鲜食品质：下
花型：蔷薇形
花瓣类型：单瓣
花瓣颜色：粉红

花粉育性：可育
花药颜色：橘红
叶腺：肾形
树形：半开张
生长势：中庸
丰产性：极丰产
始花期：3月底
果实成熟期：6月下旬
果实发育期（d）：84
营养生长期（d）：251
需冷量（h）：900

综合评价：外观漂亮，果肉红色素多，似红肉桃，风味品质一般。

品种名称：源东白桃
外文名：Yuandong Bai Tao
原产地：浙江省金华市
资源类型：选育品种
用途：果实鲜食
系谱：砂子早生芽变
选育单位：浙江金华县源东园艺场
育成年份：1979
果实类型：普通桃
果形：圆
单果重（g）：185

果皮底色：绿白
盖色深浅：红
着色程度：中
果肉颜色：白
外观品质：上
核粘离性：半离
肉质：软溶质
风味：甜
可溶性固形物（%）：8
鲜食品质：中上
花型：蔷薇形
花瓣类型：单瓣

花瓣颜色：粉红
花粉育性：不稔
花药颜色：白
叶腺：肾形
树形：开张
生长势：中庸
丰产性：低
始花期：3月底
果实成熟期：6月中旬
果实发育期（d）：79
营养生长期（d）：259
需冷量（h）：850

综合评价：早熟；果实圆形，果实大，综合性状类似砂子早生。花粉不稔。

品种名称：云署2号
外文名：Yun Shu 2
原产地：浙江省杭州市
资源类型：选育品种
用途：果实鲜食
系谱：五云×小署
选育单位：浙江省农业科学院园艺研究所
育成年份：1962
果实类型：普通桃
果形：圆
单果重（g）：144
果皮底色：绿白
盖色深浅：无
着色程度：无
果肉颜色：白
外观品质：中上
核粘离性：粘
肉质：硬溶质
风味：浓甜
可溶性固形物（%）：11
鲜食品质：中
花型：蔷薇形
花瓣类型：单瓣
花瓣颜色：粉红
花粉育性：可育
花药颜色：橘红
叶腺：肾形
树形：开张
生长势：中庸
丰产性：极丰产
始花期：3月底
果实成熟期：8月上旬
果实发育期（d）：131
营养生长期（d）：266
需冷量（h）：850
综合评价：晚熟，果实圆形，果面无红色，果肉白色、无红色素，硬溶质，风味甜，近核处有苦味。有采前落果现象。

品种名称：早白凤
外文名：Zao Bai Feng
原产地：上海市
资源类型：选育品种
用途：果实鲜食
系谱：白凤芽变
选育单位：上海市沈港果园
育成年份：20 世纪 80 年代或之前
果实类型：普通桃
果形：圆
单果重（g）：107
果皮底色：绿白
盖色深浅：红
着色程度：多
果肉颜色：白
外观品质：上
核粘离性：粘
肉质：硬溶质
风味：甜
可溶性固形物（%）：10
鲜食品质：中上
花型：蔷薇形
花瓣类型：单瓣
花瓣颜色：粉红
花粉育性：可育
花药颜色：橘红
叶腺：肾形
树形：开张
生长势：中庸
丰产性：中
始花期：3 月底
果实成熟期：6 月上中旬
果实发育期（d）：80
营养生长期（d）：257
需冷量（h）：850
综合评价：早熟，果实圆形，果顶平，外观色泽艳丽，果肉白色，硬溶质。

品种名称：早花露
外文名：Zao Hua Lu
原产地：江苏省南京市
资源类型：选育品种
用途：果实鲜食
系谱：雨花露自然实生
选育单位：江苏省农业科学院园艺研究所
育成年份：1985
果实类型：普通桃
果形：圆
单果重（g）：66

果皮底色：乳黄
盖色深浅：深红
着色程度：多
果肉颜色：白
外观品质：中上
核粘离性：粘
肉质：软溶质
风味：甜
可溶性固形物（%）：11
鲜食品质：中上
花型：蔷薇形
花瓣类型：单瓣

花瓣颜色：粉红
花粉育性：可育
花药颜色：橘红
叶腺：肾形
树形：开张
生长势：中庸
丰产性：极丰产
始花期：3月底
果实成熟期：5月下旬
果实发育期（d）：59
营养生长期（d）：242
需冷量（h）：800

综合评价：极早熟；果实圆形，果面大部分着红色，果肉软溶质较硬，味甜，皮下微涩，软核较硬，裂核少。果实充分成熟时，种皮尚未变色，胚约占种子的1/6。丰产性强。

品种名称：早久保
外文名：Zao Jiu Bao
原产地：山西省
资源类型：选育品种
用途：果实鲜食
系谱：大久保芽变
选育单位：山西省垣曲县西河村
育成年份：1985
果实类型：普通桃
果形：圆
单果重（g）：115
果皮底色：绿白
盖色深浅：红
着色程度：多
果肉颜色：白
外观品质：中上
核粘离性：离
肉质：硬溶质
风味：甜
可溶性固形物（%）：11
鲜食品质：中上
花型：蔷薇形
花瓣类型：单瓣
花瓣颜色：粉红
花粉育性：不稔
花药颜色：白
叶腺：肾形
树形：开张
生长势：弱
丰产性：中
始花期：4月初
果实成熟期：7月上旬
果实发育期（d）：88
营养生长期（d）：254
需冷量（h）：1 000

综合评价：中熟，果实圆形，果顶平，果肉白色，离核，硬溶质，风味甜，丰产性强。该品种在1987年调查时为有花粉品种，是否在繁殖中发生变异尚有待考证。

品种名称：早魁
外文名：Zao Kui
原产地：北京市
资源类型：选育品种
用途：果实鲜食
系谱：不详
选育单位：北京市南口农场
育成年份：1989
果实类型：普通桃
果形：圆
单果重（g）：133
果皮底色：乳白
盖色深浅：红
着色程度：中
果肉颜色：白
外观品质：上
核粘离性：粘
肉质：软溶质
风味：甜
可溶性固形物（%）：10
鲜食品质：中
花型：蔷薇形
花瓣类型：单瓣
花瓣颜色：粉红
花粉育性：可育
花药颜色：橘红
叶腺：肾形
树形：开张
生长势：中庸
丰产性：中
始花期：3月底
果实成熟期：6月中旬
果实发育期（d）：75
营养生长期（d）：265
需冷量（h）：800
综合评价：早熟，果实圆形，果顶圆平，果实中等大小，果肉白色，软溶质，风味甜。

品种名称：早美
外文名：Zao Mei
原产地：北京市
资源类型：选育品种
用途：果实鲜食
系谱：庆丰×朝霞
选育单位：北京市农林科学院
育成年份：1998
果实类型：普通桃
果形：圆
单果重（g）：95
果皮底色：绿白
盖色深浅：深红
着色程度：多
果肉颜色：白
外观品质：中上
核粘离性：粘
肉质：软溶质
风味：甜
可溶性固形物（%）：12
鲜食品质：中上
花型：蔷薇形
花瓣类型：单瓣
花瓣颜色：粉红
花粉育性：可育
花药颜色：橘红
叶腺：圆形
树形：开张
生长势：中庸
丰产性：极丰产
始花期：3月底
果实成熟期：5月下旬
果实发育期（d）：58
营养生长期（d）：245
需冷量（h）：900
综合评价：极早熟，果实圆形，果面大部分着深红色，软溶质、较硬，味甜。丰产性强；在城市近郊有种植。

品种名称：早上海水蜜
外文名：Zao Shanghai Shui Mi
资源类型：选育品种
用途：果实鲜食
系谱：上海水蜜早熟变异
选育单位：不详
育成年份：20 世纪 30 年代
果实类型：普通桃
果形：圆
单果重（g）：90
果皮底色：绿白
盖色深浅：深红
着色程度：中
果肉颜色：白
外观品质：中
核粘离性：半离
肉质：软溶质
风味：酸甜
可溶性固形物（%）：10
鲜食品质：中
花型：蔷薇形
花瓣类型：单瓣
花瓣颜色：粉红
花粉育性：可育
花药颜色：橘红
叶腺：肾形
树形：开张
生长势：中庸
丰产性：丰产
始花期：4 月初
果实成熟期：6 月中旬
果实发育期（d）：76
营养生长期（d）：266
需冷量（h）：800
综合评价：综合性状良好，适应性强。

品种名称：早生水蜜
外文名：Wasesimizu，早生水蜜
原产地：日本
资源类型：选育品种
用途：果实鲜食
系谱：上海水蜜的实生种
选育单位：日本神奈川县川崎市伊藤市兵卫
育成年份：1899
果实类型：普通桃
果形：扁圆
单果重（g）：135
果皮底色：绿白
盖色深浅：红
着色程度：少
果肉颜色：白
外观品质：中上
核粘离性：粘
肉质：软溶质
风味：酸
可溶性固形物（%）：10
鲜食品质：中下
花型：蔷薇形
花瓣类型：单瓣
花瓣颜色：粉红
花粉育性：可育
花药颜色：橘红
叶腺：肾形
树形：开张
生长势：中庸
丰产性：中
始花期：3月底
果实成熟期：7月初
果实发育期（d）：95
营养生长期（d）：262
需冷量（h）：800
综合评价：中熟，果实扁圆形，果肉白色，软溶质，裂核多，风味酸，有裂顶现象。榨汁困难，出汁率58.81%，制汁品质一般。

品种名称：早甜桃
外文名：Zao Tian Tao
别名：扬州早甜桃
原产地：江苏省扬州市
资源类型：选育品种
用途：果实鲜食
系谱：五云×扬桃 2 号（玉露×夏白）
选育单位：江苏里下河地区农业科学研究所
育成年份：1965
果实类型：普通桃
果形：卵圆

单果重（g）：105
果皮底色：乳白
盖色深浅：红
着色程度：少
果肉颜色：白
外观品质：中
核粘离性：粘
肉质：软溶质
风味：甜
可溶性固形物（%）：12
鲜食品质：中
花型：蔷薇形
花瓣类型：单瓣

花瓣颜色：粉红
花粉育性：可育
花药颜色：橘红
叶腺：肾形
树形：开张
生长势：中庸
丰产性：极丰产
始花期：3 月底
果实成熟期：6 月中旬
果实发育期（d）：78
营养生长期（d）：244
需冷量（h）：850

综合评价：早熟，果实卵圆形，果顶稍有红晕，果肉白色，软溶质，风味甜。采前落果严重。

品种名称：早霞露
外文名：Zao Xia Lu
原产地：浙江省杭州市
资源类型：选育品种
用途：果实鲜食
系谱：砂子早生×雨花露
选育单位：浙江省农业科学院园艺研究所
育成年份：1991
果实类型：普通桃
果形：椭圆
单果重（g）：65
果皮底色：绿白
盖色深浅：红
着色程度：中
果肉颜色：白
外观品质：中
核粘离性：半离
肉质：软溶质
风味：甜
可溶性固形物（%）：10
鲜食品质：中
花型：蔷薇形
花瓣类型：单瓣
花瓣颜色：粉红
花粉育性：可育
花药颜色：橘红
叶腺：肾形
树形：开张
生长势：中庸
丰产性：极丰产
始花期：3月底
果实成熟期：5月下旬
果实发育期（d）：58
营养生长期（d）：235
需冷量（h）：800
综合评价：极早熟，果实椭圆形，果面大部分着玫瑰红色，软溶质，味甜，核较软，有裂核现象。丰产性强。

品种名称：早香玉
外文名：Zao Xiang Yu
原代号：北京 27 号
原产地：北京市
资源类型：选育品种
用途：果实鲜食
系谱：大久保×初香美
选育单位：北京市农林科学院林业果树研究所
育成年份：1975
果实类型：普通桃
果形：近圆
单果重（g）：123

果皮底色：绿白
盖色深浅：深红
着色程度：多
果肉颜色：白
外观品质：中上
核粘离性：粘
肉质：软溶质
风味：甜
可溶性固形物（%）：13
鲜食品质：中上
花型：蔷薇形
花瓣类型：单瓣

花瓣颜色：粉红
花粉育性：可育
花药颜色：橘红
叶腺：肾形
树形：半开张
生长势：强健
丰产性：丰产
始花期：3 月底
果实成熟期：6 月上中旬
果实发育期（d）：77
营养生长期（d）：260
需冷量（h）：850

综合评价：果形美观，风味甜香，丰产，果实中等大小。

品种名称：早艳
外文名：Zao Yan
原产地：北京市
资源类型：选育品种
用途：果实鲜食
系谱：不详
选育单位：北京农业大学
育成年份：1979
果实类型：普通桃
果形：圆
单果重（g）：150
果皮底色：绿白

盖色深浅：红
着色程度：中
果肉颜色：白
外观品质：上
核粘离性：半离
肉质：软溶质
风味：甜
可溶性固形物（%）：11
鲜食品质：中上
花型：蔷薇形
花瓣类型：单瓣
花瓣颜色：粉红

花粉育性：可育
花药颜色：橘红
叶腺：肾形
树形：开张
生长势：中庸
丰产性：极丰产
始花期：3月底
果实成熟期：6月中旬
果实发育期（d）：85
营养生长期（d）：266
需冷量（h）：850

综合评价：早熟；果实圆形，果实大，果肉白色，软溶质，风味甜；在北方种植表现良好。

品种名称：早乙女
外文名：Saotome，早乙女
原产地：日本
资源类型：选育品种
用途：果实鲜食
系谱：白凤×Robin
选育单位：日本农林水产省筑波果树试验场
育成年份：1982
果实类型：普通桃
果形：圆
单果重（g）：99
果皮底色：绿白
盖色深浅：红
着色程度：中
果肉颜色：白
外观品质：中上
核粘离性：粘
肉质：硬溶质
风味：甜
可溶性固形物（%）：10
鲜食品质：中上
花型：蔷薇形
花瓣类型：单瓣
花瓣颜色：粉红
花粉育性：可育
花药颜色：橘红
叶腺：圆形
树形：开张
生长势：中庸
丰产性：中
始花期：3 月底
果实成熟期：6 月上中旬
果实发育期（d）：73
营养生长期（d）：259
需冷量（h）：850～900
综合评价：早熟，果形圆整，果实较小，风味浓甜。

品种名称：早玉
外文名：Zao Yu
原产地：北京市
资源类型：选育品种
用途：果实鲜食
系谱：京玉×瑞光 3 号
选育单位：北京市农林科学院
　　　　　林业果树研究所
育成年份：2004
果实类型：普通桃
果形：椭圆
单果重（g）：260

果皮底色：绿白
盖色深浅：红
着色程度：少
果肉颜色：白
外观品质：中上
核粘离性：离
肉质：硬溶质
风味：甜
可溶性固形物（%）：10
鲜食品质：中
花型：蔷薇形
花瓣类型：单瓣

花瓣颜色：粉红
花粉育性：可育
花药颜色：橘红
叶腺：肾形
树形：开张
生长势：强健
丰产性：丰产
始花期：3 月下旬
果实成熟期：7 月中旬
果实发育期（d）：110
营养生长期（d）：265
需冷量（h）：900

综合评价：果实很大，肉质硬，风味稍淡。

品种名称：张白 2 号
外文名：Zhang Bai 2
原产地：甘肃省张掖市
资源类型：地方品种
用途：果实鲜食、加工
系谱：自然实生
选育单位：农家选育
果实类型：普通桃
果形：圆
单果重（g）：134
果皮底色：绿白
盖色深浅：红
着色程度：少
果肉颜色：白
外观品质：下
核粘离性：粘
肉质：不溶质
风味：酸甜
可溶性固形物（%）：12
鲜食品质：中下
花型：蔷薇形
花瓣类型：单瓣
花瓣颜色：粉红
花粉育性：可育
花药颜色：橘红
叶腺：肾形
树形：半开张
生长势：强健
丰产性：低
始花期：3 月底
果实成熟期：7 月下旬
果实发育期（d）：123
营养生长期（d）：263
需冷量（h）：700
综合评价：花色、花药色鲜艳，具有西北桃的典型特征，是白肉不溶质育种材料。

品种名称：张白5号
外文名：Zhang Bai 5
原产地：甘肃省张掖市
资源类型：地方品种
用途：果实鲜食、加工
系谱：自然实生
选育单位：农家选育
果实类型：普通桃
果形：圆
单果重（g）：125
果皮底色：绿白
盖色深浅：深红
着色程度：少
果肉颜色：白
外观品质：下
核粘离性：粘
肉质：不溶质
风味：甜
可溶性固形物（%）：15
鲜食品质：中
花型：蔷薇形
花瓣类型：单瓣
花瓣颜色：粉红
花粉育性：可育
花药颜色：橘红
叶腺：肾形
树形：半开张
生长势：强健
丰产性：低
始花期：3月底
果实成熟期：8月上旬
果实发育期（d）：122
营养生长期（d）：263
需冷量（h）：850
综合评价：果面不平，花色、花药色、花丝色鲜艳，具有西北桃的典型特征。

品种名称：张白甘
外文名：Zhang Bai Gan
原产地：甘肃省张掖市
资源类型：地方品种
用途：果实鲜食、加工
系谱：自然实生
选育单位：农家选育
果实类型：普通桃
果形：卵圆
单果重（g）：134
果皮底色：绿白
盖色深浅：红

着色程度：少
果肉颜色：白
外观品质：下
核粘离性：粘
肉质：不溶质
风味：酸
可溶性固形物（%）：11
鲜食品质：中下
花型：蔷薇形
花瓣类型：单瓣
花瓣颜色：粉红

花粉育性：可育
花药颜色：橘红
叶腺：肾形
树形：半开张
生长势：强健
丰产性：低
始花期：3月底
果实成熟期：7月中旬
果实发育期（d）：110
营养生长期（d）：259
需冷量（h）：800

综合评价：果尖明显，缝合线先熟，不溶质。产量低。

品种名称：朝晖
外文名：Zhao Hui
原产地：江苏省南京市
资源类型：选育品种
用途：果实鲜食
系谱：白花×橘早生
选育单位：江苏省农业科学院园艺研究所
育成年份：1974
果实类型：普通桃
果形：圆
单果重（g）：162
果皮底色：乳白
盖色深浅：红
着色程度：中
果肉颜色：白
外观品质：上
核粘离性：粘
肉质：硬溶质
风味：浓甜
可溶性固形物（%）：12
鲜食品质：中上
花型：蔷薇形
花瓣类型：单瓣
花瓣颜色：粉红
花粉育性：不稔
花药颜色：淡黄
叶腺：肾形
树形：开张
生长势：中庸
丰产性：丰产
始花期：3月底
果实成熟期：7月中旬
果实发育期（d）：101
营养生长期（d）：265
需冷量（h）：850
综合评价：中熟，果实圆形，果顶圆平，果实大，风味甜，耐贮运。种植时需配置授粉树。是目前我国江浙一带生产中的主要栽培品种。作为育种材料后代果实大，风味甜，但肉质偏软。

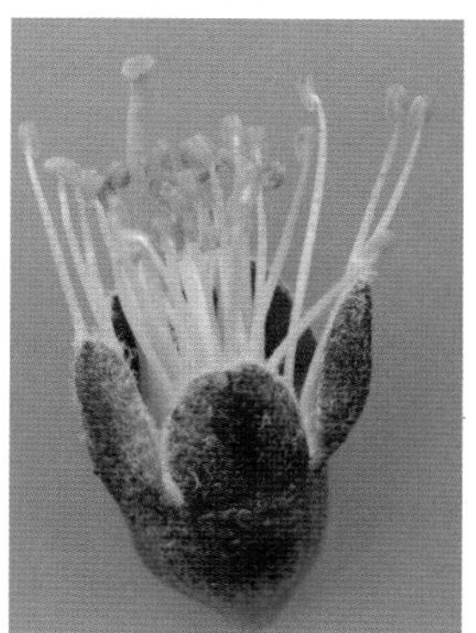

品种名称：朝霞
外文名：Zhao Xia
原产地：江苏省南京市
资源类型：选育品种
用途：果实鲜食
系谱：白花×初香美
选育单位：江苏省农业科学院园艺研究所
育成年份：1975
果实类型：普通桃
果形：椭圆
单果重（g）：125

果皮底色：白
盖色深浅：红
着色程度：中
果肉颜色：白
外观品质：上
核粘离性：粘
肉质：软溶质
风味：甜
可溶性固形物（%）：11
鲜食品质：中上
花型：蔷薇形
花瓣类型：单瓣

花瓣颜色：粉红
花粉育性：可育
花药颜色：橘红
叶腺：肾形
树形：开张
生长势：中庸
丰产性：极丰产
始花期：3月底
果实成熟期：6月上中旬
果实发育期（d）：79
营养生长期（d）：244
需冷量（h）：750

综合评价：早熟，果实椭圆形，色泽鲜艳，风味甜，耐贮运性一般。丰产性强。

品种名称：郑引 82－9
外文名：Zheng Yin 82－9
资源类型：地方品种
用途：果实鲜食
系谱：自然实生
选育单位：农家选育
果实类型：普通桃
果形：椭圆
单果重（g）：70
果皮底色：绿
盖色深浅：深红

着色程度：多
果肉颜色：红
外观品质：中
核粘离性：粘
肉质：硬溶质
风味：酸甜
可溶性固形物（%）：9
鲜食品质：中下
花型：蔷薇形
花瓣类型：单瓣
花瓣颜色：粉红

花粉育性：可育
花药颜色：橘红
叶腺：肾形
树形：开张
生长势：强健
丰产性：极丰产
始花期：3 月底
果实成熟期：6 月初
果实发育期（d）：65
营养生长期（d）：258
需冷量（h）：750～850

综合评价：红肉桃，风味酸甜，极丰产。原产地不详。

品种名称：郑白 5－2
外文名：Zheng Bai 5－2
原产地：河南省郑州市
资源类型：品系
用途：果实鲜食
系谱：石头桃×理想
选育单位：中国农业科学院
　　　　　郑州果树研究所
杂交年份：1996
果实类型：普通桃
果形：圆
单果重（g）：112

果皮底色：乳黄
盖色深浅：红
着色程度：极少
果肉颜色：白
外观品质：中
核粘离性：粘
肉质：硬溶质
风味：甜
可溶性固形物（%）：13
鲜食品质：中上
花型：蔷薇形
花瓣类型：单瓣

花瓣颜色：粉红
花粉育性：可育
花药颜色：橘红
叶腺：肾形
树形：开张
生长势：中庸
丰产性：丰产
始花期：3 月下旬
果实成熟期：7 月下旬
果实发育期（d）：122
营养生长期（d）：260
需冷量（h）：800～900

综合评价：果面基本不着色，果肉纯白色，含有油桃基因。

品种名称：郑白5－38
外文名：Zheng Bai 5－38
原产地：河南省郑州市
资源类型：品系
用途：果实鲜食
系谱：石头桃×理想
选育单位：中国农业科学院郑州果树研究所
杂交年份：1996
果实类型：普通桃
果形：卵圆
单果重（g）：250
果皮底色：乳白
盖色深浅：红
着色程度：多
果肉颜色：白
外观品质：上
核粘离性：离
肉质：硬溶质
风味：甜
可溶性固形物（%）：10
鲜食品质：中
花型：蔷薇形
花瓣类型：单瓣
花瓣颜色：粉红
花粉育性：可育
花药颜色：橘红
叶腺：肾形
树形：开张
生长势：中庸
丰产性：丰产
始花期：3月下旬
果实成熟期：7月中旬
果实发育期（d）：115
营养生长期（d）：260
需冷量（h）：800～900
综合评价：果实很大，颜色好，风味甜，香气浓，含有油桃基因。

品种名称：郑州 7 号
外文名：Zhengzhou 7
原产地：河南省郑州市
资源类型：品系
用途：果实鲜食
系谱：白凤×碧桃
选育单位：中国农业科学院郑州果树研究所
育成年份：1978
果实类型：普通桃
果形：圆
单果重（g）：108

果皮底色：绿白
盖色深浅：红
着色程度：中
果肉颜色：白
外观品质：中上
核粘离性：粘
肉质：软溶质
风味：甜
可溶性固形物（%）：11
鲜食品质：中上
花型：蔷薇形
花瓣类型：单瓣

花瓣颜色：粉红
花粉育性：不稔
花药颜色：浅褐
叶腺：肾形
树形：开张
生长势：中庸
丰产性：中
始花期：3 月底
果实成熟期：6 月上中旬
果实发育期（d）：79
营养生长期（d）：261
需冷量（h）：800

综合评价：早熟；果实圆形，果肉白色，软溶质，甜有香味。含有重瓣花基因。可作为鲜食、观赏兼用品种的亲本材料。20 世纪 70～80 年代在河南省有种植。

品种名称：郑州 8 号
外文名：Zhengzhou 8
原产地：河南省郑州市
资源类型：品系
用途：果实鲜食
系谱：白凤×碧桃
选育单位：中国农业科学院
郑州果树研究所
育成年份：1978
果实类型：普通桃
果形：椭圆
单果重（g）：100
果皮底色：乳白
盖色深浅：红
着色程度：中
果肉颜色：白
外观品质：中上
核粘离性：粘
肉质：软溶质
风味：甜
可溶性固形物（%）：10
鲜食品质：中上
花型：蔷薇形
花瓣类型：单瓣
花瓣颜色：粉红
花粉育性：可育
花药颜色：橘红
叶腺：肾形
树形：开张
生长势：中庸
丰产性：极丰产
始花期：3 月底
果实成熟期：6 月中旬
果实发育期（d）：82
营养生长期（d）：251
需冷量（h）：900
综合评价：早熟，果实椭圆形，果肉白色，软溶质，甜有香味。丰产性强，含有重瓣花基因；可作为鲜食、观赏兼用品种的亲本材料；20 世纪 70～80 年代在河南省有种植。

品种名称：郑州11号
外文名：Zhengzhou 11
原产地：河南省郑州市
资源类型：品系
用途：果实鲜食
系谱：白凤×碧桃
选育单位：中国农业科学院郑州果树研究所
育成年份：1978
果实类型：普通桃
果形：圆
单果重（g）：105

果皮底色：乳黄
盖色深浅：红
着色程度：中
果肉颜色：白
外观品质：中上
核粘离性：粘
肉质：软溶质
风味：甜
可溶性固形物（%）：12
鲜食品质：上
花型：蔷薇形
花瓣类型：单瓣

花瓣颜色：粉红
花粉育性：可育
花药颜色：橘红
叶腺：肾形
树形：开张
生长势：中庸
丰产性：极丰产
始花期：3月底
果实成熟期：6月中下旬
果实发育期（d）：82
营养生长期（d）：253
需冷量（h）：800

综合评价：早熟，果实圆形，果肉白色，软溶质，甜有香味。丰产性强，含有重瓣花基因，可作为鲜食、观赏兼用品种的亲本材料；20世纪70～80年代在河南省有种植。

品种名称：郑州早凤	果皮底色：乳黄	花瓣颜色：粉红
外文名：Zhengzhou Zao Feng	盖色深浅：红	花粉育性：可育
原产地：河南省郑州市	着色程度：中	花药颜色：橘红
资源类型：选育品种	果肉颜色：白	叶腺：肾形
用途：果实鲜食	外观品质：上	树形：开张
系谱：白凤×碧桃	核粘离性：粘	生长势：中庸
选育单位：中国农业科学院郑州果树研究所	肉质：软溶质	丰产性：极丰产
	风味：甜	始花期：3月底
育成年份：1978	可溶性固形物（%）：11	果实成熟期：6月中旬
果实类型：普通桃	鲜食品质：上	果实发育期（d）：82
果形：圆	花型：蔷薇形	营养生长期（d）：251
单果重（g）：116	花瓣类型：单瓣	需冷量（h）：850

综合评价：早熟；果实圆形，色泽鲜艳，果肉白色，软溶质，浓甜有香味；制汁品质优良；丰产性强；含有重瓣花基因；可作为鲜食、观赏兼用品种的亲本材料。

品种名称：中华寿桃	果皮底色：绿白	花瓣颜色：粉红
外文名：Zhong Hua Shou Tao	盖色深浅：中	花粉育性：可育
原产地：山东省栖霞市观里镇古村桃园	着色程度：少	花药颜色：橘红
	果肉颜色：白	叶腺：肾形
资源类型：选育品种	外观品质：中上	树形：直立
用途：果实鲜食	核粘离性：粘	生长势：强健
系谱：北方冬桃自然芽变	肉质：硬溶质	丰产性：丰产
选育单位：农家选育	风味：甜	始花期：4月初
育成年份：1998	可溶性固形物（%）：14	果实成熟期：10月初
果实类型：普通桃	鲜食品质：中上	果实发育期（d）：182
果形：卵圆	花型：蔷薇形	营养生长期（d）：256
单果重（g）：350	花瓣类型：单瓣	需冷量（h）：900～1 000

综合评价：极晚熟，果实很大，肉质硬。冬季抗寒性差。不耐低温贮藏，易发生果肉褐变现象，果实易裂果，需套袋栽培；是优良的晚熟桃品种资源，在北方各地均有种植。

品种名称：中州白桃
外文名：Zhong Zhou Bai Tao
别名：红中桃、红纵桃
原产地：山东省肥城市
资源类型：地方品种
用途：果实鲜食、加工
系谱：自然实生
选育单位：农家选育
果实类型：普通桃
果形：卵圆
单果重（g）：150
果皮底色：绿白
盖色深浅：红
着色程度：中
果肉颜色：白
外观品质：中上
核粘离性：粘
肉质：不溶质
风味：甜
可溶性固形物（%）：13
鲜食品质：中上
花型：蔷薇形
花瓣类型：单瓣
花瓣颜色：粉红
花粉育性：可育
花药颜色：橘红
叶腺：肾形
树形：半开张
生长势：强健
丰产性：中
始花期：4月初
果实成熟期：7月底
果实发育期（d）：122
营养生长期（d）：258
需冷量（h）：900
综合评价：果实大，果肉白色，肉质细韧，风味品质一般，为肥城桃类型。

品种名称：筑波 86 号
外文名：Tsukuba 86，筑波 86
原产地：日本
资源类型：选育品种
用途：果实鲜食
系谱：不详
选育单位：日本农林水产省筑波果树试验场
收集年份：1989
果实类型：普通桃
果形：圆
单果重（g）：78

果皮底色：乳白
盖色深浅：深红
着色程度：多
果肉颜色：白
外观品质：中
核粘离性：粘
肉质：硬溶质
风味：甜
可溶性固形物（%）：11
鲜食品质：中
花型：蔷薇形
花瓣类型：单瓣

花瓣颜色：粉红
花粉育性：可育
花药颜色：橘红
叶腺：肾形
树形：开张
生长势：中庸
丰产性：丰产
始花期：4 月初
果实成熟期：6 月中旬
果实发育期（d）：76
营养生长期（d）：248
需冷量（h）：800

综合评价：外观漂亮，果肉纯白，果实偏小，综合性状优良。

品种名称：筑波89号
外文名：Tsukuba 89，筑波89
原产地：日本
资源类型：选育品种
用途：果实鲜食
系谱：21－18（中津白桃×布目早生）×あかつき
选育单位：日本农林水产省筑波果树试验场
收集年份：1989
果实类型：普通桃
果形：圆
单果重（g）：110
果皮底色：乳黄
盖色深浅：红
着色程度：多
果肉颜色：白
外观品质：中
核粘离性：粘
肉质：软溶质
风味：酸甜
可溶性固形物（%）：11
鲜食品质：中上
花型：蔷薇形
花瓣类型：单瓣
花瓣颜色：粉红
花粉育性：可育
花药颜色：橘红
叶腺：肾形
树形：开张
生长势：强健
丰产性：丰产
始花期：3月底
果实成熟期：7月中旬
果实发育期（d）：107
营养生长期（d）：253
需冷量（h）：850
综合评价：果形圆整，外观漂亮，果实偏小，风味浓郁，综合性状良好。

品种名称：B7R2T260
外文名：B7R2T260
资源类型：选育品系
用途：果实鲜食
果实类型：普通桃
果形：卵圆
单果重（g）：132
果皮底色：乳白
盖色深浅：红
着色程度：少
果肉颜色：白
核粘离性：半离
肉质：软溶质
风味：酸
可溶性固形物（%）：9
花粉育性：可育
叶腺：肾形
始花期：4月初
果实成熟期：6月下旬
综合评价：果实很酸，有烂顶现象。

品种名称：C4R5T23
外文名：C4R5T23
资源类型：选育品种
用途：果实鲜食
果实类型：普通桃
果形：圆
单果重（g）：194
果皮底色：绿白
盖色深浅：红
着色程度：少
果肉颜色：乳白
核粘离性：粘
肉质：硬溶质
风味：酸多甜少
可溶性固形物（%）：11
花型：铃形
花瓣颜色：红
花粉育性：可育
叶腺：肾形
始花期：4月初
果实成熟期：7月下旬
综合评价：果实大，肉稍韧，熟后发面。

品种名称：半旱桃
外文名：Ban Han Tao
原产地：甘肃省兰州市一带
资源类型：地方品种
用途：果实鲜食
果实类型：普通桃
果形：圆
单果重（g）：110
果皮底色：黄绿
盖色深浅：紫红
着色程度：少
果肉颜色：白
核粘离性：粘
肉质：硬溶质
风味：酸甜
可溶性固形物（%）：11
花型：蔷薇形
花粉育性：可育
叶腺：肾形
始花期：4月初
果实成熟期：7月底
综合评价：果实中等大小，生长势强，兰州当地表现抗旱、耐寒。

品种名称：北京3号
外文名：Beijing 3
原代号：62-7-24
资源类型：选育品种
用途：果实鲜食
系谱：大久保×阿尔巴特
果实类型：普通桃
果形：椭圆
单果重（g）：95
果皮底色：绿白
盖色深浅：红
着色程度：中
果肉颜色：乳白
核粘离性：半离
肉质：软溶质
风味：甜
可溶性固形物（%）：13
花型：蔷薇形
花瓣颜色：深粉红
花粉育性：可育
叶腺：肾形
始花期：4月初
果实成熟期：6月下旬
综合评价：外观尚可，风味甜，有涩味。

品种名称：长汀1号
外文名：Chang Ting 1
用途：果实鲜食
果实类型：普通桃
果形：椭圆
单果重（g）：95
果皮底色：绿白
盖色深浅：红
着色程度：少
果肉颜色：白
核粘离性：粘
肉质：软溶质
风味：浓甜
可溶性固形物（%）：13
花型：蔷薇形
花瓣颜色：深粉红
花粉育性：可育
叶腺：肾形
始花期：4月初
果实成熟期：8月初
综合评价：风味甜，稍有苦味。

品种名称：大玉白凤
外文名：Odamahakuho，大玉白鳳
资源类型：选育品种
用途：果实鲜食
系谱：川中岛白桃和中津白桃的授粉品种
果实类型：普通桃
果形：圆
单果重（g）：96
果皮底色：乳白
盖色深浅：红
着色程度：少
果肉颜色：乳白
核粘离性：粘
肉质：软溶质
风味：甜
花型：蔷薇形
花瓣颜色：粉红
花粉育性：部分不育
叶腺：肾形
始花期：4月初
果实成熟期：7月中旬
综合评价：果实较小，风味浓甜。

品种名称：甘选1号
外文名：Gan Xuan 1
资源类型：选育品系
用途：果实鲜食
果实类型：普通桃
果形：椭圆
单果重（g）：110
果皮底色：乳黄
盖色深浅：红
着色程度：无
果肉颜色：乳白
核粘离性：粘
肉质：软溶质
风味：甜
可溶性固形物（%）：8
果实成熟期：6月中旬
综合评价：肉质软，风味一般。

品种名称：高台2号
外文名：Gao Tai 2
资源类型：地方品种
用途：果实加工
系谱：自然实生
选育单位：农家选育
果实类型：普通桃
果形：圆
单果重（g）：139
果皮底色：乳黄
盖色深浅：红
着色程度：少
果肉颜色：乳白
核粘离性：粘
肉质：不溶质
风味：酸甜适中
可溶性固形物（%）：13
花型：蔷薇形
花瓣颜色：红
花粉育性：可育
叶腺：肾形
始花期：4月初
果实成熟期：8月中旬
综合评价：果实成熟不一致，果肉无红色，风味酸。

品种名称：红雪桃
外文名：Hong Xue Tao
资源类型：选育品种
用途：果实鲜食
系谱：满城雪桃×冬桃
选育单位：河南省浚县冬桃果树研究中心
果实类型：普通桃
果形：圆
单果重（g）：140
果皮底色：红
盖色深浅：紫红
着色程度：少
果肉颜色：白
核粘离性：离
肉质：硬溶质
风味：甜
可溶性固形物（%）：16
花型：蔷薇形
花粉育性：可育
叶腺：肾形
始花期：4月初
果实成熟期：10月中旬
综合评价：极晚熟，果实中等大小，风味浓甜。

品种名称：华玉
外文名：Hua Yu
资源类型：选育品种
用途：果实鲜食
系谱：京玉×瑞光7号
选育单位：北京市农林科学院林业果树研究所
果实类型：普通桃
果形：近圆
单果重（g）：250
果皮底色：绿白
盖色深浅：红
着色程度：中
果肉颜色：白
核粘离性：离
肉质：硬溶质
风味：甜
可溶性固形物（%）：13
花型：蔷薇形
花粉育性：不稔
叶腺：肾形
始花期：4月初
果实成熟期：8月上旬
综合评价：果实很大，离核，风味浓甜。需配置授粉树。

品种名称：克提拉
外文名：Maria Bianca Cristina
资源类型：选育品种
用途：果实鲜食
系谱：Honey Dew Hale×Michelini
选育单位：意大利罗马果树研究所
育成年份：1985
果实类型：普通桃
果形：圆
单果重（g）：164
果皮底色：绿白
盖色深浅：紫红
着色程度：多
果肉颜色：乳白
核粘离性：半离
肉质：软溶质
风味：酸多甜少
可溶性固形物（%）：10
花型：铃形
花瓣颜色：粉红
花粉育性：可育
叶腺：肾形
果实成熟期：6月下旬
需冷量（h）：750～850
综合评价：综合性状一般。

品种名称：里外红
外文名：Li Wai Hong
原产地：河南省焦作市一带
资源类型：地方品种
用途：果实鲜食
果实类型：普通桃
果形：圆
单果重（g）：80
果皮底色：暗绿
盖色深浅：紫红
着色程度：多
果肉颜色：红
核粘离性：离
肉质：硬溶质
风味：略甜有酸味
可溶性固形物（%）：12
花型：蔷薇形
花粉育性：可育
叶腺：肾形
始花期：4月初
果实成熟期：6月底
综合评价：果实小，红肉，风味浓，产量中等。

品种名称：临白7号
外文名：Lin Bai 7
资源类型：地方品种
用途：果实加工
系谱：自然实生
原产地：甘肃省临泽县沙河乡西关村第三生产队桃园
收集年份：1979
果实类型：普通桃
果形：圆
单果重（g）：65
果皮底色：绿白
盖色深浅：红
着色程度：无
果肉颜色：乳白
核粘离性：粘
肉质：不溶质
风味：甜
可溶性固形物（%）：13
花型：蔷薇形
花瓣颜色：粉红
花粉育性：可育
始花期：4月初
果实成熟期：8月中旬
综合评价：果实小，肉质硬，细韧，风味淡。

品种名称：茅山贡桃
外文名：Maoshan Gong Tao
原产地：重庆市万州区天成镇茅谷村
用途：果实鲜食
果实类型：普通桃
果形：近圆
单果重（g）：152
果皮底色：绿白
盖色深浅：无
着色程度：无
果肉颜色：白
核粘离性：粘
肉质：硬溶质
风味：甜
可溶性固形物（%）：10
花型：蔷薇形
花粉育性：可育
叶腺：肾形
始花期：4月初
果实成熟期：9月中旬
综合评价：晚熟，果实大，风味甜淡。

品种名称：美帅
外文名：Mei Shuai
资源类型：选育品种
用途：果实鲜食
系谱：大久保×90－1（八月脆×京玉）
选育单位：河北省农林科学院石家庄果树研究所
果实类型：普通桃
果形：近圆
单果重（g）：210
果皮底色：绿白
盖色深浅：红
着色程度：中
果肉颜色：白
核粘离性：离
肉质：硬溶质
风味：甜
可溶性固形物（%）：10
花型：蔷薇形
花粉育性：可育
叶腺：肾形
始花期：4月初
果实成熟期：8月初
综合评价：果实很大，外观艳丽，肉质硬，风味甜，离核。

品种名称：美硕
外文名：Mei Shuo
资源类型：选育品种
用途：果实鲜食
系谱：混合实生
选育单位：河北省农林科学院石家庄果树研究所
果实类型：普通桃
果形：近圆
单果重（g）：200
果皮底色：绿白
盖色深浅：红
着色程度：多
果肉颜色：白
核粘离性：粘
肉质：硬溶质
风味：甜
可溶性固形物（%）：10
花型：蔷薇形
花粉育性：可育
叶腺：肾形
始花期：4月初
果实成熟期：6月中旬
综合评价：果实很大，外观艳丽，风味甜。

品种名称：千代姬
外文名：Chiyohime，千代姬
别名：筑波84
资源类型：选育品种
用途：果实鲜食
系谱：高阳白桃×早乙女
选育单位：日本农林水产省筑波果树试验场
育成年份：1986
果实类型：普通桃
果形：圆
单果重（g）：65
果皮底色：乳黄
盖色深浅：紫红
着色程度：少
果肉颜色：乳白
核粘离性：粘
肉质：软溶质
风味：甜
可溶性固形物（%）：11
花型：蔷薇形
花瓣颜色：粉红
花粉育性：可育
叶腺：肾形
果实成熟期：6月下旬
综合评价：果实小，外观漂亮。

品种名称：秦安 1 号
外文名：Qin'an 1
资源类型：选育品种
用途：果实鲜食
系谱：冈山白×（大久保×白凤）
选育单位：甘肃省秦安县园艺技术指导站
收集年份：1985
果实类型：普通桃
果形：圆
单果重（g）：136
果皮底色：绿白
盖色深浅：红
着色程度：少
果肉颜色：乳白
核粘离性：半离
肉质：软溶质
风味：酸甜适中
可溶性固形物（%）：10
花型：蔷薇形
花瓣颜色：粉红
花粉育性：可育
叶腺：圆形
始花期：4 月初
果实成熟期：6 月下旬
综合评价：果实中等大，外观美，肉稍软，风味甜，极丰产。

品种名称：沈港早白蜜
外文名：Shen Gang Zao Bai Mi
资源类型：选育品种
用途：果实鲜食
果实类型：普通桃
果形：圆
单果重（g）：76
果皮底色：绿白
盖色深浅：红
着色程度：少
果肉颜色：乳白
核粘离性：粘
肉质：软溶质
风味：浓甜
可溶性固形物（%）：11
花型：蔷薇形
花瓣颜色：深粉红
花粉育性：可育
叶腺：肾形
始花期：4 月初
果实成熟期：7 月初
综合评价：果实小，风味甜。

品种名称：暑季红
外文名：Shu Ji Hong
别名：假魁桃
资源类型：选育品种
用途：果实加工
果实类型：普通桃
果形：卵圆
单果重（g）：141
果皮底色：绿白
盖色深浅：红
着色程度：少
果肉颜色：乳白
核粘离性：粘
肉质：不溶质
风味：甜
可溶性固形物（%）：13
花型：蔷薇形
花瓣颜色：深粉红
花粉育性：可育
叶腺：肾形
始花期：4 月初
果实成熟期：8 月初
综合评价：果实中等大小，果顶有突尖，近核处略有苦味。

品种名称：泰国桃
外文名：Tai Guo Tao
资源类型：地方品种
用途：果实鲜食
收集单位：中国农业科学院郑州果树研究所
果实类型：普通桃
果形：卵圆
单果重（g）：120
果皮底色：绿白
盖色深浅：红
着色程度：中
果肉颜色：绿
核粘离性：离
肉质：软溶质
风味：酸
可溶性固形物（%）：15
花型：蔷薇形
花瓣颜色：深粉红
花粉育性：可育
叶腺：肾形
始花期：3 月中旬
果实成熟期：8 月初
需冷量（h）：150
综合评价：果顶有小突尖，熟后发面，风味酸，有苦涩味。有枯花芽现象，柱头卷曲。

品种名称：西农 39－1
外文名：Xi Nong 39－1
资源类型：选育品系
用途：果实鲜食
选育单位：西北农学院
育成年份：1990
果实类型：普通桃
果形：圆
单果重（g）：55
果皮底色：绿白
盖色深浅：红
着色程度：少
果肉颜色：绿白
核粘离性：粘
肉质：软溶质
风味：酸甜适中
可溶性固形物（%）：10
花型：蔷薇形
花瓣颜色：深粉红
花粉育性：可育
叶腺：圆形
始花期：4 月初
果实成熟期：6 月上旬
综合评价：极早熟，果实小。

品种名称：西农 39－2
外文名：Xi Nong 39－2
资源类型：选育品系
用途：果实鲜食
选育单位：西北农学院
育成年份：1990
果实类型：普通桃
果形：圆
单果重（g）：60
果皮底色：绿白
盖色深浅：紫红
着色程度：少
果肉颜色：绿
核粘离性：粘
肉质：软溶质
风味：酸甜适中
可溶性固形物（%）：9
花型：蔷薇形
花瓣颜色：深粉红
花粉育性：可育
叶腺：圆形
始花期：4 月初
果实成熟期：6 月初
综合评价：极早熟，果实小，风味淡。

品种名称：西圃 1 号
外文名：Xi Pu 1
资源类型：选育品种
用途：果实鲜食
果实类型：普通桃
果形：圆
单果重（g）：92
果皮底色：绿白
盖色深浅：红
着色程度：少
果肉颜色：白
核粘离性：粘
肉质：软溶质
风味：甜多酸少
可溶性固形物（%）：14
花型：蔷薇形
花瓣颜色：深粉红
花粉育性：可育
叶腺：肾形
始花期：4 月初
果实成熟期：8 月初
综合评价：果实稍小，外观一般，风味浓。

品种名称：晓白凤
外文名：Xiao Bai Feng
资源类型：选育品种
用途：果实鲜食
果实类型：普通桃
果形：圆
单果重（g）：69
果皮底色：绿白
盖色深浅：红
着色程度：少
果肉颜色：乳白
核粘离性：粘
肉质：硬溶质
风味：甜
可溶性固形物（%）：10
花型：蔷薇形
花瓣颜色：粉红
果实成熟期：7 月初
综合评价：果实小，风味甜。

品种名称：新大久保
外文名：Shinokubo，新大久保
资源类型：选育品种
用途：果实鲜食
收集年份：1966
果实类型：普通桃
果形：圆
单果重（g）：111
果皮底色：乳黄
盖色深浅：红
着色程度：无
果肉颜色：乳白
核粘离性：半离
肉质：软溶质
风味：甜
可溶性固形物（%）：12
花型：蔷薇形
花瓣颜色：深粉红
花粉育性：不稳
叶腺：肾形
始花期：4月初
果实成熟期：7月中旬
综合评价：果实中等大小，风味甜稍淡。

品种名称：新星
外文名：Xin Xing
资源类型：选育品种
用途：果实鲜食
系谱：白凤自然杂交后代
选育单位：河北农业大学
育成年份：1990
果实类型：普通桃
果形：圆
单果重（g）：66
果皮底色：乳白
盖色深浅：粉红
着色程度：无
果肉颜色：乳白
核粘离性：半离
肉质：软溶质
风味：酸
可溶性固形物（%）：7
果实成熟期：6月中旬
综合评价：果实小，有酸味，风味浓。

品种名称：血布袋
外文名：Xue Bu Dai
资源类型：地方品种
原产地：河南省周口市一带
用途：果实鲜食
果实类型：普通桃
果形：卵圆
单果重（g）：110
果皮底色：暗绿
盖色深浅：紫红
着色程度：多
果肉颜色：红
核粘离性：离
肉质：硬溶质
风味：酸
可溶性固形物（%）：12
花型：蔷薇形
花粉育性：可育
叶腺：肾形
始花期：4月初
果实成熟期：7月中下旬
综合评价：红肉，呈血红色，离核，味酸。

品种名称：早白蜜
外文名：Zao Bai Mi
资源类型：选育品种
用途：果实鲜食
果实类型：普通桃
果形：卵圆
单果重（g）：107
果皮底色：绿白
盖色深浅：无
着色程度：无
果肉颜色：乳白
核粘离性：半离
肉质：软溶质
风味：甜多酸少
可溶性固形物（%）：12
花型：蔷薇形
花瓣颜色：深粉红
花粉育性：不稳
叶腺：肾形
始花期：4月初
果实成熟期：7月上旬
综合评价：果面绿白色，采前落果较重。

品种名称：早红蜜
外文名：Zao Hong Mi
资源类型：选育品种
用途：果实鲜食
系谱：深州蜜桃×杭州早水蜜
选育单位：河北省农林科学院石家庄果树研究所
果实类型：普通桃
果形：椭圆
单果重（g）：130
果皮底色：绿白
盖色深浅：红
着色程度：中
果肉颜色：白
核粘离性：粘
肉质：软溶质
风味：甜
可溶性固形物（%）：10
花型：蔷薇形
花粉育性：可育
叶腺：肾形
始花期：4月初
果实成熟期：6月中旬
综合评价：果实中等大小，椭圆形，风味甜；树体抗寒性较强。

品种名称：早熟有明
外文名：Zao Shu You Ming
别名：韩国美脆
原产地：韩国
资源类型：选育品种
用途：果实鲜食
果实类型：普通桃
果形：圆
单果重（g）：200
果皮底色：白
盖色深浅：红
着色程度：中
果肉颜色：白
核粘离性：粘
肉质：硬溶质
风味：甜
可溶性固形物（%）：10
花型：蔷薇形
花粉育性：可育
叶腺：肾形
始花期：4月初
果实成熟期：7月上旬
综合评价：果实大，肉质硬，风味淡甜。

品种名称：早五云
外文名：Zao Wu Yun
资源类型：选育品种
用途：果实鲜食
果实类型：普通桃
果形：圆
单果重（g）：110
果皮底色：乳黄
盖色深浅：红
着色程度：少
果肉颜色：白
核粘离性：粘
肉质：软溶质
风味：浓甜
可溶性固形物（%）：10
花型：蔷薇形
花瓣颜色：深粉红
花粉育性：可育
叶腺：肾形
始花期：4月初
果实成熟期：7月上旬
综合评价：果实圆整，风味甜。

品种名称：张白13号
外文名：Zhang Bai 13
资源类型：地方品种
用途：果实加工
果实类型：普通桃
果形：卵圆
单果重（g）：84
果皮底色：绿白
盖色深浅：红
着色程度：多
果肉颜色：绿
核粘离性：粘
肉质：不溶质
风味：甜多酸少
可溶性固形物（%）：13
花型：蔷薇形
花瓣颜色：红
花粉育性：可育
叶腺：肾形
始花期：4月初
果实成熟期：8月初
综合评价：果实小，肉质细，产量低。

品种名称：张白 19 号
外文名：Zhang Bai 19
原产地：甘肃省张掖市
资源类型：地方品种
用途：果实加工
果实类型：普通桃
果形：圆
单果重（g）：99
果皮底色：绿白
盖色深浅：紫红
着色程度：无
果肉颜色：乳黄
核粘离性：粘
肉质：不溶质
风味：甜多酸少
可溶性固形物（%）：13
花型：蔷薇形
花瓣颜色：红
花粉育性：可育
叶腺：肾形
始花期：4 月初
果实成熟期：8 月上旬
综合评价：果实小，肉质细。产量低。

品种名称：张白 20 号
外文名：Zhang Bai 20
原产地：甘肃省张掖市
资源类型：地方品种
用途：果实加工
果实类型：普通桃
果形：圆
单果重（g）：82
果皮底色：绿白
盖色深浅：紫红
着色程度：多
果肉颜色：乳黄
核粘离性：粘
肉质：不溶质
风味：甜
可溶性固形物（%）：15
花型：蔷薇形
花瓣颜色：红
花粉育性：可育
叶腺：肾形
始花期：4 月初
果实成熟期：8 月初
综合评价：果实小，肉质细。产量低。

品种名称：浙江 7－1－1
外文名：Zhejiang 7－1－1
资源类型：选育品系
用途：果实鲜食
果实类型：普通桃
果形：圆
单果重（g）：145
果皮底色：绿白
盖色深浅：红
着色程度：无
果肉颜色：乳白
核粘离性：离
肉质：软溶质
风味：甜
可溶性固形物（%）：9
花型：蔷薇形
花瓣颜色：深粉红
花粉育性：不稔
果实成熟期：6 月下旬
综合评价：果实中等大小，外观靓丽，完熟后鲜食品质良好。

品种名称：郑白 4－9
外文名：Zheng Bai 4－9
资源类型：选育品系
用途：果实鲜食
果实类型：普通桃
果形：椭圆
单果重（g）：130
果皮底色：绿白
盖色深浅：红
着色程度：少
果肉颜色：乳白
核粘离性：离
肉质：硬溶质
风味：浓甜
可溶性固形物（%）：12
花型：蔷薇形
花瓣颜色：深粉红
花粉育性：可育
叶腺：肾形
始花期：4 月初
果实成熟期：7 月底
综合评价：果实中等大小，甜，离核，较丰产。

品种名称：郑州早甜
外文名：Zhengzhou Zao Tian
资源类型：选育品种
用途：果实鲜食
系谱：白凤×碧桃
选育单位：中国农业科学院郑州果树研究所
育成年份：1978
果实类型：普通桃
果形：圆
单果重（g）：78
果皮底色：乳白
盖色深浅：红
着色程度：少
果肉颜色：乳白
核粘离性：粘
肉质：软溶质
风味：甜
可溶性固形物（%）：12
花型：蔷薇形
花瓣颜色：深粉红
花粉育性：可育
叶腺：肾形
始花期：4月初
果实成熟期：6月下旬
综合评价：果实圆形，小，风味浓甜。

品种名称：钟山早露
外文名：Zhong Shan Zao Lu
原代号：63-15-57
资源类型：选育品种
用途：果实鲜食
系谱：白花水蜜×初香美
选育单位：江苏省农业科学院园艺研究所
育成年份：1963
果实类型：普通桃
果形：椭圆
单果重（g）：73
果皮底色：乳黄
盖色深浅：红
着色程度：中
果肉颜色：乳白
核粘离性：粘
肉质：软溶质
风味：酸多甜少
可溶性固形物（%）：10
花型：蔷薇形
花瓣颜色：深粉红
花粉育性：可育
叶腺：肾形
始花期：4月初
果实成熟期：6月中旬
综合评价：外观漂亮，有酸味。

品种名称：筑波4号
外文名：Tsukuba 4，筑波4号
资源类型：选育品种
用途：砧木
系谱：（赤芽×寿星）F_2
选育单位：日本农林水产省筑波果树试验场
育成年份：1980
果实类型：普通桃
果形：扁圆
单果重（g）：18
果皮底色：绿
盖色深浅：紫红
着色程度：多
果肉颜色：绿白
核粘离性：半离
肉质：不溶质
风味：无味
花型：蔷薇形
花粉育性：可育
叶腺：肾形
综合评价：红叶，用做砧木，抗南方根结线虫。

品种名称：筑波87号
外文名：Tsukuba 87，筑波87号
资源类型：选育品种
用途：果实鲜食
系谱：大久保×白凤×晓
选育单位：日本农林水产省筑波果树试验场
收集年份：1988
果实类型：普通桃
果形：椭圆
单果重（g）：70
果皮底色：乳白
盖色深浅：红
着色程度：少
果肉颜色：乳白
核粘离性：粘
肉质：软溶质
风味：甜
可溶性固形物（%）：10
花型：蔷薇形
花瓣颜色：粉红
始花期：4月初
果实成熟期：6月底
综合评价：果实小，综合性状一般。

第二节　黄肉普通桃

品种名称：FAL16－33MR
外文名：FAL16－33MR
原产地：美国
资源类型：品系
用途：果实鲜食
系谱：不详
选育单位：不详
育成年份：不详
果实类型：普通桃
果形：圆
单果重（g）：127
果皮底色：黄

盖色深浅：红
着色程度：多
果肉颜色：黄
外观品质：上
核粘离性：离
肉质：软溶质
风味：很酸
可溶性固形物（%）：10
鲜食品质：中下
花型：蔷薇形
花瓣类型：单瓣
花瓣颜色：粉红

花粉育性：可育
花药颜色：橘红
叶腺：肾形
树形：开张
生长势：强健
丰产性：丰产
始花期：3月下旬
果实成熟期：6月下旬
果实发育期（d）：92
营养生长期（d）：273
需冷量（h）：800

综合评价：果形圆整，外观艳丽，风味很酸，可滴定酸含量0.858%。

品种名称：NJ265
外文名：NJ265
原产地：美国
资源类型：选育品种
用途：果实鲜食
系谱：不详
选育单位：美国新泽西州农业试验站
育成年份：20世纪80年代之前
果实类型：普通桃
果形：圆
单果重（g）：70
果皮底色：乳黄
盖色深浅：深红
着色程度：中
果肉颜色：黄
外观品质：中
核粘离性：半离
肉质：软溶质
风味：酸甜
可溶性固形物（%）：9
鲜食品质：中
花型：蔷薇形
花瓣类型：单瓣
花瓣颜色：粉红
花粉育性：可育
花药颜色：橘黄
叶腺：圆形
树形：开张
生长势：中庸
丰产性：丰产
始花期：4月初
果实成熟期：5月下旬
果实发育期（d）：59
营养生长期（d）：248
需冷量（h）：850
综合评价：极早熟，果实小，风味浓郁。

品种名称：NJC47
外文名：NJC47
原产地：美国
资源类型：品系
用途：果实加工
系谱：不详
选育单位：美国新泽西州农业试验站
育成年份：20 世纪 80 年代之前
果实类型：普通桃
果形：圆
单果重（g）：171

果皮底色：橙黄
盖色深浅：红
着色程度：中
果肉颜色：黄
外观品质：中
核粘离性：粘
肉质：不溶质
风味：酸甜
可溶性固形物（%）：12
加工品质：中上
花型：铃形
花瓣类型：单瓣

花瓣颜色：粉红
花粉育性：可育
花药颜色：橘红
叶腺：肾形
树形：开张
生长势：中庸
丰产性：丰产
始花期：3 月底
果实成熟期：8 月上旬
果实发育期（d）：134
营养生长期（d）：258
需冷量（h）：800

综合评价：晚熟，果肉不溶质，近核处红。

品种名称：NJC77
外文名：NJC77
原产地：美国
资源类型：品系
用途：果实加工
系谱：不详
选育单位：美国新泽西州农业试验站
育成年份：20世纪80年代之前
果实类型：普通桃
果形：圆
单果重（g）：112
果皮底色：黄
盖色深浅：红
着色程度：极少
果肉颜色：黄
外观品质：中上
核粘离性：粘
肉质：不溶质
风味：酸甜
可溶性固形物（%）：11
加工品质：中上
花型：铃形
花瓣类型：单瓣
花瓣颜色：粉红
花粉育性：可育
花药颜色：橘红
叶腺：肾形
树形：开张
生长势：强健
丰产性：丰产
始花期：3月底
果实成熟期：7月中旬
果实发育期（d）：97
营养生长期（d）：268
需冷量（h）：800
综合评价：果皮底色纯黄，果面极少着色，果肉无红色素；罐藏加工性状较好。可作为纯黄色品种育种材料。

品种名称：NJC105
外文名：NJC105
原产地：美国
资源类型：品系
用途：果实加工
系谱：不详
选育单位：美国新泽西州农业试验站
育成年份：20 世纪 80 年代之前
果实类型：普通桃
果形：圆
单果重（g）：156
果皮底色：黄
盖色深浅：红
着色程度：多
果肉颜色：黄
外观品质：中上
核粘离性：粘
肉质：不溶质
风味：酸甜
可溶性固形物（%）：11
加工品质：中上
花型：铃形
花瓣类型：单瓣
花瓣颜色：粉红
花粉育性：可育
花药颜色：橘红
叶腺：肾形
树形：开张
生长势：中庸
丰产性：丰产
始花期：3 月底
果实成熟期：6 月底
果实发育期（d）：92
营养生长期（d）：266
需冷量（h）：650～750
综合评价：成熟早；果实味浓有香气，制罐、制汁品质较好，肉质稍软。可以作为配套的系列品种适量种植。

品种名称：NJC108
外文名：NJC108
原产地：美国
资源类型：品系
用途：果实加工
系谱：不详
选育单位：美国新泽西州农业试验站
育成年份：20世纪80年代之前
果实类型：普通桃
果形：椭圆
单果重（g）：121
果皮底色：橙黄
盖色深浅：红
着色程度：中
果肉颜色：黄
外观品质：中上
核粘离性：粘
肉质：不溶质
风味：酸
可溶性固形物（%）：9
加工品质：中
花型：铃形
花瓣类型：单瓣
花瓣颜色：粉红
花粉育性：可育
花药颜色：橘红
叶腺：肾形
树形：开张
生长势：中庸
丰产性：丰产
始花期：3月底
果实成熟期：6月中下旬
果实发育期（d）：85
营养生长期（d）：268
需冷量（h）：800
综合评价：早熟，果实中等大小，椭圆形，果肉红色素多，罐藏加工性状一般。

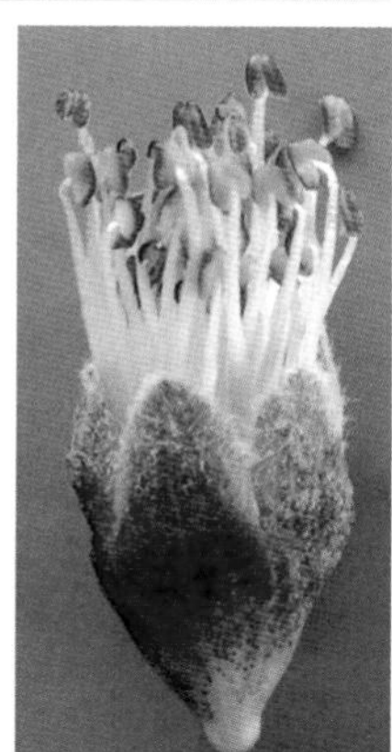

品种名称：NJC112
外文名：NJC112
原产地：美国
资源类型：品系
用途：果实加工
系谱：不详
选育单位：美国新泽西州农业试验站
育成年份：20 世纪 80 年代之前
果实类型：普通桃
果形：卵圆
单果重（g）：106

果皮底色：黄
盖色深浅：红
着色程度：中
果肉颜色：黄
外观品质：中
核粘离性：粘
肉质：不溶质
风味：酸
可溶性固形物（%）：9
加工品质：中
花型：蔷薇形
花瓣类型：单瓣

花瓣颜色：粉红
花粉育性：可育
花药颜色：橘红
叶腺：肾形
树形：开张
生长势：中庸
丰产性：丰产
始花期：3 月底
果实成熟期：6 月中旬
果实发育期（d）：80
营养生长期（d）：266
需冷量（h）：800

综合评价：早熟，罐藏加工后肉质偏软。

品种名称：艾维茨
外文名：Everts
原产地：美国
资源类型：选育品种
用途：果实加工
系谱：Dix 5A－1×Dix 22A-5；Dix 5A－1＝（Paloro×Round Tuscan）×Dixon 2；Dix 22A-5＝Dix 16-3（Orange Cling sdlg×Alameda）×Dix 586＝Orange Cling sdlg×Australian Muir；Dix 58-6＝Goodman's Choice×Transvaal Cling
选育单位：美国加利福尼亚大学 Davis 分校
育成年份：1962
果实类型：普通桃
果形：圆
单果重（g）：112
果皮底色：黄
盖色深浅：红
着色程度：少
果肉颜色：黄
外观品质：中
核粘离性：粘
肉质：不溶质
风味：酸甜
可溶性固形物（%）：12
加工品质：中
花型：铃形
花瓣类型：单瓣
花瓣颜色：粉红
花粉育性：可育
花药颜色：橘红
叶腺：肾形
树形：开张
生长势：强健
丰产性：丰产
始花期：3月底
果实成熟期：8月中旬
果实发育期（d）：143
营养生长期（d）：272
需冷量（h）：850
综合评价：果肉无红色素，不溶质，适宜制罐。

品种名称：爱保太
外文名：Elberta
原产地：美国
资源类型：选育品种
用途：果实鲜食、加工
系谱：Chinese Cling 自然实生或与 Early Crawford 杂交后代
选育单位：美国佐治亚州 Marshallville 的 Samuel H. Rumph
育成年份：1889
果实类型：普通桃

果形：椭圆
单果重（g）：170
果皮底色：黄
盖色深浅：红
着色程度：少
果肉颜色：黄
外观品质：中
核粘离性：离
肉质：硬溶质
风味：酸甜
可溶性固形物（%）：9
鲜食品质：中
花型：铃形

花瓣类型：单瓣
花瓣颜色：粉红
花粉育性：可育
花药颜色：橘红
叶腺：肾形
树形：开张
生长势：中庸
丰产性：丰产
始花期：3 月底
果实成熟期：8 月上旬
果实发育期（d）：136
营养生长期（d）：264
需冷量（h）：850

综合评价：果肉近核处红色素多，肉质硬溶，罐藏加工性状一般，是美国经典的生产品种，奠定了美国桃育种基础。

品种名称：宝石王子
外文名：Rubyprince
原产地：美国
资源类型：选育品种
用途：果实鲜食
系谱：Fireprince×BY78ANG55 (Redgold×243a Durbin)
选育单位：美国农业部佐治亚州 Byron 和 Fort Valley 试验站
育成年份：1997
果实类型：普通桃
果形：圆
单果重（g）：119
果皮底色：黄
盖色深浅：深红
着色程度：多
果肉颜色：黄
外观品质：上
核粘离性：粘
肉质：硬溶质
风味：酸甜
可溶性固形物（%）：11
鲜食品质：中
花型：蔷薇形
花瓣类型：单瓣
花瓣颜色：粉红
花粉育性：可育
花药颜色：橘红
叶腺：肾形
树形：开张
生长势：中庸
丰产性：丰产
始花期：3月底
果实成熟期：6月下旬
果实发育期（d）：87
营养生长期（d）：269
需冷量（h）：650
综合评价：果实外观全红，是美国现代全红型标志性普通桃品种。

品种名称：橙香
外文名：Cheng Xiang
原产地：辽宁省大连市
资源类型：选育品种
用途：果实鲜食、加工
系谱：早生黄金自然实生
选育单位：大连市农业科学研究所
育成年份：1960
果实类型：普通桃
果形：椭圆
单果重（g）：95
果皮底色：橙黄
盖色深浅：红
着色程度：中
果肉颜色：黄
外观品质：中上
核粘离性：半离
肉质：软溶质
风味：酸甜
可溶性固形物（%）：10
加工品质：中上
花型：蔷薇形
花瓣类型：单瓣
花瓣颜色：粉红
花粉育性：可育
花药颜色：橘红
叶腺：肾形
树形：直立
生长势：强健
丰产性：丰产
始花期：3月底
果实成熟期：6月下旬
果实发育期（d）：90
营养生长期（d）：246
需冷量（h）：800
综合评价：成熟较早，果肉橙黄，香气浓郁，制汁品质优良。

品种名称：橙艳
外文名：Cheng Yan
原产地：辽宁省大连市
资源类型：选育品种
用途：果实加工
系谱：早生黄金自然实生
选育单位：大连市农业科学研究所
育成年份：1970
果实类型：普通桃
果形：圆
单果重（g）：160
果皮底色：橙黄
盖色深浅：红
着色程度：多
果肉颜色：黄
外观品质：中上
核粘离性：粘
肉质：不溶质
风味：酸甜
可溶性固形物（%）：10
加工品质：中
花型：蔷薇形
花瓣类型：单瓣
花瓣颜色：粉红
花粉育性：不稔
花药颜色：淡黄
叶腺：肾形
树形：直立
生长势：强健
丰产性：丰产
始花期：3月底
果实成熟期：7月中旬
果实发育期（d）：111
营养生长期（d）：266
需冷量（h）：650
综合评价：果实大，肉硬，口感好，制罐性状良好。果汁橙黄色，汁清，出汁率63.27%，制汁品质优。栽培时需配置授粉树。

品种名称：驰玛
外文名：Chiycmarn
原产地：美国
资源类型：选育品种
用途：果实鲜食
系谱：不详
选育单位：不详
引进年份：2001
果实类型：普通桃
果形：近圆
单果重（g）：169
果皮底色：橙黄

盖色深浅：深红
着色程度：多
果肉颜色：黄
外观品质：上
核粘离性：粘
肉质：硬溶质
风味：浓甜
可溶性固形物（%）：14
鲜食品质：上
花型：蔷薇形
花瓣类型：单瓣
花瓣颜色：粉红

花粉育性：可育
花药颜色：橘红
叶腺：肾形
树形：开张
生长势：中庸
丰产性：中
始花期：3月底
果实成熟期：6月上中旬
果实发育期（d）：74
营养生长期（d）：264
需冷量（h）：850

综合评价：果形漂亮，果实大，品质优良。产量不稳定。

品种名称：春宝
外文名：Spring Gem
原产地：美国
资源类型：选育品种
用途：果实鲜食
系谱：P113－98（P100－62 OP）×FV9－164（FV89－14×Springtime）
选育单位：美国农业部加利福尼亚州 Fresno 试验站
育成年份：1996
果实类型：普通桃
果形：圆
单果重（g）：105
果皮底色：橙黄
盖色深浅：深红
着色程度：多
果肉颜色：黄
外观品质：中上
核粘离性：半离
肉质：硬溶质
风味：酸
可溶性固形物（%）：13
鲜食品质：中下
花型：蔷薇形
花瓣类型：单瓣
花瓣颜色：粉红
花粉育性：可育
花药颜色：橘红
叶腺：肾形
树形：开张
生长势：中庸
丰产性：丰产
始花期：3月底
果实成熟期：6月上中旬
果实发育期（d）：73
营养生长期（d）：269
需冷量（h）：650
综合评价：早熟，果实外观漂亮，肉质硬。

品种名称：春金
外文名：Springgold
原产地：美国
资源类型：选育品种
用途：果实鲜食、加工
系谱：FV89－14（＝FV15－48×Fireglow）×Springtime；FV15－48＝Fireglow×Hiley
选育单位：美国农业部佐治亚州 Byron 试验站
育成年份：1966
果实类型：普通桃

果形：圆
单果重（g)：74
果皮底色：黄
盖色深浅：深红
着色程度：多
果肉颜色：黄
外观品质：中
核粘离性：粘
肉质：硬溶质
风味：酸
可溶性固形物（%)：9
鲜食品质：中
花型：蔷薇形

花瓣类型：单瓣
花瓣颜色：粉红
花粉育性：可育
花药颜色：橘红
叶腺：肾形
树形：直立
生长势：强健
丰产性：丰产
始花期：3月底
果实成熟期：6月中下旬
果实发育期（d)：82
营养生长期（d)：258
需冷量（h)：650

综合评价：果面茸毛多，全面着深红色，充分成熟时果肉红色素多，风味品质一般。

品种名称：春天王子
外文名：Spring Prince
原产地：美国
资源类型：选育品种
用途：果实鲜食
系谱：种子混采实生
选育单位：美国加利福尼亚州私人苗圃
育成年份：2005
果实类型：普通桃
果形：圆
单果重（g）：106
果皮底色：橙黄
盖色深浅：深红
着色程度：多
果肉颜色：黄
外观品质：中上
核粘离性：粘
肉质：硬溶质
风味：酸甜
可溶性固形物（%）：9
鲜食品质：中
花型：蔷薇形
花瓣类型：单瓣
花瓣颜色：粉红
花粉育性：可育
花药颜色：橘红
叶腺：圆形
树形：开张
生长势：中庸
丰产性：丰产
始花期：3月底
果实成熟期：6月上中旬
果实发育期（d）：73
营养生长期（d）：270
需冷量（h）：450
综合评价：果实外观色泽漂亮，耐贮运。

品种名称：春童
外文名：Spring Baby
原产地：美国
资源类型：选育品种
用途：果实鲜食
系谱：P51－2（Springcrest OP）×P51－103（Springcrest OP）
选育单位：美国农业部加利福尼亚州 Fresno 试验站
育成年份：1996
果实类型：普通桃

果形：圆
单果重（g）：115
果皮底色：橙黄
盖色深浅：深红
着色程度：多
果肉颜色：红
外观品质：中
核粘离性：粘
肉质：不溶质
风味：酸甜
可溶性固形物（%）：8
鲜食品质：中
花型：蔷薇形

花瓣类型：单瓣
花瓣颜色：粉红
花粉育性：可育
花药颜色：橘红
叶腺：圆形
树形：开张
生长势：中庸
丰产性：极丰产
始花期：3月下旬
果实成熟期：5月下旬
果实发育期（d）：59
营养生长期（d）：269
需冷量（h）：650

综合评价：极早熟，外观漂亮，是美国第一个早熟不溶质鲜食品种。

品种名称：大金旦
外文名：Da Jin Dan
原产地：云南省呈贡区
资源类型：地方品种
用途：果实鲜食
系谱：自然实生
选育单位：农家选育
果实类型：普通桃
果形：圆
单果重（g）：136
果皮底色：黄
盖色深浅：深红
着色程度：多
果肉颜色：黄
外观品质：中
核粘离性：离
肉质：硬溶质
风味：酸甜
可溶性固形物（%）：10
鲜食品质：中
花型：蔷薇形
花瓣类型：单瓣
花瓣颜色：粉红
花粉育性：可育
花药颜色：橘红
叶腺：肾形
树形：开张
生长势：强健
丰产性：丰产
始花期：3月底
果实成熟期：8月上旬
果实发育期（d）：131
营养生长期（d）：275
需冷量（h）：650
综合评价：采前落果严重，综合性状表现一般。

品种名称：大离核黄肉
外文名：Da Li He Huang Rou
原产地：新疆和田地区
资源类型：地方品种
用途：果实鲜食
系谱：自然实生
选育单位：农家选育
果实类型：普通桃
果形：椭圆
单果重（g）：108
果皮底色：黄
盖色深浅：无
着色程度：无
果肉颜色：黄
外观品质：下
核粘离性：离
肉质：软溶质
风味：酸
可溶性固形物（%）：12
鲜食品质：中下
花型：蔷薇形
花瓣类型：单瓣
花瓣颜色：粉红
花粉育性：可育
花药颜色：橘红
叶腺：肾形
树形：直立
生长势：强健
丰产性：低
始花期：3月底
果实成熟期：8月中下旬
果实发育期（d）：145
营养生长期（d）：274
需冷量（h）：850
综合评价：果面无红色，果肉无红色素。冬芽外鳞片无毛。

品种名称：大连 12－28
外文名：Dalian 12－28
原产地：辽宁省大连市
资源类型：品系
用途：果实加工
系谱：早黄金自然实生
选育单位：大连市农业科学研究所
育成年份：1961
果实类型：普通桃
果形：椭圆
单果重（g）：182
果皮底色：黄
盖色深浅：红
着色程度：少
果肉颜色：黄
外观品质：中
核粘离性：粘
肉质：不溶质
风味：酸
可溶性固形物（%）：10
加工品质：中上
花型：蔷薇形
花瓣类型：单瓣
花瓣颜色：粉红
花粉育性：可育
花药颜色：橘红
叶腺：肾形
树形：半开张
生长势：强健
丰产性：丰产
始花期：3 月底
果实成熟期：7 月中旬
果实发育期（d）：108
营养生长期（d）：264
需冷量（h）：750～800
综合评价：果实大，果肉红色素少，不溶质，香气浓。制罐品质优良，罐头成品光泽好。

品种名称：大连 1－49
外文名：Dalian 1－49
原产地：辽宁省大连市
资源类型：品系
用途：果实加工
系谱：丰黄自然实生
选育单位：大连市农业科学研究所
育成年份：1978
果实类型：普通桃
果形：椭圆
单果重（g）：130
果皮底色：橙黄
盖色深浅：红
着色程度：中
果肉颜色：黄
外观品质：中
核粘离性：粘
肉质：不溶质
风味：酸甜
可溶性固形物（%）：10
加工品质：中
花型：蔷薇形
花瓣类型：单瓣
花瓣颜色：粉红
花粉育性：可育
花药颜色：橘红
叶腺：圆形
树形：半开张
生长势：强健
丰产性：丰产
始花期：3 月底
果实成熟期：7 月下旬
果实发育期（d）：103
营养生长期（d）：266
需冷量（h）：650
综合评价：果顶及缝合线处红色素较多。

品种名称：大连 22－6	果皮底色：黄	花瓣颜色：粉红
外文名：Dalian 22－6	盖色深浅：无	花粉育性：可育
原产地：辽宁省大连市	着色程度：无	花药颜色：橘红
资源类型：品系	果肉颜色：黄	叶腺：圆形
用途：果实加工	外观品质：中下	树形：半开张
系谱：早生黄金×菲利甫	核粘离性：粘	生长势：强健
选育单位：大连市农业科学研究所	肉质：不溶质	丰产性：丰产
	风味：酸甜	始花期：4 月初
育成年份：1974	可溶性固形物（%）：13	果实成熟期：8 月底
果实类型：普通桃	加工品质：中	果实发育期（d）：149
果形：扁圆	花型：蔷薇形	营养生长期（d）：266
单果重（g）：105	花瓣类型：单瓣	需冷量（h）：750～850

综合评价：果实成熟度不一致，果面和果肉无红色素，制罐品质一般。

品种名称：大连 22－8
外文名：Dalian 22－8
原产地：辽宁大连
资源类型：选育品种
用途：果实加工
系谱：早生黄金×菲利甫
选育单位：大连市农业科学研究所
收集年份：1990
果实类型：普通桃
果形：圆
单果重（g）：181

果皮底色：黄
盖色深浅：深红
着色程度：中
果肉颜色：黄
外观品质：中
核粘离性：粘
肉质：不溶质
风味：酸甜
可溶性固形物（%）：15
加工品质：中上
花型：蔷薇形
花瓣类型：单瓣

花瓣颜色：粉红
花粉育性：可育
花药颜色：橘红
叶腺：肾形
树形：半开张
生长势：强健
丰产性：丰产
始花期：3 月底
果实成熟期：8 月中下旬
果实发育期（d）：145
营养生长期（d）：269
需冷量（h）：800～900

综合评价：果实大，综合性状优良。近核处稍有红晕，与菊黄的花型不同。

品种名称：大王庄黄桃
外文名：Dawangzhuang Huang Tao
原产地：河南省西华县大王庄
资源类型：疑似为国外引进
用途：果实加工
系谱：不详
选育单位：不详
育成年份：不详
果实类型：普通桃
果形：扁圆
单果重（g）：125
果皮底色：橙黄
盖色深浅：深红
着色程度：中
果肉颜色：黄
外观品质：中上
核粘离性：粘
肉质：不溶质
风味：酸甜
可溶性固形物（%）：11
加工品质：上
花型：蔷薇形
花瓣类型：单瓣
花瓣颜色：粉红
花粉育性：可育
花药颜色：橘红
叶腺：肾形
树形：半开张
生长势：强健
丰产性：丰产
始花期：3月底
果实成熟期：7月中旬
果实发育期（d）：111
营养生长期（d）：268
需冷量（h）：800
综合评价：综合性状良好。果肉味浓有香气，出汁率中等，制汁、制罐品质优良。疑似为国外引进品种，来源不详，20世纪80年代在河南周口西华县大王庄一带种植。

品种名称：大赵黄桃
外文名：Da Zhao Huang Tao
原产地：河南省商水县
资源类型：疑似国外引进品种
用途：果实鲜食
系谱：不详
选育单位：不详
果实类型：普通桃
果形：椭圆
单果重（g）：121
果皮底色：黄
盖色深浅：浅红
着色程度：多
果肉颜色：黄
外观品质：中上
核粘离性：半离
肉质：软溶质
风味：甜
可溶性固形物（%）：10
鲜食品质：中
花型：蔷薇形
花瓣类型：单瓣
花瓣颜色：粉红
花粉育性：可育
花药颜色：橘红
叶腺：肾形
树形：半开张
生长势：强健
丰产性：丰产
始花期：3月底
果实成熟期：6月中下旬
果实发育期（d）：87
营养生长期（d）：260
需冷量（h）：900

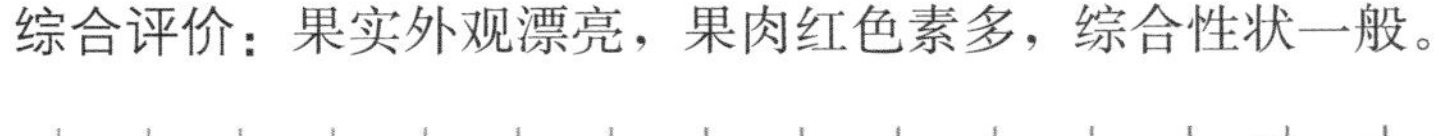
综合评价：果实外观漂亮，果肉红色素多，综合性状一般。

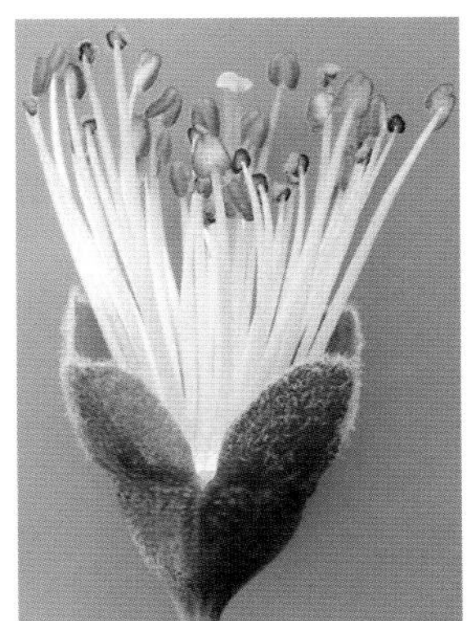

品种名称：迪克松
外文名：Dicon
原产地：美国
资源类型：选育品种
用途：果实加工
系谱：Orange Cling×Australian Muir
选育单位：美国加利福尼亚州
育成年份：1956
果实类型：普通桃
果形：圆
单果重（g）：162
果皮底色：橙黄
盖色深浅：深红
着色程度：多
果肉颜色：黄
外观品质：中
核粘离性：粘
肉质：不溶质
风味：酸甜
可溶性固形物（%）：12
加工品质：中
花型：铃形
花瓣类型：单瓣
花瓣颜色：粉红
花粉育性：可育
花药颜色：橘红
叶腺：圆形
树形：半开张
生长势：强健
丰产性：丰产
始花期：3月底
果实成熟期：8月上旬
果实发育期（d）：129
营养生长期（d）：270
需冷量（h）：750～850
综合评价：果肉红色素少，不溶质，制罐品质良好。

品种名称：法伏莱特2号
外文名：Favolate 2
原产地：意大利
资源类型：选育品种
用途：果实鲜食
系谱：Gialla Di Firenze×Fertilia Ⅰ
选育单位：意大利佛罗伦萨大学DOFI
育成年份：1965
果实类型：普通桃
果形：圆
单果重（g）：82
果皮底色：橙黄
盖色深浅：深红
着色程度：多
果肉颜色：黄
外观品质：中上
核粘离性：粘
肉质：硬溶质
风味：酸
可溶性固形物（%）：9
鲜食品质：中下
花型：铃形
花瓣类型：单瓣
花瓣颜色：粉红
花粉育性：可育
花药颜色：橘红
叶腺：肾形
树形：开张
生长势：中庸
丰产性：丰产
始花期：3月底
果实成熟期：6月中下旬
果实发育期（d）：84
营养生长期（d）：265
需冷量（h）：750～850
综合评价：果实外观漂亮，果肉红色素多。

品种名称：法伏莱特3号
外文名：Favolate 3
原产地：意大利
资源类型：选育品种
用途：果实鲜食
系谱：Gialla Di Firenze×Fertilia Ⅰ
选育单位：意大利佛罗伦萨大学DOFI
育成年份：1966
果实类型：普通桃
果形：卵圆
单果重（g）：88
果皮底色：橙黄
盖色深浅：深红
着色程度：多
果肉颜色：黄
外观品质：中上
核粘离性：半离
肉质：硬溶质
风味：酸
可溶性固形物（%）：9
鲜食品质：中
花型：蔷薇形
花瓣类型：单瓣
花瓣颜色：粉红
花粉育性：可育
花药颜色：橘红
叶腺：肾形
树形：半开张
生长势：强健
丰产性：极丰产
始花期：4月上旬
果实成熟期：6月中旬
果实发育期（d）：80
营养生长期（d）：267
需冷量（h）：850
综合评价：果实外观漂亮，果肉红色素少。

品种名称：法伊爱保太
外文名：Fay Elberta
原产地：美国
资源类型：选育品种
用途：果实鲜食
系谱：Elberta 自然实生
选育单位：美国加利福尼亚州 Placer 县 Mr. Fay
育成年份：1915 年前
果实类型：普通桃
果形：卵圆
单果重（g）：153

果皮底色：橙黄
盖色深浅：红
着色程度：多
果肉颜色：黄
外观品质：中
核粘离性：离
肉质：软溶质
风味：酸甜
可溶性固形物（%）：11
鲜食品质：中
花型：蔷薇形
花瓣类型：单瓣

花瓣颜色：粉红
花粉育性：可育
花药颜色：橘红
叶腺：肾形
树形：开张
生长势：中庸
丰产性：丰产
始花期：3 月底
果实成熟期：8 月上旬
果实发育期（d）：138
营养生长期（d）：270
需冷量（h）：750

综合评价：含有花粉不育隐性基因。

品种名称：飞井黄肉桃
外 文 名：Fei Jing Huang Rou Tao
原产地：云南省玉溪市红塔区
资源类型：地方品种
用途：果实鲜食
系谱：自然实生
选育单位：农家选育
育成年份：不详
果实类型：普通桃
果形：扁圆
单果重（g）：151
果皮底色：橙黄
盖色深浅：红
着色程度：中
果肉颜色：黄
外观品质：中
核粘离性：离
肉质：软溶质
风味：酸
可溶性固形物（%）：12
鲜食品质：下
花型：蔷薇形
花瓣类型：单瓣
花瓣颜色：粉红
花粉育性：可育
花药颜色：橘红
叶腺：肾形
树形：半开张
生长势：强健
丰产性：丰产
始花期：3月底
果实成熟期：8月中下旬
果实发育期（d）：139
营养生长期（d）：267
需冷量（h）：650～700
综合评价：果实扁圆，风味酸，肉质软溶，丰产。

品种名称：菲利甫
外文名：Phillips
原产地：美国
资源类型：选育品种
用途：果实加工
系谱：偶然实生
选育单位：美国加利福尼亚州 Sutter 县 Abbott 和 Phillips 果园
育成年份：1890
果实类型：普通桃
果形：圆
单果重（g）：126
果皮底色：橙黄
盖色深浅：深红
着色程度：中
果肉颜色：黄
外观品质：中
核粘离性：粘
肉质：不溶质
风味：酸甜
可溶性固形物（%）：13
加工品质：中
花型：铃形
花瓣类型：单瓣
花瓣颜色：粉红
花粉育性：可育
花药颜色：橘红
叶腺：圆形
树形：半开张
生长势：强健
丰产性：丰产
始花期：3 月底
果实成熟期：8 月上旬
果实发育期（d）：134
营养生长期（d）：274
需冷量（h）：850
综合评价：果肉无红色素，风味浓郁，微香。古老黄肉桃品种，曾经的主要栽培品种，奠定了美国加利福尼亚州罐藏黄桃的基础。

品种名称：丰黄
外文名：Feng Huang
原产地：辽宁省大连市
资源类型：选育品种
用途：果实加工
系谱：早生黄金自然实生
选育单位：大连市农业科学研究所
育成年份：1970
果实类型：普通桃
果形：椭圆
单果重（g）：130
果皮底色：橙黄
盖色深浅：红
着色程度：多
果肉颜色：黄
外观品质：中上
核粘离性：粘
肉质：不溶质
风味：酸甜
可溶性固形物（%）：11
加工品质：上
花型：蔷薇形
花瓣类型：单瓣
花瓣颜色：粉红
花粉育性：可育
花药颜色：橘红
叶腺：肾形
树形：半开张
生长势：强健
丰产性：丰产
始花期：3月底
果实成熟期：7月上中旬
果实发育期（d）：106
营养生长期（d）：264
需冷量（h）：750
综合评价：果肉橙黄，有红色素，罐头成品酸甜适口，浓香，但肉质稍软。果汁清，出汁率59.78%，制汁品质良好；是我国自主培育的第一个优良加工黄桃品种，20世纪80年代广泛种植。

品种名称：奉罐 2 号
外文名：Feng Guan 2
原产地：浙江省奉化市
资源类型：选育品种
用途：果实加工
系谱：罐桃 5 号×连黄
选育单位：浙江奉化食品厂
育成年份：1984
果实类型：普通桃
果形：圆
单果重（g）：118
果皮底色：橙黄
盖色深浅：深红
着色程度：多
果肉颜色：黄
外观品质：中上
核粘离性：粘
肉质：不溶质
风味：酸
可溶性固形物（%）：10
加工品质：中上
花型：蔷薇形
花瓣类型：单瓣
花瓣颜色：粉红
花粉育性：可育
花药颜色：橘红
叶腺：肾形
树形：直立
生长势：强健
丰产性：丰产
始花期：3 月底
果实成熟期：6 月下旬
果实发育期（d）：91
营养生长期（d）：245
需冷量（h）：850
综合评价：果肉有红色素，加工品质良好，早熟加工黄桃。丰产、稳产。

品种名称：佛尔蒂尼·莫蒂尼
外文名：Fertilia Morettini
原产地：意大利
资源类型：选育品种
用途：果实鲜食
系谱：Gialla Di Firenze×Fertilia Ⅰ
选育单位：意大利佛罗伦萨大学 DOFI
育成年份：1967
果实类型：普通桃
果形：圆
单果重（g）：115
果皮底色：橙黄
盖色深浅：红
着色程度：多
果肉颜色：黄
外观品质：中上
核粘离性：半离
肉质：硬溶质
风味：酸
可溶性固形物（%）：11
鲜食品质：中
花型：蔷薇形
花瓣类型：单瓣
花瓣颜色：粉红
花粉育性：可育
花药颜色：橘红
叶腺：肾形
树形：开张
生长势：中庸
丰产性：丰产
始花期：3月底
果实成熟期：6月中下旬
果实发育期（d）：85
营养生长期（d）：263
需冷量（h）：950
综合评价：外观较好，果肉纯黄，少量裂核。果肉酸甜味浓，出汁率75.05%，制汁品质良好。可作为杂交亲本材料。

品种名称：佛尔都娜
外文名：Fortuna
原产地：美国
资源类型：选育品种
用途：果实加工
系谱：Leader Sdlg×（Tuscan×Paloro）
选育单位：美国农业部加利福尼亚州 Palo Alto 试验站
育成年份：1941
果实类型：普通桃
果形：圆

单果重（g）：91
果皮底色：橙黄
盖色深浅：深红
着色程度：少
果肉颜色：黄
外观品质：中
核粘离性：粘
肉质：不溶质
风味：酸甜
可溶性固形物（%）：11
加工品质：中
花型：铃形
花瓣类型：单瓣

花瓣颜色：粉红
花粉育性：可育
花药颜色：橘红
叶腺：圆形
树形：直立
生长势：强健
丰产性：中
始花期：3月底
果实成熟期：8月上旬
果实发育期（d）：129
营养生长期（d）：272
需冷量（h）：750

综合评价：果实小，圆整，肉质细，韧性强。

品种名称：佛雷德里克
外文名：Frederica
原代号：NJC83
原产地：美国
资源类型：品系
用途：果实加工
系谱：NJC95×D42-13W
选育单位：美国新泽西州农业试验站
育成年份：1979
果实类型：普通桃
果形：圆
单果重（g）：130

果皮底色：橙黄
盖色深浅：红
着色程度：少
果肉颜色：黄
外观品质：中上
核粘离性：粘
肉质：不溶质
风味：酸甜
可溶性固形物（%）：10
加工品质：上
花型：蔷薇形
花瓣类型：单瓣

花瓣颜色：粉红
花粉育性：可育
花药颜色：橘红
叶腺：肾形
树形：开张
生长势：中庸
丰产性：丰产
始花期：3月底
果实成熟期：7月上中旬
果实发育期（d）：100
营养生长期（d）：260
需冷量（h）：580

综合评价：果肉无红色素；味浓有香气，罐藏品质优良，是我国目前制罐黄桃的主栽品种。

品种名称：佛罗里达王
外文名：Flordaking
原产地：美国
资源类型：选育品种
用途：果实鲜食
系谱：Fla. 9－67［（Okinawa×Panamint）×June Gold］×Early Amber
选育单位：美国佛罗里达大学
育成年份：1978
果实类型：普通桃
果形：圆
单果重（g）：186

果皮底色：橙黄
盖色深浅：深红
着色程度：多
果肉颜色：黄
外观品质：上
核粘离性：粘
肉质：软溶质
风味：酸甜
可溶性固形物（%）：9
鲜食品质：中
花型：铃形
花瓣类型：单瓣

花瓣颜色：粉红
花粉育性：可育
花药颜色：橘黄
叶腺：圆形
树形：开张
生长势：强健
丰产性：丰产
始花期：3月下旬
果实成熟期：6月中旬
果实发育期（d）：82
营养生长期（d）：275
需冷量（h）：400

综合评价：果实大，外观较好，但成熟后肉质软。注意控制树势以提高产量。

品种名称：佛罗里达晓
外文名：Flordadawn
原产地：美国佛罗里达州
资源类型：选育品种
用途：果实鲜食
系 谱：Flordagold × Earli-Grande
选育单位：美国佛罗里达大学与佛罗里达 Monticello 农场
育成年份：1989
果实类型：普通桃
果形：圆
单果重（g）：119
果皮底色：橙黄
盖色深浅：深红
着色程度：多
果肉颜色：黄
外观品质：上
核粘离性：粘
肉质：硬溶质
风味：酸甜
可溶性固形物（%）：12
鲜食品质：中
花型：蔷薇形
花瓣类型：单瓣
花瓣颜色：粉红
花粉育性：可育
花药颜色：橘红
叶腺：圆形
树形：开张
生长势：强健
丰产性：极丰产
始花期：3月下旬
果实成熟期：6月初
果实发育期（d）：69
营养生长期（d）：277
需冷量（h）：300
综合评价：成熟早，在早熟品种中果实大，色泽好，风味浓郁，是优良的低需冷量品种育种材料。

品种名称：佛罗里达冠
外文名：Flordacrest
原产地：美国
资源类型：选育品种
用途：果实鲜食
系谱：Fla. 5－13N（＝Fla. 18－102×Kaygold）×Flordaking
选育单位：美国佛罗里达大学
育成年份：1988
果实类型：普通桃
果形：圆
单果重（g）：120

果皮底色：黄
盖色深浅：深红
着色程度：多
果肉颜色：黄
外观品质：中上
核粘离性：半离
肉质：软溶质
风味：酸甜
可溶性固形物（%）：8
鲜食品质：中
花型：蔷薇形
花瓣类型：单瓣

花瓣颜色：粉红
花粉育性：可育
花药颜色：橘黄
叶腺：圆形
树形：半开张
生长势：强健
丰产性：丰产
始花期：3月下旬
果实成熟期：6月下旬
果实发育期（d）：91
营养生长期（d）：277
需冷量（h）：450

综合评价：外观漂亮，需冷量低，是优良的育种材料。

品种名称：佛罗里达金
外文名：Flordagold
原产地：美国
资源类型：选育品种
用途：果实鲜食
系谱：Rio Grande 自然实生
选育单位：美国佛罗里达大学
育成年份：1976
果实类型：普通桃
果形：圆
单果重（g）：119
果皮底色：黄
盖色深浅：深红
着色程度：多
果肉颜色：黄
外观品质：中
核粘离性：半离
肉质：硬溶质
风味：酸
可溶性固形物（%）：9
鲜食品质：中
花型：蔷薇形
花瓣类型：单瓣
花瓣颜色：粉红
花粉育性：可育
花药颜色：橘红
叶腺：圆形
树形：半开张
生长势：强健
丰产性：丰产
始花期：3 月底
果实成熟期：6 月底
果实发育期（d）：93
营养生长期（d）：266
需冷量（h）：350
综合评价：外观漂亮，果肉硬，果汁味浓但无香味，出汁率 60.96%，制汁品质一般，是优良的低需冷量品种育种材料。

品种名称：嘎拉
外文名：Gala
原产地：美国
资源类型：选育品种
用途：果实鲜食
系谱：Harvester 自然实生
选育单位：美国路易斯安纳州农业试验站和美国农业部佐治亚州 Byron 试验站
育成年份：1992
果实类型：普通桃
果形：圆
单果重（g）：138
果皮底色：黄绿
盖色深浅：深红
着色程度：多
果肉颜色：黄
外观品质：上
核粘离性：离
肉质：硬溶质
风味：酸
可溶性固形物（%）：11
鲜食品质：中下
花型：铃形
花瓣类型：单瓣
花瓣颜色：粉红
花粉育性：可育
花药颜色：橘红
叶腺：肾形
树形：开张
生长势：中庸
丰产性：极丰产
始花期：3 月底
果实成熟期：7 月初
果实发育期（d）：94
营养生长期（d）：261
需冷量（h）：650～700
综合评价：果实中等大小，外观色泽漂亮。丰产性好。

品种名称：甘选 2 号
外文名：Gan Xuan 2
原产地：甘肃省兰州市
资源类型：品系
用途：果实鲜食
系谱：不详
选育单位：甘肃省农业科学院果树研究所
育成年份：20 世纪 80 年代
果实类型：普通桃
果形：圆
单果重（g）：189
果皮底色：黄
盖色深浅：深红
着色程度：中
果肉颜色：黄
外观品质：上
核粘离性：粘
肉质：硬溶质
风味：酸甜
可溶性固形物（%）：11
鲜食品质：下
花型：蔷薇形
花瓣类型：单瓣
花瓣颜色：粉红
花粉育性：可育
花药颜色：橘红
叶腺：肾形
树形：直立
生长势：强健
丰产性：丰产
始花期：4 月初
果实成熟期：8 月上旬
果实发育期（d）：127
营养生长期（d）：263
需冷量（h）：750～850
综合评价：品质一般。

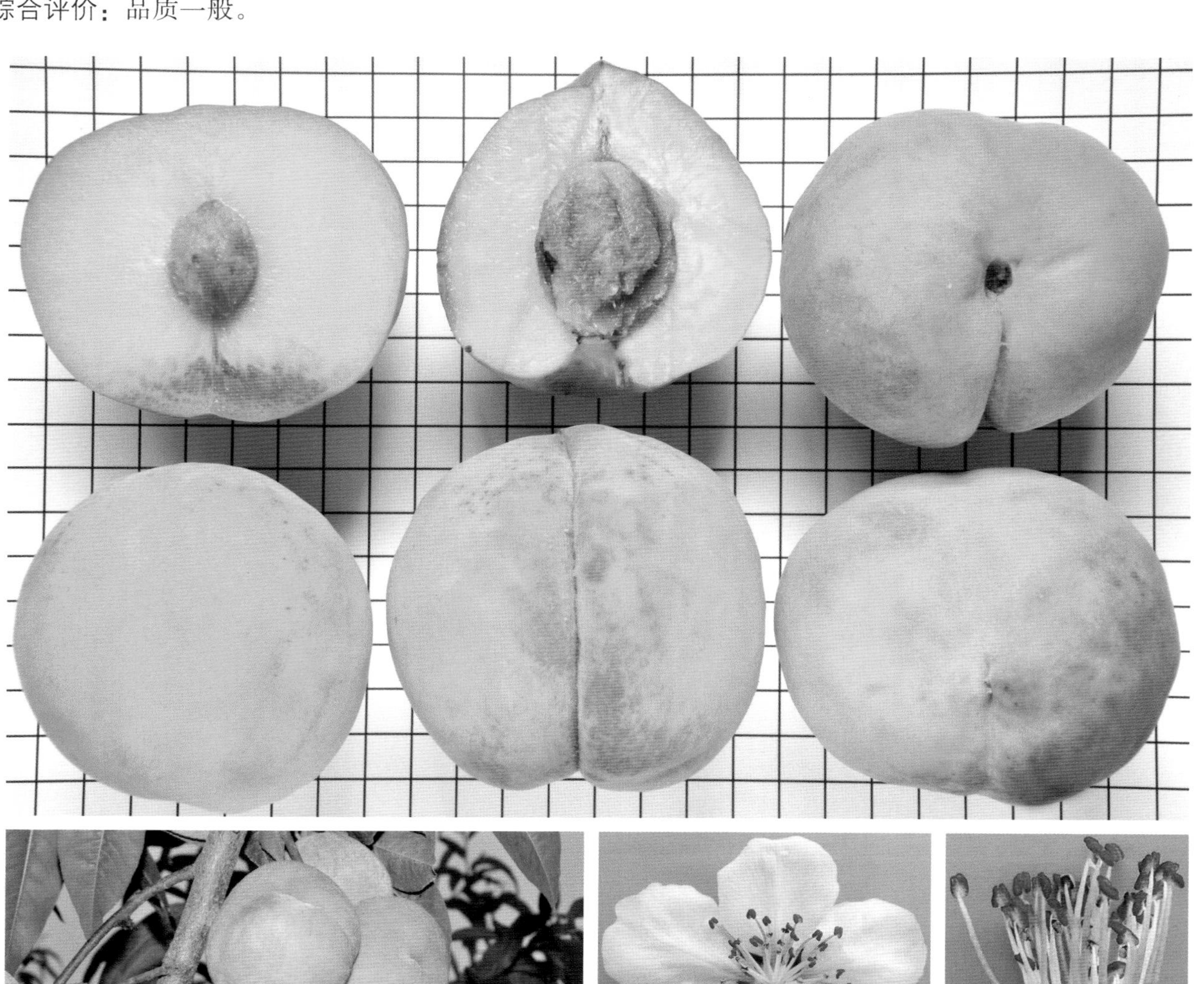

品种名称：高日
外文名：Sunhigh
原产地：美国
资源类型：选育品种
用途：果实加工
系　谱：J. H. Hale × NJ40CS（=Carman×Slappey）
选育单位：美国新泽西州农业试验站
育成年份：1938
果实类型：普通桃
果形：圆
单果重（g）：107

果皮底色：橙黄
盖色深浅：红
着色程度：多
果肉颜色：黄
外观品质：中上
核粘离性：粘
肉质：不溶质
风味：酸甜
可溶性固形物（%）：9
加工品质：中上
花型：铃形
花瓣类型：单瓣

花瓣颜色：粉红
花粉育性：可育
花药颜色：橘红
叶腺：肾形
树形：半开张
生长势：强健
丰产性：丰产
始花期：3月底
果实成熟期：6月中旬
果实发育期（d）：88
营养生长期（d）：271
需冷量（h）：750

综合评价：果实外观漂亮，肉质很好，果肉无红色素。高感细菌性穿孔病。在美国一直是商业品种，被认为是一个高品质的标准品种。

品种名称：瓜桃
外文名：Gua Tao
原产地：广西那坡县
资源类型：地方品种
用途：果实鲜食
系谱：自然实生
选育单位：农家选育
果实类型：普通桃
果形：圆
单果重（g）：101
果皮底色：绿黄
盖色深浅：无

着色程度：无
果肉颜色：黄
外观品质：中
核粘离性：离
肉质：硬溶质
风味：酸苦
可溶性固形物（%）：8
鲜食品质：下
花型：蔷薇形
花瓣类型：单瓣
花瓣颜色：粉红

花粉育性：可育
花药颜色：橘红
叶腺：肾形
树形：直立
生长势：强健
丰产性：低
始花期：4月初
果实成熟期：8月下旬
果实发育期（d）：142
营养生长期（d）：238
需冷量（h）：550～650

综合评价：果肉橙黄色，风味酸，有苦味。需冷量较低。

品种名称：罐桃 5 号
外文名：Kanto 5，缶桃 5 号
原产地：日本
资源类型：选育品种
用途：果实加工
系谱：（金桃×Tuscan）- 43×（冈山 3 号 × Orange Cling）
选育单位：日本农林水产省园艺试验场
育成年份：1956
果实类型：普通桃
果形：圆

单果重（g）：135
果皮底色：橙黄
盖色深浅：红
着色程度：中
果肉颜色：黄
外观品质：上
核粘离性：粘
肉质：不溶质
风味：酸甜
可溶性固形物（%）：10
加工品质：上
花型：蔷薇形
花瓣类型：单瓣

花瓣颜色：粉红
花粉育性：可育
花药颜色：橘红
叶腺：肾形
树形：半开张
生长势：强健
丰产性：不稳定
始花期：3 月底
果实成熟期：7 月底
果实发育期（d）：122
营养生长期（d）：271
需冷量（h）：850

综合评价：果肉有少量红色素，成品风味浓，光泽好，加工性能良好。生理落果较重，产量不稳定。

品种名称：罐桃 14 号
外文名：Kanto 14，缶桃 14 号
原产地：日本
资源类型：选育品种
用途：果实加工
系谱：冈山 3 号×Orange Cling
选育单位：日本农林水产省园艺试验场
育成年份：1956
果实类型：普通桃
果形：圆
单果重（g）：188
果皮底色：黄
盖色深浅：深红
着色程度：多
果肉颜色：黄
外观品质：中上
核粘离性：粘
肉质：不溶质
风味：酸甜
可溶性固形物（%）：11
加工品质：中
花型：铃形
花瓣类型：单瓣
花瓣颜色：粉红
花粉育性：可育
花药颜色：橘红
叶腺：肾形
树形：半开张
生长势：强健
丰产性：丰产
始花期：3 月底
果实成熟期：7 月底
果实发育期（d）：120
营养生长期（d）：273
需冷量（h）：850～900
综合评价：果皮紫红色，加工性能良好，品质上，为晚熟罐藏品种。

品种名称：光辉王子
外文名：Blazeprince
原产地：美国
资源类型：选育品种
用途：果实鲜食
系谱：BY81P2840 OP (O'Henry OP)
选育单位：美国农业部佐治亚州试验站
育成年份：1997
果实类型：普通桃
果形：扁圆
单果重（g）：126

果皮底色：黄
盖色深浅：深红
着色程度：多
果肉颜色：黄
外观品质：中上
核粘离性：半离
肉质：硬脆
风味：酸甜
可溶性固形物（%）：10
鲜食品质：中下
花型：蔷薇形
花瓣类型：单瓣

花瓣颜色：粉红
花粉育性：可育
花药颜色：橘红
叶腺：肾形
树形：开张
生长势：中庸
丰产性：丰产
始花期：3月底
果实成熟期：7月中旬
果实发育期（d）：109
营养生长期（d）：266
需冷量（h）：650～700

综合评价：肉质较硬，风味偏酸。

品种名称：光明王子
外文名：Flameprince
原产地：美国
资源类型：选育品种
用途：果实鲜食
系谱：BY68－3877 自然实生（＝Summerset×BY4－7364）
选育单位：美国农业部佐治亚州 Byron 试验站
育成年份：1993
果实类型：普通桃
果形：圆
单果重（g）：206
果皮底色：黄
盖色深浅：深红
着色程度：少
果肉颜色：黄
外观品质：中上
核粘离性：离
肉质：硬溶质
风味：酸甜
可溶性固形物（%）：10
鲜食品质：中
花型：蔷薇形
花瓣类型：单瓣
花瓣颜色：粉红
花粉育性：可育
花药颜色：橘黄
叶腺：肾形
树形：开张
生长势：中庸
丰产性：丰产
始花期：3 月底
果实成熟期：8 月中旬
果实发育期（d）：137
营养生长期（d）：270
需冷量（h）：850
综合评价：近核处红色素多。

品种名称：贵州黄金蜜
外文名：Guizhou Huang Jin Mi
原产地：贵州省
资源类型：地方品种?
用途：果实鲜食
系谱：不详
选育单位：农家选育?
育成年份：不详
果实类型：普通桃
果形：圆
单果重（g）：143
果皮底色：绿黄
盖色深浅：红
着色程度：多
果肉颜色：橙黄
外观品质：上
核粘离性：粘
肉质：硬溶质
风味：甜
可溶性固形物（%）：12.5
鲜食品质：上
花型：蔷薇形
花瓣类型：单瓣
花瓣颜色：粉红
花粉育性：可育
花药颜色：橘红
叶腺：肾形
树形：半开张
生长势：强健
丰产性：丰产
始花期：3月底
果实成熟期：8月初
果实发育期（d）：126
营养生长期（d）：260
需冷量（h）：750
综合评价：果实圆，风味甜，黄肉，外观漂亮，丰产。该品种是否属于传统意义的自然实生地方品种有待考证，疑似为育成品种。

品种名称：哈布丽特	果皮底色：橙黄	花瓣颜色：粉红
外文名：Harbrite	盖色深浅：深红	花粉育性：可育
原产地：加拿大	着色程度：多	花药颜色：橘红
资源类型：选育品种	果肉颜色：黄	叶腺：圆形
用途：果实鲜食、加工	外观品质：中上	树形：半开张
系谱：Redskin×Sunhaven	核粘离性：半离	生长势：强健
选育单位：加拿大 Harrow 农业试验站	肉质：软溶质	丰产性：丰产
	风味：酸	始花期：4月初
育成年份：1969	可溶性固形物（%）：11	果实成熟期：7月初
果实类型：普通桃	鲜食品质：中	果实发育期（d）：99
果形：圆	花型：铃形	营养生长期（d）：266
单果重（g）：120	花瓣类型：单瓣	需冷量（h）：850

综合评价：果肉软，果汁色清味香，出汁率70.67%，制汁品质优良。抗寒品种。抗溃疡病菌（*Botryosphaeria dothidea*）引起的真菌性流胶病。

品种名称：哈佛
外文名：Halford
原产地：美国
资源类型：选育品种
用途：果实加工
系谱：Phillips Cling 偶然实生
选育单位：美国加利福尼亚州
Modesto
John T. Halford
育成年份：1921
果实类型：普通桃
果形：圆
单果重（g）：154

果皮底色：黄
盖色深浅：红
着色程度：少
果肉颜色：黄
外观品质：中上
核粘离性：粘
肉质：不溶质
风味：酸甜
可溶性固形物（%）：11
鲜食品质：中
花型：铃形
花瓣类型：单瓣

花瓣颜色：粉红
花粉育性：可育
花药颜色：橘红
叶腺：肾形
树形：半开张
生长势：强健
丰产性：丰产
始花期：3 月底
果实成熟期：8 月中旬
果实发育期（d）：138
营养生长期（d）：260
需冷量（h）：900

综合评价：易感细菌性穿孔病；从育成至今一直是加利福尼亚州的制罐栽培品种，其种子在美国被广泛用做砧木品种。

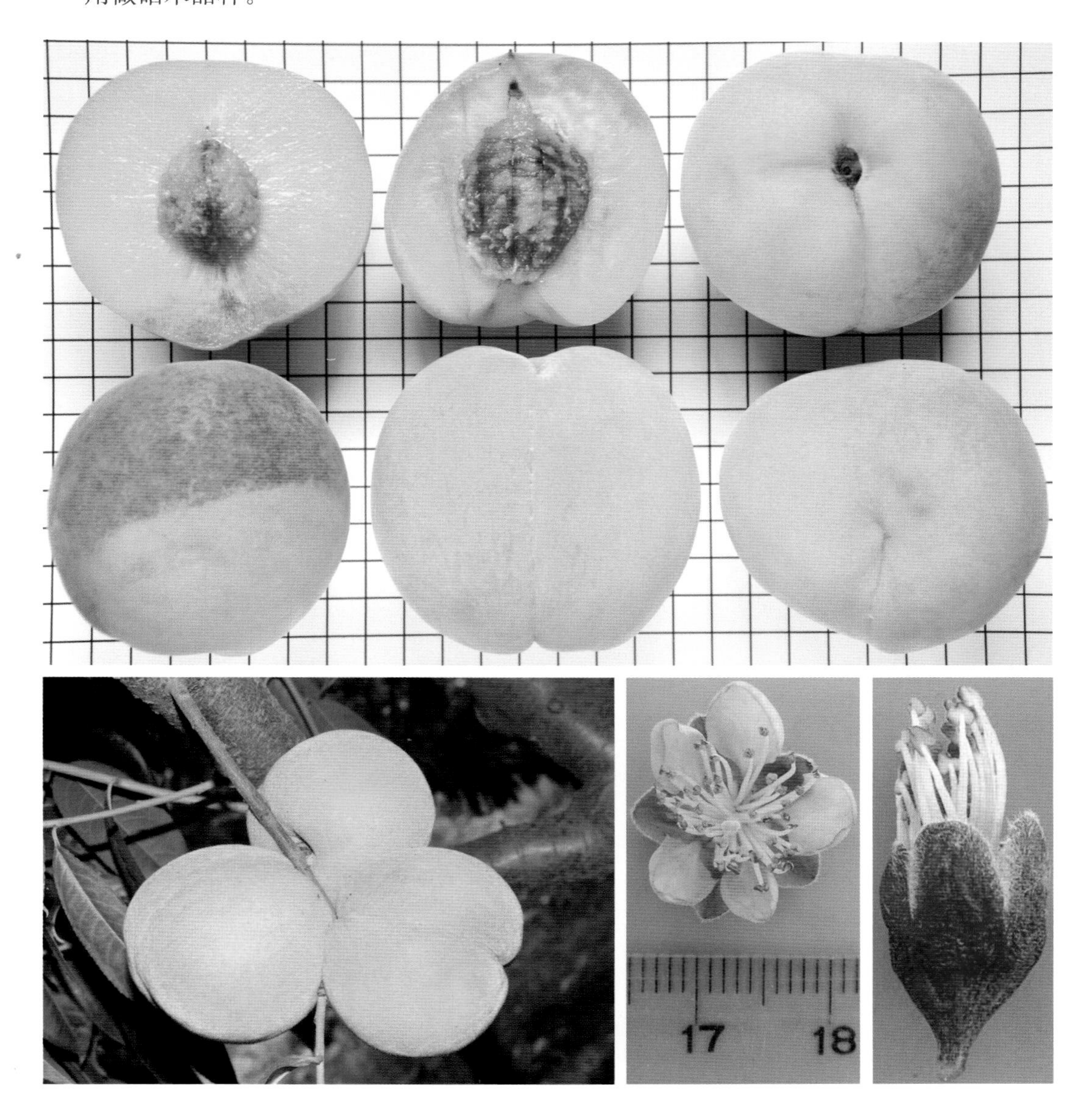

品种名称：哈库恩
外文名：Harken
原产地：加拿大
资源类型：选育品种
用途：果实鲜食
系谱：Redskin×Sunhaven
选育单位：加拿大农业 Harrow 试验站、美国肯塔基大学和普林斯顿大学
育成年份：1970
果实类型：普通桃
果形：卵圆
单果重（g）：160
果皮底色：黄
盖色深浅：深红
着色程度：多
果肉颜色：黄
外观品质：中上
核粘离性：离
肉质：软溶质
风味：酸甜
可溶性固形物（%）：12
鲜食品质：中上
花型：铃形
花瓣类型：单瓣
花瓣颜色：粉红
花粉育性：可育
花药颜色：橘红
叶腺：圆形
树形：半开张
生长势：强健
丰产性：丰产
始花期：4月初
果实成熟期：7月中旬
果实发育期（d）：112
营养生长期（d）：266
需冷量（h）：750
综合评价：果形较圆整，抗寒性强。

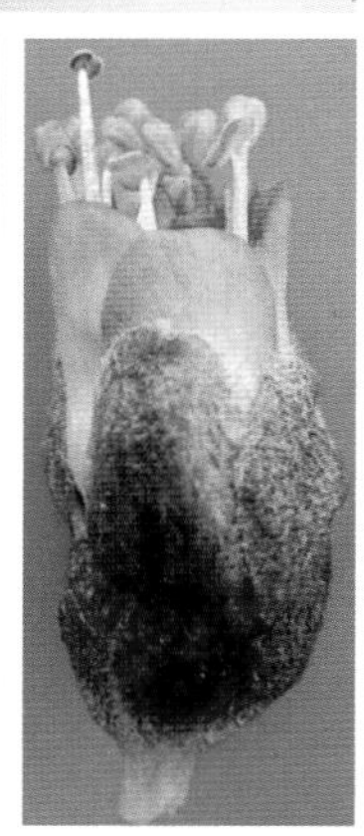

品种名称：哈维斯
外文名：Havis
原产地：美国
资源类型：选育品种
用途：果实鲜食
系谱：Dixiland×Sentinel
选育单位：美国农业部 Beltsville 试验站
育成年份：1977
果实类型：普通桃
果形：圆
单果重（g）：211
果皮底色：黄
盖色深浅：红
着色程度：多
果肉颜色：黄
外观品质：中上
核粘离性：离
肉质：硬溶质
风味：酸甜
可溶性固形物（%）：11
鲜食品质：中
花型：蔷薇形
花瓣类型：单瓣
花瓣颜色：粉红
花粉育性：可育
花药颜色：橘红
叶腺：肾形
树形：半开张
生长势：强健
丰产性：丰产
始花期：3 月底
果实成熟期：8 月上旬
果实发育期（d）：135
营养生长期（d）：270
需冷量（h）：750
综合评价：果实很大，纤维粗，近核处有红色素。

品种名称：汉斯
外文名：Hanthorne
原产地：美国
资源类型：选育品种
用途：果实鲜食
系谱：L1－27－13（Southern Glow OP）OP
选育单位：美国路易斯安纳州农业试验站
育成年份：1988
果实类型：普通桃
果形：扁圆
单果重（g）：212
果皮底色：黄
盖色深浅：深红
着色程度：中
果肉颜色：黄
外观品质：中
核粘离性：半离
肉质：硬溶质
风味：酸
可溶性固形物（%）：10
鲜食品质：中
花型：蔷薇形
花瓣类型：单瓣
花瓣颜色：粉红
花粉育性：可育
花药颜色：橘红
叶腺：肾形
树形：开张
生长势：中庸
丰产性：丰产
始花期：3月下旬
果实成熟期：7月中旬
果实发育期（d）：111
营养生长期（d）：271
需冷量（h）：600～650
综合评价：果形扁圆，外观漂亮。

品种名称：和田黄肉
外文名：Hetian Huang Rou
原产地：新疆和田地区
资源类型：地方品种
用途：果实鲜食、加工
系谱：自然实生
选育单位：农家选育
果实类型：普通桃
果形：扁圆
单果重（g）：70
果皮底色：黄
盖色深浅：红

着色程度：少
果肉颜色：黄
外观品质：下
核粘离性：离
肉质：软溶质
风味：酸甜
可溶性固形物（%）：16
鲜食品质：中
花型：蔷薇形
花瓣类型：单瓣
花瓣颜色：粉红

花粉育性：可育
花药颜色：橘红
叶腺：肾形
树形：直立
生长势：强健
丰产性：低
始花期：3月底
果实成熟期：8月上中旬
果实发育期（d）：135
营养生长期（d）：260
需冷量（h）：900

综合评价：果肉无红色素，可溶性固形物含量高，风味浓郁。丰产性差。

品种名称：和谐
外文名：Harmony
原产地：美国
资源类型：选育品种
用途：果实鲜食
系谱：Fortyniner×Gemfree
选育单位：美国加利福尼亚州 Grant Merrill
育成年份：1960
果实类型：普通桃
果形：圆
单果重（g）：155
果皮底色：黄
盖色深浅：深红
着色程度：多
果肉颜色：黄
外观品质：中上
核粘离性：离
肉质：硬溶质
风味：酸
可溶性固形物（%）：9
鲜食品质：中
花型：铃形
花瓣类型：单瓣
花瓣颜色：粉红
花粉育性：可育
花药颜色：橘红
叶腺：圆形
树形：半开张
生长势：强健
丰产性：丰产
始花期：3月底
果实成熟期：7月中旬
果实发育期（d）：110
营养生长期（d）：269
需冷量（h）：750～850
综合评价：果形圆整，外观漂亮，风味品质一般。

品种名称：红顶
外文名：Redtop
原产地：美国
资源类型：选育品种
用途：果实鲜食
系谱：Sunhigh × July Elberta 自然实生
选育单位：美国农业部加利福尼亚州 Fresno 试验站
育成年份：1961
果实类型：普通桃
果形：卵圆
单果重（g）：133
果皮底色：黄
盖色深浅：深红
着色程度：多
果肉颜色：黄
外观品质：中上
核粘离性：离
肉质：硬溶质
风味：酸
可溶性固形物（%）：12
鲜食品质：中
花型：蔷薇形
花瓣类型：单瓣
花瓣颜色：粉红
花粉育性：可育
花药颜色：橘红
叶腺：肾形
树形：半开张
生长势：强健
丰产性：极丰产
始花期：3月底
果实成熟期：7月中旬
果实发育期（d）：109
营养生长期（d）：268
需冷量（h）：850
综合评价：外观好，硬溶质，离核，耐贮运。果肉褐变轻，裂核重，汁味酸微香，出汁率56.3%，是美国加利福尼亚州的重要栽培品种。

品种名称：红港
外文名：Redhaven
原产地：美国
资源类型：选育品种
用途：果实鲜食、加工
系谱：Halehaven×Kalhaven
选育单位：美国密歇根州农业试验站
育成年份：1940
果实类型：普通桃
果形：圆
单果重（g）：130
果皮底色：橙黄
盖色深浅：深红
着色程度：多
果肉颜色：黄
外观品质：中上
核粘离性：离
肉质：硬溶质
风味：酸甜
可溶性固形物（%）：10
鲜食品质：中上
花型：铃形
花瓣类型：单瓣
花瓣颜色：粉红
花粉育性：可育
花药颜色：橘红
叶腺：肾形
树形：半开张
生长势：强健
丰产性：极丰产
始花期：3月底
果实成熟期：7月上旬
果实发育期（d）：101
营养生长期（d）：272
需冷量（h）：950
综合评价：果实外观美，肉质较硬，缝合线处有红色素。果实出汁率66.68%，果汁味浓有香味，制汁品质优良；制罐品种优良，肉稍软。适应性广，是美国的抗寒标准品种，重要的栽培品种之一。

品种名称：红皮

外文名：Redskin

原产地：美国

资源类型：选育品种

用途：果实鲜食

系谱：J. H. Hale×Elberta

选育单位：美国马里兰州农业试验站

育成年份：1944

果实类型：普通桃

果形：圆

单果重（g）：143

果皮底色：橙黄

盖色深浅：红

着色程度：多

果肉颜色：黄

外观品质：中上

核粘离性：离

肉质：硬溶质

风味：酸

可溶性固形物（%）：13

鲜食品质：中

花型：蔷薇形

花瓣类型：单瓣

花瓣颜色：粉红

花粉育性：可育

花药颜色：橘红

叶腺：肾形

树形：半开张

生长势：强健

丰产性：丰产

始花期：3月底

果实成熟期：8月上旬

果实发育期（d）：133

营养生长期（d）：268

需冷量（h）：750

综合评价：外观颜色一般，缝合线突出，影响果形美观。

品种名称：黄腊桃
外文名：Huang La Tao
原产地：广西凤山县
资源类型：地方品种
用途：遗传材料
系谱：自然实生
选育单位：农家选育
果实类型：普通桃
果形：圆
单果重（g）：142
果皮底色：黄绿
盖色深浅：深红

着色程度：中
果肉颜色：橙黄
外观品质：中
核粘离性：离
肉质：硬溶质
风味：酸甜
可溶性固形物（%）：12
鲜食品质：下
花型：蔷薇形
花瓣类型：单瓣
花瓣颜色：粉红

花粉育性：可育
花药颜色：橘红
叶腺：肾形
树形：半开张
生长势：中庸
丰产性：丰产
始花期：3月底
果实成熟期：8月中旬
果实发育期（d）：130
营养生长期（d）：256
需冷量（h）：600～650

综合评价：晚熟，肉质面，离核，风味酸。

品种名称：黄肉 6 号
外文名：Huang Rou 6
原产地：河北省昌黎县
资源类型：品系?
用途：果实鲜食
系谱：不详
引种单位：河北省农林科学院昌黎果树研究所
收集年份：1980
果实类型：普通桃
果形：圆
单果重（g）：125

果皮底色：橙黄
盖色深浅：红
着色程度：少
果肉颜色：黄
外观品质：中
核粘离性：半离
肉质：软溶质
风味：酸甜
可溶性固形物（%）：11
鲜食品质：中
花型：蔷薇形
花瓣类型：单瓣

花瓣颜色：粉红
花粉育性：不稔
花药颜色：淡黄
叶腺：圆形
树形：半开张
生长势：强健
丰产性：丰产
始花期：4 月初
果实成熟期：6 月下旬
果实发育期（d）：89
营养生长期（d）：270
需冷量（h）：700

综合评价：鲜食、加工品质均一般。花粉不稔。

品种名称：黄艳	着色程度：少	花粉育性：可育
外文名：Huang Yan	果肉颜色：黄	花药颜色：橘红
原产地：云南省晋宁县	外观品质：中	叶腺：肾形
资源类型：地方品种	核粘离性：粘	树形：直立
用途：果实加工	肉质：不溶质	生长势：强健
系谱：火炼金丹自然实生	风味：酸甜	丰产性：中
果实类型：普通桃	可溶性固形物（%）：11	始花期：3月下旬
果形：圆	鲜食品质：中	果实成熟期：8月中旬
单果重（g）：123	花型：蔷薇形	果实发育期（d）：143
果皮底色：黄	花瓣类型：单瓣	营养生长期（d）：283
盖色深浅：红	花瓣颜色：粉红	需冷量（h）：600～650

综合评价：外观漂亮，果肉纯黄、细腻。需冷量较低。

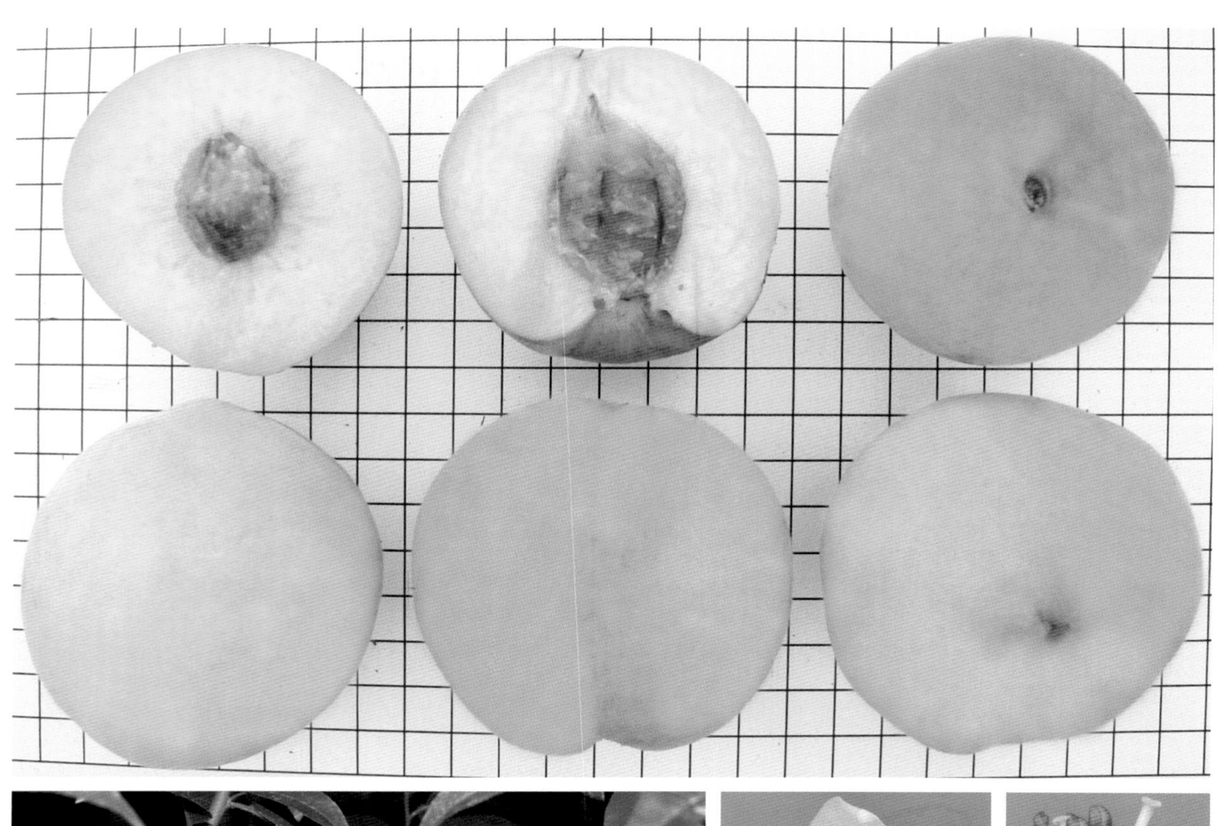

品种名称：火炼金丹
外文名：Huo Lian Jin Dan
原产地：云南省昆明市呈贡区
资源类型：地方品种
用途：果实加工
系谱：不溶质桃的自然杂交单株
引进单位：四川潼南县罐头厂
果实类型：普通桃
果形：圆
单果重（g）：131
果皮底色：黄
盖色深浅：红
着色程度：少
果肉颜色：黄
外观品质：中
核粘离性：粘
肉质：不溶质
风味：酸甜
可溶性固形物（%）：11
鲜食品质：中
花型：蔷薇形
花瓣类型：单瓣
花瓣颜色：粉红
花粉育性：可育
花药颜色：橘红
叶腺：肾形
树形：半开张
生长势：强健
丰产性：中
始花期：3月下旬
果实成熟期：8月中旬
果实发育期（d）：143
营养生长期（d）：280
需冷量（h）：600
综合评价：果肉红色素多，粘核，不溶质。加工品质一般。需冷量较低。

品种名称：火巷黄金桃
外文名：Huoxiang Huang Jin Tao
原产地：甘肃省庆阳市
资源类型：地方品种
用途：果实加工
系谱：自然实生
选育单位：农家选育
果实类型：普通桃
果形：尖圆
单果重（g）：170
果皮底色：绿黄
盖色深浅：红
着色程度：中
果肉颜色：橙黄
外观品质：中
核粘离性：粘
肉质：不溶质
风味：酸甜
可溶性固形物（%）：13
鲜食品质：中
花型：蔷薇形
花瓣类型：单瓣
花瓣颜色：粉红
花粉育性：可育
花药颜色：橘红
叶腺：肾形
树形：半开张
生长势：强健
丰产性：中
始花期：3月底
果实成熟期：7月上中旬
果实发育期（d）：105
营养生长期（d）：260
需冷量（h）：750

综合评价：果实尖圆，风味酸甜，不溶质，较丰产。与龙系列黄桃比较，该品种果实大，红色素少，是比较进化的地方品种。

品种名称：江村4号
外文名：Jiangcun 4
原产地：甘肃省宁县
资源类型：地方品种
用途：果实加工
系谱：自然实生
选育单位：农家选育
果实类型：普通桃
果形：圆
单果重（g）：151
果皮底色：黄
盖色深浅：红
着色程度：少
果肉颜色：黄
外观品质：下
核粘离性：粘
肉质：不溶质
风味：酸甜
可溶性固形物（%）：12
鲜食品质：中下
花型：蔷薇形
花瓣类型：单瓣
花瓣颜色：粉红
花粉育性：可育
花药颜色：橘红
叶腺：肾形
树形：半开张
生长势：强健
丰产性：低
始花期：3月底
果实成熟期：8月初
果实发育期（d）：128
营养生长期（d）：268
需冷量（h）：700
综合评价：果面凸凹不平，近核处红色素多，味淡。核纹多。产量极低。

品种名称：江村5号
外文名：Jiangcun 5
原产地：甘肃省宁县
资源类型：地方品种
用途：果实加工
系谱：自然实生
选育单位：农家选育
果实类型：普通桃
果形：圆
单果重（g）：159
果皮底色：橙黄
盖色深浅：红
着色程度：少
果肉颜色：黄
外观品质：下
核粘离性：粘
肉质：不溶质
风味：酸甜
可溶性固形物（%）：11
加工品质：下
花型：蔷薇形
花瓣类型：单瓣
花瓣颜色：粉红
花粉育性：不稔
花药颜色：淡黄
叶腺：肾形
树形：直立
生长势：强健
丰产性：极低
始花期：4月初
果实成熟期：7月下旬
果实发育期（d）：119
营养生长期（d）：259
需冷量（h）：800
综合评价：果面凸凹不平，果肉有红色素。核纹多。产量极低。

品种名称：金橙
外文名：Jin Cheng
原产地：江苏省南京市
资源类型：选育品种
用途：果实加工
系谱：西洋黄肉×菲利甫
选育单位：江苏省农业科学院园艺研究所
育成年份：1974
果实类型：普通桃
果形：圆
单果重（g）：130
果皮底色：黄
盖色深浅：深红
着色程度：少
果肉颜色：黄
外观品质：中上
核粘离性：粘
肉质：硬溶质
风味：酸甜
可溶性固形物（%）：10
加工品质：中上
花型：铃形
花瓣类型：单瓣
花瓣颜色：粉红
花粉育性：可育
花药颜色：橘红
叶腺：肾形
树形：半开张
生长势：强健
丰产性：丰产
始花期：3月底
果实成熟期：8月上旬
果实发育期（d）：136
营养生长期（d）：273
需冷量（h）：850
综合评价：早期丰产性一般。果实圆形，近核处有红丝，制罐品质中等。

品种名称：金凤
外文名：Jin Feng
原产地：河南省郑州市
资源类型：品系
用途：果实鲜食
系谱：（白凤×五月火）第10株×曙光
选育单位：中国农业科学院郑州果树研究所
育成年份：2003
果实类型：普通桃
果形：圆
单果重（g）：153
果皮底色：黄
盖色深浅：深红
着色程度：中
果肉颜色：黄
外观品质：中
核粘离性：粘
肉质：硬溶质
风味：甜
可溶性固形物（%）：10
鲜食品质：中上
花型：蔷薇形
花瓣类型：单瓣
花瓣颜色：粉红
花粉育性：可育
花药颜色：橘红
叶腺：肾形
树形：开张
生长势：中庸
丰产性：丰产
始花期：3月底
果实成熟期：7月上旬
果实发育期（d）：101
营养生长期（d）：261
需冷量（h）：750～800
综合评价：果实外观好，香气浓郁，但夏季温度较高时缝合线有先熟现象。

品种名称：金冠
外文名：Goldcrest
原产地：美国
资源类型：选育品种
用途：果实鲜食
系谱：FV9－164 OP（＝FV89－14 × Springtime）；FV89－14 ＝ FV1548（Fireglow × Hiley）×Fireglow
选育单位：美国农业部 Fresno 试验站
育成年份：1984
果实类型：普通桃

果形：卵圆
单果重（g）：64
果皮底色：橙黄
盖色深浅：深红
着色程度：多
果肉颜色：黄
外观品质：中
核粘离性：粘
肉质：软溶质
风味：酸甜
可溶性固形物（%）：9
鲜食品质：中
花型：蔷薇形

花瓣类型：单瓣
花瓣颜色：粉红
花粉育性：可育
花药颜色：橘红
叶腺：肾形
树形：半开张
生长势：强健
丰产性：丰产
始花期：3 月底
果实成熟期：5 月下旬
果实发育期（d）：56
营养生长期（d）：250
需冷量（h）：650

综合评价：极早熟，果实小，外观颜色好，肉质偏软。

品种名称：金花露
外文名：Jin Hua Lu
原产地：江苏省南京市
资源类型：选育品种
用途：果实鲜食
系谱：白花×初香美
选育单位：江苏省农业科学院园艺研究所
育成年份：1994
果实类型：普通桃
果形：圆
单果重（g）：138
果皮底色：黄
盖色深浅：红
着色程度：中
果肉颜色：黄
外观品质：中上
核粘离性：粘
肉质：软溶质
风味：甜微酸
可溶性固形物（%）：9
鲜食品质：中
花型：蔷薇形
花瓣类型：单瓣
花瓣颜色：粉红
花粉育性：不稔
花药颜色：淡黄
叶腺：肾形
树形：开张
生长势：强健
丰产性：丰产
始花期：3月底
果实成熟期：6月下旬
果实发育期（d）：86
营养生长期（d）：261
需冷量（h）：850
综合评价：早熟，综合性状良好。花粉不稔。

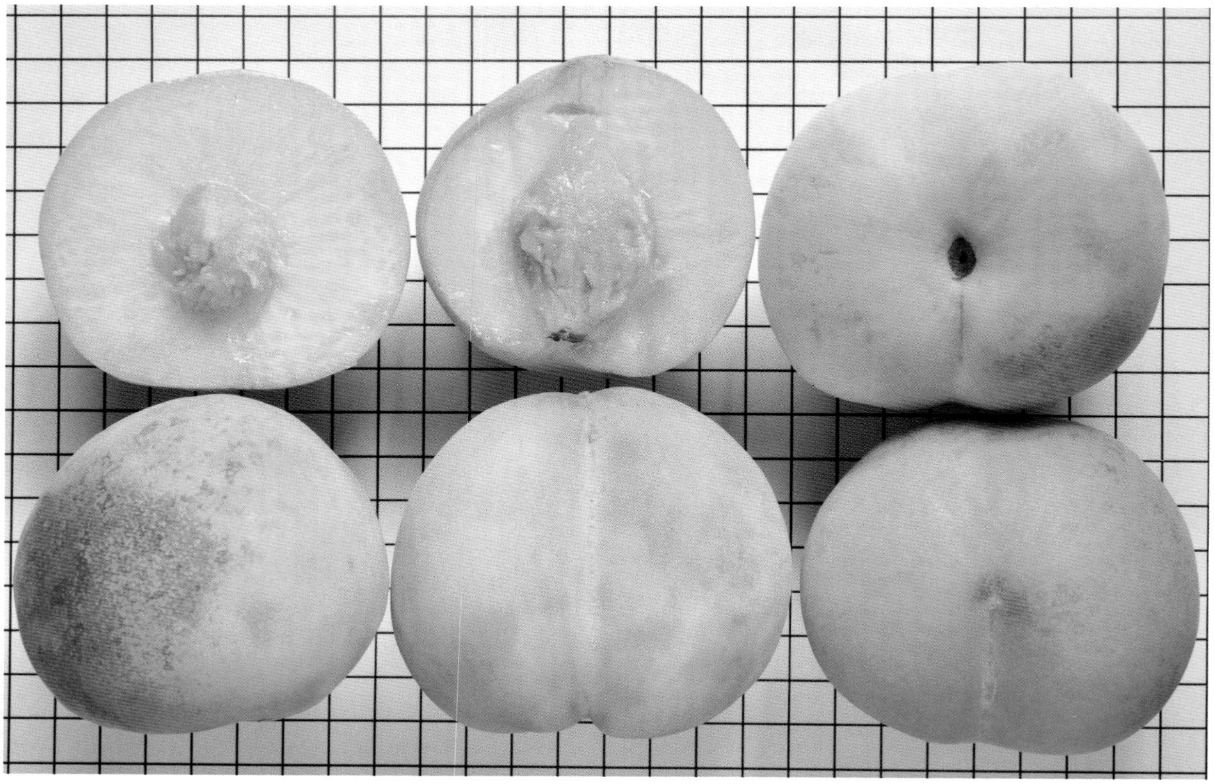

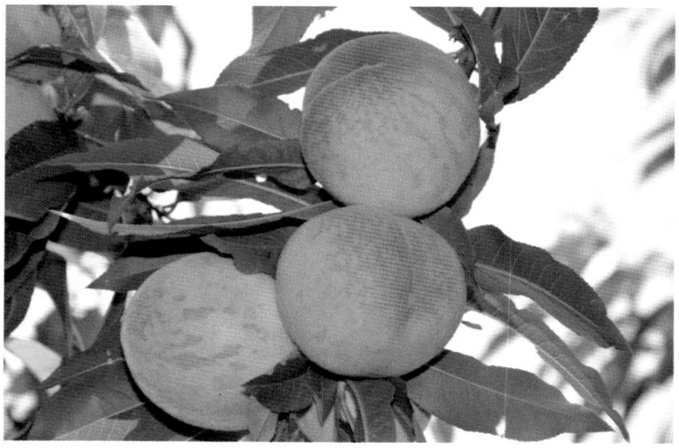

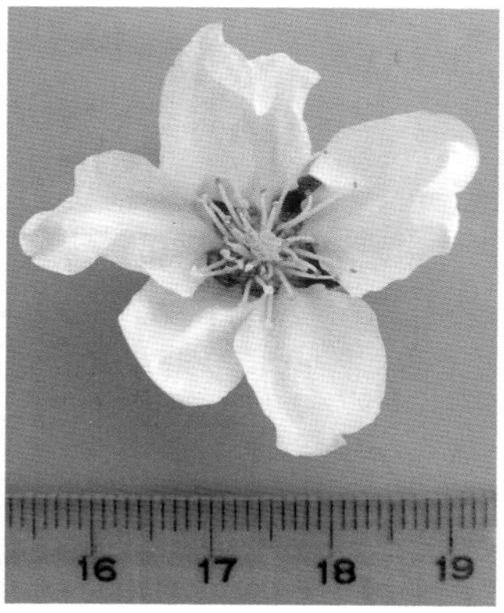

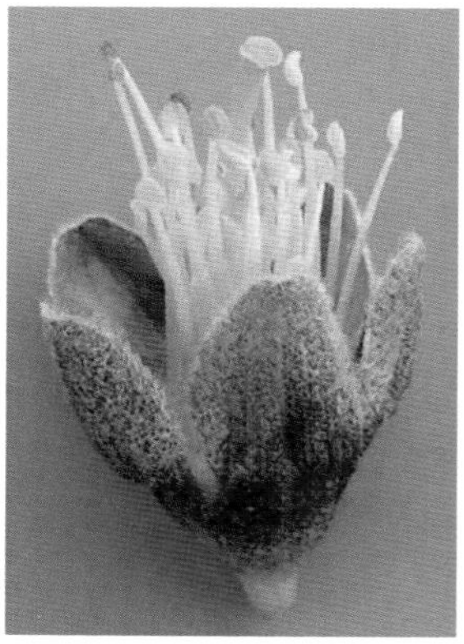

品种名称：金皇后
外文名：Golden Queen
原产地：新西兰
资源类型：选育品种
用途：果实加工
系谱：偶然实生
选育单位：不详
育成年份：1908
果实类型：普通桃
果形：圆
单果重（g）：100
果皮底色：橙黄
盖色深浅：红
着色程度：少
果肉颜色：黄
外观品质：中上
核粘离性：粘
肉质：不溶质
风味：酸甜
可溶性固形物（%）：14
加工品质：中上
花型：蔷薇形
花瓣类型：单瓣
花瓣颜色：粉红
花粉育性：可育
花药颜色：橘红
叶腺：圆形
树形：半开张
生长势：强健
丰产性：丰产
始花期：3月底
果实成熟期：8月底
果实发育期（d）：153
营养生长期（d）：269
需冷量（h）：900～1 000
综合评价：果肉无红色素，不溶质，风味浓郁，唯果实较小。

品种名称：金露
外文名：Jin Lu
原产地：辽宁省大连市
资源类型：选育品种
用途：果实加工
系谱：黄露×17－39（黄金桃×中割谷）
选育单位：大连市农业科学院
育成年份：2006
果实类型：普通桃
果形：圆
单果重（g）：144
果皮底色：橙黄
盖色深浅：红
着色程度：少
果肉颜色：橙黄
外观品质：中上
核粘离性：粘
肉质：不溶质
风味：酸甜
可溶性固形物（%）：12
鲜食品质：中
花型：蔷薇形
花瓣类型：单瓣
花瓣颜色：粉红
花粉育性：可育
花药颜色：橘红
叶腺：肾形
树形：半开张
生长势：强健
丰产性：丰产
始花期：3月底
果实成熟期：7月下旬
果实发育期（d）：116
营养生长期（d）：260
需冷量（h）：800
综合评价：果实圆形，风味酸甜，香味浓，不溶质。罐头品质很好。

品种名称：金玛丽
外文名：Marigold
原产地：美国
来源地：保加利亚
资源类型：选育品种
用途：果实鲜食
系谱：Lola×Arp
选育单位：美国新泽西州农业试验站
育成年份：1925
果实类型：普通桃
果形：圆
单果重（g）：88
果皮底色：黄
盖色深浅：红
着色程度：中
果肉颜色：黄
外观品质：中
核粘离性：离
肉质：软溶质
风味：酸
可溶性固形物（%）：11
鲜食品质：中
花型：蔷薇形
花瓣类型：单瓣
花瓣颜色：粉红
花粉育性：可育
花药颜色：橘红
叶腺：肾形
树形：半开张
生长势：强健
丰产性：丰产
始花期：3月底
果实成熟期：7月初
果实发育期（d）：99
营养生长期（d）：254
需冷量（h）：950
综合评价：综合性状一般，果皮易剥离，含花粉不育基因。

品种名称：金世纪
外文名：Jin Shi Ji
原产地：河北省昌黎县
资源类型：育成品种
用途：果实鲜食、加工
系谱：（丹桂×雪桃）F_1 自然实生
选育单位：河北职业技术师范学院
育成年份：2003
果实类型：普通桃
果形：圆
单果重（g）：300
果皮底色：黄
盖色深浅：红
着色程度：中
果肉颜色：黄
外观品质：中上
核粘离性：粘
肉质：不溶质
风味：甜
可溶性固形物（%）：14
鲜食品质：中上
花型：蔷薇形
花瓣类型：单瓣
花瓣颜色：粉红
花粉育性：可育
花药颜色：橘红
叶腺：肾形
树形：半开张
生长势：强健
丰产性：丰产
始花期：4月初
果实成熟期：8月下旬
果实发育期（d）：140
营养生长期（d）：265
需冷量（h）：900
综合评价：晚熟，果实很大，不溶质，近核处无红色素。

品种名称：金童5号
外文名：Babygold 5
原代号：NJC3
原产地：美国
资源类型：选育品种
用途：果实加工
系谱：PI35201（云南桃实生）×NJ196［NJ76925 OP（J. H. Hale×Goldfinch）］
选育单位：美国新泽西州农业试验站
育成年份：1961
果实类型：普通桃

果形：圆
单果重（g）：178
果皮底色：橙黄
盖色深浅：红
着色程度：中
果肉颜色：黄
外观品质：中上
核粘离性：粘
肉质：不溶质
风味：酸甜
可溶性固形物（%）：10
加工品质：中上
花型：铃形

花瓣类型：单瓣
花瓣颜色：粉红
花粉育性：可育
花药颜色：橘红
叶腺：肾形
树形：半开张
生长势：中庸
丰产性：极丰产
始花期：3月底
果实成熟期：7月中下旬
果实发育期（d）：122
营养生长期（d）：264
需冷量（h）：800

综合评价：果肉细韧，缝合线处果肉有红色素，香气浓。加工品质优，是优良的中熟罐藏品种；在我国和美国均普遍栽培。

品种名称：金童 6 号
外文名：Babygold 6
原代号：NJC15
原产地：美国
资源类型：选育品种
用途：果实加工
系谱：NJ13232（=NJ58127 OP）×NJ196；NJ58127 =J. H. Hale×PI36126；NJ196 = NJ76925 OP (J. H. Hale×Goldfinch)
选育单位：美国新泽西州农业试验站
育成年份：1961

果实类型：普通桃
果形：圆
单果重（g）：144
果皮底色：橙黄
盖色深浅：深红
着色程度：多
果肉颜色：黄
外观品质：上
核粘离性：粘
肉质：不溶质
风味：酸甜
可溶性固形物（%）：11
加工品质：上
花型：铃形

花瓣类型：单瓣
花瓣颜色：粉红
花粉育性：可育
花药颜色：橘红
叶腺：肾形
树形：半开张
生长势：强健
丰产性：极丰产
始花期：3 月底
果实成熟期：7 月底
果实发育期（d）：126
营养生长期（d）：267
需冷量（h）：900

综合评价：果实圆形，肉质细韧，风味爽口，香气浓，出汁率 57.9%，加工罐头产品色泽橙黄，有光泽。重要生产品种。

品种名称：金童 7 号
外文名：Babygold 7
原代号：NJC 19
原产地：美国
资源类型：选育品种
用途：果实加工
系谱：[Lemon Free×P. I. 35201（云南桃实生）]×NJ196（J. H. Hale×Goldfinch）
选育单位：美国新泽西州农业试验站
育成年份：1961
果实类型：普通桃

果形：圆
单果重（g）：156
果皮底色：橙黄
盖色深浅：深红
着色程度：中
果肉颜色：黄
外观品质：中
核粘离性：粘
肉质：不溶质
风味：酸甜
可溶性固形物（%）：12
加工品质：上
花型：铃形

花瓣类型：单瓣
花瓣颜色：粉红
花粉育性：可育
花药颜色：橘红
叶腺：肾形
树形：半开张
生长势：强健
丰产性：丰产
始花期：3 月底
果实成熟期：8 月中旬
果实发育期（d）：136
营养生长期（d）：271
需冷量（h）：750

综合评价：晚熟，果实大，加工适应性好，有些年份部分果实果面不平，加工过程中去皮较难。产量高。

品种名称：金童8号
外文名：Babygold 8
原代号：NJC64
原产地：美国
资源类型：选育品种
用途：果实加工
系谱：P. I. 35201（云南桃实生）×Ambergem
选育单位：美国新泽西州农业试验站
育成年份：1951
果实类型：普通桃
果形：圆
单果重（g）：164
果皮底色：橙黄
盖色深浅：红
着色程度：少
果肉颜色：黄
外观品质：中上
核粘离性：粘
肉质：不溶质
风味：酸甜
可溶性固形物（%）：10
加工品质：中
花型：铃形
花瓣类型：单瓣
花瓣颜色：粉红
花粉育性：可育
花药颜色：橘红
叶腺：肾形
树形：半开张
生长势：强健
丰产性：丰产
始花期：3月底
果实成熟期：8月中旬
果实发育期（d）：142
营养生长期（d）：265
需冷量（h）：950
综合评价：晚熟，有少量红色素，加工适应性较好。

品种名称：金童 9 号
外文名：Babygold 9
原代号：NJC66
原产地：美国
资源类型：选育品种
用途：果实加工
系谱：PI35201（云南桃实生）×PI43137
选育单位：美国新泽西州农业试验站
育成年份：1961
果实类型：普通桃
果形：圆
单果重（g）：147
果皮底色：橙黄
盖色深浅：红
着色程度：中
果肉颜色：黄
外观品质：中上
核粘离性：粘
肉质：不溶质
风味：酸甜
可溶性固形物（%）：11
加工品质：中
花型：铃形
花瓣类型：单瓣
花瓣颜色：粉红
花粉育性：可育
花药颜色：橘红
叶腺：肾形
树形：半开张
生长势：强健
丰产性：丰产
始花期：3 月底
果实成熟期：8 月中旬
果实发育期（d）：144
营养生长期（d）：266
需冷量（h）：950
综合评价：果肉细韧，无红色素，加工品质优良。
备注：*Handbook of Peach and Nectarine Varieties* 描述该品种为蔷薇形花。

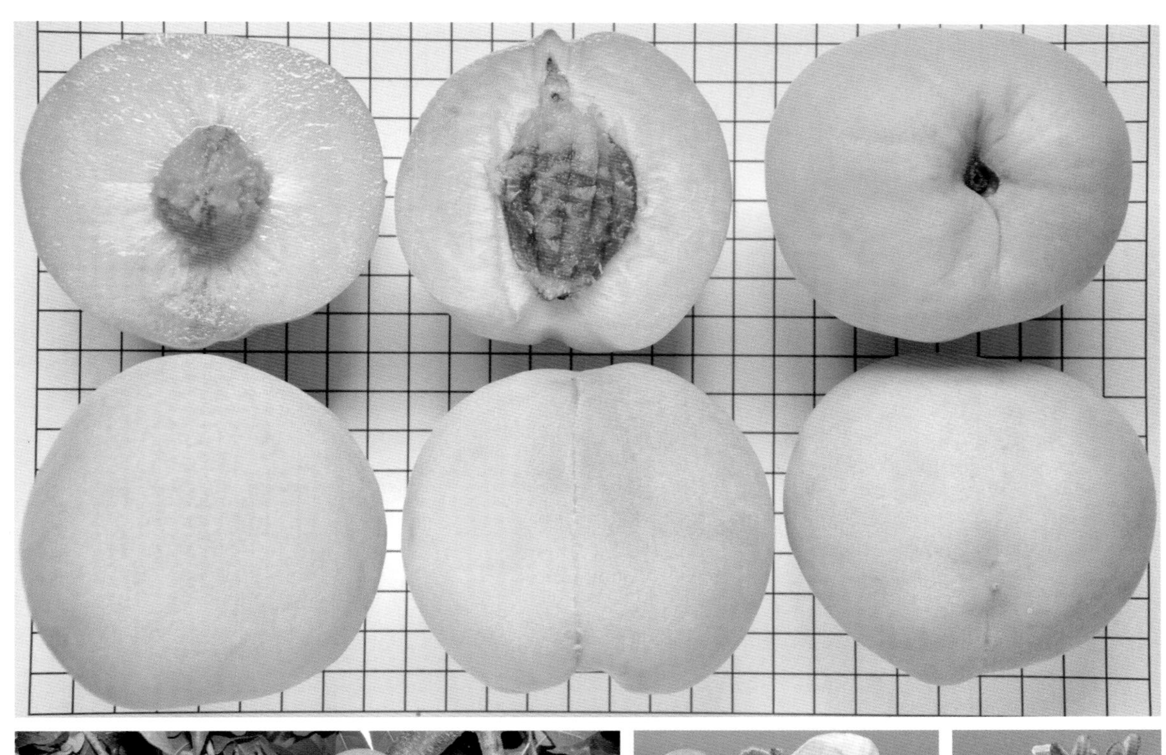

品种名称：紧罗曼
外文名：Dwarf Norman
原产地：美国
资源类型：选育品种
用途：果实鲜食
系谱：偶然实生
选育单位：美国加利福尼亚州北部
育成年份：1970
果实类型：普通桃
果形：椭圆
单果重（g）：193
果皮底色：黄
盖色深浅：深红
着色程度：少
果肉颜色：黄
外观品质：中
核粘离性：离
肉质：硬溶质
风味：酸甜
可溶性固形物（%）：9
鲜食品质：中
花型：蔷薇形
花瓣类型：单瓣
花瓣颜色：粉红
花粉育性：可育
花药颜色：橘红
叶腺：肾形
树形：开张
生长势：中庸
丰产性：丰产
始花期：3月底
果实成熟期：8月上旬
果实发育期（d）：130
营养生长期（d）：265
需冷量（h）：850～900
综合评价：果实综合性状一般。树形紧凑，枝条节间短。

品种名称：锦
外文名：Nishiki，錦
原产地：日本
资源类型：选育品种
用途：果实鲜食
系谱：罐桃 12 号×罐桃 2 号
选育单位：日本农林水产省筑波果树试验场
育成年份：1964
果实类型：普通桃
果形：圆
单果重（g）：150
果皮底色：黄
盖色深浅：深红
着色程度：多
果肉颜色：黄
外观品质：中
核粘离性：粘
肉质：硬溶质
风味：酸甜
可溶性固形物（%）：11
加工品质：中
花型：蔷薇形
花瓣类型：单瓣
花瓣颜色：粉红
花粉育性：可育
花药颜色：橘红
叶腺：肾形
树形：开张
生长势：强健
丰产性：丰产
始花期：3 月底
果实成熟期：7 月中旬
果实发育期（d）：109
营养生长期（d）：271
需冷量（h）：850～900
综合评价：外观漂亮，肉质细。成熟期较早。

品种名称：锦绣
外文名：Jin Xiu
原产地：上海市
资源类型：选育品种
用途：果实鲜食、加工
系谱：白花×云署1号
选育单位：上海市农业科学院园艺研究所
育成年份：1985
果实类型：普通桃
果形：椭圆
单果重（g）：171

果皮底色：黄
盖色深浅：深红
着色程度：少
果肉颜色：黄
外观品质：中
核粘离性：粘
肉质：硬溶质
风味：甜
可溶性固形物（%）：18
鲜食品质：上
花型：蔷薇形
花瓣类型：单瓣

花瓣颜色：粉红
花粉育性：可育
花药颜色：橘红
叶腺：肾形
树形：开张
生长势：强健
丰产性：丰产
始花期：4月初
果实成熟期：8月上旬
果实发育期（d）：126
营养生长期（d）：251
需冷量（h）：850

综合评价：晚熟，果实大，风味浓郁，在上海、江苏、浙江、山东为主要栽培品种。

品种名称：卡里南
外文名：Cullinan
别名：卡林娜
原产地：美国
资源类型：选育品种
用途：果实加工
系谱：McNeely×Goldenred
选育单位：美国农业部马里兰州 Beltsville 农业试验站
育成年份：1977
果实类型：普通桃
果形：圆

单果重（g）：200
果皮底色：黄
盖色深浅：深红
着色程度：多
果肉颜色：黄
外观品质：上
核粘离性：离
肉质：硬溶质
风味：酸甜
可溶性固形物（%）：10
加工品质：中
花型：铃形
花瓣类型：单瓣

花瓣颜色：粉红
花粉育性：可育
花药颜色：橘红
叶腺：肾形
树形：半开张
生长势：强健
丰产性：极丰产
始花期：3 月底
果实成熟期：7 月中旬
果实发育期（d）：111
营养生长期（d）：268
需冷量（h）：850

综合评价：果实很大，外观漂亮。制汁品质一般。杂交后代果肉软，缝合线先熟。

品种名称：凯旋
外文名：Triumph
原产地：美国
资源类型：选育品种
用途：资源材料
系谱：Alexander 的后代
选育单位：美国密歇根州 J. D. Husted
育成年份：1895
果实类型：普通桃
果形：圆
单果重（g）：86
果皮底色：黄
盖色深浅：深红
着色程度：多
果肉颜色：黄
外观品质：中
核粘离性：半离
肉质：软溶质
风味：酸
可溶性固形物（%）：9
鲜食品质：中下
花型：蔷薇形
花瓣类型：单瓣
花瓣颜色：粉红
花粉育性：可育
花药颜色：橘红
叶腺：圆形
树形：半开张
生长势：强健
丰产性：丰产
始花期：4 月初
果实成熟期：7 月初
果实发育期（d）：96
营养生长期（d）：277
需冷量（h）：900
综合评价：果实全面紫红色，茸毛多，果面凸凹不平。制汁果肉有褐变，出汁率 61.32%，制汁品质一般。

品种名称：拉菲
外文名：Lafeliciana
原产地：美国
资源类型：选育品种
用途：果实鲜食
系谱：L5－20－18（Dixigem OP）OP
选育单位：美国路易斯安纳州农业试验站
育成年份：1980
果实类型：普通桃
果形：圆
单果重（g）：106
综合评价：果形圆整，外观漂亮。

果皮底色：橙黄
盖色深浅：深红
着色程度：多
果肉颜色：黄
外观品质：上
核粘离性：离
肉质：硬溶质
风味：酸
可溶性固形物（%）：9
鲜食品质：下
花型：铃形
花瓣类型：单瓣

花瓣颜色：粉红
花粉育性：可育
花药颜色：橘红
叶腺：肾形
树形：开张
生长势：中庸
丰产性：丰产
始花期：3月下旬
果实成熟期：7月中旬
果实发育期（d）：113
营养生长期（d）：270
需冷量（h）：600

品种名称：连黄
外文名：Lian Huang
原产地：辽宁省大连市
资源类型：选育品种
用途：果实加工
系谱：早生黄金自然实生
选育单位：大连市农业科学研究所
育成年份：1968
果实类型：普通桃
果形：椭圆
单果重（g）：165
果皮底色：橙黄
盖色深浅：红
着色程度：中
果肉颜色：黄
外观品质：中上
核粘离性：粘
肉质：不溶质
风味：酸甜
可溶性固形物（%）：9
加工品质：上
花型：蔷薇形
花瓣类型：单瓣
花瓣颜色：粉红
花粉育性：可育
花药颜色：橘红
叶腺：肾形
树形：开张
生长势：强健
丰产性：丰产
始花期：3月底
果实成熟期：7月中旬
果实发育期（d）：110
营养生长期（d）：254
需冷量（h）：850
综合评价：果实大，果肉红色素较丰黄少，肉质致密，韧性比丰黄强，可作为罐藏加工桃的优良亲本，20世纪80～90年代是我国主要的罐藏加工品种。果汁清，味浓，有香气，出汁率低，制汁品质中等。

品种名称：临黄1号
外文名：Lin Huang 1
原产地：甘肃省临泽县
资源类型：地方品种
用途：果实鲜食、制干
系谱：自然实生
选育单位：农家选育
果实类型：普通桃
果形：椭圆
单果重（g）：120
果皮底色：黄
盖色深浅：深红
着色程度：多
果肉颜色：黄
外观品质：下
核粘离性：粘
肉质：不溶质
风味：酸
可溶性固形物（%）：7
鲜食品质：下
花型：蔷薇形
花瓣类型：单瓣
花瓣颜色：粉红
花粉育性：可育
花药颜色：橘红
叶腺：肾形
树形：直立
生长势：强健
丰产性：低
始花期：3月底
果实成熟期：7月上中旬
果实发育期（d）：104
营养生长期（d）：265
需冷量（h）：800
综合评价：果肉有褐变，有香气，制汁品质一般。

品种名称：临黄 9 号
外文名：Lin Huang 9
原产地：甘肃省临泽县
资源类型：地方品种
用途：果实加工
系谱：自然实生
果实类型：普通桃
果形：圆
单果重（g）：98
果皮底色：黄
盖色深浅：红
着色程度：少
果肉颜色：黄
外观品质：下
核粘离性：粘
肉质：不溶质
风味：酸甜
可溶性固形物（%）：11
鲜食品质：中下
花型：蔷薇形
花瓣类型：单瓣
花瓣颜色：粉红
花粉育性：可育
花药颜色：橘红
叶腺：肾形
树形：半开张
生长势：强健
丰产性：低
始花期：3 月底
果实成熟期：8 月中旬
果实发育期（d）：132
营养生长期（d）：265
需冷量（h）：750～800
综合评价：部分果实缝合线处开裂。我国优良的地方品种，可用于罐桃育种亲本。

品种名称：六月金
外文名：June Gold
原产地：美国
资源类型：选育品种
用途：果实鲜食
系谱：Flamingo×Springtime
选育单位：美国加利福尼亚州 Armstrong 苗圃
育成年份：1958
果实类型：普通桃
果形：卵圆
单果重（g）：138

果皮底色：橙黄
盖色深浅：深红
着色程度：多
果肉颜色：黄
外观品质：中
核粘离性：粘
肉质：硬溶质
风味：酸
可溶性固形物（%）：9
鲜食品质：中
花型：蔷薇形
花瓣类型：单瓣

花瓣颜色：粉红
花粉育性：可育
花药颜色：橘红
叶腺：圆形
树形：半开张
生长势：强健
丰产性：丰产
始花期：3 月底
果实成熟期：6 月中下旬
果实发育期（d）：85
营养生长期（d）：266
需冷量（h）：650

综合评价：果实卵圆形，果实颜色较好。

品种名称：龙 1-2-3
外文名：Long 1-2-3
原产地：甘肃省宁县
资源类型：地方品种
用途：育种材料、制干
系谱：自然实生
选育单位：农家选育
果实类型：普通桃
果形：卵圆
单果重（g）：172
果皮底色：黄
盖色深浅：红
着色程度：少
果肉颜色：黄
外观品质：下
核粘离性：粘
肉质：不溶质
风味：酸甜
可溶性固形物（%）：11
鲜食品质：中
花型：蔷薇形
花瓣类型：单瓣
花瓣颜色：粉红
花粉育性：可育
花药颜色：橘红
叶腺：肾形
树形：直立
生长势：强健
丰产性：低
始花期：3 月底
果实成熟期：8 月上旬
果实发育期（d）：134
营养生长期（d）：270
需冷量（h）：700
综合评价：果实大，果肉红色素多，近核处和缝合线处苦，有特殊的清香味。

品种名称：龙1－2－4
外文名：Long 1－2－4
原产地：甘肃省宁县
资源类型：地方品种
用途：育种材料、制干
系谱：自然实生
选育单位：农家选育
果实类型：普通桃
果形：圆
单果重（g）：138
果皮底色：橙黄
盖色深浅：深红
着色程度：少
果肉颜色：黄
外观品质：下
核粘离性：粘
肉质：不溶质
风味：酸甜
可溶性固形物（%）：12
鲜食品质：中下
花型：蔷薇形
花瓣类型：单瓣
花瓣颜色：粉红
花粉育性：可育
花药颜色：橘红
叶腺：肾形
树形：直立
生长势：强健
丰产性：低
始花期：3月底
果实成熟期：8月上旬
果实发育期（d）：138
营养生长期（d）：269
需冷量（h）：700
综合评价：近核处红色素较多，近核处和缝合线处苦；果肉有特殊的清香味。

品种名称：龙 1－2－6
外文名：Long 1－2－6
原产地：甘肃省宁县
资源类型：地方品种
用途：育种材料、制干
系谱：自然实生
选育单位：农家选育
果实类型：普通桃
果形：圆
单果重（g）：136
果皮底色：橙黄
盖色深浅：深红
着色程度：中
果肉颜色：黄
外观品质：下
核粘离性：粘
肉质：不溶质
风味：酸甜
可溶性固形物（%）：12
鲜食品质：下
花型：蔷薇形
花瓣类型：单瓣
花瓣颜色：粉红
花粉育性：可育
花药颜色：橘红
叶腺：肾形
树形：直立
生长势：强健
丰产性：低
始花期：3 月底
果实成熟期：8 月中旬
果实发育期（d）：134
营养生长期（d）：273
需冷量（h）：750
综合评价：果肉红色素多，有特殊的清香味。

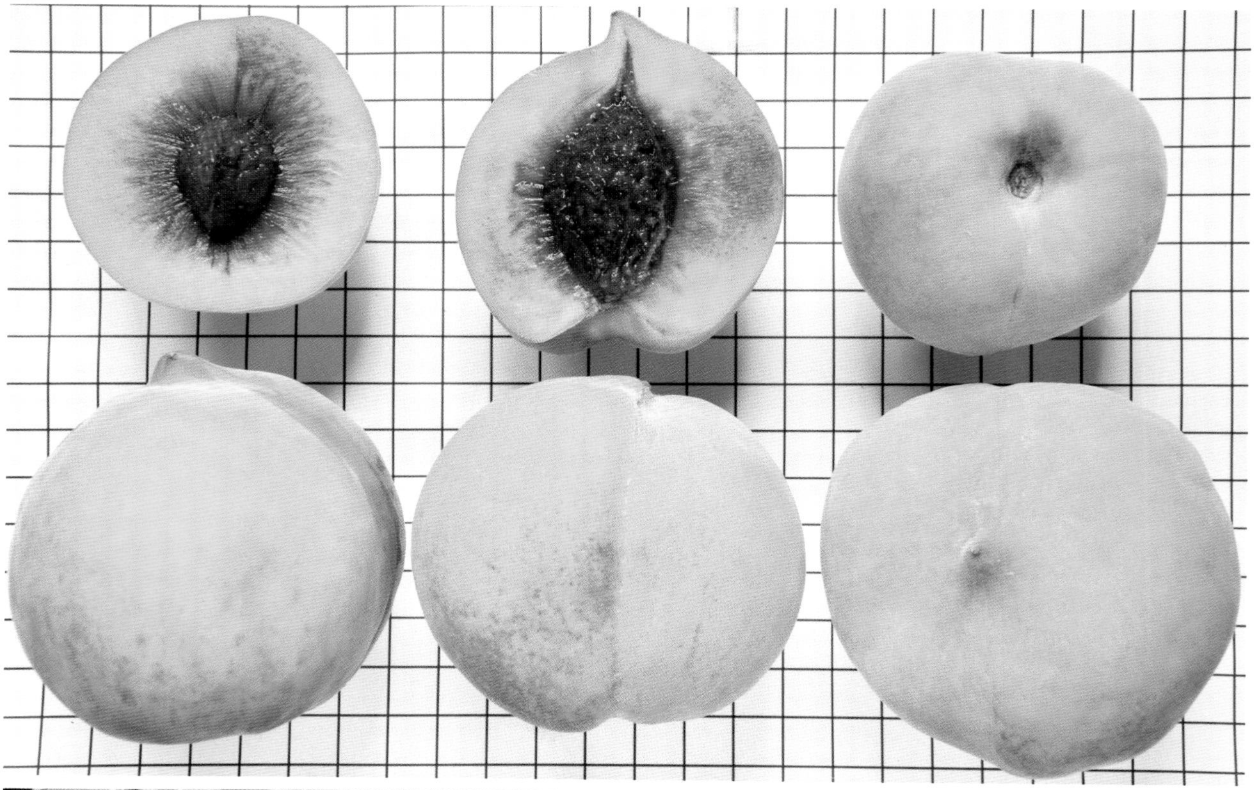

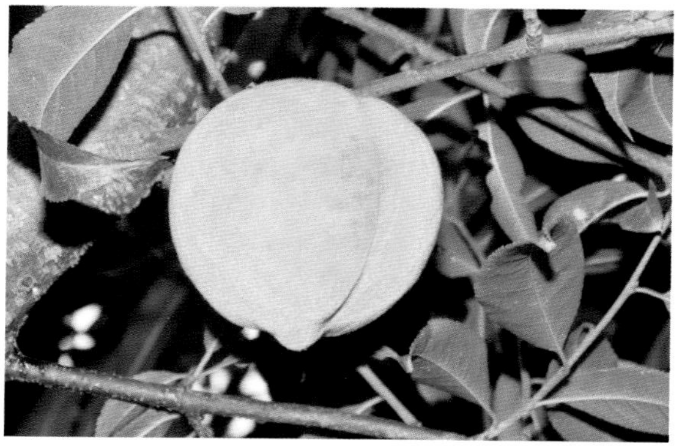

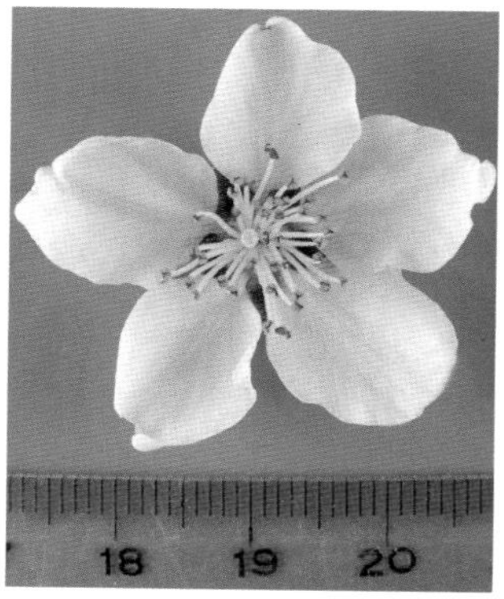

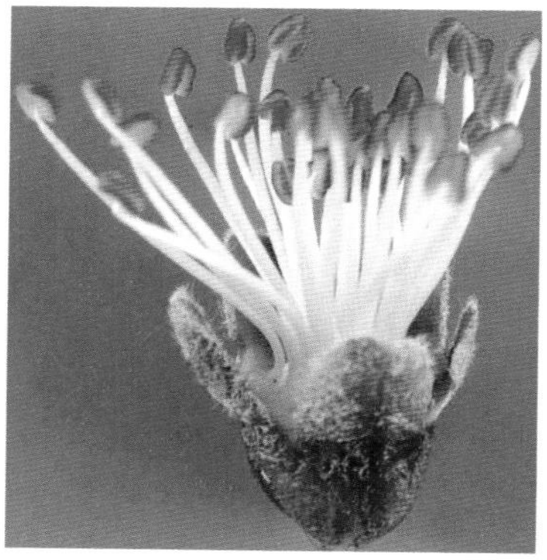

品种名称：龙 2－4－6
外文名：Long 2－4－6
原产地：甘肃省宁县
资源类型：地方品种
用途：育种材料、制干
系谱：自然实生
选育单位：农家选育
收集年份：1979
果实类型：普通桃
果形：圆
单果重（g）：128
果皮底色：橙黄
盖色深浅：深红
着色程度：中
果肉颜色：黄
外观品质：中
核粘离性：粘
肉质：不溶质
风味：酸甜
可溶性固形物（%）：11
鲜食品质：中下
花型：蔷薇形
花瓣类型：单瓣
花瓣颜色：粉红
花粉育性：可育
花药颜色：橘红
叶腺：肾形
树形：直立
生长势：强健
丰产性：低
始花期：4 月初
果实成熟期：8 月上旬
果实发育期（d）：132
营养生长期（d）：264
需冷量（h）：850
综合评价：近核处红色素较多，有特殊的清香味。

品种名称：露豆
外文名：Loadel
原产地：美国
资源类型：选育品种
用途：果实加工
系谱：Lovell 自然实生?
选育单位：美国加利福尼亚州私人苗圃 Howard H. Harter
育成年份：1950
果实类型：普通桃
果形：圆
单果重（g）：199
果皮底色：黄绿
盖色深浅：深红
着色程度：中
果肉颜色：橙黄
外观品质：中上
核粘离性：粘
肉质：不溶质
风味：酸甜
可溶性固形物（%）：12
鲜食品质：中
花型：铃形
花瓣类型：单瓣
花瓣颜色：粉红
花粉育性：可育
叶腺：圆形
树形：半开张
生长势：强健
丰产性：丰产
始花期：3 月底
果实成熟期：7 月中下旬
果实发育期（d）：116
营养生长期（d）：260
需冷量（h）：850
综合评价：果实圆，果顶有小尖，风味酸甜。果肉无红色素，不溶质，丰产。优良制罐品种。

品种名称：露香
外文名：Lu Xiang
原产地：辽宁省大连市
资源类型：选育品种
用途：果实鲜食、加工
系谱：早生黄金自然实生
选育单位：大连市农业科学研究所
育成年份：1960
果实类型：普通桃
果形：椭圆
单果重（g）：111
果皮底色：橙黄
盖色深浅：深红
着色程度：中
果肉颜色：黄
外观品质：中上
核粘离性：半离
肉质：软溶质
风味：酸甜
可溶性固形物（%）：11
鲜食品质：中上
花型：蔷薇形
花瓣类型：单瓣
花瓣颜色：粉红
花粉育性：可育
花药颜色：橘红
叶腺：肾形
树形：开张
生长势：强健
丰产性：丰产
始花期：3月底
果实成熟期：6月下旬
果实发育期（d）：92
营养生长期（d）：249
需冷量（h）：800
综合评价：肉质偏软，果实香气浓郁，综合性状一般。

品种名称：罗曼
外文名：Norman
原代号：NC7244
原产地：美国
资源类型：选育品种
用途：果实鲜食
系谱：Sunhigh×Redskin
选育单位：美国北卡罗来纳州农业试验站
育成年份：1969
果实类型：普通桃
果形：圆
单果重（g）：139

果皮底色：黄
盖色深浅：深红
着色程度：多
果肉颜色：黄
外观品质：中上
核粘离性：离
肉质：硬溶质
风味：酸甜
可溶性固形物（%）：11
鲜食品质：中
花型：蔷薇形
花瓣类型：单瓣

花瓣颜色：粉红
花粉育性：可育
花药颜色：橘红
叶腺：肾形
树形：半开张
生长势：强健
丰产性：丰产
始花期：3月底
果实成熟期：7月中旬
果实发育期（d）：110
营养生长期（d）：266
需冷量（h）：850

综合评价：外观较好，果实缝合线先熟。果汁味浓有香气，出汁率中等，制汁品质一般。

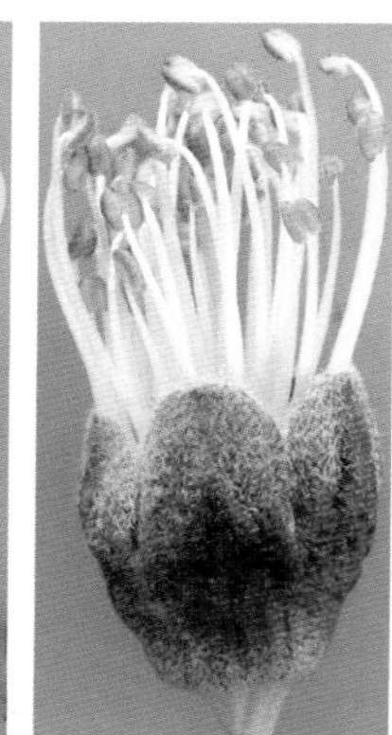

品种名称：罗蜜安娜
外文名：Rumiana
原产地：保加利亚
资源类型：选育品种
用途：果实加工
系谱：不详
选育单位：不详
引进年份：1978
果实类型：普通桃
果形：圆
单果重（g）：180
果皮底色：黄
盖色深浅：红
着色程度：中
果肉颜色：黄
外观品质：中上
核粘离性：粘
肉质：不溶质
风味：酸甜
可溶性固形物（%）：10
加工品质：中上
花型：铃形
花瓣类型：单瓣
花瓣颜色：粉红
花粉育性：可育
花药颜色：橘红
叶腺：肾形
树形：半开张
生长势：强健
丰产性：丰产
始花期：3月底
果实成熟期：7月下旬
果实发育期（d）：123
营养生长期（d）：270
需冷量（h）：800
综合评价：果实大，果顶平，果肉黄色较浅，综合性状一般。

品种名称：麦克尼丽
外文名：McNeely
原产地：美国
资源类型：选育品种
用途：果实鲜食
系谱：Kalhaven×（Hal-Berta Giant×Golden Globe）
选育单位：美国农业部马里兰州Beltsville试验站和南卡罗来纳州Clemson农业试验站
育成年份：1972
果实类型：普通桃
果形：圆
单果重（g）：200
果皮底色：黄
盖色深浅：深红
着色程度：多
果肉颜色：黄
外观品质：上
核粘离性：离
肉质：硬溶质
风味：酸甜
可溶性固形物（%）：10
鲜食品质：中
花型：铃形
花瓣类型：单瓣
花瓣颜色：粉红
花粉育性：可育
花药颜色：橘红
叶腺：肾形
树形：半开张
生长势：强健
丰产性：极丰产
始花期：4月初
果实成熟期：7月中旬
果实发育期（d）：110
营养生长期（d）：270
需冷量（h）：900
综合评价：外观颜色较好，果实很大，肉质纤维粗，近核处红色。产量不稳定。结果枝细弱、下垂。

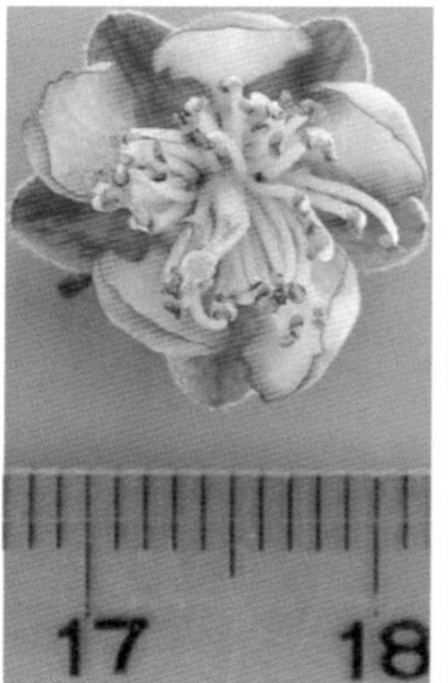

品种名称：美锦
外文名：Mei Jin
原产地：河北省石家庄市
资源类型：选育品种
用途：果实鲜食
系谱：京玉自交
选育单位：河北省农林科学院石家庄果树研究所
育成年份：2008
果实类型：普通桃
果形：椭圆
单果重（g）：150
果皮底色：橙黄
盖色深浅：深红
着色程度：中
果肉颜色：橙黄
外观品质：中上
核粘离性：离
肉质：硬溶质
风味：浓甜
可溶性固形物（%）：14
鲜食品质：上
花型：蔷薇形
花瓣类型：单瓣
花瓣颜色：粉红
花粉育性：可育
花药颜色：橘红
叶腺：肾形
树形：半开张
生长势：强健
丰产性：丰产
始花期：3月底
果实成熟期：7月中下旬
果实发育期（d）：114
营养生长期（d）：260
需冷量（h）：850
综合评价：果实椭圆形，黄肉，风味浓甜，硬溶质，丰产。

品种名称：明星
外文名：Myojo，明星
原产地：日本
资源类型：选育品种
用途：果实加工
系谱：山下×Sims
选育单位：日本冈山县农业园艺试验场
育成年份：1952
果实类型：普通桃
果形：圆
单果重（g）：166
果皮底色：橙黄
盖色深浅：红
着色程度：中
果肉颜色：黄
外观品质：上
核粘离性：粘
肉质：不溶质
风味：酸甜
可溶性固形物（%）：10
加工品质：上
花型：铃形
花瓣类型：单瓣
花瓣颜色：粉红
花粉育性：可育
花药颜色：橘红
叶腺：肾形
树形：半开张
生长势：强健
丰产性：极丰产
始花期：3月底
果实成熟期：7月下旬
果实发育期（d）：120
营养生长期（d）：270
需冷量（h）：750
综合评价：制罐品质良好，但缺乏香味，是安徽、山东生产中重要栽培品种。

品种名称：墨玉 8 号
外文名：Moyu 8
原产地：新疆和田市
资源类型：地方品种
用途：果实鲜食
系谱：自然实生
选育单位：农家选育
果实类型：普通桃
果形：圆
单果重（g）：91
果皮底色：黄
盖色深浅：无
着色程度：无
果肉颜色：黄
外观品质：下
核粘离性：粘
肉质：硬溶质
风味：酸
可溶性固形物（%）：13
鲜食品质：下
花型：蔷薇形
花瓣类型：单瓣
花瓣颜色：粉红
花粉育性：可育
花药颜色：橘红
叶腺：肾形
树形：直立
生长势：强健
丰产性：低
始花期：3 月底
果实成熟期：8 月底
果实发育期（d）：143
营养生长期（d）：267
需冷量（h）：850
综合评价：果肉无红色素。叶片很大，叶长 18.38cm，叶宽 5.71cm。

品种名称：南方红
外文名：Dixired
原产地：美国
资源类型：选育品种
用途：果实加工
系谱：Halehaven 自交
选育单位：美国农业部佐治亚州 Fort Valley 农业试验站
育成年份：1945
果实类型：普通桃
果形：圆
单果重（g）：98
果皮底色：橙黄
盖色深浅：深红
着色程度：多
果肉颜色：黄
外观品质：中
核粘离性：半离
肉质：硬溶质
风味：酸甜
可溶性固形物（%）：12
鲜食品质：中
花型：铃形
花瓣类型：单瓣
花瓣颜色：粉红
花粉育性：可育
花药颜色：橘红
叶腺：圆形
树形：开张
生长势：中庸
丰产性：极丰产
始花期：3月底
果实成熟期：6月下旬
果实发育期（d）：89
营养生长期（d）：263
需冷量（h）：1 050

综合评价：外观尚可，酸味较重且有苦味，果顶和缝合线先熟。抗寒性强。

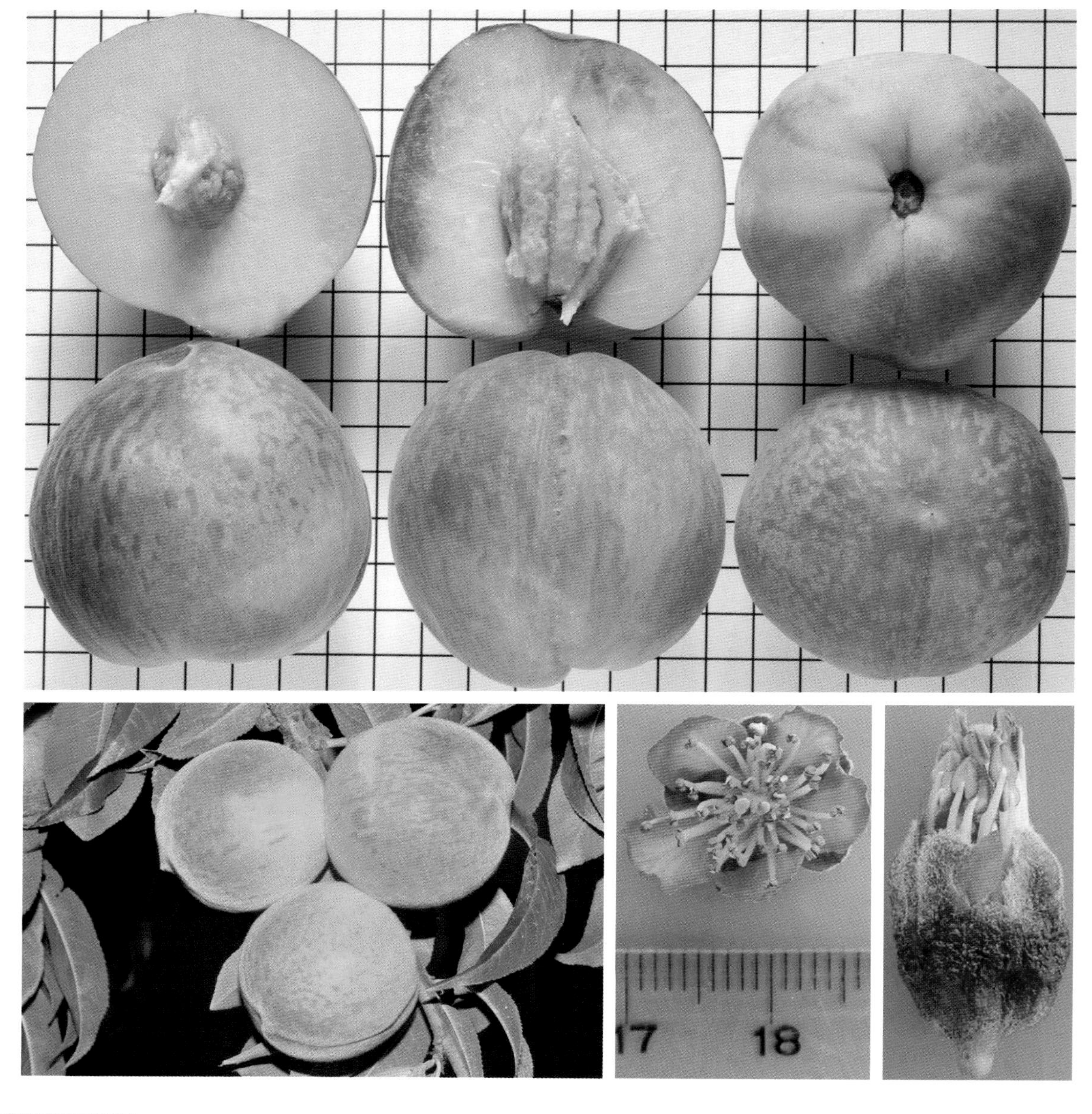

品种名称：南山1号
外文名：Nanshan 1
原产地：甘肃省宁县
资源类型：地方品种
用途：果实鲜食
系谱：自然实生
选育单位：农家选育
果实类型：普通桃
果形：圆
单果重（g）：126
果皮底色：橙黄
盖色深浅：红
着色程度：少
果肉颜色：黄
外观品质：下
核粘离性：粘
肉质：不溶质
风味：淡甜
可溶性固形物（%）：9
鲜食品质：下
花型：蔷薇形
花瓣类型：单瓣
花瓣颜色：粉红
花粉育性：可育
花药颜色：橘红
叶腺：肾形
树形：直立
生长势：强健
丰产性：中
始花期：3月底
果实成熟期：7月下旬
果实发育期（d）：123
营养生长期（d）：273
需冷量（h）：800
综合评价：果面不平，综合性状一般。花丝分散，花药颜色很红。

品种名称：尼奥塞吉姆
外文名：Rio Oso Gem
原产地：美国
资源类型：选育品种
用途：果实鲜食
系 谱：Late Crawford 自然实生?
选育单位：美国加利福尼亚州Rio Oso的W. F. Yerkes
育成年份：1931
果实类型：普通桃
果形：卵圆
单果重（g）：114
果皮底色：橙黄
盖色深浅：红
着色程度：中
果肉颜色：黄
外观品质：中上
核粘离性：离
肉质：硬溶质
风味：酸甜
可溶性固形物（%）：12
鲜食品质：中
花型：蔷薇形
花瓣类型：单瓣
花瓣颜色：粉红
花粉育性：可育
花药颜色：橘红
叶腺：肾形
树形：开张
生长势：中庸
丰产性：丰产
始花期：3月底
果实成熟期：8月中旬
果实发育期（d）：131
营养生长期（d）：272
需冷量（h）：850
综合评价：果实外观尚可，风味品质一般。

品种名称：女王
外文名：Regina
原产地：美国
资源类型：选育品种
用途：果实鲜食
系谱：Sunhigh×B6－1160
选育单位：美国农业部马里兰州 Beltsville 试验站和加利福尼亚州 Fresno 试验站
育成年份：1958
果实类型：普通桃
果形：圆

单果重（g）：130
果皮底色：黄
盖色深浅：红
着色程度：多
果肉颜色：黄
外观品质：上
核粘离性：半离
肉质：硬溶质
风味：酸甜
可溶性固形物（%）：11
鲜食品质：中上
花型：铃形
花瓣类型：单瓣

花瓣颜色：粉红
花粉育性：可育
花药颜色：橘红
叶腺：肾形
树形：半开张
生长势：强健
丰产性：丰产
始花期：3 月底
果实成熟期：7 月上旬
果实发育期（d）：99
营养生长期（d）：260
需冷量（h）：850

综合评价：外观较好，果肉基本无红色素，裂核严重，风味品质一般。果肉无褐变，出汁率 56.2%，制汁品质一般。

品种名称：青丝
外文名：Qing Si
原产地：云南省昆明市
资源类型：地方品种
用途：果实鲜食
系谱：自然实生
选育单位：农家选育
果实类型：普通桃
果形：圆
单果重（g）：126
果皮底色：橙黄
盖色深浅：红
着色程度：少
果肉颜色：黄
外观品质：中
核粘离性：粘
肉质：不溶质
风味：酸甜
可溶性固形物（%）：12
鲜食品质：中下
花型：蔷薇形
花瓣类型：单瓣
花瓣颜色：粉红
花粉育性：可育
花药颜色：橘红
叶腺：肾形
树形：半开张
生长势：强健
丰产性：低
始花期：3月底
果实成熟期：8月中下旬
果实发育期（d）：152
营养生长期（d）：281
需冷量（h）：700
综合评价：叶面曲波，树势旺，生长势强，停长晚。

品种名称：秋天王子
外文名：Autumn Prince
原产地：美国
资源类型：选育品种
用途：果实鲜食
系谱：O'Henry×P95－55（Flamecrest×Fairtime）
选育单位：美国农业部加利福尼亚州 Fresno 试验站
育成年份：1996
果实类型：普通桃
果形：圆
综合评价：成熟期较晚。

单果重（g）：142
果皮底色：黄
盖色深浅：深红
着色程度：多
果肉颜色：黄
外观品质：中
核粘离性：离
肉质：硬溶质
风味：酸甜
可溶性固形物（%）：13
鲜食品质：中
花型：蔷薇形
花瓣类型：单瓣

花瓣颜色：粉红
花粉育性：可育
花药颜色：橘红
叶腺：肾形
树形：开张
生长势：中庸
丰产性：丰产
始花期：3月底
果实成熟期：8月中旬
果实发育期（d）：137
营养生长期（d）：271
需冷量（h）：750～800

品种名称：球港
外文名：Globehaven
原产地：美国
资源类型：选育品种
用途：果实加工
系谱：Vivid Globe×South Haven
选育单位：美国伊利诺伊州Markham苗圃
育成年份：1930
果实类型：普通桃
果形：圆
单果重（g）：120
果皮底色：乳黄
盖色深浅：红
着色程度：中
果肉颜色：黄
外观品质：中
核粘离性：粘
肉质：不溶质
风味：酸
可溶性固形物（%）：11
加工品质：中下
花型：铃形
花瓣类型：单瓣
花瓣颜色：粉红
花粉育性：可育
花药颜色：橘红
叶腺：肾形
树形：半开张
生长势：强健
丰产性：丰产
始花期：3月底
果实成熟期：8月上旬
果实发育期（d）：125
营养生长期（d）：263
需冷量（h）：850
综合评价：果实圆整，果肉红色素少。制罐品质优良。

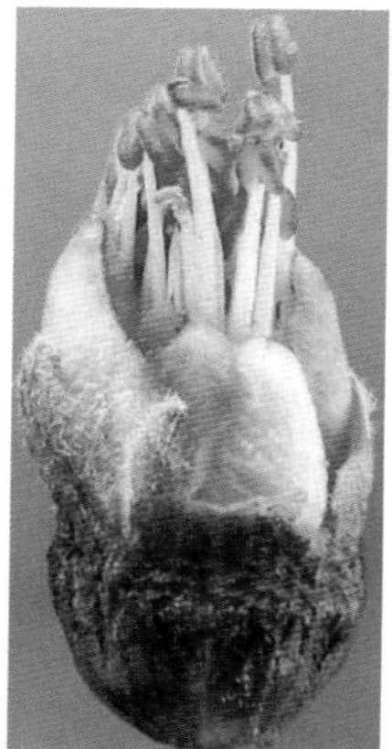

品种名称：热带美
外文名：Tropicbeauty
原产地：美国
资源类型：选育品种
用途：果实鲜食
系谱：Flordaprince×Fla. 3-2
选育单位：美国佛罗里达大学和得克萨斯农工大学
育成年份：1988
果实类型：普通桃
果形：扁圆
单果重（g）：95
果皮底色：橙黄
盖色深浅：深红
着色程度：多
果肉颜色：黄
外观品质：中上
核粘离性：离
肉质：硬溶质
风味：酸
可溶性固形物（%）：10
鲜食品质：中下
花型：蔷薇形
花瓣类型：单瓣
花瓣颜色：粉红
花粉育性：可育
花药颜色：橘红
叶腺：肾形
树形：开张
生长势：中庸
丰产性：极丰产
始花期：3月中下旬
果实成熟期：7月上旬
果实发育期（d）：109
营养生长期（d）：280
需冷量（h）：150
综合评价：果形圆整，果实较小，色泽漂亮。极丰产。需冷量很低，树相好。

品种名称：瑞格
外文名：Regal
原产地：美国
资源类型：选育品种
用途：果实鲜食
系谱：Harvester×Surecrop
选育单位：美国路易斯安纳州农业试验站
育成年份：1992
果实类型：普通桃
果形：圆
单果重（g）：115
果皮底色：橙黄
盖色深浅：红
着色程度：多
果肉颜色：黄
外观品质：中上
核粘离性：粘
肉质：硬溶质
风味：酸
可溶性固形物（%）：9
鲜食品质：中下
花型：铃形
花瓣类型：单瓣
花瓣颜色：粉红
花粉育性：可育
花药颜色：橘红
叶腺：肾形
树形：开张
生长势：中庸
丰产性：极丰产
始花期：3月底
果实成熟期：6月上中旬
果实发育期（d）：74
营养生长期（d）：257
需冷量（h）：700
综合评价：成熟早，外观漂亮，极丰产。

品种名称：塞瑞纳
外文名：Maria Serena
原产地：意大利
资源类型：选育品种
用途：果实加工
系谱：金童6号自然实生
选育单位：意大利佛罗伦萨大学DOFI
育成年份：1983
果实类型：普通桃
果形：圆
单果重（g）：122
果皮底色：黄
盖色深浅：无
着色程度：无
果肉颜色：黄
外观品质：中上
核粘离性：粘
肉质：不溶质
风味：酸甜
可溶性固形物（%）：9
加工品质：中下
花型：蔷薇形
花瓣类型：单瓣
花瓣颜色：粉红
花粉育性：可育
花药颜色：橘红
叶腺：肾形
树形：半开张
生长势：强健
丰产性：低
始花期：3月底
果实成熟期：6月下旬
果实发育期（d）：89
营养生长期（d）：269
需冷量（h）：850
综合评价：果面、果肉均无红色，为纯黄色品种。风味淡，品质中等，肉质的柔韧度不够。优良的育种材料。

品种名称：沙斯塔
外文名：Shasta
原产地：美国
资源类型：选育品种
用途：果实加工
系谱：Leader 实生×（Tuscan ×Paloro）
选育单位：美国农业部加利福尼亚州 Palo Alto 试验站
育成年份：1941
果实类型：普通桃
果形：圆

单果重（g）：143
果皮底色：橙黄
盖色深浅：深红
着色程度：中
果肉颜色：黄
外观品质：中
核粘离性：粘
肉质：不溶质
风味：酸甜
可溶性固形物（%）：12
鲜食品质：中
花型：铃形
花瓣类型：单瓣

花瓣颜色：粉红
花粉育性：可育
花药颜色：橘红
叶腺：圆形
树形：直立
生长势：强健
丰产性：中
始花期：4 月初
果实成熟期：7 月下旬
果实发育期（d）：119
营养生长期（d）：271
需冷量（h）：750

综合评价：2010 年果实出现过“糖化”现象，加工品质一般。在北方某些年份有枯花芽现象。抗病性较强。

品种名称：收获
外文名：Harvester
原产地：美国
资源类型：选育品种
用途：果实鲜食
系谱：Redskin×Southern Glow
选育单位：美国农业部路易斯安纳州 Calh-oun 农业试验站
育成年份：1973
果实类型：普通桃
果形：圆
单果重（g）：115
果皮底色：橙黄
盖色深浅：深红
着色程度：多
果肉颜色：黄
外观品质：中上
核粘离性：离
肉质：软溶质
风味：酸
可溶性固形物（%）：11
鲜食品质：中
花型：铃形
花瓣类型：单瓣
花瓣颜色：粉红
花粉育性：可育
花药颜色：橘红
叶腺：肾形
树形：半开张
生长势：强健
丰产性：极丰产
始花期：3月底
果实成熟期：7月初
果实发育期（d）：96
营养生长期（d）：269
需冷量（h）：750
综合评价：果实圆整，外观漂亮，核小。

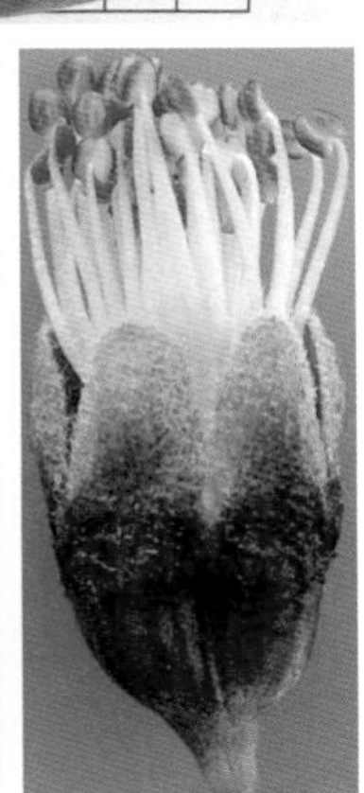

品种名称：塔斯康
外文名：Tuskena，Tuscan
原产地：美国
资源类型：选育品种
用途：果实加工
系谱：不详
选育单位：美国密西西比州
育成年份：1873
果实类型：普通桃
果形：圆
单果重（g）：109
果皮底色：橙黄
盖色深浅：深红
着色程度：中
果肉颜色：黄
外观品质：中上
核粘离性：粘
肉质：不溶质
风味：酸甜
可溶性固形物（%）：11
加工品质：中
花型：铃形
花瓣类型：单瓣
花瓣颜色：粉红
花粉育性：可育
花药颜色：橘红
叶腺：圆形
树形：半开张
生长势：强健
丰产性：低
始花期：4月初
果实成熟期：8月上旬
果实发育期（d）：131
营养生长期（d）：271
需冷量（h）：850
综合评价：晚熟罐藏品种，加工性能良好。花为铃形，很小，不鲜艳。产量低。

品种名称：太阳粘核
外文名：Suncling
原产地：美国
资源类型：选育品种
用途：果实加工
系谱：PI35201 × NJ196 [= NJ76 - 925 (= J. H. Hale×Goldfinch) OP]
选育单位：美国密歇根州 East Lansing 农业试验站
育成年份：1961
果实类型：普通桃
果形：椭圆
单果重（g）：178
果皮底色：橙黄
盖色深浅：红
着色程度：中
果肉颜色：黄
外观品质：中上
核粘离性：粘
肉质：不溶质
风味：酸甜
可溶性固形物（%）：10
加工品质：中
花型：铃形
花瓣类型：单瓣
花瓣颜色：粉红
花粉育性：可育
花药颜色：橘红
叶腺：肾形
树形：半开张
生长势：强健
丰产性：极丰产
始花期：3月底
果实成熟期：8月上旬
果实发育期（d）：125
营养生长期（d）：267
需冷量（h）：850
综合评价：果形较长，果肉细，少有红色，香气浓，口感好。糖水罐头成品橙黄色，有光泽。

品种名称：泰罗
外文名：Texroyal
原产地：美国
资源类型：选育品种
用途：果实鲜食
系谱：NJ239（B1－75 OP）×Early Amber
选育单位：美国得克萨斯农工大学
育成年份：1991
果实类型：普通桃
果形：圆
单果重（g）：108
果皮底色：黄
盖色深浅：红
着色程度：多
果肉颜色：黄
外观品质：中
核粘离性：离
肉质：软溶质
风味：酸甜
可溶性固形物（%）：11
鲜食品质：中下
花型：铃形
花瓣类型：单瓣
花瓣颜色：粉红
花粉育性：可育
花药颜色：橘红
叶腺：圆形
树形：开张
生长势：中庸
丰产性：丰产
始花期：3月下旬
果实成熟期：7月上中旬
果实发育期（d）：105
营养生长期（d）：269
需冷量（h）：600
综合评价：需冷量较低。

品种名称：泰斯
外文名：Texstar
原产地：美国
资源类型：选育品种
用途：果实鲜食
系谱：不详
选育单位：美国得克萨斯农工大学
育成年份：1984
果实类型：普通桃
果形：圆
单果重（g）：104
果皮底色：橙黄
盖色深浅：深红
着色程度：多
果肉颜色：黄
外观品质：中
核粘离性：离
肉质：软溶质
风味：酸
可溶性固形物（%）：10
鲜食品质：下
花型：蔷薇形
花瓣类型：单瓣
花瓣颜色：粉红
花粉育性：可育
花药颜色：橘红
叶腺：圆形
树形：开张
生长势：中庸
丰产性：丰产
始花期：3月下旬
果实成熟期：6月底
果实发育期（d）：96
营养生长期（d）：277
需冷量（h）：450
综合评价：低需冷量品种。

品种名称：铁 4－1
外文名：Tie 4－1
原产地：新疆叶城县
资源类型：地方品种
用途：果实鲜食
系谱：自然实生
选育单位：农家选育
果实类型：普通桃
果形：卵圆
单果重（g）：118
果皮底色：黄
盖色深浅：无
着色程度：无
果肉颜色：黄
外观品质：下
核粘离性：离
肉质：软溶质
风味：酸
可溶性固形物（%）：10
鲜食品质：中下
花型：蔷薇形
花瓣类型：单瓣
花瓣颜色：粉红
花粉育性：可育
花药颜色：橘红
叶腺：肾形
树形：半开张
生长势：强健
丰产性：极低
始花期：4 月初
果实成熟期：8 月底
果实发育期（d）：151
营养生长期（d）：253
需冷量（h）：900
综合评价：晚熟，果皮绿黄色，产量极低。

品种名称：徒沟 1 号
外文名：Tugou 1
原产地：甘肃省宁县
资源类型：地方品种
用途：果实制干
系谱：自然实生
选育单位：农家选育
果实类型：普通桃
果形：圆
单果重（g）：92
果皮底色：红
盖色深浅：红
着色程度：少
果肉颜色：黄
外观品质：下
核粘离性：粘
肉质：不溶质
风味：酸甜
可溶性固形物（%）：12
鲜食品质：下
花型：蔷薇形
花瓣类型：单瓣
花瓣颜色：粉红
花粉育性：可育
花药颜色：橘红
叶腺：肾形
树形：半开张
生长势：强健
丰产性：极低
始花期：3 月底
果实成熟期：7 月下旬
果实发育期（d）：126
营养生长期（d）：272
需冷量（h）：850
综合评价：果面凸凹不平，核纹蜂窝状，纹络较多，产量极低。

品种名称：吐-2
外文名：Tu-2
原产地：新疆叶城县
资源类型：地方品种
用途：果实鲜食
系谱：自然实生
选育单位：农家选育
果实类型：普通桃
果形：圆
单果重（g）：90
果皮底色：黄
盖色深浅：无
着色程度：无
果肉颜色：黄
外观品质：下
核粘离性：粘
肉质：不溶质
风味：酸
可溶性固形物（%）：15
鲜食品质：中下
花型：蔷薇形
花瓣类型：单瓣
花瓣颜色：粉红
花粉育性：可育
花药颜色：橘红
叶腺：肾形
树形：直立
生长势：强健
丰产性：极低
始花期：3月底
果实成熟期：9月初
果实发育期（d）：155
营养生长期（d）：270
需冷量（h）：750
综合评价：晚熟，果实小，果顶突出，果皮绿黄色。核面多细点，不平，产量极低。

品种名称：晚黄金
外文名：Wan Huang Jin
原产地：日本
资源类型：选育品种
用途：果实鲜食
系谱：不详
选育单位：不详
收集年份：1961
果实类型：普通桃
果形：椭圆
单果重（g）：186
果皮底色：黄
盖色深浅：红
着色程度：少
果肉颜色：黄
外观品质：中
核粘离性：粘
肉质：软溶质
风味：浓甜
可溶性固形物（%）：12
鲜食品质：中上
花型：蔷薇形
花瓣类型：单瓣
花瓣颜色：粉红
花粉育性：不稔
花药颜色：浅褐
叶腺：肾形
树形：开张
生长势：强健
丰产性：丰产
始花期：4月初
果实成熟期：8月中旬
果实发育期（d）：138
营养生长期（d）：267
需冷量（h）：900
综合评价：晚熟，果实大，风味浓郁，清香，品质上。花粉不稔。

品种名称：味冠
外文名：Flavorcrest
原产地：美国
资源类型：选育品种
用途：果实鲜食
系谱：P53－68｛110－47（Kirkman Gem×Dripstone）×109－89［Kirkman Gem×（J. H. Hale×Rio Oso Gem）］｝×FV89－14［（Fireglow×Hiley）×Fireglow］
选育单位：美国农业部加利福尼亚州Fresno试验站

育成年份：1974
果实类型：普通桃
果形：圆
单果重（g）：142
果皮底色：橙黄
盖色深浅：深红
着色程度：全红
果肉颜色：橙黄
外观品质：上
核粘离性：离
肉质：硬溶质
风味：酸甜
可溶性固形物（%）：13
鲜食品质：中

花型：蔷薇形
花瓣类型：单瓣
花瓣颜色：粉红
花粉育性：可育
花药颜色：橘黄
叶腺：肾形
树形：半开张
生长势：强健
丰产性：丰产
始花期：3月底
果实成熟期：7月中下旬
果实发育期（d）：112
营养生长期（d）：260
需冷量（h）：750

综合评价：果实圆，果顶有小尖，果面全红，硬溶质，风味酸甜。丰产。

品种名称：卫士
外文名：Sentry
原产地：美国
资源类型：选育品种
用途：果实鲜食
系谱：Loring×Sentinel
选育单位：美国农业部西弗吉尼亚州 Kearneysville 试验站
育成年份：1980
果实类型：普通桃
果形：圆
单果重（g）：127

果皮底色：橙黄
盖色深浅：浅红
着色程度：多
果肉颜色：黄
外观品质：中上
核粘离性：粘
肉质：软溶质
风味：酸甜
可溶性固形物（%）：12
鲜食品质：中
花型：铃形
花瓣类型：单瓣

花瓣颜色：粉红
花粉育性：可育
花药颜色：橘红
叶腺：圆形
树形：半开张
生长势：强健
丰产性：丰产
始花期：3月底
果实成熟期：6月中旬
果实发育期（d）：84
营养生长期（d）：270
需冷量（h）：850～900

综合评价：果实风味品质一般，高抗细菌性穿孔病（*Handbook of Peach and Nectarine Varieties*）。

品种名称：五月金
外文名：Wu Yue Jin
原产地：河南省郑州市
资源类型：品系
用途：果实鲜食
系谱：（白凤×五月火）1-10×曙光
选育单位：中国农业科学院郑州果树研究所
育成年份：2002
果实类型：普通桃
果形：圆
单果重（g）：114

果皮底色：黄
盖色深浅：紫红
着色程度：多
果肉颜色：黄
外观品质：中上
核粘离性：粘
肉质：硬溶质
风味：甜
可溶性固形物（%）：11
鲜食品质：中上
花型：蔷薇形
花瓣类型：单瓣

花瓣颜色：粉红
花粉育性：可育
花药颜色：橘红
叶腺：肾形
树形：半开张
生长势：中庸
丰产性：极丰产
始花期：3月底
果实成熟期：5月下旬
果实发育期（d）：58
营养生长期（d）：259
需冷量（h）：750～800

综合评价：极早熟，果实小，风味甜香，肉质偏软。极丰产。有果顶先熟现象。

品种名称：西教 2 号
外文名：Xi Jiao 2
原产地：陕西省富平县
资源类型：地方品种
用途：果实鲜食、加工
系谱：自然实生
选育单位：农家选育
果实类型：普通桃
果形：卵圆
单果重（g）：104
果皮底色：黄
盖色深浅：红
着色程度：少
果肉颜色：黄
外观品质：下
核粘离性：粘
肉质：不溶质
风味：甜
可溶性固形物（%）：11
鲜食品质：下
花型：蔷薇形
花瓣类型：单瓣
花瓣颜色：粉红
花粉育性：可育
花药颜色：橘红
叶腺：肾形
树形：直立
生长势：强健
丰产性：低
始花期：3 月底
果实成熟期：7 月中旬
果实发育期（d）：107
营养生长期（d）：268
需冷量（h）：900
综合评价：果面不平，果尖大，风味品质差，核纹多。果实成熟不一致，果肩缝合线处先熟。

品种名称：西姆士
外文名：Sims
原产地：美国
资源类型：选育品种
用途：果实加工
系谱：不详
选育单位：不详
收集年份：1960
果实类型：普通桃
果形：圆
单果重（g）：140
果皮底色：黄
盖色深浅：红
着色程度：少
果肉颜色：黄
外观品质：中上
核粘离性：粘
肉质：不溶质
风味：酸
可溶性固形物（%）：11
鲜食品质：中
花型：铃形
花瓣类型：单瓣
花瓣颜色：粉红
花粉育性：可育
花药颜色：橘红
叶腺：肾形
树形：半开张
生长势：强健
丰产性：中
始花期：3月底
果实成熟期：8月中旬
果实发育期（d）：144
营养生长期（d）：270
需冷量（h）：800
综合评价：果实近圆，纵径小于横径，果肉无红色素，是培育圆形、无红色素品种的优良育种材料。

品种名称：西尾金
外文名：西尾 Gold，西尾ゴールド
原产地：日本
资源类型：选育品种
用途：果实鲜食
系谱：西尾×Golden
选育单位：日本冈山县阳町（株式会社山阳农场）西尾正志氏
育成年份：1991
果实类型：普通桃
果形：卵圆
单果重（g）：208
果皮底色：黄
盖色深浅：深红
着色程度：少
果肉颜色：黄
外观品质：中
核粘离性：粘
肉质：硬溶质
风味：甜
可溶性固形物（%）：14
鲜食品质：中上
花型：蔷薇形
花瓣类型：单瓣
花瓣颜色：粉红
花粉育性：不稔
花药颜色：浅褐
叶腺：肾形
树形：半开张
生长势：强健
丰产性：丰产
始花期：4月初
果实成熟期：8月中旬
果实发育期（d）：135
营养生长期（d）：263
需冷量（h）：850
综合评价：果实很大，果肉无红色，风味品质上。花粉不稔。

品种名称：西洋黄肉
外文名：Early Crawford
原产地：美国
资源类型：选育品种
用途：果实鲜食、加工
系谱：上海水蜜后裔
选育单位：美国新泽西州 Middletown 的 William Crawford
育成年份：1841
果实类型：普通桃
果形：椭圆
单果重（g）：179
果皮底色：黄
盖色深浅：红
着色程度：少
果肉颜色：黄
外观品质：中
核粘离性：离
肉质：软溶质
风味：酸甜
可溶性固形物（%）：10
鲜食品质：中
花型：蔷薇形
花瓣类型：单瓣
花瓣颜色：粉红
花粉育性：可育
花药颜色：橘红
叶腺：肾形
树形：半开张
生长势：强健
丰产性：丰产
始花期：3月底
果实成熟期：8月上旬
果实发育期（d）：131
营养生长期（d）：268
需冷量（h）：900

综合评价：综合性状一般，是19世纪后半期美国最著名的品种。

品种名称：西庄1号
外文名：Xizhuang 1
原产地：甘肃省宁县
资源类型：地方品种
用途：果实鲜食、加工
系谱：自然实生
选育单位：农家选育
果实类型：普通桃
果形：圆
单果重（g）：82
果皮底色：黄
盖色深浅：深红
着色程度：少
果肉颜色：黄
外观品质：丰产
核粘离性：粘
肉质：不溶质
风味：酸甜
可溶性固形物（%）：10
加工品质：下
花型：蔷薇形
花瓣类型：单瓣
花瓣颜色：粉红
花粉育性：可育
花药颜色：橘红
叶腺：肾形
树形：半开张
生长势：强健
丰产性：丰产
始花期：3月底
果实成熟期：7月下旬
果实发育期（d）：125
营养生长期（d）：274
需冷量（h）：800
综合评价：果实小，果肉无红色素，有香气，可用于整装（带核）罐藏。

品种名称：下庙1号
外文名：Xiamiao 1
原产地：陕西省富平县
资源类型：地方品种
用途：果实鲜食、加工
系谱：自然实生
选育单位：农家选育
果实类型：普通桃
果形：圆
单果重（g）：162
果皮底色：黄
盖色深浅：红
着色程度：少
果肉颜色：黄
外观品质：中
核粘离性：粘
肉质：不溶质
风味：酸甜
可溶性固形物（%）：8
加工品质：下
花型：蔷薇形
花瓣类型：单瓣
花瓣颜色：粉红
花粉育性：可育
花药颜色：橘红
叶腺：肾形
树形：直立
生长势：强健
丰产性：低
始花期：3月底
果实成熟期：7月初
果实发育期（d）：101
营养生长期（d）：270
需冷量（h）：700
综合评价：果面不平，去皮较难，果实肉质细韧，加工成品有特殊的清香味，是特异的种质资源。枝干皮孔大，易遭受天牛为害。

品种名称：香蕉桃
外文名：Xiang Jiao Tao
原产地：辽宁省大连市
资源类型：选育品种
用途：果实鲜食
系谱：早黄金自然实生
选育单位：大连农业科学研究所
选育年份：1960
果实类型：普通桃
果形：圆
单果重（g）：117
果皮底色：橙黄
盖色深浅：深红
着色程度：多
果肉颜色：黄
外观品质：上
核粘离性：半离
肉质：软溶质
风味：甜
可溶性固形物（%）：10
鲜食品质：中上
花型：蔷薇形
花瓣类型：单瓣
花瓣颜色：粉红
花粉育性：可育
花药颜色：橘红
叶腺：肾形
树形：半开张
生长势：强健
丰产性：丰产
始花期：3月底
果实成熟期：6月下旬
果实发育期（d）：89
营养生长期（d）：263
需冷量（h）：700
综合评价：综合性状一般。

品种名称：信赖
外文名：Reliance
原产地：美国
资源类型：选育品种
用途：果实鲜食
系谱：（Minnesota PH－04559 ×Meredith）自然实生
选育单位：美国新罕布什尔州 Durham 农业试验站
育成年份：1964
果实类型：普通桃
果形：卵圆
单果重（g）：91
果皮底色：橙黄
盖色深浅：浅红
着色程度：多
果肉颜色：黄
外观品质：中上
核粘离性：离
肉质：软溶质
风味：酸甜
可溶性固形物（%）：10
鲜食品质：中
花型：铃形
花瓣类型：单瓣
花瓣颜色：粉红
花粉育性：可育
花药颜色：橘红
叶腺：圆形
树形：半开张
生长势：强健
丰产性：丰产
始花期：3月底
果实成熟期：7月初
果实发育期（d）：93
营养生长期（d）：273
需冷量（h）：1 050
综合评价：果实性状一般。抗寒性极强。

品种名称：扬州 40 号
外文名：Yangzhou 40
原产地：江苏省扬州市
资源类型：选育品种
用途：果实鲜食
系谱：玉露×迟种水蜜
选育单位：江苏里下河地区农业科学研究所
育成年份：1975
果实类型：普通桃
果形：椭圆
单果重（g）：163
果皮底色：橙黄
盖色深浅：深红
着色程度：少
果肉颜色：黄
外观品质：中
核粘离性：粘
肉质：软溶质
风味：浓甜
可溶性固形物（%）：11
鲜食品质：中上
花型：蔷薇形
花瓣类型：单瓣
花瓣颜色：粉红
花粉育性：可育
花药颜色：橘红
叶腺：肾形
树形：开张
生长势：强健
丰产性：丰产
始花期：3 月底
果实成熟期：8 月上旬
果实发育期（d）：124
营养生长期（d）：257
需冷量（h）：800
综合评价：近核处红色素多，综合性状一般。

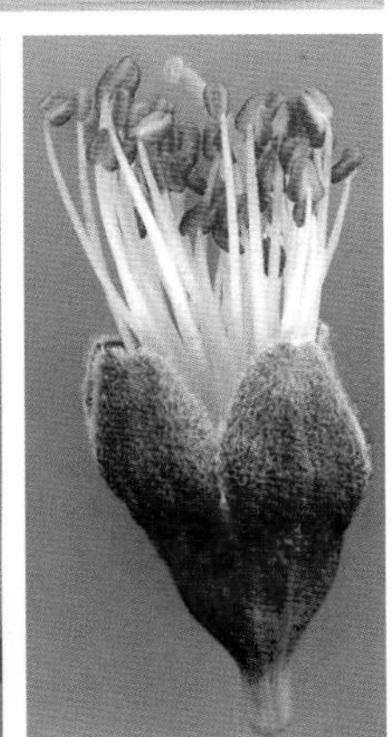

品种名称：叶城黄肉桃
外文名：Yecheng Huang Rou Tao
别名：叶县黄肉桃
原产地：新疆叶城县
资源类型：地方品种
用途：果实鲜食
系谱：自然实生
选育单位：农家选育
果实类型：普通桃
果形：圆
单果重（g）：107
果皮底色：黄
盖色深浅：无
着色程度：无
果肉颜色：黄
外观品质：下
核粘离性：粘
肉质：硬溶质
风味：酸
可溶性固形物（%）：13
鲜食品质：中下
花型：蔷薇形
花瓣类型：单瓣
花瓣颜色：粉红
花粉育性：可育
花药颜色：橘红
叶腺：肾形
树形：直立
生长势：强健
丰产性：低
始花期：4月初
果实成熟期：8月底
果实发育期（d）：153
营养生长期（d）：275
需冷量（h）：750
综合评价：果尖明显，果实缝合线深，果肉无红色素，有裂果现象。

品种名称：伊犁县黄肉桃
外文名：Yilixian Huang Rou Tao
原产地：新疆伊犁市
资源类型：不详
用途：果实鲜食
系谱：不详
选育单位：不详
收集年份：1980
果实类型：普通桃
果形：圆
单果重（g）：56
果皮底色：黄
盖色深浅：无
着色程度：无
果肉颜色：黄
外观品质：中
核粘离性：离
肉质：软溶质
风味：酸甜
可溶性固形物（%）：12
鲜食品质：中
花型：蔷薇形
花瓣类型：单瓣
花瓣颜色：粉红
花粉育性：可育
花药颜色：橘红
叶腺：肾形
树形：半开张
生长势：强健
丰产性：中
始花期：4月初
果实成熟期：8月底
果实发育期（d）：149
营养生长期（d）：273
需冷量（h）：850～950
综合评价：晚熟，果面、果肉均无红色素，风味浓郁，品质中等，疑似国外引进品种。

品种名称：早爱保太
外文名：Early Elberta
原产地：美国
资源类型：选育品种
用途：果实鲜食、加工
系谱：Elberta 自然实生
选育单位：美国 Sumner Gleason 犹他州和路易斯安那州 Stark Brother 苗圃
育成年份：1907
果实类型：普通桃
果形：椭圆
单果重（g）：145
果皮底色：橙黄
盖色深浅：红
着色程度：少
果肉颜色：黄
外观品质：中
核粘离性：离
肉质：硬溶质
风味：酸甜
可溶性固形物（%）：11
鲜食品质：中
花型：蔷薇形
花瓣类型：单瓣
花瓣颜色：粉红
花粉育性：可育
花药颜色：橘红
叶腺：肾形
树形：开张
生长势：中庸
丰产性：丰产
始花期：3月底
果实成熟期：8月上旬
果实发育期（d）：132
营养生长期（d）：267
需冷量（h）：900
综合评价：果肉近核处红色素多，肉质硬溶；加工品质一般。

品种名称：早黄冠
外文名：Zao Huang Guan
原产地：陕西省眉县
资源类型：选育品种
用途：果实加工
系谱：早生黄金自然实生
选育单位：陕西省农业科学院果树研究所
育成年份：1988
果实类型：普通桃
果形：椭圆
单果重（g）：122
果皮底色：橙黄
盖色深浅：红
着色程度：多
果肉颜色：黄
外观品质：中
核粘离性：粘
肉质：硬溶质
风味：酸甜
可溶性固形物（%）：9
加工品质：中
花型：蔷薇形
花瓣类型：单瓣
花瓣颜色：粉红
花粉育性：可育
花药颜色：橘红
叶腺：肾形
树形：开张
生长势：中庸
丰产性：丰产
始花期：3月底
果实成熟期：6月下旬
果实发育期（d）：86
营养生长期（d）：257
需冷量（h）：800
综合评价：硬溶质，肉质较软，红色素多，综合性状一般。

品种名称：早黄金
外文名：Zao Huang Jin
原产地：辽宁省大连市
资源类型：地方品种
用途：果实鲜食
系谱：不详
选育单位：农家选育
果实类型：普通桃
果形：圆
单果重（g）：116
果皮底色：橙黄
盖色深浅：深红
着色程度：多
果肉颜色：黄
外观品质：中上
核粘离性：半离
肉质：软溶质
风味：酸甜
可溶性固形物（%）：10
鲜食品质：中上
花型：蔷薇形
花瓣类型：单瓣
花瓣颜色：粉红
花粉育性：可育
花药颜色：橘红
叶腺：肾形
树形：开张
生长势：中庸
丰产性：丰产
始花期：3月底
果实成熟期：6月下旬
果实发育期（d）：91
营养生长期（d）：262
需冷量（h）：850
综合评价：早熟，基因型高度杂合，是优良的亲本材料，疑似非原产地地方品种。

品种名称：早熟黄甘
外文名：Zao Shu Huang Gan
原产地：甘肃省
资源类型：地方品种
用途：果实加工
系谱：自然实生
选育单位：农家选育
果实类型：普通桃
果形：卵圆
单果重（g）：144
果皮底色：黄
盖色深浅：深红

着色程度：中
果肉颜色：黄
外观品质：中上
核粘离性：粘
肉质：不溶质
风味：酸甜
可溶性固形物（%）：10
加工品质：中
花型：蔷薇形
花瓣类型：单瓣
花瓣颜色：粉红

花粉育性：可育
花药颜色：橘红
叶腺：肾形
树形：半开张
生长势：强健
丰产性：丰产
始花期：3月底
果实成熟期：7月中旬
果实发育期（d）：111
营养生长期（d）：268
需冷量（h）：700

综合评价：肉质韧，稍硬，近核处红色素较多，风味浓，是我国甘肃、宁夏一带重要的黄桃地方品种。

品种名称：增艳
外文名：Improved Flavor Crest
原产地：美国
资源类型：选育品种
用途：果实鲜食
系谱：不详
选育单位：不详
引进年份：1985（引自新西兰）
果实类型：普通桃
果形：圆
单果重（g）：150
果皮底色：橙黄
盖色深浅：深红
着色程度：多
果肉颜色：黄
外观品质：上
核粘离性：离
肉质：硬溶质
风味：酸
可溶性固形物（%）：9
鲜食品质：中
花型：蔷薇形
花瓣类型：单瓣
花瓣颜色：粉红
花粉育性：可育
花药颜色：橘红
叶腺：肾形
树形：开张
生长势：强健
丰产性：丰产
始花期：3月底
果实成熟期：7月中旬
果实发育期（d）：105
营养生长期（d）：260
需冷量（h）：850
综合评价：果实大，外观漂亮，肉质硬；汁味浓，色艳，出汁率61.57%，制汁品质良好；是优良的育种材料。

品种名称：张黄 9 号
外文名：Zhang Huang 9
原代号：甘肃省张掖市
资源类型：地方品种
用途：果实加工
系谱：自然实生
选育单位：农家选育
果实类型：普通桃
果形：圆
单果重（g）：96
果皮底色：黄
盖色深浅：深红
着色程度：少
果肉颜色：黄
外观品质：中
核粘离性：粘
肉质：不溶质
风味：酸甜
可溶性固形物（%）：14
鲜食品质：中下
花型：蔷薇形
花瓣类型：单瓣
花瓣颜色：粉红
花粉育性：可育
花药颜色：橘红
叶腺：圆形
树形：半开张
生长势：强健
丰产性：低
始花期：3 月底
果实成熟期：8 月中下旬
果实发育期（d）：143
营养生长期（d）：266
需冷量（h）：800
综合评价：西北不溶质黄桃种质资源。

品种名称：郑黄 15－1
外文名：Zheng Huang 15－1
原产地：河南省郑州市
资源类型：品系
用途：果实加工
系谱：不详
选育单位：中国农业科学院郑州果树研究所
育成年份：1985
果实类型：普通桃
果形：近圆
单果重（g）：132
果皮底色：橙黄
盖色深浅：深红
着色程度：多
果肉颜色：黄
外观品质：中
核粘离性：粘
肉质：硬溶质
风味：甜
可溶性固形物（%）：8
鲜食品质：中
花型：蔷薇形
花瓣类型：单瓣
花瓣颜色：粉红
花粉育性：可育
花药颜色：橘红
叶腺：肾形
树形：半开张
生长势：强健
丰产性：丰产
始花期：3 月底
果实成熟期：6 月中旬
果实发育期（d）：80
营养生长期（d）：261
需冷量（h）：800
综合评价：早熟，肉质偏软。

品种名称：郑黄 4－1－65
外文名：Zheng Huang 4－1－65
原产地：河南省郑州市
资源类型：品系
用途：果实加工
系谱：不详
选育单位：中国农业科学院郑州果树研究所
育成年份：不详
果实类型：普通桃
果形：圆
单果重（g）：126
果皮底色：黄
盖色深浅：红
着色程度：中
果肉颜色：黄
外观品质：中
核粘离性：粘
肉质：不溶质
风味：酸
可溶性固形物（%）：9
加工品质：中
花型：蔷薇形
花瓣类型：单瓣
花瓣颜色：粉红
花粉育性：可育
花药颜色：橘红
叶腺：肾形
树形：开张
生长势：强健
丰产性：丰产
始花期：3 月底
果实成熟期：6 月底
果实发育期（d）：93
营养生长期（d）：269
需冷量（h）：700～800
综合评价：果形圆整，果肉无红色素；糖水罐头成品有光泽，可作为早熟罐藏品种适量种植。

品种名称：郑黄 9－13
外文名：Zheng Huang 9－13
原产地：河南省郑州市
资源类型：品系
用途：果实鲜食、加工
系谱：（绿化 3 号×美味）第 5 株×喀什黄肉李光后代 5－7
选育单位：中国农业科学院郑州果树研究所
杂交年份：1996
果实类型：普通桃
果形：圆
单果重（g）：150
果皮底色：橙黄
盖色深浅：红
着色程度：中
果肉颜色：橙黄
外观品质：中
核粘离性：粘
肉质：软溶质
风味：甜
可溶性固形物（%）：12
鲜食品质：中上
花型：蔷薇形
花瓣类型：单瓣
花瓣颜色：粉红
花粉育性：可育
花药颜色：橘红
叶腺：肾形
树形：开张
生长势：中庸
丰产性：丰产
始花期：3 月下旬
果实成熟期：7 月初
果实发育期（d）：93
营养生长期（d）：260
需冷量（h）：800～900
综合评价：果实大，果肉无红色素，香味浓郁，适宜制汁。

品种名称：郑黄 2 号
外文名：Zheng Huang 2
原代号：1－9－5 或郑黄 205
原产地：河南省郑州市
资源类型：选育品种
用途：果实加工
系谱：罐桃 5 号×丰黄
选育单位：中国农业科学院
郑州果树研究所
育成年份：1988
果实类型：普通桃
果形：椭圆
单果重（g）：127

果皮底色：黄
盖色深浅：红
着色程度：多
果肉颜色：黄
外观品质：中上
核粘离性：粘
肉质：不溶质
风味：酸甜
可溶性固形物（%）：9
加工品质：上
花型：蔷薇形
花瓣类型：单瓣

花瓣颜色：粉红
花粉育性：不稔
花药颜色：黄
叶腺：肾形
树形：开张
生长势：强健
丰产性：丰产
始花期：3 月底
果实成熟期：6 月下旬
果实发育期（d）：90
营养生长期（d）：271
需冷量（h）：800

综合评价：成熟早，果肉细韧，有红色素，罐头成品香气浓。花粉不稔。

品种名称：郑黄3号
外文名：Zheng Huang 3
原代号：3－13
原产地：河南省郑州市
资源类型：选育品种
用途：果实加工
系谱：早熟黄甘×丰黄
选育单位：中国农业科学院郑州果树研究所
育成年份：1988
果实类型：普通桃
果形：卵圆
单果重（g）：118
果皮底色：橙黄
盖色深浅：红
着色程度：中
果肉颜色：黄
外观品质：中上
核粘离性：粘
肉质：不溶质
风味：酸甜
可溶性固形物（%）：7
加工品质：中上
花型：蔷薇形
花瓣类型：单瓣
花瓣颜色：粉红
花粉育性：可育
花药颜色：橘红
叶腺：肾形
树形：开张
生长势：强健
丰产性：丰产
始花期：3月底
果实成熟期：7月初
果实发育期（d）：101
营养生长期（d）：270
需冷量（h）：850
综合评价：肉质细韧，作为加工品种果肉红色素偏多。

品种名称：郑黄4号
外文名：Zheng Huang 4
原代号：1-7-13
原产地：河南省郑州市
资源类型：选育品种
用途：果实加工
系谱：罐桃5号×连黄
选育单位：中国农业科学院郑州果树研究所
育成年份：1989
果实类型：普通桃
果形：椭圆
单果重（g）：222
果皮底色：橙黄
盖色深浅：红
着色程度：中
果肉颜色：黄
外观品质：中上
核粘离性：粘
肉质：不溶质
风味：酸
可溶性固形物（%）：11
加工品质：上
花型：蔷薇形
花瓣类型：单瓣
花瓣颜色：粉红
花粉育性：不稔
花药颜色：橘黄
叶腺：肾形
树形：开张
生长势：强健
丰产性：丰产
始花期：3月底
果实成熟期：7月中旬
果实发育期（d）：114
营养生长期（d）：265
需冷量（h）：850
综合评价：果实很大，果肉有红色素，加工利用率高，是中熟罐藏黄桃品种。

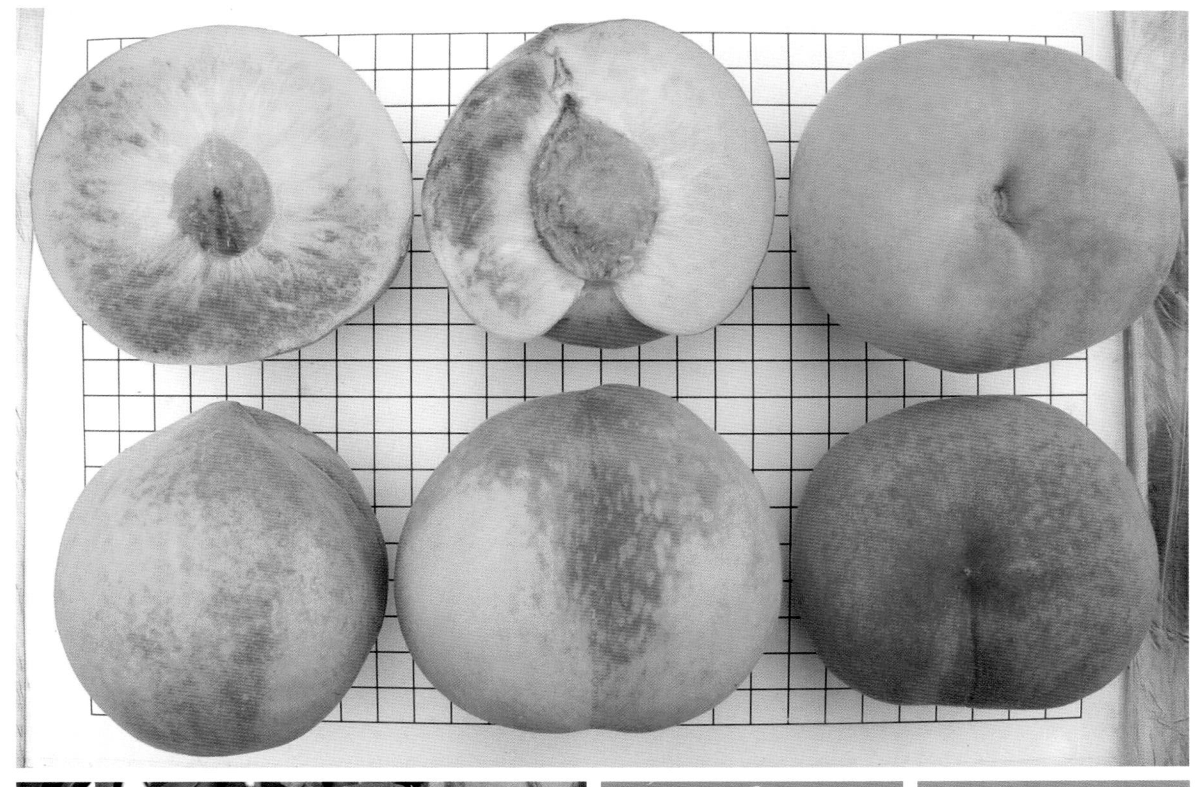

品种名称：B7R2T309
外文名：B7R2T309
资源类型：选育品系
用途：果实鲜食
果实类型：普通桃
果形：椭圆
单果重（g）：102
果皮底色：黄
盖色深浅：红
着色程度：中
果肉颜色：橙黄
核粘离性：半离
肉质：软溶质
风味：酸多甜少
可溶性固形物（%）：10
花型：铃形
花瓣颜色：红
花粉育性：可育
叶腺：肾形
始花期：4月初
果实成熟期：6月下旬
综合评价：果实易烂顶。

品种名称：NJC22
外文名：NJC22
资源类型：选育品种
用途：果实加工
选育单位：美国新泽西州农业试验站
收集年份：1984
果实类型：普通桃
果形：圆
单果重（g）：134
果皮底色：黄
盖色深浅：紫红
着色程度：少
果肉颜色：橙黄
核粘离性：粘
肉质：不溶质
风味：酸甜适中
可溶性固形物（%）：12
花型：铃形
花瓣颜色：红
花粉育性：可育
叶腺：肾形
始花期：4月初
果实成熟期：8月初
综合评价：不溶质，近核处不红，制罐品质中等。

品种名称：NJC86
外文名：NJC86
资源类型：选育品种
用途：果实加工
选育单位：美国新泽西州农业试验站
收集年份：1984
果实类型：普通桃
果形：圆
单果重（g）：195
果皮底色：黄
盖色深浅：红
着色程度：无
果肉颜色：黄
核粘离性：粘
肉质：不溶质
风味：酸多甜少
可溶性固形物（%）：10
花型：铃形
花瓣颜色：红
花粉育性：可育
叶腺：肾形
始花期：4月初
果实成熟期：7月底
综合评价：果实大，无红色素，风味中等。

品种名称：NJC88
外文名：NJC88
资源类型：选育品种
用途：果实加工
选育单位：美国新泽西州农业试验站
收集年份：1985
果实类型：普通桃
果形：圆
单果重（g）：137
果皮底色：橙黄
盖色深浅：红
着色程度：少
果肉颜色：黄
核粘离性：粘
肉质：不溶质
风味：酸多甜少
可溶性固形物（%）：9
花型：铃形
花瓣颜色：红
花粉育性：可育
叶腺：肾形
始花期：4月初
果实成熟期：7月上旬
综合评价：有缝合线先熟现象，罐藏品质优良。

品种名称：大黄肉桃
外文名：Da Huang Rou Tao
资源类型：地方品种
用途：果实鲜食
果实类型：普通桃
果形：圆
单果重（g）：66
果皮底色：黄
盖色深浅：无
着色程度：无
果肉颜色：淡黄
核粘离性：离
肉质：软溶质
风味：酸甜适中
可溶性固形物（%）：12
花型：蔷薇形
花粉育性：可育
叶腺：肾形
始花期：4月初
果实成熟期：8月底
综合评价：果实小，味酸，产量低。

品种名称：大连1-2
外文名：Dalian 1-2
资源类型：选育品系
用途：果实鲜食
选育单位：大连市农业科学研究所
果实类型：普通桃
果形：椭圆
单果重（g）：160
果皮底色：黄
盖色深浅：紫红
着色程度：少
果肉颜色：黄
核粘离性：离
肉质：硬溶质
风味：酸多甜少
可溶性固形物（%）：11
花型：蔷薇形
花瓣颜色：深粉红
花粉育性：可育
叶腺：肾形
始花期：4月初
果实成熟期：7月下旬
综合评价：果实大，其他性状一般。

品种名称：奉化1-2
外文名：Fenghua 1-2
资源类型：选育品种
用途：果实加工
选育单位：浙江省奉化食品厂
果实类型：普通桃
果形：椭圆
单果重（g）：123
果皮底色：黄
盖色深浅：红
着色程度：多
果肉颜色：橙黄
核粘离性：粘
肉质：不溶质
风味：酸甜适中
可溶性固形物（%）：10
花型：蔷薇形
花瓣颜色：深粉红
花粉育性：可育
叶腺：肾形
始花期：4月初
果实成熟期：7月中下旬
综合评价：果肉有红色素，制罐品质中等。

品种名称：奉罐1号
外文名：Feng Guan 1
别名：奉化1-5
资源类型：选育品系
用途：果实加工
选育单位：浙江省奉化食品厂
果实类型：普通桃
果形：圆
单果重（g）：138
果皮底色：橙黄
盖色深浅：粉红
着色程度：中
果肉颜色：橙黄
核粘离性：粘
肉质：不溶质
风味：酸甜适中
可溶性固形物（%）：10
花型：蔷薇形
花瓣颜色：深粉红
花粉育性：可育
叶腺：肾形
始花期：4月初
果实成熟期：7月下旬
综合评价：果肉有红色素，制罐品质中等。

品种名称：圪台1号
外文名：Getai 1
资源类型：地方品种
用途：果实加工
系谱：自然实生
选育单位：农家选育
果实类型：普通桃
果形：圆
单果重（g）：100
果皮底色：橙黄
盖色深浅：紫红
着色程度：少
果肉颜色：橙黄
核粘离性：粘
肉质：不溶质
风味：酸甜味淡
可溶性固形物（%）：13
花型：蔷薇形
花瓣颜色：深粉红
花粉育性：可育
叶腺：肾形
始花期：4月初
果实成熟期：8月上旬
综合评价：风味淡，制罐品质差。

品种名称：冠港
外文名：Cresthaven
资源类型：选育品种
用途：果实鲜食
系谱：Kalhaven × SH309 (SH50×Redhaven)
选育单位：美国密歇根州农业试验站
育成年份：1963
果实类型：普通桃
果形：圆
单果重（g）：100
果皮底色：黄
盖色深浅：红
着色程度：极少
果肉颜色：橙黄
核粘离性：离
肉质：软溶质
风味：甜多酸少
可溶性固形物（%）：11
花型：蔷薇形
花瓣颜色：深粉红
花粉育性：可育
叶腺：肾形
始花期：4月初
果实成熟期：8月中旬
综合评价：果实较小，品质中等。

品种名称：红玫瑰
外文名：Rosired－3
资源类型：选育品种
用途：果实鲜食
系谱：Southland自交
选育单位：意大利Bologan大学DanieleBassi
育成年份：1983
果实类型：普通桃
果形：圆
单果重（g）：103
果皮底色：黄
盖色深浅：紫红
着色程度：中
果肉颜色：黄
核粘离性：离
肉质：硬溶质
风味：酸多甜少
可溶性固形物（%）：11
花型：蔷薇形
花粉育性：可育
叶腺：肾形
始花期：4月初
果实成熟期：6月底
需冷量（h）：750～850
综合评价：果实中等大小，外观良好，极不耐贮运。

品种名称：黄心绵
外文名：Huang Xin Mian
资源类型：地方品种
用途：果实鲜食、加工
选育单位：农家选育
果实类型：普通桃
果形：圆
单果重（g）：88
果皮底色：绿黄
盖色深浅：红
着色程度：少
果肉颜色：黄
核粘离性：粘
肉质：不溶质
风味：酸甜
可溶性固形物（%）：10
花型：蔷薇形
花粉育性：可育
叶腺：肾形
始花期：4月初
果实成熟期：8月中旬
综合评价：果实小，肉质硬。

品种名称：江村 2 号
外文名：Jiangcun 2
资源类型：地方品种
用途：果实加工
系谱：自然实生
选育单位：农家选育
果实类型：普通桃
果形：圆
单果重（g）：108
果皮底色：黄
盖色深浅：红
着色程度：极少
果肉颜色：黄
核粘离性：粘
肉质：不溶质
风味：酸多甜少
可溶性固形物（%）：12
花型：蔷薇形
花瓣颜色：深粉红
花粉育性：可育
叶腺：肾形
始花期：4 月初
果实成熟期：7 月下旬
综合评价：采前落果重，制罐品质差。

品种名称：金丰
外文名：Jin Feng
原代号：63－9－6
资源类型：选育品种
用途：果实加工
系谱：西洋黄肉×菲利甫
选育单位：江苏省农业科学院园艺研究所
育成年份：1974
果实类型：普通桃
果形：圆
单果重（g）：120
果皮底色：黄
盖色深浅：红
着色程度：少
果肉颜色：黄
核粘离性：粘
肉质：硬溶质
风味：酸多甜少
可溶性固形物（%）：10
花型：铃形
花瓣颜色：红
花粉育性：可育
叶腺：肾形
始花期：4 月初
果实成熟期：8 月中下旬
综合评价：果实中等大，风味品质中等。

品种名称：锦香
外文名：Jin Xiang
原代号：沪 020
资源类型：选育品种
用途：果实鲜食
系谱：北农 2 号×60－27－7
选育单位：上海市农业科学院园艺研究所
育成年份：1979
果实类型：普通桃
果形：卵圆
单果重（g）：103
果皮底色：黄
盖色深浅：红
着色程度：少
果肉颜色：乳黄
核粘离性：粘
肉质：软溶质
风味：酸甜适中
可溶性固形物（%）：11
花型：蔷薇形
花粉育性：不稔
叶腺：肾形
始花期：4 月初
果实成熟期：6 月底
综合评价：综合性状良。

品种名称：京川
外文名：Jing Chuan
原代号：62－8－5
资源类型：选育品种
用途：果实鲜食
系谱：冈山白×爱保太
选育单位：北京市农林科学院林业果树研究所
育成年份：1984
果实类型：普通桃
果形：椭圆
单果重（g）：115
果皮底色：橙黄
盖色深浅：红
着色程度：中
果肉颜色：橙黄
核粘离性：粘
肉质：软溶质
风味：浓甜
可溶性固形物（%）：13
花型：铃形
花瓣颜色：红
花粉育性：可育
叶腺：肾形
始花期：4 月初
果实成熟期：8 月上旬
综合评价：综合性状一般。

品种名称：卡迪诺
外文名：Cardinal
资源类型：选育品种
用途：果实鲜食
系谱：Halehaven 自交
选育单位：美国农业部佐治亚州 Byron 和 Fort Valley 试验站
育成年份：1951
果实类型：普通桃
果形：椭圆
单果重（g）：122
果皮底色：黄
盖色深浅：红
着色程度：少
果肉颜色：黄
核粘离性：离
肉质：软溶质
风味：酸甜适中
可溶性固形物（%）：10
花型：蔷薇形
花瓣颜色：深粉红
花粉育性：不稔
叶腺：肾形
始花期：4 月初
果实成熟期：8 月上旬
需冷量（h）：900～1 000
综合评价：综合性状一般。

品种名称：临白 12 号
外文名：Lin Bai 12
原产地：甘肃省临泽县
资源类型：地方品种
用途：果实加工
系谱：自然实生
选育单位：农家选育
育成年份：1979
果实类型：普通桃
果形：圆
单果重（g）：74
果皮底色：绿白
盖色深浅：红
着色程度：中
果肉颜色：乳黄
核粘离性：粘
肉质：不溶质
风味：酸甜适中
可溶性固形物（%）：13
花型：蔷薇形
花瓣颜色：深粉红
花粉育性：可育
叶腺：肾形
始花期：4 月初
果实成熟期：8 月初
综合评价：果实小，肉质硬，细韧，风味淡。

品种名称：龙 11－41
外文名：Long 11—41
原产地：甘肃省宁县
资源类型：地方品种
用途：果实加工
系谱：自然实生
选育单位：农家选育
收集年份：1979
果实类型：普通桃
果形：圆
单果重（g）：116
果皮底色：黄
盖色深浅：红
着色程度：中
果肉颜色：黄
核粘离性：粘
肉质：不溶质
风味：甜多酸少
可溶性固形物（%）：12
花型：蔷薇形
花瓣颜色：深粉红
花粉育性：可育
叶腺：肾形
始花期：4 月初
果实成熟期：8 月初
综合评价：果实肉质硬，加工品质差，产量低。

品种名称：龙 1－1－6
外文名：Long 1－1－6
原产地：甘肃省宁县
资源类型：地方品种
用途：果实加工
系谱：自然实生
选育单位：农家选育
收集年份：1979
果实类型：普通桃
果形：圆
单果重（g）：79
果皮底色：黄
盖色深浅：紫红
着色程度：少
果肉颜色：橙黄
核粘离性：粘
肉质：不溶质
风味：酸甜适中
可溶性固形物（%）：14
花型：蔷薇形
花瓣颜色：深粉红
花粉育性：可育
叶腺：肾形
始花期：4 月初
果实成熟期：8 月初
综合评价：风味淡，制罐品质差。

品种名称：龙 1－2－2
外文名：Long 1－2－2
原产地：甘肃省宁县
资源类型：地方品种
用途：果实加工
系谱：自然实生
选育单位：农家选育
收集年份：1979
果实类型：普通桃
果形：圆
单果重（g）：149
果皮底色：黄
盖色深浅：红
着色程度：中
果肉颜色：黄
核粘离性：粘
肉质：不溶质
风味：甜多酸少
可溶性固形物（%）：10
花型：蔷薇形
花瓣颜色：深粉红
花粉育性：可育
叶腺：肾形
始花期：4 月初
果实成熟期：8 月初
综合评价：果肉红色素多，风味淡，制罐品质差。

品种名称：龙 1－2－5
外文名：Long 1－2－5
原产地：甘肃省宁县
资源类型：地方品种
用途：果实加工
系谱：自然实生
选育单位：农家选育
收集年份：1979
果实类型：普通桃
果形：卵圆
单果重（g）：119
果皮底色：橙黄
盖色深浅：紫红
着色程度：中
果肉颜色：橙黄
核粘离性：粘
肉质：不溶质
风味：甜多酸少
可溶性固形物（%）：13
花型：蔷薇形
花瓣颜色：深粉红
花粉育性：可育
叶腺：肾形
始花期：4 月初
果实成熟期：8 月中旬
综合评价：果肉红色素较多，制罐品质一般。

品种名称：龙 2－4－5
外文名：Long 2－4－5
原产地：甘肃省宁县
资源类型：地方品种
用途：果实加工
系谱：自然实生
选育单位：农家选育
收集年份：1979
果实类型：普通桃
果形：圆
单果重（g）：128
果皮底色：橙黄
盖色深浅：紫红
着色程度：多
果肉颜色：橙黄
核粘离性：粘
肉质：不溶质
风味：甜多酸少
可溶性固形物（%）：12
叶腺：肾形
综合评价：果肉红色素较多，风味淡，制罐品质差。

品种名称：龙 2－4－7
外文名：Long 2－4－7
原产地：甘肃省宁县
资源类型：地方品种
用途：果实加工
系谱：自然实生
选育单位：农家选育
收集年份：1979
果实类型：普通桃
果形：圆
单果重（g）：139
果皮底色：黄
盖色深浅：红
着色程度：中
果肉颜色：橙黄
核粘离性：粘
肉质：不溶质
风味：甜多酸少
可溶性固形物（%）：11
花型：蔷薇形
花瓣颜色：深粉红
花粉育性：可育
叶腺：肾形
始花期：4 月初
果实成熟期：8 月中旬
综合评价：果顶后熟，制罐品质一般。

品种名称：龙 2－4－8
外文名：Long 2－4－8
原产地：甘肃省宁县
资源类型：地方品种
用途：果实加工
系谱：自然实生
选育单位：农家选育
收集年份：1979
果实类型：普通桃
果形：卵圆
单果重（g）：143
果皮底色：黄
盖色深浅：紫红
着色程度：少
果肉颜色：橙黄
核粘离性：粘
肉质：不溶质
风味：甜多酸少
可溶性固形物（%）：12
花型：蔷薇形
花瓣颜色：深粉红
花粉育性：可育
叶腺：肾形
始花期：4 月初
果实成熟期：7 月中下旬
综合评价：缝合线先熟，果翼突出，略有苦味，制罐品质差。

品种名称：南 13
外文名：Nan 13
原产地：甘肃省宁县
资源类型：地方品种
用途：果实加工
系谱：自然实生
果实类型：普通桃
果形：椭圆
单果重（g）：132
果皮底色：黄
盖色深浅：红
着色程度：中
果肉颜色：黄
核粘离性：粘
肉质：不溶质
风味：酸甜适中
可溶性固形物（%）：12
花型：蔷薇形
花瓣颜色：深粉红
花粉育性：可育
叶腺：肾形
始花期：4 月初
果实成熟期：7 月中下旬
综合评价：果肉红色素多，风味淡，制罐品质一般。

品种名称：秋葵
外文名：Qiu Kui
资源类型：选育品种
用途：果实加工
选育单位：江苏省农业科学院园艺研究所
果实类型：普通桃
果形：圆
单果重（g）：134
果皮底色：黄
盖色深浅：紫红
着色程度：少
果肉颜色：黄
核粘离性：粘
肉质：硬溶质
风味：酸甜适中
可溶性固形物（%）：12
花型：铃形
花瓣颜色：红
花粉育性：可育
叶腺：圆形
始花期：4 月初
果实成熟期：8 月中旬
综合评价：综合性状一般。

品种名称：秋露
外文名：Qiu Lu
资源类型：选育品种
用途：果实加工
系谱：黄露自然实生
选育单位：大连市农业科学研究所
果实类型：普通桃
果形：圆
单果重（g）：140
果皮底色：黄
盖色深浅：红
着色程度：中
果肉颜色：橙黄
核粘离性：粘
肉质：不溶质
风味：甜酸
可溶性固形物（%）：10
花型：蔷薇形
花粉育性：可育
叶腺：肾形
始花期：4 月初
果实成熟期：7 月上旬
综合评价：果实圆整，中等大小，制罐品质优。

品种名称：萨门莱特
外文名：Summerset
原产地：美国
资源类型：选育品种
用途：果实鲜食
系谱：Kirkman Gem×B27－3（J. H. Hale × Rio Oso Gem）
选育单位：美国农业部加利福尼亚州 Fresno 试验站
育成年份：1965
果实类型：普通桃
果形：圆
单果重（g）：166
果皮底色：黄
盖色深浅：红
着色程度：中
果肉颜色：黄
外观品质：中
核粘离性：离
肉质：硬溶质
风味：酸
可溶性固形物（%）：11
鲜食品质：中
花型：铃形
花瓣类型：单瓣
花瓣颜色：粉红
花粉育性：可育
花药颜色：橘红
叶腺：肾形
树形：半开张
生长势：强健
丰产性：丰产
始花期：3月底
果实成熟期：8月上旬
果实发育期（d）：140
营养生长期（d）：267
需冷量（h）：750
综合评价：晚熟，果形圆整，果肉红色素少，风味品质中等。枝条紧凑，节间短。

品种名称：特巴娜
外文名：Tebana
资源类型：选育品种
用途：果实鲜食
系谱：Carson 的自然实生
选育单位：意大利 Bologan 大学
果实类型：普通桃
育成年份：1981
果形：卵圆
单果重（g）：133
果皮底色：黄
盖色深浅：红
着色程度：多
果肉颜色：黄
核粘离性：粘
肉质：不溶质
风味：酸甜适中
可溶性固形物（%）：10
花型：蔷薇形
花瓣颜色：粉红
花粉育性：可育
叶腺：肾形
始花期：4月初
果实成熟期：7月初
需冷量（h）：900～1 000
综合评价：果肉无红色，肉细韧。丰产。

品种名称：铁8－1
外文名：Tie 8－1
原产地：新疆喀什市
资源类型：地方品种
用途：果实加工
果实类型：普通桃
果形：卵圆
单果重（g）：92
果皮底色：黄
盖色深浅：无
着色程度：无
果肉颜色：淡黄
核粘离性：粘
肉质：不溶质
风味：酸多甜少
可溶性固形物（%）：15
花型：蔷薇形
花瓣颜色：深粉红
花粉育性：可育
叶腺：肾形
始花期：4月初
果实成熟期：9月初
综合评价：晚熟，果面无红色，有苦味。

品种名称：晚熟离核黄肉
外文名：Wan Shu Li He Huang Rou
资源类型：地方品种
用途：果实鲜食
果实类型：普通桃
果形：圆
单果重（g）：122
果皮底色：黄
盖色深浅：无
着色程度：无
果肉颜色：淡黄
核粘离性：离
肉质：软溶质
风味：酸甜适中
可溶性固形物（%）：14
花型：蔷薇形
花瓣颜色：深粉红
花粉育性：可育
叶腺：肾形
始花期：4月初
果实成熟期：8月下旬
综合评价：晚熟，产量很低。

品种名称：燕黄
外文名：Yan Huang
别名：北京23
资源类型：选育品种
用途：果实加工
系谱：冈山白×兴津油桃
选育单位：北京市农林科学院林业果树研究所
育成年份：1983
果实类型：普通桃
果形：椭圆
单果重（g）：111
果皮底色：橙黄
盖色深浅：紫红
着色程度：少
果肉颜色：橙黄
核粘离性：粘
肉质：硬溶质
风味：甜多酸少
可溶性固形物（%）：12
花型：铃形
花瓣颜色：红
花粉育性：可育
叶腺：肾形
始花期：4月初
果实成熟期：8月中旬
综合评价：果实中等大小，近核处红，其他性状一般。

品种名称：叶县黄肉8号
外文名：Yexian Huang Rou 8
资源类型：地方品种
用途：果实鲜食
果实类型：普通桃
果形：圆
单果重（g）：97
果皮底色：黄
盖色深浅：无
着色程度：无
果肉颜色：淡黄
核粘离性：离
肉质：软溶质
风味：酸多甜少
可溶性固形物（%）：14
花型：蔷薇形
花瓣颜色：深粉红
花粉育性：可育
叶腺：肾形
始花期：4月初
果实成熟期：9月初
综合评价：果实黄绿色，风味偏酸，产量极低。

品种名称：叶县粘核黄肉
外文名：Yexian Nian He Huang Rou
资源类型：地方品种
用途：果实加工
果实类型：普通桃
果形：圆
单果重（g）：117
果皮底色：黄
盖色深浅：无
着色程度：无
果肉颜色：淡黄
核粘离性：粘
肉质：硬溶质
风味：酸多甜少
可溶性固形物（%）：14
花型：蔷薇形
花瓣颜色：深粉红
花粉育性：可育
叶腺：肾形
始花期：4月初
果实成熟期：9月初
综合评价：果实黄绿色，缝合线处裂开，品质下。产量极低。

品种名称：早黄6号
外文名：Zao Huang 6
资源类型：选育品种
用途：果实鲜食
果实类型：普通桃
果形：圆
单果重（g）：107
果皮底色：黄
盖色深浅：红
着色程度：中
果肉颜色：黄
核粘离性：半离
肉质：软溶质
风味：酸多甜少
可溶性固形物（%）：11
花型：蔷薇形
花瓣颜色：粉红
花粉育性：不稔
叶腺：肾形
始花期：4月初
果实成熟期：7月初
综合评价：果翼稍突出。

品种名称：郑黄1-3-4
外文名：Zheng Huang 1-3-4
资源类型：品系
用途：果实加工
选育单位：中国农业科学院郑州果树研究所
果实类型：普通桃
果形：卵圆
单果重（g）：116
果皮底色：橙黄
盖色深浅：红
着色程度：多
果肉颜色：黄
核粘离性：粘
肉质：不溶质
风味：酸甜
可溶性固形物（%）：11
花型：蔷薇形
花瓣颜色：粉红
花粉育性：可育
叶腺：肾形
始花期：3月底
果实成熟期：6月下旬
需冷量（h）：700～800
综合评价：成熟期早，肉质硬，但红色素较多，加工品质一般。

品种名称：郑黄1-3-6
外文名：Zheng Huang 1-3-6
原产地：河南省郑州市
资源类型：品系
用途：果实加工
选育单位：中国农业科学院郑州果树研究所
果实类型：普通桃
果形：卵圆
单果重（g）：170
果皮底色：绿黄
盖色深浅：深红
着色程度：多
果肉颜色：黄
核粘离性：粘
肉质：不溶质
风味：酸甜
可溶性固形物（%）：11
花型：蔷薇形
花瓣颜色：粉红
花粉育性：可育
叶腺：肾形
始花期：3月底
果实成熟期：7月中旬
综合评价：果形圆整，红色素较少。

品种名称：郑黄3-12
外文名：Zheng Huang 3-12
资源类型：选育品系
用途：果实加工
选育单位：中国农业科学院郑州果树研究所
果实类型：普通桃
果形：卵圆
单果重（g）：125
果皮底色：橙黄
盖色深浅：紫红
着色程度：中
果肉颜色：橙黄
核粘离性：粘
肉质：不溶质
风味：酸甜适中
可溶性固形物（%）：10
花型：蔷薇形
花瓣颜色：深粉红
花粉育性：可育
叶腺：肾形
始花期：4月初
果实成熟期：8月初
综合评价：果实中等大小，加工品质良。

品种名称：郑黄 5－10
外文名：Zheng Huang 5－10
资源类型：选育品系
用途：果实鲜食
选育单位：中国农业科学院郑州果树研究所
果实类型：普通桃
综合评价：综合性状一般。

果形：卵圆
单果重（g）：124
果皮底色：黄
盖色深浅：红
着色程度：少
果肉颜色：橙黄
核粘离性：粘
肉质：硬溶质

风味：酸甜适中
可溶性固形物（%）：11
花型：铃形
花瓣颜色：深粉红
花粉育性：可育
叶腺：肾形
始花期：4 月初
果实成熟期：8 月上旬

第三节　油　　桃

品种名称：NJN69
外文名：NJN69
原产地：美国
资源类型：选育品种
用途：果实鲜食
系谱：不详
选育单位：美国新泽西州农业试验站
育成年份：20 世纪 80 年代之前
果实类型：油桃
果形：圆
单果重（g）：115
果皮底色：橙黄
盖色深浅：深红
着色程度：多
果肉颜色：黄
外观品质：中
核粘离性：粘
肉质：硬溶质
风味：酸
可溶性固形物（%）：9
鲜食品质：中
花型：蔷薇形
花瓣类型：单瓣
花瓣颜色：粉红
花粉育性：可育
花药颜色：橘红
叶腺：肾形
树形：开张
生长势：中庸
丰产性：丰产
始花期：3 月底
果实成熟期：7 月下旬
果实发育期（d）：120
营养生长期（d）：265
需冷量（h）：800

综合评价：成熟后果实全红，果肉颜色纯黄，红色素少，硬溶，风味偏酸。

品种名称：NJN70
外文名：NJN70
原产地：美国
资源类型：选育品种
用途：果实鲜食
系谱：不详
选育单位：美国新泽西州农业试验站
育成年份：20世纪80年代之前
果实类型：油桃
果形：圆
单果重（g）：108
果皮底色：橙黄
盖色深浅：深红
着色程度：多
果肉颜色：黄
外观品质：中上
核粘离性：粘
肉质：硬溶质
风味：酸甜
可溶性固形物（%）：12
鲜食品质：中
花型：铃形
花瓣类型：单瓣
花瓣颜色：粉红
花粉育性：可育
花药颜色：橘红
叶腺：肾形
树形：开张
生长势：中庸
丰产性：丰产
始花期：4月初
果实成熟期：6月下旬
果实发育期（d）：84
营养生长期（d）：252
需冷量（h）：800
综合评价：果面着紫红色，硬溶，风味偏酸。

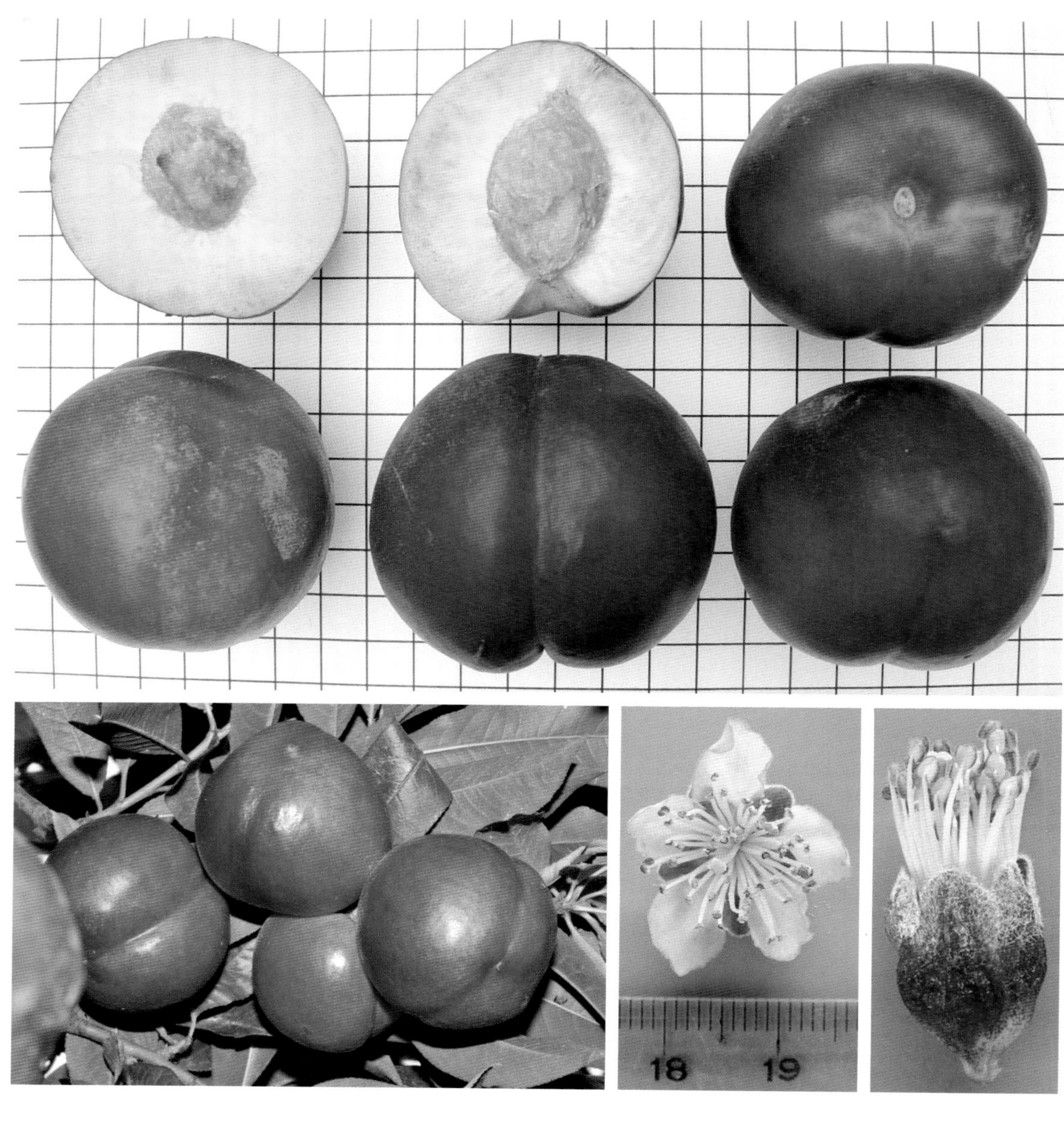

品种名称：NJN72
外文名：NJN72
原产地：美国
资源类型：选育品种
用途：果实鲜食
系谱：不详
选育单位：美国新泽西州农业试验站
育成年份：20 世纪 80 年代之前
果实类型：油桃
果形：圆
单果重（g）：100

果皮底色：橙黄
盖色深浅：深红
着色程度：多
果肉颜色：黄
外观品质：中
核粘离性：粘
肉质：硬溶质
风味：酸
可溶性固形物（%）：11
鲜食品质：中
花型：蔷薇形
花瓣类型：单瓣

花瓣颜色：粉红
花粉育性：可育
花药颜色：橘黄
叶腺：肾形
树形：开张
生长势：中庸
丰产性：中
始花期：4 月初
果实成熟期：6 月上旬
果实发育期（d）：72
营养生长期（d）：254
需冷量（h）：800

综合评价：早熟，风味偏酸，果顶先熟。20 世纪 80 年代末与 90 年代初在我国北方有少量栽培。

品种名称：NJN76
外文名：NJN76
原产地：美国
资源类型：选育品种
用途：果实鲜食
系谱：不详
选育单位：美国新泽西州农业试验站
育成年份：20世纪80年代之前
果实类型：油桃
果形：椭圆
单果重（g）：130
果皮底色：橙黄
盖色深浅：红
着色程度：多
果肉颜色：黄
外观品质：上
核粘离性：粘
肉质：不溶质
风味：酸甜
可溶性固形物（%）：13
鲜食品质：中上
花型：铃形
花瓣类型：单瓣
花瓣颜色：粉红
花粉育性：可育
花药颜色：橘红
叶腺：肾形
树形：开张
生长势：强健
丰产性：中
始花期：3月底
果实成熟期：6月下旬
果实发育期（d）：90
营养生长期（d）：269
需冷量（h）：800
综合评价：肉质韧，耐贮运，可兼用制罐。作为亲本材料奠定了我国油桃育种的基础。

品种名称：NJN78
外文名：NJN78
原产地：美国
资源类型：选育品种
用途：果实鲜食
系谱：不详
选育单位：美国新泽西州农业试验站
育成年份：20 世纪 80 年代之前
果实类型：油桃
果形：椭圆
单果重（g）：150
果皮底色：橙黄
盖色深浅：深红
着色程度：多
果肉颜色：黄
外观品质：中上
核粘离性：粘
肉质：不溶质
风味：酸甜
可溶性固形物（%）：12
鲜食品质：中
花型：铃形
花瓣类型：单瓣
花瓣颜色：粉红
花粉育性：可育
花药颜色：橘红
叶腺：肾形
树形：开张
生长势：强健
丰产性：丰产
始花期：3 月底
果实成熟期：7 月中旬
果实发育期（d）：112
营养生长期（d）：257
需冷量（h）：800
综合评价：果实大，肉质韧，香气浓，有缝合线先熟现象。果汁清，出汁率 61.58%，制汁品质优。

品种名称：NJN80
外文名：NJN80
原产地：美国
资源类型：选育品种
用途：果实鲜食
系谱：不详
选育单位：美国新泽西州农业试验站
育成年份：20世纪80年代之前
果实类型：油桃
果形：圆
单果重（g）：120

果皮底色：黄
盖色深浅：红
着色程度：多
果肉颜色：黄
外观品质：中
核粘离性：粘
肉质：不溶质
风味：酸甜
可溶性固形物（%）：11
鲜食品质：中
花型：铃形
花瓣类型：单瓣

花瓣颜色：粉红
花粉育性：可育
花药颜色：橘红
叶腺：肾形
树形：开张
生长势：强健
丰产性：中
始花期：3月底
果实成熟期：6月底
果实发育期（d）：91
营养生长期（d）：270
需冷量（h）：800

综合评价：果实圆形，粘核，不溶质。

品种名称：NJN89
外文名：NJN89
原产地：美国
资源类型：选育品种
用途：果实鲜食
系谱：不详
选育单位：美国新泽西州农业试验站
育成年份：20 世纪 80 年代之前
果实类型：油桃
果形：圆
单果重（g）：108
果皮底色：黄
盖色深浅：深红
着色程度：多
果肉颜色：黄
外观品质：中
核粘离性：粘
肉质：硬溶质
风味：酸甜
可溶性固形物（%）：9
鲜食品质：中
花型：蔷薇形
花瓣类型：单瓣
花瓣颜色：粉红
花粉育性：可育
花药颜色：橘红
叶腺：肾形
树形：开张
生长势：中庸
丰产性：丰产
始花期：3 月底
果实成熟期：7 月下旬
果实发育期（d）：119
营养生长期（d）：261
需冷量（h）：800
综合评价：粘核，肉硬，风味偏酸。

品种名称：NJN93
外文名：NJN93
原产地：美国
资源类型：选育品种
用途：果实鲜食
系谱：不详
选育单位：美国新泽西州农业试验站
育成年份：20 世纪 80 年代之前
果实类型：油桃
果形：圆
单果重（g）：112
果皮底色：乳黄
盖色深浅：深红
着色程度：多
果肉颜色：黄
外观品质：中上
核粘离性：离
肉质：硬溶质
风味：酸
可溶性固形物（%）：12
鲜食品质：中
花型：蔷薇形
花瓣类型：单瓣
花瓣颜色：粉红
花粉育性：可育
花药颜色：橘红
叶腺：肾形
树形：开张
生长势：中庸
丰产性：中
始花期：3 月底
果实成熟期：7 月下旬
果实发育期（d）：121
营养生长期（d）：270
需冷量（h）：800
综合评价：果实全红，肉硬，纤维粗，风味酸。

品种名称：NJN95
外文名：NJN95
原产地：美国
资源类型：选育品种
用途：果实鲜食
系谱：不详
选育单位：美国新泽西州农业试验站
育成年份：20 世纪 80 年代之前
果实类型：油桃
果形：扁圆
单果重（g）：130

果皮底色：乳黄
盖色深浅：红
着色程度：多
果肉颜色：黄
外观品质：中
核粘离性：粘
肉质：不溶质
风味：酸甜
可溶性固形物（%）：12
鲜食品质：中
花型：铃形
花瓣类型：单瓣

花瓣颜色：粉红
花粉育性：可育
花药颜色：橘黄
叶腺：肾形
树形：开张
生长势：中庸
丰产性：低
始花期：3 月底
果实成熟期：6 月下旬
果实发育期（d）：87
营养生长期（d）：274
需冷量（h）：800

综合评价：不溶质，香味浓，产量偏低。

品种名称：TX4B185LN
外文名：TX4B185LN
原产地：美国
资源类型：选育品种
用途：果实鲜食
系谱：Diamondray×丹墨
选育单位：美国得克萨斯农工大学
引进年份：2003
果实类型：油桃
果形：圆
单果重（g）：103
果皮底色：橙黄
盖色深浅：红
着色程度：多
果肉颜色：橙黄
外观品质：中
核粘离性：粘
肉质：硬溶质
风味：浓甜
可溶性固形物（%）：14
鲜食品质：上
花型：铃形
花瓣类型：单瓣
花瓣颜色：粉红
花粉育性：可育
花药颜色：橘红
叶腺：圆形
树形：开张
生长势：中庸
丰产性：丰产
始花期：3月底
果实成熟期：6月中旬
果实发育期（d）：78
营养生长期（d）：262
需冷量（h）：600～650
综合评价：果面着色较深，果点明显，风味浓甜。

品种名称：阿姆肯
外文名：Armking
原产地：美国
资源类型：选育品种
用途：果实鲜食
系谱：Palomar×Springtime
选育单位：美国加利福尼亚州 Ontario 市 David L. Armstrong 苗圃
育成年份：1969
果实类型：油桃
果形：卵圆
单果重（g）：95

果皮底色：橙黄
盖色深浅：红
着色程度：多
果肉颜色：黄
外观品质：中上
核粘离性：粘
肉质：硬溶质
风味：酸
可溶性固形物（%）：11
鲜食品质：中
花型：铃形
花瓣类型：单瓣

花瓣颜色：粉红
花粉育性：可育
花药颜色：橘红
叶腺：圆形
树形：开张
生长势：中庸
丰产性：极丰产
始花期：3月底
果实成熟期：6月中下旬
果实发育期（d）：83
营养生长期（d）：267
需冷量（h）：600

综合评价：果实有尖，果肉硬，风味偏酸，果顶先熟，有裂果现象；需冷量较低，可以作为早熟油桃育种的亲本材料。

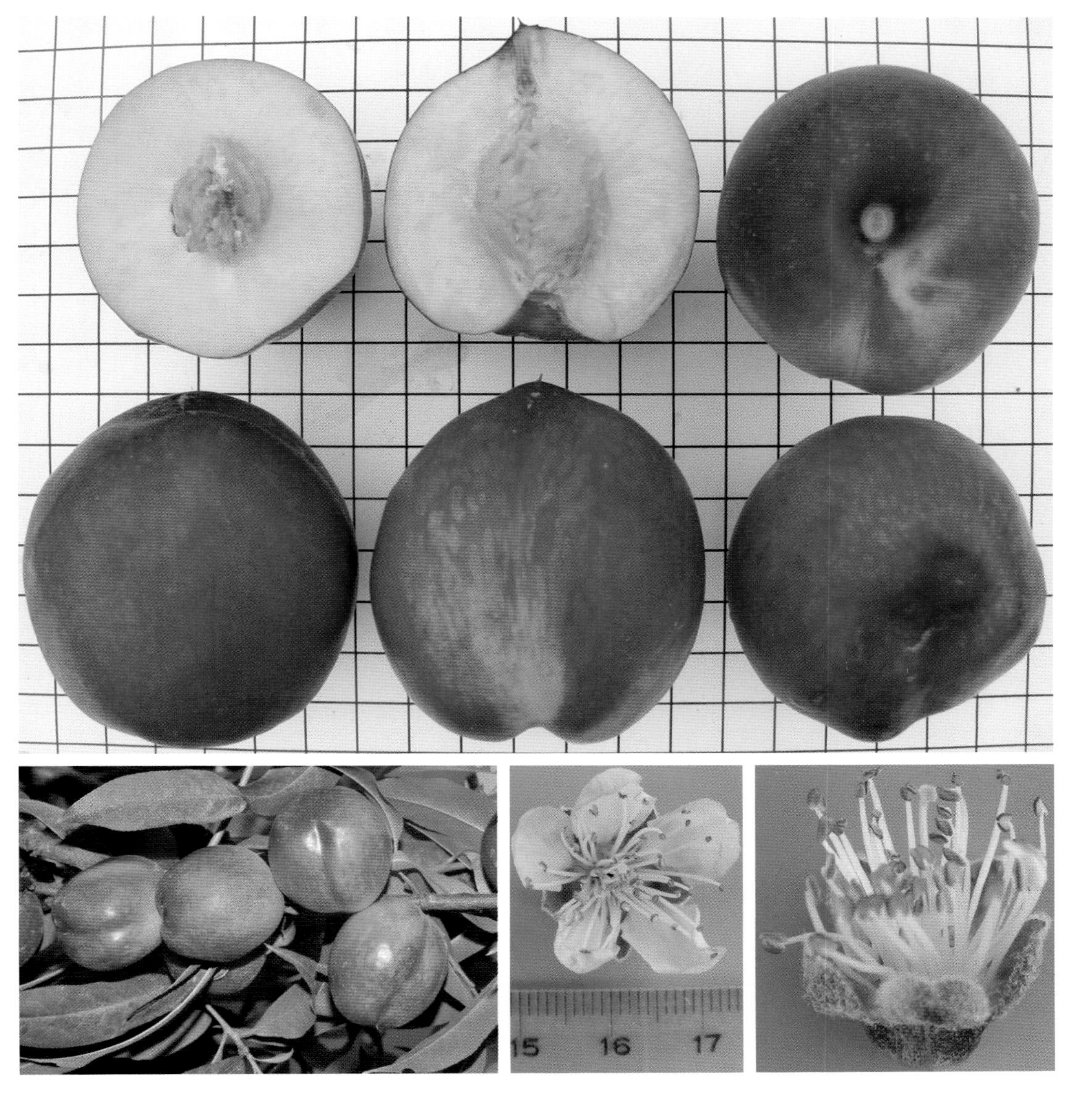

品种名称：艾米拉
外文名：Maria Emilia
原产地：意大利
资源类型：选育品种
用途：果实鲜食
系谱：May Grand 自交
选育单位：意大利佛罗伦萨大学
育成年份：1983
果实类型：油桃
果形：卵圆
单果重（g）：93
果皮底色：乳黄
盖色深浅：浅红
着色程度：多
果肉颜色：黄
外观品质：中上
核粘离性：粘
肉质：硬溶质
风味：酸甜
可溶性固形物（%）：10
鲜食品质：中
花型：蔷薇形
花瓣类型：单瓣
花瓣颜色：粉红
花粉育性：可育
花药颜色：黄
叶腺：肾形
树形：开张
生长势：中庸
丰产性：丰产
始花期：4 月初
果实成熟期：6 月下旬
果实发育期（d）：84
营养生长期（d）：268
需冷量（h）：700～800
综合评价：综合性状一般。

品种名称：安德逊
外文名：Anderson
原产地：意大利
资源类型：选育品种
用途：果实鲜食
系谱：Flavortop×May Grand
选育单位：意大利罗马果树研究所
育成年份：1979
果实类型：油桃
果形：椭圆
单果重（g）：95
果皮底色：橙黄
盖色深浅：红
着色程度：多
果肉颜色：黄
外观品质：中上
核粘离性：离
肉质：硬溶质
风味：酸
可溶性固形物（%）：11
鲜食品质：中
花型：蔷薇形
花瓣类型：单瓣
花瓣颜色：粉红
花粉育性：可育
花药颜色：橘红
叶腺：肾形
树形：开张
生长势：中庸
丰产性：丰产
始花期：3月底
果实成熟期：6月下旬
果实发育期（d）：87
营养生长期（d）：268
需冷量（h）：800
综合评价：成熟较早，果实小。

品种名称：保加利亚2号
外文名：Bulgaria 2
原产地：保加利亚
用途：果实鲜食
系谱：不详
选育单位：不详
引进年份：20世纪80年代
果实类型：油桃
果形：圆
单果重（g）：110
果皮底色：黄
盖色深浅：红
着色程度：多
果肉颜色：黄
外观品质：中
核粘离性：离
肉质：硬溶质
风味：酸甜
可溶性固形物（%）：10
鲜食品质：中下
花型：铃形
花瓣类型：单瓣
花瓣颜色：粉红
花粉育性：可育
花药颜色：橘红
叶腺：肾形
树形：开张
生长势：强健
丰产性：低
始花期：3月底
果实成熟期：8月中旬
果实发育期（d）：139
营养生长期（d）：266
需冷量（h）：800～900
综合评价：成熟期晚，不裂果，但果面着色不好。

品种名称：北冰洋皇后
外文名：Arctic Queen
原产地：美国
资源类型：选育品种
用途：果实鲜食
系谱：32EB252（Sun Grand×Merril Gem）×35GC20
选育单位：美国加利福尼亚州 Zaiger 苗木公司
育成年份：1991
果实类型：油桃
果形：圆
单果重（g）：157
果皮底色：白
盖色深浅：红
着色程度：多
果肉颜色：白
外观品质：上
核粘离性：离
肉质：硬溶质
风味：甜
可溶性固形物（%）：16
鲜食品质：上
花型：蔷薇形
花瓣类型：单瓣
花瓣颜色：粉红
花粉育性：可育
叶腺：肾形
树形：开张
生长势：强健
丰产性：丰产
始花期：3 月底
果实成熟期：7 月底
果实发育期（d）：120
营养生长期（d）：265
需冷量（h）：700～750
综合评价：晚熟，颜色漂亮，离核。

品种名称：北冰洋玫瑰
外文名：Arctic Rose
原产地：美国
资源类型：选育品种
用途：果实鲜食
系谱：Ruby Gold×Red Wing
选育单位：美国加利福尼亚州 Zaiger 苗木公司
育成年份：1990
果实类型：油桃
果形：圆
单果重（g）：130
果皮底色：白
盖色深浅：红
着色程度：多
果肉颜色：白
外观品质：上
核粘离性：离
肉质：硬溶质
风味：甜
可溶性固形物（%）：13
鲜食品质：上
花型：蔷薇形
花瓣类型：单瓣
花瓣颜色：粉红
花粉育性：可育
叶腺：肾形
树形：开张
生长势：强健
丰产性：丰产
始花期：3月下旬
果实成熟期：7月底
果实发育期（d）：125
营养生长期（d）：265
需冷量（h）：700～750
综合评价：晚熟，肉质硬。

品种名称：北冰洋之光
外文名：Artic Glo
原产地：美国
资源类型：选育品种
用途：果实鲜食
系谱：Carnival 实生后代单株×Fayette 实生后代单株
选育单位：美国加利福尼亚州私人苗圃
育成年份：不详
果实类型：油桃
果形：圆

单果重（g）：143
果皮底色：白
盖色深浅：红
着色程度：全红
果肉颜色：白
外观品质：上
核粘离性：粘
肉质：硬溶质
风味：酸甜
可溶性固形物（%）：11
鲜食品质：中
花型：蔷薇形
花瓣类型：单瓣

花瓣颜色：粉红
花粉育性：可育
花药颜色：橘红
叶腺：圆形
树形：半开张
生长势：强健
丰产性：丰产
始花期：3月底
果实成熟期：7月初
果实发育期（d）：96
营养生长期（d）：260
需冷量（h）：650

综合评价：果实圆，风味酸甜，硬溶质，丰产。

品种名称：北冰洋之火
外文名：Arctic Blaze
原产地：美国
资源类型：选育品种
用途：果实鲜食
系谱：23R236（O' Henry×Giant Babcock）×63EC404［（Sunred×Crimson Gold）×（Autumn Grand ×Rhone Gold）］
选育单位：美国加利福尼亚州Zaiger苗木公司
育成年份：1996

果实类型：油桃
果形：圆
单果重（g）：100
果皮底色：白
盖色深浅：深红
着色程度：多
果肉颜色：白
外观品质：上
核粘离性：粘
肉质：硬溶质
风味：甜
可溶性固形物（%）：12.5
鲜食品质：上

花型：蔷薇形
花瓣类型：单瓣
花瓣颜色：粉红
花粉育性：可育
叶腺：肾形
树形：开张
生长势：强健
丰产性：丰产
始花期：3月下旬
果实成熟期：8月上旬
果实发育期（d）：130
营养生长期（d）：260
需冷量（h）：750

综合评价：果实圆整，外观漂亮，果肉红色素多，风味好，肉质硬。

品种名称：北冰洋之星
外文名：Arctic Star
原产地：美国
资源类型：选育品种
用途：果实鲜食
系谱：未名×May Glo
选育单位：美国加利福尼亚州Zaiger苗木公司
育成年份：1994
果实类型：油桃
果形：圆
单果重（g）：137
果皮底色：白
盖色深浅：红
着色程度：多
果肉颜色：白
外观品质：上
核粘离性：粘
肉质：硬溶质
风味：甜
可溶性固形物（%）：15
鲜食品质：上
花型：蔷薇形
花瓣类型：单瓣
花瓣颜色：粉红
花粉育性：可育
叶腺：肾形
树形：开张
生长势：强健
丰产性：丰产
始花期：3月下旬
果实成熟期：6月下旬
果实发育期（d）：85
营养生长期（d）：270
需冷量（h）：600
综合评价：外观全红，漂亮，风味好，耐贮运。果实中等大小。

品种名称：草巴特
外文名：Troubadour
别名：图八德
原产地：法国
资源类型：选育品种
用途：果实鲜食
系谱：Vivian Self
选育单位：法国
育成年份：1971
果实类型：油桃
果形：椭圆
单果重（g）：120

果皮底色：黄
盖色深浅：深红
着色程度：多
果肉颜色：黄
外观品质：中
核粘离性：粘
肉质：硬溶质
风味：酸甜
可溶性固形物（%）：11
鲜食品质：中
花型：蔷薇形
花瓣类型：单瓣

花瓣颜色：粉红
花粉育性：可育
花药颜色：橘红
叶腺：肾形
树形：开张
生长势：中庸
丰产性：丰产
始花期：3月底
果实成熟期：7月下旬
果实发育期（d）：115
营养生长期（d）：278
需冷量（h）：800

综合评价：果实颜色较好，中等大小，不裂果。

品种名称：超红
外文名：Super Crimson
原产地：美国
资源类型：选育品种
用途：果实鲜食
系谱：Ruby Gold×Ruby Grand
选育单位：美国加利福尼亚州 Zaiger 公司
育成年份：1981
果实类型：油桃
果形：圆
单果重（g）：76
果皮底色：乳黄
盖色深浅：深红
着色程度：多
果肉颜色：黄
外观品质：中上
核粘离性：离
肉质：硬溶质
风味：酸
可溶性固形物（%）：10
鲜食品质：中
花型：蔷薇形
花瓣类型：单瓣
花瓣颜色：粉红
花粉育性：可育
花药颜色：橘红
叶腺：肾形
树形：开张
生长势：中庸
丰产性：中
始花期：3月底
果实成熟期：7月中旬
果实发育期（d）：110
营养生长期（d）：265
需冷量（h）：800
综合评价：果实全红，外观漂亮，风味酸。

品种名称：大白酸
外文名：Da Bai Suan
原产地：河南省郑州市
资源类型：选育品系
用途：果实鲜食
系谱：（白凤×五月火）90－6－10×曙光
选育单位：中国农业科学院郑州果树研究所
育成年份：1996
果实类型：油桃
果形：圆
单果重（g）：150
果皮底色：白
盖色深浅：红
着色程度：多
果肉颜色：白
外观品质：上
核粘离性：粘
肉质：硬溶质
风味：酸
可溶性固形物（%）：12
鲜食品质：中
花型：蔷薇形
花瓣类型：单瓣
花瓣颜色：粉红
花粉育性：可育
花药颜色：橘红
叶腺：圆形
树形：开张
生长势：强健
丰产性：不稳定
始花期：3月底
果实成熟期：6月中旬
果实发育期（d）：76
营养生长期（d）：261
需冷量（h）：650
综合评价：果实大，外观漂亮，风味酸。树势旺。

品种名称：大连 60－14－111
外文名：Dalian 60－14－111
原产地：辽宁省大连市
资源类型：选育品系
用途：果实鲜食
系谱：兴津油桃自然实生
选育单位：大连市农业科学研究院
育成年份：1960
果实类型：油桃
果形：椭圆
单果重（g）：95
果皮底色：黄
盖色深浅：红
着色程度：多
果肉颜色：黄
外观品质：中上
核粘离性：离
肉质：硬溶质
风味：酸甜
可溶性固形物（%）：12
鲜食品质：中上
花型：蔷薇形
花瓣类型：单瓣
花瓣颜色：粉红
花粉育性：可育
花药颜色：橘红
叶腺：肾形
树形：开张
生长势：中庸
丰产性：低
始花期：4 月初
果实成熟期：7 月中旬
果实发育期（d）：108
营养生长期（d）：251
需冷量（h）：800
综合评价：风味酸，产量低。

品种名称：丹墨
外文名：Dan Mo
原产地：北京市
资源类型：选育品种
用途：果实鲜食
系谱：（京玉×NJN76）81-3-76×早红2号
选育单位：北京市农林科学院植物保护环境保护研究所
育成年份：1997
果实类型：油桃
果形：圆
单果重（g）：71
果皮底色：黄
盖色深浅：深红
着色程度：多
果肉颜色：黄
外观品质：中上
核粘离性：粘
肉质：硬溶质
风味：甜
可溶性固形物（%）：12
鲜食品质：中上
花型：铃形
花瓣类型：单瓣
花瓣颜色：粉红
花粉育性：可育
花药颜色：橘红
叶腺：肾形
树形：开张
生长势：强健
丰产性：极丰产
始花期：3月底
果实成熟期：6月上旬
果实发育期（d）：70
营养生长期（d）：268
需冷量（h）：600
综合评价：早熟，果实小，果面着深红色，果肉较硬，风味甜。

品种名称：德克萨
外文名：Croce Decsus
原产地：美国
资源类型：选育品种
用途：果实鲜食
系谱：不详
选育单位：不详
育成年份：不详
果实类型：油桃
果形：卵圆
单果重（g）：83
果皮底色：黄
盖色深浅：红
着色程度：多
果肉颜色：黄
外观品质：中
核粘离性：离
肉质：硬溶质
风味：酸甜
可溶性固形物（%）：9
鲜食品质：下
花型：蔷薇形
花瓣类型：单瓣
花瓣颜色：粉红
花粉育性：可育
花药颜色：橘红
叶腺：肾形
树形：半开张
生长势：强健
丰产性：丰产
始花期：3月底
果实成熟期：7月上中旬
果实发育期（d）：104
营养生长期（d）：271
需冷量（h）：750
综合评价：果实小，核大，可食率低。

品种名称：杜宾
外文名：Durbin
原产地：美国
资源类型：选育品种
用途：果实鲜食
系谱：NJN43 OP（=NJ53739×NJN17）；NJ53739 = Flaming Gold×Candoka；NJN17 = NJN5 OP（= Garden State×NJ25032）；NJ25032=Tennessee Natural OP
选育单位：美国农业部佐治亚州 Byron 试验站

育成年份：1980
果实类型：油桃
果形：圆
单果重（g）：70
果皮底色：橙黄
盖色深浅：深红
着色程度：多
果肉颜色：黄
外观品质：上
核粘离性：半离
肉质：软溶质
风味：酸
可溶性固形物（%）：14
鲜食品质：中

花型：铃形
花瓣类型：单瓣
花瓣颜色：粉红
花粉育性：可育
花药颜色：橘红
叶腺：肾形
树形：开张
生长势：中庸
丰产性：中
始花期：3月底
果实成熟期：6月下旬
果实发育期（d）：90
营养生长期（d）：265
需冷量（h）：850

综合评价：果实小，果实深红色。比较抗寒，适应潮湿气候。

品种名称：凡俄兰
外文名：Fairlane
别名：晴朗
原产地：美国
资源类型：选育品种
用途：果实鲜食
系谱：P60－38（＝Le Grand×Sun Grand）×Fantasia
选育单位：美国农业部加利福尼亚州 Fresno 试验站
育成年份：1973
果实类型：油桃

果形：圆
单果重（g）：139
果皮底色：橙黄
盖色深浅：深红
着色程度：少
果肉颜色：黄
外观品质：中
核粘离性：离
肉质：硬溶质
风味：酸
可溶性固形物（%）：9
鲜食品质：中下
花型：蔷薇形

花瓣类型：单瓣
花瓣颜色：粉红
花粉育性：可育
花药颜色：橘红
叶腺：肾形
树形：开张
生长势：强健
丰产性：丰产
始花期：3月底
果实成熟期：8月底
果实发育期（d）：153
营养生长期（d）：265
需冷量（h）：650

综合评价：晚熟，果实着色一般，不套袋时有裂果，套袋后果实艳丽。果实不耐低温贮藏，易发生果肉褐变。在山东、河北和辽宁有栽培。

品种名称：弗扎德
外文名：Fuzador
原产地：法国
资源类型：选育品种
用途：果实鲜食
系谱：Fuzzless Berta 实生
选育单位：法国农业科学院
波尔多试验站
育成年份：1973
果实类型：油桃
果形：圆
单果重（g）：94

果皮底色：黄
盖色深浅：深红
着色程度：多
果肉颜色：黄
外观品质：中上
核粘离性：离
肉质：硬溶质
风味：酸甜
可溶性固形物（%）：13
鲜食品质：中
花型：蔷薇形
花瓣类型：单瓣

花瓣颜色：粉红
花粉育性：可育
花药颜色：橘红
叶腺：肾形
树形：半开张
生长势：强健
丰产性：中
始花期：3月底
果实成熟期：8月中旬
果实发育期（d）：129
营养生长期（d）：270
需冷量（h）：800

综合评价：果实小，风味浓。

品种名称：弗扎罗德
外文名：Fuzalode
原产地：法国
资源类型：选育品种
用途：果实鲜食
系谱：Fuzzless Berta × Silver Lode
选育单位：法国农业科学院波尔多试验站
育成年份：1973
果实类型：油桃
果形：圆
单果重（g）：88
果皮底色：绿白
盖色深浅：深红
着色程度：多
果肉颜色：白
外观品质：中上
核粘离性：离
肉质：软溶质
风味：酸甜
可溶性固形物（%）：11
鲜食品质：中
花型：蔷薇形
花瓣类型：单瓣
花瓣颜色：粉红
花粉育性：可育
花药颜色：橘红
叶腺：肾形
树形：半开张
生长势：强健
丰产性：中
始花期：3月底
果实成熟期：7月中旬
果实发育期（d）：107
营养生长期（d）：270
需冷量（h）：800～900
综合评价：外观美，国外早期培育的白肉品种。

品种名称：格兰特1号
外文名：Nectagrand 1
原产地：意大利
资源类型：选育品种
用途：果实鲜食
系谱：Nectared 4 实生
选育单位：意大利Bologna大学果树品种改良中心
育成年份：1983
果实类型：油桃
果形：圆
单果重（g）：86
果皮底色：黄
盖色深浅：深红
着色程度：多
果肉颜色：黄
外观品质：上
核粘离性：粘
肉质：软溶质
风味：酸
可溶性固形物（%）：8
鲜食品质：中
花型：蔷薇形
花瓣类型：单瓣
花瓣颜色：粉红
花粉育性：可育
花药颜色：橘红
叶腺：肾形
树形：开张
生长势：中庸
丰产性：中
始花期：3月底
果实成熟期：6月下旬
果实发育期（d）：85
营养生长期（d）：265
需冷量（h）：750
综合评价：果实全红，风味酸甜，缝合线先熟。

品种名称：格兰特 2 号
外文名：Nectagrand 2
原产地：意大利
资源类型：选育品种
用途：果实鲜食
系谱：Nectared 4 ×May Grand
选育单位：意大利 Bologna 大学果树品种改良中心
育成年份：1981
果实类型：油桃
果形：圆
单果重（g）：85
综合评价：果实全红，外观好。

果皮底色：乳黄
盖色深浅：深红
着色程度：多
果肉颜色：黄
外观品质：上
核粘离性：离
肉质：软溶质
风味：酸
可溶性固形物（%）：12
鲜食品质：中
花型：蔷薇形
花瓣类型：单瓣

花瓣颜色：粉红
花粉育性：可育
花药颜色：橘红
叶腺：肾形
树形：开张
生长势：中庸
丰产性：中
始花期：3 月底
果实成熟期：6 月下旬
果实发育期（d）：87
营养生长期（d）：266
需冷量（h）：750

品种名称：格兰特4号
外文名：Nectagrand 4
原产地：意大利
资源类型：选育品种
用途：果实鲜食
系谱：Nectared 4 ×May Grand?
选育单位：意大利 Bologna 大学果树品种改良中心
育成年份：1981
果实类型：油桃
果形：圆
单果重（g）：104
综合评价：外观漂亮。

果皮底色：橙黄
盖色深浅：深红
着色程度：多
果肉颜色：黄
外观品质：上
核粘离性：半离
肉质：硬溶质
风味：酸
可溶性固形物（%）：9
鲜食品质：中
花型：蔷薇形
花瓣类型：单瓣

花瓣颜色：粉红
花粉育性：可育
花药颜色：橘红
叶腺：肾形
树形：开张
生长势：中庸
丰产性：极丰产
始花期：3月底
果实成熟期：6月下旬
果实发育期（d）：87
营养生长期（d）：265
需冷量（h）：750

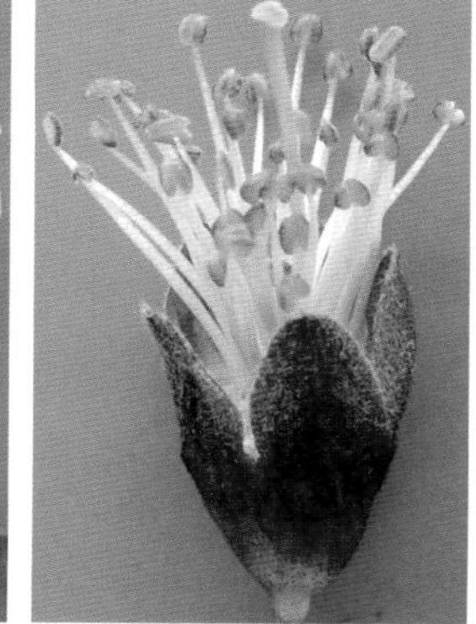

品种名称：格兰特7号
外文名：Nectagrand 7
原产地：意大利
资源类型：选育品种
用途：果实鲜食
系谱：Nectared 4×May Grand?
选育单位：意大利Bologna大学果树品种改良中心
育成年份：20世纪80年代
果实类型：油桃
果形：圆
单果重（g）：113
果皮底色：黄
盖色深浅：深红
着色程度：多
果肉颜色：黄
外观品质：中
核粘离性：离
肉质：硬溶质
风味：酸
可溶性固形物（%）：8
鲜食品质：中
花型：蔷薇形
花瓣类型：单瓣
花瓣颜色：粉红
花粉育性：可育
花药颜色：橘红
叶腺：肾形
树形：开张
生长势：中庸
丰产性：极丰产
始花期：3月底
果实成熟期：7月中下旬
果实发育期（d）：113
营养生长期（d）：265
需冷量（h）：750
综合评价：果实全红，离核，风味偏酸。

品种名称：光辉
外文名：Sunraycer
原产地：美国
资源类型：选育品种
用途：果实鲜食
系谱：Forestgold × Fla. 7 - 3N (Sungold×阿姆肯)
选育单位：美国佛罗里达大学
育成年份：1994
果实类型：油桃
果形：圆
单果重（g）：85
果皮底色：橙黄
盖色深浅：深红
着色程度：多
果肉颜色：黄
外观品质：中上
核粘离性：半离
肉质：硬溶质
风味：酸
可溶性固形物（%）：8
鲜食品质：中
花型：铃形
花瓣类型：单瓣
花瓣颜色：粉红
花粉育性：可育
花药颜色：橘红
叶腺：肾形
树形：开张
生长势：强健
丰产性：极丰产
始花期：3月下旬
果实成熟期：6月下旬
果实发育期（d）：92
营养生长期（d）：277
需冷量（h）：250
综合评价：果实外观漂亮，但过熟后发黑；低需冷量，可作为低需冷量育种材料。

品种名称：桂花	果皮底色：橙黄	花瓣颜色：粉红
外文名：Maria Laura	盖色深浅：深红	花粉育性：可育
原产地：意大利	着色程度：多	花药颜色：橘红
资源类型：选育品种	果肉颜色：黄	叶腺：肾形
用途：果实鲜食	外观品质：上	树形：半开张
系谱：Flavortop 自交	核粘离性：离	生长势：强健
选育单位：意大利佛罗伦萨大学 DOFI	肉质：硬溶质	丰产性：丰产
	风味：酸	始花期：3 月底
育成年份：1982	可溶性固形物（%）：10	果实成熟期：7 月上旬
果实类型：油桃	鲜食品质：中	果实发育期（d）：100
果形：椭圆	花型：蔷薇形	营养生长期（d）：272
单果重（g）：117	花瓣类型：单瓣	需冷量（h）：800～850

综合评价：外观较好，肉质硬，综合性状一般。

品种名称：哈可
外文名：Harko
原产地：加拿大
资源类型：选育品种
用途：果实鲜食
系　谱：Lexington × NJN32 [（Candoka × Flaming Gold）×Nectalate OP]
选育单位：加拿大安大略省Harrow农业试验站
育成年份：1974
果实类型：油桃
果形：卵圆
单果重（g）：80
果皮底色：乳黄
盖色深浅：深红
着色程度：多
果肉颜色：黄
外观品质：中
核粘离性：半离
肉质：软溶质
风味：酸甜
可溶性固形物（%）：10
鲜食品质：中
花型：蔷薇形
花瓣类型：单瓣
花瓣颜色：粉红
花粉育性：可育
花药颜色：橘红
叶腺：肾形
树形：开张
生长势：中庸
丰产性：中
始花期：3月底
果实成熟期：7月上旬
果实发育期（d）：100
营养生长期（d）：262
需冷量（h）：950
综合评价：果实深红色；抗寒性强，但不如哈太雷；色泽不佳是其生产利用的限制因素。

品种名称：哈太雷
外文名：Hardired
原产地：加拿大
资源类型：选育品种
用途：果实鲜食
系谱：Lexingtong × NJN21［＝(Candoka×Flaming Gold)×Nectalate OP］
选育单位：加拿大安大略省Harrow农业试验站
育成年份：1974
果实类型：油桃
果形：圆
单果重（g）：128
果皮底色：黄
盖色深浅：深红
着色程度：多
果肉颜色：黄
外观品质：中上
核粘离性：离
肉质：硬溶质
风味：酸
可溶性固形物（%）：11
鲜食品质：中
花型：蔷薇形
花瓣类型：单瓣
花瓣颜色：粉红
花粉育性：可育
花药颜色：橘红
叶腺：肾形
树形：开张
生长势：中庸
丰产性：极丰产
始花期：3月底
果实成熟期：7月下旬
果实发育期（d）：123
营养生长期（d）：277
需冷量（h）：950
综合评价：外观紫红色。丰产。抗寒性强，抗褐腐病和细菌性穿孔病。

品种名称：合阳油桃
外文名：Heyang
You Tao
原产地：陕西省合阳县?
资源类型：地方品种?
用途：果实鲜食
系谱：自然实生
选育单位：农家选育?
果实类型：油桃
果形：椭圆
单果重（g）：104
果皮底色：黄
盖色深浅：红
着色程度：少
果肉颜色：黄
外观品质：中上
核粘离性：离
肉质：硬溶质
风味：酸甜
可溶性固形物（%）：13
鲜食品质：中
花型：蔷薇形
花瓣类型：单瓣
花瓣颜色：粉红
花粉育性：可育
花药颜色：橘红
叶腺：肾形
树形：开张
生长势：中庸
丰产性：中
始花期：3月底
果实成熟期：7月下旬
果实发育期（d）：120
营养生长期（d）：260
需冷量（h）：900
综合评价：可能是国外的某个油桃品种。

品种名称：红宝石
外文名：Red Diamond
原产地：美国
资源类型：选育品种
用途：果实鲜食
系　谱：Red Grand × Early Sun Grand
选育单位：美国加利福尼亚州 Merced 市 Fred Anderson 私人果园
育成年份：1972
果实类型：油桃
果形：圆
单果重（g）：94
果皮底色：黄
盖色深浅：深红
着色程度：多
果肉颜色：黄
外观品质：中
核粘离性：半离
肉质：硬溶质
风味：酸
可溶性固形物（%）：9
鲜食品质：中
花型：铃形
花瓣类型：单瓣
花瓣颜色：粉红
花粉育性：可育
花药颜色：橘红
叶腺：肾形
树形：开张
生长势：中庸
丰产性：中
始花期：3 月底
果实成熟期：7 月中旬
果实发育期（d）：108
营养生长期（d）：274
需冷量（h）：650
综合评价：果实外观漂亮，果肉硬，易感染褐腐病。

品种名称：红金
外文名：Redgold，Star Redgold
别名：红金星
原产地：美国
资源类型：选育品种
用途：果实鲜食
系谱：Sun Grand 自然实生
选育单位：美国加利福尼亚州 Fred Anderson 和路易斯安那州 Brother 苗圃
育成年份：1962
果实类型：油桃
综合评价：外观一般，品质较好。

果形：椭圆
单果重（g）：148
果皮底色：黄
盖色深浅：深红
着色程度：多
果肉颜色：黄
外观品质：中上
核粘离性：离
肉质：硬溶质
风味：酸甜
可溶性固形物（%）：10
鲜食品质：中
花型：蔷薇形

花瓣类型：单瓣
花瓣颜色：粉红
花粉育性：可育
花药颜色：橘红
叶腺：肾形
树形：开张
生长势：中庸
丰产性：中
始花期：3月底
果实成熟期：8月上旬
果实发育期（d）：132
营养生长期（d）：265
需冷量（h）：800

品种名称：红李光
外文名：Hong Li Guang
原产地：新疆叶城县
资源类型：地方品种
用途：资源材料
系谱：自然实生
选育单位：农家选育
果实类型：油桃
果形：圆
单果重（g）：90
果皮底色：绿白
盖色深浅：红
着色程度：少
果肉颜色：绿白
外观品质：中
核粘离性：离
肉质：软溶质
风味：酸甜
可溶性固形物（%）：15
鲜食品质：中
花型：蔷薇形
花瓣类型：单瓣
花瓣颜色：粉红
花粉育性：可育
花药颜色：橘红
叶腺：肾形
树形：直立
生长势：强健
丰产性：低
始花期：4月初
果实成熟期：9月上旬
果实发育期（d）：160
营养生长期（d）：278
需冷量（h）：750

综合评价：外观一般，风味浓郁，产量低。在新疆抗晚霜能力强。

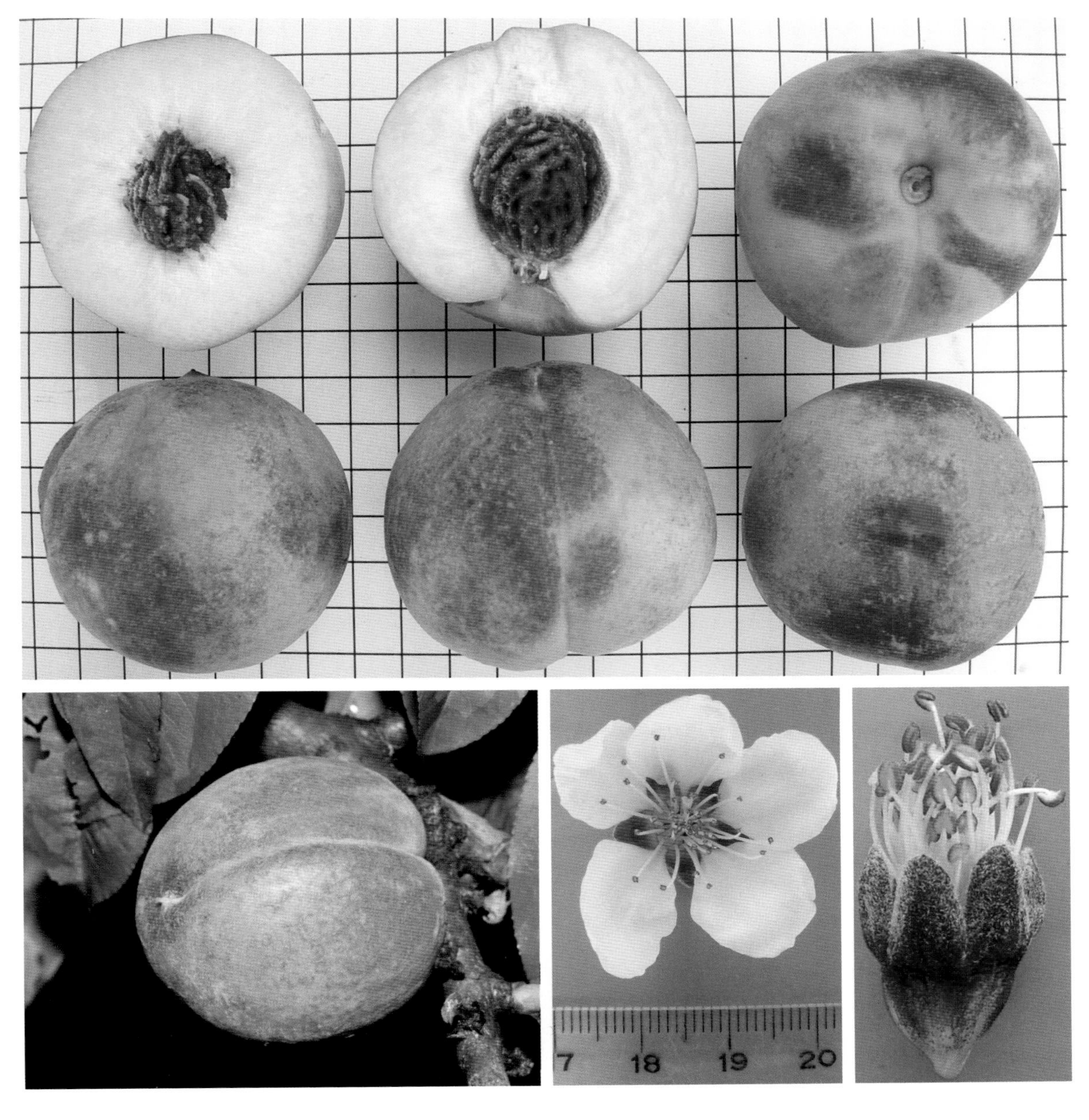

品种名称：红日
外文名：Sunred
原产地：美国
资源类型：选育品种
用途：果实鲜食
系 谱：Panamint × Fla. R9T10 [＝FV244－4 OP（＝Southland×Hawaiian）]
选育单位：美国佛罗里达大学
育成年份：1964
果实类型：油桃
果形：圆
单果重（g）：60
果皮底色：黄
盖色深浅：红
着色程度：多
果肉颜色：黄
外观品质：中
核粘离性：半离
肉质：硬溶质
风味：酸
可溶性固形物（%）：11
鲜食品质：中
花型：蔷薇形
花瓣类型：单瓣
花瓣颜色：粉红
花粉育性：可育
花药颜色：橘红
叶腺：肾形
树形：开张
生长势：强健
丰产性：极丰产
始花期：3月下旬
果实成熟期：7月初
果实发育期（d）：100
营养生长期（d）：274
需冷量（h）：250

综合评价：果实全红，果实很小，极丰产；是美国第一个商业化低需冷量油桃品种。

品种名称：红珊瑚
外文名：Hong Shan Hu
原产地：北京市
资源类型：选育品种
用途：果实鲜食
系谱：秋玉×NJN76
选育单位：北京市农林科学院植物保护环境保护研究所
育成年份：1995
果实类型：油桃
果形：圆
单果重（g）：151
果皮底色：绿白
盖色深浅：红
着色程度：多
果肉颜色：白
外观品质：中
核粘离性：粘
肉质：软溶质
风味：浓甜
可溶性固形物（%）：13
鲜食品质：上
花型：铃形
花瓣类型：单瓣
花瓣颜色：粉红
花粉育性：可育
花药颜色：橘红
叶腺：肾形
树形：开张
生长势：中庸
丰产性：丰产
始花期：3月底
果实成熟期：7月上旬
果实发育期（d）：99
营养生长期（d）：255
需冷量（h）：800
综合评价：果实大，风味浓甜，但有果锈和裂果现象。

品种名称：红油桃 4 号
外文名：Nectared 4
原代号：NJN23
原产地：美国
资源类型：选育品种
用途：果实鲜食
系谱：NJ53939（=Candoka×Flaming Gold）×NJN14
选育单位：美国新泽西州农业试验站
育成年份：1962
果实类型：油桃
果形：圆
单果重（g）：79
果皮底色：黄
盖色深浅：深红
着色程度：多
果肉颜色：黄
外观品质：中
核粘离性：离
肉质：硬溶质
风味：酸
可溶性固形物（%）：10
鲜食品质：中
花型：蔷薇形
花瓣类型：单瓣
花瓣颜色：粉红
花粉育性：可育
花药颜色：橘红
叶腺：肾形
树形：开张
生长势：中庸
丰产性：丰产
始花期：3 月底
果实成熟期：8 月上旬
果实发育期（d）：131
营养生长期（d）：270
需冷量（h）：850
综合评价：果实全红，离核，风味偏酸。抗细菌性穿孔病。

品种名称：红油桃 6 号
外文名：Nectared 6
原代号：NJN26
原产地：美国
资源类型：选育品种
用途：果实鲜食
系谱：NJN14×Nectaheart
选育单位：美国新泽西州农业试验站
育成年份：1962
果实类型：油桃
果形：圆
单果重（g）：85

果皮底色：黄
盖色深浅：深红
着色程度：多
果肉颜色：黄
外观品质：中上
核粘离性：离
肉质：硬溶质
风味：酸甜
可溶性固形物（%）：13
鲜食品质：中
花型：蔷薇形
花瓣类型：单瓣

花瓣颜色：粉红
花粉育性：可育
花药颜色：橘红
叶腺：肾形
树形：开张
生长势：中庸
丰产性：丰产
始花期：4 月初
果实成熟期：8 月上旬
果实发育期（d）：130
营养生长期（d）：270
需冷量（h）：900

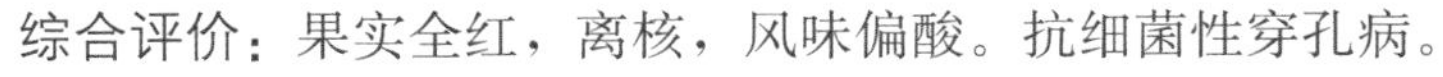
综合评价：果实全红，离核，风味偏酸。抗细菌性穿孔病。

品种名称：沪油 004
外文名：Hu You 004
原产地：上海市
资源类型：选育品种
用途：果实鲜食
系谱：瑞光 16 号×五月火
选育单位：上海市农业科学院林木果树研究所
育成年份：2008
果实类型：油桃
果形：卵圆
单果重（g）：127

果皮底色：黄
盖色深浅：红
着色程度：多
果肉颜色：黄
外观品质：中上
核粘离性：粘
肉质：硬溶质
风味：甜
可溶性固形物（%）：11
鲜食品质：中上
花型：蔷薇形
花瓣类型：单瓣

花瓣颜色：粉红
花粉育性：可育
花药颜色：橘红
叶腺：肾形
树形：开张
生长势：中庸
丰产性：极丰产
始花期：3 月底
果实成熟期：6 月中旬
果实发育期（d）：80
营养生长期（d）：257
需冷量（h）：800～850

综合评价：果实外观漂亮，风味好，有果顶先熟现象。

品种名称：华光
外文名：Hua Guang
原产地：河南省郑州市
资源类型：选育品种
用途：果实鲜食
系谱：瑞光 3 号×阿姆肯
选育单位：中国农业科学院郑州果树研究所
育成年份：1998
果实类型：油桃
果形：圆
单果重（g）：78

果皮底色：绿白
盖色深浅：红
着色程度：多
果肉颜色：白
外观品质：中
核粘离性：粘
肉质：软溶质
风味：浓甜
可溶性固形物（%）：12
鲜食品质：中上
花型：蔷薇形
花瓣类型：单瓣

花瓣颜色：粉红
花粉育性：可育
花药颜色：橘红
叶腺：圆形
树形：开张
生长势：中庸
丰产性：极丰产
始花期：3 月底
果实成熟期：6 月上旬
果实发育期（d）：69
营养生长期（d）：265
需冷量（h）：650

综合评价：早熟，果顶先熟，果点明显，裂果较重，风味浓甜；在北方露地和设施均有种植，应注意疏花疏果以增大果实。

品种名称：黄李光
外文名：Huang Li Guang
原产地：新疆叶城
资源类型：地方品种
用途：资源材料
系谱：自然实生
选育单位：农家选育
果实类型：油桃
果形：圆
单果重（g）：73
果皮底色：黄
盖色深浅：无
着色程度：无
果肉颜色：黄
外观品质：中
核粘离性：离
肉质：软溶质
风味：酸甜
可溶性固形物（%）：15
鲜食品质：中
花型：蔷薇形
花瓣类型：单瓣
花瓣颜色：粉红
花粉育性：可育
花药颜色：橘红
叶腺：肾形
树形：直立
生长势：强健
丰产性：低
始花期：4月初
果实成熟期：8月上旬
果实发育期（d）：128
营养生长期（d）：270
需冷量（h）：900
综合评价：裂果较多，不丰产；在新疆南疆抗逆性强。

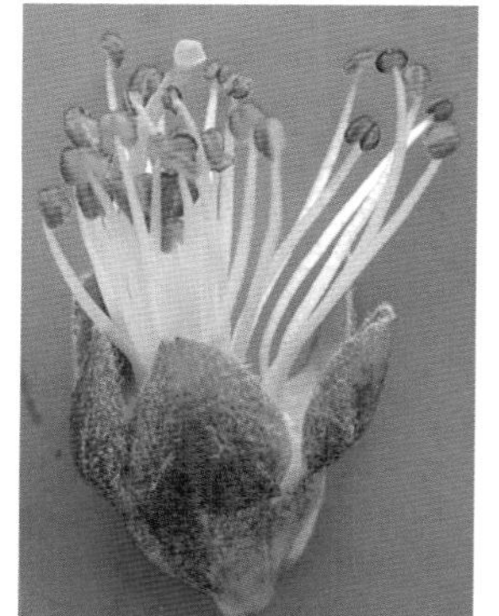

品种名称：今井
外文名：Imoiouniku，Kanai，今井
别名：今井黄肉油桃
原产地：日本
资源类型：选育品种
用途：果实鲜食
系谱：不详
引种单位：陕西省果树研究所
引进年份：1983
果实类型：油桃
果形：圆
单果重（g）：96
果皮底色：橙黄
盖色深浅：红
着色程度：多
果肉颜色：橙黄
外观品质：中
核粘离性：离
肉质：软溶质
风味：酸甜
可溶性固形物（%）：15
鲜食品质：下
花型：蔷薇形
花瓣类型：单瓣
花瓣颜色：粉红
花粉育性：可育
花药颜色：橘红
叶腺：圆形
树形：开张
生长势：中庸
丰产性：中
始花期：4月初
果实成熟期：7月上旬
果实发育期（d）：95
营养生长期（d）：265
需冷量（h）：850
综合评价：果实软，风味浓郁，有裂果现象。

品种名称：金蜜狭叶
外文名：Jin Mi Xia Ye
原产地：河南省郑州市
资源类型：选育品系
用途：特异资源
系谱：香珊瑚×Rich Lady
选育单位：中国农业科学院郑州果树研究所
育成年份：2002
果实类型：油桃
果形：圆
单果重（g）：153
果皮底色：橙黄
盖色深浅：红
着色程度：少
果肉颜色：黄
外观品质：中
核粘离性：粘
肉质：不溶质
风味：浓甜
可溶性固形物（%）：15
鲜食品质：上
花型：铃形
花瓣类型：单瓣
花瓣颜色：粉红
花粉育性：可育
花药颜色：橘红
叶腺：圆形
树形：开张
生长势：中庸
丰产性：低
始花期：3月下旬
果实成熟期：7月初
果实发育期（d）：93
营养生长期（d）：265
需冷量（h）：850
综合评价：风味浓甜，可溶性固形物最高可达26%，香气浓。裂果多，产量低；叶片狭长、硬脆，叶缘锯齿锐尖，透光率高；枝条先端下垂。狭叶性状由双隐性基因控制。发枝力强，成枝力强。

品种名称：九月离核
外文名：September Free
原产地：美国
资源类型：选育品种
用途：果实鲜食
系谱：P36－19A OP［＝P62－52 OP（＝P60 － 38 × Sun-fre)］；P60－38＝Le Grand ×Sun Grand
选育单位：美国农业部加利福尼亚州 Fresno 试验站
育成年份：1996
果实类型：油桃

果形：卵圆
单果重（g)：107
果皮底色：黄
盖色深浅：深红
着色程度：少
果肉颜色：黄
外观品质：中
核粘离性：离
肉质：硬溶质
风味：酸甜
可溶性固形物（%)：15
鲜食品质：中
花型：蔷薇形

花瓣类型：单瓣
花瓣颜色：粉红
花粉育性：可育
花药颜色：橘红
叶腺：肾形
树形：开张
生长势：中庸
丰产性：中
始花期：3 月底
果实成熟期：8 月中下旬
果实发育期（d)：145
营养生长期（d)：268
需冷量（h)：850

综合评价：成熟晚，果实着色不良，风味浓。

品种名称：喀什黄肉李光
外文名：Kashi Huang Rou Li Guang
原产地：新疆喀什市
资源类型：地方品种
用途：果实鲜食
系谱：自然实生
选育单位：农家选育
果实类型：油桃
果形：圆
单果重（g）：86
果皮底色：黄
盖色深浅：深红
着色程度：中
果肉颜色：黄
外观品质：中
核粘离性：离
肉质：硬溶质
风味：酸甜
可溶性固形物（%）：12
鲜食品质：中
花型：蔷薇形
花瓣类型：单瓣
花瓣颜色：粉红
花粉育性：可育
花药颜色：橘红
叶腺：肾形
树形：半开张
生长势：强健
丰产性：丰产
始花期：3月底
果实成熟期：7月中旬
果实发育期（d）：123
营养生长期（d）：274
需冷量（h）：900
综合评价：果实小，圆整，风味浓；在新疆喀什有零星栽培。作为育种亲本其后代果实果面底色橙黄，风味浓郁，肉质近似不溶质，是优良的亲本材料。

品种名称：卡拉
外文名：Maria Carla
原产地：意大利
资源类型：选育品种
用途：果实鲜食
系谱：Flavortop 自交
选育单位：意大利佛罗伦萨大学 DOFI
育成年份：1985
果实类型：油桃
果形：椭圆
单果重（g）：108
果皮底色：乳黄
盖色深浅：红
着色程度：多
果肉颜色：黄
外观品质：上
核粘离性：离
肉质：硬溶质
风味：酸甜
可溶性固形物（%）：12
鲜食品质：中下
花型：蔷薇形
花瓣类型：单瓣
花瓣颜色：粉红
花粉育性：可育
花药颜色：橘红
叶腺：肾形
树形：开张
生长势：中庸
丰产性：极丰产
始花期：4月初
果实成熟期：7月上旬
果实发育期（d）：97
营养生长期（d）：268
需冷量（h）：800～850
综合评价：果实椭圆形，果顶尖圆，黄肉，离核，风味酸，品质一般。

品种名称：卡洛红
外文名：Carolina Red
原产地：美国
资源类型：选育品种
用途：果实鲜食
系谱：Nectared 4 自交
选育单位：美国北卡罗来纳州农业研究 Raleigh 服务中心
育成年份：1982
果实类型：油桃
果形：圆
单果重（g）：133
果皮底色：黄
盖色深浅：红
着色程度：中
果肉颜色：黄
外观品质：中
核粘离性：粘
肉质：硬溶质
风味：酸甜
可溶性固形物（%）：11
鲜食品质：中
花型：铃形
花瓣类型：单瓣
花瓣颜色：粉红
花粉育性：可育
花药颜色：橘黄
叶腺：肾形
树形：开张
生长势：中庸
丰产性：极丰产
始花期：3月底
果实成熟期：6月下旬
果实发育期（d）：87
营养生长期（d）：274
需冷量（h）：800
综合评价：果实着色一般，风味浓郁，丰产。

品种名称：乐园
外文名：Le Yuan
原产地：河南省郑州市
资源类型：选育品系
用途：果实鲜食
系谱：早红 2 号自然实生
选育单位：中国农业科学院郑州果树研究所
育成年份：1998
果实类型：油桃
果形：圆
单果重（g）：116

果皮底色：橙黄
盖色深浅：深红
着色程度：多
果肉颜色：黄
外观品质：上
核粘离性：离
肉质：硬溶质
风味：酸
可溶性固形物（%）：15
鲜食品质：中
花型：蔷薇形
花瓣类型：单瓣

花瓣颜色：粉红
花粉育性：可育
花药颜色：橘红
叶腺：肾形
树形：矮化
生长势：强健
丰产性：丰产
始花期：3 月下旬
果实成熟期：6 月中旬
果实发育期（d）：84
营养生长期（d）：275
需冷量（h）：500

综合评价：外观亮丽，风味偏酸；单瓣花，粉红色；矮化油桃，比中国传统的红花寿星桃生长势强。

品种名称：理想
外文名：Fantasia
别名：幻想
原产地：美国
资源类型：选育品种
用途：果实鲜食
系谱：Gold King × P101 - 24 (=Red King OP)
选育单位：美国农业部加利福尼亚州 Fresno 试验站
育成年份：1969
果实类型：油桃
果形：椭圆

单果重（g）：150
果皮底色：黄
盖色深浅：深红
着色程度：多
果肉颜色：黄
外观品质：上
核粘离性：离
肉质：硬溶质
风味：酸甜
可溶性固形物（%）：11
鲜食品质：中
花型：蔷薇形
花瓣类型：单瓣

花瓣颜色：粉红
花粉育性：可育
花药颜色：橘红
叶腺：肾形
树形：开张
生长势：中庸
丰产性：中
始花期：3 月底
果实成熟期：7 月下旬
果实发育期（d）：125
营养生长期（d）：270
需冷量（h）：900

综合评价：果实大，椭圆形，外观美，肉质硬，离核，甜仁，是优良的育种亲本材料。

品种名称：丽格兰特
外文名：Legrand
原产地：美国
资源类型：选育品种
用途：果实鲜食
系谱：(J. H. Hale×Quetta) F_2
选育单位：美国加利福尼亚州 Merced 市 Fred Anderson 私人果园
育成年份：1942
果实类型：油桃
果形：椭圆
单果重 (g)：151
果皮底色：黄
盖色深浅：深红
着色程度：中
果肉颜色：黄
外观品质：上
核粘离性：离
肉质：硬溶质
风味：酸甜
可溶性固形物 (%)：12
鲜食品质：中
花型：蔷薇形
花瓣类型：单瓣
花瓣颜色：粉红
花粉育性：可育
花药颜色：橘红
叶腺：肾形
树形：半开张
生长势：中庸
丰产性：丰产
始花期：4 月初
果实成熟期：8 月上旬
果实发育期 (d)：129
营养生长期 (d)：283
需冷量 (h)：800

综合评价：该品种与 *Handbook of Peach and Nectarine Varieties* 描述的 Legrand 性状不一致。综合性状类似理想，果实大，椭圆形，肉质硬，离核，甜仁；树形紧凑，节间较短，含有矮化基因，是优良的亲本材料。20 世纪 80～90 年代在河北辛集、山西运城和甘肃兰州有少量栽培。

品种名称：六月王子
外文名：June Prince
原产地：美国
资源类型：选育品种
用途：果实鲜食
系谱：FV325－58×June Gold；FV325 － 58 = FV13148（= Sunhigh × Southland）×Redcap
选育单位：美国农业部佐治亚州 Byron 试验站
杂交年份：1985
果实类型：油桃

果形：卵圆
单果重（g）：101
果皮底色：黄
盖色深浅：红
着色程度：多
果肉颜色：黄
外观品质：中
核粘离性：离
肉质：硬溶质
风味：酸甜
可溶性固形物（%）：9
鲜食品质：中下
花型：蔷薇形

花瓣类型：单瓣
花瓣颜色：粉红
花粉育性：可育
花药颜色：橘红
叶腺：肾形
树形：开张
生长势：中庸
丰产性：丰产
始花期：3月底
果实成熟期：7月初
果实发育期（d）：95
营养生长期（d）：266
需冷量（h）：700～800

综合评价：与 *Handbook of Peach and Nectarine Varieties* 描述不一致；果实外观靓丽，肉质硬。

品种名称：玫瑰公主
外文名：Roseprincess
原产地：美国
资源类型：选育品种
用途：果实鲜食
系　谱：BY76N138　OP [= F 100－62　OP （ = Red King OP）]
选育单位：美国农业部佐治亚州 Byron 试验站
育成年份：1989
果实类型：油桃
果形：圆

单果重（g）：127
果皮底色：绿白
盖色深浅：浅红
着色程度：多
果肉颜色：白
外观品质：上
核粘离性：离
肉质：硬溶质
风味：酸甜
可溶性固形物（%）：13
鲜食品质：中
花型：蔷薇形
花瓣类型：单瓣

花瓣颜色：粉红
花粉育性：可育
花药颜色：橘红
叶腺：肾形
树形：开张
生长势：中庸
丰产性：极丰产
始花期：3 月底
果实成熟期：7 月上旬
果实发育期（d）：101
营养生长期（d）：265
需冷量（h）：850

综合评价：外观漂亮，含有果皮纯白色基因。

品种名称：玫瑰红
外文名：Mei Gui Hong
原产地：河南省郑州市
资源类型：选育品种
用途：果实鲜食
系谱：京玉×五月火
选育单位：中国农业科学院
郑州果树研究所
育成年份：2003
果实类型：油桃
果形：圆
单果重（g）：123

果皮底色：绿白
盖色深浅：红
着色程度：多
果肉颜色：白
外观品质：中上
核粘离性：离
肉质：硬溶质
风味：甜
可溶性固形物（%）：11
鲜食品质：中上
花型：蔷薇形
花瓣类型：单瓣

花瓣颜色：粉红
花粉育性：可育
花药颜色：橘红
叶腺：圆形
树形：开张
生长势：中庸
丰产性：极丰产
始花期：3月底
果实成熟期：6月底
果实发育期（d）：92
营养生长期（d）：260
需冷量（h）：650

综合评价：早果性强，极丰产，花期耐低温能力强，在河南、山西、安徽、四川、新疆均有栽培。

品种名称：美味
外文名：Flavortop
别名：顶香
原产地：美国
资源类型：选育品种
用途：果实鲜食
系谱：Fairtime 自然实生
选育单位：美国农业部加利福尼亚州 Fresno 试验站
杂交年份：1969
果实类型：油桃
果形：椭圆
单果重（g）：150
果皮底色：黄
盖色深浅：深红
着色程度：多
果肉颜色：黄
外观品质：上
核粘离性：离
肉质：硬溶质
风味：酸甜
可溶性固形物（%）：10
鲜食品质：中
花型：蔷薇形
花瓣类型：单瓣
花瓣颜色：粉红
花粉育性：可育
花药颜色：橘红
叶腺：肾形
树形：半开张
生长势：强健
丰产性：中
始花期：3 月底
果实成熟期：7 月下旬
果实发育期（d）：125
营养生长期（d）：276
需冷量（h）：850
综合评价：果实大，椭圆形，肉质硬，离核，丰产性一般，是优良的亲本资源。

品种名称：美夏
外文名：Summer Beauty
原产地：美国
资源类型：选育品种
用途：果实鲜食
系谱：Red Diamond×Sun Grand Nursery，Reedley，California
选育单位：美国加利福尼亚州 Merced 市 Fred Anderson 私人果园与加利福尼亚州 Reedley
育成年份：1979

果实类型：油桃
果形：圆
单果重（g）：92
果皮底色：乳黄
盖色深浅：红
着色程度：多
果肉颜色：黄
外观品质：中
核粘离性：离
肉质：硬溶质
风味：酸甜
可溶性固形物（%）：10
鲜食品质：中
花型：蔷薇形

花瓣类型：单瓣
花瓣颜色：粉红
花粉育性：可育
花药颜色：橘红
叶腺：肾形
树形：开张
生长势：中庸
丰产性：中
始花期：3月底
果实成熟期：7月中旬
果实发育期（d）：110
营养生长期（d）：268
需冷量（h）：800

综合评价：外观漂亮，果肉硬，产量不够稳定。

品种名称：南方金蜜
外文名：Nan Fang Jin Mi
原产地：河南省郑州市
资源类型：选育品系
用途：果实鲜食
系谱：（红日×玛丽维拉）1－15×曙光
选育单位：中国农业科学院郑州果树研究所
杂交年份：1996
果实类型：油桃
果形：圆
单果重（g）：84
果皮底色：黄
盖色深浅：红
着色程度：多
果肉颜色：黄
外观品质：中上
核粘离性：粘
肉质：硬溶质
风味：甜
可溶性固形物（%）：12
鲜食品质：中上
花型：蔷薇形
花瓣类型：单瓣
花瓣颜色：粉红
花粉育性：可育
花药颜色：橘红
叶腺：肾形
树形：开张
生长势：中庸
丰产性：极丰产
始花期：3月中旬
果实成熟期：6月上旬
果实发育期（d）：65
营养生长期（d）：265
需冷量（h）：550
综合评价：成熟早，果实外观靓丽，需冷量较低，在云南西双版纳及山西运城均表现良好。

品种名称：南方早红
外文名：Nan Fang Zao Hong
原产地：河南省郑州市
资源类型：选育品系
用途：果实鲜食
系谱：（红日×玛丽维拉）3－18×（早红2号×朝晖）
选育单位：中国农业科学院郑州果树研究所
杂交年份：1996
果实类型：油桃
果形：圆
单果重（g）：53
果皮底色：绿白
盖色深浅：红
着色程度：多
果肉颜色：白
外观品质：中
核粘离性：粘
肉质：硬溶质
风味：甜
可溶性固形物（%）：8
鲜食品质：中
花型：蔷薇形
花瓣类型：单瓣
花瓣颜色：粉红
花粉育性：可育
花药颜色：橘红
叶腺：肾形
树形：开张
生长势：强健
丰产性：极丰产
始花期：3月下旬
果实成熟期：6月上旬
果实发育期（d）：73
营养生长期（d）：271
需冷量（h）：400
综合评价：果实亮红，果实小，极丰产，需冷量低。需严格疏花、疏果。

品种名称：南十字
外文名：Croce Del Sud
原产地：意大利
资源类型：选育品种
用途：果实鲜食
系谱：F100－62×Red June
选育单位：意大利罗马果树研究所
育成年份：1983
果实类型：油桃
果形：尖圆
单果重（g）：72

果皮底色：乳黄
盖色深浅：红
着色程度：多
果肉颜色：黄
外观品质：中
核粘离性：离
肉质：硬溶质
风味：酸甜
可溶性固形物（%）：9
鲜食品质：中下
花型：蔷薇形
花瓣类型：单瓣

花瓣颜色：粉红
花粉育性：可育
花药颜色：橘红
叶腺：肾形
树形：开张
生长势：中庸
丰产性：中
始花期：3月底
果实成熟期：7月中旬
果实发育期（d）：108
营养生长期（d）：265
需冷量（h）：800

综合评价：肉硬，近核处红，风味偏酸。

品种名称：佩加苏
外文名：Pegaso
原产地：意大利
资源类型：选育品种
用途：果实鲜食
系谱：Nectared 6×Independence
选育单位：意大利罗马果树研究所
育成年份：1983
果实类型：油桃
果形：圆
单果重（g）：104
果皮底色：橙黄
盖色深浅：红
着色程度：多
果肉颜色：黄
外观品质：中上
核粘离性：离
肉质：软溶质
风味：酸
可溶性固形物（%）：8
鲜食品质：中
花型：蔷薇形
花瓣类型：单瓣
花瓣颜色：粉红
花粉育性：可育
花药颜色：橘红
叶腺：肾形
树形：半开张
生长势：中庸
丰产性：丰产
始花期：3月底
果实成熟期：7月中旬
果实发育期（d）：109
营养生长期（d）：267
需冷量（h）：850
综合评价：风味品质一般。

品种名称：平冢红
外文名：Hiratsuka Red，
　　平塚紅
原产地：日本
资源类型：选育品种
用途：果实鲜食
系 谱：Okitsu × NJN17 （＝NJN5 OP）
选育单位：日本农林水产省筑波果树试验场
育成年份：1981
果实类型：油桃
果形：圆
综合评价：综合性状一般。

单果重（g）：100
果皮底色：乳黄
盖色深浅：深红
着色程度：多
果肉颜色：黄
外观品质：中
核粘离性：离
肉质：软溶质
风味：酸
可溶性固形物（%）：10
鲜食品质：中下
花型：蔷薇形
花瓣类型：单瓣

花瓣颜色：粉红
花粉育性：可育
花药颜色：橘红
叶腺：肾形
树形：开张
生长势：中庸
丰产性：中
始花期：3月底
果实成熟期：7月中旬
果实发育期（d）：109
营养生长期（d）：265
需冷量（h）：900～1 000

品种名称：千年红
外文名：Qian Nian Hong
原产地：河南省郑州市
资源类型：选育品种
用途：果实鲜食
系谱：（白凤×五月火）90-6-10×曙光
选育单位：中国农业科学院郑州果树研究所
育成年份：2005
果实类型：油桃
果形：椭圆
单果重（g）：90
果皮底色：黄
盖色深浅：红
着色程度：多
果肉颜色：黄
外观品质：中上
核粘离性：粘
肉质：硬溶质
风味：甜
可溶性固形物（%）：12
鲜食品质：中上
花型：蔷薇形
花瓣类型：单瓣
花瓣颜色：粉红
花粉育性：可育
花药颜色：橘红
叶腺：圆形
树形：开张
生长势：强健
丰产性：中
始花期：3月底
果实成熟期：5月下旬
果实发育期（d）：58
营养生长期（d）：265
需冷量（h）：500
综合评价：极早熟，风味甜，但个别年份果皮有涩味。需冷量较低，需热量高。壮枝坐果率低，注意控制树势，适宜采用长枝修剪。

品种名称：秦光
外文名：Qin Guang
原产地：陕西省西安市
资源类型：选育品种
用途：果实鲜食
系谱：京玉×兴津油桃
选育单位：陕西省果树研究所
育成年份：1993
果实类型：油桃
果形：椭圆
单果重（g）：108
果皮底色：绿白
盖色深浅：浅红
着色程度：多
果肉颜色：白
外观品质：中上
核粘离性：离
肉质：硬溶质
风味：甜
可溶性固形物（%）：11
鲜食品质：中上
花型：蔷薇形
花瓣类型：单瓣
花瓣颜色：粉红
花粉育性：可育
花药颜色：橘红
叶腺：肾形
树形：半开张
生长势：强健
丰产性：丰产
始花期：4 月初
果实成熟期：7 月上旬
果实发育期（d）：97
营养生长期（d）：256
需冷量（h）：800～850
综合评价：果实椭圆形，肉质硬溶，离核，完熟后发面，有裂果现象。

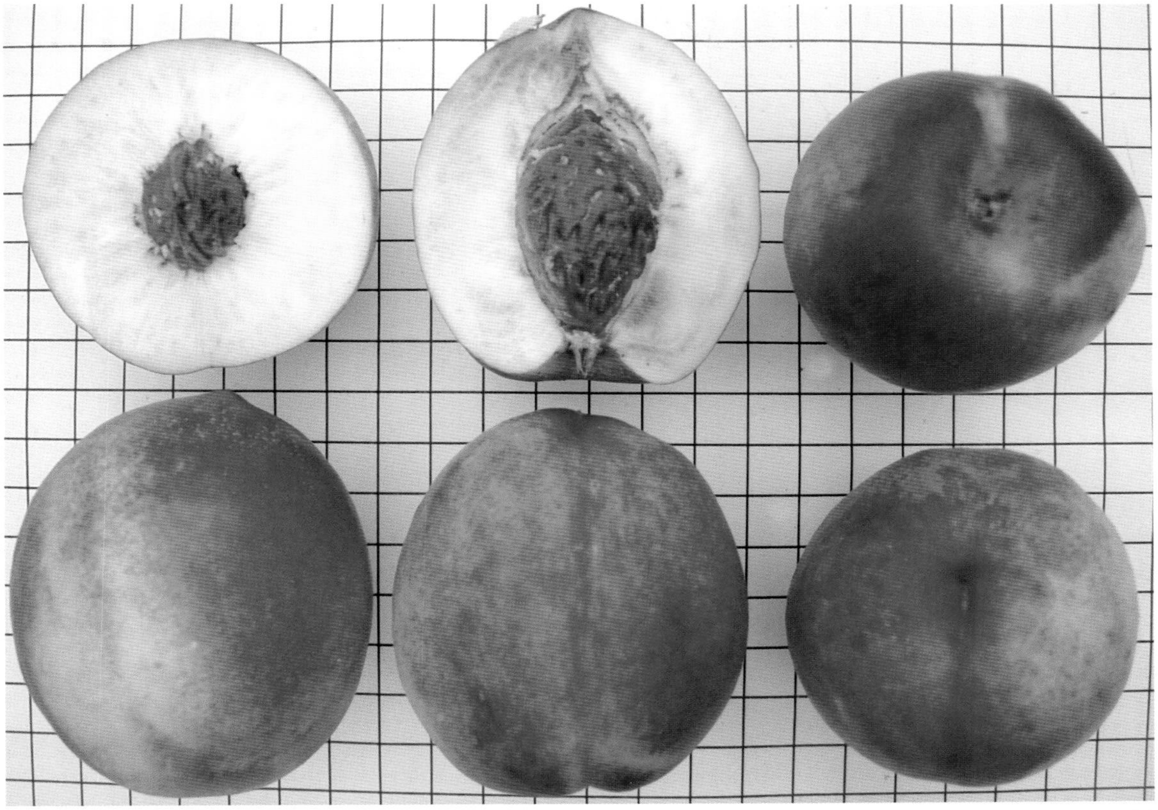

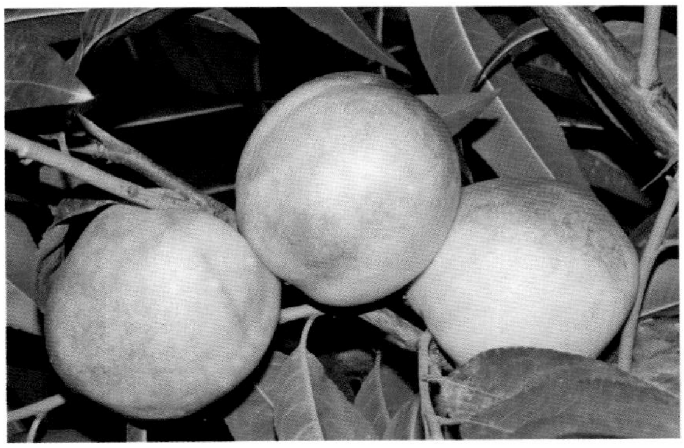

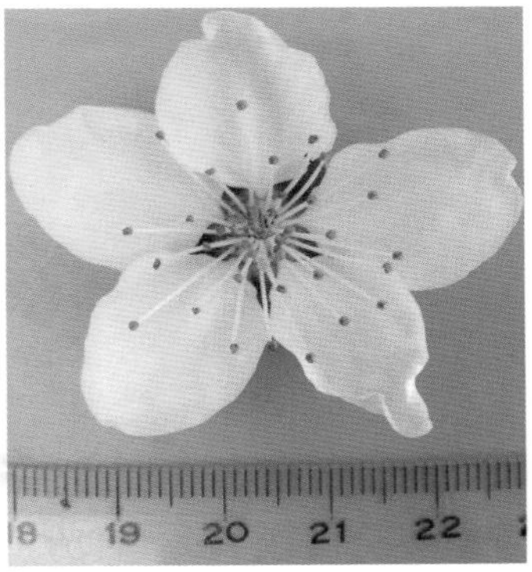

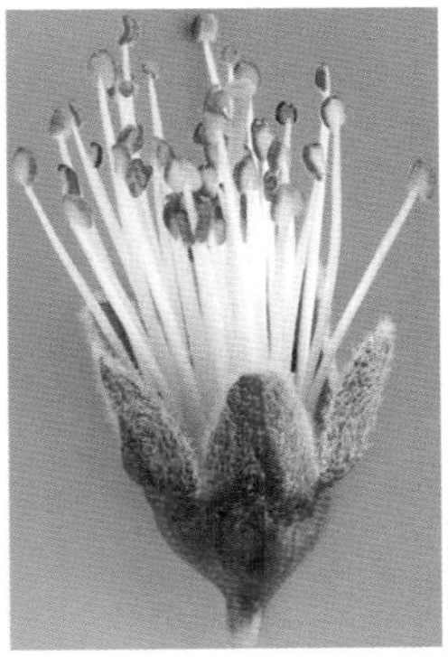

品种名称：秦光 2 号
外文名：Qin Guang 2
原产地：陕西省西安市
资源类型：选育品种
用途：果实鲜食
系谱：京玉×兴津油桃
选育单位：西北农林科技大学园艺学院果树研究所
育成年份：2000
果实类型：油桃
果形：椭圆
单果重（g）：147

果皮底色：绿白
盖色深浅：浅红
着色程度：少
果肉颜色：白
外观品质：中上
核粘离性：离
肉质：硬溶质
风味：浓甜
可溶性固形物（%）：14
鲜食品质：中上
花型：蔷薇形
花瓣类型：单瓣

花瓣颜色：粉红
花粉育性：可育
花药颜色：橘红
叶腺：肾形
树形：开张
生长势：强健
丰产性：极丰产
始花期：4 月初
果实成熟期：7 月中旬
果实发育期（d）：106
营养生长期（d）：250
需冷量（h）：800～850

综合评价：着色一般，风味品质上。

品种名称：日金
外文名：Sungold
原产地：美国
资源类型：选育品种
用途：果实鲜食
系谱：NJ5107397 ×（Okinawa × Panamint)；NJ5107397 =（Candoka × Flaming Gold）× [(Garden State× NJ25032）OP]；NJ25032＝ Tennessee Natural OP
选育单位：美国佛罗里达大学
育成年份：1969
果实类型：油桃

果形：圆
单果重（g）：140
果皮底色：橙黄
盖色深浅：红
着色程度：多
果肉颜色：黄
外观品质：中上
核粘离性：离
肉质：硬溶质
风味：酸
可溶性固形物（%）：11
鲜食品质：中
花型：铃形

花瓣类型：单瓣
花瓣颜色：粉红
花粉育性：可育
花药颜色：橘黄
叶腺：肾形
树形：开张
生长势：中庸
丰产性：极丰产
始花期：3 月底
果实成熟期：7 月中旬
果实发育期（d）：109
营养生长期（d）：270
需冷量（h）：500

综合评价：果实椭圆形，全红，肉硬，离核，风味偏酸，综合性状良好，是短低温的油桃品种。

品种名称：日照
外文名：Sunblaze
原产地：美国
资源类型：选育品种
用途：果实鲜食
系谱：Fla. 3－4N（Fla. 15－85W×Columbina）×Fla. 5－9（Sunlite×Fla. Q15－33）；Fla. 15－85W＝Fla. Q303－3N×Kaygold；Fla. Q15－33＝Fla. G40－35 OP（＝RioGrande OP）；Fla. Q303－3 N＝NJ5107397×（Panamint×Jewel）
育成年份：1991
果实类型：油桃
果形：近圆
单果重（g）：60
果皮底色：黄
盖色深浅：深红
着色程度：多
果肉颜色：黄
外观品质：上
核粘离性：半离
肉质：硬溶质
风味：酸
可溶性固形物（%）：8
鲜食品质：中
花型：铃形
花瓣类型：单瓣
花瓣颜色：粉红
花粉育性：可育
花药颜色：橘红
叶腺：肾形
树形：开张
生长势：强健
丰产性：极丰产
始花期：3月下旬
果实成熟期：6月下旬
果实发育期（d）：92
营养生长期（d）：271
需冷量（h）：250
选育单位：美国佛罗里达大学
综合评价：果实小，极丰产，低需冷量，可作为低需冷量育种材料。

品种名称：瑞光 2 号
外文名：Rui Guang 2
原产地：北京市
资源类型：选育品种
用途：果实鲜食
系谱：京玉×NJN76
选育单位：北京市农林科学院林业果树研究所
育成年份：1997
果实类型：油桃
果形：短椭圆
单果重（g）：150

果皮底色：黄
盖色深浅：红
着色程度：多
果肉颜色：黄
外观品质：中上
核粘离性：粘
肉质：硬溶质
风味：甜
可溶性固形物（%）：13
鲜食品质：上
花型：铃形
花瓣类型：单瓣

花瓣颜色：粉红
花粉育性：可育
花药颜色：橘红
叶腺：肾形
树形：开张
生长势：中庸
丰产性：极丰产
始花期：4 月初
果实成熟期：6 月下旬
果实发育期（d）：84
营养生长期（d）：256
需冷量（h）：800

综合评价：果实椭圆形，果点明显，果肉红色素少，风味品质上，香气浓郁，有裂果现象；是优良的育种材料，20 世纪 90 年代的重要油桃品种，优良育种亲本。

品种名称：瑞光3号
外文名：Rui Guang 3
原产地：北京市
资源类型：选育品种
用途：果实鲜食
系谱：京玉×NJN76
选育单位：北京市农林科学院林业果树研究所
育成年份：1997
果实类型：油桃
果形：圆
单果重（g）：150

果皮底色：绿白
盖色深浅：红
着色程度：多
果肉颜色：白
外观品质：中上
核粘离性：粘
肉质：软溶质
风味：甜
可溶性固形物（%）：12
鲜食品质：上
花型：铃形
花瓣类型：单瓣

花瓣颜色：粉红
花粉育性：可育
花药颜色：橘红
叶腺：肾形
树形：开张
生长势：中庸
丰产性：极丰产
始花期：3月底
果实成熟期：6月下旬
果实发育期（d）：86
营养生长期（d）：255
需冷量（h）：800

综合评价：果实大，风味品质上，果顶先熟，有裂果现象；是20世纪90年代的重要油桃品种，优良育种亲本。

品种名称：瑞光 5 号
外文名：Rui Guang 5
原产地：北京市
资源类型：选育品种
用途：果实鲜食
系谱：京玉×NJN76
选育单位：北京市农林科学院林业果树研究所
育成年份：1997
果实类型：油桃
果形：圆
单果重（g）：120
果皮底色：乳白
盖色深浅：玫瑰红
着色程度：多
果肉颜色：白
外观品质：中上
核粘离性：粘
肉质：硬溶质
风味：浓甜
可溶性固形物（%）：12
鲜食品质：中上
花型：铃形
花瓣类型：单瓣
花瓣颜色：粉红
花粉育性：可育
花药颜色：橘红
叶腺：肾形
树形：开张
生长势：强健
丰产性：极丰产
始花期：3 月底
果实成熟期：6 月下旬
果实发育期（d）：86
营养生长期（d）：258
需冷量（h）：800
综合评价：外观较瑞光 3 号漂亮，果肉无红色素，风味品质良好，有少量裂果。

品种名称：瑞光 6 号
外文名：Rui Guang 6
原代号：81－26－41
原产地：北京市
资源类型：选育品种
用途：果实鲜食
系谱：京玉×NJN76
选育单位：北京市农林科学院林业果树研究所
杂交年份：1981
果实类型：油桃
果形：椭圆
单果重（g）：113

果皮底色：黄
盖色深浅：深红
着色程度：多
果肉颜色：黄
外观品质：中
核粘离性：离
肉质：软溶质
风味：甜
可溶性固形物（%）：9
鲜食品质：中
花型：铃形
花瓣类型：单瓣

花瓣颜色：粉红
花粉育性：可育
花药颜色：橘红
叶腺：肾形
树形：开张
生长势：中庸
丰产性：极丰产
始花期：3 月底
果实成熟期：7 月初
果实发育期（d）：94
营养生长期（d）：265
需冷量（h）：800

综合评价：果实中等大小，椭圆形，风味中等，综合性状一般。

品种名称：瑞光 7 号
外文名：Rui Guang 7
原产地：北京市
资源类型：选育品种
用途：果实鲜食
系谱：京玉×B7R2T129
选育单位：北京市农林科学院林业果树研究所
育成年份：1997
果实类型：油桃
果形：圆
单果重（g）：110
果皮底色：绿白
盖色深浅：红
着色程度：多
果肉颜色：白
外观品质：中上
核粘离性：离
肉质：硬溶质
风味：浓甜
可溶性固形物（%）：13
鲜食品质：中上
花型：蔷薇形
花瓣类型：单瓣
花瓣颜色：粉红
花粉育性：可育
花药颜色：橘红
叶腺：肾形
树形：开张
生长势：中庸
丰产性：极丰产
始花期：4 月上旬
果实成熟期：7 月初
果实发育期（d）：89
营养生长期（d）：250
需冷量（h）：800
综合评价：果实中等大小，外观色泽漂亮，风味品质良好，有裂果现象。

品种名称：瑞光9号
外文名：Rui Guang 9
原代号：81-25-23
原产地：北京市
资源类型：选育品种
用途：果实鲜食
系谱：京玉×NJN76
选育单位：北京市农林科学院林业果树研究所
杂交年份：1981
果实类型：油桃
果形：圆
单果重（g）：146
果皮底色：乳黄
盖色深浅：红
着色程度：多
果肉颜色：白
外观品质：中上
核粘离性：粘
肉质：软溶质
风味：酸
可溶性固形物（%）：10
鲜食品质：中
花型：铃形
花瓣类型：单瓣
花瓣颜色：粉红
花粉育性：可育
花药颜色：橘黄
叶腺：肾形
树形：半开张
生长势：强健
丰产性：低
始花期：3月底
果实成熟期：7月上旬
果实发育期（d）：98
营养生长期（d）：265
需冷量（h）：800
综合评价：果面干净，风味酸，综合性状一般。铃形花，花朵大，花径介于蔷薇形和铃形之间。

品种名称：瑞光 10 号
外文名：Rui Guang 10
原代号：81－26－15
原产地：北京市
资源类型：选育品种
用途：果实鲜食
系谱：京玉×NJN76
选育单位：北京市农林科学院林业果树研究所
杂交年份：1981
果实类型：油桃
果形：椭圆
单果重（g）：130
果皮底色：黄
盖色深浅：红
着色程度：中
果肉颜色：黄
外观品质：中
核粘离性：粘
肉质：硬溶质
风味：浓甜
可溶性固形物（%）：12
鲜食品质：中上
花型：铃形
花瓣类型：单瓣
花瓣颜色：粉红
花粉育性：可育
花药颜色：橘红
叶腺：肾形
树形：开张
生长势：强健
丰产性：丰产
始花期：3 月底
果实成熟期：7 月中旬
果实发育期（d）：109
营养生长期（d）：260
需冷量（h）：850
综合评价：果实椭圆形，果皮底色黄，浓郁风味，品质良好，有裂果。

品种名称：瑞光 16 号
外文名：Rui Guang 16
原代号：81－25－17
原产地：北京市
资源类型：选育品种
用途：果实鲜食
系谱：京玉×NJN76
选育单位：北京市农林科学院林业果树研究所
杂交年份：1981
果实类型：油桃
果形：圆
单果重（g）：128
果皮底色：黄
盖色深浅：深红
着色程度：多
果肉颜色：黄
外观品质：中
核粘离性：粘
肉质：硬溶质
风味：浓甜
可溶性固形物（%）：13
鲜食品质：上
花型：铃形
花瓣类型：单瓣
花瓣颜色：粉红
花粉育性：可育
花药颜色：橘红
叶腺：肾形
树形：开张
生长势：强健
丰产性：丰产
始花期：3 月底
果实成熟期：7 月中旬
果实发育期（d）：108
营养生长期（d）：265
需冷量（h）：800

综合评价：果皮底色黄，果点明显，肉质细韧，风味香甜，品质上，裂果多。优良育种亲本。

品种名称：瑞光 18 号
外文名：Rui Guang 18
原产地：北京市
资源类型：选育品种
用途：果实鲜食
系谱：丽格兰特×81－25－15（京玉×NJN76）
选育单位：北京市农林科学院林业果树研究所
育成年份：1999
果实类型：油桃
果形：椭圆
单果重（g）：150
果皮底色：黄绿
盖色深浅：深红
着色程度：中
果肉颜色：橙黄
外观品质：中上
核粘离性：粘
肉质：硬溶质
风味：甜
可溶性固形物（%）：12
鲜食品质：中上
花型：蔷薇形
花瓣类型：单瓣
花瓣颜色：粉红
花粉育性：可育
花药颜色：橘红
叶腺：小肾形
树形：开张
生长势：强健
丰产性：极丰产
始花期：3 月底
果实成熟期：7 月上旬
果实发育期（d）：98
营养生长期（d）：258
需冷量（h）：850
综合评价：果实大，肉质硬。有缝合线先熟现象。

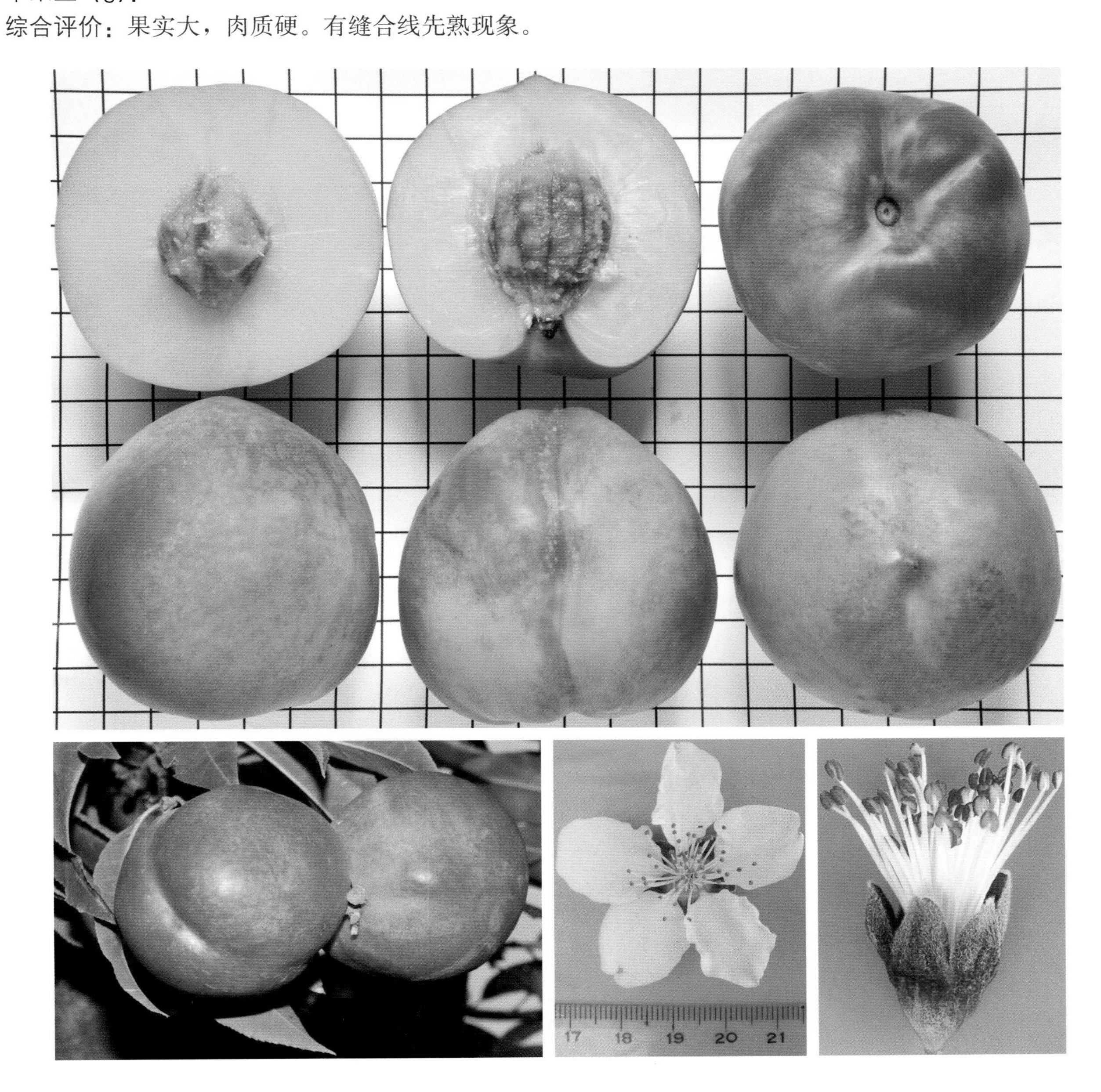

品种名称：瑞光 19 号
外文名：Rui Guang 19
原产地：北京市
资源类型：选育品种
用途：果实鲜食
系谱：丽格兰特×瑞光 15 号（京玉×NJN76）
选育单位：北京市农林科学院林业果树研究所
育成年份：1999
果实类型：油桃
果形：圆
单果重（g）：110
果皮底色：绿白
盖色深浅：深红
着色程度：多
果肉颜色：白
外观品质：中上
核粘离性：离
肉质：硬溶质
风味：浓甜
可溶性固形物（%）：11
鲜食品质：中上
花型：蔷薇形
花瓣类型：单瓣
花瓣颜色：粉红
花粉育性：可育
花药颜色：橘红
叶腺：肾形
树形：开张
生长势：中庸
丰产性：极丰产
始花期：3 月底
果实成熟期：7 月初
果实发育期（d）：94
营养生长期（d）：260
需冷量（h）：850
综合评价：果实椭圆形，果皮玫瑰红色，离核，硬溶质，有轻微裂果现象。

品种名称：瑞光 28 号
外文名：Rui Guang 28
原产地：北京市
资源类型：选育品种
用途：果实鲜食
系谱：丽格兰特×瑞光 2 号
选育单位：北京市农林科学院林业果树研究所
育成年份：2003
果实类型：油桃
果形：圆
单果重（g）：215
果皮底色：橙黄
盖色深浅：红
着色程度：多
果肉颜色：橙黄
外观品质：中上
核粘离性：粘
肉质：硬溶质
风味：甜
可溶性固形物（%）：10
鲜食品质：中上
花型：铃形
花瓣类型：单瓣
花瓣颜色：粉红
花粉育性：可育
花药颜色：橘红
叶腺：肾形
树形：开张
生长势：强健
丰产性：丰产
始花期：3 月底
果实成熟期：6 月下旬
果实发育期（d）：85
营养生长期（d）：265
需冷量（h）：750
综合评价：果实很大，果肉无红色素，风味品质良好，综合性状优良；花瓣复瓣类型多。

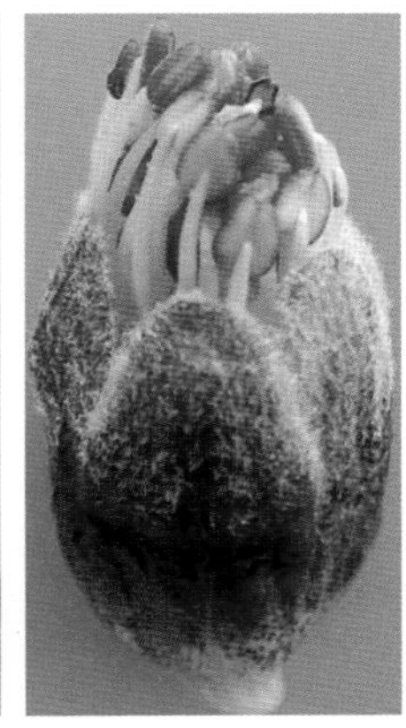

品种名称：桑多拉
外文名：Sundollar
别名：桑多乐
原产地：美国
资源类型：选育品种
用途：果实鲜食
系谱：Sunlite×Armqueen
选育单位：美国佛罗里达大学
育成年份：1989
果实类型：油桃
果形：圆
单果重（g）：60

果皮底色：橙黄
盖色深浅：深红
着色程度：多
果肉颜色：黄
外观品质：中上
核粘离性：粘
肉质：硬溶质
风味：酸甜
可溶性固形物（%）：11
鲜食品质：中
花型：蔷薇形
花瓣类型：单瓣

花瓣颜色：粉红
花粉育性：可育
花药颜色：橘红
叶腺：肾形
树形：开张
生长势：强健
丰产性：极丰产
始花期：3月下旬
果实成熟期：6月上中旬
果实发育期（d）：78
营养生长期（d）：271
需冷量（h）：400

综合评价：果实鲜红，果实小，有裂果现象，极丰产。可作为低需冷量品种育种材料。

品种名称：森格鲁
外文名：SunGlo
原产地：美国
资源类型：选育品种
用途：果实鲜食
系谱：（Sun Grand OP）自然实生
选育单位：美国加利福尼亚州Merced市Fred Anderson私人果园与密苏里州Loui
育成年份：1962
果实类型：油桃

果形：椭圆
单果重（g）：137
果皮底色：黄
盖色深浅：深红
着色程度：多
果肉颜色：黄
外观品质：中
核粘离性：离
肉质：硬溶质
风味：酸甜
可溶性固形物（%）：9
鲜食品质：中
花型：蔷薇形

花瓣类型：单瓣
花瓣颜色：粉红
花粉育性：可育
花药颜色：橘黄
叶腺：肾形
树形：开张
生长势：强健
丰产性：中
始花期：3月底
果实成熟期：7月下旬
果实发育期（d）：120
营养生长期（d）：268
需冷量（h）：850

综合评价：与 *Handbook of Peach and Nectarine Varieties* 花型描述不一致。

品种名称：曙光
外文名：Shu Guang
原产地：河南省郑州市
资源类型：选育品种
用途：果实鲜食
系谱：丽格兰特×瑞光2号
选育单位：中国农业科学院郑州果树研究所
育成年份：1998
果实类型：油桃
果形：圆
单果重（g）：113

果皮底色：黄
盖色深浅：红
着色程度：多
果肉颜色：黄
外观品质：上
核粘离性：粘
肉质：硬溶质
风味：甜
可溶性固形物（%）：11
鲜食品质：中
花型：蔷薇形
花瓣类型：单瓣

花瓣颜色：粉红
花粉育性：可育
花药颜色：橘红
叶腺：肾形
树形：开张
生长势：中庸
丰产性：丰产
始花期：3月底
果实成熟期：6月上旬
果实发育期（d）：65
营养生长期（d）：266
需冷量（h）：650

综合评价：早熟，果实全红，有果顶先熟现象，综合性状优良。含有矮化基因，对多效唑敏感；具有广泛的适应性，在南北方均有栽培，是我国油桃的主要栽培品种。

品种名称：双佛
外文名：Sunfre
原产地：美国
资源类型：选育品种
用途：果实鲜食
系谱：P42－81（P60－38×Bonanza）× P42 － 91（P60－38×Bonanza）
选育单位：美国佛罗里达大学与美国农业部加利福尼亚州Fresno试验站
育成年份：1982
果实类型：油桃

果形：圆
单果重（g）：117
果皮底色：黄
盖色深浅：深红
着色程度：多
果肉颜色：黄
外观品质：中
核粘离性：离
肉质：硬溶质
风味：酸
可溶性固形物（%）：10
鲜食品质：中
花型：蔷薇形

花瓣类型：单瓣
花瓣颜色：粉红
花粉育性：可育
花药颜色：橘红
叶腺：肾形
树形：开张
生长势：强健
丰产性：丰产
始花期：3月底
果实成熟期：7月初
果实发育期（d）：96
营养生长期（d）：265
需冷量（h）：500

综合评价：外观艳丽，肉质硬，有轻微裂果现象，含有矮化基因，与早红2号为姊妹系，是优良的低需冷量育种材料。

品种名称：双喜红
外文名：Shuang Xi Hong
原产地：河南省郑州市
资源类型：选育品种
用途：果实鲜食
系谱：瑞光2号×89－Ⅰ－4－12（瑞光16号×早红2号）
选育单位：中国农业科学院郑州果树研究所
育成年份：2003
果实类型：油桃
果形：圆

单果重（g）：140
果皮底色：橙黄
盖色深浅：红
着色程度：多
果肉颜色：橙黄
外观品质：上
核粘离性：离
肉质：硬溶质
风味：浓甜
可溶性固形物（%）：13
鲜食品质：上
花型：铃形
花瓣类型：单瓣

花瓣颜色：粉红
花粉育性：可育
花药颜色：橘红
叶腺：肾形
树形：开张
生长势：中庸
丰产性：中
始花期：3月底
果实成熟期：6月底
果实发育期（d）：87
营养生长期（d）：267
需冷量（h）：650

综合评价：果实圆形，外观靓丽，果肉硬，成熟度一致，风味浓甜，耐贮运。花芽有柱头先出现象，花期易受晚霜危害；是优良的育种材料，我国主要油桃栽培品种之一。

品种名称：丝德斯
外文名：Smooth Texas Three
原代号：TX4C189LN
原产地：美国
资源类型：选育品种
用途：果实鲜食
系谱：Diamondray×丹墨
选育单位：美国得克萨斯农工大学
育成年份：2012
果实类型：油桃
果形：圆
单果重（g）：103

果皮底色：橙黄
盖色深浅：红
着色程度：多
果肉颜色：橙黄
外观品质：上
核粘离性：粘
肉质：硬溶质
风味：浓甜
可溶性固形物（%）：13
鲜食品质：上
花型：铃形
花瓣类型：单瓣

花瓣颜色：粉红
花粉育性：可育
花药颜色：橘红
叶腺：肾形
树形：开张
生长势：中庸
丰产性：极丰产
始花期：3月底
果实成熟期：6月下旬
果实发育期（d）：88
营养生长期（d）：266
需冷量（h）：600～650

综合评价：果面着色较深，果点明显，风味浓甜。

品种名称：斯蜜
外文名：Nectaross
别名：若斯油桃
原产地：意大利
资源类型：选育品种
用途：果实鲜食
系谱：Red Gold×Le Grand
选育单位：意大利罗马果树研究所
育成年份：1983
果实类型：油桃
果形：圆
单果重（g）：50
果皮底色：乳白
盖色深浅：红
着色程度：多
果肉颜色：黄
外观品质：下
核粘离性：离
肉质：硬溶质
风味：酸甜
可溶性固形物（%）：12
鲜食品质：中下
花型：蔷薇形
花瓣类型：单瓣
花瓣颜色：粉红
花粉育性：可育
花药颜色：橘红
叶腺：肾形
树形：开张
生长势：中庸
丰产性：丰产
始花期：3月底
果实成熟期：8月上旬
果实发育期（d）：132
营养生长期（d）：265
需冷量（h）：750

综合评价：外观较好，果实小，风味品质中等。

品种名称：酸李光
外文名：Suan Li Guang
原产地：新疆喀什市
资源类型：地方品种
用途：资源材料
系谱：自然实生
选育单位：农家选育
果实类型：油桃
果形：圆
单果重（g）：122
果皮底色：绿白
盖色深浅：深红
着色程度：中
果肉颜色：白
外观品质：中
核粘离性：离
肉质：软溶质
风味：酸甜
可溶性固形物（%）：13
鲜食品质：中
花型：蔷薇形
花瓣类型：单瓣
花瓣颜色：粉红
花粉育性：可育
花药颜色：橘红
叶腺：肾形
树形：半开张
生长势：强健
丰产性：中
始花期：3月底
果实成熟期：7月底
果实发育期（d）：126
营养生长期（d）：276
需冷量（h）：800
综合评价：果实中等大小，果顶圆平，风味浓郁。叶片短宽，叶片长12.73cm，叶片宽4.31cm。

品种名称：天红
外文名：Cheonhong
原产地：韩国
资源类型：选育品种
用途：果实鲜食
系谱：Garden State 自然实生
选育单位：韩国农业振兴厅园艺研究所
育成年份：1992
果实类型：油桃
果形：圆
单果重（g）：123
果皮底色：黄
盖色深浅：深红
着色程度：多
果肉颜色：黄
外观品质：中上
核粘离性：半离
肉质：硬溶质
风味：酸甜
可溶性固形物（%）：10
鲜食品质：中
花型：蔷薇形
花瓣类型：单瓣
花瓣颜色：粉红
花粉育性：可育
花药颜色：橘红
叶腺：肾形
树形：半开张
生长势：强健
丰产性：丰产
始花期：3月底
果实成熟期：7月上中旬
果实发育期（d）：104
营养生长期（d）：266
需冷量（h）：800
综合评价：味酸，综合性状一般。

品种名称：甜李光
外文名：Tian Li Guang
原产地：新疆喀什市
资源类型：地方品种
用途：资源材料
系谱：自然实生
选育单位：农家选育
果实类型：油桃
果形：圆
单果重（g）：95
果皮底色：绿白
盖色深浅：深红
着色程度：中
果肉颜色：白
外观品质：中
核粘离性：离
肉质：软溶质
风味：酸甜
可溶性固形物（%）：11
鲜食品质：中上
花型：蔷薇形
花瓣类型：单瓣
花瓣颜色：粉红
花粉育性：可育
花药颜色：橘红
叶腺：肾形
树形：直立
生长势：强健
丰产性：低
始花期：3月底
果实成熟期：8月上旬
果实发育期（d）：127
营养生长期（d）：274
需冷量（h）：800
综合评价：晚熟，果实小，外观欠佳，裂果较重，产量极低。叶片短宽，树势旺盛。

品种名称：维拉斯
外文名：Venus
原产地：意大利
资源类型：选育品种
用途：果实鲜食
系谱：Stark Red Gold×Flamekist
选育单位：意大利罗马果树研究所
育成年份：1986
果实类型：油桃
果形：椭圆
单果重（g）：150
果皮底色：橙黄
盖色深浅：深红
着色程度：中
果肉颜色：黄
外观品质：中
核粘离性：离
肉质：硬脆
风味：酸甜
可溶性固形物（%）：11
鲜食品质：中
花型：蔷薇形
花瓣类型：单瓣
花瓣颜色：粉红
花粉育性：可育
花药颜色：橘红
叶腺：肾形
树形：半开张
生长势：中庸
丰产性：丰产
始花期：3月底
果实成熟期：8月上旬
果实发育期（d）：132
营养生长期（d）：268
需冷量（h）：850
综合评价：晚熟，果实大，外观一般。

品种名称：温伯格
外文名：Weinberger
原产地：意大利
资源类型：选育品种
用途：果实鲜食
系谱：F100-62×Red June
选育单位：意大利罗马果树研究所
育成年份：1979
果实类型：油桃
果形：椭圆
单果重（g）：82

果皮底色：黄
盖色深浅：深红
着色程度：多
果肉颜色：黄
外观品质：下
核粘离性：离
肉质：硬溶质
风味：酸
可溶性固形物（%）：9
鲜食品质：中
花型：蔷薇形
花瓣类型：单瓣

花瓣颜色：粉红
花粉育性：可育
花药颜色：橘红
叶腺：肾形
树形：开张
生长势：中庸
丰产性：极丰产
始花期：3月中下旬
果实成熟期：6月底
果实发育期（d）：92
营养生长期（d）：265
需冷量（h）：750～800

综合评价：果实较小，全红，外观漂亮，硬溶，风味偏酸。

品种名称：五月火
外文名：May Fire
原产地：美国
资源类型：选育品种
用途：果实鲜食
系谱：阿姆肯自然实生
选育单位：美国农业部加利福尼亚州 Fresno 试验站
育成年份：1984
果实类型：油桃
果形：椭圆
单果重（g）：72
果皮底色：黄
盖色深浅：红
着色程度：多
果肉颜色：黄
外观品质：上
核粘离性：粘
肉质：硬溶质
风味：酸甜
可溶性固形物（%）：9
鲜食品质：中
花型：蔷薇形
花瓣类型：单瓣
花瓣颜色：粉红
花粉育性：可育
花药颜色：橘红
叶腺：圆形
树形：半开张
生长势：强健
丰产性：极丰产
始花期：3月底
果实成熟期：5月下旬
果实发育期（d）：65
营养生长期（d）：257
需冷量（h）：550

综合评价：果面全红，有光泽，肉质硬，风味偏酸；丰产性强；需冷量较低；对南方高温高湿适应性强；有早期落叶现象，抗寒性差；世界上第一个胚培养的极早熟油桃品种，是优良的早熟油桃育种材料。

品种名称：五月魁
外文名：May Grand
原产地：美国
资源类型：选育品种
用途：果实鲜食
系谱：（Red Grand×Early Sun Grand）F_2
选育单位：美国加利福尼亚州 Merced 市 Fred Anderson 私人果园
育成年份：1967
果实类型：油桃
果形：卵圆
单果重（g）：142
果皮底色：黄
盖色深浅：深红
着色程度：多
果肉颜色：黄
外观品质：中上
核粘离性：离
肉质：硬溶质
风味：酸甜
可溶性固形物（%）：11
鲜食品质：中
花型：蔷薇形
花瓣类型：单瓣
花瓣颜色：粉红
花粉育性：可育
花药颜色：橘红
叶腺：肾形
树形：半开张
生长势：强健
丰产性：中
始花期：3月底
果实成熟期：7月中下旬
果实发育期（d）：110
营养生长期（d）：265
需冷量（h）：800
综合评价：果实全红，曾是美国油桃栽培的主要品种。

品种名称：五月阳光
外文名：May Glo
原产地：美国
资源类型：选育品种
用途：果实鲜食
系谱：(Fayette×May Grand) F_2
选育单位：美国加利福尼亚州 Zaiger公司
育成年份：1984
果实类型：油桃
果形：圆
单果重（g）：82
果皮底色：橙黄
盖色深浅：红
着色程度：多
果肉颜色：黄
外观品质：上
核粘离性：粘
肉质：硬溶质
风味：酸甜
可溶性固形物（%）：11
鲜食品质：中
花型：蔷薇形
花瓣类型：单瓣
花瓣颜色：粉红
花粉育性：可育
花药颜色：橘红
叶腺：肾形
树形：开张
生长势：中庸
丰产性：极丰产
始花期：3月下旬
果实成熟期：6月中旬
果实发育期（d）：83
营养生长期（d）：277
需冷量（h）：200

综合评价：果实亮红，果实偏小，肉质硬；极丰产。低需冷量，可作为低需冷量品种育种材料，后代果实颜色非常漂亮。

品种名称：夏魁
外文名：Summer Grand
原产地：美国
资源类型：选育品种
用途：果实鲜食
系谱：Late Le Grand × Early Sun Grand
选育单位：美国加利福尼亚州 Merced 市 Fred Anderson 私人果园与加利福尼亚州 Reedley
育成年份：1969
果实类型：油桃

果形：圆
单果重（g）：110
果皮底色：橙黄
盖色深浅：红
着色程度：多
果肉颜色：黄
外观品质：中上
核粘离性：离
肉质：硬溶质
风味：酸
可溶性固形物（%）：11
鲜食品质：中
花型：蔷薇形

花瓣类型：单瓣
花瓣颜色：粉红
花粉育性：可育
花药颜色：橘红
叶腺：肾形
树形：开张
生长势：中庸
丰产性：中
始花期：3 月底
果实成熟期：7 月中旬
果实发育期（d）：109
营养生长期（d）：265
需冷量（h）：750

综合评价：果实成熟度一致，果实全红，杂交后代果实颜色好，但果实中等大小，风味品质中。

品种名称：兴津油桃
外文名：Okitsu，興津油桃
原产地：日本
资源类型：选育品种
用途：果实鲜食
系谱：Precoce de Croncels × Lord Napier
选育单位：日本农林水产省园艺试验场
育成年份：1934
果实类型：油桃
果形：椭圆
单果重（g）：114
果皮底色：黄
盖色深浅：深红
着色程度：中
果肉颜色：黄
外观品质：中
核粘离性：离
肉质：硬溶质
风味：酸甜
可溶性固形物（%）：14
鲜食品质：中
花型：蔷薇形
花瓣类型：单瓣
花瓣颜色：粉红
花粉育性：可育
花药颜色：橘红
叶腺：肾形
树形：半开张
生长势：中庸
丰产性：丰产
始花期：4月初
果实成熟期：7月下旬
果实发育期（d）：117
营养生长期（d）：250
需冷量（h）：850

综合评价：果实中等大小，风味浓郁，离核，裂果严重；我国有多个油桃品种直接或间接来自此品种。

品种名称：秀峰
外文名：Shuho，秀峰
原产地：日本
资源类型：选育品种
用途：果实鲜食
系谱：兴津油桃实生
选育单位：日本长野县曾根悦夫氏
育成年份：1970
果实类型：油桃
果形：圆
单果重（g）：137
果皮底色：黄
盖色深浅：红
着色程度：中
果肉颜色：黄
外观品质：上
核粘离性：粘
肉质：不溶质
风味：酸
可溶性固形物（%）：13
鲜食品质：中上
花型：蔷薇形
花瓣类型：单瓣
花瓣颜色：粉红
花粉育性：可育
花药颜色：橘红
叶腺：肾形
树形：半开张
生长势：强健
丰产性：中
始花期：3月底
果实成熟期：8月中旬
果实发育期（d）：137
营养生长期（d）：265
需冷量（h）：850
综合评价：晚熟，肉质好，风味浓郁，果锈较重，有裂果现象。

品种名称：秀玉
外文名：Xiu Yu
原代号：96－1－39
原产地：河南省郑州市
资源类型：品系
用途：果实鲜食
系谱：（白凤×五月火）90－6－10×曙光
选育单位：中国农业科学院郑州果树研究所
育成年份：2005
果实类型：油桃
果形：圆
单果重（g）：90
果皮底色：绿白
盖色深浅：红
着色程度：多
果肉颜色：白
外观品质：中上
核粘离性：粘
肉质：硬溶质
风味：甜
可溶性固形物（%）：12
鲜食品质：中上
花型：蔷薇形
花瓣类型：单瓣
花瓣颜色：粉红
花粉育性：可育
花药颜色：橘红
叶腺：圆形
树形：开张
生长势：强健
丰产性：极丰产
始花期：3月底
果实成熟期：5月底6月初
果实发育期（d）：60
营养生长期（d）：268
需冷量（h）：550
综合评价：极早熟，果实亮丽，肉质偏软，风味浓甜，多雨年份有裂果现象，在河南、四川有种植。

品种名称：雪皇后
外文名：Snow Queen
原产地：美国
资源类型：选育品种
用途：果实鲜食
系谱：不详
选育单位：美国加利福尼亚州 Armstrong苗圃
育成年份：1975
果实类型：油桃
果形：圆
单果重（g）：125
果皮底色：绿白
盖色深浅：深红
着色程度：多
果肉颜色：白
外观品质：中
核粘离性：离
肉质：硬脆
风味：酸
可溶性固形物（%）：10
鲜食品质：中
花型：铃形
花瓣类型：单瓣
花瓣颜色：粉红
花粉育性：可育
花药颜色：橘红
叶腺：肾形
树形：半开张
生长势：中庸
丰产性：丰产
始花期：3月底
果实成熟期：7月初
果实发育期（d）：93
营养生长期（d）：268
需冷量（h）：750
综合评价：外观比较漂亮，有裂果现象。

品种名称：艳光
外文名：Yan Guang
原产地：河南省郑州市
资源类型：选育品种
用途：果实鲜食
系谱：瑞光3号×阿姆肯
选育单位：中国农业科学院
郑州果树研究所
育成年份：1998
果实类型：油桃
果形：椭圆
单果重（g）：121
果皮底色：绿白
盖色深浅：红
着色程度：多
果肉颜色：白
外观品质：中
核粘离性：粘
肉质：硬溶质
风味：甜
可溶性固形物（%）：11
鲜食品质：中上
花型：铃形
花瓣类型：单瓣
花瓣颜色：粉红
花粉育性：可育
花药颜色：橘红
叶腺：肾形
树形：半开张
生长势：强健
丰产性：极丰产
始花期：3月底
果实成熟期：6月上中旬
果实发育期（d）：75
营养生长期（d）：266
需冷量（h）：650
综合评价：早熟；果实外观艳丽，风味品质中上，有裂果；生长旺，对多效唑不敏感，适应性强，在云南低海拔地区表现优良，曾是我国早熟油桃的主要栽培品种之一。

品种名称：阳光
外文名：Sunsplash
原产地：美国
资源类型：选育品种
用途：果实鲜食
系谱：Sunlite×阿姆肯
选育单位：美国佛罗里达大学、佐治亚大学和美国农业部佐治亚州Byron试验站
育成年份：1993
果实类型：油桃
果形：圆

单果重（g）：78
果皮底色：黄
盖色深浅：深红
着色程度：多
果肉颜色：黄
外观品质：中上
核粘离性：粘
肉质：硬溶质
风味：酸
可溶性固形物（%）：9
鲜食品质：中
花型：蔷薇形
花瓣类型：单瓣

花瓣颜色：粉红
花粉育性：可育
花药颜色：橘红
叶腺：肾形
树形：开张
生长势：强健
丰产性：极丰产
始花期：3月下旬
果实成熟期：6月中旬
果实发育期（d）：85
营养生长期（d）：268
需冷量（h）：400

综合评价：果实全面着暗红色，果顶凹陷，果实小，有裂果现象；极丰产；可作为低需冷量育种材料。

品种名称：银宝石
外文名：Silver Gem
原产地：美国
资源类型：选育品种
用途：果实鲜食
系谱：May Grand 自交
选育单位：美国加利福尼亚州 Zaiger 苗木公司
育成年份：1982
果实类型：油桃
果形：圆
单果重（g）：102

果皮底色：绿白
盖色深浅：深红
着色程度：少
果肉颜色：白
外观品质：下
核粘离性：粘
肉质：硬溶质
风味：酸
可溶性固形物（%）：11
鲜食品质：中下
花型：蔷薇形
花瓣类型：单瓣

花瓣颜色：粉红
花粉育性：可育
花药颜色：橘红
叶腺：肾形
树形：开张
生长势：中庸
丰产性：中
始花期：4 月初
果实成熟期：8 月上旬
果实发育期（d）：129
营养生长期（d）：235
需冷量（h）：900～1 000

综合评价：果面粗糙，着色不良，风味偏酸，综合性状一般。

品种名称：早红 2 号
外文名：Early Red 2
原产地：美国
资源类型：选育品种
用途：果实鲜食
系谱：P42－81（P60－38×Bonanza）×P42－91（P60－38×Bonanza）
选育单位：美国佛罗里达大学与美国农业部加利福尼亚州Fresno 试验站
育成年份：1982
果实类型：油桃

果形：圆
单果重（g）：121
果皮底色：橙黄
盖色深浅：红
着色程度：多
果肉颜色：黄
外观品质：上
核粘离性：半离
肉质：硬溶质
风味：酸甜
可溶性固形物（%）：9
鲜食品质：中上
花型：蔷薇形

花瓣类型：单瓣
花瓣颜色：粉红
花粉育性：可育
花药颜色：橘红
叶腺：肾形
树形：开张
生长势：中庸
丰产性：极丰产
始花期：3 月底
果实成熟期：6 月下旬
果实发育期（d）：90
营养生长期（d）：270
需冷量（h）：500

综合评价：果实圆整，肉质硬，综合性状优良。其后代果顶平、无先熟现象；矮化基因的杂合体，优良的育种亲本，我国设施桃主要栽培品种之一。美国农业部加利福尼亚州 Fresno 试验站 David Ramming 教授认为是双佛姊妹系品种。我国从新西兰引进。

品种名称：早红魁
外文名：Early Grand
原产地：美国
资源类型：选育品种
用途：果实鲜食
系谱：（P143143×VPl sel）×（P163973×VPl sel）
选育单位：美国弗吉尼亚 Blacksburg 农业试验站
育成年份：1952
果实类型：油桃
果形：椭圆
单果重（g）：79
果皮底色：黄
盖色深浅：深红
着色程度：多
果肉颜色：黄
外观品质：中
核粘离性：离
肉质：硬溶质
风味：酸
可溶性固形物（%）：8
鲜食品质：中下
花型：蔷薇形
花瓣类型：单瓣
花瓣颜色：粉红
花粉育性：可育
花药颜色：橘红
叶腺：肾形
树形：开张
生长势：强健
丰产性：极丰产
始花期：3月底
果实成熟期：7月上旬
果实发育期（d）：98
营养生长期（d）：265
需冷量（h）：750
综合评价：果顶尖圆且果顶先熟，风味偏酸。

品种名称：早红霞
外文名：Zao Hong Xia
原产地：北京市
资源类型：选育品种
用途：果实鲜食
系谱：阿姆肯×81－3－3（京玉×NJN76）
选育单位：北京市农林科学院植物保护环境保护研究所
育成年份：1994
果实类型：油桃
果形：圆

单果重（g）：110
果皮底色：绿白
盖色深浅：红
着色程度：多
果肉颜色：白
外观品质：中上
核粘离性：粘
肉质：软溶质
风味：甜
可溶性固形物（%）：13
鲜食品质：上
花型：蔷薇形
花瓣类型：单瓣

花瓣颜色：粉红
花粉育性：可育
花药颜色：橘红
叶腺：肾形
树形：开张
生长势：强健
丰产性：极丰产
始花期：3月底
果实成熟期：6月上中旬
果实发育期（d）：75
营养生长期（d）：266
需冷量（h）：700

综合评价：早熟，风味浓，有果顶先熟和裂果现象。

品种名称：早红艳
外文名：Zao Hong Yan
原产地：北京市
资源类型：选育品种
用途：果实鲜食
系谱：秋玉×阿姆肯
选育单位：北京市农林科学院植物保护环境保护研究所
育成年份：1994
果实类型：油桃

果形：椭圆
单果重（g）：100
果皮底色：绿白
盖色深浅：红
着色程度：多
果肉颜色：白
核粘离性：粘
肉质：硬溶质
风味：甜
可溶性固形物（%）：11

花型：蔷薇形
花瓣类型：单瓣
花瓣颜色：粉红
花粉育性：可育
叶腺：圆形
始花期：4月初
果实成熟期：6月中旬
果实发育期（d）：72
营养生长期（d）：265
需冷量（h）：700

综合评价：果形长，有小尖，风味甜，裂果少。

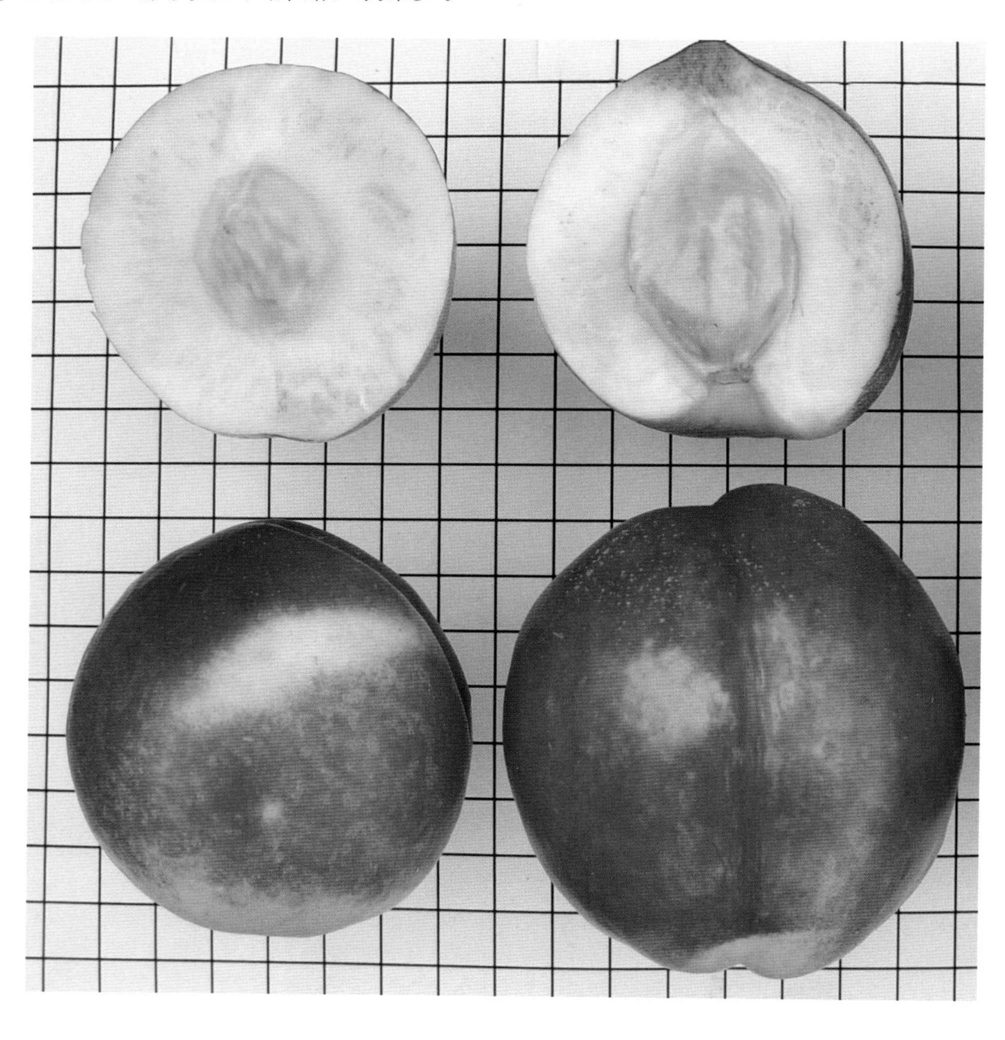

品种名称：早红珠
外文名：Zao Hong Zhu
原产地：北京市
资源类型：选育品种
用途：果实鲜食
系谱：京玉×A369（来自美国阿肯色州）
选育单位：北京市农林科学院植物保护环境保护研究所
育成年份：1994
果实类型：油桃
果形：圆
单果重（g）：75
果皮底色：绿白
盖色深浅：红
着色程度：多
果肉颜色：白
外观品质：中上
核粘离性：粘
肉质：硬溶质
风味：甜
可溶性固形物（%）：9
鲜食品质：中
花型：铃形
花瓣类型：单瓣
花瓣颜色：粉红
花粉育性：可育
花药颜色：橘红
叶腺：圆形
树形：开张
生长势：强健
丰产性：极丰产
始花期：3月底
果实成熟期：6月上旬
果实发育期（d）：70
营养生长期（d）：266
需冷量（h）：700
综合评价：早熟，果实偏小，色泽亮丽，有果顶先熟现象。

品种名称：珍珠红
外文名：Zhen Zhu Hong
原产地：河南省郑州市
资源类型：选育品系
用途：果实鲜食
系谱：（玛丽维拉×南山甜桃）91-2-6×早红珠
选育单位：中国农业科学院郑州果树研究所
杂交年份：1992
果实类型：油桃
果形：圆
单果重（g）：50
果皮底色：绿白
盖色深浅：红
着色程度：多
果肉颜色：乳白
外观品质：中上
核粘离性：粘
肉质：硬溶质
风味：酸甜
可溶性固形物（%）：10
鲜食品质：中下
花型：铃形
花瓣类型：单瓣
花瓣颜色：粉红
花粉育性：可育
花药颜色：橘红
叶腺：肾形
树形：开张
生长势：中庸
丰产性：极丰产
始花期：3月下旬
果实成熟期：6月上中旬
果实发育期（d）：77
营养生长期（d）：263
需冷量（h）：500
综合评价：果实圆形，果小，果面全红，极丰产，需冷量低，可以作为观赏用品种。

品种名称：郑油桃 3－10
外文名：Zheng You Tao 3－10
原产地：河南省郑州市
资源类型：选育品系
用途：果实鲜食
系谱：双佛×曙光
选育单位：中国农业科学院郑州果树研究所
杂交年份：1996
果实类型：油桃
果形：圆
单果重（g）：120
果皮底色：橙黄
盖色深浅：红
着色程度：多
果肉颜色：橙黄
外观品质：上
核粘离性：粘
肉质：硬溶质
风味：酸甜
可溶性固形物（%）：11
鲜食品质：中上
花型：蔷薇形
花瓣类型：单瓣
花瓣颜色：粉红
花粉育性：可育
花药颜色：橘红
叶腺：肾形
树形：开张
生长势：中庸
丰产性：极丰产
始花期：3月底
果实成熟期：6月上旬
果实发育期（d）：69
营养生长期（d）：253
需冷量（h）：550
综合评价：早熟，果形圆整，果实中等大小，风味浓；极丰产。

品种名称：郑油桃 2－6
外文名：Zheng You Tao 2－6
原产地：河南省郑州市
资源类型：选育品系
用途：果实鲜食
系谱：早红 2 号×曙光
选育单位：中国农业科学院
郑州果树研究所
杂交年份：1996
果实类型：油桃
果形：圆
单果重（g）：100

果皮底色：橙黄
盖色深浅：红
着色程度：多
果肉颜色：橙黄
外观品质：上
核粘离性：粘
肉质：硬溶质
风味：浓甜
可溶性固形物（%）：10
鲜食品质：中上
花型：蔷薇形
花瓣类型：单瓣

花瓣颜色：粉红
花粉育性：可育
花药颜色：橘红
叶腺：肾形
树形：开张
生长势：中庸
丰产性：极丰产
始花期：3 月下旬
果实成熟期：6 月上旬
果实发育期（d）：70
营养生长期（d）：260
需冷量（h）：550～600

综合评价：果形漂亮，仅果实偏小，果形、外观、颜色似早红 2 号。果肉硬，风味甜。

品种名称：郑油桃 3－12
外文名：Zheng You Tao 3－12
原产地：河南省郑州市
资源类型：选育品系
用途：果实鲜食
系谱：双佛×曙光
选育单位：中国农业科学院郑州果树研究所
杂交年份：1996
果实类型：油桃
果形：椭圆
单果重（g）：206
果皮底色：黄
盖色深浅：红
着色程度：多
果肉颜色：橙黄
外观品质：上
核粘离性：粘
肉质：硬溶质
风味：甜
可溶性固形物（%）：12
鲜食品质：中上
花型：蔷薇形
花瓣类型：单瓣
花瓣颜色：粉红
花粉育性：可育
花药颜色：橘红
叶腺：肾形
树形：开张
生长势：旺
丰产性：低
始花期：3 月下旬
果实成熟期：6 月中下旬
果实发育期（d）：85～90
营养生长期（d）：260
需冷量（h）：550～600
综合评价：果实很大，丰产性低，需冷量低，开花早，易遭晚霜危害。

品种名称：郑油紫红桃
外文名：Zheng You
Zi Hong Tao
原产地：河南省郑州市
资源类型：选育品系
用途：果实鲜食
系谱：曙光×14-13-1（早红2号×早露蟠桃）
选育单位：中国农业科学院郑州果树研究所
杂交年份：1999
果实类型：油桃
果形：圆

单果重（g）：77
果皮底色：黄
盖色深浅：深红
着色程度：多
果肉颜色：黄
外观品质：中
核粘离性：半离
肉质：硬溶质
风味：酸甜
可溶性固形物（%）：11
鲜食品质：中
花型：蔷薇形
花瓣类型：单瓣

花瓣颜色：粉红
花粉育性：可育
花药颜色：橘红
叶腺：肾形
树形：半开张
生长势：中庸
丰产性：极丰产
始花期：3月底
果实成熟期：6月下旬
果实发育期（d）：91
营养生长期（d）：269
需冷量（h）：650

综合评价：果实全面着紫红色，有光泽，果实偏小，果肉红色素多，风味浓郁，果实挂树期长。丰产性极高。

品种名称：中农金辉
外文名：Zhong Nong Jin Hui
原代号：郑126
原产地：河南省郑州市
资源类型：选育品种
用途：果实鲜食
系谱：瑞光2号×阿姆肯
选育单位：中国农业科学院郑州果树研究所
育成年份：2009
果实类型：油桃
果形：椭圆
单果重（g）：173
果皮底色：黄
盖色深浅：红
着色程度：多
果肉颜色：橙黄
外观品质：上
核粘离性：粘
肉质：硬溶质
风味：甜
可溶性固形物（%）：13
鲜食品质：中上
花型：铃形
花瓣类型：单瓣
花瓣颜色：粉红
花粉育性：可育
花药颜色：橘红
叶腺：肾形
树形：半开张
生长势：强健
丰产性：丰产
始花期：3月底
果实成熟期：6月中旬
果实发育期（d）：80
营养生长期（d）：255
需冷量（h）：650～700

综合评价：成熟早；果实大，外观漂亮，肉质硬，风味甜，口感好，品质优良，耐贮运；丰产稳产；是我国露地和设施栽培的主要油桃栽培品种，在各地均有广泛种植。

品种名称：中农金硕	果皮底色：黄绿	花瓣颜色：粉红
外文名：Zhong Nong Jin Shuo	盖色深浅：深红	花粉育性：可育
原产地：河南省郑州市	着色程度：多	花药颜色：橘红
资源类型：选育品种	果肉颜色：橙黄	叶腺：肾形
用途：果实鲜食	外观品质：上	树形：开张
系谱：早红2号×曙光	核粘离性：粘	生长势：中庸
选育单位：中国农业科学院郑州果树研究所	肉质：硬溶质	丰产性：中
	风味：淡甜	始花期：3月下旬
育成年份：2010	可溶性固形物（%）：11	果实成熟期：6月下旬
果实类型：油桃	鲜食品质：中	果实发育期（d）：92
果形：圆	花型：蔷薇形	营养生长期（d）：270
单果重（g）：180	花瓣类型：单瓣	需冷量（h）：550

综合评价：果实大，需冷量低，开花早，易遭晚霜危害。栽培应控制树势，适宜长枝修剪，多留细枝结果。

品种名称：中油桃 4 号
外文名：Zhong You Tao 4
原产地：河南省郑州市
资源类型：选育品种
用途：果实鲜食
系谱：瑞光 16×五月火
选育单位：中国农业科学院郑州果树研究所
育成年份：2003
果实类型：油桃
果形：椭圆
单果重（g）：150
果皮底色：黄
盖色深浅：红
着色程度：多
果肉颜色：黄
外观品质：上
核粘离性：粘
肉质：硬溶质
风味：甜
可溶性固形物（%）：11
鲜食品质：中上
花型：铃形
花瓣类型：单瓣
花瓣颜色：粉红
花粉育性：可育
花药颜色：橘红
叶腺：肾形
树形：开张
生长势：强健
丰产性：极丰产
始花期：3 月底
果实成熟期：6 月中旬
果实发育期（d）：75
营养生长期（d）：262
需冷量（h）：650
综合评价：早熟，果实大，耐贮运，极丰产，适应性强，是我国露地、设施油桃主栽品种，在各地广泛种植。

品种名称：中油桃 5 号
外文名：Zhong You Tao 5
原产地：河南省郑州市
资源类型：选育品种
用途：果实鲜食
系谱：瑞光 3 号×五月火
选育单位：中国农业科学院郑州果树研究所
育成年份：2003
果实类型：油桃
果形：椭圆
单果重（g）：150

果皮底色：绿白
盖色深浅：红
着色程度：多
果肉颜色：白
外观品质：中上
核粘离性：粘
肉质：硬溶质
风味：甜
可溶性固形物（%）：9
鲜食品质：中
花型：铃形
花瓣类型：单瓣

花瓣颜色：粉红
花粉育性：可育
花药颜色：橘红
叶腺：圆形
树形：开张
生长势：强健
丰产性：极丰产
始花期：3 月底
果实成熟期：6 月中旬
果实发育期（d）：72
营养生长期（d）：266
需冷量（h）：650

综合评价：早熟，果实大，外观漂亮，有果顶先熟现象，是我国油桃主要的栽培品种，在设施栽培中适应性较强。

品种名称：中油桃 8 号
外文名：Zhong You Tao 8
原产地：河南省郑州市
资源类型：选育品种
用途：果实鲜食
系谱：红珊瑚×晴朗
选育单位：中国农业科学院郑州果树研究所
育成年份：2009
果实类型：油桃
果形：圆
单果重（g）：174
果皮底色：黄
盖色深浅：红
着色程度：少
果肉颜色：黄
外观品质：中上
核粘离性：粘
肉质：硬溶质
风味：甜
可溶性固形物（%）：14
鲜食品质：上
花型：铃形
花瓣类型：单瓣
花瓣颜色：粉红
花粉育性：可育
花药颜色：橘红
叶腺：肾形
树形：半开张
生长势：中庸
丰产性：丰产
始花期：3 月底
果实成熟期：7 月下旬
果实发育期（d）：120
营养生长期（d）：262
需冷量（h）：800
综合评价：中熟，果实大，风味浓甜，有裂果现象，需套袋栽培。

品种名称：中油桃 9 号
外文名：Zhong You Tao 9
原产地：河南省郑州市
资源类型：选育品种
用途：果实鲜食
系谱：红珊瑚×曙光
选育单位：中国农业科学院郑州果树研究所
育成年份：2011
果实类型：油桃
果形：圆
单果重（g）：161

果皮底色：绿白
盖色深浅：红
着色程度：多
果肉颜色：白
外观品质：上
核粘离性：粘
肉质：硬溶质
风味：甜
可溶性固形物（%）：10
鲜食品质：中上
花型：铃形
花瓣类型：单瓣

花瓣颜色：粉红
花粉育性：不稔
花药颜色：浅褐
叶腺：肾形
树形：半开张
生长势：强健
丰产性：中
始花期：3 月底
果实成熟期：6 月上中旬
果实发育期（d）：70
营养生长期（d）：265
需冷量（h）：750

综合评价：果实大，外观漂亮；树势旺；花粉不稔，在露地丰产性一般，在设施中丰产性良好；是目前油桃发展的主要品种之一。

品种名称：中油桃10号
外文名：Zhong You Tao 10
原产地：河南省郑州市
资源类型：选育品种
用途：果实鲜食
系谱：（京玉×NJN76）6-20×曙光
选育单位：中国农业科学院郑州果树研究所
育成年份：2007
果实类型：油桃
果形：近圆
单果重（g）：106
果皮底色：绿白
盖色深浅：红
着色程度：多
果肉颜色：白
外观品质：上
核粘离性：粘
肉质：半不溶质
风味：浓甜
可溶性固形物（%）：12
鲜食品质：中上
花型：铃形
花瓣类型：单瓣
花瓣颜色：粉红
花粉育性：可育
叶腺：肾形
树形：开张
生长势：强健
丰产性：丰产
始花期：3月底
果实成熟期：6月上中旬
果实发育期（d）：68
营养生长期（d）：236
需冷量（h）：750
综合评价：果肉为半不溶质，果实成熟后不易变软，留树时间和货架期长。丰产，栽培上注意严格疏花疏果。

（牛良提供）

品种名称：中油桃 11 号
外文名：Zhong You Tao 11
别名：极早 518
原产地：河南省郑州市
资源类型：选育品种
用途：果实鲜食
系谱：中油桃 5 号 × SD9238（瑞光 3 号×五月火）
选育单位：中国农业科学院郑州果树研究所
育成年份：2007
果实类型：油桃
果形：椭圆
单果重（g）：90
果皮底色：乳白
盖色深浅：鲜红
着色程度：多
果肉颜色：白
外观品质：中上
核粘离性：粘
肉质：软溶质
风味：甜
可溶性固形物（%）：10
鲜食品质：中上
花型：蔷薇形
花瓣类型：单瓣
花瓣颜色：粉
花粉育性：可育
花药颜色：橘红
叶腺：圆形
树形：半开张
生长势：强健
丰产性：丰产
始花期：3 月底
果实成熟期：5 月下旬
果实发育期（d）：50～55
营养生长期（d）：260
需冷量（h）：650
综合评价：极早熟，果实偏小，亮红。在多雨地区有裂果现象，肉质软，不耐贮运。

（中油桃 11 号，王志强提供）

品种名称：中油桃 12 号
外文名：Zhong You Tao 12
原产地：河南省郑州市
资源类型：选育品种
用途：果实鲜食
系谱：6-20（瑞光 3 号实生）×SD9238（瑞光 3 号×五月火）
选育单位：中国农业科学院郑州果树研究所
育成年份：2010
果实类型：油桃
果形：近圆
单果重（g）：103
果皮底色：乳白
盖色深浅：红
着色程度：多
果肉颜色：白
外观品质：上
核粘离性：粘
肉质：软溶质
风味：甜
可溶性固形物（%）：12.5
鲜食品质：上
花型：铃形
花瓣类型：单瓣
花瓣颜色：粉红
花粉育性：可育
花药颜色：浅褐
叶腺：圆形
树形：直立
生长势：中庸
丰产性：丰产
始花期：3 月底
果实成熟期：5 月下旬
果实发育期（d）：60
营养生长期（d）：236
需冷量（h）：600
综合评价：抗逆性强，需冷量少，适栽范围广，果实不易裂果。

（牛良提供）

品种名称：中油桃13号
外文名：Zhong You Tao 13
原产地：河南省郑州市
资源类型：选育品系
用途：果实鲜食
系谱：不详
选育单位：中国农业科学院郑州果树研究所
育成年份：2010年命名
果实类型：油桃
果形：近圆
单果重（g）：180
果皮底色：绿白
盖色深浅：深红
着色程度：多
果肉颜色：白
外观品质：上
核粘离性：粘
肉质：硬溶质
风味：甜
可溶性固形物（%）：12.3
鲜食品质：上
花型：蔷薇形
花瓣类型：单瓣
花瓣颜色：粉红
花粉育性：可育
花药颜色：橘红
叶腺：肾形
树形：开张
生长势：中庸
丰产性：丰产
始花期：3月底
果实成熟期：6月下旬
果实发育期（d）：85
营养生长期（d）：260
需冷量（h）：550
综合评价：需冷量少，丰产，果实大，不易裂果。

（牛良提供）

品种名称：中油桃14号
外文名：Zhong You Tao 14
原产地：河南省郑州市
资源类型：选育品种
用途：果实鲜食
系谱：90-1-25［25-17（京玉×NJN76）×Hake］×SD9238
选育单位：中国农业科学院郑州果树研究所
育成年份：2010
果实类型：油桃
果形：圆
单果重（g）：150
果皮底色：乳白
盖色深浅：红
着色程度：多
果肉颜色：白
外观品质：中
核粘离性：粘
肉质：硬溶质
风味：甜
可溶性固形物（%）：11.5
鲜食品质：中
花型：铃形
花瓣类型：单瓣
花瓣颜色：粉红
花粉育性：可育
花药颜色：橘红
叶腺：圆形
树形：半矮化，开张
生长势：中庸
丰产性：丰产
始花期：3月底
果实成熟期：6月上旬
果实发育期（d）：68
营养生长期（d）：260
需冷量（h）：650～700
综合评价：树势中庸，半矮化，适合适度密植。

（牛良提供）

左：中油桃14号；右：中油桃11号（对照）
（王志强提供）

品种名称：丽春
外文名：Li Chun
资源类型：选育品种
用途：果实鲜食
系谱：瑞光3号×五月火
选育单位：北京市农林科学院植物保护环境保护研究所
果实类型：油桃
果形：近圆
单果重（g）：110
果皮底色：白
盖色深浅：红
着色程度：多
果肉颜色：白
核粘离性：粘
肉质：软溶质
风味：甜
可溶性固形物（%）：9
花型：蔷薇形
花粉育性：可育
叶腺：圆形
始花期：4月初
果实成熟期：6月初
综合评价：果实外观艳丽，肉质软，风味甜。

品种名称：早星
外文名：Early Star
资源类型：选育品种
用途：果实鲜食
系谱：Star Grand Ⅱ芽变
选育单位：美国加利福尼亚州
果实类型：油桃
育成年份：1972
果形：圆
单果重（g）：89
果皮底色：橙黄
盖色深浅：紫红
着色程度：中
果肉颜色：黄
核粘离性：离
肉质：硬溶质
风味：酸甜适中
可溶性固形物（%）：10
花型：蔷薇形
花瓣颜色：粉红
花粉育性：可育
叶腺：圆形
始花期：3月底
果实成熟期：6月下旬
需冷量（h）：750～850
综合评价：果实圆整，外观漂亮，稍小，肉质硬，耐运输。

品种名称：织女
外文名：Vega
资源类型：选育品种
用途：果实鲜食
系谱：（法叶×红金星）F_2
选育单位：意大利罗马果树研究所
育成年份：1987
果实类型：油桃
果形：圆
单果重（g）：61
果皮底色：乳黄
盖色深浅：紫红
着色程度：少
果肉颜色：橙黄
核粘离性：离
肉质：软溶质
风味：酸甜适中
可溶性固形物（%）：12
花型：铃形
花瓣颜色：粉红
花粉育性：可育
叶腺：肾形
果实成熟期：8月初
需冷量（h）：750～850
综合评价：果实小。

第四节 蟠 桃

品种名称：124 蟠桃
外文名：124 Pan Tao
原产地：江苏省扬州市
资源类型：选育品种
用途：果实鲜食
系谱：大斑红蟠桃×早生水蜜
选育单位：江苏里下河地区农业科学研究所
育成年份：1974
果实类型：蟠桃
果形：扁平
单果重（g）：112
果皮底色：绿白
盖色深浅：深红
着色程度：多
果肉颜色：白
外观品质：中
核粘离性：粘
肉质：软溶质
风味：浓甜
可溶性固形物（%）：15
鲜食品质：上
花型：蔷薇形
花瓣类型：单瓣
花瓣颜色：粉红
花粉育性：可育
花药颜色：橘红
叶腺：肾形
树形：开张
生长势：强健
丰产性：低
始花期：3 月底——
果实成熟期：7 月中下旬
果实发育期（d）：115
营养生长期（d）：250
需冷量（h）：800
综合评价：果实紫红色，果肉稍绿，品质优良，有裂果现象，产量较低。

品种名称：NJF7
外文名：NJF7
原产地：美国
资源类型：选育品系
用途：果实鲜食
系谱：不详
选育单位：美国新泽西州农业试验站
育成年份：20世纪80年代
果实类型：蟠桃
果形：扁平
单果重（g）：91
果皮底色：乳白
盖色深浅：红
着色程度：多
果肉颜色：白
外观品质：上
核粘离性：粘
肉质：硬溶质
风味：甜
可溶性固形物（%）：11
鲜食品质：上
花型：蔷薇形
花瓣类型：单瓣
花瓣颜色：粉红
花粉育性：可育
花药颜色：橘红
叶腺：肾形
树形：开张
生长势：强健
丰产性：极丰产
始花期：3月底
果实成熟期：7月中旬
果实发育期（d）：104
营养生长期（d）：264
需冷量（h）：700
综合评价：果实外观鲜艳，果顶较平，硬溶质，粘核，风味浓。SSR标记与农神蟠桃一致。

品种名称：NJF10
外文名：NJF10
原产地：美国
资源类型：选育品系
用途：果实鲜食
系谱：不详
选育单位：美国新泽西州农业试验站
育成年份：不详
果实类型：蟠桃
果形：扁平
单果重（g）：80

果皮底色：乳黄
盖色深浅：红
着色程度：多
果肉颜色：黄
外观品质：上
核粘离性：离
肉质：软溶质
风味：酸甜
可溶性固形物（%）：14
鲜食品质：上
花型：蔷薇形
花瓣类型：单瓣

花瓣颜色：粉红
花粉育性：可育
花药颜色：橘红
叶腺：肾形
树形：开张
生长势：强健
丰产性：极丰产
始花期：3月底
果实成熟期：7月中下旬
果实发育期（d）：112
营养生长期（d）：264
需冷量（h）：750

综合评价：果顶平，果实稍小，果面色泽鲜艳，风味浓。

品种名称：白芒蟠桃	着色程度：少	花粉育性：可育
外文名：Bai Mang Pan Tao	果肉颜色：白	花药颜色：橘红
原产地：上海市徐汇区龙华镇	外观品质：中上	叶腺：肾形
资源类型：地方品种	核粘离性：粘	树形：开张
用途：果实鲜食	肉质：软溶质	生长势：强健
系谱：自然实生	风味：甜	丰产性：中
选育单位：农家选育	可溶性固形物（%）：13	始花期：3月底
果实类型：蟠桃	鲜食品质：上	果实成熟期：7月上中旬
果形：扁平	花型：蔷薇形	果实发育期（d）：109
单果重（g）：103	花瓣类型：单瓣	营养生长期（d）：248
果皮底色：绿白	花瓣颜色：粉红	需冷量（h）：750
盖色深浅：红		

综合评价：果实品质好。我国经典的蟠桃地方品种，在上海、江苏、浙江等地有栽培。

品种名称：北京晚蟠桃
外文名：Beijing Wan Pan Tao
原产地：北京市
资源类型：地方品种
用途：果实鲜食
系谱：自然实生
选育单位：农家选育
果实类型：蟠桃
果形：扁平
单果重（g）：137
果皮底色：绿白
盖色深浅：深红
着色程度：少
果肉颜色：白
外观品质：中
核粘离性：粘
肉质：硬溶质
风味：甜
可溶性固形物（%）：14
鲜食品质：上
花型：蔷薇形
花瓣类型：单瓣
花瓣颜色：粉红
花粉育性：可育
花药颜色：橘红
叶腺：肾形
树形：开张
生长势：强健
丰产性：低
始花期：3月底
果实成熟期：8月中下旬
果实发育期（d）：143
营养生长期（d）：263
需冷量（h）：850
综合评价：成熟期晚，果实中等大小，着色不良，风味甜。

品种名称：碧霞蟠桃
外文名：Bi Xia Pan Tao
原产地：北京市平谷区
资源类型：选育品种
用途：果实鲜食
系谱：不详
选育单位：北京市平谷区刘店桃园
育成年份：1992
果实类型：蟠桃
果形：扁平
单果重（g）：120
果皮底色：绿白
盖色深浅：深红
着色程度：少
果肉颜色：白
外观品质：中
核粘离性：粘
肉质：硬溶质
风味：甜
可溶性固形物（%）：16
鲜食品质：上
花型：蔷薇形
花瓣类型：单瓣
花瓣颜色：粉红
花粉育性：可育
花药颜色：橘红
叶腺：肾形
树形：开张
生长势：强健
丰产性：丰产
始花期：3月底
果实成熟期：8月中下旬
果实发育期（d）：144
营养生长期（d）：265
需冷量（h）：850
综合评价：在晚熟品种中果实偏小，肉质硬，风味甜，耐贮运。丰产；是北京主要晚熟蟠桃品种之一。

品种名称：扁桃
外文名：Bian Tao
原产地：不详
资源类型：地方品种
用途：果实鲜食
系谱：自然实生
选育单位：农家选育
引种单位：山西省农业科学院果树研究所
果实类型：蟠桃
果形：扁平
单果重（g）：90
果皮底色：绿白
盖色深浅：深红
着色程度：少
果肉颜色：白
外观品质：中下
核粘离性：离
肉质：软溶质
风味：浓甜
可溶性固形物（%）：14
鲜食品质：中上
花型：蔷薇形
花瓣类型：单瓣
花瓣颜色：粉红
花粉育性：可育
花药颜色：橘红
叶腺：肾形
树形：开张
生长势：强健
丰产性：低
始花期：3月底
果实成熟期：8月上中旬
果实发育期（d）：136
营养生长期（d）：257
需冷量（h）：800
综合评价：果实小，果顶平，果肉厚，可作为培育果顶非凹入蟠桃的亲本材料。

品种名称：长生蟠桃
外文名：Chang Sheng Pan Tao
原产地：浙江省、上海市、江苏省一带
资源类型：地方品种
用途：果实鲜食
系谱：自然实生
选育单位：农家选育
果实类型：蟠桃
果形：扁平
单果重（g）：116
果皮底色：绿白
盖色深浅：红
着色程度：中
果肉颜色：白
外观品质：上
核粘离性：粘
肉质：软溶质
风味：甜
可溶性固形物（%）：12
鲜食品质：中上
花型：蔷薇形
花瓣类型：单瓣
花瓣颜色：粉红
花粉育性：可育
花药颜色：橘红
叶腺：肾形
树形：开张
生长势：强健
丰产性：中
始花期：3月底
果实成熟期：7月中旬
果实发育期（d）：111
营养生长期（d）：250
需冷量（h）：800
综合评价：肉质软，品质中上。

品种名称：陈圃蟠桃
外文名：Chen Pu Pan Tao
原产地：上海市
资源类型：地方品种
用途：果实鲜食
系谱：自然实生
选育单位：农家选育
果实类型：蟠桃
果形：扁平
单果重（g）：100
果皮底色：绿白
盖色深浅：红
着色程度：少
果肉颜色：白
外观品质：上
核粘离性：粘
肉质：软溶质
风味：甜
可溶性固形物（%）：13
鲜食品质：上
花型：蔷薇形
花瓣类型：单瓣
花瓣颜色：粉红
花粉育性：可育
花药颜色：橘红
叶腺：肾形
树形：开张
生长势：强健
丰产性：低
始花期：3月底
果实成熟期：7月中旬
果实发育期（d）：112
营养生长期（d）：252
需冷量（h）：700
综合评价：果实成熟不均匀，品质优，产量不稳，花期早，不抗炭疽病，品种特性与白芒蟠桃相似。

品种名称：大连 4－35
外文名：Dalian 4－35
原产地：辽宁省大连市
资源类型：选育品系
用途：果实鲜食
系谱：不详
选育单位：大连市农业科学研究所
育成年份：不详
果实类型：蟠桃
果形：扁平
单果重（g）：100
果皮底色：黄
盖色深浅：红
着色程度：中
果肉颜色：黄
外观品质：中
核粘离性：离
肉质：软溶质
风味：浓甜
可溶性固形物（%）：11
鲜食品质：上
花型：蔷薇形
花瓣类型：单瓣
花瓣颜色：粉红
花粉育性：可育
花药颜色：橘红
叶腺：肾形
树形：开张
生长势：强健
丰产性：中
始花期：3 月底
果实成熟期：7 月上旬
果实发育期（d）：98
营养生长期（d）：261
需冷量（h）：750
综合评价：果实肉质软，风味甜，香气浓，产量中等，可作为浓香型品种选育的亲本材料。

品种名称：奉化蟠桃
外文名：Fenghua
　　　　Pan Tao
原产地：浙江省奉化市
资源类型：地方品种
用途：果实鲜食
系谱：自然实生
选育单位：农家选育
果实类型：蟠桃
果形：扁平
单果重（g）：150
果皮底色：绿白
盖色深浅：红
着色程度：中
果肉颜色：白
外观品质：中上
核粘离性：粘
肉质：软溶质
风味：浓甜
可溶性固形物（%）：11
鲜食品质：中上
花型：蔷薇形
花瓣类型：单瓣
花瓣颜色：粉红
花粉育性：可育
花药颜色：橘红
叶腺：肾形
树形：开张
生长势：强健
丰产性：极丰产
始花期：3 月底
果实成熟期：7 月中旬
果实发育期（d）：111
营养生长期（d）：250
需冷量（h）：800
综合评价：果实大，品质优，极丰产，是我国经典的蟠桃品种。

品种名称：黄金蟠桃
外文名：Huang Jin Pan Tao
原产地：上海市
资源类型：地方品种
用途：果实鲜食
系谱：不详
选育单位：农家选育
果实类型：蟠桃
果形：扁平
单果重（g）：105
果皮底色：黄
盖色深浅：红
着色程度：少
果肉颜色：黄
外观品质：中上
核粘离性：粘
肉质：软溶质
风味：浓甜
可溶性固形物（%）：12
鲜食品质：上
花型：蔷薇形
花瓣类型：单瓣
花瓣颜色：粉红
花粉育性：可育
花药颜色：橘红
叶腺：肾形
树形：半开张
生长势：强健
丰产性：丰产
始花期：3月底
果实成熟期：8月上旬
果实发育期（d）：124
营养生长期（d）：256
需冷量（h）：650

综合评价：风味浓甜，香气浓郁，品质优良。20世纪50～60年代在上海、杭州有少量栽培。

品种名称：嘉庆蟠桃
外文名：Jiaqing Pan Tao
原产地：浙江省杭州市
资源类型：地方品种
用途：果实鲜食
系谱：自然实生
选育单位：农家选育
果实类型：蟠桃
果形：扁平
单果重（g）：91
果皮底色：乳黄
盖色深浅：红
着色程度：中
果肉颜色：白
外观品质：上
核粘离性：粘
肉质：软溶质
风味：浓甜
可溶性固形物（%）：12
鲜食品质：上
花型：蔷薇形
花瓣类型：单瓣
花瓣颜色：粉红
花粉育性：可育
花药颜色：橘红
叶腺：肾形
树形：开张
生长势：强健
丰产性：丰产
始花期：4月初
果实成熟期：7月中下旬
果实发育期（d）：114
营养生长期（d）：249
需冷量（h）：750
综合评价：肉质细，软溶，风味品质好。20世纪50～60年代杭州近郊及兰溪一带有种植。

品种名称：金塔油蟠桃
外文名：Jinta You Pan Tao
原产地：甘肃省金塔县园艺场
资源类型：地方品种
用途：果实鲜食
系谱：自然实生
选育单位：农家选育
果实类型：油蟠桃
果形：扁平
单果重（g）：37
果皮底色：绿白
盖色深浅：深红
着色程度：少
果肉颜色：白
外观品质：下
核粘离性：粘
肉质：不溶质
风味：酸甜
可溶性固形物（%）：17
鲜食品质：中下
花型：蔷薇形
花瓣类型：单瓣
花瓣颜色：粉红
花粉育性：可育
花药颜色：橘红
叶腺：肾形
树形：直立
生长势：强健
丰产性：极低
始花期：3月底
果实成熟期：8月底
果实发育期（d）：151
营养生长期（d）：250
需冷量（h）：800

综合评价：果实很小，外观差，果实皱缩；肉质为不溶质，可溶性固形物和维生素C含量极高；采前落果非常严重，产量极低；花丝红色。

品种名称：离核蟠桃
外文名：Li He Pan Tao
原产地：浙江省
资源类型：地方品种
用途：果实鲜食
系谱：自然实生
选育单位：农家选育
果实类型：蟠桃
果形：扁平
单果重（g）：130
果皮底色：绿白
盖色深浅：红
着色程度：少
果肉颜色：白
外观品质：中上
核粘离性：离
肉质：软溶质
风味：浓甜
可溶性固形物（%）：14
鲜食品质：上
花型：蔷薇形
花瓣类型：单瓣
花瓣颜色：粉红
花粉育性：可育
花药颜色：橘红
叶腺：肾形
树形：开张
生长势：中庸
丰产性：极丰产
始花期：4月初
果实成熟期：7月中旬
果实发育期（d）：117
营养生长期（d）：253
需冷量（h）：700
综合评价：在蟠桃品种中果实大，离核，风味浓，品质上，极丰产。

品种名称：龙油蟠桃
外文名：Long You Pan Tao
原产地：河南省郑州市
资源类型：选育品系
用途：果实鲜食
系谱：（喀什黄肉李光×扁桃）×双佛
选育单位：中国农业科学院郑州果树研究所
育成年份：1992
果实类型：油蟠桃
果形：扁平
单果重（g）：90
果皮底色：橙黄
盖色深浅：红
着色程度：多
果肉颜色：黄
外观品质：中
核粘离性：粘
肉质：硬溶质
风味：酸甜
可溶性固形物（%）：17
鲜食品质：中上
花型：蔷薇形
花瓣类型：单瓣
花瓣颜色：粉红
花粉育性：可育
花药颜色：橘红
叶腺：肾形
树形：开张
生长势：强健
丰产性：中
始花期：3月下旬
果实成熟期：8月上旬
果实发育期（d）：136
营养生长期（d）：267
需冷量（h）：800

综合评价：果顶平，果实厚，不裂核，不裂果，可作为培育果顶非凹入蟠桃的亲本材料。

品种名称：麦黄蟠桃
外文名：Mai Huang Pan Tao
原产地：河南省郑州市
资源类型：选育品系
用途：果实鲜食
系谱：（NJN78×奉化蟠桃）第15株×（瑞光16号×喀什黄肉李光）5-7
选育单位：中国农业科学院郑州果树研究所
育成年份：2005
果实类型：蟠桃
果形：扁平
单果重（g）：70
果皮底色：黄
盖色深浅：红
着色程度：多
果肉颜色：黄
外观品质：中下
核粘离性：粘
肉质：硬溶质
风味：浓甜
可溶性固形物（%）：13
鲜食品质：上
花型：蔷薇形
花瓣类型：单瓣
花瓣颜色：粉红
花粉育性：可育
花药颜色：橘红
叶腺：肾形
树形：开张
生长势：强健
丰产性：极丰产
始花期：3月下旬
果实成熟期：6月初
果实发育期（d）：66
营养生长期（d）：256
需冷量（h）：650
综合评价：极早熟，风味甜，香气浓郁，肉质较韧，有裂核现象；需疏花疏果以增大果实，套袋防止裂果。

品种名称：美国蟠桃
外文名：Mei Guo
Pan Tao
原产地：不详
资源类型：选育品种
用途：果实鲜食
系谱：不详
选育单位：不详
收集年份：1953年由北京市彰化农场引入山西省
果实类型：蟠桃
果形：扁平
单果重（g）：131
果皮底色：乳黄
盖色深浅：红
着色程度：少
果肉颜色：白
外观品质：中上
核粘离性：粘
肉质：软溶质
风味：甜
可溶性固形物（%）：11
鲜食品质：中上
花型：蔷薇形
花瓣类型：单瓣
花瓣颜色：粉红
花粉育性：可育
花药颜色：橘红
叶腺：肾形
树形：开张
生长势：强健
丰产性：中
始花期：4月初
果实成熟期：7月中旬
果实发育期（d）：109
营养生长期（d）：251
需冷量（h）：650
综合评价：果实品质好，丰产性一般，推测可能是我国的地方品种。

品种名称：农神蟠桃
外文名：Stark Saturn
原产地：美国
资源类型：选育品种
用途：果实鲜食
系谱：NJ602903［Golden Golbe×R1T6（Early Hale×Yugoslavian peen-to)］×Pallas
选育单位：美国新泽西州农业试验站
育成年份：1985
果实类型：蟠桃
果形：扁平

单果重（g）：90
果皮底色：乳白
盖色深浅：红
着色程度：多
果肉颜色：白
外观品质：上
核粘离性：离
肉质：硬溶质
风味：甜
可溶性固形物（%）：12
鲜食品质：上
花型：蔷薇形
花瓣类型：单瓣

花瓣颜色：粉红
花粉育性：可育
花药颜色：橘红
叶腺：肾形
树形：开张
生长势：强健
丰产性：极丰产
始花期：3月底
果实成熟期：7月上中旬
果实发育期（d）：105
营养生长期（d）：269
需冷量（h）：700

综合评价：果实全红，艳丽，果顶较平，离核，基本不裂核；极丰产；含有油桃基因，栽培中需疏花疏果以增大果实，在北方各地均表现较好。

品种名称：蟠桃皇后
外文名：Pan Tao
Huang Hou
原产地：河南省郑州市
资源类型：选育品系
用途：果实鲜食
系谱：早红2号×早露蟠桃
选育单位：中国农业科学院
郑州果树研究所
育成年份：2002
果实类型：蟠桃
果形：扁平
单果重（g）：180

果皮底色：绿白
盖色深浅：红
着色程度：中
果肉颜色：白
外观品质：中上
核粘离性：粘
肉质：硬溶质
风味：甜
可溶性固形物（%）：12
鲜食品质：上
花型：蔷薇形
花瓣类型：单瓣

花瓣颜色：粉红
花粉育性：可育
花药颜色：橘红
叶腺：肾形
树形：开张
生长势：强健
丰产性：中
始花期：3月底
果实成熟期：6月上中旬
果实发育期（d）：75
营养生长期（d）：265
需冷量（h）：650

综合评价：果实大，果面不平整，腹部稍高微翘，有裂核现象；产量一般；结果枝粗壮；含有油桃基因；可作为大果蟠桃育种的亲本材料。

品种名称：蟠桃王
外文名：Pan Tao Wang
原产地：河南省郑州市
资源类型：选育品系
用途：果实鲜食
系谱：早红2号×早露蟠桃
选育单位：中国农业科学院郑州果树研究所
育成年份：2002
果实类型：蟠桃
果形：扁平
单果重（g）：200

果皮底色：绿白
盖色深浅：红
着色程度：中
果肉颜色：白
外观品质：中上
核粘离性：粘
肉质：硬溶质
风味：甜
可溶性固形物（%）：12
鲜食品质：上
花型：蔷薇形
花瓣类型：单瓣

花瓣颜色：粉红
花粉育性：可育
花药颜色：橘红
叶腺：肾形
树形：开张
生长势：强健
丰产性：中
始花期：3月底
果实成熟期：6月中下旬
果实发育期（d）：84
营养生长期（d）：263
需冷量（h）：650

综合评价：果实很大，最大可达300g，果面不平整，腹部稍高微翘，裂核较多；产量一般；结果枝粗壮；含有油桃基因；可作为大果蟠桃育种的亲本材料。

品种名称：平顶毛蟠桃
外文名：Ping Ding Mao Pan Tao
原产地：河南省郑州市
资源类型：选育品系
用途：果实鲜食
系谱：瑞光16号×（喀什黄肉李光×扁桃）双佛
选育单位：中国农业科学院郑州果树研究所
杂交年份：1997
果实类型：蟠桃
果形：扁平
单果重（g）：99
果皮底色：绿白
盖色深浅：红
着色程度：少
果肉颜色：白
外观品质：中上
核粘离性：离
肉质：软溶质
风味：酸甜
可溶性固形物（%）：12
鲜食品质：中
花型：蔷薇形
花瓣类型：单瓣
花瓣颜色：粉红
花粉育性：可育
花药颜色：橘红
叶腺：肾形
树形：开张
生长势：强健
丰产性：丰产
始花期：3月底
果实成熟期：7月中旬
果实发育期（d）：108
营养生长期（d）：258
需冷量（h）：800
综合评价：果顶平，果实小，肉厚，风味一般。

品种名称：平顶油蟠桃
外文名：Ping Ding You Pan Tao
原产地：河南省郑州市
资源类型：选育品系
用途：资源材料
系谱：（喀什黄肉李光×扁桃）×双佛
选育单位：中国农业科学院郑州果树研究所
育成年份：1995
果实类型：油蟠桃
果形：扁平

单果重（g）：82
果皮底色：黄绿
盖色深浅：无
着色程度：无
果肉颜色：黄
外观品质：中
核粘离性：离
肉质：硬溶质
风味：酸甜
可溶性固形物（%）：10
鲜食品质：中
花型：蔷薇形
花瓣类型：单瓣

花瓣颜色：粉红
花粉育性：可育
花药颜色：橘红
叶腺：肾形
树形：开张
生长势：强健
丰产性：极丰产
始花期：3月底
果实成熟期：8月上旬
果实发育期（d）：130
营养生长期（d）：261
需冷量（h）：800

综合评价：果顶平，果面、果肉均无红色，果肉厚，是优良蟠桃亲本材料。

品种名称：肉蟠桃
外文名：Rou Pan Tao
原产地：甘肃省金塔县
资源类型：地方品种
用途：果实鲜食
系谱：自然实生
选育单位：农家选育
果实类型：蟠桃
果形：扁平
单果重（g）：82
果皮底色：绿白
盖色深浅：红
着色程度：少
果肉颜色：白
外观品质：下
核粘离性：粘
肉质：不溶质
风味：酸甜
可溶性固形物（%）：12
鲜食品质：中下
花型：蔷薇形
花瓣类型：单瓣
花瓣颜色：粉红
花粉育性：不稔
花药颜色：粉白
叶腺：肾形
树形：直立
生长势：强健
丰产性：低
始花期：3月底
果实成熟期：8月中旬
果实发育期（d）：140
营养生长期（d）：264
需冷量（h）：750
综合评价：果实小，外观差，肉质细韧；花瓣细小，似野生毛桃。抗寒、抗晚霜能力强。此类蟠桃在金塔县有一定种植面积。

品种名称：瑞蟠 2 号
外文名：Rui Pan 2
原产地：北京市
资源类型：选育品种
用途：果实鲜食
系谱：晚熟大蟠桃×124 蟠桃
选育单位：北京市农林科学院林业果树研究所
育成年份：1999
果实类型：蟠桃
果形：扁平
单果重（g）：100
果皮底色：绿白
盖色深浅：红
着色程度：中上
果肉颜色：白
外观品质：中上
核粘离性：粘
肉质：软溶质
风味：甜
可溶性固形物（%）：13
鲜食品质：上
花型：蔷薇形
花瓣类型：单瓣
花瓣颜色：粉红
花粉育性：可育
花药颜色：橘红
叶腺：肾形
树形：开张
生长势：强健
丰产性：极丰产
始花期：3 月底
果实成熟期：7 月初
果实发育期（d）：84
营养生长期（d）：259
需冷量（h）：800
综合评价：风味品质上，有裂果现象。

品种名称：瑞蟠3号
外文名：Rui Pan 3
原产地：北京市
资源类型：选育品种
用途：果实鲜食
系谱：大久保×陈圃蟠桃
选育单位：北京市农林科学院林业果树研究所
育成年份：1999
果实类型：蟠桃
果形：扁平
单果重（g）：137

果皮底色：绿白
盖色深浅：红
着色程度：中
果肉颜色：白
外观品质：中
核粘离性：粘
肉质：硬溶质
风味：甜
可溶性固形物（%）：12
鲜食品质：上
花型：蔷薇形
花瓣类型：单瓣

花瓣颜色：粉红
花粉育性：可育
花药颜色：橘红
叶腺：肾形
树形：半开张
生长势：中庸
丰产性：极丰产
始花期：3月底
果实成熟期：7月中旬
果实发育期（d）：105
营养生长期（d）：255
需冷量（h）：800

综合评价：在蟠桃品种中果实较大，果面不平，腹部微翘，风味品质上。

品种名称：瑞蟠 4 号
外文名：Rui Pan 4
原产地：北京市
资源类型：选育品种
用途：果实鲜食
系谱：晚熟大蟠桃×124 蟠桃
选育单位：北京市农林科学院林业果树研究所
育成年份：1998
果实类型：蟠桃
果形：扁平
单果重（g）：180
果皮底色：绿白
盖色深浅：深红
着色程度：中
果肉颜色：白
外观品质：中
核粘离性：粘
肉质：硬溶质
风味：浓甜
可溶性固形物（%）：13
鲜食品质：中上
花型：蔷薇形
花瓣类型：单瓣
花瓣颜色：粉红
花粉育性：可育
花药颜色：橘红
叶腺：肾形
树形：开张
生长势：强健
丰产性：丰产
始花期：3 月下旬
果实成熟期：8 月上旬
果实发育期（d）：136
营养生长期（d）：259
需冷量（h）：850
综合评价：果实大，果皮色泽暗红，果肉颜色稍青，肉硬，风味品质上，有裂果现象。

品种名称：撒花红蟠桃
外文名：Sa Hua Hong Pan Tao
原产地：上海市龙华、长桥、吴淞等地
资源类型：地方品种
用途：果实鲜食
系谱：自然实生
选育单位：农家选育
果实类型：蟠桃
果形：扁平
单果重（g）：150

果皮底色：绿白
盖色深浅：红
着色程度：少
果肉颜色：白
外观品质：上
核粘离性：粘
肉质：软溶质
风味：浓甜
可溶性固形物（%）：12
鲜食品质：上
花型：蔷薇形
花瓣类型：单瓣

花瓣颜色：粉红
花粉育性：可育
花药颜色：橘红
叶腺：肾形
树形：半开张
生长势：中庸
丰产性：丰产
始花期：3月底
果实成熟期：7月中旬
果实发育期（d）：115
营养生长期（d）：265
需冷量（h）：800

综合评价：在蟠桃品种中果实较大，风味品质上。

品种名称：陕 76－2－13
外文名：Shan 76－2－13
原产地：陕西省眉县
资源类型：选育品系
用途：果实鲜食
系谱：撒花红蟠桃×新端阳
选育单位：陕西省果树研究所
杂交年份：1976
果实类型：蟠桃
果形：扁平
单果重（g）：87
果皮底色：绿白

盖色深浅：红
着色程度：中
果肉颜色：白
外观品质：中上
核粘离性：粘
肉质：软溶质
风味：浓甜
可溶性固形物（%）：10
鲜食品质：中上
花型：蔷薇形
花瓣类型：单瓣
花瓣颜色：粉红

花粉育性：可育
花药颜色：橘红
叶腺：圆形
树形：开张
生长势：强健
丰产性：丰产
始花期：3 月底
果实成熟期：6 月上中旬
果实发育期（d）：78
营养生长期（d）：263
需冷量（h）：750

综合评价：早熟，肉质软，丰产。

品种名称：苏联蟠桃
外文名：Su Lian
Pan Tao
原产地：前苏联
资源类型：选育品种
用途：果实鲜食
系谱：不详
选育单位：不详
收集年份：1985
果实类型：蟠桃
果形：扁平
单果重（g）：131
果皮底色：绿白
盖色深浅：深红
着色程度：中
果肉颜色：白
外观品质：中
核粘离性：离
肉质：硬溶质
风味：甜
可溶性固形物（%）：12
鲜食品质：上
花型：蔷薇形
花瓣类型：单瓣
花瓣颜色：粉红
花粉育性：可育
花药颜色：橘红
叶腺：肾形
树形：开张
生长势：强健
丰产性：丰产
始花期：4月初
果实成熟期：7月中旬
果实发育期（d）：105
营养生长期（d）：251
需冷量（h）：800
综合评价：在蟠桃品种中果实较大，品质优。

品种名称：晚蟠桃
外文名：Wan Pan Tao
原产地：江苏省太仓市
资源类型：地方品种
用途：果实鲜食
系谱：自然实生
选育单位：农家选育
果实类型：蟠桃
果形：扁平
单果重（g）：150
果皮底色：绿白
盖色深浅：红
着色程度：中
果肉颜色：白
外观品质：中上
核粘离性：粘
肉质：软溶质
风味：浓甜
可溶性固形物（%）：11
鲜食品质：中上
花型：蔷薇形
花瓣类型：单瓣
花瓣颜色：粉红
花粉育性：不稔
花药颜色：黄褐
叶腺：肾形
树形：开张
生长势：强健
丰产性：中
始花期：3月底
果实成熟期：7月下旬
果实发育期（d）：124
营养生长期（d）：251
需冷量（h）：700
综合评价：晚熟，果实大，风味浓甜。

品种名称：五月鲜扁干
外文名：Wu Yue Xian Bian Gan
原产地：北京市周口店
资源类型：地方品种
用途：果实鲜食
系谱：自然实生
选育单位：农家选育
果实类型：蟠桃
果形：扁平
单果重（g）：90
果皮底色：乳黄
盖色深浅：红
着色程度：少
果肉颜色：白
外观品质：中上
核粘离性：粘
肉质：不溶质
风味：甜
可溶性固形物（%）：11
鲜食品质：中上
花型：蔷薇形
花瓣类型：单瓣
花瓣颜色：粉红
花粉育性：可育
花药颜色：橘红
叶腺：肾形
树形：直立
生长势：强健
丰产性：中
始花期：3月底
果实成熟期：6月中旬
果实发育期（d）：83
营养生长期（d）：254
需冷量（h）：850
综合评价：果面茸毛少，果肉致密，耐贮运，加工品质一般；产量不稳定；冬花芽圆形、大、茸毛多；树姿直立，树势旺盛，枝干皮孔突出，树皮粗糙，易受红颈天牛为害，易感枝干癌肿病。

品种名称：新红蟠桃
外文名：Xin Hong Pan Tao
原代号：76－2－19
原产地：陕西省眉县
资源类型：选育品系
用途：果实鲜食
系谱：撒花红蟠桃×新端阳
选育单位：陕西省果树研究所、中国农业科学院郑州果树研究所
育成年份：1976年杂交，1995年定名
果实类型：蟠桃
果形：扁平
单果重（g）：66
果皮底色：绿白
盖色深浅：深红
着色程度：中
果肉颜色：白
外观品质：中
核粘离性：粘
肉质：软溶质
风味：浓甜
可溶性固形物（%）：12
鲜食品质：上
花型：蔷薇形
花瓣类型：单瓣
花瓣颜色：粉红
花粉育性：可育
花药颜色：橘红
叶腺：肾形
树形：开张
生长势：强健
丰产性：极丰产
始花期：3月底
果实成熟期：6月上中旬
果实发育期（d）：78
营养生长期（d）：261
需冷量（h）：750
综合评价：早熟，果实偏小，极丰产，需注意疏花疏果。

品种名称：新红早蟠桃
外文名：Xin Hong Zao Pan Tao
原代号：76－2－12
原产地：陕西省眉县
资源类型：选育品种
用途：果实鲜食
系谱：撒花红蟠桃×新端阳
选育单位：陕西省果树研究所、中国农业科学院郑州果树研究所
育成年份：1976年杂交，1988年定名
果实类型：蟠桃
果形：扁平
单果重（g）：67
果皮底色：绿白
盖色深浅：红
着色程度：中
果肉颜色：白
外观品质：中上
核粘离性：粘
肉质：软溶质
风味：酸甜
可溶性固形物（%）：10
鲜食品质：中
花型：蔷薇形
花瓣类型：单瓣
花瓣颜色：粉红
花粉育性：可育
花药颜色：橘红
叶腺：圆形
树形：开张
生长势：强健
丰产性：极丰产
始花期：3月底
果实成熟期：6月上旬
果实发育期（d）：73
营养生长期（d）：267
需冷量（h）：700
综合评价：早熟，果实偏小，风味浓郁，稍酸，极丰产；在陕西有少量栽培。

品种名称：英日尔蟠桃
外文名：Ying Ri Er Pan Tao
原产地：新疆
资源类型：地方品种
用途：果实鲜食
系谱：自然实生
果实类型：蟠桃
果形：扁平
单果重（g）：200
果皮底色：绿白
盖色深浅：深红
着色程度：中
果肉颜色：白
外观品质：中上
核粘离性：粘
肉质：硬溶质
风味：浓甜
可溶性固形物（%）：14
鲜食品质：上
花型：蔷薇形
花瓣类型：单瓣
花瓣颜色：粉红
花粉育性：可育
树形：半开张
生长势：强健
丰产性：丰产
始花期：4月初
果实成熟期：7月中下旬
果实发育期（d）：115
营养生长期（d）：260
需冷量（h）：850

综合评价：在新疆乌鲁木齐市、石河子市、伊犁地区、库尔勒市等地广泛种植，但在北疆需进行匍匐栽培。果实大、肉质硬、丰产性好，抗性强。

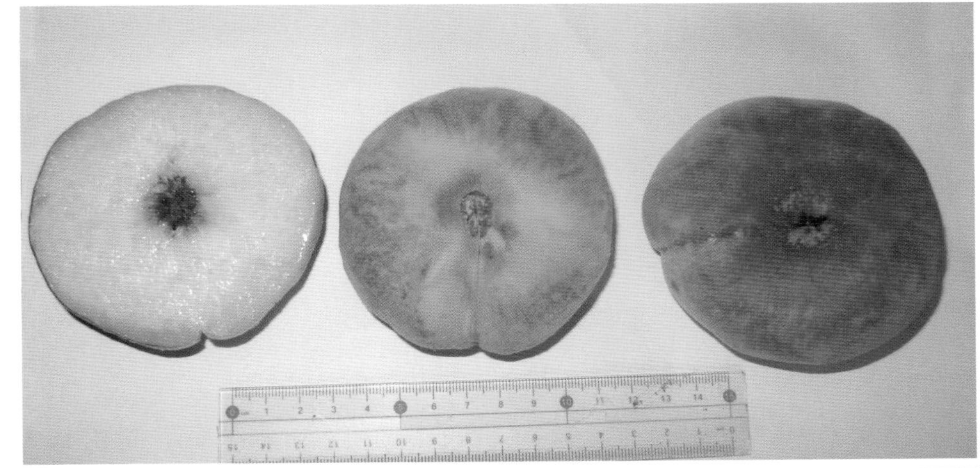

品种名称：玉露蟠桃
外文名：Yu Lu Pan Tao
原产地：浙江省奉化市
资源类型：地方品种
用途：果实鲜食
系谱：不详
选育单位：农家选育
果实类型：蟠桃
果形：扁平
单果重（g）：120
果皮底色：绿白
盖色深浅：红
着色程度：少
果肉颜色：白
外观品质：中上
核粘离性：粘
肉质：软溶质
风味：甜
可溶性固形物（%）：16
鲜食品质：上
花型：蔷薇形
花瓣类型：单瓣
花瓣颜色：粉红
花粉育性：可育
花药颜色：橘红
叶腺：肾形
树形：开张
生长势：中庸
丰产性：中
始花期：3月底
果实成熟期：7月中旬
果实发育期（d）：111
营养生长期（d）：250
需冷量（h）：750
综合评价：外观不及白芒蟠桃，风味品质上，有裂果现象，抗病性与花期耐寒性强，生理落果严重。

品种名称：早黄蟠桃
外文名：Zao Huang Pan Tao
原产地：河南省郑州市
资源类型：选育品系
用途：果实鲜食
系谱：大连 8－20 蟠桃×法国蟠桃
选育单位：中国农业科学院郑州果树研究所
育成年份：1996
果实类型：蟠桃
果形：扁平

单果重（g）：88
果皮底色：黄
盖色深浅：红
着色程度：多
果肉颜色：黄
外观品质：中上
核粘离性：粘
肉质：软溶质
风味：浓甜
可溶性固形物（%）：12
鲜食品质：上
花型：蔷薇形
花瓣类型：单瓣

花瓣颜色：粉红
花粉育性：可育
花药颜色：橘红
叶腺：肾形
树形：开张
生长势：强健
丰产性：极丰产
始花期：3 月下旬
果实成熟期：6 月下旬
果实发育期（d）：88
营养生长期（d）：271
需冷量（h）：650

综合评价：肉质较软，风味浓甜，香气浓郁；极丰产，需疏花疏果；山东、河南、新疆有栽培。

品种名称：早魁蜜
外文名：Zao Kui Mi
原产地：江苏省南京市
资源类型：选育品种
用途：果实鲜食
系谱：晚蟠桃×124 蟠桃
选育单位：江苏省农业科学院园艺研究所
育成年份：1985
果实类型：蟠桃
果形：扁平
单果重（g）：127
综合评价：果实较大，风味甜。

果皮底色：绿白
盖色深浅：红
着色程度：中
果肉颜色：白
外观品质：中上
核粘离性：粘
肉质：软溶质
风味：甜
可溶性固形物（%）：11
鲜食品质：中上
花型：蔷薇形
花瓣类型：单瓣

花瓣颜色：粉红
花粉育性：可育
花药颜色：橘红
叶腺：肾形
树形：开张
生长势：强健
丰产性：中
始花期：3 月底
果实成熟期：7 月上旬
果实发育期（d）：100
营养生长期（d）：258
需冷量（h）：650

品种名称：早露蟠桃
外文名：Zao Lu Pan Tao
原产地：北京市
资源类型：选育品种
用途：果实鲜食
系谱：撒花红蟠桃×早香玉
选育单位：北京市农林科学院林业果树研究所
育成年份：1978
果实类型：蟠桃
果形：扁平
单果重（g）：90
果皮底色：绿白
盖色深浅：浅红
着色程度：中
果肉颜色：白
外观品质：中上
核粘离性：粘
肉质：软溶质
风味：甜
可溶性固形物（%）：10
鲜食品质：中上
花型：蔷薇形
花瓣类型：单瓣
花瓣颜色：粉红
花粉育性：可育
花药颜色：橘红
叶腺：肾形
树形：开张
生长势：强健
丰产性：丰产
始花期：3月底
果实成熟期：6月上旬
果实发育期（d）：70
营养生长期（d）：258
需冷量（h）：750
综合评价：早熟，肉质软，综合性状优良，是早熟蟠桃的主要栽培品种，在各地均有种植。

品种名称：郑蟠4-18
外文名：Zheng Pan 4-18
原产地：河南省郑州市
资源类型：选育品系
用途：果实鲜食
系谱：NJN78×奉化蟠桃
选育单位：中国农业科学院郑州果树研究所
育成年份：1991年杂交
果实类型：蟠桃
果形：扁平
单果重（g）：110
果皮底色：黄绿
盖色深浅：深红
着色程度：中
果肉颜色：橙黄
外观品质：中上
核粘离性：半离
肉质：软溶质
风味：浓甜
可溶性固形物（%）：13
鲜食品质：上
花型：蔷薇形
花瓣类型：单瓣
花瓣颜色：粉红
花粉育性：可育
花药颜色：橘红
叶腺：肾形
树形：开张
生长势：强健
丰产性：丰产
始花期：3月下旬
果实成熟期：6月下旬
果实发育期（d）：91
营养生长期（d）：266
需冷量（h）：800
综合评价：风味浓甜，优良育种材料。

品种名称：中蟠桃 10 号
外文名：Zhong Pan
　　　　Tao 10
别名：虎皮蟠桃
原产地：河南省郑州市
资源类型：选育品系
用途：果实鲜食
系谱：红珊瑚×91－4－18
　　（NJN78×奉化蟠桃）
选育单位：中国农业科学院
　　　　郑州果树研究所
育成年份：2004 年命名
果实类型：蟠桃

果形：扁平
单果重（g）：160
果皮底色：乳白
盖色深浅：红
着色程度：多
果肉颜色：乳白
外观品质：中上
核粘离性：粘
肉质：硬溶质
风味：甜
可溶性固形物（%）：12
鲜食品质：上
花型：蔷薇形

花瓣类型：单瓣
花瓣颜色：粉红
花粉育性：可育
花药颜色：橘红
叶腺：肾形
树形：开张
生长势：中庸
丰产性：极丰产
始花期：3 月底
果实成熟期：7 月初
果实发育期（d）：95
营养生长期（d）：260
需冷量（h）：800

综合评价：果实大，着色呈虎皮花斑状，果面略不平，基本不裂果；果肉硬，肉质细韧，风味浓甜；极丰产。

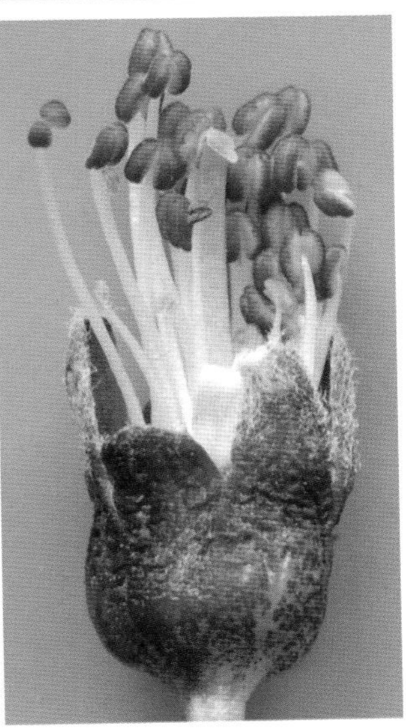

品种名称：中蟠桃 11 号
外文名：Zhong Pan Tao 11
别名：黄金蜜蟠桃
原产地：河南省郑州市
资源类型：选育品系
用途：果实鲜食
系谱：红珊瑚×（NJN78×奉化蟠桃）×91－4－18
选育单位：中国农业科学院郑州果树研究所
育成年份：2004
果实类型：蟠桃

果形：扁平
单果重（g）：250
果皮底色：黄
盖色深浅：红
着色程度：中
果肉颜色：黄
外观品质：上
核粘离性：粘
肉质：硬溶质
风味：浓甜
可溶性固形物（%）：15
鲜食品质：上
花型：铃形

花瓣类型：单瓣
花瓣颜色：粉红
花粉育性：可育
花药颜色：橘黄
叶腺：肾形
树形：半开张
生长势：强健
丰产性：丰产
始花期：3 月底
果实成熟期：7 月中下旬
果实发育期（d）：120
营养生长期（d）：256
需冷量（h）：800

综合评价：果实很大，果实厚，风味浓甜，有香味。幼树注意控制树势，提高早期产量。

品种名称：中油蟠桃1号
外文名：Zhong You Pan Tao 1
原产地：河南省郑州市
资源类型：选育品系
用途：果实鲜食
系谱：WPN14（NJN78×奉化蟠桃）×瑞光16号
选育单位：中国农业科学院郑州果树研究所
育成年份：1999
果实类型：油蟠桃
果形：扁平
单果重（g）：97
果皮底色：绿白
盖色深浅：深红
着色程度：多
果肉颜色：白
外观品质：中上
核粘离性：粘
肉质：硬溶质
风味：浓甜
可溶性固形物（%）：17
鲜食品质：上
花型：铃形
花瓣类型：单瓣
花瓣颜色：粉红
花粉育性：可育
花药颜色：橘红
叶腺：肾形
树形：开张
生长势：强健
丰产性：极丰产
始花期：3月底
果实成熟期：8月上旬
果实发育期（d）：131
营养生长期（d）：263
需冷量（h）：750
综合评价：风味浓甜，有裂果现象，极丰产。

品种名称：中油蟠桃2号
外文名：Zhong You Pan Tao 2
原产地：河南省郑州市
资源类型：选育品系
用途：果实鲜食
系谱：WPN14（NJN78×奉化蟠桃）×瑞光16号
选育单位：中国农业科学院郑州果树研究所
育成年份：1999
果实类型：油蟠桃
果形：扁平
单果重（g）：80
果皮底色：黄
盖色深浅：红
着色程度：多
果肉颜色：黄
外观品质：中
核粘离性：粘
肉质：硬溶质
风味：浓甜
可溶性固形物（%）：18
鲜食品质：上
花型：铃形
花瓣类型：单瓣
花瓣颜色：粉红
花粉育性：可育
花药颜色：橘红
叶腺：肾形
树形：开张
生长势：强健
丰产性：极丰产
始花期：3月底
果实成熟期：7月初
果实发育期（d）：94
营养生长期（d）：262
需冷量（h）：750
综合评价：风味浓甜，香气浓，裂果严重。极丰产。

品种名称：中油蟠桃 3 号
外文名：Zhong You Pan Tao 3
原产地：河南省郑州市
资源类型：选育品系
用途：果实鲜食
系谱：WPN18（NJN78×奉化蟠桃）×曙光
选育单位：中国农业科学院郑州果树研究所
育成年份：2003
果实类型：油蟠桃
果形：扁平

单果重（g）：96
果皮底色：橙黄
盖色深浅：红
着色程度：多
果肉颜色：黄
外观品质：中
核粘离性：离
肉质：硬溶质
风味：甜
可溶性固形物（%）：15
鲜食品质：中上
花型：铃形
花瓣类型：单瓣

花瓣颜色：粉红
花粉育性：可育
花药颜色：橘红
叶腺：肾形
树形：开张
生长势：强健
丰产性：极丰产
始花期：3 月底
果实成熟期：8 月初
果实发育期（d）：130
营养生长期（d）：265
需冷量（h）：700

综合评价：较少裂果，极丰产。需疏花疏果以增大果实。

品种名称：中油蟠桃 4 号
外文名：Zhong You Pan Tao 4
原产地：河南省郑州市
资源类型：选育品系
用途：果实鲜食
系谱：WPN17（NJN78×奉化蟠桃）×曙光
选育单位：中国农业科学院郑州果树研究所
育成年份：2004
果实类型：油蟠桃
果形：扁平
单果重（g）：120
果皮底色：橙黄
盖色深浅：红
着色程度：多
果肉颜色：黄
外观品质：上
核粘离性：粘
肉质：不溶质
风味：浓甜
可溶性固形物（%）：18
鲜食品质：上
花型：铃形
花瓣类型：单瓣
花瓣颜色：粉红
花粉育性：可育
花药颜色：橘红
叶腺：肾形
树形：开张
生长势：强健
丰产性：低
始花期：3 月底
果实成熟期：7 月中旬
果实发育期（d）：118
营养生长期（d）：265
需冷量（h）：700
综合评价：在油蟠桃品种中果实大，外观靓丽，风味浓甜，不裂果，产量偏低、不稳定。

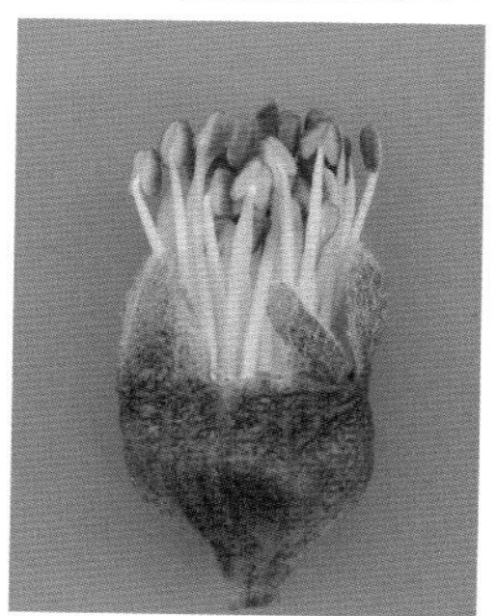

第五节　观 赏 桃

品种名称：白单瓣
外文名：Bai Dan Ban
别名：白花单瓣寿星桃
原产地：长江中下游
资源类型：地方品种
用途：观赏
系谱：自然实生
选育单位：农家选育
树性：矮化
树形：矮化
叶色：绿
叶腺：肾形
着花状态：中等密集
花型：蔷薇形
花蕾色：白
花色：白
花径（cm）：4.1
花瓣数：5
花瓣轮数：1
花瓣性：平展
花丝色：白
花心色：白
花药色：黄
花丝数：35～42
柱头数：1
花粉育性：可育
萼片数：5
萼片轮数：1
始花期：4月上旬
开花持续期（d）：16
果实类型：普通桃
果实可否食用：否
果实成熟期：8月下旬
果实发育期（d）：110
营养生长期（d）：267
需冷量（h）：900
综合评价：白花、单瓣、矮化。一年生枝绿色。

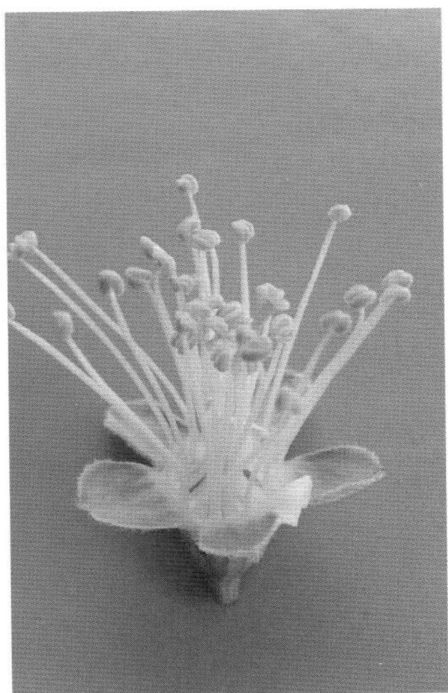

品种名称：白重瓣垂枝
外文名：Bai Chong Ban Chui Zhi
来源地：北京市
资源类型：地方品种
用途：观赏
系谱：自然实生
选育单位：农家选育
树性：乔化
树形：垂枝
叶色：绿
叶腺：肾形
着花状态：中等密集
花型：蔷薇形
花蕾色：白
花色：白
花径（cm）：4.9
花瓣数：25～28
花瓣轮数：4～6
花瓣性：略皱缩
花丝色：白
花心色：白
花药色：黄
花丝数：63～72
柱头数：1，偶有2
花粉育性：可育
萼片数：10
萼片轮数：2
始花期：4月初
开花持续期（d）：12
果实类型：普通桃
果实可否食用：否
果实成熟期：7月下旬
果实发育期（d）：120
营养生长期（d）：260
需冷量（h）：900
综合评价：垂枝，花色纯白，一年生枝绿色，果柄长，观赏价值高。

品种名称：报春
外文名：Bao Chun
别名：满山 4 号
原产地：河南省郑州市
资源类型：选育品种
用途：观赏
系谱：（满天红×白花山碧桃）自然实生
选育单位：中国农业科学院郑州果树研究所
育成年份：2009
树性：乔化
树形：开张

叶色：绿
叶腺：肾形
着花状态：密
花型：蔷薇形
花蕾色：粉红
花色：粉红
花径（cm）：4.95
花瓣数：30
花瓣轮数：5
花瓣性：平展
花丝色：粉白
花心色：红
花药色：橘红

花丝数：48
柱头数：1
花粉育性：可育
萼片数：10
萼片轮数：2
始花期：3 月中下旬
开花持续期（d）：15
果实类型：普通桃
果实可否食用：否
果实成熟期：8 月初
果实发育期（d）：130
营养生长期（d）：260
需冷量（h）：400

综合评价：需冷量低，需热量低，开花早，着花状态密集，是优良的早花观赏桃品种，适宜设施栽培春节上市。

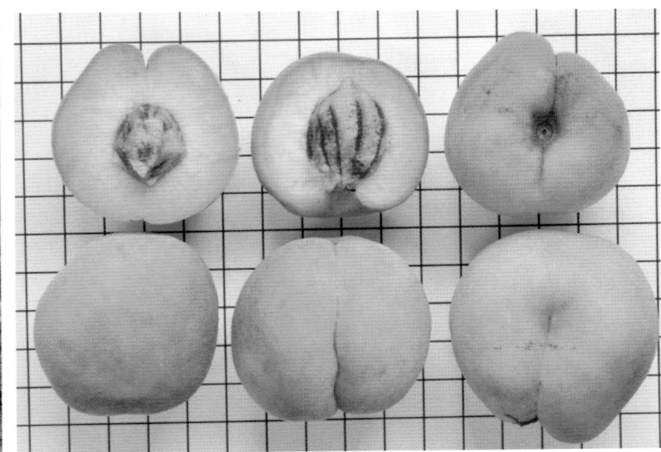

品种名称：北京 S9
外文名：Beijing S9
原产地：北京市
资源类型：选育品种
用途：观赏、鲜食兼用
系谱：(白凤×红寿星) F_1 代自然实生
选育单位：北京市农林科学院
收集年份：1989
树性：矮化
树形：矮化
叶色：绿
叶腺：肾形
着花状态：密
花型：蔷薇形
花蕾色：深红
花色：红
花径（cm）：4
花瓣数：23～31
花瓣轮数：5～6
花瓣性：平展
花丝色：粉白
花心色：白
花药色：黄
花丝数：34～41
柱头数：1，偶有 2
花粉育性：可育
萼片数：8～10
萼片轮数：2
果实类型：普通桃
单果重（g）：150
着色程度：少
外观品质：中
果肉颜色：白
核粘离性：粘
肉质：软溶质
风味：甜
可溶性固形物（%）：10
鲜食品质：中上
丰产性：低
始花期：4 月上旬
开花持续期（d）：16
果实成熟期：7 月下旬
果实发育期（d）：113
营养生长期（d）：266
需冷量（h）：900
综合评价：矮化，花色鲜艳。果实大，风味偏淡。

品种名称：单瓣紫桃
外文名：Dan Ban Zi Tao
原产地：华北？
资源类型：地方品种
用途：观赏
系谱：自然实生
选育单位：农家选育
树性：乔化
树形：半开张
叶色：紫红
叶腺：肾形
着花状态：中等密集
花型：蔷薇形
花蕾色：粉红
花色：粉红
花径（cm）：3.1
花瓣数：5
花瓣轮数：1
花瓣性：平展
花丝色：白
花心色：白
花药色：橘红
花丝数：41～49
柱头数：1
花粉育性：可育
萼片数：5
萼片轮数：1
始花期：4月上中旬
开花持续期（d）：17
果实类型：普通桃
果实可否食用：否
果实成熟期：9月中旬
果实发育期（d）：160
营养生长期（d）：266
需冷量（h）：900
综合评价：幼叶为紫红色并具有光泽，观赏价值高。随着发育时间的推进，进入盛夏后叶片由紫红色逐渐变为红绿色；可以作为红叶砧木资源。根据需冷量推测其原产地为华北一带。

品种名称：绯桃
外文名：Fei Tao
原产地：华北?
资源类型：地方品种
用途：观赏
系谱：自然实生
选育单位：农家选育
树性：乔化
树形：半开张
叶色：绿
叶腺：肾形
着花状态：密
花型：蔷薇形
花蕾色：红
花色：红
花径（cm）：5
花瓣数：49～61
花瓣轮数：6～7
花瓣性：极皱缩，较细
花丝色：粉白
花心色：白
花药色：橘红
花丝数：30～38
柱头数：2～4
花粉育性：可育
萼片数：8～10
萼片轮数：2
始花期：4月中旬
开花持续期（d）：14
果实类型：普通桃
果实可否食用：否
果实成熟期：8月中下旬
果实发育期（d）：125
营养生长期（d）：250
需冷量（h）：1 000
综合评价：花性活泼，花瓣较细，观赏价值高。根据需冷量推测其原产地为华北一带。

品种名称：粉碧桃
外文名：Fen Bi Tao
别名：碧桃
原产地：华北?
资源类型：地方品种
用途：观赏
系谱：自然实生
选育单位：农家选育
树性：乔化
树形：半开张
叶色：绿
叶腺形状：肾形

着花状态：密
花型：蔷薇形
花蕾色：粉红
花色：粉红
花径（cm）：5.3
花瓣数：57～77
花瓣轮数：5～9
花瓣性：较平展
花丝色：粉白
花心色：白
花药色：浅黄
花丝数：35～43

柱头数：1～2
花粉育性：不稔
萼片数：10～12
萼片轮数：2
始花期：4月中旬
开花持续期（d）：13
果实类型：普通桃
果实可否食用：否
果实成熟期：8月中下旬
果实发育期（d）：125
营养生长期（d）：254
需冷量（h）：900

综合评价：花色艳丽，有光泽，花药白色，观赏价值高。根据需冷量推测其原产地为华北一带。

品种名称：粉寿星
外文名：Fen Shou Xing
别名：粉花单瓣寿星桃
原产地：江苏省南京市
资源类型：地方品种
用途：观赏、鲜食兼用
系谱：自然实生
选育单位：农家选育
树性：矮化
树形：矮化
叶色：绿
叶腺：肾形
着花状态：密
花型：蔷薇形
花蕾色：粉红
花色：粉红
花径（cm）：3.4
花瓣数：5
花瓣轮数：1
花瓣性：边缘皱缩内卷
花丝色：红
花心色：红
花药色：橘红
花丝数：47～54
柱头数：1
花粉育性：可育
萼片数：5
萼片轮数：1
果实类型：普通桃
单果重（g）：90
着色程度：中
外观品质：下
果肉颜色：白
核粘离性：粘
肉质：软溶质
风味：酸甜
可溶性固形物（%）：11
鲜食品质：中下
丰产性：中
始花期：4月上中旬
开花持续期（d）：14
果实成熟期：8月上旬
果实发育期（d）：115
营养生长期（d）：258
需冷量（h）：900
综合评价：单瓣矮化类型，在寿星桃中属于长势较旺品种。

品种名称：红垂枝
外文名：Hong Chui Zhi
别名：红花重瓣垂枝桃
原产地：华北?
资源类型：地方品种
用途：观赏
系谱：自然实生
选育单位：农家选育
树性：乔化
树形：垂枝
叶色：绿
叶腺：肾形
着花状态：中等密集
花型：蔷薇形
花蕾色：深红
花色：红
花径（cm）：4.3
花瓣数：15～18
花瓣轮数：4～5
花瓣性：平展
花丝色：粉白
花心色：白
花药色：橘黄
花丝数：62～73
柱头数：1
花粉育性：可育
萼片数：5～10
萼片轮数：1～2
始花期：4月上旬
开花持续期（d）：16
果实类型：普通桃
果实可否食用：否
果实成熟期：8月下旬
果实发育期（d）：150
营养生长期（d）：260
需冷量（h）：850～900

综合评价：在垂枝形中属中等垂枝，花瓣数较少，果柄较长，对南方根结线虫高抗。根据需冷量推测其原产地为华北一带。

品种名称：红花碧桃
外文名：Hong Hua Bi Tao
原产地：华北?
资源类型：地方品种
用途：观赏
系谱：自然实生
选育单位：农家选育
树性：乔化
树形：直立
叶色：绿
叶腺：肾形

着花状态：密
花型：蔷薇形
花蕾色：红
花色：红
花径（cm）：4.5
花瓣数：50～62
花瓣轮数：7～9
花瓣性：略皱缩
花丝色：粉白
花心色：白
花药色：黄
花丝数：58～67

柱头数：1～4
花粉育性：可育
萼片数：10
萼片轮数：2
始花期：4月上中旬
开花持续期（d）：17
果实类型：普通桃
果实可否食用：否
果实成熟期：8月底9月初
果实发育期（d）：130
营养生长期（d）：262
需冷量（h）：900

综合评价：我国广泛种植的观赏桃品种，有枯花芽现象。根据需冷量推测其原产地为华北一带。

品种名称：红菊花桃
外文名：Hong Ju Hua Tao
原产地：河南省郑州市
资源类型：选育品种
用途：观赏
系谱：菊花桃实生
选育单位：中国农业科学院郑州果树研究所
育成年份：2010
树性：乔化
树形：开张
叶色：绿
叶腺：圆形

着花状态：密
花型：菊花形
花蕾色：红
花色：红
花径（cm）：4.4
花瓣数：23～27
花瓣轮数：4～5
花瓣性：丝状
花丝色：粉白
花心色：白
花药色：橙黄
花丝数：36

柱头数：1～2
花粉育性：可育
萼片数：10
萼片轮数：2
始花期：4月上旬
开花持续期（d）：16
果实类型：普通桃
果实可否食用：否
果实成熟期：8月上中旬
果实发育期（d）：130
营养生长期（d）：265
需冷量（h）：1 200

综合评价：花瓣丝状，花形别致，花色鲜艳，是优异的观赏桃品种。

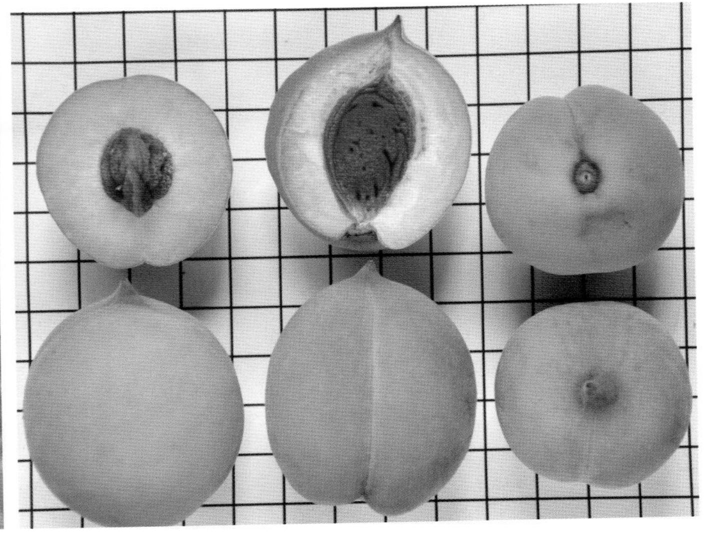

品种名称：红寿星
外文名：Hong Shou Xing
别名：红花重瓣寿星桃
原产地：华北?
资源类型：地方品种
用途：观赏
系谱：自然实生
选育单位：农家选育
树性：矮化
树形：开张
叶色：绿
叶腺：肾形
着花状态：密
花型：蔷薇形
花蕾色：深红
花色：深红
花径（cm）：4.3
花瓣数：21～31
花瓣轮数：5～7
花瓣性：略卷曲
花丝色：粉红
花心色：白
花药色：黄
花丝数：25～35
柱头数：1
花粉育性：可育
萼片数：10
萼片轮数：2
始花期：4月上旬
开花持续期（d）：15
果实类型：普通桃
果实可否食用：否
果实成熟期：9月上旬
果实发育期（d）：150
营养生长期（d）：290
需冷量（h）：900
综合评价：在寿星桃中属于节间短的品种，20年生树高不超过1m，是优良的矮化育种材料，对南方根结线虫高抗，对桃蚜有较好的抗性。根据需冷量推测其原产地为华北一带。

品种名称：红叶垂枝
外文名：Hong Ye Chui Zhi
来源地：美国
资源类型：育成品种
用途：观赏
系谱：不详
选育单位：美国农业部加利福尼亚州 Fresno 试验站
引种年份：2001
树性：乔化
树形：垂枝
叶色：紫红

叶腺：肾形
着花状态：中等密集
花型：蔷薇形
花蕾色：深红
花色：深红
花径（cm）：3.9
花瓣数：24～29
花瓣轮数：5～6
花瓣性：略皱缩
花丝色：粉白
花心色：白
花药色：橘黄
花丝数：56～79

柱头数：1～2
花粉育性：可育
萼片数：10
萼片轮数：2
始花期：4 月上旬
开花持续期（d）：12
果实类型：普通桃
果实可否食用：否
果实成熟期：8 月上中旬
果实发育期（d）：120
营养生长期（d）：260
需冷量（h）：900

综合评价：为垂枝类型，幼叶为红叶，夏秋时为红绿色，干性强。

品种名称：红叶桃
外文名：Hong Ye Tao
原产地：华北？
资源类型：地方品种
用途：观赏、砧木
系谱：自然实生
选育单位：农家选育
树性：乔化
树形：半开张
叶色：红
叶腺：肾形
着花状态：中等密集

花型：蔷薇形
花蕾色：红
花色：红
花径（cm）：3.9
花瓣数：24～33
花瓣轮数：3～5
花瓣性：较平展
花丝色：粉白
花心色：白
花药色：红褐
花丝数：49～55
柱头数：1～2

花粉育性：可育
萼片数：10
萼片轮数：2
始花期：4月中旬
开花持续期（d）：14
果实类型：普通桃
果实可否食用：否
果实成熟期：9月中旬
果实发育期（d）：150
营养生长期（d）：255
需冷量（h）：1 000

综合评价：幼叶为紫红色并具有光泽，观赏价值高；随着发育时间的推进，进入盛夏后叶片由紫红色逐渐变为红绿色，其利用弱光的能力强；在我国有广泛的栽培，根据需冷量推测其原产地为华北一带。

品种名称：花玉露
外文名：Hua Yu Lu
别名：重瓣玉露
原产地：浙江省奉化市
资源类型：选育品种
用途：鲜食、观赏兼用
系谱：玉露变异
选育单位：浙江省奉化市林业局
育成年份：1979
树性：乔化
树形：半开张
叶色：绿
叶腺：肾形
着花状态：中等密集
花型：蔷薇形
花蕾色：粉红

花色：粉红
花径（cm）：5.5
花瓣数：17～23
花瓣轮数：4～5
花瓣性：平展
花丝色：粉白
花心色：白
花药色：橘红
花丝数：60～68
柱头数：1～2
花粉育性：可育
萼片数：5～6
萼片轮数：1
果实类型：普通桃
单果重（g）：116

着色程度：中
外观品质：中
果肉颜色：白
核粘离性：粘
肉质：软溶质
风味：甜
可溶性固形物（%）：15
鲜食品质：中上
丰产性：丰产
始花期：4 月上中旬
开花持续期（d）：13
果实成熟期：8 月上旬
果实发育期（d）：110～120
营养生长期（d）：260
需冷量（h）：850

综合评价：花径很大，花瓣平展，花瓣数偏少；果实中等大小，品质优良，可作为观赏与鲜食兼用品种种植。

品种名称：黄金美丽
外文名：Huang Jin Mei Li
原代号：NJ271
原产地：美国新泽西州
资源类型：选育品种
用途：观赏、鲜食兼用
系谱：自然实生
选育单位：美国新泽西州农业试验站
引种年份：1990
树性：乔化
树形：半开张
叶色：绿
叶腺：肾形
着花状态：中等密集
花型：蔷薇形
花蕾色：粉红
花色：粉红
花径（cm）：4.6
花瓣数：45～52
花瓣轮数：6～8
花瓣性：略皱缩
花丝色：粉白
花心色：白
花药色：橘红
花丝数：88～95
柱头数：1，偶有2
花粉育性：可育
萼片数：5～10
萼片轮数：1～2
果实类型：普通桃
单果重（g）：171
着色程度：少
外观品质：中上
果肉颜色：黄
核粘离性：离
肉质：软溶质
风味：甜
可溶性固形物（%）：10
鲜食品质：中
丰产性：丰产
始花期：4月上旬
开花持续期（d）：18
果实成熟期：7月中下旬
果实发育期（d）：117
营养生长期（d）：260
需冷量（h）：850

综合评价：花径大，花色鲜艳；果实大，外观艳丽，离核，风味甜，是优良的观赏与鲜食兼用品种。

品种名称：绛桃
外文名：Jiang Tao
原产地：华北？
资源类型：地方品种
用途：观赏
系谱：自然实生
选育单位：农家选育
树性：乔化
树形：半开张
叶色：绿
叶腺：肾形
着花状态：密
花型：蔷薇形
花蕾色：深红
花色：深红
花径（cm）：4.2
花瓣数：16～24
花瓣轮数：4
花瓣性：较平展
花丝色：粉白
花心色：白
花药色：橘黄
花丝数：42～52
柱头数：1～2
花粉育性：可育
萼片数：10
萼片轮数：2
始花期：4月上中旬
开花持续期（d）：17
果实类型：普通桃
果实可否食用：否
果实成熟期：9月中旬
果实发育期（d）：150
营养生长期（d）：270
需冷量（h）：900

综合评价：花深红色，花瓣较为平展，花瓣数较少，花期比绯桃早。根据需冷量推测其原产地为华北一带。

品种名称：菊花桃
外文名：Ju Hua Tao
原产地：华北？
资源类型：地方品种
用途：观赏
系谱：自然实生
选育单位：农家选育
树性：乔化
树形：半开张
叶色：绿
叶腺：圆形
着花状态：中等密集
花型：菊花形
花蕾色：深红
花色：粉红
花径（cm）：4.4
花瓣数：19～36
花瓣轮数：3～5
花瓣性：略扭曲
花丝色：粉白
花心色：白
花药色：橘红
花丝数：29～40
柱头数：1
花粉育性：可育
萼片数：10
萼片轮数：2
始花期：4月中旬
开花持续期（d）：16
果实类型：普通桃
果实可否食用：否
果实成熟期：8月下旬
果实发育期（d）：130
营养生长期（d）：268
需冷量（h）：1 200

综合评价：花型别致，酷似菊花，故名菊花桃；叶片波状、叶面不平，花期很晚，叶柄和果柄长，核尖明显，遗传背景丰富，含有花瓣红色、叶片白化基因，是我国优异的观赏桃种质资源。根据需冷量推测其原产地为华北一带。

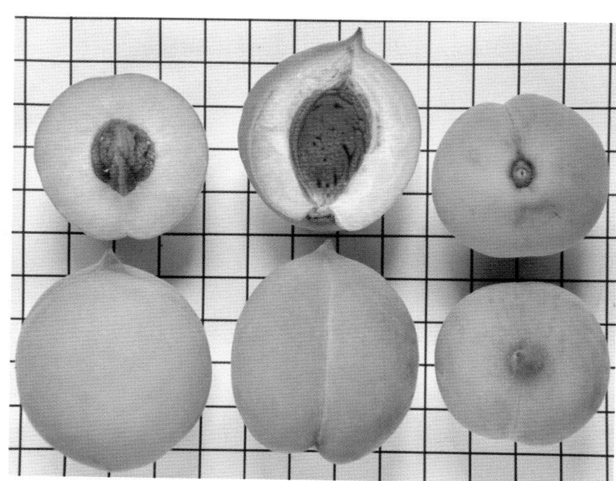

品种名称：满天红

外文名：Man Tian Hong

原产地：河南省郑州市

资源类型：选育品种

用途：观赏、鲜食兼用

系谱：2－7（白凤×红寿星）自然实生

选育单位：中国农业科学院郑州果树研究所

育成年份：2005

树性：乔化

树形：半开张

叶色：绿

叶腺：肾形

着花状态：密

花型：蔷薇形

花蕾色：深红

花色：深红

花径（cm）：4.3

花瓣数：18～26

花瓣轮数：4～6

花瓣性：略皱缩

花丝色：粉白

花心色：白

花药色：橘红

花丝数：40～49

柱头数：1～2

花粉育性：可育

萼片数：10

萼片轮数：2

果实类型：普通桃

单果重（g）：148

着色程度：少

外观品质：中

果肉颜色：白

核粘离性：粘

肉质：软溶质

风味：浓甜

可溶性固形物（%）：12

鲜食品质：上

丰产性：丰产

始花期：4月上旬

开花持续期（d）：18

果实成熟期：8月上旬

果实发育期（d）：123

营养生长期（d）：262

需冷量（h）：850

综合评价：树体节间较短，花密集，在花蕾期即有很高的观赏性，花量很大，观赏价值高；果实浓甜，具有白凤的风味，是优良的观赏与鲜食兼用品种，适应性强，是目前我国最主要的观赏桃栽培品种，在各地均有种植。含有矮化基因，高抗南方根结线虫。

品种名称：人面桃
外文名：Ren Mian Tao
原产地：华北?
资源类型：地方品种
用途：观赏
系谱：自然实生
选育单位：农家选育
树性：乔化
树形：半开张
叶色：绿
叶腺：肾形
着花状态：中等密集
花型：蔷薇形
花蕾色：深粉红
花色：粉红
花径（cm）：4.5
花瓣数：39～51
花瓣轮数：5～6
花瓣性：边缘内卷或外翻
花丝色：粉白
花心色：白
花药色：橘红
花丝数：45～62
柱头数：2～3
花粉育性：可育
萼片数：10
萼片轮数：2
始花期：4月中旬
开花持续期（d）：17
果实类型：普通桃
果实可否食用：否
果实成熟期：8月中下旬
果实发育期（d）：125～130
营养生长期（d）：262
需冷量（h）：1 200
综合评价：花色鲜艳，有光泽，花性活泼，花期长，叶片较直立。根据需冷量推测其原产地为华北一带。

品种名称：入画寿星
外文名：Ru Hua Shou Xing
原产地：河南省郑州市
资源类型：选育品系
用途：观赏
系谱：满天红×96-6-38（北京2-7×白花山碧桃）
选育单位：中国农业科学院郑州果树研究所
育成年份：2008年命名
树性：矮化
树形：矮化
叶色：绿
叶腺：肾形
着花状态：密
花型：蔷薇形
花蕾色：粉红
花色：粉红
花径（cm）：4.5～5.0
花瓣数：45
花瓣轮数：6～7
花瓣性：平展
花丝色：粉
花心色：粉
花药色：黄
花丝数：45～50
柱头数：1～2
花粉育性：可育
萼片数：10
萼片轮数：2
始花期：3月下旬
开花持续期（d）：10～15
果实类型：普通桃
果实可否食用：否
营养生长期（d）：260
需冷量（h）：600
综合评价：树体半矮化，13年生树高2.5m，着花状态密集，花蕾期观赏性强，开花较早、繁茂，是优良的观赏桃品种。

品种名称：洒红龙柱
外文名：Sa Hong Long Zhu
原产地：河南省郑州市
资源类型：选育品种
用途：观赏
系谱：Pillow peach 自然实生
选育单位：中国农业科学院郑州果树研究所
育成年份：2011
树性：乔化
树形：柱形
叶色：绿
叶腺：圆形

着花状态：中等密集
花型：蔷薇形
花蕾色：杂色
花色：纯白、粉红、嵌合体
花径（cm）：4.5～5.0
花瓣数：45
花瓣轮数：6～7
花瓣性：略皱缩
花丝色：白、粉、粉红
花心色：粉白
花药色：黄
花丝数：45～50

柱头数：1～2
花粉育性：可育
萼片数：10
萼片轮数：2
始花期：3月下旬
开花持续期（d）：10～15
果实类型：普通桃
果实可否食用：否
果实成熟期：7月底
果实发育期（d）：125
营养生长期（d）：240
需冷量（h）：800

综合评价：树形为柱形，花色别致，适于作为行道树。

品种名称：洒红桃
外文名：Sa Hong Tao
原产地：华北？
资源类型：地方品种
用途：观赏
系谱：自然实生
选育单位：农家选育
树性：乔化
树形：半开张
叶色：绿
叶腺：肾形
着花状态：中等密集

花型：蔷薇形
花蕾色：红、白、粉、杂色
花色：红、白、粉、杂色
花径（cm）：4.9
花瓣数：44～57
花瓣轮数：5～6
花瓣性：皱缩
花丝色：粉白
花心色：白
花药色：橘红、橘黄
花丝数：38～54
柱头数：1～2

花粉育性：可育
萼片数：10
萼片轮数：2
始花期：4月中旬
开花持续期（d）：16
果实类型：普通桃
果实可否食用：否
果实成熟期：8月中下旬
果实发育期（d）：125～130
营养生长期（d）：246
需冷量（h）：1 200

综合评价：花药色与花瓣颜色一致，即花瓣颜色红或粉色，则花药色为橘红；若花瓣颜色为白色，则花药色为白色或橘黄。树形较为直立，花色为嵌合体，观赏价值高，花期晚，对流胶病具有较高的抗性，在我国北方有广泛种植。根据需冷量推测其原产地为华北一带。

品种名称：石马早红花
外文名：Shima Zao Hong Hua
来源：广州市白云区新市镇石马村
用途：观赏
果实类型：普通桃
果形：尖圆
单果重（g）：50
果皮底色：绿白
盖色深浅：红
着色程度：中
果肉颜色：白
核粘离性：离
肉质：硬溶质
风味：酸
可溶性固形物（%）：13
花型：蔷薇形
花瓣类型：重瓣
花瓣颜色：红
花粉育性：可育
叶腺：肾形
始花期：3月中旬
果实成熟期：7月底
综合评价：开花很早，红色，花瓣3轮；需冷量低，抗湿性强。果实不能食用。

品种名称：寿白
外文名：Shou Bai
来源地：北京市植物园
资源类型：地方品种
用途：观赏
系谱：自然实生
选育单位：农家选育
树性：矮化
树形：矮化
叶色：绿
叶腺：肾形
着花状态：密

花型：蔷薇形
花蕾色：白
花色：白
花径（cm）：3.9
花瓣数：21～26
花瓣轮数：3～4
花瓣性：皱缩
花丝色：白
花心色：白
花药色：黄
花丝数：39～48
柱头数：1～2

花粉育性：可育
萼片数：5～10
萼片轮数：1～2
始花期：4月上旬
开花持续期（d）：18
果实类型：普通桃
果实可否食用：否
果实成熟期：8月下旬
果实发育期（d）：100
营养生长期（d）：260
需冷量（h）：900

综合评价：树体矮化，花色纯白，花量大。

品种名称：寿粉
外文名：Shou Fen
来源地：北京市植物园
资源类型：地方品种
用途：观赏
系谱：自然实生
选育单位：农家选育
树性：矮化
树形：矮化
叶色：绿
叶腺：肾形
着花状态：密

花型：蔷薇形
花蕾色：深粉红
花色：粉红
花径（cm）：4
花瓣数：14～21
花瓣轮数：3～4
花瓣性：皱缩
花丝色：粉
花心色：红
花药色：橘红
花丝数：34～42
柱头数：1

花粉育性：可育
萼片数：5～10
萼片轮数：1～2
始花期：4月上旬
开花持续期（d）：15
果实类型：普通桃
果实可否食用：否
果实成熟期：8月下旬
果实发育期（d）：110
营养生长期（d）：272
需冷量（h）：900

综合评价：树体矮化，花色艳，花量大。

品种名称：探春
外文名：Tan Chun
原产地：河南省郑州市
资源类型：选育品种
用途：观赏
系谱：迎春×白花山碧桃
选育单位：中国农业科学院郑州果树研究所
育成年份：2006
树性：乔化
树形：直立
叶色：绿
叶腺：肾形

着花状态：中等密集
花型：蔷薇形
花蕾色：粉红
花色：粉红
花径（cm）：4.4
花瓣数：20～25
花瓣轮数：4～6
花瓣性：平展
花丝色：粉白
花心色：粉红
花药色：橘黄
花丝数：45

柱头数：1～2
花粉育性：可育
萼片数：10
萼片轮数：2
始花期：3月上旬
开花持续期（d）：25
果实类型：普通桃
果实可否食用：否
果实成熟期：7月底
果实发育期（d）：110
营养生长期（d）：265
需冷量（h）：400

综合评价：需冷量低，需热量低，开花极早，花香气浓郁，花色淡粉色，着花状态不够密集，是优良的早花观赏桃品种。

品种名称：桃花仙子
外文名：Tao Hua Xian Zi
原代号：B8－21－20
原产地：美国新泽西州
资源类型：选育品种
用途：观赏、鲜食兼用
系谱：不详
选育单位：不详
引种年份：1989
树性：乔化
树形：半开张
叶色：绿
叶腺：圆形
着花状态：中等密集
花型：蔷薇形
花蕾色：粉红
花色：粉红
花径（cm）：4.5
花瓣数：32～45
花瓣轮数：4～5
花瓣性：平展
花丝色：粉白
花心色：粉
花药色：橘红
花丝数：80～89
柱头数：1～2
花粉育性：可育
萼片数：5
萼片轮数：1
果实类型：普通桃
单果重（g）：95
着色程度：中
外观品质：中上
果肉颜色：黄
核粘离性：粘
肉质：硬溶质—半不溶
风味：酸
可溶性固形物（%）：12
鲜食品质：下
丰产性：丰产
始花期：4月上中旬
开花持续期（d）：15
果实成熟期：8月中旬
果实发育期（d）：120～130
营养生长期（d）：263
需冷量（h）：800

综合评价：含有铃形花基因，花色别致优雅，观赏价值高。果实风味酸，作为兼用品种有一定的局限性。

品种名称：五宝桃
外文名：Wu Bao Tao
原产地：华北？
资源类型：地方品种
用途：观赏
系谱：自然实生
选育单位：农家选育
树性：乔化
树形：半开张
叶色：绿
叶腺：肾形
着花状态：中等密集

花型：蔷薇形
花蕾色：红
花色：红
花径（cm）：4.6
花瓣数：49～66
花瓣轮数：5～6
花瓣性：皱缩
花丝色：粉白
花心色：白
花药色：橘红
花丝数：37～47
柱头数：1～3

花粉育性：可育
萼片数：10
萼片轮数：2
始花期：4月中旬
开花持续期（d）：17
果实类型：普通桃
果实可否食用：否
果实成熟期：8月底9月初
果实发育期（d）：130
营养生长期（d）：270
需冷量（h）：1 000

综合评价：花性活泼，观赏价值高，容易产生跳枝变异（类似洒红桃）。根据需冷量推测其原产地为华北一带。

品种名称：迎春
外文名：Ying Chun
原产地：河南省郑州市
资源类型：选育品种
用途：观赏
系谱：不详
选育单位：中国农业科学院郑州果树研究所
育成年份：1991
树性：乔化
树形：半开张
叶色：绿
叶腺：肾形
着花状态：密
花型：蔷薇形
花蕾色：深粉红
花色：粉红
花径（cm）：4.7
花瓣数：16～24
花瓣轮数：4～5
花瓣性：略皱缩
花丝色：粉白
花心色：白
花药色：橘红
花丝数：66～81
柱头数：1～2
花粉育性：可育
萼片数：10
萼片轮数：2
始花期：3月中旬
开花持续期（d）：22
果实类型：普通桃
果实可否食用：否
果实成熟期：8月底9月初
实发育期（d）：150～160
营养生长期（d）：271
需冷量（h）：450

综合评价：需冷量低，花期早，开花时气温低，开花持续期长，是目前优良的观赏桃早花品种，在各地均有种植。花期有叶片先出现象。

品种名称：鸳鸯垂枝
外文名：Yuan Yang Chui Zhi
原产地：华北？
资源类型：地方品种
用途：观赏
系谱：自然实生
选育单位：农家选育
树性：乔化
树形：垂枝
叶色：绿
叶腺：肾形
着花状态：中等密集
花型：蔷薇形
花蕾色：红、白、粉、杂色
花色：红、白、粉、杂色
花径（cm）：4.1
花瓣数：28～32
花瓣轮数：4～6
花瓣性：边缘内卷
花丝色：红、白、粉、杂色
花心色：白
花药色：橘红、橘黄
花丝数：38～45
柱头数：1
花粉育性：可育
萼片数：10
萼片轮数：2
始花期：4月中旬
开花持续期（d）：13
果实类型：普通桃
果实可否食用：否
果实成熟期：9月初
果实发育期（d）：130
营养生长期（d）：268
需冷量（h）：1 100

综合评价：花药色与花瓣颜色一致，即花瓣颜色红或粉色，则花药色为橘红；若花瓣颜色为白色，则花药色为白色或橘黄。树形在垂枝类型中属较为直立类型，可作为高干型品种栽培利用，在我国各地均有种植。根据需冷量推测其原产地为华北一带。

品种名称：元春
外文名：Yuan Chun
原产地：河南省郑州市
资源类型：选育品种
用途：观赏
系谱：（满天红×白花山碧桃）自然实生
选育单位：中国农业科学院郑州果树研究所
育成年份：2009
树性：乔化
树形：开张
叶色：绿
叶腺：肾形
着花状态：密
花型：蔷薇形
花蕾色：红
花色：红
花径（cm）：4.65
花瓣数：23
花瓣轮数：4
花瓣性：平展
花丝色：粉白
花心色：白
花药色：橙黄
花丝数：45
柱头数：1～2
花粉育性：可育
萼片数：10
萼片轮数：2
始花期：3月下旬
开花持续期（d）：16
果实类型：普通桃
果实可否食用：否
果实成熟期：8月初
果实发育期（d）：120
营养生长期（d）：260
需冷量（h）：650
综合评价：需冷量低，需热量低，开花早，着花状态密集，是优良的早花观赏桃品种，适宜设施栽培春节上市。

品种名称：朱粉垂枝
外文名：Zhu Fen Chui Zhi
原产地：华北？
资源类型：地方品种
用途：观赏
系谱：自然实生
选育单位：农家选育
树性：乔化
树形：垂枝
叶色：绿
叶腺：肾形
着花状态：中等密集
花型：蔷薇形
花蕾色：粉红
花色：粉红
花径（cm）：3.9
花瓣数：27～35
花瓣轮数：5～6
花瓣性：较平展
花丝色：粉白
花心色：白
花药色：橘黄
花丝数：34～41
柱头数：1
花粉育性：可育
萼片数：10
萼片轮数：2
始花期：4月中旬
开花持续期（d）：12
果实类型：普通桃
果实可否食用：否
果实成熟期：8月下旬
果实发育期（d）：130
营养生长期（d）：256
需冷量（h）：900～950

综合评价：在垂枝类型中属较为直立类型，可作为高干型品种栽培利用，存在跳枝现象，部分枝条转变成花色嵌合体，在我国各地均有种植。根据需冷量推测其原产地为华北一带。

第六节 砧　　木

品种名称：GF677
外文名：GF677
种名：*P. persica*×*P. amygdalus*
原产地：法国
资源类型：选育品种
用途：砧木
系谱：桃与扁桃的自然杂交种
选育单位：法国农业科学院
波尔多试验站
育成年份：1965
果实类型：普通桃
果形：椭圆
单果重（g）：29
果皮底色：绿
盖色深浅：无
着色程度：无
果肉颜色：绿
外观品质：不可食用
核粘离性：粘
肉质：硬脆
风味：酸苦涩
可溶性固形物（%）：9
鲜食品质：不可食用
花型：蔷薇形
花瓣类型：单瓣
花瓣颜色：粉红
花粉育性：可育
花药颜色：橘黄
叶腺：肾形
树形：直立
生长势：强健
丰产性：丰产
始花期：3月下旬
果实成熟期：9月下旬
果实发育期（d）：180
营养生长期（d）：276
需冷量（h）：400～500

综合评价：花瓣边缘曲波状，花丝均匀散开，花药大，核更趋向于扁桃、点纹多，生长旺盛；对重茬和石灰质土壤适应能力强，但不抗根癌病和根结线虫病。是欧洲主要的砧木品种。

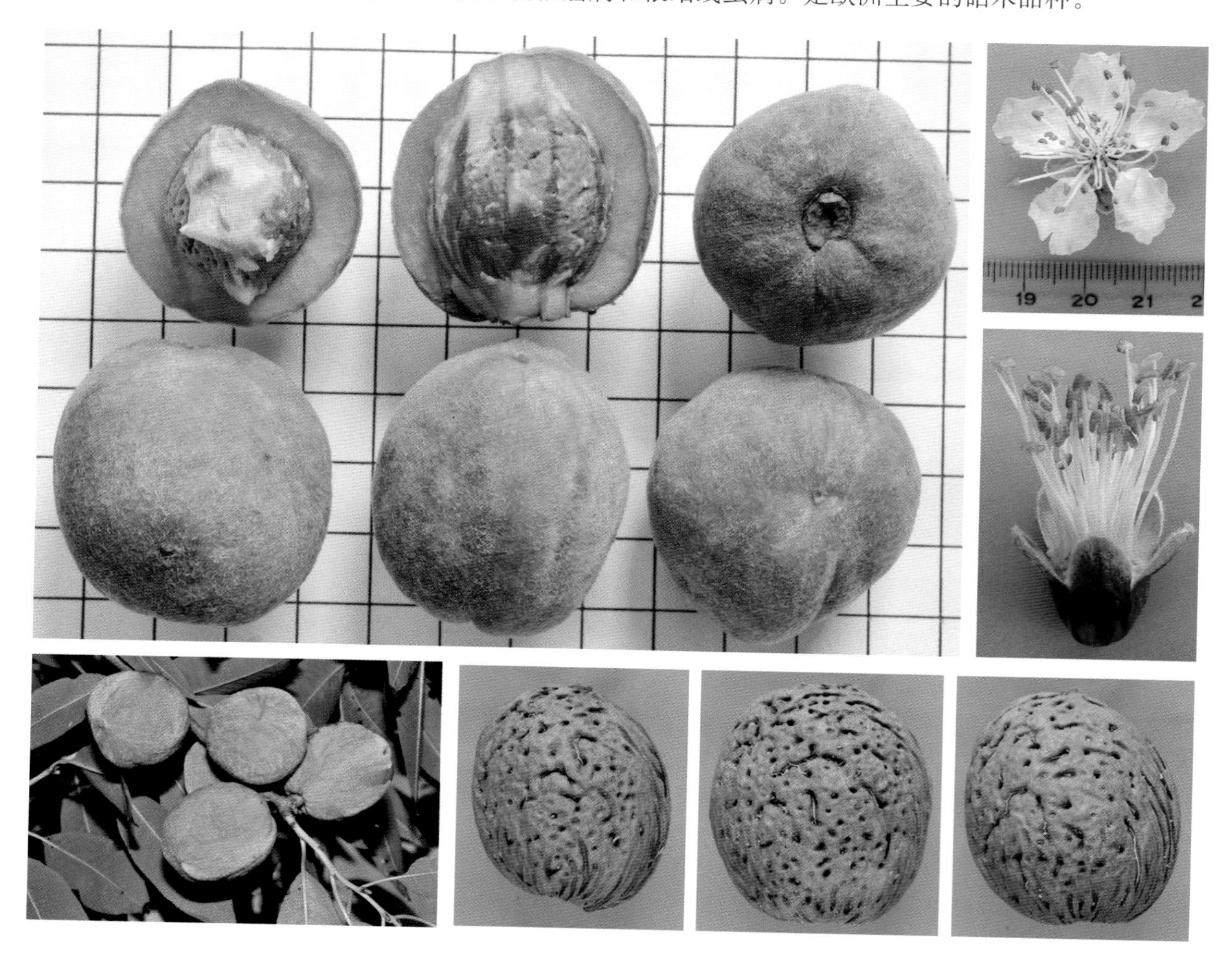

品种名称：阿克拉娃
外文名：Okinawa
原产地：美国
资源类型：选育品种
用途：砧木
系谱：1953 年从 Okinawa 来的种子实生而来
选育单位：美国佛罗里达大学
育成年份：1957
果实类型：普通桃
果形：圆
单果重（g）：36
果皮底色：绿
盖色深浅：深红
着色程度：少
果肉颜色：白
外观品质：下
核粘离性：离
肉质：软溶质
风味：酸
可溶性固形物（%）：9
鲜食品质：下
花型：蔷薇形
花瓣类型：单瓣
花瓣颜色：粉红
花粉育性：可育
花药颜色：橘红
叶腺：肾形
树形：直立
生长势：强健
丰产性：丰产
始花期：3 月中下旬
果实成熟期：7 月下旬
果实发育期（d）：129
营养生长期（d）：279
需冷量（h）：100
综合评价：在低需冷量地区用作抗南方根结线虫砧木，早期美国也用作低需冷量育种亲本。其最早来源于中国云南。

品种名称：贝蕾
外文名：Bailey
原产地：美国
资源类型：选育品种
用途：砧木
系谱：不详
选育单位：美国艾奥瓦州Scott县的Charles Jacob Friday
育成年份：1836
果实类型：普通桃
果形：圆
单果重（g）：79
果皮底色：绿白
盖色深浅：深红
着色程度：少
果肉颜色：绿白
外观品质：下
核粘离性：离
肉质：软溶质
风味：酸
可溶性固形物（%）：11
鲜食品质：下
花型：蔷薇形
花瓣类型：单瓣
花瓣颜色：粉红
花粉育性：可育
花药颜色：橘红
叶腺：圆形
树形：开张
生长势：弱
丰产性：极丰产
始花期：3月底
果实成熟期：8月下旬
果实发育期（d）：147
营养生长期（d）：258
需冷量（h）：1 000

综合评价：美国艾奥瓦州的Bailey博士命名，由种子实生而来，在美国北部用作抗寒砧木，对南方根结线虫高感。

品种名称：哈露红
外文名：Harrow Blood
原产地：加拿大
资源类型：选育品种
用途：砧木
系谱：加拿大安大略省 Harrow 种子实生
选育单位：加拿大安大略省 Harrow 试验站
育成年份：1967
果实类型：普通桃
果形：圆
单果重（g）：47
果皮底色：暗绿
盖色深浅：深红
着色程度：多
果肉颜色：紫红
外观品质：下
核粘离性：离
肉质：绵
风味：酸甜
可溶性固形物（%）：18
鲜食品质：下
花型：蔷薇形
花瓣类型：单瓣
花瓣颜色：粉红
花粉育性：可育
花药颜色：橘红
叶腺：肾形
树形：直立
生长势：弱
丰产性：丰产
始花期：4 月初
果实成熟期：8 月底
果实发育期（d）：150
营养生长期（d）：254
需冷量（h）：1 000

综合评价：果肉红色，枝条节间短。高抗细菌性穿孔病，可能对根腐线虫有一定抗性，在美国北部和加拿大被广泛用做抗寒砧木。

品种名称：哈露红实生
外文名：Ha Lu Hong Shi Sheng
原产地：河南省郑州市
资源类型：品系
用途：砧木
系谱：哈露红实生
选育单位：中国农业科学院郑州果树研究所
育成年份：1991
果实类型：普通桃
果形：圆
单果重（g）：106

果皮底色：绿白
盖色深浅：深红
着色程度：多
果肉颜色：白
外观品质：下
核粘离性：半离
肉质：软溶质
风味：酸甜
可溶性固形物（%）：12
鲜食品质：下
花型：铃形
花瓣类型：单瓣

花瓣颜色：粉红
花粉育性：可育
花药颜色：黄
叶腺：圆形
树形：直立
生长势：弱
丰产性：极丰产
始花期：3月底
果实成熟期：8月中旬
果实发育期（d）：139
营养生长期（d）：268
需冷量（h）：1 000

综合评价：叶片紫红色，果实性状一般，与普通桃嫁接亲和性良好。

品种名称：列玛格
外文名：Nemaguard
原产地：美国
资源类型：选育品种
用途：砧木
系谱：偶然实生
选育单位：美国农业部佐治亚州 Fort Valley 试验站
育成年份：1959
果实类型：普通桃
果形：圆
单果重（g）：21
果皮底色：绿
盖色深浅：无
着色程度：无
果肉颜色：绿
外观品质：下
核粘离性：粘
肉质：硬脆
风味：酸苦
可溶性固形物（%）：12
鲜食品质：下
花型：蔷薇形
花瓣类型：单瓣
花瓣颜色：粉红
花粉育性：可育
花药颜色：橘红
叶腺：肾形
树形：直立
生长势：强健
丰产性：极丰产
始花期：3月底
果实成熟期：8月中旬
果实发育期（d）：139
营养生长期（d）：265
需冷量（h）：825
综合评价：抗根结线虫（*Meloidegyne incognita* 和 *Meloidegyne javanica*）砧木品种，在美国生产中被广泛利用。

品种名称：洛格红叶
外文名：Rutgers Redleaf
原产地：美国
资源类型：选育品种
用途：砧木
系谱：不详，可能与 Bound Brook 或 Rutgers 大学的 Red A、B、C、D 有关。
选育单位：美国新泽西州农业试验站
育成年份：1947
果实类型：普通桃
综合评价：红叶抗寒砧木品种。

果形：椭圆
单果重（g）：60
果皮底色：乳白
盖色深浅：深红
着色程度：少
果肉颜色：白
外观品质：下
核粘离性：离
肉质：硬溶质
风味：酸甜
可溶性固形物（%）：15
鲜食品质：中
花型：蔷薇形

花瓣类型：单瓣
花瓣颜色：粉红
花粉育性：可育
花药颜色：橘红
叶腺：肾形
树形：半开张
生长势：强健
丰产性：极丰产
始花期：3 月底
果实成熟期：8 月底
果实发育期（d）：151
营养生长期（d）：258
需冷量（h）：1 000

品种名称：西伯利亚 C
外文名：Siberian C
原产地：加拿大
资源类型：选育品种
用途：砧木
系谱：中国吉林的抗寒种子实生
选育单位：加拿大安大略省 Harrow 试验站
育成年份：1967
果实类型：普通桃
果形：圆
单果重（g）：28
果皮底色：绿
盖色深浅：深红
着色程度：少
果肉颜色：白
外观品质：下
核粘离性：半离
肉质：软溶质
风味：酸
可溶性固形物（%）：10
鲜食品质：下
花型：蔷薇形
花瓣类型：单瓣
花瓣颜色：粉红
花粉育性：可育
花药颜色：橘红
叶腺：肾形
树形：半开张
生长势：中庸
丰产性：极丰产
始花期：3 月下旬
果实成熟期：7 月下旬
果实发育期（d）：123
营养生长期（d）：237
需冷量（h）：850
综合评价：半矮化，抗寒性强，但易感染根结线虫病，在北方比南方表现好。

品种名称：筑波 2 号
外文名：Tsukuba 2，筑波 2 号
原产地：日本
资源类型：选育品种
用途：砧木
系谱：（Akame×Juseito）F_2
选育单位：日本农林水产省
筑波果树试验站
育成年份：1981
果实类型：普通桃
果形：圆
单果重（g）：53
果皮底色：绿白
盖色深浅：深红
着色程度：中
果肉颜色：白
外观品质：下
核粘离性：离
肉质：软溶质
风味：酸甜
可溶性固形物（%）：13
鲜食品质：下
花型：蔷薇形
花瓣类型：单瓣
花瓣颜色：粉红
花粉育性：可育
花药颜色：橘红
叶腺：肾形
树形：直立
生长势：强健
丰产性：丰产
始花期：3 月底
果实成熟期：9 月上旬
果实发育期（d）：162
营养生长期（d）：262
需冷量（h）：850
综合评价：红叶砧木品种，抗南方根结线虫。

品种名称：筑波 3 号
外文名：Tsukuba 3，筑波 3 号
原产地：日本
资源类型：选育品种
用途：砧木
系谱：亦芽×寿星桃
选育单位：日本农林水产省
筑波果树试验站
育成年份：1981
果实类型：普通桃
果形：椭圆
单果重（g）：88

果皮底色：绿白
盖色深浅：深红
着色程度：少
果肉颜色：白
外观品质：下
核粘离性：离
肉质：软溶质
风味：酸
可溶性固形物（%）：13
鲜食品质：中下
花型：蔷薇形
花瓣类型：单瓣

花瓣颜色：粉红
花粉育性：可育
花药颜色：橘红
叶腺：肾形
树形：直立
生长势：中庸
丰产性：丰产
始花期：3 月底
果实成熟期：9 月上旬
果实发育期（d）：161
营养生长期（d）：268
需冷量（h）：850

综合评价：红叶砧木品种，抗南方根结线虫。

附表　中国桃遗传资源研究基金资助情况表

序号	课题、子课题名称	所属课题或项目	项目类别	课题编号	起止年限
1	桃品种资源研究	主要农作物品种资源研究	国家重大科学研究项目	65-01	1979—1985
2	葡萄、桃种质资源主要性状鉴定评价	主要农作物品种资源研究	国家科技攻关计划	75-01	1986—1990
3	核果类种质资源收集、保存、鉴定评价	农作物品种资源研究	国家科技攻关计划	85-001	1991—1995
4	桃、葡萄优良种质评价与利用	主要农作物和林木种质资源评价与利用研究	国家科技攻关计划	96-014	1996—2000
5	桃种质资源创新与利用	农作物种质资源创新利用与新品种选育及产业化示范	国家科技攻关计划	2001BA511B09	2001—2005
6	桃基因资源发掘与种质创新利用研究	园艺基因资源发掘与种质创新利用研究	国家科技支撑计划	2006BAD13B06	2006—2010
7	葡萄、桃种质资源收集、整理与保存	多年生和无性繁殖作物种质资源收集、整理与保存	国家科技基础性工作专项		1999—2003
8	郑州葡萄、桃标准化整理、整合	多年生和无性繁殖作物种质资源标准化整理、整合及共享试点	国家科技基础条件平台	2005DK21002	2004—2008
9	引入优良短、中低温油桃新品系		农业部948	991047	1999—2004
10	桃种质资源收集、编目、更新与利用	农作物种质资源保护、更新及数据整理	农业部物种保护专项	NB04至MB12	2004—2012
11	红根甘肃桃1号抗南方根结线虫基因克隆及其特异防卫反应途径研究		国家自然科学基金	30771480	2008—2010
12	桃特色育种岗位	国家桃产业技术体系	国家现代农业产业技术体系	CARS-31	2009—2012
13	郑州桃、葡萄等树种种质资源子平台	国家农作物种质资源平台	国家科技平台专项		2011—2012

主要参考文献

曹珂，王力荣，朱更瑞，等．2008. 桃幼树光合年变化及落叶期早晚与营养生长的关系［J］．果树学报，25（2）：231－235.

曹珂，王力荣，朱更瑞，等．2009. 桃不同类型果实发育的解剖结构特性［J］．果树学报，26（4）：440－444.

曹珂，王力荣，朱更瑞，等．2012. 桃单果重与6个物候期性状的遗传关联分析［J］．中国农业科学，45（2）：311－319.

陈巍，王力荣，张绍铃，等．2007. 利用SSR研究不同国家桃育成品种的遗传多样性［J］．果树学报，24（5）：580－584.

陈昌文，曹珂，王力荣，等．2011. 中国桃主要品种资源及其野生近缘种的分子身份证构建［J］．中国农业科学，44（10）：2081－2093.

方江平，钟政昌，钟国辉．2008. 林芝地区光核桃种群的年龄结构［J］．林业科技开发，28（1）：53－55.

方伟超，王力荣，朱更瑞．2008. 桃（*Prunus persica*）品种资源结果习性遗传多样性与评价指标探讨［J］．果树学报，25（6）：801－805.

过国南，王力荣，阎振立，等．2006. 利用花粉粒形态分析法研究桃种质资源的进化关系［J］．果树学报，23（5）：664－669.

顾模．1983. 珲春桃起源历史的考查［J］．园艺学报，10（1）：9－12.

郭金英，王力荣，范崇辉，等．2004. 桃遗传多样性及其亲缘关系的RAPD分析［C］//中国园艺学会第六届青年学术讨论会论文集．

郭振怀，吕增仁，李桂芹，等．1986. 山桃和甘肃桃染色体核型分析［J］．河北农业大学学报，9（4）：1－4.

郭振怀，贾希有，梁小巧．1989. 新疆桃和新疆甜仁桃染色体核型分析［J］．河北农业大学学报，12（1）：23－25.

蒋宝．2008. 长柄扁桃（*Prunus pedunculata* M.）抗寒性研究［D］．杨凌：西北农林科技大学．

刘志虎．2005. 酒泉地区油桃种质资源调查［D］．兰州：甘肃农业大学．

马骥．2010. 蒙古扁桃的生殖生物学研究［D］．西安：西北大学．

苏贵兴，姚玉卿，张善云，等．1982. 四川扁桃的调查研究［J］．中国果树（4）：21－23.

江雪飞．2003. 观赏桃花设施栽培的花期调控及花芽分化特性的研究［D］．杨凌：西北农林科技大学．

江雪飞，王力荣，邹志荣，等．2004. 白花山碧桃雌蕊败育特性的解剖学研究［J］．果树学报，31（3）：201－203.

刘常红，叶航，李辉，等．2009a. 长柄扁桃对根癌病的抗性评价［J］．北京农学院学报，24（3）：14－16.

刘常红，叶航，李辉，等．2009b. 蒙古扁桃对根癌病的抗性评价［J］．西北农业学报，18（3）：181－183.

刘伟，曹珂，王力荣，张绍铃，朱更瑞，方伟超，陈昌文．2010. 甘肃桃抗南方根结线虫性状的SRAP标记［J］．园艺学报，37（7）：1057－1064.

孙继科．2008. 扁桃种质资源RAPD和ISSR分析［D］．乌鲁木齐：新疆农业大学．

孙旭武，李唯，王力荣，等．2004. 桃花芽分化期蛋白质、氨基酸和碳水化合物含量的变化［J］．甘肃农业大学学报，39（3）：295－299.

王珂，李靖，王力荣，等．2006. 桃及其近缘种花芽分化特性的比较［J］．果树学报，23（6）：809－813.

王珂，王力荣，李靖，等．2008. 甘肃桃（*Prunus kansuensis*）雌雄配子体发育规律及遗传特性的研究［J］. 果树学报，25（6）：806－810.

王力荣，朱更瑞，左覃元．1995. 桃树保护地栽培的品种选择［J］．中国果树（4）：34－35.

王力荣，朱更瑞，左覃元．1996. 桃需冷量遗传特性的研究［J］．果树科学，13（4）：237－240.

王力荣，朱更瑞，左覃元．1997. 中国桃品种需冷量的研究［J］．园艺学报，24（2）：194－196.

王力荣，朱更瑞，方伟超，等．2001. 桃种质资源对桃蚜的抗性评价［J］．果树学报，18（3）：145－147.

王力荣，朱更瑞，方伟超，等．2003. 桃品种需冷量评价模式的探讨［J］．园艺学报，30（4）：379－383.

王力荣，朱更瑞，方伟超，等．2004. 制汁用桃若干质量指标探讨［J］．中国农业科学，37（3）：410－415.

王力荣，朱更瑞，方伟超．2005a. 桃（*Prunus persica* L.）种质资源果实数量性状评价指标探讨［J］．园艺学报，32

(1): 1-5.

王力荣，朱更瑞，方伟超 . 2005b. 桃种质资源若干植物学数量性状描述指标探讨 [J] . 中国农业科学，38 (4): 770-776.

王力荣，朱更瑞，等 . 2005. 桃种质资源描述规范和数据标准 [M] . 北京：中国农业出版社 .

王力荣，方伟超，朱更瑞 . 2006. 桃 (*Prunus persica* L.) 种质资源物候期性状遗传多样性的评价指标探讨 [J] . 植物遗传资源学报，7 (2): 144-147.

王力荣，朱更瑞，方伟超，等 . 2006. 适宜制汁用桃品种的初步评价 [J] . 园艺学报，33 (6): 1303-1306.

王力荣 . 2007. 桃果实无毛和扁平基因的遗传多效性研究 [D] . 泰安：山东农业大学 .

王力荣，束怀瑞，陈学森，等 . 2008. 桃不同果实类型的品质和产量性状的差异研究 [J] . 园艺学报，35 (11): 1567-1572.

王雯君，叶航，王灵燕，等 . 2009. 蒙古扁桃对北方根结线虫的抗性鉴定 [J] . 北京农学院学报，24 (1): 25-27.

汪祖华，周建涛 . 1990. 桃种质资源亲缘关系的研究——花粉形态分析 [J] . 园艺学报，17 (3): 161-168.

汪祖华，庄恩及 . 2001. 中国果树志：桃卷 [M] . 北京：中国林业出版社 .

于君 . 2008. 榆叶梅新品种 DUS 测试指南及已知品种数据库的研究 [D] . 北京：北京林业大学 .

曾秀丽，王玉霞，扎西，等 . 2011. 西藏光核桃资源主要果实性状的鉴评结果初报 [C] //中国园艺学会桃分会第三届全国桃学术研讨会论文集：103-113.

章秋平，李疆，王力荣，等 . 2008. 红肉桃果实发育过程中色素和糖酸含量的变化 [J] . 果树学报，25 (3): 312-315.

朱更瑞，左覃元，宗学普 . 1997. 桃砧木比较试验 [J] . 果树科学，14 (4): 235-239.

朱更瑞，龚方成，左覃元，等 . 1998. 桃花粉量的测定与分析 [J] . 果树科学，15 (4): 360-363.

朱更瑞，王力荣，左覃元 . 2000a. 桃砧木根系比较试验研究 [J] . 果树科学，17 (增刊): 26-29.

朱更瑞，王力荣，左覃元，张学炜 . 2000b. 桃砧木资源对南方根结线虫的抗性 [J] . 果树科学，17 (增刊): 36-39.

朱更瑞，方伟超，王力荣 . 2004. 观赏桃品种需冷量的研究 [J] . 植物遗传资源学报，5 (2): 176-178.

左覃元，龚方成，朱更瑞，等 . 1988. 不同桃砧木抗根结线虫鉴定初报 [J] . 果树科学，5 (3): 116-119.

BYRNE D H, MARIA B R, et al. 2012. Friut Breeding [M] . London: Springer Science+Business Media, LLC.

BYRNE D H, BACON T A. 1999. Founding clones of low-chill fresh marker peach germplasm [J] . Fruit Varieties Journal, 53 (3): 162-171.

CAO KE, WANG LIRONG, ZHU GENGRUI, et al. 2011a. Isolation, characterization and phylogenetic analysis of resistance gene in wild species of peach (*Prunus kansuensis*) [J] . Can. J. Plant Sci, 91 (6): 961-970.

CAO KE, WANG LIRONG, ZHU GENGRUI, et al. 2011b. Construction of a linkage map and identification of resistance gene analog markers for root-knot nematodes in wild peach, *Prunus kansuensis* [J] . J. Amer. Soc. Hort. Sci, 136 (3): 190-197.

CAO KE, WANG LIRONG, ZHU GENGRUI, et al. 2012. Genetic diversity, linkage disequilibrium, and association mapping analyses of peach (*Prunus persica* L.) landraces in China [J] . Tree Genetics & Genomes, 8: 975-990.

WANG LIRONG, ZHU GENGRUI, FANG WEICHAO, et al. 2010. Comparison of heritable pleiotropic effects of the glabrous and flat shape traits of peach [J] . Canada Journal of Plant Science, 90 (3): 367-370.